1. 메인주 북부에 있는 서식지의 발삼 전나무balsam fir 가지에 앉아 있는 수컷 블랙번솔새.
Photo by Jim Zipp

2. 파푸아뉴기니의 센트럴하이랜드에서, 수컷 어깨걸이풍조 한 마리가 자신의 과시용 통나무를 방문한 암컷에게 가슴깃털을 부챗살처럼 펼쳐, 특유의 스마일 이모티콘을 보여주며 구애행동을 하고 있다.
Photo by Edwin Scholes III

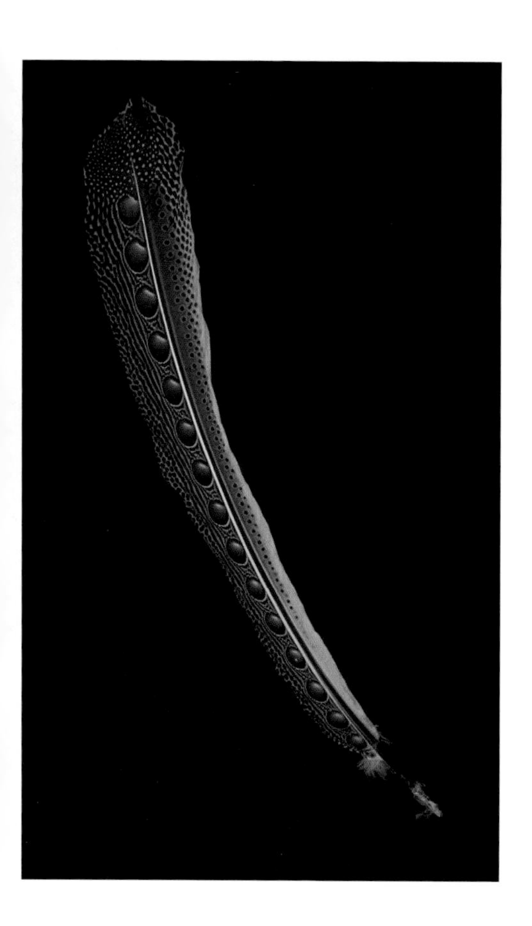

3. 수컷 청란의 4번 둘째날개깃secondary wing feather.
Photo by Michael Doolittle

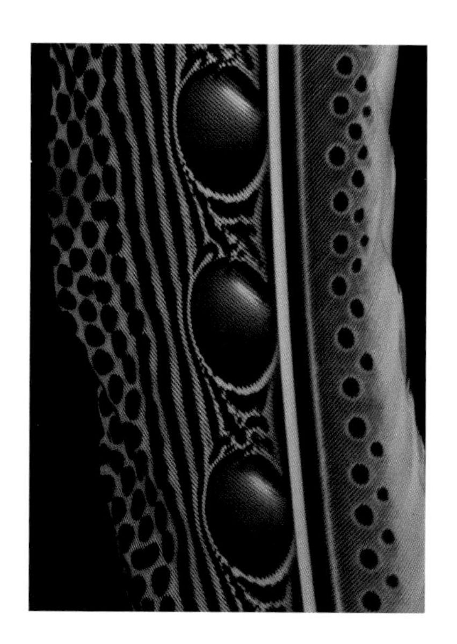

4. 수컷 청란의 4번 둘째날개깃에서, 3D 황금색 공sphere의 복잡한 색상 패턴이 자세하게 드러난다.
Photo by Michael Doolittle

5. 프랑스령 기아나의 저지대 열대우림에서 촬영한 수컷 기아나바위새.

Photo by Tanguy Deville

6. 아마존강 유역 북부의 구애장소에서 나뭇가지에 앉아 있는 수컷 황금머리마나킨.
Photo by Juan José Arango

7. 수컷 흰수염마나킨이 임상林床 위에 마련된 구애장소 주변의 묘목 위에서 구애행동을 하고 있다.
Photo by Rodrigo Gavaria Obregón

8. 임상에 널브러져 있는 이끼 덮인 통나무 위에서 과시행동을 하고 있는 수컷 흰목마나킨.
Photo by Tanguy Deville

9. 하층식생의 나뭇가지에 앉아 노래를 부르고 있는 수컷 흰이마마나킨.
Photo by Marc Chretien

10. 수컷 황금날개마나킨은 휘황찬란한 노란색 깃털을 갖고 있지만, 횃대 위에 앉아 있을 때는 날개 속에 감추고 있다가, 비행쇼를 하며 통나무에 접근할 때 날개를 펼쳐 두드러진 광채를 낸다.
Photo by Juan José Arango

11. 바늘꼬리마나킨의 행동 레퍼토리는 가까운 친적인 흰목마나킨, 황금날개마나킨의 과시행동 진화를 분석하는 데 필수적인 증거를 제공한다.
Photo by Rafael Bessa

12. 수컷 곤봉날개마나킨은 안쪽 날개깃을 등 위에서 좌우로 빨리 진동시킴으로써 독특한 음색의 소리를 낸다.
Photo by Tim Laman

13. 수컷 윌슨극락조(아래)가 방문한 암컷(위)에게 과시행동을 하고 있다. 그가 암컷에게 보여주는 것은 정수리에 있는 '깃털 없는 담청색 피부'인데, 암컷도 (비록 짙은 청색이기는 하지만) 똑같은 삭발 정수리를 공유한다.
Photo by Tim Laman

14. 오렌지색 수컷 기아나바위새(왼쪽)와 갈색 암컷 기아나바위새(오른쪽)가 야자 열매를 먹고 있다. 수컷과 암컷의 관모는 정수리 좌우에서 중앙선을 향해 자라나는 깃털로 구성되어 있다.
Photo by Tanguy Deville

15. 쥐라기 말의 마니랍토르maniraptor 공룡인 안키오르니스 헉슬리아이의 화석화된 깃털에서 추출된 멜라닌 색소 과립, 즉 멜라닌소체를 전자현미경으로 분석하여 깃털의 색채를 재구성하는 데 성공했다.
Painting by Michael DiGiorgio; from Li et al. (2010)Photo by Rodrigo Gavaria Obregón

16. 교미가 끝난 직후, 수컷 검은배유구오리Black-bellied Whistling Duck(*Dendrocygna autumnalis*)의 페니스는 잠시 대롱대롱 매달려 있다가 총배설강 안으로 회수된다.
Photo by Bryan Pfeiffer

17. 수컷 새틴바우어새는 진입로형 바우어를 지으며, 주변에서 발견한 감청색 물건으로 앞마당을 장식한다.
Photo by Tim Laman

18. 수컷 큰바우어새는 일반적으로 새하얀 뼈와 막대기로 진입로형 바우어를 장식하지만, 이 개체는 화석화된 조개껍질을 사용했다.
Photo by Richard O. Prum

19. 뉴기니 서부에 서식하는 보겔콥바우어새의 수컷은 오두막집 모양의 앞마당에 이끼 정원을 조성하고, 신기한 물건과 재료들로 장식한다. 좌측 상단부터 시계방향으로 빨간 과일, 녹색 곰팡이가 슬어 썩은 나무부스러기, 새까만 숯과 곰팡이와 썩은 과일, 프레이키네티아Freycinetia 덩굴의 빨간 꽃, 딱정벌레의 반짝이는 겉날개, 블루베리, 앰버트리의 끈끈한 분비물이 놓여 있다.
Photo by Brett Benz

20. 브라질 남동부에서, 다섯 마리의 성숙한 수컷 푸른마나킨 그룹이 횃대를 방문한 녹색 암컷(맨 왼쪽)에게 협응적이고 협동적인 '옆으로 재주넘기' 묘기를 선보이고 있다. 만약 이 그룹의 묘기가 마음에 들면, 암컷은 그중 지배적인 알파 수컷과 짝짓기를 하게 된다.
Photo by João Quental

21. 캐나다 뉴브런즈윅주 머차이어스실섬에 있는 둥지로 돌아온 코뿔바다오리 한 마리. 그들은 번식기 동안 암수 공히 눈부신 부리 빛깔을 자랑한다.
Photo by Jim Zipp

아름다움의 진화

연애의 주도권을 둘러싼 성 갈등의 자연사

지은이 **리처드 프럼** Richard O. Prum

예일대학교 조류학과의 교수로 재직하고 있는 동시에 피바디 자연사박물관의 척추동물 수석 큐레이터로 활동하고 있다. 매카서 펠로십과 구겐하임 펠로십을 받았으며, 공룡의 깃털과 그 색깔을 밝혀내는 데 기여했다. 저명한 조류학자인 그는 『아름다움의 진화』에서, 주도면밀한 연구 결과와 한평생의 조류관찰을 통해 수집한 사례들을 총동원하여, 독자들을 전율 넘치는 지적 탐험의 세계로 안내한다. 『아름다움의 진화』는 각양각색의 새들이 아름다움을 뽐내는 숲속에서 시작하여, 종래에는 인간의 진화와 우리 자신을 이해하는 방법을 근본적으로 변화시킨다. 2017년 《뉴욕 타임스》가 선정한 '올해의 책' 10권 중 유일한 과학 책이며, 2018년 퓰리처상 논픽션 부문 수상 후보로 올랐던, 흥미진진하고 매력 만점인 걸작이다.

옮긴이 **양병찬**

서울대학교 경영학과와 동 대학원을 졸업한 후 대기업에서 직장 생활을 하다 진로를 바꿔 중앙대학교에서 약학을 공부했다. 지금은 생명과학 분야 전문 번역가로 활동하며 포항공과대학교 생물학연구정보센터(BRIC) 바이오 통신원으로, 《네이처》와 《사이언스》 등 해외 과학 저널에 실린 의학 및 생명과학 기사를 번역해 학계의 최신 동향을 소개하고 있다. 진화론의 교과서로 불리는 『센스 앤 넌센스』와 알렉산더 폰 훔볼트를 다룬 화제작 『자연의 발명』을 번역해 한국출판문화상 번역 부문 후보에 올랐다. 그 외에 옮긴 책으로 『핀치의 부리』, 『경이로운 생명』, 『오늘도 우리 몸은 싸우고 있다』, 『크레이지 호르몬』 등이 있다.

The Evolution of Beauty

리처드 프럼Richard O. Prum 지음 | 양병찬 옮김

아름다움의 진화

연애의 주도권을
둘러싼
성 갈등의 자연사

동아시아

『아름다움의 진화』에 쏟아진 찬사들

이 창의력 넘치는 책은 박진감 있고 열정적이고 재치 있는 모닝콜로서, 독자들에게 '성선택sexual selection이 새와 (인간을 포함한) 다른 동물들의 신체와 행동에 얼마나 강력한 영향을 미쳤는지'를 일깨워준다. 이 책을 읽기 전에, 오리의 페니스에 대한 흥미진진한 설명을 읽다 보면 인간의 페니스에 대해 많은 것을 알게 되리라고 생각하는 독자들은 아무도 없을 것이다.

_대니얼 리버먼, 『우리 몸 연대기』의 저자

저자는 새를 비롯한 동물들의 아름다움과 배우자선택을 맛깔나게 설명한다. 새들이 배우자를 얻기 위해 온갖 별난 행동을 일삼는다는 사실을 알면, 독자들은 아마 소스라치게 놀랄 것이다. 예컨대 수컷 마나킨새들은 무리를 지어 일사불란한 단체공연을 펼치지만, 암컷과 짝짓기할 수 있는 건 딱 한 마리뿐이다. 또한 독자들은 '남성과 여성들이 겨드랑이털을 가지게 된 이유', '다른 포유류들은 죄다 음경골을 갖고 있는데, 유독 인간 남성만 그걸 상실한 이유', '에덴의 동산에서 일어난 황당한 사건의 전모'도 알게 될 것이다.

_재러드 다이아몬드, 퓰리처상 수상작 『총, 균, 쇠』의 저자

다윈은 진화가 아름답다고 생각했지만, 현대 생물학자들은 그 사실을 까맣게 잊고 있다. 이제 '공룡의 진짜 색깔이 뭐였는지'를 알아낸 리처드 프럼이 혜성처럼 등장하여, 세련되고 유려한 문체로 '다윈의 잊힌 이론'을 널리 전파한다. 자연의 작동방식을 제대로 알고 싶다면, 결코 놓쳐서는 안 될 책이다.

_데이비드 로텐버그, 『자연의 예술가들』의 저자

저자는 그동안 부당한 취급을 받아왔던 '아름다움을 위한 아름다움beauty for the sake of beauty'이라는 강력한 아이디어를 단호하고 도발적인 필치로 복권시켰다. 최고의 과학이 모두 그러하듯 저자의 탐구 활동은 과거에 기반을 두고 있지만, 미래를 바라보는 그의 시선에는 뭔가 대담하고 도전적이고 통찰력 넘치는 기운이 서려 있다. 진화에 조금이라도 관심이 있는 사람이라면, 이 책은 필독서다.

_소어 핸슨, 『깃털: 가장 경이로운 자연의 걸작』의 저자

『아름다움의 진화』는 매혹적이고 도발적이며, 너무나 흥미로워서 주목하지 않을 수 없다. 과학이나 예술이나 성性에 관심이 있는 사람이라면 누구나 (이건 사실상 모든 사람을 뜻한다) 이 책을 읽고 싶어 할 것이다.

_엘리자베스 콜버트, 『여섯 번째 대멸종』의 저자

삶이란 오로지 생존만 추구하는 따분한 투쟁이 아니다. 그것은 (호사스러운 깃털에서부터 이상야릇한 구애 의식courtship ritual에 이르기까지) 온갖 풍요로움으로 가득하다. 리처드 프럼은 『아름다움의 진화』에서 독자들을 '즐거움이 넘치는 세상'으로 안내하여, 그들의 마음 속에 '생명사의 한복판에는 아름다움이 버티고 있다'라는 매혹적인 아이디어를 심어줄 것이다.

_칼 짐머, 『기생충 제국』의 저자

"새들의 화려한 빛깔과 사랑스러운 노래는 유용성usefulness 때문이 아니라, 마음에 드는 배우자감에게 잘 보이려고 생겨났다"라고 리처드 프럼은 주장한다. 프럼은 진화에 대한 새롭고 흥미로운 관점으로 무장하고, 동물계를 회오리바람처럼 휘젓는다. 그의 여행은 온통 경이로움과 지적 자극으로 가득하다.

_프란스 드 발, 『동물의 생각에 관한 생각』의 저자

차례

내 서투른 상상의 날갯짓에 숱한 영감을

불어넣음과 동시에 무한한 인내심을 보여준

앤에게

마더 구스: 자연만이 아는 비밀이 뭘까?

톰 레이크웰: 아름다움이란 게 뭐고, 어디서 생겨나는지.

—『난봉꾼의 행각The Rake's Progress』
이고르 스트라빈스키Igor Stravinsky의 3막 오페라,
위스턴 휴 오든Wystan Hugh Auden &
체스터 칼만Chester Kallman 공동 대본

일러두기

- 동물명은 가급적 국내에서 사용하고 있는 이름을 사용하였으며, 국내에 없는 종은 학명이나 영어명의 뜻을 살려 번역하였습니다.
- 근연종이 다수 등장하거나, 종의 상세한 생태가 설명된 동물의 경우는 괄호 안에 이탤릭체로 학명을 표기하였습니다.
- 지은이가 인용한 다른 도서 등의 글감 중 국내에 기출간된 것은 한국어판을 기준으로 제목을 표기하였으나 출간연도는 원서 기준으로 표기하였습니다.
- 본문 하단에 있는 각주는 옮긴이 주이고, 514페이지에 수록된 미주는 지은이 주입니다.
- 561페이지에 수록된 찾아보기에는, 본문에서 등장하는 인명과 개별 종의 동물명, 학명을 따로 수록하였습니다.

프롤로그

나는 열 살 때부터 새를 관찰하고 연구하기 시작했으며, 평생 다른 일을 하려는 생각을 전혀 해보지 않았다. 그러고 보면 나는 참 행운아다. 그도 그럴 것이, 다른 어떤 직업도 적성에 맞지 않으니 말이다.

모든 일의 발단은 쌍안경이었다. 나는 초등학교 4학년 때 처음 쌍안경이 생겼고, 그로부터 여섯 달도 채 지나지 않아 조류관찰자bird-watcher가 되었다. 쌍안경을 갖기 전에는 기네스북의 내용을 암기한 뒤 형제들에게 퀴즈를 내보라고 하며 많은 시간을 보냈다. 나는 특히 극적인 성과를 거둔 사람들의 기록, 이를테면 세계에서 가장 키가 큰 사람, 가장 무거운 사람, 5분 동안 소라고둥을 제일 많이 먹은 사람 등에 관심이 많았다. 그러나 쌍안경을 손에 넣은 다음부터는 외부세계에 초점을 맞췄고, 이윽고 '덕후 근성'이 발동하여 뭔가 '정리하거나 함께 놀 만한 것'을 찾다가 결국 낙착을 본 것이 바로 '새'였다.

두 번째 계기는 한 권의 책이었다. 우리 가족은 버몬트주 맨체스터센터에서 살았는데, 그곳은 타코닉 산맥과 그린 산맥 사이의 아름다운 계곡에 둥지를 튼 작은 마을이었다. 하루는 어머니와 함께 동네에 있는 작은 서점에서 책을 뒤적이다가, 로저 토리 피터슨Roger Tory Peterson의 『야외용 조류도감A Field Guide to the Birds』에 눈길이 갔다. 나는 책 표지에 그려진 홍관조, 연미복밀화부리, 코뿔바다오리의 그림을 보고 경악하여, 얼어붙은 듯 서 있었다. 그 책은 내용이 무척이나 충실한데도, 주머니에 넣기 딱 좋은 크기여서 휴대하기에 안성맞춤이었다. 나는 책장을 휙휙 넘기다가 문득 '이 책에 나오는 새들을 모두 보려면 어디로 가야 할지'를 상상하기 시작했다. 하지만 실제로 어딜 가든 간에, 먼저 그 책이 필요했다. 그 책을 어머니에게 보여주며, 나직한 목소리로 운을 뗐다. "이 책 갖고 싶어요." 어머니의 반응은 고무적이었다. "음, 마침 네 생일이 얼마 안 남았구나!" 그로부터 열 달 후, 내 열 번째 생일에 어머니는 정말로 조류도감 한 권을 내게 선물했다. 그러나 그것은 (피터슨의 책이 아니라) 챈들러 로빈스Chandler Robbins의 『북아메리카의 조류Birds of North America』로, 한 페이지를 가득 채운 총천연색 그림 맞은편에 설명과 서식지 지도가 수록되어 있었다. 그 책은 멋진 책이었지만 제본 상태가 엉망이어서, 내가 초등학교를 졸업할 때까지 몇 번이고 망가져서 다시 사야 할 것 같았다.

그때부터 투박한 구식 가정용 쌍안경을 들고, 새를 찾기 위해 인근의 시골 지역을 샅샅이 뒤지기 시작했다. 그 후 1년 남짓 지나 드디어 내 돈으로 '바슈롬 커스텀 7×35s' 쌍안경을 장만했다. 돈은 잔디를 깎고 신문을 배달하며 모았다. 열한 번째 생일에는 새소리를 기록할 수 있는 녹음기를 선물 받아 새들을 연구하기 시작했다. 최초의 호기심은 강박관념을 넘어, 마침내 강렬한 열정으로 발전했다. 관찰이 잘되는 날에는 흥분하여 맥박이 고동쳤고, 때로는 그 기분이 며칠 동안 이어졌다.

흔히 사람들은 조류관찰자들을 바라보며 "도대체 새가 뭐기에, 저렇게 열중하는 걸까?"라는 의문을 품는다. "대체 저들은 숲, 웅덩이, 들판에서 무슨 일을 하는 걸까?" 그들의 열정을 이해하는 것의 핵심은, 조류관찰이 사실상 사냥과 마찬가지임을 깨닫는 것이다. 그러나 사냥꾼들과 다른 점이 있다면, 나를 비롯한 조류관찰자들은 전리품을 자신의 마음속에 쌓아둔다는 것이다. 사실 인간의 마음만큼 전리품을 쌓아두기에 안성맞춤인 곳은 없다. 왜냐하면 어디를 가더라도 마음속에 늘 전리품을 휴대할 수 있기 때문이다. 벽에 기대놓거나 다락방에 보관하여 공연히 먼지를 뒤집어쓰게 할 필요가 없으니 얼마나 좋은가! 조류관찰 경험은 조류관찰자의 삶, 그리고 나아가 그 자신을 이루는 일부가 된다. 그리고 모든 기억이 그렇듯 조류관찰의 기억도 날이 갈수록 선명해진다. 돌이켜 생각할수록 깃털의 색깔은 더욱 강렬해지고, 노랫소리는 더욱 달콤해지며, 분간하기 어렵던 특징들은 더욱더 생생하고 독특해진다.

조류관찰의 부산스러운 활기는 '좀 더 많은 새', '가장 먼저 도착하는 새와 가장 나중에 출발하는 새', '가장 큰 새와 가장 작은 새'를 관찰하고 싶게 만들 뿐만 아니라, 그들의 습성을 알고자 하는 욕망을 일깨운다. 무엇보다도 조류관찰은 새로운 새(종전에 본 적이 없는 새)를 관찰하고 그 내용을 기록하고자 하는 욕망을 부추긴다. 어떤 조류관찰자들은 평생 관찰한 새들의 이름을 관찰일지에 적고, 그 일지를 '교도소', 일지에 새로 추가되는 새를 '기결수既決囚'라고 부르기도 한다.

남은 생애 동안 무슨 일을 할 것인지에 대해 진지하게 생각하는 어린아이는 많지 않겠지만, 나는 여느 아이들과 달랐다. 나는 이미 열두 살 때부터 내가 장차 새를 관찰하며 살게 될 것을 믿어 의심치 않았다. 조류관찰은 나를 향해 "총천연색 화보로 장식된 《내셔널 지오그래픽National Geographic》의 페이지에서 뛰쳐나와 모험의 세계로 들어오렴" 하며 손짓했다. 이윽고 내가 천성적으로, 외떨어지고 이국적인 서식지와 현장을 갈망한다는 사실을 깨닫게 되었다. 1976년 아버지와 함께 다시 한 번 서점을 뒤지다가 로버트 리질리Robert Ridgely가 쓴 『파나마의 조류 안내A Guide to the Birds of Panama』라는 멋진 신간을 발견했다. 책값은 15달러로, 내가 가진 돈보다 많았다. 하지만 그런 값비싼 물건을 구매할 때면 으레 부모님이 절반씩을 부담해주시곤 하였기에, 나는 이번에도 그럴 의향이 있는지 아버지에게 물었다. 아버지는 나를 못 미더운 눈치로 바라보다 이렇게 반문했다. "하지만 리키, 네가 파나마에 갈 일이 있겠니?" 나는 (아마도 거친 숨을 내뿜으며) 이렇게 대꾸했다. "하지만 아빠, 책을 사서 보는 게 책에 나온 장소에 갈 계기가 될 수도 있잖아요!" 나는 내 말이 옳았다고 생각한다. 왜냐하면 그 책을 집으로 가져간 것이 계기가 되어, 평생토록 신열대구(북회귀선 이남의 신대륙)의 조류에 푹 빠지게 되었기 때문이다.

물론 조류관찰의 궁극적인 목표는 1만 종種이 넘는 전 세계의 새들을 모두 아는 것이다. 그러나 여기서 '안다'라는 것은 '중력의 법칙'이나 '에베레스트산의 높이'나 '로버트 얼 휴스Robert Earl Hughes는 체중이 약 480킬로그램으로, 세상에서 가장 무거운 사람이었다'라는 것처럼 단순한 '사실'을 아는 것과는 다르다. 조류관찰이란 '새를 좀 더 친근하고 심오한 방식으로 아는 것'을 말한다.

이 말뜻을 이해하기 위해, 조류관찰자가 새를 바라보는 장면을 상상해보자. 일반적인 새가 아니라 특별한 새, 예컨대 수컷 블랙번솔새Blackburnian Warbler(*Setophaga fusca*)• 를 생각해보자. 나는 1973년 5월의 맑은 아침, 맨체스터센터에 있는 내 집 앞마당에 서 있는 앙상한 흰자작나무에 앉은 블랙번솔새를 처음 본 순간을 분명히 기억한다. 그 이후 몇 년 동안, (메인주 북부에 있는 알라가시 강변의 번식지에서부터 에콰도르의 울창한 안데스 삼림지대에 있는 월동지에 이르기까지) 여러 장소에서 블랙번솔새를 여러 번 봤다. 그래서 나는 블랙번솔새를 좀 안다고 자부한다.

물론, 수컷 블랙번솔새를 보는 사람들이라면 새까맣고 빳빳한 몸깃, 휘황찬란한 오렌지빛 목과 얼굴 무늬, 흰 익대wing bar와 배, 꽁지의 점을 놓칠 리 만무하다. 블랙번솔새를 보는 사람들은 누구나

• 컬러 화보 1번.

놀랍고 기억에 남는, 감각적인 인상을 받을 것이다. 그러나 조류관찰이란 새를 바라보고 시각적 경험을 받아들이는 것만으로 끝나지 않는다. 모름지기 조류관찰자라면, 새의 신체적 특징을 모두 확인한 다음 정확한 학명(또는 적절한 고유명사)을 댈 줄 알아야 한다.[1]

수컷 블랙번솔새뿐만 아니라 다른 어떤 새를 보더라도 마찬가지다. 조류관찰자는 까만색, 오렌지색, 흰색 깃털의 선명한 무늬를 단순히 감각적으로 지각sensory perception하는 것과 구별되는 신경학적 경험neurological experience을 하게 된다. 이건 괜한 말이 아니다. 실제로 사람들의 뇌를 기능적 자기공명영상functional magnetic resonance imaging(fMRI)으로 분석한 바에 따르면 조류관찰자는 훈련받지 않은 사람과 달리, 뇌의 시각피질visual cortex에 있는 안면인식모듈face recognition module을 이용하여 새의 종種과 깃털을 인식하고 식별한다고 한다.[2] 다시 말해서, 조류관찰자는 블랙번솔새를 식별할 때, 사람들이 익숙한 얼굴(예: 제니퍼 애니스톤Jennifer Joanna Aniston, 에이브러햄 링컨Abraham Lincoln, 당신의 이모)을 인식하기 위해 사용하는 뇌의 영역을 사용한다는 것이다.[3] 조류관찰은 당신의 뇌를 훈련시켜, '자연사적인 지각의 흐름'을 '식별 가능한 개개인과의 만남'으로 전환한다. 전자와 후자의 차이는 '이방인들의 물결 속에서 도시의 거리를 걷는 것'과 '학교 정문에 들어서는 즉시 모든 개개인을 알아보는 것'의 차이와 마찬가지다. '조류관찰자로서 경험하는 것'과 '숲속에서 단순히 산책하는 것'의 핵심적인 차이는 '뇌 속에서 일어나는 현상'에 있다.

영어에는 '안다'라는 뜻의 동사가 'know' 하나밖에 없어, 이러한 차이를 표현할 수가 없다. 그러나 다른 언어에는 두 가지 동사가 존재하는 경우가 많은데, 그중 하나는 '어떤 사실이나 개념을 이해한다'라는 뜻이고, 다른 하나는 '사적인 경험을 통해 어떤 사람 또는 사물과 익숙하다'라는 뜻이다. 스페인어에서 '어떤 사실을 알거나 이해한다'라는 뜻의 동사는 saber지만, '경험을 통해 어떤 사람이나 사물과 익숙하다'라는 뜻의 동사는 conocer다. 이와 마찬가지로, 프랑스어에는 savoir와 connaître가 있고, 독일어에는 wissen과 kennen이 있다. 조류관찰이 단순한 관찰과 확실히 구별되는 점은, 두 가지 종류의 앎 사이에 다리를 놓아 '익숙함과 사적인 경험'을 '사실과 이해'에 연결한다는 것이다. 조류관찰이란 개인적인 경험을 통해 자연계에 대한 지식을 축적하는 것을 말한다. '책에서 보았는가'가 아닌 '실물로 보았는가' 여부가 조류관찰자에게 중요한 건 바로 그 때문이다. 두 눈으로 직접 보지 않은 상태에서 '어떤 새가 존재한다'라는 사실을 아는 것만으로는 불충분하다. 그건 connaissance(connaître의 명사형) 없는 savoir일 뿐이다.

대학에 처음 들어갔을 때 진화생물학이, 그동안 나를 완전히 매료시켰던 새의 다양한 측면들(즉, 엄청난 다양성과 무한하고 세세한 차이들)을 연구하는 과학 분야임을 발견하고 뛸 듯이 기뻤다. 진화란, 1만 종의 새들이 어떤 과정을 거쳐 현재의 모습을 갖게 되었는지에 대한 설명이었다. 아울러 내가 소싯적부터 해온 조류관찰(인지적인 우표 수집cognitive stamp collecting) 활동이 훨씬 더 웅장한 지적 프로젝트의 토대를 쌓았음을 깨달았다. 그 프로젝트는 평생 새의 진화에 관한 과학적 연구에 몰두하는 것이었다.

그 후 40여 년간의 조류관찰과 30년에 걸친 조류의 진화 연구를 통해, 광범위한 과학적 주제를 연구하는 즐거움과 행운을 누렸다. 그리고 그 과정에서 모든 대륙에 서식하는 새들을 섭렵하며, 모든 종의 삼분의 일 이상을 관찰하는 기회를 얻었다. 그런데도, 열두 살 적에는 절대 불가능하다고까지 생각했던 '모든 새를 다 보고야 말겠다'는 바람이 더디게 진행되는 것에 조바심이 났다. 남아메리카 대륙의 열대우림에서 작업하며, 전에 몰랐던 마나킨새manakin(무희새과Pipridae)의 행동을 새로 알게 되었다. 나는 새들의 미세한 발성기관을 해부한 다음, 그 해부학적 특징을 이용하여 종간種間의 진화적 관계를 재구성했다. '조류의 생물지리학biogeography',● '깃털의 발달 및 진화', '수각류theropod 공룡에서 찾은 새 깃털의 기원'을 연구하기도 했다. 깃털 채색의 물리학과 화학, 새의 4색각four-color vision도 연구했다.

이러한 과정에서 나의 연구는 여러 차례 놀랄 만한 전기轉機를 맞아, 전혀 상상하지 못했던 주제들(가령 충격적일 정도로 격렬한 오리의 성생활)을 다루기도 했다. 때로는 나의 다양한 연구를 통해 전혀 예기치 못했던 관계가 드러나는 경우도 있었다. 예를 들면 '새 깃털의 채색'과 '공룡 깃털의 진화'에 대해 연구하는 다른 팀들과 합세하여, 1억 5,000만 년 전의 깃털공룡인 안키오르니스 헉슬리아이 Anchiornis huxleyi●가 보유했던 깃털의 인상적인 색깔을 발견하는 성과를 거뒀다.

● 종의 전 지구적 분포를 연구하는 학문.

● 컬러 화보 15번.

나는 오랫동안 나의 연구가 '없는 것 빼고 다 있는 만물 상자'라고 생각했었다. 그러나 최근에는 내 연구가 사실은 하나의 커다란 이슈, 즉 '아름다움의 진화evolution of beauty'에 관해 천착해왔음을 알게 되었다. 물론, 이 '아름다움'이란 인간이 아니라 새들의 관점에서 본 아름다움이다. 나는 특히 '새의 사회적·성적 선택이 진화의 다양한 측면에 어떻게 영향을 미쳤는지'를 이해하고자 하는 도전정신이 충만했다.

새들은 다양한 사회적 맥락에서 서로를 관찰하고, 자신이 관찰한 것을 평가함으로써 사회적 의사결정social decision을 내린다. 이것은 실질적인 결정으로, '어떤 새와 짝을 이룰 것인지', '어떤 새끼의 주둥이에 먹이를 넣어줄 것인지', '한 배에서 난 알들을 품을지 말지'를 좌우한다. 그러나 뭐니 뭐니 해도, 새가 내리는 사회적 의사결정 중에서 가장 중요한 것은 '누구와 짝짓기를 할 것인가'다.

새들은 특정 깃털·색깔·노래·과시행동에 대한 선호도를 바탕으로 자신의 배우자를 선택하며, 그 결과는 성적 장식물sexual ornament의 진화로 귀결된다. 그리하여 새들은 많은 성적 장식물들을 지니게 되었다. 과학적으로 말해서, 성적 아름다움에는 '관찰 가능한 특징들'이 모두 포함되는데, 그 존재가치는 단 하나, '짝짓기의 관점에서 바람직하기 때문'이다. 지난 수백만 년 동안 수천 종의 새들 사이에서 나타난 배우자선택은 성적 아름다움의 다양성을 폭발적으로 증가시켰다.

성적 장식물은 기능 면에서 다른 신체 부위와 구별된다. 즉, 장식물은 물질계physical world와의 생태적·생리적 상호작용 과정에서 기능을 발휘하지는 않는다. 성적 장식물은 관찰자와의 상호작용에서 기능을 발휘하는데, 그 과정에서 다른 개체의 감각적 지각과 인지적 평가cognitive evaluation가 어우러져 주관적 경험을 창조한다. 여기서 주관적 경험이란 관찰이 불가능한 내적·정신적인 특질로서, 일련의 감각적·인지적 사건들(빨간색 물체를 목격함, 장미의 향내를 맡음, 통증·배고픔·욕망을 느낌 등)을 거쳐 생성된다. 성적 장식물의 기능 중에서 가장 중요한 것은, 관찰자의 욕구와 애착attachment을 불러일으키는 것이다.

그렇다면 동물이 주관적으로 경험한 욕망을 우리가 어떻게 알 수 있을까? 주관적 경험이란 측정이나 계량이 거의 불가능한 것으로 간주된다. 토머스 네이글Thomas Nagel이 「박쥐가 된다는 건 어떤 걸까?What is it like to be a bat?〉라는 자신의 대표적인 논문에서 말한 것처럼, 모든 생물의 주관적 경험에는 (박쥐가 됐든 가자미가 됐든 사람이 됐든) 지각적·인지적 사건이 필요하다.[4] 그러나 박쥐가 아니고서야, 초음파를 통해 세상의 3차원적 음향구조를 지각하는 경험을 결코 이해할 수 없다. 우리는 '개인의 주관적인 경험이 타인(심지어 다른 종)의 주관적 경험과 질적으로 유사하다'라고 상상하지만, 상상만 할 뿐 확인할 방법은 없다. 왜냐하면 서로 다른 개인이 내적인 정신경험을 실제로 공유할 수 없기 때문이다. 심지어 자신의 사고와 경험을 표현할 수 있는 인간들 사이에서도 내적인 감각경험의 내용과 질을 타인에게 알리는 것은 궁극적으로 불가능하며, 과학적 측정과 추론을 통해서 접근할 수도 없다.

그러므로 대부분의 과학자는 '동물의 주관적 경험을 과학적으로 연구한다'라는 아이디어에 알레르기 반응을 보여 왔으며, 심지어 주관적 경험 자체를 인정하지 않는 경우도 있었다. 만약 동물의 주관적 경험을 측정하는 게 불가능하다면, 많은 생물학자는 그런 현상이 적절한 과학적 주제가 될 수 없다고 생각할 것이다. 그러나 내 생각은 다르다. "우리는 자연계를 과학적으로 정확히 설명하기 위해, 주관적 경험을 포괄하는 진화 이론이 필요하다"라는 것이 나의 지론이다. 주관적 경험이라는 개념은 진화를 이해하는 데 필수 불가결하며, 이 개념을 무시할 경우 우리는 엄청난 지적 위험intellectual peril에 직면할 수 있다. 왜냐하면 동물의 주관적 경험이 진화에 매우 중요하고 결정적인 결과를 초래하기 때문이다.

만약 주관적 경험을 측정할 수 없다면, 그걸 과학적으로 어떻게 연구해야 할까? 나는 물리학에서 교훈을 얻을 수 있다고 생각한다. 20세기 초에 베르너 하이젠베르크Werner Karl Heisenberg는 전자의 위치와 운동량을 동시에 알 수 없음을 증명한 바 있다. 하지만 하이젠베르크의 불확정성 원리uncertainty principle를 통해 전자를 뉴턴역학으로 환원하는 것이 불가능한 것으로 밝혀졌지만, 그렇다고 물리학자들이 전자의 문제를 포기하거나 무시하지는 않았다. 오히려 그들은 전자에 접근하기 위해 새로운 방법을 고안해냈다. 그와 마찬가지로, 생물학자들은 동물의 주관적 경험을 연구하기 위해 새로운 방법을 찾아야 한다. 가령 동물의 주관적 경험을 측정하거나 자세히 알 수 없지만, 그들에게 조심스럽게 다가가 기본적인 사항들을 간접적으로 알아낼 수는 있다. 왜냐하면 (나중에 보게 되겠지만) 근연관계가 있는 생물들 사이에서 종마다 다르게 나타나는, 장식물의 진화과정과 그에 대한 성적 선호도를 추적함으로써 주관적 경험이 어떻게 진화했는지를 유추할 수 있기 때문이다.

나는 개체의 감각적 판단sensory judgment과 인지적 선택cognitive choice을 통해 전개되는 진화과정을 미적 진화aesthetic evolution라고 부른다. 미적 진화를 연구하려면 성적 매력sexual attraction의 양쪽 측면을 모두 고려해야 하는데, 그중 하나는 '욕구의 대상'이고 다른 하나는 '욕구 자체의 형태'다. 생물학자들은 전자를 과시형질display trait, 후자를 짝짓기선호mating preference라고 부른다. 우리는 어떤 배우자감이 선호되는지를 연구함으로써 성적 욕구의 결과를 관찰할 수 있다. 이 관찰을 위해 활용할 수 있는 효과적인 방법은, 욕구의 대상이 진화된 과정을 연구함으로써 성적 욕구의 진화를 연구하는 것이다. 즉, 주어진 종 특유의 성적 장식물을 선정하여, 그것이 다양한 종들 사이에서 진화한 과정을 검토해보는 것이다.

성선택sexual selection의 작동방식을 이해함으로써 드러나는 사실은, 놀랍게도 '욕구 자체'와 '욕구의 대상'이 공진화coevolution해왔다는 것이다. 나중에 언급하겠지만, 성적 아름다움의 사례는 대부분 공진화의 결과다. 다시 말해서 '과시형질'과 '짝짓기선호'는 우연히 서로 들어맞게 된 게 아니라, 오랜 진화적 시간evolutionary time에 걸쳐 서로를 형성해온 것이다. 자연계의 비범한 미적 다양성aesthetic diversity이 탄생하게 된 것은 바로 이 공진화 메커니즘을 통해서였다. 그러므로 이 책은 궁극적으로 '아름다움과 욕구의 자연사'에 관한 책인 셈이다.

이쯤 되면 이런 질문을 하는 독자가 있을 것이다. “당신이 주장하는 소위 ‘미적 진화’는 다른 종류의 진화와 어떻게 다른가요?” 그 차이를 설명하려면, 통상적인 ‘자연선택에 의한 적응적 진화adaptive evolution’와 ‘성선택에 의한 미적 진화’를 비교해야 한다. 전자는 찰스 다윈Charles Darwin이 발견한 것으로 이미 잘 알려진 진화 메커니즘이지만, 후자 또한 다윈의 또 다른 놀라운 발견이다.

새에 관해서 다윈이 제창한 적응적 진화의 가장 유명한 사례 중 하나는 갈라파고스핀치Galápagos Finches다.[5] 약 15종으로 구성된 갈라파고스핀치는 하나의 공통 조상에서 진화하여, 주로 부리의 크기와 형태가 각각 달라졌다. 특정한 부리의 형태와 크기는 특정한 식물 씨앗을 다루고 깨뜨리는 데 효율적이다. 즉, 큰 부리는 크고 단단한 씨앗을 깨는 데 적당한 데 반해, 작은 부리는 작고 미세한 씨앗을 다루는 데 효율적이다. 갈라파고스의 환경에서 구할 수 있는 식물 씨앗의 크기, 단단함, 풍부함이 장소와 시기에 따라 다르므로, 특정 종의 핀치들이 다른 핀치들보다 특정 환경에서 생존하기에 유리할 것이다. 그런데 부리의 크기와 형태는 유전율heritability이 높은 형질이므로, 각 부리 형태에 따라 다른 생존율이 여러 세대에 걸쳐 누적됨에 따라 부리의 형태가 다르게 진화하게 된다. 이러한 진화적 메커니즘을 자연선택이라고 부르며, 궁극적으로 적응적 진화로 이어지게 된다. 왜냐하면 여러 세대가 환경에서 잘 작동하는 부리 형태를 잇따라서 진화시키고, 그 부리들이 개체의 생존능력과 생식능력

(출산 및 양육에 필요한 에너지와 자원 조달 능력) 향상에 직접 기여하기 때문이다.

이번에는 새의 성적 장식물, 즉 개똥지빠귀의 노래나 벌새의 무지갯빛 깃털과 같은 형질의 진화과정을 생각해보자.[6] 이러한 특징들은 부리의 형태에 작용하는 자연선택의 기준과는 사뭇 다른 기준에 맞춰 진화한다. 성적 장식물이란 미적 형질aesthetic trait로, 그 진화는 주관적 평가에 바탕을 둔다. 주관적 평가는 타 개체의 지각과 평가를 통해 기능을 발휘하며, 성선택을 통해 그 결과가 나타난다. 수많은 개체의 짝짓기 결정은 누적되어 장식물의 진화를 추동한다. 다시 말해서, 종의 모든 구성원은 종의 진화과정에서 각자의 소중한 한 표를 행사한다.

다윈 자신이 깨달은 바와 같이, '자연선택에 의한 적응적 진화'와 '성선택에 의한 미적 진화'는 자연계에서 완전히 다른 패턴의 변이variation를 초래한다. 예컨대, 하나의 부리로 하나의 씨앗을 깨는 방법에는 한계가 있으므로, 부리의 크기 및 형태가 변이할 수 있는 경우의 수에도 한계가 있을 수밖에 없다. 결과적으로, 씨앗을 쪼아 먹는 10여 종의 새들은 각각 독립적·수렴적으로 진화하여, '씨앗 깨기'라는 특별한 물리적 과제를 수행하기 위해 매우 비슷한 '핀치의 부리' 스타일의 부리를 진화시켰다. 그러나 배우자의 눈길을 끈다는 것은 씨앗을 깨는 것보다 선택지가 훨씬 더 많은 문제로, 매우 자유롭고 역동적인 도전을 유발한다. 따라서 모든 종은 이성과 의사소통하고 눈길을 끌기 위해 각자 나름의 해결책을 진화시켰는데, 다윈은 이를 '독립적인 미의 기준independent standards of beauty', 쉽게 말해서 '제

눈에 안경'이라고 불렀다. 그러므로 전 세계에 서식하는 1만여 종의 새들이 두 가지 과제(이성 간 의사소통과 눈길 끌기)를 수행하기 위해, 각각 독자적이고 독특한 장식물의 미적 레퍼토리를 진화시켰다는 것은 전혀 놀랄 일이 아니다. 그 결과 지구상에는 거의 셀 수 없을 만큼 다양한 생물학적 아름다움이 존재하게 되었다.

그런데 나는 '성선택에 의한 미적 진화'를 연구하는 과정에서 한 가지 문제에 직면했다. 다름 아닌 과학계 내부의 문제다. 진화생물학 분야에서 연구한다는 것 자체는 정말 즐거운 일이지만, 과학계라는 곳이 원체 견해의 다양성, 불일치, 지적 갈등이 넘쳐나는 곳이기 때문이다. 아니나 다를까, '미적 진화'라는 나의 아이디어는 진화생물학의 주류 이론(수십 년도 아니고, 다윈의 시대 이후 거의 한 세기 반이라는 유구한 전통을 지닌 사고방식)과 정면으로 충돌했다. 그때나 지금이나 대부분의 진화생물학자는 이렇게 생각한다. "성적 장식물과 과시(그들은 일반적으로 '아름다움'이라는 용어를 회피한다)가 진화한 이유는, 그 장식물이 잠재적 배우자의 자질과 조건에 대한 구체적이고 정직한 정보를 포함하고 있기 때문이다." 이러한 사고방식을 '정직한 신호 패러다임honest signaling paradigm'이라고 하는데, 그 대표적인 사례가 어깨걸이풍조라고도 불리는 최고극락조Superb bird-of-paradise(*Lophorina superba*)[•]의 수컷이다. 그가 타원형으로 펼치는 가슴

• 컬러 화보 2번.

깃에는 범상찮은 강청색鋼青色 무늬가 아로새겨져 있다. 스마일 이모티콘을 연상시키는 이 무늬는 마치 맞선에 쓰이는 신상명세서처럼, 안목 있는 암컷이 알아볼 수 있는 온갖 정보를 담고 있다고 여겨진다. "가문은 어떤가? 좋은 알에서 부화했나? 좋은 둥지에서 자랐나? 식성은 좋은가? 몸 관리는 잘하나? 성병은 없나?" 오랫동안 해로하는 새들의 경우, 이러한 구애표현courtship display에서 그보다 더 많은 정보를 얻기도 한다. "경쟁자로부터 영토를 지켜낼 힘이 있을까? 나를 먹이고 보호해줄 수 있을까? 자식들에게 좋은 아빠가 될 수 있을까? 남편으로서 정조를 지킬까?"

장식물에 대한 이 같은 주류 이론은 마치 자연을 결혼중개업체로 보는 듯하다. 이에 따르면 아름다움이란 철저히 효용과 관련된 지표다. 이러한 관점에서 보면, 개체의 주관적인 짝짓기선호는 배우자감의 객관적 자질에 의해 형성되며, 아름다움이 바람직한 이유는 오로지 다른 세속적 이익(예: 정력, 건강, 좋은 유전자)을 가져다주기 때문이다. 비록 성적 아름다움이 관능적 쾌감을 유발하더라도 성선택은 자연선택의 또 다른 형태일 뿐이며, '갈라파고스핀치의 부리에 작용하는 진화의 힘'과 '최고극락조의 구애행동을 형성하는 진화의 힘' 사이에는 근본적인 차이가 없다는 것이다. 하지만 정말 그럴까?

이것은 '아름다움의 본질 및 유래'에 대한 나의 견해와 전혀 다르다. 약간 망설여지는 측면이 있긴 하지만, "자연선택에 의한 적응의 과정은 다소 무미건조하다"라는 게 나의 생각이다. 물론 진화생물학자의 한 사람으로서, 나는 '자연선택에 의한 적응'이 자연계에서 널리 작용하는 기본적이고 보편적인 힘이라는 점을 잘 알며, 그

무한한 중요성을 부인할 생각이 추호도 없다. 그러나 '자연선택에 의한 적응'의 과정은 진화 자체와 동의어가 아니다. 진화과정과 진화사를 살펴보면, 자연선택에 의한 적응만으로는 설명될 수 없는 부분들이 너무나 많기 때문이다. 나는 이 책 전체에 걸쳐, "진화는 종종 변덕스럽고, 기이하고, 우발적이고, 개별적이고, 예측과 일반화가 불가능하므로, 적응으로 설명될 수 없는 경우가 많다"라는 점을 강조할 생각이다.

진화의 결과 탄생한 성적 장식물은 배우자의 자질에 대한 객관적 정보를 제공하지 않는다. 오히려 '신호 전달자'와 '선택자'의 생존능력과 생식능력을 감소시킬 수도 있다는 점에서, 진화는 심지어 퇴폐적decadent이기까지 하다. 간단히 말해서, 개체들은 자신의 주관적 선호를 추구하는 과정에서 부적응적인maladaptive 선택을 내릴 수도 있으며, 그로 인해 생물과 환경 간의 부적합worse fit이 초래될 수 있다는 것이다. 물론 상당수의 진화생물학자가 내 견해에 동의하지 않을 줄로 안다. 그러나 내 생각은 그들과 다르며, 그 이유에 대한 설명은 이 책에 들어 있다. 좀 더 포괄적인 의미에서, 나는 독자들에게 "자연선택만으로는 자연계에서 볼 수 있는 성적 장식물의 다양성, 복잡성, 극단성을 설명하기가 어렵다"라는 점을 알려주고 싶다. 자연선택은 자연의 유일한 설계자가 아니다.

'합당한 과학적 의문'과 '만족스러운 과학적 답변'의 종류는 사람마다 다를 것이다. 어떤 이유에선지, 나는 지금껏 단순한 적응적 설명adaptive explanation이 불가능한 진화과정에 더 많은 흥미를 느껴왔다. 어쩌면 평생 새의 진화를 연구하며 'savoir'보다 'connaître'를 중시해온 개인적 방식이 그런 견해를 갖도록 했는지도 모르겠다. 그러나 이 같은 미적 진화 이론은 찰스 다윈 자신이 처음으로 제시하고 옹호한 이론이며, 그 당시에도 대대적인 비판을 받았음을 상기할 필요가 있다. 그 후 다윈의 심미적 성선택 이론은 진화생물학에서 변방으로 밀려나, 그동안 거의 잊혀왔다.[7] 성선택을 자연선택의 한 형태로 간주하는 신다윈주의neo-Darwinism는 오늘날 큰 인기를 끌고 있지만, 정통 다윈주의는 맥을 추지 못하고 있다. 엄밀히 말하면, 적응주의 관점adaptationist view의 원조는 다윈이 아니며, 다윈의 지적 시종侍從들과 그의 적수 앨프리드 러셀 월리스Alfred Russel Wallace를 통해 오늘날까지 이어져왔다. 따라서 나는 미적 진화 이론을 통해 '동물의 주관적 배우자선택이 진화과정에서 중요할 뿐만 아니라 종종 결정적 역할을 수행한다'라는 점을 증명함으로써, '진짜 다윈'과 '정통 다윈주의'를 권좌에 복귀시킬 것이다.

하지만 '아름다움의 진화'를 본격적으로 다루자니 마음에 걸리는 점이 하나 있다. 아름다움이라는 개념에는 사람들의 선입견, 기대, 오해가 잔뜩 섞여 있으므로, 그런 용어를 과학적 설명에 사용하는 것은 피하는 게 현명할 수도 있다. '동물들의 반응을 끌어내는 특질'을 '아름다움'이라고 부를 수 있을까? 그렇게 문제가 많고 다의적多義的인 단어 대신, 대부분의 생물학자가 선호하는, 순수하고 비미학적nonaesthetic인 단어를 쓰는 게 좋지 않을까?

나는 고심한 끝에, 다윈이 사용했던 '아름다움'이라는 말을 그대로 채택하기로 했다. 왜냐하면, 나 역시 다윈과 마찬가지로 '아름다움'이라는 일상 언어가 '생물학적 매력biological attraction에 포함된 특징들'을 정확히 담아낸다고 생각하기 때문이다. 성적 신호sexual signal를 '그 신호를 선호하는 생물(개똥지빠귀가 됐든, 바우어새가 됐든, 나비가 됐든, 인간이 됐든 상관없다)이 아름답다고 느끼는 것'이라고 인정할 때, 우리는 사회적·성적 선택을 내리는, 지각 있는 동물sentient animal이 된다는 게 뭘 의미하는지를 완전히 파악할 수 있다. 우리는 '아름다움은 적응적 이점adaptive advantage에 의해 형성되는 효용utility이 아니다'라는 다윈주의적 가능성을 인정해야 한다. 자연계에서의 아름다움과 욕구는 우리 인간의 개인적 경험과 마찬가지로 비합리적이고 예측하기 어렵고 역동적이다.

아름다움을 과학에 다시 도입함으로써, 배우자선택에 대한 다윈의 미학적 원개념을 되살리고 아름다움을 과학적 주제의 주류로 격상시키는 것이 이 책의 목표다.

이 책에서 옹호하고자 하는 다윈의 배우자선택 개념에는 또 다른 논란의 요소가 내재되어 있다. 다윈은 '배우자선택에 의한 진화'의 메커니즘을 제시하는 과정에서, "암컷의 선호는 생물학적 다양성의 진화에 있어서 강력하고 독립적인 힘이 될 수 있다"라는 가설을 세웠다. 그러자 아니나 다를까, 빅토리아 시대의 과학자들은 다윈의 혁명적 아이디어를 가리키며 이렇게 조롱했다. "암컷이 배우자선택을 하는 데 있어서 자율적인 결정을 내릴 수 있을 정도의 인지능력이나 기회를 갖고 있다고? 그건 어림 반 푼어치도 없는 소리다." 그러나 다윈이 가정했던 '성적 선택의 자유' 또는 성적 자율성sexual autonomy이라는 개념은 부활해야 한다. 다윈이 세상을 떠난 지 이미 140년이 흘렀지만, 나는 비로소 이 책에서 '성적 자율성의 진화'와 '그것이 비인간 및 인간의 형질과 행동에 대해 시사하는 점'을 상세히 고찰할 것이다.

내가 물새류의 폭력적인 성행동을 연구하던 중 깨달은 바와 같이, 암컷의 성적 자율성에 대한 주된 도전은 성폭력과 사회적 통제social control를 통한 수컷의 성적 강제sexual coercion다. 우리는 오리와 기타 물새들의 사례를 조사함으로써, 수컷의 성적 강제에 대한 다양한 진화적 반응을 탐구할 것이다. 우리는 배우자선택이 특히 암컷에게 있어서, 선택의 자유를 향상시키는 방향으로 진화할 수 있음을 알게 될 것이다. 요컨대, 우리는 성적 자율성이 단지 (현대의 여성 참정권 운동가들과 페미니스트들이 고안해낸) 정치적 이데올로기가 아님을 알게 될 것이다. 선택의 자유는 동물들에게도 역시 중요하기 때문이다.

새에게서 인간으로 눈을 돌려, 나는 인간이 가진 독특하고 별난 섹슈얼리티의 진화과정(예: '여성의 오르가슴', '남성의 뼈 없는 성기', '동성 간의 성적 욕구와 선호'의 생물학적 뿌리)을 이해하는 데에 성적 자율성이 기본이 된다는 점을 설명할 것이다. 미적 진화와 성 갈등sexual conflict은 인간의 지능, 언어, 사회적 조직화, 물질문명, 미적 다양성의 기원에도 큰 영향을 미친 것으로 보인다.

간단히 말해서, 배우자선택의 진화역학은 새뿐만이 아니라 우리 인간을 이해하는 데도 필수적이다.

나는 조류관찰자와 자연사학자로 살아오면서 미적 진화 이론에 늘 관심을 가졌지만, 어쩌다 보니 그것이 진화생물학에서 미미한 지위를 차지하고 있는 현실에 익숙해져버렸다. 그러나 나는 깨달음의 순간을 정확히 기억한다. "오늘날 주류 진화론자(적응적 진화론자)들이 미적 진화 이론에 강하게 반발하고 있는데, 그것은 '미적 진화 이론의 선전善戰에 위기의식을 느낀 적응적 진화론자들의 자기보호 본능'에 기인한다"라는 사실을 깨달은 순간을 말이다. 바로 그 순간 이 책을 써야 한다고 생각했다.

그 직접적인 계기가 된 것은, 몇 년 전 미국의 어느 대학교를 방문해서 한 진화생물학자와 함께 점심을 먹으며 '성적 장식물의 진화'에 대한 나의 견해를 밝히던 도중 일어난 사건이었다. 내가 몇 마디를 할 때마다, 그 학자는 어김없이 한두 건씩 이의를 제기하며 내 말을 가로막는 게 아닌가! 파상적인 질문 공세에 대응하는 바람에 주의가 산만해져, 나는 간간이 논점을 분명히 하느라 무진 애를 먹었다. 점심 식사가 끝나갈 때쯤, '배우자선택에 의한 진화'에 관한 나의 견해를 어렵사리 마무리하려고 하자 그가 갑자기 소리쳤다. "그러나 그건 허무주의적 발상이에요!" 아뿔싸! 내 딴에는 '자연계에서 일어나는 장식물의 다양성에 대해, 무한한 경외심을 불러일으켰다'라고 자부했던 것이, 그에게는 절망적인 세계관으로 보였던 것이다. 만약 내 견해를 받아들인다면, 삶의 목적의식이나 의미가 완전히 사라지기라도 하는 것처럼 말이다. 다시 말해서, 만약 배우자선택으로 인해 진화한 장식물이 배우자의 자질을 나타내는 게 아니라 그저 아름답기만 하다면, 그건 우주가 합리적으로 돌아가지 않는다는 소리가 아니고 뭐냐는 거였다. 나는 그 순간 "진화에 관한 다윈의 미학적 견해를 완전히 소화하여, 좀 더 많은 사람에게 설명하는 게 절실히 필요하겠구나"라고 되뇌었다.

나의 과학적 견해는 조류학자로서 새를 객관적·주관적으로 관찰하고, 자연사학자로서 자연계를 포괄적으로 개관한 경험에서 직접 유래한다. 나는 이러한 경험을 통해 엄청난 지적·감정적 기쁨을 누렸다. 과학자로서의 내 인생은 늘 흥미롭고 영감이 넘쳤으며, 새의 아름다움이 진화한 것을 생각하기만 해도 소름이 오싹 돋곤 했다. 나는 이 책에서 "미묘한 미적 진화 이론이 결정론적인 적응적 진화 이론보다 자연을 더욱 풍부하고 정확하고 과학적으로 이해하게 해주는 이유"를 설명하려고 노력할 것이다. 성선택을 통해 진화를 바라볼 때, 우리는 자유와 선택으로 가득한, 전율 넘치는 세상을 볼 수 있다. 성선택을 배제하고 바라볼 때보다 훨씬 더 아름답고 흥미진진한 세상을.

1. 다윈의 정말로 위험한 생각

'자연선택에 의한 적응'은 과학사史에서 가장 성공적이고 영향력 있는 생각 중 하나다. 이 발상이 생물학 전체를 통합했으며, 인류학·심리학·경제학·사회학, 심지어 인문학에 이르기까지 그에 막대한 영향을 받지 않은 분야가 없다는 점을 고려하면, 그러한 평가를 받아야 마땅하다. 그리고 자연선택 이론 뒤에 버티고 있는 찰스 다윈의 천재성은 그의 가장 유명한 생각만큼이나 유명하다.

이 책을 읽는 독자들은 이렇게 생각할지도 모른다. "'자연선택에 의한 적응'의 위력을 과소평가하는 성향으로 미루어볼 때, 저자는 다윈을 등진 반대파이며 다윈의 유산에 대한 문화적·과학적 숭배를 깎아내리겠군." 그러나 사실은 정반대다. 나 역시 다윈의 유산을 찬양한다. 다만 약 한 세기 반 동안 간과되고 왜곡되고 무시되고 거의 잊힌 다윈의 생각을 새로 조명함으로써, 다윈의 유산에 대한 통념을 바꾸고 싶을 뿐이다. 나는 다윈의 말 하나하나를 탈무드처럼 신봉하는 데는 관심이 없으며, 다윈의 생각을 올바로 이해하는 것이 앞으로도 발전을 거듭할 현대과학의 밑거름이 될 거라고 믿는다.

다윈의 생각이 얼마나 풍부한 내용과 가능성을 품고 있는지 알리기 위해, 나는 많은 사람에게 "우리는 진정한 다윈을 실제로 모릅니다. 그는 지금껏 인정받았던 것보다 훨씬 더 위대하고 창의적이고 통찰력 있는 사상가입니다"라고 역설하고 다녔다. 오늘날 다윈주의자를 자처하는 신다윈주의자들은 십중팔구 다윈을 완전히 오해하고 있다는 것이 나의 지론이다. 진정한 다윈은 현대과학의 용비어천가에서 삭제된 지 오래다.

철학자 대니얼 데닛Daniel Dennett은 '자연선택에 의한 적응적 진화'를 가리켜 "다윈의 위험한 생각"이라고 한 바 있다. 그것은 다윈의 첫 번째 걸작 『종의 기원On the Origin of Species by Means of Natural Selection』의 주제다. 하지만 나는 여기서 "다윈의 정말로 위험한 생각"을 이야기하고자 한다.[1] 그것은 '성선택에 의한 미적 진화'라는 개념으로, 다윈의 두 번째 걸작인 『인간의 유래와 성선택The Descent of Man, and Selection in Relation to Sex』의 주제다.

다윈이 제안한 성선택이라는 개념이 그렇게 위험한 것이냐고? 무엇보다도, 다윈의 성선택은 신다윈주의자들에게 특히 위험하다. 왜냐하면 성선택을 받아들인다는 것은 곧, '자연선택의 힘을 진화의 (유일한) 원동력으로 간주하기에는 한계가 있으며, 생물계를 과학적으로 설명하는 데도 부족하다'라고 인정하는 것이기 때문이다. 다윈이 『인간의 유래와 성선택』에서 주장한 것처럼, 자연선택은 진화의 유일한 원동력이 될 수 없다. 왜냐하면 자연선택이 우리가 생물계에서 보는 장식물의 엄청난 다양성을 전부 설명할 수 없기 때문이다.

다윈은 이 딜레마와 씨름하느라 오랜 시간을 들였다. 얼마나 고민이 많았으면 다음과 같이 말한 것으로 유명할까! "나는 공작의 꽁지에 있는 깃털을 들여다볼 때마다 구역질이 난다네!"[2] 공작의 깃털은 자연선택의 결과로 진화한 다른 유전성 형질들과 달리, 생존가치survival value 면에서는 완전히 낭비 그 자체다. 이것은 그가 『종의 기원』에서 내세운 원리들과 완전히 배치된다. 그래서 그가 고심 끝에 최종적으로 얻은 통찰은 '뭔가 다른 진화적 힘이 작용하는 게 분명하다'라는 것이었다. 그러나 다윈의 정통파 적응주의 추종자들은 그것을 '용서할 수 없는 변절'로 간주했다. 결과적으로, 다윈의 성선택 이론은 그 후 억압되고 오해받고 재규정되어, 끝내 잊히고 말았다.

'성선택에 의한 미적 진화'는 너무나 위험한 이론이어서, 자연선택의 전능한 설명력을 지키기 위해 다윈주의에서 배제되어야 했다. 그러나 자연계에 나타난 아름다움의 다양성을 과학적으로 설명하기 위해서는, 다윈의 미적 진화 이론을 생물학과 문화의 주류에 복귀시켜야 한다. 그러지 않고서는 셀 수 없을 만큼 다양한 생물학적 아름다움을 설명할 길이 없다.

찰스 다윈은 19세기 영국의 농촌 귀족 출신으로, 전 세계로 뻗어가는 대제국의 상류계급으로서 특권을 누릴 수 있었다.[3] 그러나 다윈은 상류계급의 게으른 한량이 아니었다. 신중한 습관과 꾸준하고 근면한 기질의 소유자였던 그는, 자신의 특권과 넉넉한 수입을 지칠 줄 모르는 지적 탐구에 쏟아부었다. 생계나 실적에 얽매이지 않고 관심이 가는 방향을 좇아, 궁극적으로 현대 진화생물학의 기본 원칙들을 발견했다. 그리하여 (인간을 동물계의 맨 위에 올려놓는) 빅토리아 시대의 계층적 세계관에 치명타를 날렸다. 찰스 다윈은 자신도 모르게 급진적 성향을 띠게 되었는데, 그의 지적 급진주의에서 유래한 창의적 영향력(과학과 문화 전반에 대한 시사점)은 오늘날까지도 제대로 평가되지 않고 있다.

그의 학창 시절을 다룬 고식적인 이미지를 보면, 다윈은 교외를 어슬렁거리며 딱정벌레를 수집하는 무심한 한량으로 묘사되기 일쑤다. 그는 의과대학을 그만두고, 별다른 목적의식도 없이 다양한 관심사들을 기웃거리다, 그 유명한 비글호 항해에 참여할 기회를 얻었다. 전해지는 말에 따르면, 다윈은 세계일주를 통해 새사람이 되어, 오늘날 우리가 기억하는 혁명적 과학자가 되었다고 한다.

나는 다윈이 탐구 정신이 강하고 조용한 학생이었다는 데는 이의가 없지만, 그가 세계일주를 한 후에야 새사람이 되었다는 말에는 반대다. 나는 그가 학생 시절부터 가지고 있던 올곧은 지성이, 적절한 시기를 맞아 겉으로 드러났으리라 생각한다. 그는 '좋은 과학'이라는 게 뭔지를 본능적으로 알고 있었을 것이다. 1859년 『종의 기원』을 발표하기 직전에 다윈은 세계적으로 유명한, 하버드대학교의 루이 아가시Louis Agassiz 교수의 창조론을 설명한 걸작 『분류에 관하여essay on classification』를 두고 "아무짝에도 쓸모없는 쓰레기"라고 혹평했다. 내 생각에는, 의대생 시절의 다윈도 자신이 받았던 생물학 교육의 대부분에 대해 똑같은 결론을 내렸을 것 같다. 그리고 그의 생각은 백번 옳았다. 그도 그럴 것이, 그가 1820년대에 받았던 의학 교육은 정말로 형편없는 쓰레기였기 때문이다. 인체가 움직이는 핵심적인 메커니즘은 이해되지 않았고, 질병의 원인에 대한 과학적 개념도 존재하지 않았다. 의학적 치료라고는 아무런 효과도 없는 위약placebo 한 봉지와 강력한 독소, 위험한 돌팔이 치료가 전부였다. 오늘날 환자에게 조금이라도 유익하다고 인정받을 만한 의학적 치료법은 손에 꼽을 정도였다. 실제로 다윈은 자신의 자서전에서, 에든버러에 있는 왕립의학회 강의에 참석했던 소감을 짧게 적었다. "쓸모 있는 것은 단 하나도 없고, 쓰레기들만 잔뜩 언급되었다."[4] 다윈이 당대의 완고한 도그마dogma에서 벗어나 원대하고 총명한 호기심을 마음껏 충족시킬 수 있는 지적인 장을 발견한 때는 오직, 비글호를 타고 남반구의 미개척지에 도달했을 때밖에 없었을 거라고 감히 말할 수 있다.

눈앞에 펼쳐진 별천지에서 모든 것을 마음껏 관찰하고 난 뒤, 다윈이 관찰했던 사항들은 『종의 기원』에 언급된 두 가지 위대한 생물학적 발견의 밑거름이 되었다. 그중 하나는 자연선택에 의한 진화의 메커니즘이고, 다른 하나는 '모든 생명체는 역사적으로 하나의 공통조상에서 유래하므로, 거대한 '생명의 나무Tree of Life'에서 서로 연결되어 있다'라는 개념이다. 지금도 지구 한구석에서 '다윈의 생각들을 공립학교에서 가르쳐야 하는가'라는 문제를 놓고 논쟁이 벌어지고 있다는 걸 생각하면, 한 세기 반 전에 다윈의 독자들이 받았던 충격은 어느 정도였을지 짐작하고도 남음이 있다.

『종의 기원』이 발간된 후 맹렬한 공격에 시달리는 동안, 세 가지 문제가 다윈의 마음을 옥죄어왔다. 첫 번째 문제는 쓸 만한 유전학 이론이 전혀 없다는 것이었다. 그레고어 멘델Gregor Mendel의 연구결과를 모르는 상황에서, (자연선택 메커니즘의 기본이 되는) 유전 이론을 독자적으로 개발하려고 노력해봤지만 헛수고였다. 두 번째 문제는 인간의 진화적 기원, 인간의 본성, 인간의 다양성에 관한 문제였다. 인간의 진화적 기원에 관하여, 다윈은 『종의 기원』에서 일부러 힘을 빼고 이렇게 적당히 마무리했다. "이 책을 계기로 하여, 인간의 기원과 역사 문제에 대한 해결의 실마리가 보이게 될 것이다."[5]

다윈이 세 번째로 직면한 큰 문제는 '실용성 없는 아름다움'의 기원이었다. 만약 자연선택이 유전성 변이heritable variation의 차별적 생존differential survival에 의해 추동된다면, 걸리적거리기만 하는 수컷 공작 꽁지의 정교한 아름다움은 어떻게 설명할 것인가? 꽁지가 수컷 공작의 생존에 도움이 되지 않는다는 것은 분명하며, 굳이 효과를 따져본다면 오히려 방해될 뿐이다. 거대한 꽁지 때문에 행동이 굼뜨면 포식자에게 잡아먹히기 쉽기 때문이다. 다윈을 특히 강박관념에 시달리게 한 것은 공작 꽁지깃에 아로새겨진 안점eyespot이었다. 그는 일찍이 "인간의 눈은 수많은 점진적 진보incremental advance가 시간이 흐르면서 누적되어 진화한 것으로 설명된다"라고 주장했다. 각각의 점진적 진보는 빛을 감지하고, 빛과 그림자를 구분하고, 초점을 맞추고, 상像을 맺고, 색깔을 구별하는 등의 능력을 미세하게 향상시키는데, 이 모든 것들이 집합적으로 동물의 생존에 기여한다는 것이다. 그러나 공작의 안점이 진화하는 중간단계에서는 어떤 합목적성이 충족되었을까? 오늘날 공작의 완벽한 안점이 실제로 무슨 역할을 수행하긴 하는 걸까? 인간의 눈이 진화한 이유를 설명하는 게 지적 도전intellectual challenge이라면, 공작의 안점이 진화한 이유를 설명하는 것은 지적 악몽intellectual nightmare이었다. 다윈은 실제로 이러한 악몽에 시달렸던 것 같다. 앞에서도 말했지만, 이와 관련하여 종종 인용되는 "나는 공작의 꽁지에 있는 깃털을 들여다볼 때마다 구역질이 난다네!"라는 구절은, 그가 1860년 미국인 친구이자 하버드의 식물학자인 아사 그레이Asa Gray에게 보낸 편지에 적혀 있는 내용이다.

1871년 출간된 『인간의 유래와 성선택』에서, 다윈은 인간의 기원과 아름다움의 진화라는 두 가지 문제를 과감하게 언급했다. 이 책에서, 그는 '무기armament와 장식물ornament', '전쟁과 미적 취향'을 설명하기 위해 독립적인 제2의 진화 메커니즘인 성선택을 제시했다. 만약 자연선택의 결과가 유전성 변이의 차별적 생존에 의해 결정된다면, 성선택의 결과는 차별적 성적 성과differential sexual success(배우자 획득에 유리한 유전적인 특징들)에 의해 결정된다고 말이다.

다윈은 성선택 과정에서 두 개의, 독특하면서 잠재적으로 상반되는 진화 메커니즘이 작동한다고 상정했다. 첫 번째 메커니즘은 전쟁의 법칙law of battle으로, 하나의 성(종종 수컷)에 속하는 개체들 사이에서 벌어지는 이성 개체에 대한 성적 통제sexual control를 둘러싼 투쟁이다. 다윈은 이런 가설을 세웠다. "성적 통제를 둘러싼 전쟁은 큰 몸집, 공격용 무기(예: 뾰족한 뿔horn, 가지 모양의 뿔antler, 돌출부), 물리적 통제 메커니즘의 진화로 이어진다." 두 번째 성선택 메커니즘은 미적 취향taste for the beautiful으로, 하나의 성(특히 암컷)에 속하는 개체들이 자신만의 고유한 선호에 근거하여 배우자를 선택하는 과정과 관련되어 있다. 다윈의 가설에 따르면, 자연계에서 아름답고 만족스러운 형질을 보유한 개체들이 많이 진화한 것은 성선택 때문이다. 이러한 형질들을 장식용 형질ornamental trait이라고 하며, 새의 노래, 다채로운 깃털, 각종 치장에서부터 맨드릴개코원숭이Mandrill(*Mandrillus sphinx*)의 빛나는 파란색 얼굴과 후구hindquarter(뒷다리와 궁둥이)에 이르기까지 다양하다. 거미, 곤충, 새, 포유류를 포함하는 광범위한 조사를 통해, 다윈은 많은 종에 나타난 성선택의 증거를 검토했다. 그는 전쟁의 법칙과 미적 취향에 따라, 자연계에서 무기와 장식물이 진화한 과정을 설명하려고 시도했다.

그리고 마침내 『인간의 유래와 성선택』에서, 다윈은 『종의 기원』에서 언급을 회피했던 인간의 진화적 기원에 대한 이론을 명백히 제시했다. 그는 서두에서 인간과 다른 동물들 사이의 연속성continuity을 길게 논의하며, '인간의 독특성과 예외성'이라는 난공불락의 요새를 서서히 점진적으로 무너뜨려나갔다. 문화적으로 예민한 주제의 특성을 고려하여, 매우 신중한 페이스로 진화적 연속성evolutionary continuity에 대한 자신의 주장을 관철했다. 그는 시종일관

자극적인 결론을 삼가다, 맨 마지막 장章인 「전반적인 요약과 결론 General Summary and Conclusion」에서 최후의 일격을 가했다. "그러므로 우리는 인간이 털북숭이 네발짐승hairy quadruped에서 진화했음을 알 수 있다."[6]

다음으로, 다윈은 동물계에서 성선택이 작용한 과정을 논의한 후, 그것이 인간의 진화에 미친 영향을 분석했다. '털 없는 몸'에서부터 외모의 지리적·인종적·부족적 다양성, 고도의 사회성, 언어와 음악의 사용에 이르기까지, 인간이라는 종이 형성되는 데 있어서 성선택이 결정적인 역할을 수행했음을 입증하는 유력한 증거들을 제시했다.[7]

> 인간이 지닌 용기, 호전성, 인내, 몸집과 체력, 모든 종류의 무기와 악기(가창력 포함), 밝은 깃발과 띠와 표시, 각종 장식물들은 모두 사랑과 질투의 영향, 미적 평가, 선택권 행사를 통해 간접적으로 얻게 된 것이다.

'아름다움의 진화'와 '인류의 기원'이라는 복잡하고 논쟁적인 주제들을 한 권의 책에서 다뤘다는 것은 대단한 지적 성과였지만, 『인간의 유래와 성선택』은 일반적으로, 난해하며 심지어 결함마저 있는 저술로 간주된다. 그의 논증은 매우 느리고 점진적이었고, 문체는 무미건조하고 산만했으며, 자기 생각을 뒷받침하기 위해 박식한 권위자들의 말을 계속해서 인용했다. 아마도 다윈은 모든 이성적인 독자들이 자신의 급진적 결론의 불가피성을 받아들일 거라고 생각했던 모양이다. 그러나 그러한 수사적 전술이 실패로 돌아감에 따라, 그는 창조론자와 진화론자들 모두의 비판을 받아야 했다. 그의 자연선택을 지지했던 동료들조차도 성선택만큼은 단호히 반대했다. 그리하여 『인간의 유래와 성선택』은 오늘날까지도 『종의 기원』만큼의 지적 영향력을 발휘하지 못하고 있다.[8]

다윈의 성선택 이론에서 가장 두드러지고 진취적인 점은, 미학적 성향이 뚜렷하다는 점이다. 그는 자연계에 나타난 아름다움의 진화적 기원을 '아름다워지고자 하는 동물적 욕구의 결과'로 파악했다. 이 생각이 급진적인 이유는, 생명체(특히 암컷)를 종 진화의 능동적 주체로 내세웠기 때문이다. 자연선택은 경쟁·포식predation·기후·지리 등의 외력external force이 생명체에 작용하는 데서 비롯하지만, 이와 달리 성선택은 생명체가 스스로 담당하는 독립적이고 자기 주도적self-directed인 과정이다. 다윈은 암컷을 '미적 취향을 가진 존재'와 '심미적 존재'로, 수컷을 '배우자를 매혹하려 노력하는 존재'로 서술했다.

> 대다수 동물들의 경우, 미적 취향은 이성의 매력에 국한되어 있다. 번식기에 많은 수컷 새들이 발산하는 매력은 암컷들의 감탄을 자아내는 것이 확실한데, 그에 대한 증거는 나중에 제시될 것이다. 만약 암컷이 수컷 파트너의 아름다운 색깔, 장식물, 음성을 평가할 수 없다면, 수컷이 암컷 앞에서 자신의 매력을 과시하는 데 수반되는 노

력과 근심은 모두 허사가 될 것이다. 그건 말도 안 된다.[9]

> 전반적으로 볼 때, 새들은 모든 동물 중에서 가장 심미적이다. 물론 인간은 제외하고 말이다. 그러나 주지하는 바와 같이 모든 인간의 미적 취향은 거의 비슷하다. 그에 반해 수컷 새들은 이루 헤아릴 수 없을 정도로 다양한 종류의 음성과 악기를 동원하여 암컷을 매혹한다.[10]

오늘날의 과학적·문화적 관점에서 볼 때, 다윈이 미학적 언어를 선택한 것은 다분히 유별나고 의인적anthropomorphic이며, 심지어 당혹스러울 정도로 어리석어 보이기까지 한다. 배우자선택에 대한 다윈의 미학적 견해가 오늘날 진화론 분야에서 '미친놈' 취급을 받는 건 그 때문인지도 모른다. 그러나 그건 가당치 않다. 분명히 말하지만, 다윈은 현대인과 달리 '동물의 의인화'에 대한 거부감이 없었다. 그는 그동안 당연시되었던 '인간과 다른 생물 간의 넘을 수 없는 장벽'을 깨는 데 몰두하고 있었으므로, 그가 미학적 언어를 사용한 것은 유별난 버릇이나 빅토리아 시대풍의 가식假飾 때문이 아니었다. 그것은 진화과정의 본질을 논하기 위해 다윈이 구사하는 과학적 논증의 전형적 특징이었다. 동물의 감각적·인지적 능력과 그러한 능력의 진화적 귀결에 대한 다윈의 의견은 단호했다. 그는 인간과 다른 동물들을 '거대한 생명의 나무'의 가지에 일괄적으로 배치하고, 평범한 언어를 사용하여 비범한 과학적 주장을 펼쳤다. "인간과 동물의 주관적 감각 경험subjective sensory experience은 대등하므로, 양자를 과학적 관점에서 비교하는 것은 얼마든지 가능하다"라고 말이다.

다윈의 언어에 함축된 첫 번째 의미는, 동물은 여러 배우자감 중에서 하나를 선택할 때 자신의 미적 감각에 호소하는 쪽을 선택한다는 것이었다. 빅토리아 시대의 독자 중 상당수, 심지어 진화 자체에는 동의하는 사람들조차도 이 점만은 도저히 받아들이지 못했다. 그들은 동물이 섬세한 미적 판단을 내릴 수 있다는 것을 어불성설로 치부했다. 설사 동물들이 구애자의 깃털 색깔이나 세레나데 선율에서 차이를 관찰할 수 있더라도, 그것을 인지적으로 구별하여 특정한 변이체에 대한 선호를 행동으로 보여줄 수 있다는 개념은 터무니없는 것으로 여겼다.

그러나 빅토리아 시대의 이 같은 반론은 명백히 기각되었다. '동물은 감각적 평가sensory evaluation(다양한 감각기관을 이용한 평가)를 통해 배우자선택권을 행사할 수 있다'라는 다윈의 가설은 오늘날 많은 증거에 의해 뒷받침되며, 보편적으로 받아들여지고 있으니 말이다. 새에서 물고기에 이르는 척추동물은 물론 메뚜기에서 나방에 이르는 곤충까지, 동물계 전반에 걸친 수많은 실험에서, 동물은 자신의 배우자를 선택하기 위한 감각적 평가 능력을 보유한 것으로 밝혀졌다.[11]

동물의 인지적 선택cognitive choice에 대한 다윈의 제안은 오늘날 널리 인정받고 있지만, 성선택에 대한 미학적 이론에 함축된 두 번째 의미는 아직도 여전히 논쟁적인 주제다. 다윈은 '아름다움, '취향', '매력', '평가하다', '감탄하다', '사랑하다'와 같은 단어를 사용하며, "짝짓기선호는 과시 때문에 진화할 수 있으며, 과시는 선택자

chooser에게 실용적 가치utilitarian value를 전혀 제공하지 않고 오로지 미적 가치aesthetic value를 제공할 뿐"이라고 제안했다. 요컨대, 다윈은 "아름다움이 진화한 주된 이유는 (아름다움이) 관찰자에게 쾌감을 주기 때문"이라는 가설을 제기한 것이다.

성선택에 대한 다윈의 견해는 시간이 흐름에 따라 발전했다. 그는 『종의 기원』에서 성선택에 관해 이렇게 말했다. "많은 동물의 경우, 성선택은 가장 활기차고 적응적인 수컷으로 하여금 가장 많은 자손들을 낳게 함으로써 자연선택을 뒷받침할 것이다."[12]

다시 말해서 다윈은 『종의 기원』에서 성선택을 자연선택의 시녀 정도로만 여기고, 가장 활기차고 적응적인 배우자의 영속성을 보장하는 부차적 수단으로 간주했던 것이다. 이러한 견해는 오늘날에도 만연하고 있다.[13] 그러나 『인간의 유래와 성선택』을 쓸 때, 다윈은 훨씬 더 폭넓은 성선택의 개념을 채택했다. 그는 배우자감의 활력이나 적응성에 구애되지 않고 미적 어필에 방점을 찍었는데, 이는 그가 청란Great Argus(*Argusianus argus*)을 예로 든 데서 잘 나타난다. "수컷 청란은 매우 흥미로운 동물이다. 왜냐하면 그가 선보이는 몹시 세련된 아름다움이, 성적 매력 이외의 다른 목적에 전혀 부합하지 않는 것처럼 보이기 때문이다."[14]

더 나아가, 다윈은 『인간의 유래와 성선택』에서 성선택과 자연선택을 두 개의 구분된(그리고 종종 독립적인) 진화 메커니즘으로 간주하며, "양자는 잠재적으로 상호작용하며 심지어 상충하기도 한다"라고 강조했다. 따라서 성선택과 자연선택은 '정말로 다윈적인 진화생물학 견해'의 2대 핵심요소라고 할 수 있다. 그러나 나중에 다시 살펴보겠지만, 이러한 견해는 대부분의 현대 진화생물학자들에 의해 기각되었다. 그들은 다윈의 초기 성선택 견해를 선호하며, 성선택을 자연선택의 변종에 불과한 것으로 간주했다.

다윈의 성선택 이론에는 미학적인 것 말고 독특한 점이 또 하나 있는데, 그건 바로 공진화적coevolutionary이라는 것이다. 다윈의 가설에 따르면, 배우자선택에 사용되는 '특정 과시형질specific display trait'과 '미의 기준standard of beauty'은 함께 진화하며 서로 영향을 미치고 강화하는데, 이 역시 청란의 사례에서 증명되었다.

> 수컷 청란의 아름다움은 '보다 화려하게 치장한 수컷'을 원하는 암컷의 선호에 따라 여러 세대에 걸쳐 점진적으로 획득되었다. 한편, 암컷의 심미적인 능력은 실습과 습관을 통해 진보했는데, 이는 우리의 취향이 점차 개선되는 것과 같은 이치다.[15]

요컨대 다윈이 상정한 진화과정은, '종種 나름의 독특한 인지적 미의 기준'이 '그 기준을 충족하는 과시형질의 정교화'에 맞춰 공진화한다는 것이다. 이 가설에 따르면, 모든 생물학적 장식물들의 배경에는 정교하게 공진화한 인지적 선호cognitive preference가 도사리고 있는데, 이 선호는 독자적으로 형성된 것이 아니라 장식물의 진화에 의해 추동되고 형성된 것이다. 현대적인 과학적 기준에서 볼 때, 다윈이 청란의 사례를 이용하여 공진화과정을 설명한 것은 다소 불충분한 설명이지만, 그런 식으로 따지면 자연선택도 별반 다를 것은 없다. 중요한 유전학적 설명이 빠졌음에도 불구하고, 오늘날 우리는 다윈의 자연선택을 찬란한 선견지명의 소산으로 간주하고 있지 않은가? 그런데 유독 '과시형질과 미적 기준의 공진화'를 평가할 때만 엄격한 잣대를 들이대는 것은 자기기만이라고 생각된다.

배우자선택에는 다윈이 『인간의 유래와 성선택』에서 논증한 또 하나의 혁명적인 아이디어가 도사리고 있다. 그 내용인즉, 동물들은 자연선택을 추동하는 생태적 경쟁·포식·기후·지리 등의 외력에 단순히 종속되어 있는 존재가 아니라는 것이다. 그 대신, 동물들은 성적·사회적 선택을 통해 자신의 진화에 독특하고 중대한 역할을 수행하며, 성선택을 통해 성적 선호를 시현示現할 기회가 생길 때마다 새롭고 독특한 미적 진화가 일어난다. 새우가 됐든 백조가 됐든 나방이 됐든 혹은 인간이 됐든, 개별적인 생물들은 자연선택의 힘과 완전히 별도로(그리고 때로는 정반대로) '임의적이고 효용 없는 미'를 진화시키는 잠재력을 발휘한다.

펭귄이나 바다오리의 경우에는 쌍방이 배우자를 선택한다. 즉 암컷과 수컷 모두가 서로에게 잘 보이려고 하며 짝짓기선호를 공진화시킨다. 일처다부제인 도요새와 물꿩의 경우, 성공적인 암컷이 여러 번 짝짓기를 할 수 있다. 도요새와 물꿩의 암컷들은 수컷보다 덩치가 크고 색깔도 밝으며, 수컷을 유혹하기 위해 노래를 부르고 구애행동을 한다. 그에 반해 수컷들은 배우자를 선택하고 둥지를 지으며 새끼들을 양육한다. 그러나 다윈의 관찰에 따르면, 치장이 가장 화려한 종들의 경우 암컷의 배우자선택을 통해 성선택이 이루어지는 경우가 압도적으로 많았다. 이 책에서 암컷의 배우자선택을 집중적으로 다루는 것은 바로 이 때문이다. 만약 암컷의 미적 선호가 성선택을 추동한다면, 우리가 자연계에서 목격하는 극단적 형태의 성적 과시sexual display를 창조하고 규정하고 형성하는 것은 암컷의 성적 욕구일 것이다. 궁극적으로, 자연에서 아름다움의 진화에 결정적으로 기여하는 것은 암컷의 성적 자율성sexual autonomy이라고 할 수 있다. 성적 자율성은 다윈의 시대부터 매우 위태로운 개념으로 여겨졌고, 오늘날에도 사정은 별반 달라지지 않았다.

성적 자율성이라는 개념은 진화생물학에서 제대로 탐구되지 않았기 때문에, 그 개념을 정의하고 광범위한 시사점을 탐구할 만한 가치가 충분하다. 윤리학·정치철학·사회학·생물학을 비롯한 모든 분야에서, 자율성은 '개인이 상황을 충분히 파악한 연후에, 독립적·비강제적으로 결정을 내릴 수 있는 상태'로 규정된다. 따라서 성적 자율성이란 '개체가 상황을 충분히 파악한 연후에, 독립적·비강제적으로 짝짓기 상대를 결정할 수 있는 상태'라고 할 수 있다. 다윈의 성적 자율성 개념을 구성하는 요소들(즉, '감각적 지각', '감각적 평가와 배우자선택을 위한 인지능력', '성적 강제에서 벗어날 수 있는 가능성' 등)은 오늘날 진화생물학에서 흔히 찾아볼 수 있는 개념들이다. 그러나 다윈 이후의 진화생물학자 중에서 다윈만큼 이 개념들을 명확히 정리한 사람은 없었다.

다윈이 제시한 성적 자율성과 관련된 가설은 두 가지였다. 첫째, 암컷의 성적 자율성(미적 취향)은 생명사史에서 독립적·혁신적으로 진화했다. 둘째, 수컷에게는 성적 통제sexual control를 가할 수 있는 독립적인 힘이 있어서, 암컷의 성적 자율성을 뒷받침하거나 상쇄하거나 심지어 압도할 수도 있다. (이 힘을 '전쟁의 법칙'이라고 하는데, 한 성의 구성원들이 이성과의 짝짓기를 통제할 요량으로 벌이는 전투를 의미한다.) 어떤 종의 경우 상반되는 진화 메커니즘 중 하나가 성선택의 결과를 지배할 수 있지만, 어떤 종(예: 오리)의 경우에는 '암컷의 선택'과 '수컷의 경쟁 및 강제'가 동시에 작용하여 성 갈등sexual conflict을 가속시킬 수 있다. 다윈은 성 갈등의 역학dynamics을 완전히 기술할 수 있는 지적 틀을 보유하고 있지 않았지만, 인간과 동물 모두가 성 갈등을 겪는다는 점은 명확히 이해하고 있었다.

간단히 말해서, 『인간의 유래와 성선택』은 『종의 기원』만큼이나 혁명적인 메커니즘과 분석적인 아이디어로 무장하고 있었지만, 다윈과 동시대를 산 대부분의 사람에게는 쇠귀에 경 읽기였다.

1871년 『인간의 유래와 성선택』이 출판되자마자, 다윈의 성선택 이론은 신속하고 무자비한 공격에 노출되었다. 좀 더 정확히 말하면, 무차별적으로 공격받은 게 아니라 인정받은 부분도 일부 있었다. 즉, 전쟁의 법칙(수컷 간의 경쟁) 개념은 즉각적이면서도 거의 보편적으로 인정받았다. '암컷 지배를 위한 수컷 간의 경쟁'이라는 개념은 가부장적인 빅토리아 시대의 문화에서 받아들여지기가 확실히 수월했다. 예컨대, 생물학자 조지 마이바트George Mivart 경은 『인간의 유래와 성선택』 출간 직후에 익명으로 기고한 서평에서 이렇게 지적했다.

다윈은 매우 다른 두 가지 과정을 뭉뚱그려, 성선택이라는 범주에 집어넣었다.[16] 첫 번째 과정은 우월한 힘(또는 활동력)과 관련되어 있는데, 수컷은 그 힘을 행사하여 배우자를 획득하고 경쟁자를 따돌릴 수 있다. 이는 하자가 없는 개념임이 분명하지만, 성선택의 하위범주보다는 자연선택의 일종으로 간주하는 게 더 타당해 보인다.

마이바트는 이 몇 마디 말을 통해 기선을 제압한 후 오늘날까지도 유리한 위치를 점하고 있다. 그는 자신이 동의하는 성선택 이론의 요소(수컷 간의 경쟁)를 받아들이되, 다윈의 견해(자연선택과 별개로 작용하는 힘)와 달리 자연선택의 일종일 뿐이라고 분명히 선을 그었다. 이유야 어찌 됐든 그는 성선택의 한 측면이 존재한다는 사실을 인정한 셈이지만, 성선택의 다른 측면은 절대로 인정하지 않았다.

그러나 암컷의 배우자선택을 언급할 때, 마이바트는 모호하던 태도를 바꿔 전면공격을 퍼부었다. 마이바트는 다윈의 이론이 암시하는 성적 자율성을 "암컷이 자유롭게 행사하는 선택권"이라는 네 어절로 집약했다. 빅토리아 시대의 독자들에게 미칠 부정적 영향을 고려할 때, '동물이 행사하는 어떠한 형태의 선택권도 인정할 수 없다'라는 그의 입장은 단호했다.

두 번째 과정은 암컷이 자유롭게 행사하는 선택권(또는 선호도)과 관련되어 있는데, 이는 특정한 수컷이 보유하는 매력, 즉 형태 · 색깔 · 향기 · 음성의 아름다움에 대한 선호를 근거로 한다.[17]

동물계 전체를 광범위하게 살펴봐도, 정신능력이 발달한 동물의 사례는 눈에 띄지 않는다. 심지어 다윈이 특별히 선정하여 제시한 사례에서도, 어떤 짐승이 전형적인 인지능력을 조금이라도 보유하고 있음을 암시하는 증거는 전혀 찾아볼 수 없다.[18]

'동물은 필수적인 감각능력과 인지능력이 부족하며, 과시형질에 근거한 성선택sexual choice based on display trait에 필요한 자유의지도 없다'라는 게 마이바트의 주장이었다. 따라서 그의 주장에 따르면, 동물은 능동적 참가자active player나 선택 주체selective agent가 될 수 없었다. 더욱이 수컷 공작의 꽁지가 진화하는 과정에서 암컷 공작이 하는 역할을 논의하며, 마이바트는 '엉뚱한 암컷이 선택권을 행사한다'라는 아이디어를 특히 가당찮다고 여겼다. "암컷의 변덕은 포악하고 너무 불안정하므로, 그녀의 선택행위로 인해 수컷의 색조가 일관되게 형성되는 일은 있을 수 없다."[19]

마이바트가 볼 때, 암컷의 성적 변덕sexual whim은 너무 제멋대로라서(즉, 변덕스러운 암컷은 1분마다 선호가 바뀌므로) 공작의 꽁지와 같이 경이롭고 복잡한 장식물이 진화한다는 것은 불가능했다.

우리는 여기서 마이바트의 주장을 면밀히 검토해볼 필요가 있다. 왜냐하면 그가 사용한 단어 중 일부의 의미가 지난 140년 동안 변화를 거듭해왔기 때문이다. 포악한vicious이라는 단어는 오늘날 '사납고 난폭하거나 맹렬한'을 뜻하지만, 본래 의미는 '부도덕하거나 타락하거나 사악한'으로, 문자 그대로 '악vice의 모든 특징'을 의미했다.[20] 변덕caprice도 마찬가지여서, 오늘날에는 '즐겁고 무사태평한 일시적 기분'을 의미하지만, 빅토리아 시대에는 '명확하거나 충분한 동기 없는 막무가내식 변심'이라는 비하적인 의미로 사용되었다.[21] 따라서 마이바트에게 있어서 암컷의 배우자선택과 자율성이라는 개념은, '변덕+정당화될 수 없는 부도덕과 죄악'이라는 최악의 조합이었다.

마이바트도 수컷의 과시가 성적 각성sexual arousal에서 일익을 담당할 수 있음을 인정했다.[22] "수컷의 과시는 암컷의 신경계는 물론 자신의 신경계에 필요한 수준의 자극을 제공하는 데 유용하다. 그럴 경우 암수 모두에게 강렬한 쾌감이 유발될 것이다."

'자극이 쾌감을 유발한다'라는 마이바트의 말은 빅토리아 시대의 결혼 매뉴얼에 적혀 있는 성생활 지침을 그대로 베낀 듯한 뉘앙스를 풍긴다. 이러한 관점에서 보면, 암컷의 적절한 성적 반응을 이끌어낸 다음 수컷의 성행동에 맞도록 조율하는 방법은 간단하다. 수컷이 충분한 자극만 제공하면 되니 말이다.

그러나 성적 과시의 목적이 '필요한 수준'의 자극을 가하는 것에 불과하다면, 암컷의 개별적이고 자율적인 성적 욕구는 뭐란 말인가! 암컷은 일정 수준 이상의 자극에 자동적으로 반응하는 섹스돌이 아니다. 암컷이 반응하는 데는 구혼자의 정성 어린 노력과 적절한 타이밍이 필요하며, 둘 중 하나라도 부족하면 성과를 거둘 수 없다. 암컷의 성욕의 자율성을 부인하는 개념은 20세기 내내 세계만방에 울려 퍼지다가, 지그문트 프로이트Sigmund Freud의 '인간의 성적 반응 이론'에 이르러 절정에 달했다(9장 참고). 여성의 성적 쾌락에 대한 프로이트의 생리적 해석에 따르면, 남성은 '어쩌면 그녀가 반응하지 않을지도 모른다'라는 가능성을 염려할 필요가 없었다. 여성의 성적 반응이 없다는 것은 '그녀의 생리에 뭔가 문제가 있다', 즉 불감증이 있다는 이야기이기 때문이다. 나중에 언급하겠지만 1970년대에 여성해방운동이 등장하면서 '배우자선택에 의한 진화라는 생물학 이론의 재발견', '서구문화에서 여성 자율권의 인정', '여성의 섹슈얼리티에 대한 프로이트식 개념 붕괴'라는 사건이 동시다발적으로 일어난 것은 우연이 아닌 듯하다.

『인간의 유래와 성선택』에 대한 마이바트의 논평은 또 하나의 지속적인 지적 경향intellectual trend을 확립했다. 그는 다윈을 '자신의 위대한 유산을 제 발로 걷어찬 자', '진정한 다윈주의에 대한 반역자'로 묘사한 최초의 인물이었다.[23] "자연선택의 법칙을 부차적인 법칙과 대등하게 취급한 것은 다윈주의를 사실상 포기한 것이다. 왜냐하면 다윈주의의 가장 큰 특징은, 자연선택 하나만으로도 (진화를 설명하기에) 충분하다는 것이기 때문이다."

『인간의 유래와 성선택』이 발간되자마자, 마이바트는 『종의 기원』의 구절을 인용하며 『인간의 유래와 성선택』에 쉴 새 없는 공격을 퍼부었다. 마이바트가 보기에 다윈의 위대함은, 자연선택 하나만으로 모든 것을 설명할 수 있는 생물학적 진화 이론을 창조해냈다는 데에 있었다. 그런데 다윈은 주관적인 미적 경험의 힘(여성의 악랄한 변덕)에 주로 의존하여 자연선택 이론을 희석함으로써, 넘어서는 안 될 선을 스스로 넘었다. 많은 진화생물학자는 아직도 그 선을 지키고 있었는데 말이다.

마이바트가 성선택을 공격하자 많은 이들이 뒤를 이었다. 그러나 가장 일관적·지속적·효과적으로 성선택을 공격한 사람은, 자연선택 이론의 공동 발견자로 유명한 앨프리드 러셀 월리스였다. 1859년 인도네시아의 정글에서 다윈에게 보낸 편지에서, 월리스는 다윈의 이론과 매우 비슷한 이론이 담긴 원고를 동봉하며 지도편달을 요청했다. 자연선택 이론을 수십 년간 개인적으로 연구해왔는데, 이제와서 새파랗게 젊은 사람에게 추월당한다면 체면이 말이 아니었다. 그래서 다윈은 자신의 이론 요약분과 월리스의 논문을 부랴부랴 동시에 출판했다. 그리고 이어서 『종의 기원』의 전체 원고를 서둘러 출간했다. 그 후 월리스가 영국에 도착했을 때는, 이미 다윈의 이름과 이론이 세계적으로 유명해져 있었다.

월리스가 이 일 때문에 다윈을 원망했다는 증거는 어디에도 없으며, 사실 그럴 처지도 아니었다. 다윈은 무려 20여 년간 자연선택이라는 아이디어를 열심히 연구해왔지만, 월리스는 그제야 자연선택 원리를 떠올렸을 뿐이기 때문이다. 그러나 성선택이라는 주제에 대한 견해가 일치하지 않는다는 사실을 알자, 월리스는 곧바로 가차 없는 공격을 개시했다.[24] 두 사람은 일련의 출판물과 사적인 서신을 통해 반론을 주고받았지만, 다윈이 세상을 떠난 1882년까지 결론을 내지 못했다. 결과적으로 마지막이 된 논문에서, 다윈은 이렇게 기술했다.[25] "그동안 제기된 다양한 반론들을 성심성의껏 검토한 결과, 성선택 이론의 진실성을 굳게 확신한다고 말해도 무방하다고 생각된다."

늘 공손했고 자신의 견해를 완곡하게 표명했던 다윈과 달리, '성선택을 통한 진화'에 대한 월리스의 공격은 다윈이 사망한 후 점점 더 과격해져 1913년 월리스가 사망할 때까지 좀처럼 수그러들 기미를 보이지 않았다. 종국에는 월리스가 완승하여, 성선택이라는 주제는 변방으로 밀려나 1970년대까지 진화생물학에서 잊힌 존재가 되었다.

월리스는 강력한 어조로 "다윈이 기술한 이성 간 장식물 차이는 과시용이 아니므로, 그가 주장한 성선택 이론은 동물의 다양성을 설명하는 데 적절하지 않다"라고 주장했다. 마이바트와 마찬가지로, 월리스는 '동물이 성선택에 필요한 감각능력과 인지능력을 보유했을 것'이라는 가능성에 회의적이었다. 신神은 인간을 특별히 창조함과 동시에 '동물에게 없는 인지능력'을 부여했다고 믿었다. 그러므로 다윈의 성선택 개념은 영적靈的인 면을 중시하는 월리스의 인간 중심 이론에 위배되었다.

그러나 특히 새들 사이에서 볼 수 있는 정교한 장식물과 과시행위라는 명백한 증거를 고려할 때, 성선택에 의한 진화를 완전히 기각할 수도 없는 노릇이었다. 하지만 월리스는 끝까지 버텼고, 가능성을 인정하지 않을 수 없는 상황에서도 "성적 장식물은 적응적·공리적 가치가 있을 때만 진화할 수 있다"라고 고집을 피웠다. 급기야 1878년에는 '성선택을 중화하는 자연선택'을 내세우며, 『열대 자연과 그 밖의 에세이Tropical Nature, and Other Essays』라는 책을 통해 이렇게 주장했다.[26] "관찰된 사실을 설명하는 유일한 방법은, 색깔·장식물과 건강·활력·생존적합성fitness to survive 간에 엄밀한 상관관계가 있음을 입증하는 것이다."

월리스는 성적 과시가 배우자의 자질 및 조건을 가리키는 정직한 지표honest indicator임을 단언했는데, 이는 오늘날 널리 통용되는 성선택의 정통적 견해와 완전히 일치한다. 한 세기 동안 성선택 이론을 파괴했다고 해도 과언이 아닌 월리스의 주장이 오늘날 생물학 교과서나 성선택 관련 논문에 나온 주장과 100퍼센트 일치한다는 건 뭘 의미할까? 그 대답은 뻔하다. 성선택에 대한 오늘날의 주류적 견해가 월리스의 비판과 마찬가지로 철저히 반反다원적이라는 것이다.

월리스는 모든 아름다움이 배우자감의 적응적 자질에 대한 실용적인 정보가 가득한 신상명세서를 제공한다는, 오늘날 주류를 차지하고 있는 '정직한 신호 가설'을 처음으로 제기한 인물이다. 진화에 대한 이러한 견해가 만연해 있다 보니, 2013년 프린스턴대학교 졸업식에 참석한 벤 버냉키Ben Shalom Bernanke 연방준비제도Federal Reserve System 의장도 졸업생들에게 이렇게 연설한 바 있다.[27] "제군들은 이 점을 명심하세요. 신체적 아름다움은 다른 사람들이 장내 기생충을 많이 갖고 있지 않음을 확인하는 진화적 방법이에요."

오늘날 대부분의 연구자는 월리스의 주장에 동의하며, "모든 성선택은 자연선택의 형태 중 하나일 뿐"이라고 말한다. 그러나 월리스는 그들보다 한술 더 떠 성선택을 전적으로 부인했다. 그는 『열대 자연과 그 밖의 에세이』의 같은 페이지에서 작심한 듯 이렇게 덧붙였다.[28]

> 설사 (내가 주장한 대로) 색깔·장식물과 건강·활력·생존적합성 간에 엄밀한 상관관계가 존재하더라도, 객관적 근거가 전혀 없기 때문에

색깔이나 장식물의 성선택은 불필요하다. 자연선택을 보라. (진화를 추동하는) 진정한 원인으로 인정되며, 모든 결과물을 스스로 만들어 내지 않는가! 그에 반해, 성선택은 효과가 없는 게 확실하므로 불필요하다.

그러나 우리는 월리스의 주장을 잘 살펴보아야 한다. 그가 부인한 것은 성선택의 존재 자체가 아니었다. 그가 "불필요하다"라거나 "효과가 없다"라고 부인한 것은 성선택 이론 중에서 임의적이고 미학적인 부분일 뿐이다. 오늘날까지도 대부분의 생물학자는 월리스의 주장에 동의할 것이다.

마이바트와 마찬가지로, 월리스는 미학적 이단aesthetic heresy이 다윈의 지적 유산을 위협한다고 판단하고, 다윈의 오류라고 여기는 부분을 수정하려는 조치를 취했다. 그는 1889년 출간한 『다윈주의 Darwinism』라는 책에서 이렇게 말했다.[29]

나는 자연선택의 효과가 훨씬 더 크다고 단언하며, 암컷의 선택에 의존하는 성선택이라는 개념을 기각한다. 자연선택은 출중한 다윈주의 원칙이므로, 나는 이 책에서 순수한 다윈주의를 옹호하려 한다.

여기서, 월리스는 자신이 다윈보다 더 다윈적이라고 주장했다. 다윈이 살아 있는 동안에는 맞대결에서 승리하지 못했으면서, 그가 세상을 떠난 후에는 불과 몇 년도 지나지 않아 다윈주의를 자신의 입맛대로 재단하기 시작한 것이다.

우리는 이 구절에서 적응주의adaptationism가 탄생하는 장면을 목격한다. 적응주의자들은 '자연선택에 의한 적응'을 가장 강력하고 보편적인 힘으로 내세우며, 그것이 진화과정을 늘 지배할 거라고 믿는다. 또는 월리스가 단언한 것처럼, "자연선택은 엄청난 규모로 끊임없이 작용하므로, 다른 모든 진화적 메커니즘을 중화한다"라고 믿는다.[30]

월리스는 다윈의 '비옥하고 창의적이고 다양한 지적 유산'을 '지적으로 빈곤하고 획일적인 이론'으로 변형시켰는데, 오늘날 보편적으로 통용되는 다윈주의는 후자에 가깝다. 그즈음 월리스의 행동 중에서 또 한 가지 주목할 것은, 독선과 고집이라는 적응주의적 논증 특유의 스타일을 확립했다는 것이다.

그것은 일종의 빅딜이었다. 월리스는 자신의 필터를 통해 걸러지고 재단되고 개편된 다윈의 유산을 우리에게 물려줬고, 그 결과 20세기 진화생물학에 막대한 영향력을 행사하게 되었다. 반면, 폭넓고 창의적이었던 다윈의 생각, 특히 미학적 진화관觀은 역사에서 자취를 감추게 되었다. 앨프리드 러셀 월리스는 자연선택 발견의 우선권 다툼에서 패배했지만, '20세기 진화생물학 및 다윈주의의 방향 제시'를 둘러싼 싸움에서는 승리했다. 그로부터 100년이 더 지났지만, 성선택은 진화생물학 분야에서 여전히 왕따를 당하고 있다.

다윈이 1871년 『인간의 유래와 성선택』에서 주장한 성선택 이론은 20세기 내내 자연선택에 가려 빛을 잃었다. 성선택을 부활시키려는 산발적 시도가 몇 번 있었지만, 월리스의 혹평이 효과가 있었

던지 세대를 거듭할수록 성적 장식물과 과시행동에 대한 설명은 자연선택에 전적으로 의존하게 되었다.[31]

그러나 한 세기 동안 이어진 암흑의 시대에, 성선택 이론의 확립에 근본적으로 기여한 사람이 딱 한 명 있었다. 그의 이름은 로널드 피셔Ronald Fisher였다. 그는 1915년의 논문과 1930년의 저서에서 다윈의 미학적 견해를 계승·확장하여, 성선택의 진화에 대한 유전적 메커니즘을 제시했다.[32] 그러나 성선택에 대한 그의 아이디어는 그 후에도 50년 동안 거의 무시되었다.

피셔는 재능 있는 수학자로서, 근본적인 연구를 통해 현대 통계학의 기반이 되는 기초 도구와 지적 구조를 개발함으로써 과학 발달에 지대한 영향을 미쳤다. 그러나 그는 수학자이기 전에 생물학자였고, 그의 통계학 연구는 자연계, 농업, 인간집단에서 유전학과 진화론을 좀 더 엄밀하게 이해하고자 하는 욕망에서 자연스레 싹튼 것이었다. 그가 유전학과 진화론에 관심을 두게 된 것은, 그가 우생학을 열렬히 지지한 것과도 부분적으로 관련이 있었다. 우생학은 오늘날 오명을 남긴 이론이자 사회운동으로, 사회적·정치적·법적으로 생식을 규제함으로써 인간이라는 종種을 유전적으로 향상시키고 인종적 순수성racial purity을 유지할 것을 주장했다. 비록 그가 가졌던 신념은 간담을 서늘케 하지만, 피셔는 연구를 통해 몇 가지 훌륭한 과학적 결론에 도달했다. 그러나 그 결론은 궁극적으로 그의 우생학적 신념과 모순되었다.

피셔는 결정적인 관찰을 통해 성선택 논쟁의 프레임을 영구적으로 바꿨는데, 그 내용은 다음과 같다. "성적 장식물의 진화를 설명하기는 참 쉽다. 다른 조건들이 모두 같다면, 과시형질은 지배적인 짝짓기선호에 알맞도록 진화하기 때문이다. 따라서 가장 중요한 과학적 의문은 '성선택이 정말로 일어나는가?'가 아니라, '짝짓기선호가 왜 그리고 어떻게 진화하는가?'라고 할 수 있다." 그의 통찰은 '성선택에 의한 진화'에 관한 모든 현대적 토론의 핵심을 꿰뚫었다.

피셔가 실제로 제안한 것은 2단계의 진화모델인데, 첫 번째 단계는 짝짓기선호의 최초 기원을 설명하는 단계이고, 두 번째 단계는 공진화를 통해 형질과 선호가 정교화되는 과정을 설명하는 단계다.[33] 그의 가설에 따르면, 첫 번째 단계는 월리스적인 단계로, 배우자감의 건강·활력·생존능력을 정직하고 정확하게 반영하는 형질(지표형질)에 대한 1차적인 선호가 진화한다. 이러한 형질을 기반으로 배우자감을 선택하면 객관적으로 '품질 좋은' 배우자를 얻을 수 있고, 유전자에 근거하여 이러한 형질을 선호해도 결과는 마찬가지다. 따라서 첫 번째 단계는 자연선택과 사실상 일치한다. 그러나 여기까지는 전초전에 불과하다. 첫 번째 단계에서 짝짓기선호의 기원을 설명한 후, 피셔는 두 번째 단계로 넘어가 다음과 같은 가설을 제시한다. "성선택이 존재하는 한, 새롭고 예측할 수 없고 미학적으로 추동되는(즉, 형질 자체에 성적으로 이끌리는) 진화적 힘이 창조됨으로써, 해당 과시형질이 본래의 정직한 품질 정보에서 멀어지게 된다. 그러나 정직한 형질과 상응하는 품질 간의 상관관계가 끊어졌다고 해서 배우자감의 매력이 감소하는 것은 아니므로, 선택자가 선호하는 한 과시형질은 계속 진화하고 정교화된다."

피셔의 2단계 모델에 따르면, 성선택의 잇따른 진화를 추동하는 힘은 궁극적으로 성선택 자체가 된다. '자연선택이 성선택을 중화한다'라는 윌리스적 견해와 정반대로, 무작위적인 미적 선택(다윈설)은 적응적 이점을 위한 선택(윌리스설)을 압도한다. 처음에는 모종의 적응적 이유를 빌미로 선호되었던 형질이, 이제 독자적인 매력원으로 변신했기 때문이다. 일단 어떤 형질이 매력원이 되면, 매력과 인기는 그 자체가 목적이 된다. 피셔에 따르면, 짝짓기선호는 마치 트로이의 목마와 같다. 성선택은 본래 적응정보를 나타내는 형질의 향상에 개입하지 않지만, 선호되는 형질에 대한 욕구가 궁극적으로 자연선택의 능력을 약화시켜 진화의 주도권을 잡게 된다. '아름다움에 대한 욕구'가 '진실에 대한 욕구'를 견뎌내고 전면에 나서는 것이다.

그런데 이런 일이 어떻게 일어날 수 있을까? 피셔의 가설에 따르면, '성적 장식물'과 '성적 장식물에 대한 짝짓기선호' 간의 양성피드백 고리positive feedback loop가 유전적 공진화(즉, 서로 연관된 유전적 변이)를 통해 진화한다고 한다. 그 메커니즘의 이해를 돕기 위해, 유전적으로 다양한 과시형질(꽁지의 길이)과 그에 대한 짝짓기선호가 존재하는 새 개체군을 예로 들어보기로 하자. '긴 꽁지를 선호하는 암컷'은 '더욱 긴 꽁지를 가진 수컷'을 찾을 것이다. 그와 마찬가지로 '짧은 꽁지를 선호하는 암컷'은 '보다 짧은 꽁지를 가진 수컷'을 찾을 것이다. 배우자선택이 작용하면, 형질과 선호에 대한 유전자 변이는 개체군 내에 더 이상 무작위로 분포하지 않게 된다. 그 대신, 대부분의 개체는 조만간 상응하는 형질과 선호에 대한 유전자 조합(다시 말해서, '긴 꽁지를 보유하는 유전자'와 '긴 꽁지를 선호하는 유전자', 또는 '짧은 꽁지를 보유하는 유전자'와 '짧은 꽁지를 선호하는 유전자')을 보유하게 된다. 이와 마찬가지로, '짧은 꽁지를 보유하는 유전자'와 '긴 꽁지를 선호하는 유전자' 조합을 가진 개체들은 점점 더 줄어들 것이며, 그 반대 조합('긴 꽁지를 보유하는 유전자'와 '짧은 꽁지를 선호하는 유전자')도 마찬가지다. 배우자선택이 형질과 선호에 대한 유전자 변이를 희석하고 농축시켜, 상관관계를 가진 조합으로 만드는 것이다. 피셔는 단지 수학적으로 논증했을 뿐이지만, 그 결과는 짝짓기 선호가 의미하는 것과 정확히 일치한다.

유전적 공변이genetic covariation의 결과, 주어진 형질을 보유하는 유전자와 그 형질을 선호하는 유전자는 공진화하게 된다. 암컷이 특정 과시형질(예: 긴 꽁지)을 기준으로 배우자를 선택할 때, 특정한 배우자선택 유전자 역시 간접적으로 선택된다. 왜냐하면 그녀들이 선택한 수컷들의 어머니 역시 같은 스타일의 꽁지를 선호했을 가능성이 높기 때문이다.

그 결과, 배우자선택이 짝짓기선호의 진화에서 선택 주체로 떠오르는 강력한 양성피드백 고리가 형성된다. 피셔는 이러한 자기 강화적 성선택 메커니즘self-reinforcing sexual selection mechanism을 폭주 과정runaway process, 즉 "특정 과시형질에 대한 선택이 짝짓기선호의 혁명적 변화를 초래하고, 짝짓기선호의 혁명적 변화가 과시형질의 진화적 변화를 더욱 부채질하는 무한반복 과정"이라고 불렀다.[34] 미적 형태와 그에 대한 욕구는 공진화과정을 통해 서로를 형성한다. 피셔는 이러한 방식으로 '과시형질과 짝짓기선호가 함께 진보하는 과정'에 대한 유전적 메커니즘을 명백히 제시했는데, 이는 다윈이 청란에 대해 처음으로 상정했던 메커니즘이었다(47~48페이지를 참고하라).

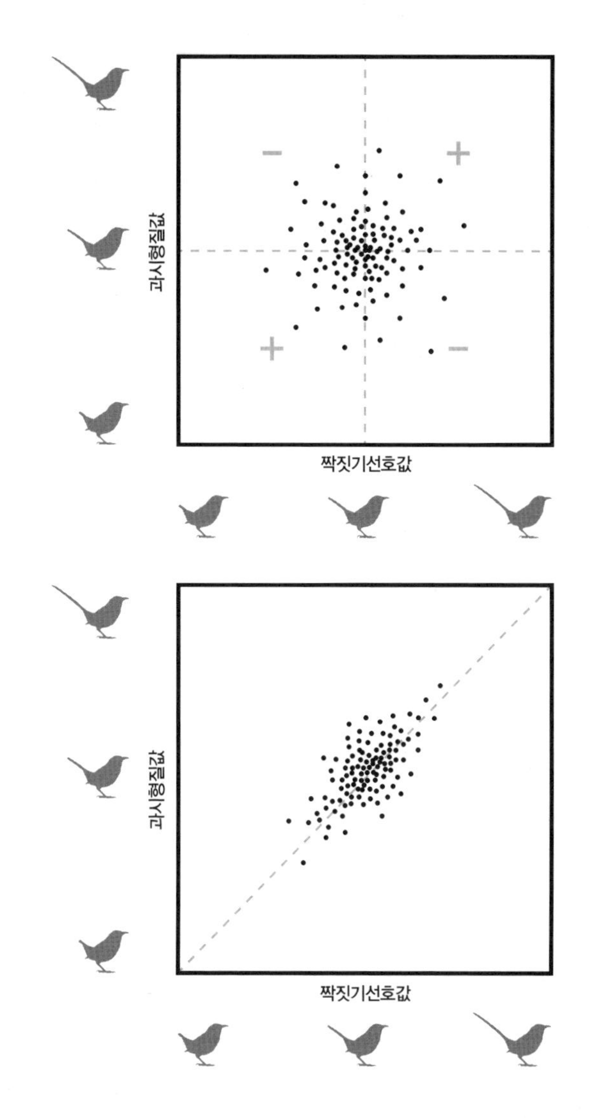

과시형질(예: 꽁지의 길이)과 그 형질에 대한 짝짓기선호 간의 유전적 공변이 진화
(위) 과시형질(y축)과 짝짓기선호(x축)에 대한 유전적 변이가 무작위적으로 분포된 개체들(까만 점)로 구성된 개체군. 선호가 작용한 결과, 형질과 선호가 일치하는(+로 표시) 1사분면(우상)과 3사분면(좌하)에 속하는 개체들 사이에서 많은 짝짓기가 일어날 것이다. 그와 대조적으로, 과시형질과 선호가 불일치하는(–로 표시) 2사분면과 4사분면의 개체들은 거의 짝짓기를 하지 않을 것이다.
(아래) 그 결과, 과시형질의 유전자와 선호의 유전자 사이에서 공진화(점선)가 일어난다.

피셔의 공진화 메커니즘은 짝짓기선호의 잠재적인 진화적 이점이 뭔지도 설명해준다. 만약 암컷이 성적 매력이 있는 형질(다시 한 번 '긴 꽁지'라고 하자)을 가진 수컷을 선택한다면, 그녀의 아들(수컷 자손)은 그 형질을 물려받을 가능성이 높다. 만약 개체군 내에 있는 다른 암컷들도 긴 꽁지를 선호한다면, 그 암컷은 훨씬 더 많은 후손을 남기게 될 것이다. 왜냐하면 다른 암컷들이 그녀의 아들에게 성적 매력을 느낄 것이기 때문이다. 이러한 진화적 이점은 성선택 특유의, 간접적인 유전적 이점이다. 내가 그것을 '간접적'이라고 부르는 이유는, 그것이 선택자 자신의 생존능력이나 생식능력(즉, 자손을 낳고 양육할 수 있는 능력), 심지어 그녀의 자손의 생존능력 향상에 직접 기여하지 않기 때문이다. 그녀의 유전적 이점은, 성적으로 매력적인 그녀의 아들들이 번식에 성공함으로써 그녀의 유전자가 널리 퍼지는 데 있다(즉, 더 많은 손주를 본다는 뜻이다).

피셔의 폭주 과정은 1630년대에 일어난 네덜란드의 튤립 파동, 1920년대에 일어난 투기적 금융시장 버블, 그리고 좀 더 최근에 일어나 전 세계 금융시스템을 붕괴시킬 뻔한 2008년의 주택시장 과대평가와 비슷하다. 이 세 가지 사건들은 '상품의 가치가 실제 가치보다 높게 평가될 뿐만 아니라, 지속해서 상승할 때 무슨 일이 일어나는지'를 극명하게 보여준 사례들이다. 투기적 시장 버블을 추동하는 것은 욕망 그 자체다. 즉, 실제 가치와 무관하게, 욕망이 더 큰 욕망을 부르고 인기가 더 큰 인기를 부르는 것이다. 따라서 피셔의 폭주 과정은 시장 버블에서 나타나는 비이성적 과열irrational exuberance의 유전적 버전이라고 보면 된다(나는 2장에서 이러한 경제적 비유를 다시 언급할 것이다).

피셔의 주장에 따르면, 암컷의 짝짓기선호가 계속 진화하는 이유는 '특정한 수컷의 품질이 다른 수컷보다 우수하기 때문'이 아니다. 사실 성적으로 성공한 수컷은 간혹 생존에 불리하거나 건강상태가 좋지 않은 쪽으로 진화할 수도 있다. 만약 과시형질이 배우자적 자질(예: 전반적인 유전적 품질, 질병에 대한 저항력, 식생활의 건전성, 양육투자 능력)의 다른 외적 표시extrinsic measure와 동떨어진다면, 그 과시형질은 임의적arbitrary이라고 할 수 있다. 여기서 '임의적'이란, 그 과시형질이 '우발적이거나 무작위적이거나 설명 불가'하다는 것이 아니라 '존재 이상의 정보를 전달하지 않음'을 뜻한다. 과시형질은 단지 관찰되고 평가받기 위해 존재할 뿐이며, 임의적인 형질은 정직하지도 부정직하지도 않다. 왜냐하면 거짓이고 뭐고, 애초에 아무런 정보를 내포하지 않기 때문이다. 그것은 그냥 매력적이거나 아름다울 뿐, 배우자적 자질에 대해서는 아무것도 말해주지 않는다.

이러한 진화 메커니즘은 패션 스타일 유행과 상당히 비슷하다. 성공한 옷과 실패한 옷의 차이는 기능이나 객관적 품질에 의해 결정되는 게 아니라, '주관적으로 어필하는 것'에 대한 덧없는 생각에 따라 좌우된다. 이러한 생각은 시즌마다 바뀌는 게 상례다. 피셔의 모델에 따르면, 성선택은 기능적 이점이 없을 뿐만 아니라 심지어 과시자displayer에게 불리한 형질을 진화시킬 수 있다. 마치 소비자의 발을 상하게 하는 화려하고 장식적인 신발이나, 노출이 너무 심해 비바람으로부터 몸을 보호해주지 못하는 옷처럼 말이다. 피셔의 세계에서 동물은 진화적 유행의 노예이며, 사치스럽고 임의적인 과시와 완전히 무의미한 취향을 진화시킨다. 그런 과시와 취향에는 '보여주기 위한 특징' 외에 아무것도 포함되어 있지 않다.

피셔는 자신의 폭주 과정에 대해 명쾌한 수리 모델mathematical model을 제시하지는 않았다(곧 보게 되겠지만, 이 일을 해낸 것은 후세의 생물학자들이다). 혹자에 의하면, 피셔는 너무나 뛰어난 수학자였으므로 자명한 사실을 더 이상 설명할 필요성을 느끼지 못했을 거라고 한다. 만약 그렇다면, 피셔는 큰 실수를 범한 것이다. 왜냐하면 폭주 과정에는 설명할 부분이 아직 많았기 때문이다. 피셔도 이 점을 잘 알고 있었을 것이다. 그런데 왜 수리 모델을 제시하지 않았을까? 피셔가 폭주 모델을 더 이상 추구하지 않은 것은, 그 진화적 메커니즘이 (자신이 개인적으로 지지하는) 우생학운동과 완전히 배치된다는 것을 깨달았기 때문일 것이다. 피셔의 폭주 모델에는 다음과 같은 점이 내포되어 있었다. "적응적 배우자선택(종을 우생학적으로 개선하기 위해 필요한 선택)은 진화적으로 불안정하며, 임의적 배우자선택에 의해 약화되는 것이 거의 필연적이다. 왜냐하면 임의적 배우자선택은 아름다움이 부추기는 비이성적 욕구의 소산이기 때문이다." 그의 판단은 정확했다.

『인간의 유래와 성선택』이 발간된 지 100년쯤 지나서야 성선택은 진화론의 주류에 복귀하기 시작했다.[35] 왜 그렇게 오랜 시간이 걸렸을까? 나의 가정을 뒷받침하려면 광범위한 역사적·사회학적 연구가 필요하겠지만, 다음과 같은 사건들이 일어났을 때 진화생물학

자들이 마침내 성선택(특히 암컷의 성선택)을 진정한 진화적 현상으로 재고하기 시작한 것은 결코 우연의 일치가 아니었을 거라고 생각된다. 미국과 유럽의 여성들은 그즈음 정치적으로 조직화하여 평등권, 성적 자유, 피임에 대한 접근성 강화 등을 주장하기 시작했다. 물론 진화생물학자들이 그런 긍정적 문화의 발달에 영향력을 행사했다고 생각할 수도 있지만, 역사를 되짚어보면 방향이 정반대였음을 알 수 있다.

성선택에 대한 과학계의 관심이 되살아나자, 미학적인 다윈-피셔 이론과 신월리스적 적응주의의 개정판 사이에서 전쟁이 다시 일어났다. 피셔의 성선택 모델이 발표된 지 50여 년이 지난 1981년과 1982년, 수리생물학자인 러셀 랜드Russell Lande와 마크 커크패트릭Mark Kirkpatrick은 각각 독립적으로 피셔의 모델을 검증하고 확장했다.[36] 피셔의 이론에서 영감을 얻은 랜드와 커크패트릭은 서로 다른 수학적 방법을 이용하여 성선택과 과시형질 간의 공진화역학coevolutionary dynamics을 탐구한 결과, 매우 비슷한 해답을 얻었다. 그들은 "자손의 성적 매력이라는 이점 하나 때문에 형질과 선호는 공진화할 수 있다"라고 설명한 다음, 한 걸음 더 나아가 "배우자선택 과정은 '특정 과시형질의 유전자'와 '그 형질에 대한 선호의 유전자'의 공진화를 추동할 수 있다"라고 증명했다.

또한 랜드-커크패트릭의 성선택 모델은 "과시형질은 자연선택과 성선택 간의 균형을 통해 진화한다"라는 사실을 수학적으로 확인했다. 예컨대, 한 마리의 수컷이 생존을 위한 최적의 꽁지 길이(즉, 자연선택에 의해 선호되는 길이)를 가질 수는 있지만, 그가 한 마리의 암컷을 유혹할 정도로 매력적이지 않다면(즉, 성선택에서 탈락한다면) 자신의 유전자를 다음 세대에 물려주는 데 실패한다는 것이다. 이와 마찬가지로, 한 마리의 수컷이 암컷을 유혹하는 데 안성맞춤인 꽁지를 갖고 있더라도(즉, 성선택에서 선발되더라도), 성적으로 너무 문란하다면 단명短命하여(즉, 자연선택에서 배제되어) 자신의 유전자를 다음 세대에 물려주지 못한다는 것이다. 랜드와 커크패트릭은 "과시형질에 대한 자연선택과 성선택은 두 가지 상반된 힘 사이에서 균형을 확립할 것"이라는 다윈과 피셔의 직관을 확인했다. 이 균형equilibrium 상태에 있는 수컷은 자연선택의 최적optimum 상태에서 벗어나 있지만, 그 차이(최적값과 균형값의 차이)는 성적 자율성과 까다로운 취향을 가진 암컷과의 비즈니스에서 치러야 하는 비용인 것이다.

그러나 랜드와 커크패트릭은 균형을 정의하는 데 있어서 피셔와 다윈보다 훨씬 더 진보했다. 두 사람은 각각 다른 수학적 틀을 이용하여, 자연선택과 성선택의 균형이 단일점single point에 국한되지 않음을 증명했다. 즉, 균형은 점point에서 이루어지지 않고 선line에서 이루어지므로, 특정 과시형질에 대한 자연선택과 성선택의 안정적인 균형점은 문자 그대로 무수히 많다는 것이다. 본질적으로 모든 인식 가능한 과시형질에 대해, 안정적인 균형을 이룰 수 있는 성선택과 자연선택의 조합을 여러 개 상정할 수 있다. 이것은 임의적 형질의 개념에 잘 맞으며, 사실상 모든 인식 가능한 특징이 성적 장식물로 기능할 수 있다. 물론 자연선택의 최적 상태에서 멀리 벗어난 과시형질일수록, 그렇게 진화하기 위해 필요한 성적인 이점sexual

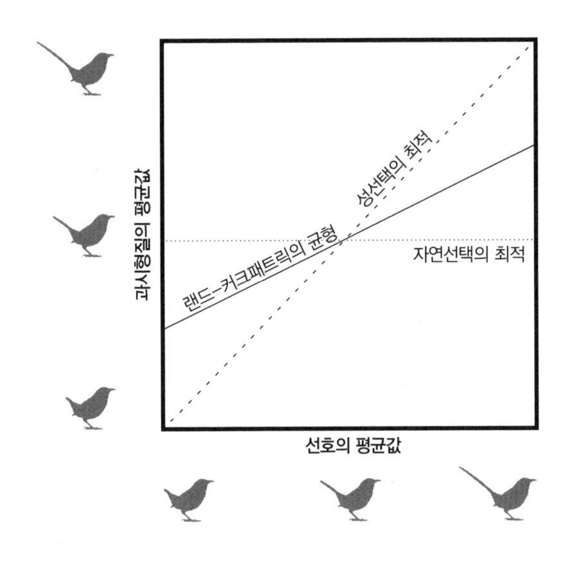

한 개체군의 과시형질 평균값은 두 개의 형질값 사이에서 균형(실선)을 향해 진화한다. 하나는 자연선택에 의해 선호되는 값(수평선, 점선)이고 다른 하나는 성선택에 의해 선호되는 값(대각선, 파선)이다.

advantage은 많을 것이다.

그렇다면 과시형질에 대한 성선택과 자연선택은 어떻게 균형을 이루는 것일까? 다시 말해서, 개체군들은 어떻게 균형을 향해 진화할까? 물론 랜드와 커크패트릭은 이 부분에 대해서도 피셔의 구술적·비수학적 모델에 살을 붙일 수 있는 풍부한 수학적 도구를 제공했다. 그들에 따르면, 안정적인 균형으로 진화하려면 짝짓기 과시형질과 짝짓기선호가 반드시 공진화를 해야 한다. 다시 말해서, 암컷들이 원하는 것을 얻으려면 수컷의 과시형질에 선택권을 행사하여 변화시켜야 한다. 그러나 형질과 선호는 유전적으로 연관되어 있으므로, 공진화는 '암컷 또한 자신이 원하는 바를 바꿔야 한다'라는 것을 의미한다. 좀 억지스러운 비유이지만, 이러한 진화과정에는 결혼과 약간 비슷한 점이 있다. 배우자들은 종종 서로 상대방을 바꾸려고 시도하며, 실제로 종종 성공하기도 한다. 그러나 일방적인 변화는 성공하기도 어렵거니와, 설사 성공하더라도 불안정하다. 안정적인 해결책에 도달하기 위해서는 '한 배우자의 행동'과 '그 행동에 대한 다른 배우자의 선호', 두 가지 모두의 변화가 필요하다.

이론적으로 한 개체군에서 미적 공진화가 간혹 너무 빨리 일어나는 경우 과시형질의 진화가, 증가일로에 있는 급진적인 선호를 충족하지 못할 수 있다. 랜드가 증명한 바와 같이, 만약 선호와 형질 간의 유전적 상관관계가 충분히 강하다면, 개체군이 균형선에서 멀리 떨어진 곳으로 진화하는 것이 이론적으로 가능하다. 그렇게 되면 균형선이 불안정해질 수 있는데, 이 과정은 피셔가 말한 폭주 과정이 궁극적으로 실현된 것으로 간주된다. 이 경우에는 배우자선택이 너무나 빨리 변화하기 때문에, 계속 진화하는 선호를 감당할 길이 없어 욕구가 완전히 충족되지 않는다.

마지막으로, 랜드와 커크패트릭의 수리 모델은 배우자선택이 새로운 종의 진화를 추동하는 과정도 설명한다. 한 종의 개체군들이 천재지변(예: 새로운 산맥이 생김, 사막이 형성됨, 강의 흐름이 바뀜)으로 인해 서로 격리된다면, 그 개체군들은 각각 다른 무작위 영향력에 종속될 것이다. 각각의 개체군들은 궁극적으로 독특한 미적 방향으로 분기分岐하여, 균형선상의 독특한 점에서 차별적인 미적 기준을 확립하게 될 것이다. 긴 꽁지나 짧은 꽁지, 고음의 노래나 저음의 노래, 빨간색 배나 노란색 배, 파란색 머리나 벗어진 머리나 심지어 파랗고 벗어진 머리 등 가능성은 무궁무진하다. 만약 격리된 개체군들이 서로 멀리 분기한다면 미적 배우자선택의 과정은 완전히 새로운 종을 탄생시킬 수 있는데, 이것을 종 분화speciation라고 한다. 이 이론에 따르면, 미적 진화는 회전하는 팽이와 같다. 성선택 행위는 내적인 균형을 창조하여, '하나의 개체군 내부에서 성적으로 아름다운 것이 뭔지'를 결정한다. 그러나 팽이에 무작위적 동요(예: 변이와 같은 내적 힘, 지리적 장벽에 의한 개체군 고립과 같은 외적 힘)가 일어나면 팽이가 비틀거리며 새로운 균형을 찾기 위해 회전하게 된다.

이 내용을 종합할 때 도출되는 결론은, "성선택이 개체군과 종 가운데서 지속적으로 확대·다양화되는 미적 기준의 진화를 촉진한다"라는 것이다. 현실적으로 모든 것이 가능하며, 그 증거는 이 책에 등장하는 새들 중에서 얼마든지 찾아볼 수 있다. 내가 그들을 미적 극단주의자aesthetic extremist라고 부르는 데는 타당한 이유가 있다.

러셀 랜드와 마크 커크패트릭은 거의 잊히고 만 다윈과 피셔의 '미적 배우자선택 메커니즘'에서 직접 영감을 얻었다. 그러나 현대의 '적응주의적·신월리스적 배우자선택의 메커니즘'은 무無에서 재창조되어야 했다. 왜냐하면 월리스의 정직한 신호 이론을 기억하는 사람이 아무도 없었기 때문이다. 그러나 논리적으로 볼 때, 현대적 버전들은 월리스의 버전과 논리적으로 매우 비슷하다. 즉, 신월리스 버전은 정통 월리스 버전과 마찬가지로, 자연선택의 커다란 효과를 고집하는 것이 기본이다. 그들에 따르면 자연선택은 진실이고 그것 하나만으로도 (진화를 설명하기에) 충분하다. 왜냐하면 그것은 매우 강력하고 합리적인 매력을 가진 아이디어이기 때문이다.

1970년대와 1980년대에 신월리스적 적응적 배우자선택 이론을 옹호한 핵심 인물은 아모츠 자하비Amotz Zahavi였다. 그는 이스라엘 출신의 카리스마 있고 에너지 넘치는 조류학자로, 독불장군인 데다 어디로 튈지 모르는 럭비공 같은 인물이었다. 그는 1975년 발표한 논문에서 핸디캡 원리handicap principle를 제창하여 과학계에서 큰 명성을 얻었다.[37] 그 논문은 배우자선택 연구를 크게 자극했고, 지금까지 무려 2,500번이나 인용되었다. 겉으로 볼 때, 핸디캡 원리의 핵심을 이루는 멋지고 직관적인 아이디어는 정확히 반反월리스적이었다.[38] 그는 "월리스가 배우자선택에 의한 성선택 이론을 완전히 무시했다"라고 공언하며 이렇게 떠벌렸다. "나는 성선택이 효과적이라고 생각한다. 왜냐하면 '선택되는 성selected sex의 자질'을 탐지하는 과정에서 '선택하는 성selecting sex의 능력'이 향상되기 때문이다."[39]

마치 자신의 아이디어가 완전히 새로운 것인 양 행동했지만, 자하비는 월리스의 적응적 배우자선택 가설을 재탕하는 수준에 머물렀다. 자연선택 대신 (근래에 들어 명예를 회복한) 성선택을 사용함으로써 월리스의 억지스러운 말장난을 포기했을 뿐이니 말이다. 그러나 자하비는 월리스의 논리를 독특하게 비트는 잔재주를 피웠다. 그에 따르면, 모든 성적 과시의 요점은 '신호자signaler에게 과중한 부담, 문자 그대로 핸디캡을 지우는 것'이다. 그는 이렇게 썼다. "장식물의 핸디캡이 존재한다는 것은 신호자의 자질이 우월함을 방증한다. 왜냐하면 신호자가 그것을 극복하고 당당히 살아남을 수 있었기 때문이다." 그리고 이렇게 덧붙였다. "성선택이 효과적인 것은 생물의 생존능력을 저하시키는 형질을 선택하기 때문이다. 그렇다면 핸디캡을 일종의 능력 테스트로 간주할 수 있다."

"과시형질이 정교할수록 부담은 더욱 늘어나고 핸디캡은 더욱 커지므로, 테스트는 더욱 엄격해지고 배우자는 더욱 우수해질 수밖에 없다. 그런 부담스러운 형질을 가진 배우자에게 이끌리는 개체는 주관적 아름다움(이것은 능력을 과시하기 위해 과도한 부담을 진, 부수적인 결과다)에 반응하는 게 아니라 '나는 이렇게 엄청난 부담을 거뜬히 이겨낼 수 있는 능력자요'라는 침묵의 소리에 반응하는 것이다." 이것이 핸디캡 원리의 골자다.

핸디캡을 보유한 수컷이 유능한 이유는 도대체 뭘까? 자하비가 제시한 근거는 원체 중구난방이어서 요점을 파악하기가 어렵다. 그러나 그의 추종자들은 '정직한 신호 전달'의 관점에 따라, 핸디캡의 적응적 이점을 두 가지 기본적 종류, 즉 '직접적인 것'과 '간접적인 것'으로 나눠 정리했다. 적응적 배우자선택의 직접적인 이익에는 선택자 자신의 건강, 생존능력, 생식능력이 있는데, 그런 직접적인 이익에는 다음과 같은 혜택이 포함될 수 있다. 포식자의 공격을 방어할 수 있는 능력, 식량이 풍부하거나 둥지 틀기에 적합한 영토, 성병性病 걱정 없는 안전한 성생활, 후손의 양육 및 보호에 투자할 수 있는 능력, 배우자 탐색 비용 절감…. 한편 간접적인 이익은 좋은 유전자good gene를 제공받는 데 있는데, 그 유전자는 선택자의 후손에게 대물림됨으로써 그들의 생존과 생식능력에 기여할 수 있다. 피셔가 제안한, 매력적인 후손을 낳을 수 있다는 이점과 마찬가지로, 좋은 유전자의 이점은 선택자에게 직접적인 도움을 주는 게 아니라 더 많은 손주를 낳게 해준다는 데 있다. 그러나 피셔가 제안한 간접적인 이익과 달리, 선택자의 자손들은 (넘치는 매력을 이용하여 더 많은 배우자를 만나 짝짓기할 기회가 증가하는 것은 물론이고) 생존경쟁에서 살아남아 생식에 성공할 가능성이 커진다. 따라서 좋은 유전자는 과시형질의 유전자와 다르며, 이론적으로 수컷과 새끼 모두에게 상속 가능한 실용적 이익을 제공한다.[40]

직접적인 이익과 간접적인 이익(좋은 유전자)은 모두 배우자선택에 적응적 이점을 제공한다. 월리스가 처음 제안한 것처럼, 그런 이점들은 배우자감들의 과시형질에서 관찰되는 변이가 (선택자나 새끼들의 생존능력 또는 생식능력에 기여하는) 추가이익과 상관관계가 있을 경우에만 나타난다. 이러한 상관관계는 (짝짓기/수정의 성공에 대한) 성선택과 (생존능력과 생식능력에 대한) 자연선택 간의 상호작용에서 비롯된다. 요컨대, 자하비의 핸디캡 원리는 "과시와 배우자의 자질 간의 적응적 상관관계는 어떻게 생겨나며 어떻게 유지되는가"에 대한 새로운 제안이었다.

자하비는 핸디캡 원리를 선전하는 데 온 힘을 쏟았지만, 그의 아이디어에는 큰 결점이 하나 있었다. 만약 장식물의 성적 이점sexual advantage이 생존비용survival cost에 비례한다면, 두 가지 힘이 상쇄되어 '값비싼 장식물'과 '그에 대한 짝짓기선호'가 모두 진화할 수 없기 때문이다. 1986년에 발표된 「성선택의 핸디캡 메커니즘은 작동하지 않는다The Handicap Mechanism of Sexual Selection Does Not Work」라는 대담하고 도발적인 제목의 논문에서, 마크 커크패트릭은 그 진화적 함정을 수학적으로 증명했다.

이 문제점을 이해하기 위해, 자하비가 내세우는 핸디캡 원리의 필연적 결과를 생각해보자. 나는 그것을 스머커스 원리Smucker's principle라고 부른다. 스머커스Smucker's라는 브랜드 이름은 회사 설립자 제롬 먼로 스머커Jerome Monroe Smucker의 이름을 딴 것이다. 그는 1897년 오하이오주 오르빌에서 사과 주스 회사를 설립했다. (미국에 거주하는) 특정 연령대의 독자들은 그 회사의 광고에 나오는 "스머커스•라는 나쁜 이름을 가졌으니, 제품의 품질은 좋을 거야!"라는 광고 문구를 기억할 것이다. 그 슬로건이 주장하는 바는 이렇다. "스머커스라는 이름은 매력이 너무 없고, 정이 안 가고, 이 이름으로 식품을 팔기에는 많은 대가를 치러야 한다. 그런데 회사가 그런 이름을 갖고서도 망하지 않았다는 건 젤리의 품질이 매우 좋다는 것을 방증한다." 어떤가, 자하비의 핸디캡 원리를 고스란히 구현하지 않았는가!

그러나 스머커스 원리가 시사하는 바를 좀 더 신중하게 살펴보자. 만약 스머커스 젤리가 그보다 더 매력 없고 부담 가는 이름을 가진 제품과 갑자기 경쟁하면 어떤 일이 벌어질까? 매력 없고 더 부담 가는 이름을 가졌다는 게 '젤리의 품질이 더 좋다'라는 것을 의미할까? '좀 더 매력 없고 부담 가는 이름'이 '좀 더 좋은 품질'을 의미할 가능성을 제한하는 좋은 사례가 없을까?

• 스먹smuck은 슈먹schmuck이라고도 하며, '얼간이' 또는 '멍청이'라는 뜻을 가진 경멸조의 속어다.

운 좋게도 1970년대에 〈새터데이 나이트 라이브Saturday Night Live〉에서 방영된 "엉터리 광고 스케치"에서, 진행자들은 스머커스 광고 패러디를 통해 내가 바라 마지않는 사고실험thought experiment을 수행했다.

제인 커틴Jane Curtin: 만약 플러커스Flucker's[●]와 같은 이름이 있다면 품질이 끝내주겠군요.
체비 체이스Chevy Chase: 어이, 잠깐만 기다려봐요. 노즈헤어Nose Hair라는 이름을 가진 잼을 보여줄게요. '코털'이라는 이름을 가졌으니, 얼마나 맛있는 잼인지 상상할 수 있을 거예요. 음음음 음음음!!
댄 애크로이드Dan Aykroyd: 두 사람, 잠깐만 기다려요. 당신들 데스캠프Death Camp라는 이름의 잼 알고 있죠? 무려 '죽음의 캠프'예요. 상표에 그려진 가시철망을 봐요. '죽음의 캠프'라는 이름을 갖고 있으니, 이 잼의 품질은 죽여줄 거예요. 둘이 먹다가 하나가 죽어도 모르는 핵잼!

진행자들이 내뱉는 제품의 이름은 갈수록 더욱 험악해졌다. 존 벨루시John Belushi는 도그보밋Dog Vomit(개의 토사물), 몽키푸스Monkey Pus(원숭이 똥)라는 이름을 댔고, 체비 체이스는 페인풀렉탈이치Painful Rectal Itch(통증을 수반하는 항문 가려움증)라는 이름으로 맞받았다. 그들의 '역겨운 이름 대기' 경쟁은 구토를 유발하는 젤리 이름에서 절

● 플럭fluck은 플룩flook이라고도 하며, '매력 없는 남성'을 일컫는 속어다.

정을 이뤘는데, 그것은 방송에서 차마 입 밖에 낼 수 없는 이름이었다. 제인 커틴은 "너무 좋아요, 먹으면 토가 나올 것 같아요!"라고 감탄한 후 다음과 같은 클로징 멘트를 날렸다. "주문할 때 꼭 제품 이름을 불러주세요!"

스머커스 원리는 자하비의 핸디캡 원리에 내포된 논리적 오류를 드러냈다. 커크패트릭이 수학적으로 증명한 바와 같이, 만약 한 신호의 성적 이점이 비용과 직접 연관된다면, 신호 전달자는 전혀 득을 보지 못할 것이다. 좀 더 정확히 말하면, 핸디캡은 그 자체의 과중한 비용부담 때문에 실패할 것이다. 덕분에 '통증을 수반하는 항문 가려움증'이라는 이름의 젤리를 보지 않아도 되니, 소비자에게는 천만다행이다.

더 나아가, 스머커스 원리는 자하비의 핸디캡 원리가 성적 과시의 미적 성질과 근본적으로 양립할 수 없음을 증명했다. 성적 과시는 실제로 매력 때문에 진화하는 것이지, 구역질 나는 정보나 혐오스러운 정직함 때문에 진화하는 것은 아니기 때문이다. 성적 과시의 유일한 목적이 '엄청난 부담을 이겨낼 수 있는 능력이 있다'라는 점을 전달하는 것이라면, 성적 형질sexual trait이 매력적인 장식물의 형태로 나타나는 이유는 뭐란 말인가! 반대로 여드름이 성적으로 매력적이지 않은 이유는 뭘까? 여드름은 청소년의 호르몬 과잉을 나타내는 지표로, 젊음과 생식능력에 대한 믿을 만한 정보를 제공하는데도 말이다. 자하비의 말대로라면, 생물들은 왜 '생기다 만 신체 부위'와 같은 진짜 핸디캡을 진화시키지 않는 걸까? 생물들이 '이런 부속물쯤은 없어도 끄떡없이 생존할 수 있다'라는 점을 과시하기 위해 사지 하나를 절단하지 않는 이유는 뭘까? 사지 두 개를 절단하는 건 어떨까? 그러면 자신들이 얼마나 강인하지 보여줄 수 있을 텐데. 아예 안구를 하나 뽑지 않는 이유는 뭘까? 물론 그 이유는 간단하다. 핸디캡 원리는 배우자선택의 미적 성질과 근본적으로 동떨어진 것으로, 자연과 거의 무관한 원리이기 때문이다.

1990년 옥스퍼드의 앨런 그라펜Alan Grafen이 몰락해가는 핸디캡 원리의 구원투수로 등판했다.[41] 신월리스적 배우자선택 패러다임이 총체적 난국에 직면한 최악의 상황이었다. 물론 그라펜은 '커크패트릭의 수학적 증명으로 인해, 자하비의 오리지널 원리가 틀린 것으로 판명되었다'라는 점을 인정할 수밖에 없었다. 그러나 그라펜은 과시 비용과 배우자적 자질 간의 비선형적 관계nonlinear relationship를 수학적으로 증명함으로써, 위기에 처한 핸드캡 원리를 구원했다. 그의 주장을 쉽게 풀어 설명하면, "만약 열등한 수컷lower-quality male이 매력적 형질을 키우거나 과시하기 위해 우월한 수컷higher-quality male보다 상대적으로 큰 비용을 치러야 한다면, 핸디캡의 진화가 가능하다"라는 것이었다. 만약 핸디캡이 능력 테스트와 같다면, 그라펜의 말마따나, 우월한 개체들은 상대적으로 쉬운 테스트를 치르는 셈이었다.[42] 하지만 그의 논리는 너무나 궁색했다. 분명히 말해서, 핸디캡 원리의 문제를 바로잡는 유일한 방법은 실제로 그 원리를 폐기하는 것 뿐이었다.

핸디캡 원리를 벼랑 끝에서 살려낸 후 그라펜은 수긍할 만한 두 개의 진화적 대안, 즉 자하비의 핸디캡 이론과 (랜드와 커크패트릭이 정교화한) 피셔의 폭주 중에서 하나를 선택하라고 압박했다.[43]

> 핸디캡의 원리를 살펴보면, 성선택의 발생과 형태가 자연의 이치에 맞고 순리를 벗어나지 않는다. 그와 대조적으로 피셔의 과정에서는 신호의 형태가 다소 임의적이며, 하나의 종이 폭주 선택을 경험할 것인지 여부에 우연성이 다소 개입된다.

월리스적 전통을 계승한 그라펜은 '불안감을 조성하는, 임의적이고 미학적인 다윈주의'보다 '마음에 위로가 되는, 이치와 순리에 맞는 적응론'을 강력히 지지했다. 그라펜은 호시탐탐 기회를 노리다 마침내 치명타를 날렸다. "풍부한 증거 없이 피셔-랜드의 과정이 성선택의 설명이라고 믿는 것은 방법론적으로 사악한 짓이다."[44]

나는 지금껏 수많은 현대적 과학논쟁들을 지켜봤지만, 한쪽이 '사악하다'라고 매도되는 장면을 목격한 적이 없다. 그건 토론의 판을 깨는 행위로, 통상적인 과학논쟁에서 꺼낼 말이 아니었다. 조지 마이바트의 훈계조 말투가 귀에 거슬리게 반복되는 가운데 그라펜이 과장된 반응을 보였다는 것은, 적응주의자들의 위기의식이 얼마나 컸는지를 암시한다. "다윈의 정말로 위험한 생각, 즉 미적 진화는 적응론에 너무나 위협적이므로, '사악하다'라는 딱지를 붙여 생매장해야 한다"라는 것이 그들의 생각이었다. 월리스가 '순수한 다윈주의 형태'를 옹호한 지 거의 100년이 지나, 그라펜은 논쟁에서 이길 목적으로 월리스와 똑같은 주장을 되풀이했다.

그라펜의 추론은 큰 공감을 불러일으켰다. 개인적 안정감은 과학적으로 정당화될 수 없는 기준인데도, 과학자를 포함한 많은 사람은 '세상이 이치와 순리로 가득 차 있다'라고 믿고 싶어 했다. 그런 상황에서, 그라펜은 고작 '핸디캡 원리가 작동할 수 있는 조건이 존재한다'라고 주장함으로써 피셔의 이론에 대한 의구심을 불러일으켰다. 심지어 이들이 보기에 피셔의 대안적 이론은 '사악하기'까지 했다. 이에 대부분의 진화생물학자는 한술 더 떠, "핸디캡 원리는 ('작동할 수 있는 경우가 있다'라는 수준을 넘어) 언제나 작동할 것이다"라는 결론을 내렸다. 그 이후 적응적 배우자선택은 주도적인 과학 담론으로 자리 잡았다.

그라펜은 자하비와 피셔의 지적 스타일을 이렇게 비교했다. "피셔의 생각은 매우 기발하지만, 사실에 기반을 둔 자하비의 원리를 도저히 따라잡을 수 없다."[45] 그라펜의 얼토당토않은 비교는 다음과 같은 담론에 힘을 실어줬다. "피셔의 임의적 배우자선택이 '자연계를 전혀 고려하지 않고 잘난 체하는 수학자'의 원리라면, 적응주의자들이 옹호하는 핸디캡 원리는 '세상의 소금 역할을 하는 자연사학자'의 원리다." 매트 리들리Matt Ridley는 1993년 발표한 『붉은 여왕The Red Queen』에서 가당찮은 비유를 추가했다.[46]

> 피셔와 '좋은 유전자'의 분열은, '암컷의 선택'에 대한 사실이 확립되어 대부분의 사람을 만족시킨 1970년대부터 시작되었다. 이론이나 수학에 치우친 사람(컴퓨터에 탯줄이 연결된 창백하고 괴팍한 사람)들은 피셔주의자가 되었고, 현장 생물학자들과 자연주의자(턱수염을 기르

고 스웨터를 입고 장화를 신은 사람)들은 점차 '좋은 유전자'를 신봉하게 되었다.•

아이러니하게도, 나는 졸지에 진화생물학 분야의 역사적 담론에서 배제되고 말았다. 나는 조류의 구애표현을 연구하느라 여러 대륙의 열대 숲속에서 많은 시간을 보냈다. 여느 현장 생물학자들과 마찬가지로 턱수염을 기르고 스웨터를 입고 장화를 신고서 말이다. 그럼에도 불구하고, 나는 1980년대 중반 이후 열정적이고 탐구심 많은 '피셔주의자'로서 살아왔다. 하지만 그라펜과 리들리의 담론

턱수염을 기르고 스웨터를 입고 장화를 신은 저자가, 파라볼릭 마이크를 이용하여 릴 테이프 녹음기에 새의 노랫소리를 녹음하고 있다. 이것은 안데스산맥에 있는 에콰도르의 라구나 푸루한타 근처의 해발 2,900미터 현장에서 촬영한 사진이다.

• 이 내용은 다음의 부분을 옮긴이가 새로 번역한 것이다. (매트 리들리, 『붉은 여왕』, 김영사, 2006, p.219.)

에 따르면, 나는 이 세상에 존재하지 않는다. 현장에서 많은 시간을 보냈던 자연주의자 다윈도, 주로 수학자였던 그라펜도 마찬가지다. 안타깝게도, 리들리의 말은 모든 여성 현장생물학자와 자연주의자들도 고려하지 않았다. (제인 구달Jane Goodall과 로즈메리 그랜트Rosemary Grant에게 죄송하지도 않은가!) 물론, (적응주의자를 자연과 지식에 심오하게 연결된 낭만주의자로 묘사하는) 이런 종류의 지적 우화는 이슈의 복잡한 측면을 모호하게 만들고, 미사여구를 동원하여 논쟁에서 우위를 점하려는 간교한 술책의 일부다.

미적 진화 이론의 지적 기원은 추상적인 수학이 아니라, 다윈 자신의 생생한 깨달음이다. 그는 동물의 주관적인 미적 경험이 진화에 미친 영향을 목격하고, 자연선택이 자연계의 미적 현상을 설명하는 데 얼마나 부족한지를 절실히 깨달았던 것이다. 그로부터 거의 150년이 지난 지금, 자연계에 아름다움이 존재하게 된 과정을 평가하는 최선의 방법은 다윈의 발자취를 따르는 것이다.

다윈과 월리스, 아름다움과 적응에 관한 논쟁은 오늘날에도 과학계의 핵심적인 주제로 남아 있다. 우리는 배우자선택을 연구할 때마다 그 논쟁에서 형성된 지적 도구들을 사용하므로, 그 도구들의 역사적 배경을 알아둘 필요가 있다.

그런 도구들 속에는, 우리가 진화생물학의 개념들을 정의하는 데 사용하는 언어도 포함되어 있다. 예컨대 적합성fitness이라는 용어의 역사를 살펴보자. 다윈에게 있어서, 적합성은 신체적합성physical fitness을 의미하는 통상적인 언어였다. 즉, 적합성이란 '어떤 과제를 수행하는 데 적당함'을 뜻하며, 다윈적 적합성은 '생존능력과 생식능력을 보장하는 데 필요한 신체능력'이었다. 그러나 20세기 초 개체군 유전학이 발달하는 동안, 적합성은 '잇따른 세대에서 차별화된 유전적 성공'이라는 수학적 용어로 재정의되었다. 이러한 광범위하고 일반적인 새 정의는 차별화된 유전적 성공의 모든 원천(생존능력, 생식능력, 짝짓기/수정의 성공)을 통합하여, 적응적 자연선택adaptive natural selection이라는 흔한 이름의 단일변수로 만들었다. 그런데 적합성이 재정의된 시기는 '배우자선택에 의한 성선택'이 '진화생물학에서 완전히 부적절하다'라는 이유로 기각되던 무렵과 정확히 일치한다. 그 결과 적합성의 재정의는 자연선택(생존능력과 생식능력을 보장하는 형질에 대한 선택)과 성선택(짝짓기와 수정의 차별화된 성공을 초래하는 형질에 대한 선택) 간의 다윈 특유의 미묘한 차이를 평준화하고 제거해버렸다.[47] 그 이후 (수학적으로 편리하지만 지적으로 혼란스러운) 새로운 적합성 개념은 진화의 작동방식에 대한 사람들의 사고방식을 재형성하여, 독특하고 독립적인 비적응적 성선택 메커니즘을 언급하기조차 어렵게 만들었다. 만약 어떤 것이 적합성에 기여한다면, 반드시 적응적adaptive이어야 하는 걸까? '배우자선택에 의한 성선택'에 대한 다윈-피셔의 개념은 생물학 사전에서 근본적으로 삭제되어, 진정한 다윈주의자가 된다는 것이 언어학적으로 불가능하게 되었다.

미적 다윈주의의 두드러지는 지적 복잡성이 뭉개지고 만 이유는 뭘까? 적어도 부분적으로는 두 가지 믿음 때문이라고 말할 수 있다. 하나는 '개념적 획일성이 일반적인 과학적 미덕'이라는 믿음이고, 다른 하나는 '극소수의 강력하고 광범위하고 두드러진 이론·법칙·틀이 과학 자체의 근본적 목표'라는 믿음이다. 과학의 획일성은 간혹 큰 성과를 거두기도 하지만, 특별한 현상의 독특하고 새로운 속성들을 감소시키고 제거하고 무시함으로써 실패의 길을 걷게 되기도 한다. 이러한 지적 콘텐츠의 상실은, 뭔가 복잡한 것을 적절하게 설명하지 않고 건너뛸 때 나타나는 전형적인 현상이다.

성선택에 의한 진화는 나름의 독특한 내적 논리를 지닌 과정이라고 주장함으로써, 다윈은 단순성과 획일성을 향한 과학적·지적 편향과 싸웠다. 물론 빅토리아 시대에 다윈에게 반대했던 사람들은 상당수가 종교적 일신론religious monotheism에서 유물론적 진화론materialist evolution으로 개종한 지 얼마 안 되는 사람들이었다. 따라서 그들이 강력한 단일관념에 집착하는 것은 당연하다고 할 수 있다. 본래 일신론자들이었던 그들은 '전능한 유일신'을 '전능한 단일 아이디어', 즉 자연선택으로 대체했다. 사실, 오늘날의 적응주의자들은 이렇게 자문自問해야 한다. "우리는 왜 모든 자연을 강력한 단일이론이나 과정으로 설명할 필요성을 느끼는 걸까?" "과학적 획일성에 대한 욕구가 현대의 과학적 설명 속에 숨어 있는 '일신론monotheism'의 망령에 불과한 건 아닐까?" 이것은 '다윈의 정말로 위험한 생각'에 함축된 또 하나의 시사점이다.

진화생물학이 진정한 다윈적 견해를 받아들이려면, 다윈이 그랬던 것처럼 자연선택과 성선택이 각각 독립적인 진화 메커니즘이라는 점을 인정해야 한다.[48] 이러한 점에서 보면, 적응적 배우자선택은 성선택과 자연선택 간의 상호작용을 통해 일어나는 현상이다. 나는 이 책에서 '성선택과 자연선택 간의 상호작용'이라는 말을 계속 사용할 것이다.

아름다움의 진화를 좀 더 잘 이해하고 제대로 연구하는 방법을 모색하기 위해, 우리는 이제부터 새들의 성생활을 유심히 살펴볼 것이다. 그러려면 다윈이 흥미를 느낀 것으로 유명한 청란에서부터 시작하는 것이 가장 좋은 방법이다.

2. 세상에는 별의별 아름다움이 다 있다

말레이반도, 수마트라, 보르네오의 언덕이 많은 열대우림에는 지구상에서 가장 극적인 아름다움을 자랑하는 동물 중 하나가 살고 있다. 이름하여 청란Great Argus(*Argusianus argus*)으로, 닭목目 꿩과科의 조류이며 큰푸른목도리꿩이라고도 한다. 다윈은 일찍이 청란을 일컬어 "가장 세련된 아름다움은 성적 매력을 뽐내기만 할 뿐, 다른 의도는 전혀 없음을 보여주는 좋은 사례"라고 했다.[1]

암컷 청란은 복잡하고 세련된 무늬를 가진, 커다랗고 원기 왕성한 꿩이지만 깃털에 나타나는 흑갈색, 적갈색, 까만색, 황갈색의 위장 패턴camouflage pattern은 칙칙하기 이를 데 없다. 다리는 선홍색이며, 듬성듬성한 얼굴의 깃털은 청회색 민낯을 여과 없이 드러낸다. 수컷 청란을 암컷과 한눈에 구별하게 해주는 특징은 수컷의 꽁지와 날개의 깃털이 매우 길다는 것이다. 그 깃털들은 뒤로 1미터나 뻗어 있다. 전체적으로 볼 때, 수컷 청란은 부리 끝에서 꽁지 끝까지 거의 1미터 80센티미터에 달한다. 그러나 몸길이만 빼면, 깃털은 맹숭맹숭한 암컷과 매우 비슷하며 특별히 인상적인 구석이라고는 한 군데도 찾아볼 수 없다. 수컷 청란의 진정한 매력은 숨겨져 있으며 암컷과의 교제 기간 중 절정에 도달할 때까지 드러나지 않는데, 그 결정적인 장면을 동물원의 우리 밖에서 목격한 사람은 지구상에 거의 없다.

야생에서 청란을 보는 것은 하늘의 별 따기다. 그들은 경계심이 극도로 강해, 인기척을 느끼는 순간 재빨리 숲속으로 사라진다. 20세기 초의 조류학자이자 꿩 마니아였던 윌리엄 비브William Beebe는 청란의 우아한 자태를 야생에서 처음 관찰한 행운아 중 한 명이었다. 그는 뉴욕동물학회의 큐레이터로, 구형잠수기bathysphere(심해생물 연구용으로 개발된 공 모양의 잠수기)를 타고 심해를 탐사하여 세계적으로 유명해졌다. 비브가 처음 본 수컷 청란은, 멧돼지가 파놓은 구덩이에 고인 물을 마시기 위해 열대 보르네오의 질퍽거리는 제방을 내려오던 중이었다. 그는 1922년 발간한 『꿩 모노그래프Monograph of the Pheasants』[•]에서 그 장면을 벅찬 감정으로 기술하며, '의기양양한 조류 관찰자'이자 '식민지 시대 미국인 관찰자'의 언어로 승리감을 표현했다. "일별glimpse은 단 한순간이었지만, 나는 전 세계의 백인들에 대해 커다란 우월감을 느꼈다. 본고장에서 청란을 본 사람이 달리 누가 있겠는가!"

• 모노그래프monograph란 단일 주제에 대한 심도 깊은 한 권의 저서를 말한다.

미적 극단주의자인 조류 대부분에서 나타나는 전형적 현상은 일부다처제polygyny이며, 청란도 예외는 아니다. 즉, 한 마리의 수컷 청란은 서로 다른 암컷들과 여러 번 짝짓기한다. 그러나 문어발 짝짓기multiple mating 기회는 수컷들 사이에서 암컷을 유혹하기 위한 경쟁을 유발하기 마련이다. 일부 매력적인 수컷들은 성공률이 매우 높지만, 다른 수컷들은 암컷 근처에 얼씬도 할 수 없다. 그 결과 (어떤 형질이 됐든) 암컷들이 선호하는 형질에 대한 강력한 성선택이 생겨난다. 암컷에게 선택받은 수컷은 짝짓기를 완료한 후 배우자나 새끼의 삶에서 아무런 역할도 수행하지 않는다. 암컷은 잎을 모아 땅바닥에 둥지를 짓고 두 개의 알을 낳아 품으며, 부화한 새끼를 보호하고 양육하는 일을 전적으로 책임진다. 암컷이 숲 바닥에서 과일과 곤충을 채취하여 새끼들에게 먹이고 자기도 먹는다. 암컷과 수컷 모두 비행을 즐기지 않는 편이어서, 위협이 닥치면 종종걸음으로 달아난다. 그러나 밤에는 낮은 나뭇가지로 날아올라 휴식을 취한다. 단, 알을 품는 암컷은 예외적으로 둥지에 머문다.

미혼남인 수컷 청란은 완전히 독립된 생활을 한다. '지상 최고의 구애 쇼'를 펼칠 넓고 깨끗한 무대를 만들기 위해, 너비 4~6미터의 땅을 깨끗이 치워 숲 바닥 위에 맨땅을 만든다. 자신이 선택한 공간(종종 숲 안의 산등성이나 언덕 꼭대기)에 있는 나뭇잎, 뿌리, 잔가지를 모두 주워 무대 가장자리로 운반한다. 커다란 날개를 송풍기로 이용하여, 리드미컬한 날갯짓으로 모든 찌꺼기를 순식간에 날려 보내 청소를 끝내기도 한다. 마치 오늘날의 조차장操車場 작업원처럼 말이다(단, 귀 보호장구는 착용하지 않는다). 마지막으로 고개를 들

자신의 구애 쇼 무대를 관리하는 수컷 청란.

어, 공간을 침범한 잎채소나 덩굴식물의 가지를 부리로 모조리 잘라 낸다. 구애 쇼에 필요한 공간의 준비가 완료되면 이제 남은 것은 단 하나, 바로 암컷 방문자를 기다리는 것뿐이다.

관람자의 마음을 끌기 위해, 수컷 청란은 이른 아침과 저녁 그리고 달밤에 세레나데를 부른다. 마치 비명처럼 콰오와오kwao-waao 하고 울려 퍼지는 우렁찬, 청란의 두 음정 짜리 노랫소리는 한 번 들으면 도저히 잊히지 않는다. 동남아시아의 많은 언어에서 청란을 쿠아우kuau(말레이) 또는 쿠아오우kuaow(수마트라)라고 부르는 것은 바로 이 노랫소리 때문이다. 소리가 워낙 우렁차고 날카롭다 보니, 아주 먼 거리에서도 들을 수 있다. 그러나 청란은 찾기가 매우 힘들므로, 인간 방문자가 야외에서 청란을 경험할 수 있는 것은 노랫소리가 전부일 가능성이 높다.

나는 몇 년 전 보르네오 북부 다눔계곡 보호구역Danum Valley Conservation Area에 있는 청란 서식 지역의 연구기지에서 닷새를 보낸 적이 있다. 하루는 오후 늦게 연구원들과 함께 나무가 우거진 강 주변의 오솔길을 천천히 걷다가, 수컷 청란의 우렁찬 콰오와오 소리를 들었다. 비브가 기술한 것과 정확히 똑같았다. 나는 '소리가 이렇게 크게 들린다면 오솔길의 다음 모퉁이 주변에 청란이 있는 게 틀림없어'라고 생각하며, 부푼 기대감에 가슴을 졸였다. 그러나 잠시 후 청란은 강 건너편의 상당히 먼 곳에서 노래를 부르고 있다는 사실을 깨달았다. 설사 수컷이 계속 노래를 불러준다고 해도, 그곳에 도착하기 전에 날이 저물 것 같았다. 억세게 운이 좋아 구애 현장을 포착하더라도, 수컷은 우리가 접근하는 것을 알아채는 즉시 입을 다물고 주변의 숲속으로 몸을 숨길 게 뻔했다. 수컷의 존재를 알리는 감질 나는 메아리가 단서의 전부인 상황에서, 내가 할 수 있는 일이라곤 비브가 그 경이로운 새를 목격한 장면을 상상하는 것밖에 없었다.

그날 저녁 연구기지에 돌아와 거머리가 득실거리는 주변의 숲속을 밤새도록 헤맨 후, 캠프에서 한 연구원의 남자친구인 프랑스인 미술가를 만났다. 그는 열대우림의 풍경화를 그리러 그곳에 왔다고 하며, 늦은 아침 캠프 근처를 산책하다 마주친 특이한 새의 이름을 알려달라고 했다. 그리고 태연자약하게 길이가 2미터나 되는 커다란 새 한 마리의 모습을 스케치했다. 그 그림을 대수롭지 않게 들여다본 나는 깜짝 놀라 뒤로 나자빠질 뻔했다. 수컷 청란이었다. 주요 서식지에서 제 발로 걸어 나와, 300미터에 달하는 연결도로를 터벅터

벅 걸어 캠프 근처에 모습을 드러낸 것이었다. 누구는 며칠 동안 숲 속을 샅샅이 뒤졌지만 청란의 그림자도 구경하지 못했는데, 누구는 별로 노력하지도 않고 그런 횡재를 하다니! 게다가 자신이 누린 행운에 고마워하는 기색도 전혀 없다니! 나는 거머리에게 물린 상처를 어루만지며 비브가 느꼈던 커다란 우월감과 정반대의 감정을 느꼈다. 한 화가가 누린 엄청난 행운에 대한 부러움을 도저히 감추지 못하며, 애꿎은 '조류관찰의 신'에게 저주를 퍼붓는 수밖에 없었다.

야생에서 청란의 모습을 힐끗 보는 것조차 하늘의 별 따기인데, 수컷 청란이 날개와 꽁지의 엄청난 깃털로 암컷에게 구애하는 모습을 관찰하려면 얼마나 정교한 노력과 오랜 시련이 필요할까. 윌리엄 비브는 구애 쇼 무대 옆에 설치한 소형 텐트와 무대 위의 나무에 숨어 관찰을 시도했지만 모두 허사였다. 생각다 못한 그는 마지막으로 조수들을 시켜, 무대 옆에 서 있는 나무의 판근buttress root(나무의 곁뿌리가 평평한 판 모양으로 되어 땅 위에 노출된 것) 뒤에 커다란 참호를 팠다. 그러고는 참호에 들어가 나뭇가지로 몸을 가리고 일주일 동안 꼬박 기다린 끝에, 수컷 청란이 암컷 방문자에게 지상 최고의 구혼 퍼포먼스를 펼치는 장면을 관찰하는 데 성공했다. 그 자신은 잘 몰랐겠지만, 그는 완전히 날로 먹은 셈이었다. 그로부터 50년 후 조류학자 제프리 데이비슨Geoffrey W. H. Davison은 말레이시아에서 장장 3년간에 걸쳐 191일 동안 수컷 청란을 관찰했다.[2] 그중 700시간 동안 구애 쇼 무대를 관찰하면서 암컷 청란의 방문을 목격한 적은 딱 한 번밖에 없었다. 두말할 필요도 없이, 그만한 인내력을 가진 사람은 이 세상에 거의 없을 것이다. 그러니 지금껏 수행된 청란의 행동관찰 연구는 대부분 동물원에서 이루어질 수밖에 없었다.[3]

암컷 청란이 수컷의 구애 쇼 무대에 도착했을 때 무슨 일이 일어나는지 자세히 알아보자. 수컷은 먼저 예비 공연을 여러 번 하는데, 그중에는 땅바닥을 의례적으로 쪼아대고, 선홍색 다리로 사뿐사뿐 우아하게 걷는 동작이 포함된다. 잠시 후 날개를 구부려 윗면을 노출한 상태에서, 큰 원을 그리며 암컷의 주위를 빠르게 돈다. 예비 공연이 이렇게 마무리되고 나면, 퍼포먼스의 하이라이트가 기다리고 있다. 회전반경을 30~60센티미터로 줄이는가 싶더니, 수컷은 느닷없이 완전히 다른 형태로 깜짝 변신하며, 1미터 20센티미터에 달하는 긴 깃털들로 상상을 초월하는 복잡한 색상 패턴을 구현한다. 수컷은 암컷을 향해 머리를 조아리는 동시에(뭐라 형언할 길이 없어 허탈해진 생물학자들은 이를 그냥 정면운동frontal movement이라고 부른

암컷 앞에서 아름다운 자태를 뽐내며 걷는 수컷 청란.

다), 구부렸던 날개를 활짝 펼쳐 그 속에 숨어 있던 정교한 깃털들로 거대한 부채 모양을 만들어낸다. 머리 위에서 전방을 향해 비스듬히 펼쳐진 부채는 암컷의 한쪽 면을 부분적으로 에워싼다. 1926년, 선도적인 네덜란드의 동물행동학자 요한 비런스 더한Johan Bierens de Haan은 그 원뿔형 부채를 "일진광풍에 휘말려 뒤집힌 우산"의 형태에 비유했다.[4]

이 범상찮은 자세에서, 수컷은 머리를 한쪽 날개 아래에 파묻은 다음 날개의 수근골carpal 부위에 형성된 깃털의 틈 사이로 암컷의 반응을 엿본다. 휜 날개 틈으로 보이는 (작고 새까만 눈을 둘러싼) 짙은 청색 피부도 암컷의 시선에 포착될 게 뻔하다. 이 기묘한 자세를 유지하기 위해, 수컷은 (마치 스타팅 블록 앞에 잔뜩 웅크리고 있는 스프린터처럼) 한 세트의 발톱을 다른 발톱들 앞에 가지런히 놓은 채 앉아 있다. 암컷 앞에서 머리를 조아리는 동안, 수컷은 꽁무니를 들고 기다란 꽁지깃을 곧추세운 상태에서 위아래로 리드미컬하게 몸을 흔든다. 그것은 암컷이 원뿔형 부채 위로(또는 간혹 벌어지는 좌우 날개 사이로) 수컷의 꽁지깃을 이따금 일별할 수 있도록 하기 위함이다. 암컷의 머리를 에워싸는 듯한 원뿔형 부채의 모양은 마치 작은 원형 극장을 연상시킨다. 뒤집힌 원뿔형 부채를 2~15초 동안 여러 번 박진감 있게 흔든 후, 수컷은 '평범한' 모습으로 되돌아가 몇 초 동안 의례적인 땅바닥 쪼기를 계속한다. 그리고 정면운동과 땅바닥 쪼기를 몇 초 간격으로 여러 차례 반복한다.

지금까지 소개한 수컷 청란의 구애 쇼 자세는 극적이기는 하지만, 정면운동의 가장 두드러진 측면, 즉 날개깃에 나타나는 '도가 지

수컷 청란이 펼치는 화려한 구애 쇼(일명 정면운동).

나친 패턴'에 대한 설명이 빠져 있다. 수컷은 '뒤집힌 우산' 자세를 취할 때 날개깃의 윗면을 드러내지만, 평소에는 날개를 접은 채 걸어 잠그므로 날개깃을 거의 볼 수 없다. 이러한 변신은 상상할 수 없을 정도로 놀랍다. 날개깃의 색조는 흑색, 흑갈색, 적갈색, 황갈색, 가죽색, 백색, 회색의 착 가라앉은 톤이지만, 그 배열의 화려하고 복잡한 패턴은 지구상의 어떤 생물도 따를 수 없을 만큼 정교하다. 깃털 하나하나에 찍혀 있는 1밀리미터 미만의 미세한 점에서부터 완전히 펼쳐진 1미터 20센티미터(모선母線의 길이)짜리 원뿔에 이르기까지, 40개의 깃털은 한데 어울려 엄청나게 복잡한 페이즐리 효과 paisley effect(주로 직물 도안에 쓰이는, 깃털이 휘어진 모양의 무늬)를 연출한다. 공작의 꽁지는 저리 가라 할 정도로 말이다.• 나는 자연계에서 이 깃털의 환상적인 복잡함에 견줄 만한 디자인을 본 적이 없다.

깃털 하나하나가 얼룩말 한 마리, 표범 한 마리, 열대어 한 마리, 나비 떼, 난초 한 다발의 패턴 복잡성pattern complexity을 모두 포함하고 있다. 각각의 날개깃마다 다채로운 점·띠·소용돌이 구역들이 빽빽이 자리 잡고 있어, 날개 하나하나에 대해 모노그래프를 발간할 만한 가치가 있다. 그리고 전체적으로는 페르시아산 융단의 디자인에 맞먹을 만큼 복잡하고 화려한 문양들이 아로새겨져 있다.

날개 끝부분의 '손가락'과 '손'에 부착된 짧은 첫째날개깃primary wing feather은 원뿔의 하반부를 구성한다. 이 깃털들은 새까만 축shaft, 밝은 회색 끄트머리tip, 중간 지역의 세 부분으로 구분된다. 중간 지역은 다시 다양한 황갈색 또는 적갈색 지역으로 나뉘는데, 황갈색 지역에는 갈색 점이 복잡한 간격으로 배열되어 있고, 적갈색 지역에는 미세한 백색 얼룩이 가득하다.

그러나 뭐니 뭐니 해도 가장 유명한 색상 패턴은, 자뼈ulna(팔의 아랫마디에 있는 두 뼈 가운데 안쪽에 있는 뼈)에 부착된 둘째날개깃secondary wing feather에서 찾을 수 있다. 둘째날개깃들은 원뿔의 상반부를 구성하며, 각각의 깃털은 길이가 약 90센티미터, 말단의 너비가 약 15센티미터다. 밝은 백색의 중심축(깃대rachis)이 깃판vane을 안쪽inner vane과 바깥쪽outer vane으로 나누는데, 양쪽 모두 완전히 독특한 컬러 패턴으로 장식되어 있다. 안쪽에는 거무스름한 점들이 회

• 컬러 화보 3번.

색 배경 위에 배열되어 있고, 바깥쪽에서는 흑갈색과 황갈색의 뒤틀린 띠들(이것들은 날개를 접고 쉬는 새를 잘 은폐해준다)이 어우러져 황갈색과 흑색의 물결 및 줄무늬 패턴을 형성한다. 바깥쪽에서 깃대에 가장 가까운 부분에는 일련의 뚜렷한 황금갈색 동그라미들이 늘어서 있는데, 이 동그라미들은 가장자리가 까만 테두리로 둘러싸여 있어 입체적인 느낌이 난다.• 이것을 안점eyespot이라고 하며, 청란Great Argus의 이름에 들어 있는 아르고스Argus는 바로 여기에서 유래한다. 1766년 칼 폰 린네Carl von Linné는 그리스 신화에 나오는 (100개의 눈이 달려 사방 모든 것을 볼 수 있다는) 거인 아르고스 판옵테스Argus Panoptes의 이름을 따서, 이 꿩의 이름을 '그레이트 아르고스'라고 지었다. 그러나 청란은 아르고스 판옵테스보다 세 배나 많은 눈을 갖고 있다!

모든 둘째날개깃에는 열두 개에서 스무 개의 멋진 황금색 동그라미들이 기부base에서부터 말단까지 한 줄로 배열되어 있다. 나는 이 동그라미들을 공sphere이라고 부르는데, 그 이유는 까만 테두리가 (마치 숙련된 화가의 붓 칠처럼) 절묘한 명암을 부여함으로써 3차원 입체를 방불케 하는 놀라운 착시를 일으키기 때문이다. 즉, 공 한복판의 황금색 부분 아래쪽에는 짙은 마스카라 같은 얼룩이 져 있어, 마치 그늘이 드리운 듯한 인상을 자아낸다. 그리고 그 반대편에서는 황금색이 흰색 초승달 모양과 (구별하기 어렵게) 뒤섞여 멋진 하이라이트를 보여준다. 윤기 나는 동그란 사과의 표면에서 뿜어져 나오

• 컬러 화보 4번.

는 광채처럼 말이다. 다윈이 지적했던 것처럼, 모든 공의 컬러 셰이딩color shading• 에는 정확한 방향성이 있다. 그러므로 거대한 원뿔형 부채가 암컷의 위나 주변에 드리워지면, 둘째날개깃의 황금색 공이 공중에 떠 있는 3차원 물체라는 인상을 자아내며 섬뜩한 느낌을 준다. 게다가 공의 윗부분에서는 영롱한 광채가 난다. 마치 숲의 캐노피를 관통한 한 줄기 빛이 그곳을 수직으로 비추는 것처럼 말이다. 3차원 착시를 더욱 강화하는 것은, 수컷이 구애 쇼를 하는 동안 이러한 둘째날개깃들을 하늘 높이 치켜들 때, 은은한 광선이 흰색 하이라이트 부분을 통과하여 휘황찬란한 분위기를 더하기 때문이다.

추가적인 착시를 유발하는 것은, 둘째날개깃의 바깥쪽 기부에 있는 황금색 공의 너비가 약 0.5인치이지만, 조금씩 증가하여 깃털 끝에 이르면 1인치가 된다는 것이다. 그런데 암컷의 눈에서 멀어질수록 공의 물리적 크기가 증가하므로, 암컷의 관점에서 보면 인위적 원근착시forced perspective illusion 현상이 일어나 모든 공의 크기가 균일하게 보인다.

종합적으로 생각해보면, 수컷이 보여주는 몇 가지 요소들이 결합하여 도저히 상상할 수 없는 복잡한 감각 경험을 유발하는 것 같다. 300개의 황금색 공들이 수직으로 배열된 원뿔이 부르르 떨며 진동하는 순간, 무수한 얼룩·점·소용돌이가 아로새겨진 태피스트리를 배경으로 휘황찬란한 루미나리에luminarie 축제가 벌어진다. 중심

• 색채용어. 좁게, 가늘게, 혹은 움푹 들어간 것처럼 보이고자 하는 부위에 사용하는 수축색contractile color. 기본색보다 두 톤 정도 어두운 색을 이용해 감추고 싶은 부위에 도포한다. 각 진 턱, 넓은 이마, 헤어 라인, 얼굴 윤곽 등에 많이 사용한다.

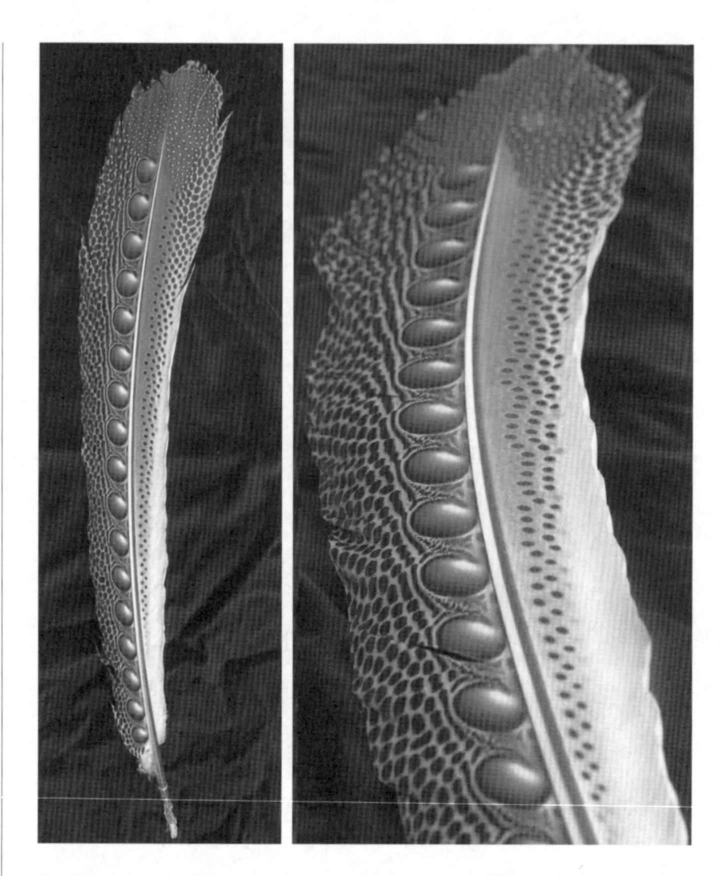

(왼쪽) 수컷 청란의 둘째날개깃에 아로새겨진 황금색 공이 깃털 끝을 향해 퍼져나가며 크기가 점차 증가하고 있다. (오른쪽) 비스듬한 각도에서 볼 경우, 인위적 원근착시 현상 때문에 공의 크기가 거의 균일하게 보인다. 구애 쇼 도중에 암컷이 보는 장면도 이와 비슷하다. Photos by Michael Doolittle.

부에서 바깥쪽으로 퍼져나가는 황금색 공 사이로 언뜻언뜻 보이는 수컷의 까만 눈망울과 파란 얼굴도 장관을 연출하는 데 한몫 톡톡히 한다.

그러나 여기에 큰 함정이 있다. 우리는 이 모든 경이로운 장식물들이 암컷 청란에게 큰 인상을 줄 거라고 생각하기 쉽다. 과연 그럴까? 천만의 말씀. 관찰자들은 암컷의 반응을 일컬어 만장일치로 "전혀 감동하지 않는다"라거나 심지어 "미동도 하지 않는다"라고 한다. 윌리엄 비브는 이렇게 썼다.[5] "경이로운 색채, 안점들이 유도하는 정교한 착시현상, 깃털들의 리드미컬한 떨림으로 인한 황금색 공들의 회전! 장담하건대, 이 모든 미적 현상들은 태연한 척하는 왜소한 암컷 앞에서 전혀 맥을 추지 못한다."

암컷 청란의 미적 경험 가능성을 타진하기 위해, 비브는 특이한 형태의 역의인화reverse anthropomorphism를 시도했다. "우리 인간이 청란 수컷의 구애행동을 보며 '경이감을 불러일으킨다'라고 생각한다면, 동종同種의 암컷은 우리보다 더 강력하고 가시적인 반응을 보여야 하는 것 아닐까? 그녀가 우리보다 좀 더 격한 반응을 보이는 게 당연한 것 아닐까?" 나는 그의 심정을 충분히 이해한다. 비브는 수컷의 구애행동을 관찰하기 위해 여러 달 동안 정글 속에서 헤맸고, 몇 주 동안 다양한 아지트에서 몸을 웅크리고 있었기 때문에, 마침내 진흙투성이의 참호 속에서 그 장면을 목격했을 때 '암컷 청란도 최소한 내가 경험한 흥분의 몇 분의 1이라도 느끼겠지'라고 기대했던 것 같다. 그러나 그건 큰 착각이었다.

'암컷 청란과 인간이 일말의 흥분도 공유하지 않았다'라는 결론을 내린 후, 비브는 '수컷의 과시행동이 암컷에게 미적 영향을 미칠 수 있다'라는 가능성에 의구심을 품게 되었다. 그러나 성선택 이론에 따르면, 모든 정교한 장식물은 그에 못지않게 정교한 미적 안목aesthetic discernment과 공진화한 결과물이다. 극단적인 미적 표현은 늘 극단적인 미적 실패aesthetic failure의 결과다. 수컷 청란이 그런 극단적인 장식물을 보유하게 된 이유는, 대다수의 수컷이 배우자로 선택되지 않기 때문이다. 따라서 차분하고 무덤덤한 암컷의 태도는 지극히 당연했다. 인간으로 말하면, 그녀의 모습은 평생에 한 번 볼까 말까 한 표본을 발견한 '흥분한 박물학자'보다, 우열을 가리기 힘든 수많은 걸작 중 하나를 평가하는 '노련한 감정가'의 모습에 더 가까웠다. 나는 비브가 촬영한 비디오를 시청한 후 많은 것을 깨달았다. 수컷이 온갖 정성을 다해 프러포즈하는 동안, 안목 있는 암컷은 그에게 시선을 고정하고 시종일관 냉정한 태도를 유지했다. 마치 불감증 환자처럼 보일지 모르지만, 그녀의 냉철한 짝짓기 결정이야말로 수백만 년 동안 수컷의 용모를 아름답게 빚어온 원동력이다. 수컷 청란이 수백 개의 황금색 공이 주렁주렁 달린 원뿔형 부채를 공중에서 빙빙 돌리며 흔드는 것도, 그녀의 까다로운 안목이 공진화의 원동력으로 작용했기 때문이다.

청란의 장엄한 깃털과 정교한 구애행동은 '자연계 아름다움의 기원'을 이해하려고 노력하는 과학자들에게 오랫동안 중요한 단서로 여겨졌다. 그러나 비브가 실망스러운 증거를 제시한 후, 많은 사상가는 정반대의 결론에 도달하게 되었다. 진화론 반대 진영에 가담했던 제8대 아가일 공작Duke of Argyll 조지 캠벨George Campbell은 1867년 발간한 『법칙의 지배The Reign of Law』에서, 청란의 날개깃에 나타나는 황금공 디자인을 '창조자이신 신의 손길'의 근거로 인용했다.[6] 그러자 다윈은 "그것이야말로 '성선택에 의한 아름다움의 진화'를 입증하는 증거다"라고 반박하며, "암컷 청란이 인간과 거의 비슷한 취향을 가졌다는 것은 얼마나 경이로운 사실인가?"라고 반문했다.[7]

성선택 이론이 맥을 추지 못한 한 세기 동안, 생물학자들은 청란이 보유한 극적인 아름다움의 이유를 설명해야 한다는 중압감에 시달렸다. 윌리엄 비브는 한때 "다윈의 생각에는 사람의 마음을 끌어당기는 매력이 있다"라고 기술했지만,[8] 결국에는 설득력이 떨어진다고 판단했다. 암컷 청란의 인지적·미적 능력을 낮게 평가했던 비브가 성선택이라는 생각을 받아들이는 것은 사실상 불가능했다. "믿고 싶은 마음은 굴뚝같지만, 도저히 불가능해 보인다. 개인적으로는 유쾌한 심리학적·미학적 가능성을 받아들이고 싶지만, 학문적으로는 그럴 수 없다."[9]

그렇다면 비브는 수컷 청란의 진화를 어떻게 설명했을까? 그는 끝내 설명하지 못하고 이런 결론을 내렸다. "때로는 모르는 걸 모른다고 말하는 담대함이 필요할 때가 있다. 지금이 바로 그런 경우다." 청란이라고 하는 '아름답기로 유명한 동물'과 그 밖의 많은 꿩의 과시행동을 추적하기 위해 몇 년을 쏟아부었던 그가 "청란의 아름다움에 대한 다윈의 설명은 틀렸다"라고 꽁지를 내리다니, 이 얼마나 아이러니한 일인가! 그러나 그것은 (월리스가 다윈의 배우자선택 이론을 궤멸시키고 난 후 찾아온) 지적 상실intellectual loss의 당연한 귀결이었다.

오늘날 모든 생물학자는 배우자선택의 기본 개념을 받아들인다. 따라서 "청란의 장식용 깃털과 구애행동은 암컷의 성적 선호와 욕구(즉, 성선택)를 통해 진화했다"라는 점에 대해 이의를 제기하는 사람은 한 명도 없다. 또한 그들은 "장식물이 진화하는 것은, 개체들이 자신의 배우자를 선택할 수 있는 능력과 자유를 갖고 있으며, 실제로 자신이 선호하는 장식물을 보유한 배우자를 선택하기 때문"이라는 데 동의하고 있다. 선택자들은 자신이 좋아하는 것을 선택하는 과정에서, '욕구의 대상'과 '자신의 욕구 형태'를 모두 진화적으로 변형시킨다. 그것은 아름다움과 욕구 사이에서 벌어지는 진정한 공진화 댄스coevolutionary dance인 것이다.

그러나 생물학자들의 의견이 일치하지 않는 부분이 하나 있으니, 그것은 '짝짓기선호가 어떻게 진화했는가'라는 점이다. '짝짓기선호는 정직하고 실용적인 정보를 지속적으로 제공하는 장식물 때문에 진화할까, 아니면 (비록 기막히게 멋지기는 하지만) 무의미하고 임의적인 유행으로서 공진화할까? 솔직히 말해서 대부분의 생물학자는 첫 번째 가설에 동의하지만 나는 그렇지 않다. 분명히 말하지만, "(그라펜의 개입으로 간신히 위기를 모면한) 적응적 배우자선택은 일어날 수는 있지만 매우 드문 현상인 데 반해, (다윈과 피셔가 상상하고 랜드와 커크패트릭이 모델을 제시한) 배우자선택은 거의 보편적으로 일어나는 현상"이라는 것이 나의 생각이다.

하지만 그런데도 내가 인정하지 않을 수 없는 점은, 다윈의 『인간의 유래와 성선택』이 출간된 이후 '효용으로서의 아름다움beauty-as-utility'이라는 주장이 성공가도를 달려왔다는 것이다. 이 장의 목적은 그 잘못된 통념이 이어지고 있는 이유를 제시하는 것이다. 생각건대, 그 주장이 아직도 맹위를 떨치고 있는 핵심 이유는 '그 결론이 궁극적으로 타당하다'라는 비과학적 믿음의 뒷받침이 있기 때문이다.

나는 1997년 생태학과 진화생물학 분야의 일급 저널인 《아메리칸 내추럴리스트American Naturalist》에 논문 한 편을 투고했다. 나는 그 논문에서 배우자선택의 두 가지 메커니즘(임의성, 정직한 광고)을 모두 언급하고, 둘 중 어느 것이 내가 관찰한 특정 조류의 구애 행위의 진화에 작용했는지를 판단했다.[10] 그 논문의 한 부분에서, 마나킨새manakin라는 조류 그룹에서 관찰된 일련의 과시행위들을 기술했다(자세한 내용은 3장, 4장, 7장을 참고하라). 마나킨새 그룹에 속하는 여러 종이 선보이는 과시 행위의 비교연구 결과, 흰목마나킨White-throated Manakin(*Corapipo gutturalis*)이라는 종의 수컷들이 새로운 자세를 진화시킨 것을 발견했다. 그들의 새로운 자세는 '부리로 가리키기bill-pointing'로, 조상 대대로 내려오는 표준 과시 레퍼토리standard display repertoire의 일부인 '꽁지로 가리키기tail-pointing'를 대체한 것이었다. 그건 마치 진화가 쿠키틀cookiecutter을 이용하여 옛 자세의 일부를 잘라내기(Ctrl+X) 했다가, 일련의 행동 내의 정확한 위치에 붙여넣기(Ctrl+V) 한 것 같았다. 나는 이 변화가 진화한 이유를 "배우자의 자질에 관한 정보를 더욱 잘 전달하기 때문이 아니라, 임의적이고 미적인 배우자선택에 적절히 대응하기 때문"이라고 판단했다. 만약 그게 정보 제공용이라면, 흰목마나킨뿐만이 아니라 모든 마나킨새가 그렇게 진화했을 것이기 때문이다.

과학저널의 편집자들은 투고자의 원고를 익명의 동료 심사자들(그중에는 종종 투고자의 라이벌인 사람들도 있다)에게 보낸다. 심사자들의 논평은 원고의 출판 여부를 결정하거나 투고자에게 개선을 요구하는 데 이용된다. 나의 경우, 익명의 동료 심사자들은 '흰목마나킨의 배우자선택' 부분을 혐오하는 것 같았다. 그들은 "'부리로 가리키기'는 임의적인 배우자선택을 통해 진화했다"라는 나의 논증을 일축했다. 이유인즉, 내가 예상 가능한 적응적 가설adaptive hypothesis들을 구체적으로 적시하여 검증·반론하지 않았다는 거였다. 심사자들은 "수컷 흰목마나킨이 '부리로 가리키기'를 통해 자신의 우월한 정력이나 질병 저항성을 드러내는지 여부가 검증되지 않았다"라고 지적했고, 나는 "특정한 자세에서 잠깐 멈추는 것이 정력이나 유전적 자질에 대한 추가정보를 전달할 가능성은 작다"라고 항변했다. 새들이 조상들에게서 물려받은 '꽁지로 가리키기' 자세가 엉덩이에 기생하는 진드기에 감염됐는지 여부를 보여주기 위한 것이 아닌 것처럼, '부리로 가리키기'가 진화사에서 최근 일어난 문제들(예: 목구멍에 기생하는 진드기)과의 관련성을 보여주기 위한 것은 아니라고 생각했기 때문이다. 나는 그런 가설검증이 무의미하다고 여겼지만, 심사자들의 생각은 달랐다. 그들은 "과시형질의 임의성을 입증할 책임은 저자에게 있다"라고 고집했다. 당시 내 주장을 증명하는 것은 불가능했으므로, 논문 출판을 위해 눈물을 머금고 해당 부분을 삭제했다.

동료 심사자들과의 논쟁은 1997년 논문이 발표된 후 오랫동안 나를 괴롭혔다. 내 마음속에서는 이런 생각이 끊이지 않았다. '어떤 과시형질이 임의적이다(즉, 그 과시형질에 담겨 있을 만한 정보는 매력 말고는 없다)라고 결론지으려면, 도대체 얼마나 많은 적응가설을 검증해야 할까? 언제쯤이면 그 작업을 모두 마칠 수 있을까?' 설사 내가 모든 적응가설을 검증하더라도, '한 무리의 심사자들을 충족시키기 위해 전전긍긍하는 것은 수많은 장애물의 시작일 뿐일지도 모른다'라는 생각이 들었다. 그들의 태도로 미뤄보건대, 다른 회의적인 심사자들을 충족시키려면 다른 가설을 검증해야 하고, 또 다른 회의적인 심사자들을 충족시키려면 또 다른 가설을 검증해야 하는 악순환이 무한히 반복될 것 같았다. 심사자들의 창의력에는 끝이 없을 것이므로, 특정 형질이 임의적이라고 증명하는 과정에도 끝이 없을 것 같았다. 마치 바닥이 없는 수렁에 빠진 느낌이었다. 통상적인 증거기준standard of evidence하에서는 '어떤 형질이 임의적인 아름다움으로 진화했다'라고 결론을 내리는 것이 불가능해 보였다. 진정한 의미의 현대 다윈주의자가 된다는 것은 사실상 불가능했다.

나는 깨달았다. 나를 그런 올가미로 옭아맨 것이 "풍부한 증거 없이 피셔-랜드의 과정이 성선택을 잘 설명한다고 믿는 것은 방법론적으로 사악한 짓이다"라는 앨런 그라펜의 살벌한 증거기준임을 말이다.

물론 '풍부한 증거'라는 기준을 처음 들이댄 사람은 그라펜이 아니었다. 그 기준은 과학계에서 오랫동안 높이 평가받아온 내력을 갖고 있다. 1970년대에 칼 세이건Carl Sagan은 초자연적 현상에 끌리는 심리에 대해 이렇게 말한 적이 있다. "놀라운 주장에는 놀라운 증거가 필요하다." 이 유명한 세이건의 기준은 프랑스의 수학자 피에르-시몽 라플라스Pierre-Simon Laplace에게까지 거슬러 올라갈 수 있다. 라플라스는 일찍이 이렇게 말했다. "놀라운 주장에 대한 증거의 무게는 기이함strangeness과 비례해야 한다."

그러므로 우리가 그라펜의 '풍부한 증거기준'을 받아들일지 여부는 '다윈-피셔의 배우자선택 이론을 얼마나 기이하다고 여기느냐'에 달려 있다. 그렇다면 한 가설의 기이함을 좌우하는 요인은 뭘까? 우리는 '세상이 돌아가는 이치'에 대한 육감에 의지하여 그 이치에 대한 과학적 탐구를 진행해야 할까? 그라펜은 자하비의 핸디캡 원리를 전면에 내세우며, "'마음에 위로가 되고 이치와 순리에 맞는 원리'에 입각하여, '끔찍하고 기이한' 임의적 배우자선택 원리를 기각해야 한다"라고 주장했다.

물론 이성적이고 정돈된 우주를 믿고 싶어 하는 것은 인간의 본성이다. 심지어 알베르트 아인슈타인Albert Einstein조차도 양자역학 앞에서 주춤했는데(사실 그는 양자역학의 상당한 기틀을 마련했다), 그 이유는 그것이 물리학의 세계에 불확실성과 예측 불가능성이라는 요소를 도입했기 때문이다. 아인슈타인은 양자역학에 거부감을 보이며, "신은 주사위 놀이를 하지 않는다"라는 명언을 남겼다. 그러나 양자역학은 기이함의 끝판왕임에도 불구하고 궁극적으로 승리를 거머쥐었다. 왜냐하면 설명력과 예측력이 너무 커서 도저히 무시할 수가 없었기 때문이다. 그 이후 우주의 물리법칙에 대한 인류의 이해는 헤아릴 수 없을 정도로 진보했고, 물리학은 '기이한 우주'를 포용할 수밖에 없었다.

그러나 불행하게도, 진화생물학에서는 '이치와 순리에 맞는 것'을 선호하는 취향에서 탈피하기가 매우 힘들었다. '이치와 순리에 맞는 것'에 대한 갈망이 배우자선택을 따돌림으로써 과학을 피곤하고 진부하게 만들어, 자연계에 아로새겨진 아름다움의 진화과정을 일관되게 설명할 수 없도록 만들었다. 오늘날 통념으로 자리 잡은 적응주의adaptationism는 놀랍도록 무른 지반 위에 서 있다. 적응주의의 오류를 정확히 파악하려면, 과학적 탐구과정의 기초를 꼼꼼히 검토해볼 필요가 있다.

어떤 과학적 가설을 검증할 때, 우리는 하나의 추측(우리가 세상에서 관찰한 현상은 어떤 특별한 메커니즘에 의해 설명될 수 있다)을 좀 더 일반적인 추측(딱히 특별하다고 할 만한 일은 일어나지 않았다. 즉, 우리의 관찰을 해명하기 위해 특별한 설명은 필요하지 않다)과 비교해야 한다. 과학과 통계학에서는 '딱히 특별하다고 할 만한 일은 일어나지 않았다'라는 추측을 영가설null hypothesis 또는 널모델null model이라고 부른다. 그런데 믿을 수 없을 만큼 기분 좋고 흥미로운 우연의 일치는, 영가설이라는 개념이 1935년 바로 그 '폭주하는 피셔'에 의해 처음 제시되었다는 것이다(물론 영가설 개념을 만든 사람이 나와 한편이라고 해서, 내 주장의 타당성이 강화되는 것은 아니다). 그는 영가설이라는 개념을 만든 다음 이렇게 설명했다.[11] "우리는 이 가설을 '영가설'이라고 부를 수 있다. 여기서 명심해둘 것은, 영가설은 전혀 입증되거나 확립된 것이 아니며, 실험을 통해 틀린 것으로 입증될 수 있다는 것이다."

그러므로 '(우리가 관심을 두고 있는) 어떤 과정이나 메커니즘이 일어났다'라고 주장하려면, 먼저 '딱히 특별하다고 할 만한 사건은 일어나지 않았다'라는 영가설을 기각해야 한다. 영가설을 기각하면 '뭔가 독특한 사건이 일어났다'라는 긍정적 결론을 내리게 된다. 그러나 피셔가 간파한 대로, 영가설은 지적으로 비대칭적intellectual asymmetrical이다. 우리는 영가설을 기각하는 증거를 발견할 수 있지만, 영가설을 직접 증명할 수는 없다. 다시 말해서, 과학적 추론의 논리적 구조를 고려할 때, 뭔가 특별한 것이 일어났음을 규명하기에 충분한 증거를 제시하는 것은 가능하지만, 특별한 것이 일어나지 않았음을 확실히 규명하는 것은 불가능하다.

물론 영가설은 (우리가 과학적 작업을 수행하기 위해 사용하는) 임시변통의 지적 도구에 불과한 것은 아니며, 간혹 현실을 정확히 기술할 수도 있다. 즉, 뭔가 특별한 것이 정말로 일어나는 경우는 그리 많지 않다. 그러므로 세상을 정확하게 기술하려고 할 때, 영가설은 과학이 황당하게 삼천포로 빠지지 못하도록 막아주는 안전판으로 작용한다. 영가설은 실제로 '미친 추측'과 '믿음에 기반을 둔 환상'에서 과학을 보호하는 역할을 수행한다.

안타깝게도, 전문 과학자를 포함한 많은 사람이 '뭔가 특별한 일이 일어난 것이 틀림없다'라는 선입견을 품기 쉬운 데는 그만한 이유가 있다. 인간의 뇌는 감각정보와 인지정보의 흐름 속에서 보기 드문 패턴을 탐지할 경우 큰 보상감을 느낀다. 아마도 지능의 가장 기본적인 이득은, 불확실한 상황에서 뭔가가 일어나고 있음을 이해할 수 있다는 것일 게다. 예컨대, 어떤 사냥꾼이 물가에서 짐승의 발자국을 발견하고 다음과 같은 추측을 할 수 있다. "진흙탕 속에서 물소들이 방금 지나간 흔적을 발견했다. 나는 그들이 매일 아침 물을 마시러 이곳에 온다는 것을 알아차렸다. 만약 내일 아침 일찍 여기에 와서 숨어 있는다면, 물소 한 마리를 잡아 배불리 먹을 수 있을 것이다!" 그러나 세상을 '의미로 가득 차 있으며, 합리적인 인과관계에 의해 지배되는 것'으로 해석하는 인지능력은 우리를 그릇된 결론으로 이끌 수 있다. 그리하여 사실은 특별한 일이 일어나지 않았음에도 불구하고 뭔가 특별한 일이 일어났다는 확신을 하게 한다. 유령 이야기, 기적, 마술, 점성술, 음모론, 스포츠에서의 연승, 저주와 징크스, 행운의 주사위는 언제 어디서든 이치와 순리를 찾아야만 직성이 풀리는 '인간의 무한한 욕망'의 대표적인 사례들이다.

많은 사람은 비합리적인 지적 욕구에 탐닉한 나머지 혼돈된 세상에 대한 유의미한 설명을 추구하는 성향이 있는데, 만약 자신의 성향이 대세와 일치하는 경우에는 그 타당성을 의심하지 않게 된다. 예를 들어 모든 경제신문은 특이사항이 전혀 없음에도 불구하고 경제시장 동향 보고서를 계속 쏟아낸다. 경제뉴스 채널에서는 전 세계 금융시장에서 일어나는 사건을 끊임없이 보도한다. 그들은 항셍지수가 올라가거나 FTSE 100 지수가 내려가거나 다우 선물지수[•]가 변화하지 않는 이유에 대해 "최근 발표된 실업률 보고서, 국가부채협상 타결, 분기별 실적보고서 때문"이라고 자신 있게 설명한다. 물론 영가설에 따르면, 독자적으로 활동하는 개인들에 의한 수백만 건의 독립적인 의사결정의 총總효과가 사후적인 시장의 지표로서 나타난다. 즉, 존 메이너드 케인스John Maynard Keynes가 일찍이 갈파한 것처럼, "모든 개인은 하나같이 대중의 행동방식을 대중보다 잘 예

• 항셍지수는 홍콩의 항셍은행에서 산출하는 주가지수, FTSE 100 지수는 영국 주식 시장의 대표 지수, 다우 선물지수는 미국의 다우존스사에서 발표하는 주가지수를 말한다.

측하려고 노력하지만, 결과는 그 총화總和로 나타날 뿐"이다.[12] 그러나 경제뉴스에서는 '시장변동에는 공통적이거나 일반화된 외적 요인이 없다'라는 영가설을 달가워하지 않는다. 왜냐하면 경제뉴스 기자들도 먹고살아야 하기 때문이다. 따지고 보면 경제뉴스도 하나의 장사이므로, 영가설을 정직하게 보도했다가는 회사의 영업이익에 악영향을 미칠 게 뻔하다. 그런 면에서는 시청자들도 다를 게 전혀 없다. 그들은 "월가Wall Street에서는 모든 게 무작위로 일어난다. 자세한 내막은 매시每時 20분에 사후적으로 보도될 뿐!"이라는 영가설의 선전 문구에 귀를 기울이지 않는다. 경제뉴스 리포터들은 모든 사건이 자연적 이치와 순리의 결과이며, 자신들의 임무는 사건을 진실대로 보도하는 것이라고 가정한다. 모호한 것은 억지로 끼어 맞춰서라도 말이다.

설사 완전히 틀린 것처럼 보일지라도, 어떠한 현상에 대하여 영가설을 검증하는 것은 과학에 있어 필수적인 과정이다. 왜냐하면 영가설을 기각하기 위해 증거를 찾는 과정에서 세상을 좀 더 잘 이해할 수 있기 때문이다. 예컨대 "담배는 폐에 아무런 해를 끼치지 않는다"라는 진술은 영가설이다. 이 가설에 따르면 폐암에는 다양한 요인이 있으며, 흡연은 폐암에 일반화된 영향generalized effect을 미치지 않는다. 실제로 많은 사람이 담배를 피우고 그중 다수가 폐암에 걸리지만, 영가설에 따르면 흡연과 폐암 사이에는 인과관계가 없다. 흥미롭게도, 로널드 피셔는 1950년대에 이 특이하고 몹시 부정확한 영가설을 열정적으로 옹호했다.[13] 그러나 이 가설은 그 이후 분명하게 기각되었다. 좀 더 최근에 나온 영가설은 "지구온난화는 인간이 배출한 온실가스 때문에 초래되지 않았다"라는 진술이다. 이 경우 과학자의 책무는 이 진술이 오류임을 증명하는 데 필요한 증거를 수집하여 영가설을 기각하는 것이다. 다시 말해서, 과학적 증거를 제시해야 할 의무는 '뭔가 특별한 일이 일어났다'라고 입증하기를 원하는 사람에게 있는 것이지, '그런 일은 없다'라고 생각하는 사람에게 있는 것은 아니다.

그라펜의 '풍부한 증거기준'에 몇 년간 대항하면서, 나는 '진화생물학 분야가 금융시장 뉴스 보도와 비슷한 양상을 띠고 있다'라는 점을 깨닫게 되었다. 진화생물학자들은 언제부턴가 '특별한 종류의 이치와 순리에 맞는 선택(즉, 적응적 배우자선택)은 언제 어디서나 반드시 일어난다'라고 확신하게 되었다. 그들은 왜 그런 확신을 하게 되었을까? 그들의 행동거지를 유심히 살펴보면, 대부분이 '세상은 그런 방향으로 흘러가는 게 틀림없다'라는 신념을 갖고 있음을 알게 될 것이다. 월리스가 다윈의 성선택을 기각할 때, 마치 대단한 원리를 선포하는 것처럼 "자연선택은 엄청난 규모로 끊임없이 작용한다"라고 주장했던 점을 상기해보라. 지적 합리화의 풍조는 예나 지금이나 변한 게 없음을 알 수 있다.

기이하고 사악하다는 뿌리 깊은 선입견에도 불구하고, 랜드-커크패트릭의 성선택 메커니즘은 적응적 배우자선택의 단순한 대안가설이 아니다.[14] 그것은 성적 과시형질과 짝짓기선호의 진화에 대한 적절한 영가설로, 별다른 일이 일어나지 않을 때(즉, 배우자들이 자기가 선호하는 것을 선택할 때), 성선택에 의한 진화가 작동하는 메커니즘을 기술한다. 내가 말하고 싶은 건 이게 전부다. 진화가 일어나려면 유전적 변이가 필요하므로, 랜드-커크패트릭 모델은 형질과 선호의 유전적 변이를 가정한다. 그러나 그것은 '배우자의 자질이 다르다'라고 가정하지 않으며, '모든 과시형질이 배우자의 자질과 밀접하게 관련되어 있다'라고 가정하지도 않는다. 또한 '과시형질을 선호하는 데 있어서, 자연선택이 짝짓기선호보다 우위에 있다'라고 가정하지도 않는다. 내가 그것을 영가설이라고 하는 이유는 바로 이 때문이다.[15]

만약 랜드-커크패트릭의 메커니즘이 '형질과 선호의 진화'의 적절한 영가설이라면, 그건 증명이 불가능하다. 그렇다면 그라펜이 피셔-랜드의 과정에 대해 요구했던 '풍부한 증거'는 수사적으로rhetorically 매우 효과적이었던 셈이다.[16] 그도 그럴 것이, 애당초 불가능한 것을 요구했기 때문이다. 한마디로 그건 절묘한 외통수였다. 다윈의 『인간의 유래와 성선택』이 출간된 지 거의 150년이 지나도록, 그리고 그라펜의 논문이 발표된 지 25년이 지나도록, 임의적 배우자선택에 대한 '일반적으로 인정된 교과서적 사례'는 존재하지 않는다.

오늘날의 배우자선택 연구는 '어떠한 영가설이나 널모델도 포함하지 않은 과학'이 빠져들기 쉬운 지적 함정의 좋은 본보기라고 할 수 있다. 영가설이 존재하지 않는 상황에서, 적응적 배우자선택 이론이 반증falsification• 의 위험으로부터 비과학적으로 보호받고 있으니 말이다. 그것은 '미적 형질의 진화와 기능'에 관한 모든 의문의 모범답안으로 간주된다. 어떤 형질이 '좋은 유전자'나 '직접적 이익'과 밀

• 한 이론이 그에 반하는 사실 및 대안이론에 의해 거짓으로 밝혀지는 것.

접하게 관련된 것으로 입증된다면, 그 적응모델은 옳다고 판단된다. 만약 그런 상관관계가 발견되지 않는다면 그 적응모델은 실패로 해석되며, 모델의 정확성을 확립하기 위해 더 큰 노력이 요구된다. 이러한 체제하에서, 모든 젊은 과학자와 대학원생들의 궁극적인 연구목표는 '모든 사람이 이미 참이라고 알고 있는 것'을 (지금껏 아무도 상상하지 않았던) 참신하고 기발한 방법으로 증명하는 것이다. 자연적 이치와 순리에 맞는다는 이유로 포용되어왔기 때문에, 적응적 배우자선택론의 모든 시도는 믿음에 기반을 둔 실증적 프로그램으로 전락하여 '일반적으로 인정된 사실'을 사후적으로 확인하는 증거를 양산했다. 영가설의 기능은 이러한 '믿음에 기반을 둔 확증주의confirmation'가 과학을 장악하지 못하도록 막는 것이다.

"세상에는 별의별 일이 다 있다Stuff happens"라는 격언은 우스꽝스럽고 심지어 경솔하게 들릴 수도 있다. 그러나 그 단순함 속에는 영가설의 핵심 메시지가 담겨 있다. 배우자선택에 의한 진화라는 맥락에서, 우리는 이 격언을 이렇게 각색할 수 있다. "세상에는 별의별 아름다움이 다 있다Beauty happens." (여기서 아름다움이란 '동물의 관점에서 본 아름다움'이라는 점을 명심하라.) "별의별 아름다움이 다 있다"라는 말은 자연계에 존재하는 미적 형질의 기원에 대한 영가설로서, 성적 아름다움의 진화에 대해 새롭고 기운을 북돋우는 시각을 제공한다. 이건 다윈도 이해하고 포용할 것으로 생각되는 멋진 슬로건이다.

이 시점에서 분명히 강조할 것이 있다. 그것은 '미학적인 배우자선택 이론aesthetic theory of mate choice의 완벽한 모델은 두 가지 가능성 모델을 모두 포함한다'라는 것이다. 첫 번째 가능성은 임의적 널모델arbitrary null model('별의별 아름다움이 다 있다' 가설)이고 두 번째 가능성은 적응적 배우자선택 모델adaptive mate choice model('좋은 유전자와 직접적 이익의 정직한 지표' 가설)이다. 요컨대 마세라티Maserati나 롤렉스Rolex는 미적 쾌감을 주지만, 자동차 레이스에서 초고속으로 질주한다든가 정확한 시간을 지켜준다는 공리적 기능도 수행한다. 그러므로 미학적 관점은 특정 과시형질의 진화에 대한 대안적 설명을 포괄한다. 그와 대조적으로, 기존의 적응적 관점adaptive view은 피셔의 임의적 배우자선택이 일어날 가능성을 참작하지 않으며 포괄성을 전적으로 부정한다.

지금부터 제대로 된 '배우자선택의 과학'을 시작해보자. 그런데 어디에서부터 시작한다? 특정한 성적 장식물이나 과시행동을 바라볼 때, 다음과 같은 기본적 질문을 던지는 것부터 시작하는 것이 좋겠다. "그 형질은 좋은 유전자나 직접적 이익에 대한 정직한 정보를 제공하기 때문에 진화했을까, 아니면 단지 성적으로 매력적이기 때문에 진화했을까?" 이에 관한 연구를 진행하려면, 먼저 '별의별 아름다움이 다 있다'라는 영가설을 기각해야 한다.

배우자선택의 과학은 영가설 혁명을 요구한다. 적응에 대한 관심사를 추구하기 위해 이 분야에 합류한 연구자들은 이 메시지를 언짢아하겠지만, 진화생물학의 다른 분야를 살펴보면 영가설 혁명이 (심지어 적응주의자들에게도) 성공적인 동시에 지적으로 생산적이라는 좋은 선례가 있다. 분자생물학의 경우, 1970년대와 1980년대에 영가설 혁명이 일어나 DNA 시퀀스 진화의 중립설neutral theory이 보편적으로 받아들여지게 되었다. 그러므로 오늘날 특정 DNA의 대체와 적응을 주장하려는 연구자는 먼저 '그 변화는 개체군에서 무작위적인 유전적 부동random genetic drift에 의해 진화한 중립변이일 뿐'이라는 영가설을 기각해야 한다. 군집생태학community ecology의 경우 1980년대와 1990년대에 영가설 혁명이 일어나, 군집구조의 영가설이 보편적으로 받아들여지게 되었다. 그러므로 오늘날 '생태적 군집이 경쟁에 의해 구축되었다'라고 주장하려는 연구자는 먼저 '군집구성의 무작위성'이라는 영가설을 기각해야 한다. 분자생물학과 군집생태학 모두에서, 아무리 열렬한 자연선택론자라 할지라도 궁극적으로 영가설을 받아들인다. 왜냐하면 영가설은 적응적 가설을 검증하고 지지할 수 있는 능력을 향상시키기 때문이다. 성선택의 영가설은 진화과학의 필수사항이 되었다.

영가설의 채택을 거부하는 진화생물학자들은 간혹 이렇게 비판한다. "일각에서 제기한 영가설은 너무 복잡해서, 적절한 영가설이 될 수 없다." 그들은 영가설이 좀 더 단순하고 명료해야 한다고 생각하는 모양이다. 그러나 그들의 견해는 영가설의 지적 기능을 오해한 데서 비롯된다. 예컨대 담배가 폐암을 초래한다면, 폐암 대부분에 대한 인과론적 설명은 실제로 매우 간단하다. 바로 담배다. 그러나 만약 '담배는 암을 초래하지 않는다'라는 영가설이 참이라면, 폐암의 실제 원인은 좀 더 다양하고 개인적이고 복잡하다. 따라서 영가설이 반드시 간단한 설명이라야 한다는 생각은 오해다. 영가설의 진정한 내용은 '대립가설에서 제시된 일반화된 인과적 메커니즘은 존재하지 않는다'라는 것이다. 배우자선택의 과학에서 '별의별 아름다움이 다 있다'라는 가설이 적절한 영가설인 이유는, 진화론에서 가장 중요한 인과적 메커니즘이 자연선택이기 때문이다.

이 정도로 설명했으면 많은 독자가 '영가설을 포기하면 뭐가 위태로운지'를 이해했을 것으로 판단되므로, 실전으로 돌아가 수컷 청란의 경우를 다시 생각해보자. 첫째로, 우리는 진화적 설명을 필요로 하는 미적 복잡성의 전 범위를 다룰 필요가 있다. 수컷 청란의 형질 중에서 성적 장식물이 될 만한 것들을 모두 살펴보면, 널따랗고 풍요로운 영토, 정갈한 무대, 하나뿐인 관객을 향한 구애, 멋진 발성, 다양한 구애 쇼 레퍼토리(예: 개별 동작, 안면 피부 색깔, 몸집, 형태, 패턴, 깃털의 색소)가 있다. 청란의 과시행동 레퍼토리의 풍부함은 스칼라좌 오페라나 브로드웨이 뮤지컬을 빰치는 수준이다. 비록 단 한 명의 배우가 출연하는 무대이지만, 거기에는 음악, 춤, 정교한 분장, 조명, 심지어 인위적 원근착시효과까지 없는 게 없다.

이러한 미적 복잡성을 분석·평가하는 방법은 여러 가지가 있겠지만, 그중 한 가지는 모든 세부사항의 디자인을 각각 '독립적인 미적 차원aesthetic dimension에 대한 의사결정'으로 생각하는 것이다. 그렇다면 청란의 풀몬티Full Monty•를 기술하는 데 필요한 의사결정 건수는 모두 얼마나 될까? 첫째날개깃의 끝부분에서부터 시작해보자.

• 실직한 철강노동자들이 생계를 위해 벌이는 스트립쇼를 그린 영국의 코미디영화 제목으로, '실오라기 하나 걸치지 않고 모든 것을 다 보여준다'는 의미.

널따란 깃털 끝은 왜 갈색이 아니라 회색일까? 커다란 반점들은 왜 하얀색, 황갈색, 까만색이 아니라 적갈색일까? 깃털의 기부를 향해 들어감에 따라 배경색은 황갈색으로 바뀌지만, 반점들은 똑같은 색깔을 유지하되 크기가 작아지면서 서로 가까워져 나중에는 벌집 패턴으로 수렴한다. 이 모든 세부사항을 각각 한 건으로 간주하면, 의사결정 횟수는 아무리 적게 잡아도 수백 건이 될 것이다. 사실 이러한 세부사항은 전 세계의 모든 조류별로 제각기 다르다. '자연선택이 다양한 과시형질의 형태를 모두 규정한다'고 믿는 진화생물학자들은 특정 장식물이 존재한다는 사실뿐만 아니라, 장식물의 모든 세부사항이 맨 처음 탄생하여 유지되기까지의 과정을 낱낱이 설명할 의무가 있다. 청란의 경우, 독립적인 미적 차원의 가짓수만 해도 수백 가지에서 수천 가지이므로, 경우의 수를 따진다면 천문학적 숫자가 나올 것이다. 그렇다면 그 복잡성의 정도를 숫자로 나타내는 것은 사실상 불가능하다.

적응적 배우자선택 패러다임에 따르면, 모든 과시형질들은 좋은 유전자나 직접적인 이익의 정직한 지표로서 특이적으로 진화했다고 한다. 다시 말해서 과시형질의 모든 세부사항이 현재의 모습으로 진화한 이유는 '다른 가능한 변이보다 배우자의 자질에 관한 정보를 잘 제공하기 때문'이라는 것이다. 대부분의 배우자선택 연구자들은 자신들의 임무가 '참·거짓 여부'를 증명하는 게 아니라, 일단 참을 전제로 한 상태에서 '참이 된 과정'을 증명하는 거라고 생각한다. 적응주의적 설명을 기각할 영가설이 없다 보니, 다른 방법이 없을 수밖에. 어떤 연구에서든, 연구자들은 수컷의 장식물의 다양한 측면들을 측정한 다음, (그것들이 제공할 거라고 추측되는) 건강 및 유전정보와 연관 지으려고 노력한다. 그러나 수많은 과시용 레퍼토리 중에서 배우자의 자질과 조금이라도 연관될 수 있는 것은 고작해야 몇 가지에 불과하다. 더욱이 생물학자들은 몇 안 되는 데이터 중에서 극히 제한된 샘플을 뽑아 '정직한 신호 전달이 성선택 전체에서 수행하는 역할'에 대한 일반적 결론을 도출한다. 따라서 데이터 중 대다수는 배우자선택의 적응 이론을 확증하는 데 필연적으로 실패하게 된다. 설사 결과적으로 배우자선택에 관한 적응적 설명이 승리를 거두더라도, 장식물의 디테일 중 대다수는 설명되지 않은 채로 남는다.

연구자들의 입맛에 맞는 것으로 판명된 극소수 데이터를 갖고서 연구하는 것만으로는 진화를 만족스럽게 설명할 수가 없다. 특정 장식용 형질의 적응적 가치를 확증할 수 없는 연구는 실패한(적응적 배우자선택이 참이 된 과정을 증명할 수 있는 데이터를 발견할 정도로 열심히 연구하지 않은) 것으로 간주되어 출판되지 않는다. 사실, 그 연구의 데이터들은 '별의별 아름다움' 모델에 정확히 부합하는데도 말이다. 현행 패러다임은 이런 식으로 연구의 발목을 잡음으로써, '세상이 존재하는 방식'과 '그렇게 된 과정'을 제대로 기술한 데이터의 발견을 방해한다. 그리하여 적응주의적 세계관은 우리로 하여금 현실의 참된 의미를 깨닫지 못하게 한다. 그리고 이러한 맹목성은 청란을 바라보는 우리의 능력에 악영향을 미친다.

유감스럽게도, 야생에서 청란의 배우자선택을 연구하는 것은 극히 어렵다. 제프리 데이비슨의 사례를 다시 떠올려보자. 그는 3년에 걸쳐 총 700시간 동안 구애 쇼 무대를 관찰했지만, 단 한 마리의 암컷 방문자밖에 확인하지 못했다. 게다가 그도 교미 장면은 아예 관찰해보지조차 못했다. 만약 수십 개의 청란 둥지를 발견할 수 있다면, 새끼들의 DNA를 분석하여 아버지를 확인할 수 있을 것이다. 그러나 여러 개의 구애 쇼 무대에 몰래카메라를 설치하여, 암컷의 방문 패턴과 (성공한 수컷과 실패한 수컷 간의) 과시행동 차이를 기록하는 것도 필요하다. 그리고 그 수컷들을 생포하여, 건강, 질병, 유전적 변이를 기록해야 한다. 그것은 엄청난 노력과 비용이 들어가는 작업이다.

관련 데이터를 야생에서 입수하기가 어려운 것은 차치하더라도, 암컷 청란이 자신의 배우자선택에서 두 가지 종류의 적응적 이점(좋은 유전자, 직접적인 이익) 중 하나 이상을 정말로 누리는지 생각해보자. 배우자선택의 가장 기본적인 이점은 '좋은 유전자'인데, '좋은 유전자'란 암컷이 낳을 새끼들(암수 불문)의 생존능력과 생식능력을 향상시키는 유전 가능한 변이를 말한다.

좋은 유전자 가설은 과학사에서 한때 잘나갔었고 지금도 여전히 유명하지만, 실증적인 어려움을 종종 겪었다. 많은 연구자는 좋은 유전자와 암컷의 성적 선호 사이에서 아무런 상관관계의 증거도 발견하지 못했다. 예컨대, 최근의 메타분석• 에서, 연구자는 피셔의 임의적 배우자선택을 뒷받침하는 유의한 증거를 발견했지만, 선호되는 수컷이 좋은 유전자를 제공한다는 생각을 뒷받침하는 데는 실패했다.[17] 그 메타분석은 기존의 과학 문헌에 근거한 것인데, 과학 문헌들은 일반적으로 긍정적 결과(즉, 좋은 유전자를 지지하는 결과)의

• 독립적 연구들에서 나온 복수의 데이터세트들을 종합적으로 분석한, 대규모 통계연구 방법.

출판을 선호하는 편향성이 있다. 앞에서도 언급한 것처럼, 부정적 결과는 종종 과학적 실패로 여겨져, 출판되지 않고 쓰레기 더미에 던져지기 쉽다. 따라서 메타분석에서 좋은 유전자를 뒷받침하는 증거를 찾는 데 실패한 사례는 빙산의 일각일 뿐이며, 표면 아래에 숨어 보이지 않는 방대한 양의 부정적 데이터에 주목해야 한다. 출판되지 않아 개인적으로 보관되고 있는 데이터들 말이다. 최근 진화생물학계에서는 '좋은 유전자라는 아이디어는 흥미롭지만, 자연계에서 발견되는 지지 근거는 별로 많지 않다'라는 생각이 점점 더 힘을 얻고 있다.

수컷 청란이 자신을 배우자로 선택하는 암컷에게 제공할 수 있는 다른 적응적 이점은 직접적 이익으로, 암컷 자신의 생존능력과 생식능력을 향상시키는 것을 말한다. 사회적으로 한 쌍을 이루어 새끼들을 양육하는 일부일처제 조류의 경우, 이러한 직접적 이익에는 '고품질의 자원이 풍부한 영토 제공', '새끼 양육 보조', '포식자의 공격 방어', '성공적인 가족생활에 대한 그 밖의 기여'가 포함된다. 그러나 수컷 청란은 생식에 투자하지 않고 새끼를 돌보지도 않으며, 달랑 정자만 제공할 뿐이다. 암컷은 짝짓기를 한 직후 수컷과 헤어져 알을 부화한 후 새끼를 혼자 양육하므로, 수컷과의 상호작용은 '배우자선택을 위한 여러 수컷 방문'과 '선택을 확정 짓기 위한 잠깐의 교미'에 한정된다. 그렇다면 암컷 청란이 수컷으로부터 받을 수 있는 직접적인 혜택은 두 가지밖에 없다. 첫째는 수컷의 과시신호display signal를 이용하여 배우자를 좀 더 효율적으로 선택함으로써, 수컷을 방문하는 데 수반되는 시간 소비와 피식被食 위험을 최소화하는 것이다. 그러나 암컷이 수컷의 과시를 평가하는 데 있어서 효율이라고는 눈곱만큼도 찾아볼 수 없다. 암컷은 여러 수컷을 두루 방문하기 위해 먼 거리(아마도 몇 킬로미터)를 여행해야 하며, 매번 수컷을 방문할 때마다 그의 과시행동을 적절히 관찰할 요량으로 바짝 다가가 한시도 감시의 눈길을 떼지 않기 때문이다. 이 세상에 그보다 더한 시간과 정력의 낭비는 없을 것이다. 두 번째로 가능한 직접적인 혜택은, 수컷의 과시행동이 '성병에 걸리지 않았다'라는 정직한 정보를 전달하는 것이다. 그러나 이 역시 타당성이 거의 없다. 성병을 회피하기 위한 선택은 (성병의 전염을 많이 증가시키는) 일부다처제에 대한 강력한 거부로 귀결될 뿐, 도가 지나칠 정도의 미적 형질과 선호의 공진화로 이어지지는 않기 때문이다.

그와 대조적으로, 청란이 '별의별 아름다움이 다 있다'라는 메커니즘 진화의 대표적 사례라고 생각할 만한 근거는 차고 넘치므로, 굳이 자연계에서 추가적인 자료를 수집할 필요도 없을 거라는 것이 내 생각이다.

적응적 배우자선택의 또 다른 지적 걸림돌은, 청란의 과시형질이 엄청나게 복잡하다는 것이다. 핸디캡 원리에 따르면, 모든 과시형질의 정직성을 보증하는 것은 '그것이 개체에게 부과하는 비용'이라고 한다. 그러한 비용에는 (과시형질을 획득하는 데 소요되는) 개발비용과 (과시형질에 수반되는 생존 부담을 극복하는 데 필요한) 생존비용이 포함된다. 그러나 청란의 경우에는 과시용 레퍼토리의 가짓수가 너무 많은 데다 세부사항(레퍼토리를 구성하는 개별 장식물)까지 복잡하므로, 신호의 정직성을 보증하는 비용을 적응적 관점에서 설명하기가 여간 까다롭지 않다. 핸디캡 원리에 의하면, 모든 장식물은 정직성을 보증하는 정보('추가비용을 감당할 수 있는 자질'에 관한 정보)를 제각기 다른 채널을 통해 제공해야 한다. 만약 한 과시용 레퍼토리를 구성하는 장식물이 자질에 관한 독립적 정보를 제공하지 못한다면, 그 레퍼토리는 진화하지 못하거나 자연선택에 의해 (여분이나 과잉으로 간주되어) 제거될 것이다. 따라서 핸디캡 원리는 다중형질 레퍼토리multi-trait repertoire(독립적 성격을 띤 장식물들이 여럿 딸린 레퍼토리)와 같은 '미적으로 복잡한 레퍼토리'의 진화를 실질적으로 제한하게 된다. 설상가상으로 미적 복잡성은 청란뿐만이 아니라 자연계 전체에 무수히 존재한다.

그와 대조적으로, '별의별 아름다움이 다 있다'라는 진화 메커니즘의 경우에는 다중형질 레퍼토리가 아무런 걸림돌이 되지 않는다. 오히려 '별의별 아름다움' 모델은 그런 상황을 충분히 예측할 수 있다. 무제한의 자유가 주어진 만큼, 성선택은 (레퍼토리의 복잡성은 물론 개별 장식물의 복잡성에 이르기까지) 복잡성의 진화적 폭주evolutionary runaway를 초래하게 될 것이기 때문이다.[18]

'정직한 광고' 이론의 옹호자 중에는 "다중형질 레퍼토리는 '다중모드multimode를 보유한 적응적 과시adaptive display'로 기능할 수 있다"라고 반박하는 사람들이 있다. 이 관점에 따르면, 청란의 미적 레퍼토리는 스위스 군용칼과 같다. 즉, 과시의 여러 가지 측면들은 적응적으로 최적화된adaptively optimized 칼날과 같아서, '배우자를 정직하고 효과적으로 유혹한다'라는 전반적 임무general mission 내에서 특정한 정보 전달 기능을 수행한다는 것이다. 이 경우, 개별 장식물은 특이적인 감각모드(채널)를 통해 독특한 자질정보를 전달하게 된다. 이러한 다중모드 과시multimodal display라는 개념은 미적 복잡성을 일련의 관리 가능한 합리적·개별적 효용으로 평준화하려는 꼼수라고 할 수 있다. 하지만 설사 기능 문제가 해명되었다고 해서 앞에서 언급한 다중 추가 비용이라는 문제를 회피할 수 있다고 생각하면 큰 오산이다.

그러나 논의를 더 진행하기 전에, "다중모드를 이용한 적응적 과시가 정말 가능할까?"라는 의문을 진지하게 따져볼 필요가 있다. 이 세상에는 암컷이 배우자의 자질을 평가하는 데 필요한 독립된 정보 채널이 얼마나 많이 존재할까? 그건 매우 어려운 질문이다. 내가 아는 범위에서, 지금껏 이 문제를 다룬 사람은 한 명도 없었다. 그러나 나는 몇 가지 합당한 방법으로 이 문제를 검토해볼 수 있다고 생각한다. 만약 한 사람의 건강과 유전적 자질을 정확히 평가하고 싶다면, 당신은 어디서부터 시작할 것인가? 물론 그것(건강 및 유전적 자질 평가)은 의사들이 정기검진을 하는 동안 제공하는 서비스 중 일부다. 그렇다면 당신은 연례건강검진에서 나온 결과를 보고 그 사람의 미래 건강을 얼마나 예측할 수 있을까? 미국 가정의학 아카데미가 최근 발표한 자료에 따르면, 정기적인 건강검진의 이점은 체중과 혈압을 모니터링하는 것 외에는 없다고 한다.[19] 체중과 혈압을 평가하는 것을 제외하면, 의사가 미래의 건강에 적합한 정보를 탐지하는 소견을 내는 빈도는 연례건강검진의 가성비를 높일 만큼 신통치 않다는 이야기다. 물론, 의사의 검사에는 많은 특이적 질문과 침습적 절차(예: 혈액검사)가 포함되는데, 이런 것들은 암컷 청란이 배우자감을 평가하는 데 사용될 수 있는 게 아니다. 암컷 청란이 수컷에게 혈압계나 청진기를 들이대거나 심전도 검사를 할 리도 만무하다. 온갖 장비와 첨단 의료지식으로 무장한 의사가 상세한 정기검진과 문진을 해도 인간의 건강에 관련된 유용한 정보를 제대로 제공할 수 없는 마당에, 혈압계와 청진기조차 없는 암컷 청란이야 더 말해 무엇 하겠는가![20]

요컨대 첨단지식이나 과학적 도구를 이용하더라도, 한 동물의 유전적 자질을 정확히 평가하여 미래의 건강을 예측한다는 것은 사실상 불가능하다. 그렇다면 암컷 청란이 인간 의사보다 배우자감의 건강을 더 잘 평가할 수 있을까?

가정의에게 정기적인 건강검진을 받는 수준을 넘어, 모든 사람의 전유전체entire genome를 시퀀싱(염기서열 분석)하는 경우를 상상해 보자. 우리가 그 유전체에서 얻을 수 있는 잠재적 건강위험에 대한 정보는 뭘까? 글쎄다. 단일유전자의 변이에 의해 초래되는 희귀질환, 이를테면 낭성섬유증cystic fibrosis이나 테이삭스병Tay-Sachs의 발병 가능성을 알 수는 있을 것이다. 그러나 정작 대부분의 사망을 초래하는 질병(예: 심장병, 뇌졸중, 암, 알츠하이머병, 정신질환, 약물중독)에 대해서 알 수 있는 것은 놀랍도록 적다. 사실 최근 몇 년간 유전체 데이터가 복잡한 질병을 제대로 예측하지 못해, 21세기 초에 선포된 원대한 유전체의학genomic medicine 프로젝트의 빛이 크게 바랬다. 예컨대 심장병과 유의한 상관관계가 있는 유전자 변이 수십 개를 대는 것은 어렵지 않다. 하지만 특정 인종그룹이 보유한 희귀 돌연변이 몇 가지를 빼면, 관련된 유전자 변이의 효과를 모두 더해도 심장병의 유전 가능한 위험 중 10퍼센트도 채 설명할 수 없다. 그러므로 설사 완벽한 유전체 정보를 입수한다고 해도, 개인의 유전적 자질과 미래 건강을 예측하는 것은 기본적으로 어렵다. 2013년 미국식품의약국Food and Drug Administration(FDA)이 23andMe와 같은 개인 유전체 의학 업체에게 '특별한 승인 없이는 고객들에게 유전적 위험에 대한 정보를 판매하지 말라'라고 지시한 것은 바로 이 때문이다.[21] 현재까지 밝혀진 단일 유전자와 질병 간의 통계적 관계는 대부분 매우 모호하므로, 그런 정보를 고객에게 보고하는 것은 오해의 소지가 많다.

그럼 다시 묻고 싶다. 암컷 청란이 (완벽한 유전체 정보로 무장한) 인간 과학자보다 배우자감의 유전적 적합성에 대해 더욱 타당한 결론을 내릴 수 있을까? 물론 이론적으로는 가능하다. 그러나 이것은 어디까지나 실증적인 이슈이므로, 맹신에 의존하여 받아들이지 말고 사실에 따라 판단해야 한다. '인간의 유전체 의학이 대부분의 복잡한 건강결과를 예측하는, 신뢰성 있는 도구를 개발하는 데 실패했다'라는 것은 좋은 유전자 가설의 타당성에 대해 시사하는 바가 크며, '모든 장식물을 이용하여 배우자의 적응적 가치를 제대로 평가할 수 있을까?'라는 의구심을 품게 한다.

악명 높은 '정직한 신호 메커니즘' 중 하나가 지적으로 붕괴한 사건은, 배우자선택과 관련된 사회현상에 대한 흥미로운 통찰을 제

공한다. 덴마크의 진화생물학자 안데르스 묄러Anders Møller는 1990년과 1992년에 발표한 논문에서, "신체의 균형이 개체의 유전적 자질을 드러내며, 좌우대칭은 뛰어난 유전적 자질을 가진 배우자에 대한 적응적 배우자선택을 통해 진화한다"라고 주장했다. 묄러가 제시한 데이터에서, 제비barn swallow(*Hirundo rustica*)는 '바깥꽁지깃outer tail feather이 가장 길고 대칭적인 수컷'을 선호하는 것으로 나타났다. 그의 논문이 발표된 후, 다양한 생물의 '대칭에 근거한 배우자선택'을 지지하는 학자집단이 우후죽순처럼 생겨났다.

그런데 아이러니하게도, 대칭을 유전적 자질의 정직한 지표로 간주하는 아이디어는 (비합리적인 피셔의 폭주Fisherian runaway와 마찬가지로) 단지 유행한다는 이유로 더욱 유행했다. 한 과학자는 그 아이디어에 흥분하여 자신의 연구에서 재현해보려고 했지만, 일이 뜻대로 되지 않자 매우 괴로워했다. 그는 2010년 《뉴요커The New Yorker》 기자와의 인터뷰에서 이렇게 말했다.[22] "안타깝게도 나는 그 효과를 증명하지 못했다. 그러나 최악의 상황은, 내가 그 무위결과null result•를 한 과학저널에 제출했을 때, 편집진이 내 논문을 출판하지 않으려 하는 바람에 진땀을 흘렸다는 것이다. 그 저널에서는 긍정적인 (가설을 증명하는) 데이터만을 원했다. 하지만 그 아이디어는 너무나 흥미로워서, 기각되거나 반려되지는 않았다."

그러나 1990년대 후반이 되자, 대칭이 유전적 자질을 암시한다는 아이디어는 갑자기 시들해지기 시작했다. 몇 편의 비판적인 논문들이

• 종속변인이 독립변인의 영향을 받지 않는다는 실험 결과.

파상적으로 발표되다가, 1999년에 이르러 여러 개의 데이터세트를 이용한 메타분석이 발표되자 기존의 가설이 완전히 기각되었다.[23]

물론 과학자들은 자신이 여느 과학자들과 마찬가지로 유행의 노예라는 점을 인정하려 하지 않는다. 오늘날 동물계에서 일어나는 배우자선택에 관한 논문의 심사자들은 1990년대에 일어난 황당한 해프닝들을 언급하려고 하지도 않는다. 그러나 '정직한 대칭성'에 대한 열광은 시류에 편승하는 과학bandwagon science의 대표적인 사례여서, 방금 언급한 《뉴요커》에서 '과학 분야에서 나타나는 실패의 사회학'이라는 주제로 다루기까지 했다. 유감스럽게도, 정직한 대칭성은 인간의 성적 매력에 관한 적응 이론, 신경생물학, 인지과학에 여전히 마수를 뻗치고 있다. 추측하건대, 앞으로 수십 년 동안 그 이론들을 전파하는 진화심리학자들이 하나둘씩 실패하거나 불신을 받는다는 소식이 들려올 것이다. 그러나 정직한 대칭성은 이제 좀비 아이디어가 되었다. 다만 겉으로 보기에 너무나 매력적인 아이디어여서, 왜곡을 반복하며 끈질긴 생명력을 유지하고 있을 뿐이다.[24]

어떤 경우든, 대칭가설은 청란의 날개깃과 꽁지깃에 나타난 패턴과 같은 복잡한 장식물의 진화를 부분적으로 설명할 수밖에 없다. 설사 그런 측면이 존재하더라도, '완벽하게 대칭적인 신호에 대한 자연선택'으로는 청란의 깃털과 과시형질에 무수히 숨어 있는 특이적이고 복잡한 세부사항을 단 하나도 설명할 수 없다.

근래에 새로 등장한 적응적 배우자선택 가설은 월리스의 다윈

비판을 그대로 베꼈다. 그리하여 "정교한 과시행동은 수컷의 정력, 에너지, 기량을 암컷에게 마음껏 과시하기 위해 진화했다"라고 주장한다.[25] 따라서 암컷이 그런 과시형질을 선호하는 이유는, 그것이 신랑감의 심장박동 수를 증가시키고 비축된 체력을 총동원해 생리적 능력을 최대한 발휘하도록 해주기 때문이라고 한다. 수컷이 춤을 잘 춘다는 것은 체력이 강하고 적합성이 뛰어나다는 것을 시사한다는 것이다. 그러나 여러 가지 면에서 볼 때, 이런 대중적 아이디어는 청란의 복잡한 과시 레퍼토리의 특정 부분을 세세하게 설명할 수 없다. 체력이 제법 소모되는 춤 말고도, 수컷에게 커다란 생리적 도전을 부과하는 방법은 얼마든지 있다. 그렇다면 그의 생리를 좀 더 극단적으로 시험하지 않는 이유가 뭘까?

물론 많은 종의 수컷들이 생리적 부담이 큰 과시행동에 몰두한다는 점을 모르는 바 아니다. 그러나 과시행동 과정에서 생리적 비용이 발생한다고 해서, 그 비용이 신랑감의 자질을 나타내는 정직한 지표라고 할 수는 없다. 과시형질은 자연선택의 이점과 성선택의 이점 간의 균형을 유지하기 위해 진화했으며, 이 균형은 건강이나 생존능력의 극대화와는 거리가 멀다. 그리고 별의별 아름다움이 생겨나는 데도 비용이 들기 마련이다.[26]

문제는 '생리적 도전이 극단적인 미적 퍼포먼스의 부수적 결과인가, 아니면 그 자체로서 의미가 있는가'라는 것이다. 비유를 들면, 사람들이 발레에서 엄청난 점프나 피루엣pirouette• 을 좋아하는 이유

• 발레에서 한쪽 발로 서서 빠르게 도는 동작.

가 뭘까? 그런 퍼포먼스가 그들의 생리적·해부적 능력의 한계를 보여주기 때문일까, 아니면 관람객들이 즐기는 예술 창작 과정에서 생리적 도전에 직면하기 때문일까? 그리고 우리가 그런 신체적 기량을 높게 평가하는 이유가 뭘까? 그것이 우리에게 미치는 미학적 효과 때문일까, 아니면 발레리나들이 그런 기량을 연마하기 위해 경험한 고통스럽고 피폐한 다리와 발의 부상 때문일까?

우리가 발레를 비롯한 예술을 사랑하는 이유가, 예술가들이 기량을 연마하는 과정에서 겪은 고통과 노력 때문이라고 믿을 만한 근거는 전혀 없다. 그와 마찬가지로, 청란을 비롯한 종들의 암컷이 수컷을 선택하는 이유가, 구애 쇼를 벌이는 동안 수컷이 쏟아붓는 에너지 때문이라고 믿을 근거는 전혀 없다. 만약 그렇게 믿는다면, 진화의 원인과 결과를 혼동하는 것이다. 중요한 것은 퍼포먼스의 예술성이며, 그것을 연출하는 데 필요한 생리적 요구사항들은 부수적일 뿐이다. 마지막으로, 청란의 경우와 마찬가지로 암컷에게 선호되지 않은 수컷의 퍼포먼스 중에는 상당한 에너지가 요구되는 것들이 많다. 비유를 들자면, 쇤베르크Arnold Schoenberg에서부터 불레즈Pierre Boulez에 이르기까지 21세기의 현대음악가들이 작곡한 무조음악atonal music● 은 연주하기가 무척 까다롭지만, 연주자의 노고나 초절기교 때문에 관객들이 그 음악들을 좋아하는 것은 아니다.[27]

● 현대음악에서 발달한 양식으로, 정해진 조성(하나의 지배음에 대한 다른 음의 종속관계) 없이 연주되는 곡.

배우자선택을 둘러싼 다윈과 윌리스의 논쟁을 이해하는 흥미로운 방법은, 아름다움의 가치와 돈의 가치를 비교하는 것이다. 오래된 금본위제하에서, 달러의 가치가 존재했던 이유는 각각의 달러가 작은 금덩어리와 교환될 수 있었기 때문이다. 즉, 1달러의 가치는 외재적extrinsic이었고, 달러가 가치가 있었던 이유는 가치가 있는 무엇, 즉 금을 표상하기 때문이었다.[28] 그러나 20세기 중반에 들어와 경제학자와 정부들은 돈에 가치를 부여하는 것이 단지 사회적 장치social contrivance[29]에 불과함을 깨달았다. 오늘날에는 1달러의 가치가 내재적intrinsic이다. 달러가 가치가 있는 이유는 사람들이 일반적으로 달러의 가치를 인정하기 때문이며, 달러 뒤에 숨어 있는 금 따위는 없다.

적응주의적 관점에서 바라보는 아름다움의 가치는 금본위제와 마찬가지다. 아름다움 자체에는 아무런 내재적 가치가 없으며, 다른 외재적 가치, 즉 '좋은 유전자'나 '직접적인 이익'을 표상할 때만 가치가 생긴다. 그와 대조적으로, 아름다움에 관한 다윈-피셔의 견해는 현대 화폐와 마찬가지다. 아름다움이 가치가 있는 것은, 오직 동물들이 아름다움의 가치를 인정하도록 진화했기 때문이다. 아름다움의 가치는 내재적이며, 자신을 위해 진화할 수 있다. 아름다움은 돈과 마찬가지로 사회적 장치이며, 랜드-커크패트릭의 영가설은 그 과정을 수학적으로 기술한 것이다.

금본위제로의 복귀를 강력히 주장하는 사람들(이런 사람들을 일명 금벌레goldbug라고 한다)은 아직도 "금본위제 폐지는 무모하고 부도

덕한 이성에서의 탈출이었다"라고 믿는다. 시대착오적인 금벌레들과 마찬가지로, 신월리스주의자들은 "모든 성적 장식물의 배후에는 좋은 유전자나 직접적 이익으로 가득 찬 금 항아리pot of gold가 도사리고 있음이 분명하다"라고 확신하며, 자신들의 신념을 합리성과 명료성의 결정판으로 내세우고 있다. 또한 금벌레들과 마찬가지로, 다른 견해를 가진 사람들에게 덮어놓고 '사악하다'라는 딱지를 붙이고 있다.

이상과 같은 비유는 '별의별 아름다움' 모델이 '성선택에 의한 진화'의 적절한 영가설인 이유를 잘 설명해준다. 당신이 다음번에 아름다운 무지개를 바라볼 때, 녹색 옷을 입은 작은 레프러콘leprechaun(아일랜드의 요정)이 갑자기 나타나 '무지개 끝에는 금 항아리가 있어요'라고 약속하는 장면을 상상해보라.[30] 여기서 무엇이 영가설에 해당할까? 영가설은 '무지개의 가치는 내재적이며, 무지개 끝에는 금 항아리가 없다'라는 진술이다. 그렇다면 무지개 끝에서 금 항아리를 찾아 영가설을 기각할 때까지는 영가설을 참이라고 가정해야 한다. 적응적 배우자선택설도 레프러콘과 마찬가지로 이렇게 가정한다. "모든 성적 장식물의 배후에는 진화의 금 항아리가 있고, 그 속에는 좋은 유전자와 직접적인 이익들이 가득 들어 있다." 내가 방금 영가설에 대해 뭐라고 했는가? '당신이 성적 장식물의 끝에서 진화의 금 항아리를 찾을 때까지는, 좋은 유전자나 직접적인 이익은 없다고 가정해야 한다'라고 분명히 말하지 않았는가? 이때 증명책임은 당연히 적응적 배우자선택설을 믿는 사람들에게 있다.[31] 장식물 중 일부는 정말로 배우자감의 자질일 수도 있겠지만, 다른 장식물들은 대부분 그렇지 않을 거라는 게 내 지론이다. 우리는 녹색 옷을 입은 레프러콘을 믿지 말아야 하는 것처럼, 진화론의 탈을 쓴 레프러콘도 믿어서는 안 된다.

적응적 배우자선택의 과학과 음울한 경제학 사이에는 또 다른 유사성이 있다. 두 가지 과학 모두 시장 버블market bubble의 본질과 중요성에 대해 뜨거운 논란을 초래하고 있다. 20세기의 마지막 10년 동안, 우리는 새로운 미국식 자본주의가 발달하는 것을 목도한 바 있다. 그 전형적인 특징은 투자 및 위험관리에 관한 수리 모델의 복잡성이 날로 증가하고, 금융기관의 위험한 행동 중 일부를 감소시키기 위한 규제적 통제regulatory control가 전반적으로 해체되고 있다는 것이었다. 많은 경제학자와 금융가에서는 유례없는 글로벌성장 및 번영의 시대가 도래할 것으로 예상했지만, 정작 찾아온 것은 성장과 번영이 아니라 2008년의 금융위기였다. 그런 엄청난 불안정을 미연에 방지하지 못했다는 것은 경제학 모델에 근본적인 문제가 있었음을 시사한다. 도대체 경제학자들은 무슨 잘못을 저질렀던 걸까?

실패의 핵심에는 엄청나게 이성적인 사고, 즉 효율적 시장가설efficient market market hypothesis에 대한 선험적 믿음a priori belief이 도사리고 있었다. 효율적 시장가설이란 "정확한 정보에 대한 접근을 무제한 허용하면, 자유시장이 알아서 자산의 가치를 진실하고 정확하게 평가해준다"라는 가설을 말한다. 효율적 시장가설에 따르면 금융 버블은 일어나지 않는다는 것이 금융가의 통념이었다. 어디서 많이 들어본 소리 같지 않은가? 그러나 2008년 노벨경제학상 수상자 폴 크루그먼Paul Krugman이 결론지었던 것처럼, "(대부분은 아니지만) 많은 경제학자가 효율적 시장가설에 대한 맹목적 믿음 때문에 역사상 최대의 금융 버블이 도래하는 것을 눈치채지 못했다."[32]

대부분의 진화생물학자가 2008년의 경제학자들처럼, 임의적 배우자선택이라는 현실을 직시하지 못하고 있는 것으로 보인다. 나는 배우자선택의 과학과 경기순환의 유사점에 관한 조언을 듣기 위해, 2013년 노벨경제학상 수상자인 로버트 실러Robert J. Shiller와 점심을 먹으며 많은 이야기를 나눈 적이 있다. 그는 예일대학교의 동료이자 나의 이웃사촌이기도 하다. 저명한 주택시장 전문가이며 행동경제학의 옹호자인 실러는 《뉴욕 타임스The New York Times》의 2005년 기사에서 "미스터 버블Mr. Bubble"이라고 불렸다. 그는 그 기사에서 "다음 세대에 부동산 가격이 40퍼센트 하락할 수 있다"라고 선지자처럼 경고했는데, 그의 예측이 실현되는 데는 겨우 3년밖에 걸리지 않았다.

앞으로 새로운 고전으로 남을 2000년의 책 『비이성적 과열Irrational Exuberance』에서, 실러는 인간의 심리가 많은 경제시장의 변동성에 기여하는 사례들을 제시했다. 그는 이렇게 썼다.[33] "투기적 금융시장 버블은 가격상승이 투자자의 자신감을 부추겨 미래이익에 대한 기대를 상승시킬 때 발생한다. 그 결과 양성피드백 고리가 형성되어, 자산 가격이 한 단위 상승할 때마다 더욱 큰 자신감·기대이익·투자와 가격상승을 초래한다." 이러한 경제적 피드백 고리에는 '별의별 아름다움'의 기본적 역학과 비슷한 점이 많다. 성적 과시sexual display와 자산 가격은 가치의 외재적 원천에서 벗어나, 오직 유행에 의해서만 추동된다.

나는 실러에게 거시경제학과 진화생물학의 지적 틀이 유사하다고 생각하지 않느냐고 물었다. 그러자 그는 효율적 시장 이론가들과 적응주의적 진화생물학자들이 제기하는 주장이 매우 비슷하다는 데 경악을 금치 못했다. 나는 그의 말에 완전히 공감했다.[34]

> 많은 경제학자의 경우, 주어진 가격에서 하나의 자산이 존재한다는 사실만으로 '그 가격이 자산의 가치를 정확히 반영한다'라고 생각합니다. 진화생물학자들이 특정 환경에서 하나의 나무나 새가 존재하는 것을 보고, '다른 생태적 경쟁자들에 의해 대체되지 않는 걸 보면, 그들이 생존이라는 과제에 대한 최적해를 달성한 게 틀림없다'라고 생각하는 것도 그와 매우 비슷하고요. 과학자와 생물학자들은 모두 자신의 견해를 '세상이 내 견해를 강화하는 방향으로 흘러간다'라고 해석하는 데 사용하지요.

이러한 논리는 실증적인 지적 경향을 초래하여, 세상을 정확하게 이해하기보다는 실증분석을 통해 자신의 세계관을 검증하는 데 몰두하는 과학자들이 넘쳐나고 있다.

로버트 실러와 공저자 조지 애컬로프George Akerlof는 2009년에 출간한 행동경제학 저서에 『야성적 충동Animal Sprits』이라는 제목을 붙였는데, 이 제목은 원래 존 메이너드 케인스가 인간의 경제적 의사결정에 영향을 미치는 심리적 동기를 지칭하기 위해 만든 용어였다.[35] 두 사람은 그 책에서, "경제학에서는 그동안 야성적 충동에 대한 연구를 억제해왔는데, 그 이유인즉 '그런 비이성적 영향력irrational influences은 본래 비과학적이므로, 정량적이고 과학적인 학문(경제학)

의 고려대상이 아니다'라는 분위기가 팽배했기 때문이다"라고 꼬집었다. 나는 그 대목을 읽으며 손뼉을 '탁' 쳤다. "진화생물학에서도 그와 비슷한 지적 움직임으로 인해, 동물 연구에서 '동물 정신(야성적 충동animal spirits의 직역)'을 배제해왔다"라는 생각이 들었기 때문이다. "'우수한 외적 자질을 보유한 배우자감에 대한 이성적 욕구'가 '임의적인 성적 욕구'를 엄격히 통제한다"라는 것이 적응적 배우자 선택 이론의 핵심인데, 그런 면에서 실러와 애컬로프의 역발상은 감탄할 만했다. 기발한 역의인화를 통해, 동물의 야성이 인간의 이성보다 더 합리적이라고 간주했으니 말이다.

실러와 점심을 먹은 지 몇 주 후, 경제학자들로 이루어진 연구팀이 인터넷 인기의 역학에 대한 무작위대조실험 결과를 발표했다.[36] 연구팀이 참가자들에게 주요 뉴스 웹사이트에 올라온 기사에 대한 찬성/반대 현황을 무작위로 보여준 후 찬반의사를 물은 결과, 대중의 인터넷 지지도가 콘텐츠의 질과 완전히 무관하게 오로지 인기(연구진은 이것을 양성 양떼효과positive herding effect라고 불렀다)에 의해서만 추동될 수 있음을 입증했다. 다시 말해서 인터넷에서 나는 입소문은 종종 군중심리에 편승한 결과일 수 있다는 것이다. 나는 즉시 실러에게 달려가 그 연구 결과를 설명하고, "임의적 인기 버블에서 양성피드백 고리의 역할이 얼마나 지대한지를 생생히 입증한 실험 결과"라고 열변을 토했다. 그러자 그는 이렇게 제안했다. "당신 책에 그 이야기를 소개해보세요. 나도 내 책에서 그 이야기를 다룰까 생각 중이거든요." 세상에나. 조류학자와 경제학자가 앞다투어 똑같은 주제에 관한 책을 펴내려 든다고 누가 상상이나 했을까!

청란을 비롯하여 앞으로 이 책에 소개될 새들은, 전통적인 적응적 진화론에 대해 극단적인 미학적 도전을 제기할 것이다. 오늘날 큰 인기를 끌고 있는 것은 신월리스적인 적응적 배우자선택 이론이지만, 다윈의 폭넓은 미학적 관점이 없다면 자연계에 나타나는 복잡성 및 다양성과 '성적 아름다움의 진화적 방산evolutionary radiation'을 모두 설명할 수 없을 것이다. 성적 장식물의 완전하고 폭발적인 다양성을 제대로 다룰 수 있는 도구는 '별의별 아름다움' 모델밖에 없다는 것이 내 생각이다.

하지만 그렇다고 해서, '배우자의 자질에 대한 유의미하고 정직하고 효율적인 신호'가 진화할 수 있음을 배제하는 것은 아니다. 왜냐하면, 상황에 따라서는 자연선택의 영향력하에서 짝짓기선호가 형성될 수도 있기 때문이다. 게다가 정직한 신호가 매우 굳건하게 진화한 나머지, 미적 욕구의 비이성적인 과열에 의해 침식될 수 없는 경우도 있을 수 있다. 그러나 그런 예외적인 상황에 너무 큰 의미를 부여한다면, 자연계에 존재하는 다양성을 진정으로 이해하기가 힘들다. 우리는 비적응적 영가설을 이용하여 적응적 배우자선택에 대한 반증 가능성falsifiability을 늘 유지해야 한다. 그러지 않으면 적응적 배우자선택은 과학이 될 수 없다.

나는 비록 적응적 배우자선택에 회의적이지만, "임금님은 벌거숭이다"라고 주장하지는 않는다.[37] 그 대신 "임금님은 샅가리개loincloth(성기만 겨우 감출 수 있는 작은 천) 하나만 걸쳤다"라고 믿는다.

다시 말해서, 나는 대다수의 이성 간 신호intersexual signal가 '임의적으로 진화한 별의별 아름다움' 자체일 뿐, 그 이상도 그 이하도 아니라고 생각한다. 그에 반해, 적응적 배우자선택론자들은 이성 간 신호에 큰 의미를 부여하며, '뭔가 대단한 잠재능력을 암시하는 중요한 상징물'로 여긴다.

이쯤 되면 어떤 사람들은 이렇게 물을 것이다. "당신의 생각이 옳다는 것을 어떻게 알 수 있나요?" 진화생물학자가 논의를 진전시키는 유일한 방법은, '별의별 아름다움이 다 있다'라는 메커니즘을 배우자선택에 의한 진화의 영가설로 사용하여 합당한 가설검증 절차를 밟는 것이다.

3. 춤추고 노래하는 마나킨새

지난 수백만 년 동안 조류의 종種의 안팎에서 아름다움이 진화해온 원인과 과정은 뭘까? 어떤 종으로 하여금 무엇이 아름답다고 느끼게 하는 요인은 뭘까? 간단히 말해서, 새의 아름다움은 어떻게 진화해왔을까? 요즘 우리의 의문을 생산적으로 해결해주는 과학적 도구들은 꽤 많이 나와 있지만, 내가 던진 질문에 답변하는 것이 그다지 녹록해 보이지는 않는다.

우리가 아름다움의 진화를 이해하는 과정에서 직면하는 도전 중 하나는, 동물의 과시형질과 짝짓기선호가 매우 복잡하다는 것이다. 하지만 다행스럽게도, 이처럼 복잡한 미적 레퍼토리를 연구하기 위해 시스템과학systems science이라는 첨단 과학을 새로 고안해낼 필요는 없다. 왜냐하면 우리에게는 자연사학(자연환경하에서 생물의 삶을 관찰하고 기술하는 과학)이라는 게 있어서, 우리가 필요로 하는 도구를 정확히 제공해주기 때문이다. 자연사학은 다윈의 과학적 방법을 구성하는 핵심적인 요소였고, 오늘날까지도 진화생물학의 상당 부분에서 든든한 기반으로 자리 잡고 있다.

자연사적 방법을 통해 개별 종에 관한 정보를 수집한 후, 우리는 또 다른 과학적 방법을 이용하여 그것들을 비교·분석함으로써 복잡하고 종종 계층적인hierarchial 진화사를 밝혀낼 필요가 있다. 이런 일을 가능케 해주는 과학이 바로 계통학phylogenetics이다. 계통학에서 연구하는 계통발생phylogeny이란 생물들 간의 진화적 관계에 관한 역사를 말하며, 다윈은 이를 거대한 생명의 나무Tree of Life라고 불렀다.

다윈은 일찍이 "생명의 나무를 발견하는 학문이 진화생물학의 주요 분과가 되어야 한다"라고 제안했지만, 유감스럽게도 진화생물학자들은 20세기 대부분의 기간 동안 계통발생에 별로 관심을 보이지 않았다.[1] 그러나 최근 계통발생을 재구축하고 분석하는 강력한 신무기들이 개발된 덕분에 그 분야에 대한 관심이 되살아났다. 그리하여 자연사와 계통학이라는 핵심적인 지적 틀이 갖춰져, 바야흐로 '아름다움과 미적 취향의 진화과정'을 연구하기가 과거 어느 때보다도 적절한 시기가 도래했다.

아름다움과 미적 취향의 진화과정을 연구하면, 진화적 방산evolutionary radiation(종 간의 다양화)의 과정을 새로운 방식으로 이해하는 데 도움이 될 수 있다. 진화생물학에서 적응적 방산adaptive radiation이라고 하면, "단일 공통조상이 자연선택을 통해 (엄청나게 다양한 생태계와 해부학적 구조를 갖는) 다양한 종들로 진화하는 과정"을 말한다. 다윈핀치Geospizinae가 갈라파고스 제도에서 이룩한 경이로운 다양성은 적응적 방산의 전형적인 사례라고 할 수 있다. 그러나 다른 유형의 진화과정, 즉 미적 방산aesthetic radiation을 이해하기 위해, 이 장에서 또 다른 조류 그룹을 탐구하려고 한다. 미적 방산이란 "단일 공통조상이 미적 선택(특히 배우자선택)이라는 메커니즘을 통해 다양화되고 정교화되는 과정"을 말한다.[2] 미적 방산은 성적 아름다움만을 추구하는 임의적 배우자선택을 포함하는데, 이는 종종 극적이고 공진화적인 결과를 초래한다. 그렇다고 해서 미적 방산이 적응적 배우자선택을 전적으로 배제하는 것은 아니다.

아름다움의 과학은 실험실과 도서관을 박차고 현장으로 나갈 것을 요구하는데, 나는 운 좋게도 어린 시절부터 몰두했던 조류관찰의 경험으로 인해 현장에서 자연사를 연구하기에 필요한 기본적 소양을 충분히 갖추고 있었다. 그래서 나는 하버드 학부생 시절에 아름다움 연구의 두 번째 핵심 분야인 계통학에 곧바로 진입할 수 있었다. 내가 공식적으로 조류학 연구에 몰입하기 시작한 것은 1979년 레이먼드 페인터 주니어Raymond Painter Junior 박사가 신입생을 위해 개설한 "남아메리카 조류의 생물지리학" 세미나를 통해서였다. 하버드대학교 부설 비교동물학 박물관Museum of Comparative Zoology(MCZ)에서 조류 큐레이터로 일하던 페인터 박사는 나를 자연사박물관의 지적 매력에 흠뻑 빠져들게 했다. 거대한 벽돌 빌딩의 5층에 마련된 조류 전시관은 여러 개의 방으로 구성되어 있었고, 그곳에는 수십만 개의 조류 표본이 체계적으로 전시되어 있었다. 그러니 MCZ는 내 학부생 시절의 '지적 보금자리'였을 수밖에. 페인터 박사의 큐레이터 작업을 돕고 참고문헌 목록을 작성하느라 조류전시관을 거의 떠나지 않던 내 몸에서는 좀약 냄새가 물씬 풍겼다.

페인터 박사의 지적 성향은 너무 보수적이어서 혁명적 색채를 띤 계통학에 발을 들여놓기를 주저했지만, 나는 계통학의 최신 동향을 금세 알게 되었다. 왜냐하면 "생물지리학 및 계통학 토론그룹"이라는 혁명적 소모임[3]이 로머 도서관Romer Library의 아래층에서 일주일에 한 번씩 열띤 토론을 벌이고 있었기 때문이다. 지금 생각해보면, 당시에 하버드대학교는 계통학의 황금기를 이끌고 있었다. 로머 도서관에서 진행되는 혁명적 소모임 토론회에서 배출된 대학원생들은 전 세계로 퍼져나가 계통학의 토대를 쌓는 데 이바지함으로써, 계통학이 진화생물학의 주류로 복귀하는 데 일등공신이 되었다.

내 연구의 핵심 골격은 1980년대 초기에 진행된 주간 토론회에서 형성되었다. 나는 계통학의 방법론에 매혹되어 조류의 계보를 다시 작성하는 데 열중했다. 그리하여 4학년 말에 제출할 졸업논문을 완성하기 위해, 큰부리새toucan와 오색조barbet의 계통발생과 생물지리학을 집중적으로 연구했다. 나는 조류전시관의 507호에 전시된 (지금은 멸종한) 모아새moa의 거대한 골격 밑에 책상을 하나 가져다 놓고, 큰부리새의 깃털 및 골격 특징을 관찰하며 첫 번째 계통발생도를 완성했다.[4] '세계 최고 수준의 조류 컬렉션을 지속적으로 관찰할 수 있다'라는 벅찬 감정을 지금까지도 잊을 수 없다. 아쉬운 게 하나 있다면, 그 익숙한 좀약 냄새가 내 몸에서 더는 풍겨 나오지 않는다는 것이다.[5]

나는 졸업이 가까워져 옴에 따라 '앞으로 할 일들'을 이리저리 궁리하며, '조류관찰의 경험 및 기량'과 '조류의 계통발생에 대한 열정과 몰입'을 결합할 수 있는 연구 프로그램을 물색했다. 대학원에 진학하기에 앞서, 남아메리카 전역을 돌아다니며 MCZ의 진열대에서만 봤던 새들을 좀 더 많이 관찰하려고 노력했다. (그 당시에는 열대 조류에 관한 현장 안내서가 별로 없어서, 실물을 관찰하기에 앞서서 박물관의 컬렉션을 죽 훑어보는 것이 최선의 학습방법이었다.) 때마침 하버드 대학원생 조너선 코딩턴Jonathan Coddington이 거미의 계통발생을 이용하여 원형 거미집 짓기 행동orb-web-weaving behavior의 진화에 관한 가설을 검증한 데서 힌트를 얻은 나는 계통발생을 이용하여 새의 행동을 연구하고 싶었다.[6]

그즈음 하버드의 대학원생 커트 프리스트럽Kurt Fristrup을 만났다. 그는 기아나바위새Guianan Cock-of-the-Rock(*Rupicola rupicola*)• 라는 현란한 오렌지색 새의 행동을 연구하고 있었는데, 그 새는 지구상에서 가장 경이로운 새 중 하나였다. 그는 이렇게 제안했다. "수리남으로 가서 마나킨새의 구애장소lek 지도를 작성하는 게 어때?" 돌이켜보면, 프리스트럽의 말은 내가 지금껏 들은 것 중에서 가장 영양가 높은

• 컬러 화보 5번.

전문적 조언이었다.

햇빛이 드문드문 비치는 수리남 열대우림의 하층식생understory에서, 7~8미터쯤 되는 가느다란 나뭇가지 위에 까맣고 반지르르한 작은 새 한 마리가 앉아 있다. 휘황찬란한 황금빛 머리, 반짝이는 흰 눈, 루비색의 넓적다리를 자랑하는 그 새는 수컷 황금머리마나킨Golden-headed Manakin(*Ceratopipra erythrocephala*)•이다.[7] 몸무게는 약 10그램이고, 몸집은 25센트짜리 동전 두 개보다 약간 작다. 목과 꽁지가 짧아 야무진 인상을 주지만, 그런 얌전한 외모가 무색하리만큼 한시도 가만히 있지 않는다. 그는 높고 부드러운 음성으로 (마치 피아노 건반을 오른쪽에서 왼쪽으로 훑듯) "푸우우" 소리를 낸 후, 바짝 긴장하며 주변을 유심히 살펴본다. 잠시 후 인근의 나무에서 제2의 수컷이 화답하고, 뒤이어 제3의 수컷이 맞장구를 친다. 응답이 신속한 것으로 보아, 그들은 사회적 환경에 매우 민감한 게 분명하다. 그 숲속에서는 총 다섯 마리의 수컷 황금머리마나킨이 떼지어 산다. 나뭇잎에 가려 잘 보이지 않지만, 노래 부르면 들릴 만한 가까운 거리에 살고 있다.

이웃 수컷들의 노랫소리에 반응하여, 첫 번째 수컷은 밝은색 부리로 하늘을 가리키며 몸을 곧게 세워 조각상처럼 꼿꼿한 자세를 취한다. 활력이 넘치는 당김음으로 "푸우-프르르르르르-픗!" 하는

• 컬러 화보 6번.

소리를 목이 터져라 외친 후, 그는 갑자기 횃대에서 날아올라 20미터쯤 떨어진 다른 나뭇가지로 자리를 옮긴다. 그리고 몇 초 후에는 "푸우-프르르르르르-픗!"을 크레셴도(점점 세게)로 일곱 번 이상 연주하며 본래의 횃대로 돌아간다. 비행경로는 약간 S자형 곡선을 그리는데, 처음에는 횃대 아래로 내려갔다가 나중에는 위로 솟구쳐 오른다. 횃대에 내려앉을 때는 날카롭고 활기차게 "스즈즈즈크크큿!"을 외친다. 그러고는 곧바로 머리를 낮춰 몸과 나뭇가지를 수평으로 유지하고, 다리를 뻗으며 궁둥이를 들어올림으로써 까만색 배를 배경으로 선홍색 넓적다리를 드러낸다. 마치 반바지 가랑이로 관능적인 두 발을 드러내듯 말이다. 마지막으로, 횃대를 따라 종종걸음으로 재빨리 뒷걸음질을 치며 (마치 롤러스케이트를 탄 듯) 우아한 문워크 스텝을 밟는다.[8] 문워크 스텝을 밟는 동안에는 둥글고 까만 날개를 잽싸게 펼쳐, 등 위에 잠깐 수직으로 세운다. 나뭇가지를 따라 30센티미터쯤 미끄러지듯 후진한 후, 수컷은 갑자기 꽁지를 낮게 흔들고 날개를 다시 수직으로 펼치며 정상적인 자세를 회복한다.

잠시 후, 두 번째 수컷 황금머리마나킨이 날아와 5미터쯤 떨어진 나뭇가지에 내려앉는다. 그러자 첫 번째 수컷이 즉시 그쪽으로 날아가 나란히 앉는다. 둘은 서로 외면하며 꼿꼿한 자세를 유지하는 극적인 장면을 연출한다. 치열한 경쟁적 상황에서, 상대방의 존재를 인정하며 팽팽한 신경전을 벌이는 것이다. 황금머리마나킨의 기이한 사교계에서 이처럼 전율 있는 장면은 아주 잠깐만 이어지는데, 그 종결자는 한 마리의 암컷이다.

프리스트럽이 말한 구애장소란 수컷들의 과시용 영토display

territory들이 모여 있는 곳을 말한다. 황금머리마나킨은 5~10미터 너비의 영토를 수호하며, 그런 영토들이 2~5개씩 그룹을 이루어 구애장소를 형성한다. 구애행동을 하는 수컷들은 영토를 수호하지만, 그 영토에는 암컷의 생식에 필요한 자원들(먹이, 둥지 지을 터와 자재, 암컷에게 도움이 되는 그 밖의 물질)이 전혀 없다. 수컷이 소유한 자원이라고는 달랑 정자sperm 하나뿐이다. 구애장소란 본질적으로 수컷이 암컷에게 뭔가를 과시하는 장소이며, 과시의 목적은 암컷을 유혹하여 짝짓기를 성사시키는 것이다. 암컷은 번식기 동안 하나 이상의 구애장소를 방문하여 수컷들의 과시행동을 관찰하고 평가한 다음, 그중 한 마리를 배우자로 선택한다.

구애장소에서의 짝짓기는 암컷의 배우자선택을 통해 이루어지며, 일부다처제의 형태를 띤다.[9] 선택의 주도권이 암컷에게 있는데도 일부다처제가 형성되는 데는 그럴 만한 이유가 있다. 암컷들은 자신이 원하는 배우자를 얼마든지 선택할 수 있지만, 신랑감들 중에서 종종 '인기 절정에 있는 극소수의 수컷들'만을 만장일치로 선택하게 된다. 그러다 보니 비교적 소수의 수컷만이 비교적 다수의 암컷과 짝짓기를 하게 된다. 짝짓기 성과의 이 같은 쏠림 현상은 오늘날 인간들의 소득분포 편향과 매우 비슷하다. 가장 성공적인 수컷들이 짝짓기의 절반 이상을 차지하는 반면, 다른 수컷들은 1년 동안 단 한 번도 기회를 얻지 못한다. 어떤 수컷들은 평생 숫총각으로 지내기도 한다.

짝짓기를 마친 암컷 마나킨새는 둥지를 짓고 두 개의 알을 낳아 품은 다음, 수컷에게 아무런 도움도 받지 않고 부화한 새끼들을

구애행동을 하는 수컷 황금머리마나킨의 부드러운 뒷걸음질은 마이클 잭슨Michael Jackson의 문워크를 방불케 한다.

혼자 양육한다. 생식에 대한 수컷의 기여는 정자 제공이 전부다. 모든 양육을 도맡는 암컷은 수컷에게 아무것도 의존하지 않는다. 이러한 독립성은 그녀들에게 거의 전적인 성적 자율성을 부여했으며, 자유로운 배우자선택은 극단적인 선호의 진화를 이끌었다. 즉, 암컷들은 매우 높은 수준의 행동적·형태적 특성을 보유한 극소수의 수컷들만을 배우자로 선택하도록 진화했다. 그러니 나머지 수컷들은 짝짓기 게임에서 패배자가 될 수밖에 없다. 수컷 마나킨새에서 나타나는 미적 극단성aesthetic extremity은 극단적인 미적 실패aesthetic failure의 진화적 결과이며, 이는 강력한 '배우자선택에 의한 성선택'에서 기인한다.

암컷 마나킨새들은 약 1,500만 년 동안 배우자를 선택해왔다. 그 장구한 세월 동안 그녀들이 선호한 특징들은 매우 다양한 형질과 행동들로 진화하여, 멕시코 남부에서부터 아르헨티나 북부까지 이르는 넓은 범위에 분포하는 54종의 화려한 마나킨새 그룹을 배출했다. 마나킨새의 구애장소는 자연계에서 수행되는 가장 창조적이고 극단적인 미적 진화의 실험실이다. 내게 그곳은 '별의별 아름다움을 연구하기에 안성맞춤인 장소'로 더할 나위 없는 곳이었다.

코딩턴의 진화론적 거미연구와 프리스트럽의 영양가 있는 조언에서 영감을 얻은 나는 1982년 가을 5개월간 마나킨새를 연구할 요량으로 수리남으로 향했다. 수리남은 남아메리카 북동부의 작은 나라로, 카리브해 연안 문화의 영향을 많이 받았으며, 한때 네덜란드의 식민지이기도 했다. 나의 연구 장소는 수리남의 브라운스버그 자연공원이었는데, 그곳은 열대우림으로 뒤덮인 해발 460미터의 평평한 고원지대로, 빨간 흙길을 따라 승용차로 몇 시간만 내려가면 수도인 파라마리보에 도착할 수 있다. 관찰을 시작한 지 이틀도 안 되어 황금머리마나킨을 처음 발견한 데 이어, 며칠 후에는 흰수염마나킨White-bearded Manakin(*Manacus manacus*)도 발견했다.[10] 어느 날 아침 공원의 주도로를 따라 새로 형성된 2차림secondary forest• 을 거닐다가 무성한 덤불 속에서 '딱' 하는 소리를 들었다. 마치 소형 장난감 총이나 폭죽 소리와 유사한 소리였다. 도로 가장자리의 덤불 속을 힐끗 들여다보니 수컷 흰수염마나킨• 한 마리가 숨어서 날개를 퍼덕이고 있는 게 아닌가! 정수리, 등, 날개, 꽁지가 모두 까맣고, 옷깃을 방불케 하는 목 아랫부분의 테두리는 순백색이었다. 겨우 1미터 높이의 나뭇가지에 앉은 수컷이 커다란 "치-푸" 소리를 내자, 몇 미터 떨어진 곳에 있는 또 다른 수컷이 득달같이 맞장구를 쳤다.

수컷 흰수염마나킨은 황금머리마나킨과 달리 임상forest floor• 바로 근처에서 과시행동을 하며, 몇 미터밖에 안 되는 비좁은 지역 안에 작은 과시용 영토들이 밀집해 있다. 나는 인내심을 갖고 몇 분 동안 기다린 끝에, 여러 마리의 수컷들이 잇따라 구애행동을 하는 장관을 목격했다. 첫 번째 수컷이 작은 구애장소(임상 위에 마련된 너비 1미터 남짓한 맨땅)에 날아와, 가장자리에 돋아 있는 작은 묘목들의 가지 위에 번갈아 내려앉으며 앞뒤로 깡충깡충 뛰기 시작했다. 처음에 들었던 '딱' 소리는, 수컷이 뛰어오르며 날개깃을 퍼덕일 때 나는 소리였다. 적당한 나뭇가지를 골라 앉은 후, 수컷은 변신을 시도했다. 부드럽고 하얀 목깃이 부풀어 오르더니, 순식간에 부리 끝을 벗어날 정도로 수북한 흰 수염을 형성했다. 뒤이어 수많은 수컷이 몰려와, 동시에 '딱' 소리를 내며 "치-푸" 하고 세레나데를 불렀

- • 채벌이나 화재 등에 의해 원래의 삼림이 파괴된 뒤 자연적으로 재생한 숲.
- • 컬러 화보 7번.
- • 산림 지표면의, 관목 · 초본 · 이끼 등의 유기 퇴적물과 토양이 형성하는 층을 일컫는 말.

다. 흥분한 수컷들은 갑자기 짧은 간격으로 커다란 '딱' 소리를 연발하며 고성방가를 하므로, 서로 뒤죽박죽이 되어 누가 누군지 분간할 수가 없다. 그러나 흥분의 순간이 갑자기 다가오는 것처럼, 그 끝도 갑자기 다가온다. 어느새 나타난 암컷들이 극소수의 명가수들을 선택하고 나면, 나머지 수컷들은 오랫동안 다음번 기회를 기다려야 한다.

우아한 곡예비행과 문워크 스텝을 보여주는 황금머리마나킨들의 공연과 달리, 흰수염마나킨들의 공연은 소란스럽고 무질서하고 난폭하기 이를 데 없다. 그러나 각각의 수컷들은 아수라장 속에서도 나름대로 최선을 다한다. 고난도의 도약과 재주넘기를 무수히 반복하는 몸짱 체조선수들처럼 말이다. 마나킨새 두 종의 과시용 레퍼토리가 이처럼 완전히 다르다 보니, 미적 진화에 대해 근본적인 의문을 제기하는 사람들이 있다. 그들이 그처럼 다르게 진화한 메커니즘은 뭘까? 54종의 마나킨새들 하나하나가 독특한 깃털장식, 과시행동, 음향신호 레퍼토리를 진화시켰다는 점을 고려할 때, 이러한 의문은 점점 커져간다. 마나킨새의 세계에만 해도 무려 54가지의 독특한 '미적 이상형'이 존재하다니!

무희새과Pipridae에 속하는 거의 모든 마나킨새 종種들이 구애행동lekking을 하므로, 우리는 "모든 마나킨새들이 하나의 공통조상에서 갈라져 나왔다"라고 확신할 수 있다.[11] 유전자 변이 시점을 추정하는 분자계통학molecular phylogeny을 통해 약 1억 5,000만 년 전 살았던 마나킨새의 공통조상을 유추할 수도 있다. 그렇다면 마나킨새의 모든 암컷이 극도로 다양한 짝짓기선호(그들 나름의 다윈적 아름다움

수컷 흰수염마나킨이 구애장소의 묘목 위에 목깃을 세우고 앉아 있다.

의 기준Darwinian standard of beauty)를 진화시킨 이유는 뭘까? 그리고 그러한 미적 방산은 어떻게 일어났을까? 이 의문을 해결하려면, 생명의 나무(계통수)를 통해 미의 역사를 탐구해야 한다.

마나킨새가 아름다움이 진화해온 과정을 보여주는 좋은 사례라는 것은 그들의 가정생활을 살펴보면 잘 알 수 있다. 1만 종이 넘는 전 세계 조류의 95퍼센트 이상은 두 마리의 주의 깊고 근면한

부모에 의해 양육되지만, 마나킨새는 그렇지 않다. 왜 그럴까? 영국의 조류학자로서 마나킨새 연구의 선구자인 데이비드 스노David Snow는 1976년 발간한 멋진 책 『적응의 연결망The Web of Adaptation』에서, 마나킨새의 독특한 양육 시스템을 진화론적으로 처음 해명했다. 그 책은 스노와 그의 아내가 트리니다드섬, 가이아나, 코스타리카에서 연구한 마나킨새와 장식새cotinga의 양육행동을 설명한 책으로, 그들의 모험적인 연구는 독자들에게 감탄사를 연발하게 한다. (나는 고등학교 시절에 그 책을 매우 흥미롭게 읽었다. 커트 프리스트럽에게 '수리남에 가서 마나킨새를 연구해보라'라는 말을 듣고 내가 매우 적극적으로 반응한 이유 중 하나는, 그 책의 내용을 매우 생생하게 기억하고 있었기 때문이다.) 스노는 그 책에서 다음과 같은 가설을 제시했다. "마나킨새가 영위하는 과일 위주의 식생활은 동물의 가정생활을 바꿔, 그들의 사회적 진화social evolution에 일련의 영향력을 행사하게 되었다."

당신이 생계를 위해 곤충을 먹는다고 상상해보라. 단박에 '그 생활은 쉽지 않을 것 같군'이라고 생각하기 쉬운데, 그건 올바른 판단이다. 곤충은 발견하기가 어려울 뿐만 아니라, 설사 발견한다고 해도 다루기가 여간 까다롭지 않다. 게다가 곤충은 맛이 없고, 때로는 심지어 독기까지 품고 있다. 한마디로, 곤충을 먹고 산다는 게 어려운 이유는 '그들이 포식자에게 잡아먹히는 것을 원치 않기 때문'이다. 곤충을 잡아 가족을 부양하는 것이 두 마리 새의 몫인 이유는 바로 그 때문이다.

곤충을 먹고 사는 삶이 거친 흙길이라면, 주로 열매를 먹고 사는 삶은 그야말로 '젖과 꿀이 흐르는 꽃길'이다.[12] 열매는 식물이 제공하는 열량과 영양분이 풍부한 '뇌물'로, 이를 꿀꺽 삼킨 동물은 먼 곳으로 이동하여 씨앗을 퍼뜨리게 된다. 즉, 식물은 열매를 이용하여 '이동성 생물'을 유혹함으로써, 번식과 영토확장이라는 목적을 달성하는 것이다. 열매가 이런 목적을 달성하려면, 발견하기가 쉽고 다루기도 어렵지 않으며 곳곳에 풍부하게 존재해야 한다. 마나킨새와 같이 열매를 먹고 사는 동물들은 숲속을 돌아다니며 섭취한 열매의 씨앗을 게우거나 배설함으로써 식물의 은혜에 보답한다.

만약 과일로 연명하는 생활이 비교적 수월하다면, 새 부부가 굳이 많은 새끼를 낳아 공동으로 양육할 필요가 있을까? 스노가 지적한 대량 출산 및 양육의 문제점은 '포식자가 둥지에 침입하여 새끼들을 몰살시킬 위험'이다. 새끼가 많으면 포식자들이 둥지를 노릴 가능성이 높아, 새끼들을 통째로 잃을 위험이 있다는 것이다. 스노는 "한 배 산란수clutch size를 두 마리로 제한하면, 암컷이 수컷의 도움 없이 새끼들을 안전하고 성공적으로 양육하는 게 가능하게 된다"라고 주장하며, 과일 섭취를 그 방법으로 제시했다. 어디에나 지천으로 널려 있는 과일을 먹고 살 경우, 암컷 마나킨 혼자서 조그만 둥지를 짓고, 두 개의 알을 낳아 품고, 부화한 새끼들을 자립할 때까지 먹이며, 새끼들이 둥지에서 비명횡사할 위험을 줄일 수 있기 때문이다.

스노가 제시한 가설의 핵심은 "식단이 과일로 바뀜에 따라 수컷이 가족부양의 의무에서 해방됨(혹은 배제됨)으로써 마나킨새의 과시행동이 진화했다"라는 것이다. 즉, 암컷은 배우자선택의 권리를 행사하여 여러 신랑감 중 하나를 선택했고, 그 결과 수컷의 과시형질이 미적으로 엄청나게 정교화·다양화되었다는 것이다.[13] 물론 스노는 성선택을 제대로 이해하지 못했기 때문에, 불완전한 시나리오를 내놓을 수밖에 없었다. 독자들도 잘 아는 바와 같이, 거리낌 없이 자유로운 배우자선택 기회는 선택적인 배우자선호selective mate preference, 즉 까다로움pickiness의 진화로 이어지게 된다.

내가 이 책에서 구애행동의 모범사례로 제시하는 새들은 매우 두드러진 과시형질을 나타내는데, 그 이유는 협동적인 구애행동을 통한 번식 시스템lek-breeding system이 자연계에서 가장 강력한 성선택력sexual selection force을 창조함으로써 미적으로 가장 극단적인 (그리고 종종 가장 매력적인) 성적 의사소통sexual communication 형태를 탄생시켰기 때문이다.[14]

나는 브라운스버그에서 관찰한 황금머리마나킨과 흰수염마나킨에 열광하여, 커트 프리스트럽이 제안했던 '구애장소를 구성하는 수컷의 영토'를 총망라하는 지도를 작성하는 작업에 착수한 상태였다. 그러나 나는 '영토의 공간적 관계'보다는 '수컷들의 구애 쇼'에 더 많은 흥미를 느꼈다. 게다가 흔하고 널리 분포된 두 가지 종(황금머리마나킨, 흰수염마나킨)에 대해서는 데이비드 스노와 앨런 릴Alan Lill이 이미 광범위한 연구 결과를 발표해놓은 상태였다.[15] 그래서 나는 비교적 마나킨 중에서도 덜 연구된 종에 초점을 맞추고 싶었다.

나의 실질적인 목표는 거의 알려지지 않은 흰목마나킨과 흰이마마나킨White-fronted Manakin(*Lepidothrix serena*)을 찾아내는 것이었는데, 두 종은 모두 브라운스버그에 서식하는 것으로 보고되어 있었다. 수컷 흰목마나킨•은 그윽하고 윤이 나며 보는 각도에 따라 색깔이 변하는 군청색 바탕에, 가슴을 향해 V자형으로 뻗은 우아한 설백색 띠를 보유하고 있다. 흰목마나킨은 알려진 게 너무 없어 프랑수아 하버슈미트François Haverschmidt가 1968년에 발간한 『수리남의 새Birds of Surinam』에서 빠졌지만, 조류관찰자들은 최근 브라운스버그에서 그들을 봤다고 보고한 바 있다.[16] 그와 대조적으로 흰이마마나킨은 야생에서 거의 발견되지 않았으며, 매우 부드러운 까만색 바탕에 감청색 엉덩이, 설백색 이마, 바나나색 배를 갖고 있고, 까만색 가슴에는 오렌지빛 반점이 박혀 있다.

열대우림에 서식하는 수백 가지 종 중에서 특정한 종을 찾아낸다는 것은 엄청난 도전이다. 당시에 흰이마마나킨과 흰목마나킨의 노랫소리를 과학적으로 기술한 문헌은 없었고, 녹취된 테이프도 구할 수 없었다. 두 가지 새들을 발견하는 방법은, 모든 조류상avifauna을 끈질기게 관찰하여 끝장을 보는 수밖에 없었다. 그러기 위해서는 매일 현장에 나가 처음 듣는 새소리를 듣고 추적하여 신원을 확인하고 분석한 다음, '이건 내가 찾는 새소리가 아님'이라는 꼬리표를 붙여 기억 속에 저장해야 했다. 물론 그러한 작업은 흥미롭기 그지없는 일이었다. 왜냐하면 브라운스버그에 서식하는 조류들은 거의 예외 없이 처음 보는 새들이었기 때문이다. 그 와중에 붉은목뿔매Ornate Hawk-Eagle(*Spizaetus ornatus*), 크림슨토파즈벌새Crimson

• 컬러 화보 8번.

Topaz(*Topaza pella*), 얼룩개미새Variegated Antpitta(*Grallaria varia*), 뾰족부리새Sharpbill(*Oxyruncus cristatus*), 흰목피위White-throated Peewee(*Contopus albogularis*), 검붉은밀화부리Red-and-black Grosbeak(*Periporphyrus erythromelas*), 푸른등풍금조Blue-backed Tanager(*Cyanicterus cyanicterus*)와 같은 전설적인 열대 조류들을 발견하곤 했다. 그러나 브라운스버그에 서식하는 조류는 300종이 넘었다. 따라서 나의 중점적 연구대상인 두 종의 마나킨새를 찾고 싶다면, 관심 범위를 좁혀야만 했다.

첫 번째 주가 끝나갈 무렵, 나는 브라운스버그의 고위평탄면에 난 오솔길 근처에 영토를 보유하고 있는 수컷 흰이마마나킨•을 처음으로 발견했다. 그의 세레나데는 모든 마나킨새들의 레퍼토리 중에서 가장 시시하게 들렸다. 단조로운 단음계의 "휘리립" 소리는 쟁반 위를 데구루루 구르는 돌멩이 소리 같기도 하고, 경찰관이 부는 호루라기 소리 같기도 했다. 나는 관찰일지를 펼쳐 그 세레나데를 "짧고 산발적인 방귀 소리와 비슷한 떨림소리"라고 기술했다. 수컷 흰이마마나킨은 세레나데만 시시한 게 아니었다. 그의 과시행동도 비교적 단조로워, 다양한 미적 특성이 있는 마나킨새의 레퍼토리 중에서 가장 평범한 축에 속했다. 그의 영토는 너비가 약 1미터에 불과하고, 문워크는커녕 영토 한복판에 솟아 있는 가느다란 나뭇가지들 사이에서 약 60센티미터의 높이를 유지하며 이리저리 비행하는 것밖에 없었으니 말이다. 문워크에 비하면 약소하지만, 나는 그것을 에어쇼라고 부른다.

• 컬러 화보 9번.

일견 평범해 보이지만, 수컷의 에어쇼는 두 가지 유형으로 구성된다. 첫 번째 유형의 비행은 묘목 사이를 직접 왕복하는 최단 코스 비행beeline flight으로, 수컷은 공중에서 몸을 뒤집음으로써 나뭇가지에 착륙하자마자 (출발했던 나뭇가지로 돌아가는) 복귀비행return flight에 필요한 자세를 취하게 된다. 최단 코스 비행은 최대 20초 동안 이어지는데, 그동안 수컷들은 나뭇가지에 잠깐씩 멈춰 감청색 엉덩이와 설백색 이마를 과감하게 노출한다. 두 번째 유형의 비행은 공중선회hovering로, 수컷은 나뭇가지에 접촉하는 순간 나뭇가지를 발로 걷어찬 후, 몸을 곧추세우고 초고속으로 날갯짓을 하며 허공을 맴돈다. 이렇게 하면 (약간 괴상망측하지만) 울긋불긋한 공 하나가 묘목 사이의 공간에 무릎 높이로 떠 있는 듯한 인상을 준다.

수컷 흰이마마나킨을 여러 날 동안 관찰하면서, '암컷인 것 같은 개체'들이 영토를 방문하는 장면을 두 번 목격했다. 내가 여기서 '암컷인 것 같다'라고 하는 이유는, 모든 젊은 수컷 마나킨새들이 암컷과 비슷한 초록색 깃털을 보유하고 있기 때문이다. 두 번의 관찰에서 모두 교미를 관찰할 수 없었는데, 어쩌면 방문자가 모두 수컷이었기 때문인지도 모른다. 나중에 프랑스령 기아나에서 흰이마마나킨을 발견한 마크 테리Marc Thery는 다음과 같이 기술했다.[17] "수컷이 여러 번 왕복비행을 하는 동안, 암컷은 수컷을 따라 구애장소를 맴돌다가 마침내 구애장소의 가장자리에 있는 작은 수평 나뭇가지에 내려앉는다. 그러면 곧바로 수컷이 날아와 암컷에게 올라탄 후 교미를 시작한다."

흰이마마나킨를 관찰하기 시작한 후, 이틀에 한 번씩 다른 마나킨새를 찾아 공원의 이곳저곳을 샅샅이 뒤졌다. 그러다가 며칠 만에 수컷 흰윗머리마나킨White-crowned Manakin(*Dixiphia pipra*)을 발견하여, 순백색 정수리에 선홍색 눈을 가진 그의 자태를 여러 날 동안 관찰했다. 작은폭군마나킨Tiny-tyrant Manakin(*Tyranneutes virescens*)을 발견하는 데는 좀 더 오랜 시간이 필요했다. 작은폭군마나킨은 (다소 의외지만) 특징이 별로 없는 황록색 바탕의 작은 새로, 정수리 한복판에 (종종 보이지 않는) 노란색 띠가 아로새겨져 있는 게 유일한 특징이다. 몸무게는 겨우 7그램인데, 얼마나 가벼운지 감이 잡히지 않는다면 1과 2/3티스푼 분량의 소금과 맞먹는다고 생각하면 된다. 수컷은 3~5미터 높이의 가느다란 나뭇가지에서 딸꾹질을 연상케 하는 미세한 떨림소리를 낸다. 내가 처음 발견한 수컷은 눈에 잘 띄지 않는데다 미동도 하지 않아, 탁 트인 공간에 앉아 노래하는 그를 발견하는 데 무려 10분이나 걸렸다.

나는 브라운스버그의 열대우림에서 희귀한 마나킨새 두 종의 모습을 감상하는 호사를 누렸다. 그러나 흰윗머리마나킨과 작은폭군마나킨의 과시행동은 1960년대 초에 데이비드 스노에 의해 이미 기술된 바 있었으므로,[18] 나는 신비에 휩싸인 흰목마나킨을 꼭 발견하리라고 다짐했다.

흰목마나킨의 구애행동에 관한 정보는 1949년 영국의 조류학 저널 《Ibis》에 실린 짧은 논문에 기술된 것이 전부였는데, 그것은 T.

A. W. 데이비스Davis가 단 한 번 보고한 일화적 관찰anecdotal observation 결과였다. 데이비스는 어느 날 아침 영국령 기아나 근처에서 한 무리의 암수 흰목마나킨들이 함께 어울려 노는 장면을 목격했다. (데이비스는 '초록색 암컷'들 중에 젊은 수컷들이 포함되어 있을 가능성은 생각하지 않았다.) 그는 일부 수컷의 두드러진 과시행동을 관찰했고, 심지어 한 쌍의 흰목마나킨이 임상에 널브러져 있는 이끼 덮인 통나무 위에서 교미하는 장면도 관찰했다. 그가 관찰한 과시행동 중에는 '부리로 하늘을 가리키는 자세(흰 목 드러내기)'와 '날개를 활짝 펼친 상태에서 통나무를 가로지르는 자세(서서히 날갯짓하며 기어가기)'가 포함되어 있었다. 그것은 다른 마나킨 종에서 전혀 보고된 바 없는 과시행동이었으므로, 그 행동을 내 눈으로 직접 관찰하려고 필사적으로 노력했다.

10월 중순의 어느 날 아침, 나는 산비탈을 내려가 이레네 발 트레일Irene Val Trail(아름다운 이레네 폭포Irene Waterfall의 이름에서 유래함)을 따라 펼쳐진 저지대의 숲으로 내려갔다. 각양각색의 새들이 활발하게 활동하는 열대우림을 조심스럽게 살피며 거닐던 중, 뭔가가 내 머리 옆을 '휙' 하며 지나가는 소리를 들었다. 처음에는 '벌새가 급강하하는가 보다'라고 생각했지만, 위를 올려다본 나는 대경실색했다. 수컷 흰목마나킨이 트레일 바로 위의 나뭇가지에 떡 하니 앉아 있는 게 아닌가! 나는 그제야 깨달았다, 내가 트레일 한복판에 가로놓여 있는 커다란 통나무에 발을 딛고 서 있었다는 사실을 말이다. 문득 '내가 그의 과시행동을 방해했는지도 모른다'라는 생각이 들어, 급히 뒷걸음질을 치며 트레일에서 벗어나 무성한 나뭇잎 속에 몸을 숨겼다. 그러자 수컷은 재빨리 통나무로 내려와 초고속으로 날갯짓을 하고 깡충깡충 뛰며 달음박질을 하는가 하면, '딱' 소리를 내기도 하고 날카로운 비명도 질렀다. 첫 번째 수컷의 일진광풍 같은 묘기가 끝나자, 성숙한 수컷 두 마리와 어린 수컷 두 마리가 가세했다. (내가 두 마리를 어린 수컷이라고 판단한 이유는, 암컷과 마찬가지인 초록색 깃털과 까만색 조로 가면Zorro-like face mask이 눈에 띄었기 때문이다) 불과 몇 분 사이에 T.A.W. 데이비스가 1949년에 관찰한 것보다 많은 흰목마나킨의 과시행동을 관찰하고 난 후, 거대한 과학적 기회가 나를 기다리고 있음을 예감했다. 아니나 다를까, 그로부터 몇 달 후 수십 일 동안 흰목마나킨들을 관찰했으며, 그 과정에서 구애행동 연구에 전적으로 매달렸다.

마나킨새의 과시행동 레퍼토리는 극적인 것으로 유명하지만, 수컷 흰목마나킨이 펼치는 과시행동의 복잡성은 차원이 완전히 달라, 상상을 초월할 정도로 풍부한 행동요소behavioral element들로 구성되어 있었다. "시우-시이-이-이-이"라는 높고 가느다란 세레나데는 호루라기 소리를 연상시켰으며, 때때로 "시우-시이"로 축약되기도 했다. 그는 2~6미터의 나뭇가지 위에 앉아 이 노래를 매우 잔잔하게 불렀으며, 횟수도 많지 않아 기껏해야 1분에 몇 번씩만 불렀다. 흰목마나킨 특유의 경탄할 만한 과시행동 레퍼토리에서 가장 절묘한 음향과 곡예는 통나무에 접근하는log-approach 에어쇼에서 볼 수 있다. 수컷은 5~10미터 떨어진 횃대에서 출발하여, 통나무에 도착할 때까지 "시우-시에-이-이-이"를 세 번에서 다섯 번에 걸쳐 크레센도로 연주한다. 통나무 위 30센티 지점에 도착했을 때, 수컷은 갑자기 날개를 퍼덕이며 공중에서 멈춘다. 그 순간 날카로운 '딱' 소리를 내며 통나무에 착륙한 직후, 공중으로 다시 날아올라 방향전환을 하며 "티키-예아"라는 날카롭고 거칠고 괴상한 소리를 낸다. 그러고는 다시 45센티미터 아래의 통나무에 착륙하여 몸을 잔뜩 웅크렸다가, 부리를 하늘 높이 수직으로 치켜들어 자신의 V자형 설백색 목띠를 노출한다.

나는 두 번째 유형의 통나무접근 에어쇼도 관찰했다. 그것은 일명 나방 스타일 비행mothlike flight으로, 서서히 부드럽게 날개를 펄럭이며 통나무에 접근하다가, 마지막 순간에 날개를 천천히 흔들어 착륙을 지연시킴과 동시에 몸의 자세를 수직으로 유지하는 것이다. 일단 통나무에 착륙한 후, 윤기가 반지르르한 군청색 수컷은 추가적인 과시행동을 선보인다. 그는 통나무 위를 가로질러 왔다 갔다 하

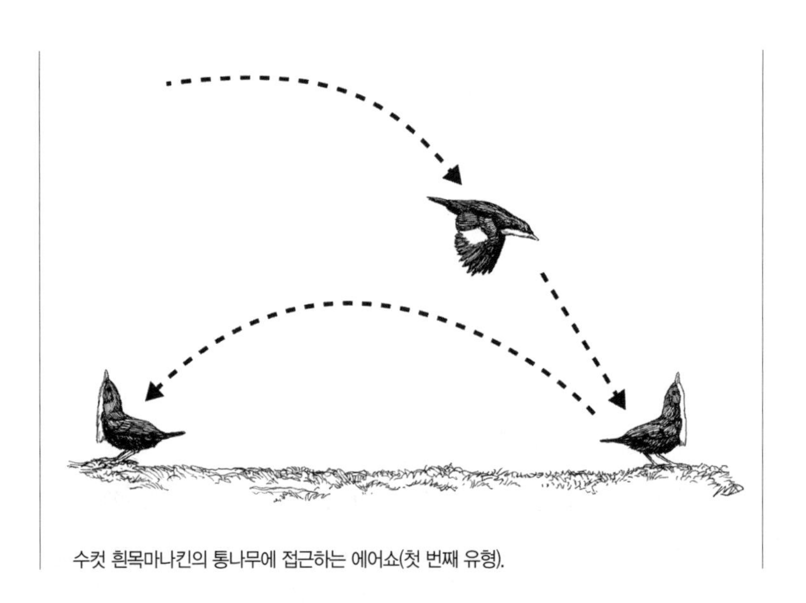

수컷 흰목마나킨의 통나무에 접근하는 에어쇼(첫 번째 유형).

는 동안, 간간이 몸을 웅크려 부리를 통나무에 대고 날개의 손목 부분을 등 위로 살짝 으쓱거린다. 이것을 날개떨기wing-shiver display 쇼라고 하는데, 몸을 수평으로 유지한 상태에서 양쪽 날개를 교대로 펼쳤다 접었다 함으로써, 날개를 접었을 때 보이지 않았던 순백색 속살을 내비치는 것이 목적이다. 좌우 날개를 교대로 펼치는 동안, 수컷은 날개와 같은 쪽 발을 질질 끌며 후진한다. 이것이 바로 데이비스가 언급했던 '서서히 날갯짓하며 기어가기' 자세다.

모든 수컷은 약 20미터 너비의 영토 안에 널려 있는 몇 개의 통나무 위에서 과시행동을 한다. 한 수컷의 영토 내에 형성된 열광적 분위기는 간혹 (다양한 연령대로 구성된) 둘에서 여섯 마리의 야단스러운 떠돌이 수컷집단이 가세함으로써 고조되기도 한다. 떠돌이 그룹은 두 종류의 수컷으로 구성되는데, 하나는 성숙한 수컷들이고, 다른 하나는 어린 수컷들이다. 성숙한 수컷들은 영토를 갖고 있으면서도 일시적으로 떠돌이집단에 합류하여 단체공연을 벌이는 한량들이며, 미성숙한 수컷들은 영토 없이 유랑생활을 하는 청소년과 젊은 총각들이다. 떠돌이집단은 이질적인 개체들로 이루어진 고도의 경쟁 집단이므로, 단체공연은 조직적·협동적으로 이루어지지 않고 때때로 선동과 군중심리에 휩싸인다. 수컷들은 같은 과시용 통나무에 먼저 접근하기 위해 치열하게 다투며, 통나무 위에서 선착순으로 질풍노도와 같은 과시행동을 펼치지만, 종종 다른 수컷을 통나무에서 쫓아내기도 한다. 수컷들은 통나무 위에서 저공비행을 하면서 서로에게 폭격을 가하기도 하는데, 최악의 경우 수컷끼리 물리적으로 충돌하여 둔탁한 '딱' 소리를 낸다. 그러다 보니 연이은 충돌음과 노랫소리가 순차적으로 연결되어, "딱-티키-예아-딱-딱-티키-예아-딱"이라는 곡조가 탄생하게 된다.

내가 흰목마나킨의 구애 쇼 무대가 된 통나무를 몇 달에 걸쳐 관찰하는 동안, 통나무를 방문한 암컷은 단 두 마리뿐이었다. 초록색 깃털을 가진 개체 한두 마리가 통나무에 앉아 과시행위를 하는 수컷을 유심히 관찰하는 동안, 수컷은 일련의 통나무접근 에어쇼나 날개떨기 쇼를 보여줬다. 흥미롭게도, 수컷은 날개떨기 쇼를 하는 동안 암컷에게 등을 돌린 채 암컷을 향해 후진(뒤로 기어가기)하는 것으로 나타났다. 심지어 부리로 하늘을 가리키는 자세(흰 목 드러내기)에서도, 수컷은 암컷에게 등을 돌리는 것으로 나타났다. 부리를 높이 치켜든 상태에서, 그는 종종 어깨너머로 암컷의 반응을 초조하게 훔쳐보곤 했다. 나는 교미하는 장면을 목격하지 못했지만, T. A. W. 데이비스는 1940년대에 영국령 기아나에서, 그리고 마크 테리는 한참 후 프랑스령 기아나에서 교미 장면을 관찰했다고 보고했다. 그들에 따르면, 수컷 흰목마나킨은 일련의 과시행동을 마친 후 대뜸 암컷 위에 올라탄다고 한다.

1982년 11월, 비범한 재능을 가진 조류관찰자 톰 데이비스Tom Davis가 브라운스버그에 도착했다. 그는 신장 180센티미터에 호리호리하고 팔다리가 길고 말이 거친 사나이로, 전화회사의 엔지니어인 동시에 뉴욕주 퀸스 우드헤이븐 출신의 전설적인 조류관찰자였다. 그는 종을 식별하는 능력이 뛰어날 뿐만 아니라, 오디오 애호가 기질이 있어서 현장에서 새소리를 녹음하는 데 탁월한 솜씨를 보였다. 톰은 일련의 조류관찰 여행을 통해 수리남에 서식하는 조류

수컷 흰목마나킨의 부리로 하늘 가리키기(위)와 날개떨기 쇼(아래).

에 관한 최고의 전문가로 등극했는데, 브라운스버그에 도착하자마자 내게 이렇게 말했다. "숲으로 뒤덮인 계곡 위에 벤치를 놓고 앉아 오랫동안 숲속의 새들을 관찰해왔는데, 작년에 흰목마나킨이 수관canopy• 위에서 멋진 에어쇼를 펼치는 장면을 목격했어요."[19]

수관 위의 에어쇼는 숲에서 가장 키 큰 나무보다 15~30미터 이상 높은 곳에서 펼쳐진다. 나와 함께 조류를 관찰하던 첫날, 톰은

• 가지와 잎이 달려 있는 나무의 윗부분을 말하며, 숲속에 있는 여러 나무들의 수관들이 한데 어울려 커다란 지붕 모양을 형성한다.

'수관 위의 에어쇼'를 관찰하기에 안성맞춤인 조망 지점 하나를 내게 추천했다. 그곳에서 약 30분 동안 기다린 끝에, 수컷 한 마리가 하늘 높이 솟아오르며 "시이이이··· 시이이이··· 시이이이" 노래를 부르는 장면을 목격했다. 그 노랫소리는 내가 이전에 통나무 주변에서 들었던 그 어떤 세라나데보다도 크고 강렬하고 분명했다. 하늘로 솟구쳐 오르는 수컷의 깃털은 괴상하게 부풀어 올라, 마치 동그란 흑백 솜 덩어리처럼 보였다. 그 후 수컷은 최고 비행고도에 이르렀다가 갑자기 숲속으로 곤두박질쳤다. 나는 그 이후의 일이 궁금했는데, 톰이 그 답을 알려줬다. 톰은 1981년에 아찔한 장면을 관찰했는데, 그 내용인즉 급강하한 수컷이 숲속으로 사라진 후 커다란 '딱' 소리와 함께 수관 위의 에어쇼가 종료됨과 동시에 통나무접근 프로그램이 시작되었다는 것이다.

그로부터 몇 주일 후, 흰목마나킨이 고공과 저공 그리고 통나무 위에서 벌이는 과시행동의 경위를 완전히 파악하게 되었다. 어느 날 우연히 과시용 통나무를 관찰하던 중 매우 강력한 "시이이이" 소리를 들었는데, 그것은 드높은 수관 위에서 에어쇼를 하는 수컷이 내는 소리가 틀림없었다. 잠시 후 수관에 뚫려 있는 작은 구멍을 통해 수컷 한 마리가 내려오더니, 통나무를 향해 낙하하며 일련의 통나무접근 에어쇼의 레퍼토리를 모두 소화하는 것이 아닌가! 나는 그제야 그동안의 궁금증들을 모두 해결했다. 그리고 그 후 며칠 동안, 수관 위에서 에어쇼를 마친 수컷들이 수관을 통과한 후 임상 위의 통나무에 사뿐히 내려앉는 장면을 여러 번 관찰했다.

분명히 말하지만, 흰목마나킨이 벌이는 과시행동의 경위를 파악하는 것은 나 혼자 힘으로 불가능한 일이었다. 왜냐하면 나는 온종일 숲속에 머물며 과시용 통나무만 뚫어지게 바라봤기 때문이다. 그러므로 내가 과시행동의 온전한 경위를 파악하는 데는 톰 데이비스의 기상천외한 관찰이 필수적이었다. 그러나 여전히 의문은 남는다. 흰목마나킨의 과시행동은 너무 거창하고 사치스러운 면이 있다. 과시행동의 구체적인 기능은 뭘까? 그런 행동들이 드넓은 숲속에 숨어 있는 암컷들을 유혹하는 데 과연 적절할까?

수리남에서 오랫동안 수행한 조류관찰은, 내가 개인적·지적으로 성장하는 데 원동력으로 작용했다. 나는 대학의 강의실과 연구실을 떠나 머나먼 이국땅에서 많은 경험을 얻고 커다란 성과를 거뒀다. 5개월 동안 수리남에 머물며, 나의 조류관찰 기술을 이용하여 수백 종의 새들을 관찰했다. 그 과정에서 종전에 알려지지 않았던 구애행동을 과학적으로 관찰하는 성과를 거뒀는데, 이는 매우 독특한 것이어서 몇 년 후 조류학 분야의 대표적 저널인 《Auk》와 《Ibis》에 실린 나의 초기 논문들의 핵심적인 자료가 되었다.[20] 또한 마나킨의 구애행동 진화에 관한 박사학위 프로젝트를 구상하는 데도 상당한 진전이 있었다.

나는 1년 후 프린스턴의 대학원생 니나 피어폰트Nina Pierpont의 현장보조원field assistant 자격으로 남아메리카를 다시 방문하는 기회를 얻었는데, 그녀는 페루 남동부의 오지奧地에 있는 코차카슈Cocha Cashu라는 아마존강 유역 연구기지에서 우드크리퍼Woodcreeper의 생태를 연구하던 중이었다. 내가 코차카슈에서 수행한 연구는 내 인생의 항로에 지대한 영향을 미쳤다. 왜냐하면 그곳에서 만난 보딘 칼리지의 앤 존슨Ann Johnson이라는 학생이 프린스턴의 학부생 제니 프라이스Jenny Price의 보조원 자격으로 흰날개트럼페터White-winged Trumpeter(*Psophia leucoptera*)의 사회적 행동을 연구하고 있었기 때문이다. 앤과 나는 그해 여름에 연인이 되어 지금까지 인생의 동반자로 지내고 있다. 앤은 현재 TV 자연/과학 다큐멘터리의 프로듀서이자 촬영기사로 활동하고 있으며, 나와 함께 슬하에 세 자녀를 두었다.

1984년 가을, 나는 미시간대학교의 진화생물학 박사과정에 진학했다. 수리남에서 관찰한 마나킨 과시행동의 다양성과 복잡성에서 영감을 얻어, 「마나킨새 전체의 행동진화에 대한 광범위한 비교분석」이라는 박사학위 논문 제안서를 제출했다. 나는 마나킨새의 계통발생도(족보)를 이용하여 마나킨새의 구애표현courtship display 진화사를 연구하고 싶었는데, 그 당시 구애표현을 연구하는 신생분야는 계통발생과 동물행동학ethology을 결합함으로써 계통발생적 동물행동학phylogenetic ethology이라는 역동적인 분야로 진화하고 있었다. 나의 목표는 행동의 진화를 비교사적比較史的으로 연구하는 것이었다. 그 당시에는 깨닫지 못했지만, 지금 와서 생각해보니 내가 미적 방산 연구에 첫발을 디딘 시기는 그때였다.

박사과정 1년 차 기간 동안, 연구실 동료 리베카 어윈Rebecca Irwin은 로널드 피셔의 탁월한 연구 및 러셀 랜드와 마크 커크패트릭의 성선택에 관한 혁명적 논문들을 소개해줬다. 그녀가 소개해준 연구결과와 논문들을 통해 성선택의 과학에 처음 눈을 떴고, 미학적·다윈적 세계관과 적응주의적 세계관 사이에 깊은 지적 갈등이 존재한다는 사실을 알게 되었다. 덕분에 나는 일찌감치 "개방적이고 임의적인 피셔의 가설이 '정직한 신호' 이론보다 자연의 작동과정을 훨씬 잘 반영한다"라는 생각을 하게 되었다.

그즈음 남아메리카를 다시 방문하여 마나킨의 현장 연구를 계속하고 싶어 안달이 났다. 구체적인 장소는 정하지 않았지만, 안데스산맥으로 간다는 아이디어에 특별히 흥미를 느꼈다. 그곳에 가면 조류관찰 경험을 많이 쌓을 수 있었기 때문이다. 그래서 1985년 여름 "신비에 둘러싸인 황금날개마나킨Golden-winged Manakin(*Masius chrysopterus*)의 구애표현을 연구하기 위해, 앤과 함께 에콰도르의 안데스산맥에서 현장 연구를 수행하려고 한다"라는 내용의 연구계획서를 작성했다. 솔직히 말해서, 그 연구의 타당성으로 내세울 만한 이유는 '황금날개마나킨에 대해 알려진 게 전혀 없으니, 뭔가를 꼭 밝혀내야겠다'라는 투철한 사명감 하나밖에 없었다. 그렇다고 해서 지도교수와 연구비를 지원하는 단체의 심사위원들에게 "내가 그 새를 선택한 이유는 매우 아름다운 데다, 때마침 안데스산맥에 서식하고 있기 때문이에요. 조류가 풍부한 안데스산맥에서 조류를 탐사하는 일은 여러모로 흥미롭고 보람된 일이거든요"라고 말할 수도 없는 노릇이었다. 그러나 마나킨새의 과시행동을 기술한 문헌들을 잘 정리하여 제시한 덕분에, 소규모 연구비 지원 단체 몇 군데에서 '고위험 프로젝트에 기꺼이 연구비를 지원하겠다'는 약속을 받아내는 데 성공했다. 심지어 앤아버에서 캠핑 장비를 판매하는 비박Bivouac이라는 업체에서도 "현장 연구에 필요한 캠핑장비 일체를 기꺼이 지원하겠다"라는 연락을 해 왔다. 나는 비박의 지원에 힘입어 저예산 연구로 도 큰 성과를 거둘 수 있겠다는 자신감을 얻었다.

아무리 생각해봐도, 황금날개마나킨만큼 호사스러움이 돋보이는 새는 이 세상에 없는 것 같다. 언뜻 보면 수컷의 깃털은 대체로 벨벳처럼 부드러운 까만색이며•, 정수리의 색깔만 다르다. 정수리의 앞부분을 뒤덮은 화려한 관모冠毛•는 노란색으로, 약간 앞으로 기울어져 있는 모습이 1950년대에 유행한 그리스 바른 헤어스타일greaser hairstyle을 연상시킨다. 정수리 뒷부분은 지역별로 색깔이 달라, 안데스산맥의 동쪽 사면에 서식하는 개체군은 빨간색이고 서쪽 사면에 서식하는 개체군은 적갈색이다.

수컷은 정수리의 좌우에 작고 까만 뿔깃feathery horn을 하나씩 보유하고 있지만, 수컷의 가장 놀라운 특징은 평상시에 은밀히 감춰져 있다. 즉, 횃대에 앉아 있을 때는 날개와 꽁지가 완전히 까맣지만, 일단 날개를 펼치면 날개깃의 안쪽이 적나라하게 드러난다. 그런데 놀랍게도, 안쪽 깃판의 색깔이 정수리 앞부분과 똑같은 황금색이다. 잠시 후 설명하겠지만, 비행할 때 날개에서 황금빛 광채를 뿜어내는 것은 구애하는 수컷의 핵심 레퍼토리 중 하나로, 너무 놀랍고 아름다워 숨이 막히게 하는 시각적 효과를 낸다.

나와 앤이 에콰도르에 도착했을 때, 우리가 황금날개마나킨에

• 컬러 화보 10번.
• 새의 머리에 길고 더부룩하게 난 털.

대해 아는 것은 50년 된 박물관의 표본에서 얻은 지식이 전부였다. 1985년에는 코넬대학교의 조류학연구소와 영국 야생동물소리 도서관에 황금날개마나킨에 대한 기록물이 전혀 소장되어 있지 않았으므로, 우리는 그들이 어떤 소리를 내는지는 물론, 번식기가 언제인지조차 전혀 몰랐다.

우리는 안데스 산맥 서쪽사면에 위치한 민도Mindo라는 작은 마을에서 연구를 시작했다. 에콰도르의 수도, 키토의 서쪽에 있으며 해발고도는 1,600미터다. 민도는 요즘 들어 생태관광의 중심지로 주목을 받고 있지만, 1985년까지만 해도 비포장 도로변에 수십 채의 가옥이 줄지어 있는 조용한 마을이었다. 그러나 민도 주변의 숲들은 다양한 새들로 북적였으므로, 우리는 황금날개마나킨들이 눈부신 파라다이스풍금조Paradise Tanager(*Tangara chilensis*)들 사이에서 과일을 찾는 장면을 보고 열광했다. 하지만 영토를 보유한 수컷을 찾을 수 없었고, 수컷들이 노래하거나 과시행동을 한다는 증거도 확보하지 못했다. 호기심 많은 주민으로부터 "원하는 새는 찾았나요?"라는 질문을 받은 우리는 궁여지책으로 "시기가 부적절한 것 같아요"라고 설명해야 했다. 물론 시기가 부적절한 건 맞지만, 우리는 '적절한' 시기가 언제인지 전혀 감을 잡지도 못하고 있었다.

민도에서 한 달 동안 허송세월한 후, 우리는 미국 출신의 조류학자이자 조류 전문 화가인 폴 그린필드Paul Greenfield에게서 결정적인 힌트를 얻었다(그는 나중에 로버트 리질리와 함께 『에콰도르의 새들Birds of Ecuador』이라는 탁월한 책을 출간했다). "최근에 (안데스산맥 북부의 이바라Ibarra라는 마을에서부터 태평양 해안의 산로렌소San Lorenzo에 이르는)

콜롬비아의 국경선과 나란히 달리는 협궤철도를 따라 장거리 여행을 하며 조류를 관찰해왔는데, 엘플라세르El Placer에 있는 작은 마을의 운무림cloud forest•에서 황금날개마나킨을 여러 마리 봤어요." 그의 말에 따르면, 지리적 위치, 고도, 기후조건이 달라지면 번식기도 달라지는 것 같았다. 그렇다면 그곳으로 자리를 옮기면 과시행동을 하는 수컷을 만날 수 있을 것 같았다.

우리는 한 량輛짜리 기차를 타고 엘플라세르로 캠프를 옮겼다(버스에 조그만 기차 바퀴를 달아놓은 것 같은 기차는 하루에 한 번씩만 운행하는 왕복 열차였다). 엘플라세르는 스페인어로 즐거움pleasure이라는 뜻인데, 이 마을에는 양철 지붕을 얹은 판잣집이 열 채 있었고, 그 속에는 철로의 유지보수를 담당하는 노동자들이 살고 있었다. 마을에는 허름한 판잣집 말고 폐교가 하나 있었는데, 작은 상점이 딸린 철도회사 사무실로 개조되어 사용되고 있었다. 그리고 마을 주변에는 숲으로 이어지는 비포장도로가 몇 개 있었다.

엘플라세르는 지구상에서 강수량이 가장 많은 곳 중 하나일 것이다. 우리가 그곳에 머무르는 동안, 6주 동안 하루도 빼놓지 않고 굵은 비나 보슬비가 내렸으니 말이다. 그러다 보니 심지어 (해발고도) 500~600미터의 저지대에 있는 숲도 기온이 매우 낮고 이끼가 많았다. 그 숲은 수십 년 전 철도가 건설될 때 벌채된 이후 자연적으로 형성된 2차 운무림이었다. 우리는 첫날 아침부터 숲속에서 아름다운 새들의 집단 서식지를 발견했는데, 그중에는 황금날개마나킨도

• 열대나 아열대 고산지대에서 볼 수 있는 숲으로, 수관이 항상 옅은 구름으로 덮여 있는 것이 특징이다.

몇 마리 포함되어 있었다.

우리가 처음 발견한 황금날개마나킨은 이끼가 많은 울창한 숲 속에서 약 2미터 높이의 나뭇가지 위에 조용히 앉아 있었다. 햇빛이 별로 들지 않는 환경에서 수컷의 보들보들한 까만색 깃털은 눅눅한 스펀지 같았지만, 황금빛 정수리만큼은 여전히 밝고 선명했다. 그는 1분에 세 번씩 짧고 낮고 거친 개구리울음 비슷한 소리를 토해냈는데, 별로 강한 인상을 주지 못했으므로 간혹 주변에서 개구리나 곤충이 울 때 쉽게 묻혀버릴 수 있었다. 과시행동을 하지 않을 때는 (지루한 임무를 수행하고 다음 순번이 올 때까지 휴식을 취하는 교대 노동자들처럼) 게을러터져 보였다. 나는 '수컷이 그처럼 정주적sedentary이고 나태한 태도를 보인다는 것은 자신의 영토에 거주하고 있음을 의미한다'라고 직감했는데, 나의 예감은 곧 적중했다. 잠시 후 오솔길 건너편 20미터쯤 되는 곳에서 두 번째 수컷의 세레나데가 들려왔기 때문이다. 그것은 한 구애장소 내에 여러 마리의 수컷들이 공존함을 의미하는 증거로, 민도에서 몇 주 동안 허송세월한 후에 얻은 값진 성과였다.

야생 조류의 과시행동이 예측 불가능하다는 점을 고려할 때, 첫 관찰이 마지막 관찰이 될지 잇따른 관찰의 시발점이 될지 장담할 수 없다. 그러므로 연구자들은 늘 '이번이 마지막 기회'라는 마음가짐으로 현장 연구에 임해야 한다. 우리는 즉시 녹음기와 메모장을 꺼내 두 마리 수컷의 노래를 녹음함과 동시에 그들의 행동거지, 노래의 특징, 화답和答 속도, 횃대의 위치를 자세히 기술했다.

그로부터 1시간쯤 후, 첫 번째 수컷이 있는 곳에서 흘러나오는 매우 익숙한 노랫소리를 들었다. 그것은 호루라기 소리를 연상케 하는 가느다란 하강음(고음에서 저음으로 내려가는 소리)으로 시작하여, 점점 빨라지며 당김음이 가미된 리프riff* 스타일의 "시이이이이이이이이이이-이이이이이이이이이-치이잇-치이이이-누르르릇!" 하는 소리로 끝을 맺었다. 나는 즉시 수리남에서 관찰한 흰목마나킨이 에어쇼를 하며 통나무에 접근할 때 부르던 노랫소리를 떠올렸다. 두 노래의 유사점이 너무 많아 헷갈릴 정도였다. 흰목마나킨이 사는 남아메리카 북동쪽에서 여기 엘플라세르까지의 거리는 수천 킬로미터나 되는데, 이 두 종이 똑같은 노래를 부르는 게 어떻게 가능할까? 그 의문에 대한 (예기치 못했고, 심지어 상상조차 하지 못했던) 해답을 곧 얻었지만, 너무 의미심장한 부분이 많아 쉽게 받아들이지 못했다.

첫 번째 황금날개마나킨의 영토로 다가가 몇 분 동안 유심히 관찰한 결과 놀라운 광경을 목격했다. 그것은 실로 엄청난 과학적 발견이었다. 수컷은 이웃의 수컷과 개구리울음 비슷한 소리를 계속 주고받다가, 횃대를 박차고 솟아올라 어두운 숲속으로 날아들어 갔다. 잠시 후 길고 가느다랗고 높고 지속적인 ("시이이이이이이이이이" 하는) 하강음이 공기를 가르며 울려 퍼지더니, 조금 전 봤던 수컷이 다시 나타나 내 앞에 서 있는 나무의 커다란 판근 위에 재빨리 내려앉았다. 그러나 그것도 잠시. 수컷은 순식간에 하늘로 다시 솟구쳐올라, 이리저리 방향전환을 하며 번득이는 황금빛 날개를 만방에 과시한 다음 판근 위에 다시 내려앉았다. 처음 착륙했을 때와 두 번

* 두 소절 또는 네 소절의 짧은 구절을 몇 번이고 되풀이하는 재즈 연주법.

째로 착륙했을 때 수컷이 바라보는 방향은 정반대였다. 판근 위에 안착한 수컷은 부리를 판근의 표면에 갖다 대며 기다란 꽁지로 하늘을 가리키는 부동자세를 취했다. 그의 몸깃body plumage에서는 윤기가 자르르 흐르고, 꽁지는 하늘을 향해 45~60도의 각도를 유지했다.

시시각각으로 섬광을 뿜어내는 듯한 황금색 깃털이 유발하는 착시현상으로 인해 (종전에 인식할 수 없었던) 전혀 새로운 이미지가 생성되는 동안, 내 머릿속에서는 풍부하고 상세한 과학적 결론이 도출되었다. "흰목마나킨의 노래와 놀라울 만큼 비슷한 노랫소리는 황금날개마나킨이 통나무에 접근하면서 부르는 세레나데로구나!" 두 종의 과시행동에서 나타나는 괄목할 만한 유사점은 일종의 상동행동behavioral homology으로, 지금껏 아무도 짐작하지 못했던 공통조상에게 오래전에 물려받은 것이었다. 두 종은 다른 속屬에 속하는 데다가, 수컷들의 겉모습도 완전히 다르다. 그렇기 때문에 설마 이 두 종이 밀접하게 관련되어 있을 거라는 가설을 제기한 사람은 아무도 없었다. 그러나 그들의 과시행동을 관찰한 직후, "흰목마나킨을 비롯한 코라피포속Corapipo 마나킨들이 황금날개마나킨이 속한 레피도트릭스속Lepidothrix의 가까운 친척이다"라는 확신이 들었다.[21]

나는 이와 같은 사실을 발견하고 큰 충격을 받았다. 그것은 심오한 진화생물학적 통찰로, 몇 주에 걸친 유익한 탐사, 9개월간에 걸친 안데스산맥 여행, 5개월간에 걸친 수리남에서의 현장 연구, 수년간에 걸친 조류학 및 과학적 연구, 그리고 평생에 걸친 조류관찰의 결정판이었다. 이 모든 요인이 일순간에 하나로 뭉쳐, 종전에 전혀 예상치 못했던 관계를 드러내다니! 황금날개마나킨을 관찰하기

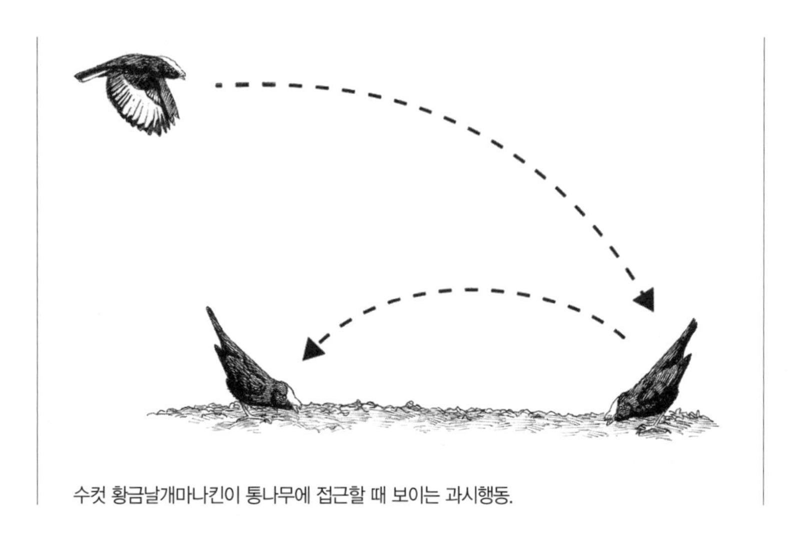

수컷 황금날개마나킨이 통나무에 접근할 때 보이는 과시행동.

위해 안데스산맥 탐험을 기획하는 동안, 내가 마나킨새의 계통도를 다시 그릴 거라고 차마 상상조차 할 수 없었다. 맹세코 꿈에서조차, 단 한 번도 말이다.

이 놀라운 탐험 결과는 '아름다운 새의 노랫소리를 유심히 듣는 것은 반드시 큰 득이 된다'라는 나의 신념을 증명했다. 물론 운도 크게 작용했다. 수리남에서 관찰한 흰목마나킨의 에어쇼와 세레나데는, 엘플라세르에서 목격한 장면의 진화적 시사점을 이해하는 데 도움이 되는 독특하고 필수적인 밑거름이 되었다. 지구상에서 몇 안 되는 사람들에게만 모습을 드러냈던 흰목마나킨을 사전에 관찰하지 못했다면, 마나킨새의 계통수를 다시 작성하는 일은 없었을 것이다. 나아가, 새로이 드러난 진화패턴은 '배우자선택에 의한 성선택'의 과정과 '과시형질과 유혹신호의 복잡한 레퍼토리 배합'에 대한 핵심사항들을 일깨워줬으며, 그로부터 30년이 지난 지금에도 내 연구의 밑바탕을 이루고 있다.

앤과 나는 그 후 몇 주에 걸쳐 총 150시간을 투자해 황금날개마나킨의 다양한 과시행동들을 관찰하고 녹음하고 촬영했다. 오래전 한 마리의 공통조상이 독특한 과시행동 레퍼토리를 진화시켰으며, 황금날개마나킨과 흰목마나킨이 오늘날에도 그 핵심요소들을 간직하고 있다는 건 분명해 보인다. 하지만 두 종이 공통조상에게서 물려받은 일련의 상동행동들을 정확하고 자세하게 분석하려면 훨씬 더 많은 시간이 필요할 것이다.

그러나 또 한 가지 분명한 것은, 시간이 지남에 따라 각각의 종들이 기존의 레퍼토리 중 일부를 세분화하고 변형함으로써 나름의 독특한 과시요소들을 진화시켰다는 것이다. 실제로 나는 그런 차이점들을 많이 발견했다. 예컨대 일단 통나무 위에 올라선 수컷 황금날개마나킨은 흰목마나킨과 달리 '부리로 가리키기'와 '앞뒤로 왔다 갔다 하기' 자세를 취하지 않는다. 그뿐만 아니라, 황금날개마나킨은 어디에 내놔도 손색이 없는 우아한 황금빛 날개를 보유하고 있음에도 불구하고 과시행동을 하는 동안 날개떨기 쇼를 하지도 않는다. 그 대신 수컷 황금날개마나킨은 자신만의 독특한 과시행동을 보여준다. 그는 일단 통나무 위에 올라서면 정교한 '이쪽저쪽으로 절하기 side-to-side bowing display'라는 과시행동을 펼치는데, 그 내용인즉 먼저 몸깃을 부풀리고 꽁치를 살며시 위로 들어 올리며 정수리 양쪽에 솟아 있는 작고 까만 뿔깃을 오뚝 세우는 것이다. 그런 다음 '부리를 거의 통나무에 대며 앞으로 절하기', '사이드 스텝을 몇 걸음 밟고 약간 옆으로 몸을 틀어 절하기', '완전히 뒤로 돌아 전진 스텝을 몇 걸음 밟고 절하기', '… 옆으로 절하기', '… 앞으로 절하기', '… 옆으로 절하기', '… 뒤로 절하기'를 태엽 장난감windup toy과 같은 기계적 리듬으로 무한 반복한다. 이것은 흰목마나킨을 비롯한 다른 어떤 종의 마나킨새에서도 발견할 수 없는 것으로, 우리가 관찰한 수컷은 이 동작을 10~16초 동안 쉬지 않고 계속했다.

이런 흥미로운 발견은 계층적으로 복잡하게 구성된 마나킨새의 미적 레퍼토리를 확립하는 데 도움이 된다. 마나킨새의 시각적·청각적·행동적 과시는 몇 가지 요소로 이루어져 있는데, 그중 일부는 오래전에 공통조상에게서 물려받은 것이고 나머지는 각각의 종에서 잇따라 독특한 방향으로 진화한 것이다. 마나킨새의 아름다움을 현재의 환경이나 개체군적 맥락에서만 이해하는 것은 불가능하며, 계통발생사를 반드시 고려해야 한다. 다시 말해서 아름다움의 완벽한 진화사는 계통발생의 맥락에서만 이해될 수 있다. 따라서 미의 역사는 계통발생의 역사, 즉 계통수라고 할 수 있다.

그런데 계통수의 어느 가지에서 어떤 행동이 진화했는지를 구체적으로 밝히려면 황금날개마나킨, 흰목마나킨과 비교할 수 있는 제3의 마나킨종이 필요했다. 어떤 통계적 추이를 기술하려면 세 개 이상의 데이터포인트data point가 필요하다. 마찬가지로 두 가지 종만 비교해서는 진화사의 세부사항에 대한 결론을 도출해낼 수 없기 때문이다. 예컨대 거미원숭이spider monkey는 꼬리가 있지만 인간은 꼬리가 없으므로, 하나의 공통조상에서 갈라진 후 꼬리에서 어떠한 진화가 일어났을 거라고 추측할 수 있다. 그러나 진화는 어떤 식으로 일어났을까? 거미원숭이에서 꼬리가 진화했을까, 아니면 인간이 꼬리를 상실했을까? 이 의문을 해결하려면 제3의 종이 필요하다. 진화생물학자들은 (인간과 거미원숭이의 관계보다) 좀 더 멀지만 유연관계가 존재하는 제3의 종, 이를테면 여우원숭이lemur, 나무두더지tree shrew, 개dog를 추가로 고려함으로써, 거미원숭이와의 공통조상에서 갈라진 이후 인간의 조상에게서 꼬리가 사라졌다고 유추한다.

그렇다면 내가 황금날개마나킨과 흰목마나킨의 진화사를 재구성하는 데 사용할 수 있는 제3의 종은 무엇일까? 그것이 유용하려면 황금날개마나킨, 흰목마나킨과의 유연관계가 충분히 가까워야 한다. (위의 예에서 영장류를 성게, 벌레, 해파리와 비교해서는 꼬리의 진화사를 유추하는 데 도움이 되지 않는다.) 운 좋게도 에콰도르에서 돌아온 직후인 1985년 가을, 바바라Barbara와 데이비드 스노는 브라질 남동부의 낮은 산간지대에 서식하는 낯선 바늘꼬리마나킨Pin-taied Manakin(*Ilicura militaris*)의 구애표현을 멋지게 기술한 논문을 발표했다.[22] 학명에서 알 수 있는 바와 같이, 수컷 바늘꼬리마나킨의 깃털은 장난감 병정과 같이 밝고 산뜻하고 선명한 색깔패턴을 보유하고 있다.• 구체적으로 하체는 회색, 등과 꽁지는 까만색, 날개는 초록색이고, 엉덩이는 빨간색, 정수리 앞부분은 화려한 선홍색이다. 까만 꽁지깃 중심부의 깃털은 끝이 뾰족하며, 다른 꽁지깃보다 두 배 길다. 암컷의 경우, 상체는 황록색이고 하체는 녹색을 띤 우중충한 회

• 컬러 화보 11번.

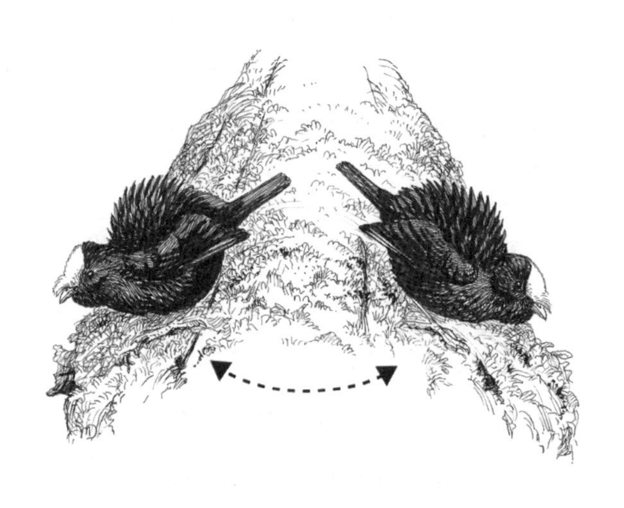

황금날개마나킨의 독특한 과시행동. 꽁지로 가리키기(위), 이쪽저쪽으로 절하기(아래).

색이며 꽁지깃의 중심부는 약간 길다.

수컷 바늘꼬리마나킨은 황금날개마나킨이나 흰목마나킨의 수컷과 완전히 달라 보이므로, 이 세 가지 종이 근연관계에 있다는 가설이 제기된 적은 단 한 번도 없었다. 그러나 스노의 논문에서 바늘꼬리마나킨의 과시행동 레퍼토리를 기술한 부분을 읽어본 후, (바늘꼬리마나킨의) 과시행동의 요소 중 상당수가 황금날개마나킨이나 흰목마나킨의 행동과 비슷하다는 것을 알 수 있었다. 그래서 이 세 가지 종이 근연관계에 있다고 확신하게 되었다. 바늘꼬리마나킨을 분석대상에 포함함으로써, 황금날개마나킨과 흰목마나킨의 과시행동 레퍼토리 진화에 대한 주요 의문 중 상당 부분을 해결할 수 있었다. 즉, 세 가지 종을 비교함으로써, '세 가지 종의 공통조상에서 진화한 과시행동', '두 가지 종(황금날개마나킨과 흰목마나킨)만의 공통조상에서 진화한 과시행동', '세 가지 종에서 각각 독특하게 진화한 과시행동'을 구별할 수 있었다.

제일 먼저 수컷의 과시행동 장소를 분석했다. 대부분의 마나킨새는 가느다란 나뭇가지 위에서 과시행동을 하지만, 황금날개마나킨과 흰목마나킨은 특이하게 숲바닥에 널브러진 이끼 낀 통나무(죽은 통나무) 위에서 과시행동을 한다. 한편, 바늘꼬리마나킨은 수평으로 뻗은 두꺼운 나뭇가지(즉, 살아 있는 통나무)의 윗면에서 과시행동을 한다. 이를 봤을 때 모든 마나킨새의 태곳적 조상은 가느다란 횃대 위에서 과시행동을 했었지만, 언제부턴가 세 가지 종의 공통조상이 분기하여 두꺼운 나뭇가지 위에서 과시행동을 하게 된 것으로 보인다. 그리고 그 다음에는, 황금날개마나킨과 흰목마나킨의 공통조상이 분기하여 죽은 통나무나 판근 위에서 과시행동을 하게 되었을 것이다.

내가 분석한 또 하나의 형질은 '가리키기' 자세였다. 황금날개마나킨과 바늘꼬리마나킨은 '꽁지로 가리키기' 자세를 취했지만, 흰목마나킨은 전혀 다른 '부리로 가리키기' 자세를 취했다. 따라서 다음과 같은 결론을 내렸다. "꽁지로 가리키기 자세는 세 가지 종의 공통조상에서 진화했지만, 흰목마나킨 계열에서는 상실되고 '부리로 가리키기'라는 새로운 자세로 대체되었다."

나는 세 가지 종의 행동을 철저하게 비교함으로써 '그룹 내 행동 다양화의 역사'에 관한 포괄적 가설을 수립했다.[23] "각 종의 과시행동 레퍼토리는 신체, 음성 등의 과시요소display element를 포함하며, 다음과 같이 다양한 창의적 방법으로 진화했다. (1)레퍼토리에 완전히 새로운 요소들을 삽입하기, (2)기존의 요소들을 새로운 방법으로 정교화하기, (3)기존의 요소들을 결합하기, (4)조상이 물려준 요소들을 버리기." 그리하여 '마나킨의 아름다움이 공진화한 역사'를 바라보는 완전히 새로운 층위적 관점을 제시할 수 있었다.

박사학위 논문을 작성하기 위해, 한 걸음 더 나아가 마나킨의 해부학에 관한 새로운 정보를 이용하여 마나킨새 전체의, 완벽하고 확고한 계통분류를 확립했다.[24] 즉, 모든 마나킨종들의 울대syrinx(발성기관) 수백 개를 해부학적으로 분석하여 계통수를 작성한 다음, 이 계통수를 이용하여 상동행동에 관한 나의 가설을 검증했다. 예컨대, 울대의 구조에서 공통적 특징들을 발견함으로써, '일리쿠라속(바늘꼬리마나킨), 레피도트릭스속(황금날개마나킨), 코라피포속(흰목마

꽁지로 가리키기 자세를 취하는 수컷 바늘꼬리마나킨.

나킨)은 하나의 공통조상에서 유래한다'라는 나의 가설을 검증했다. 그리고 이러한 특징들을 세부적으로 분석함으로써, 내가 세 가지 종의 과시행동에 기반을 두어 제안했던 '셋 중에서 황금빛마나킨과 흰목마나킨의 유연관계가 좀 더 가까우며, 바늘꽁치마나킨과는 다소 차이가 있다'는 점을 뒷받침했다.

오늘날 우리가 알고 있는 마나킨의 미적 방산에 대한 지식은 '계통수상에서 별의별 아름다움이 생겨난 과정'에 대한 진화적 교훈을 많이 제공한다. 즉, 우리는 '마나킨의 과시행동 레퍼토리에는 유서 깊은 과시형질들이 많이 포함되어 있다'라는 사실을 알았다. 또한 각 종의 과시행동 레퍼토리가 두 가지 요인에 의존한다는 사실도 배웠다. 하나는 다양한 조상들에게서 물려받은 진화적 유산이고, 다른 하나는 특정한 종에서만 (미적 정교화, 혁신, 상실 등을 통해) 진화한 새로운 과시형질이다.

시간경과에 따라 특정 과시행동 레퍼토리의 요소들이 등장한 과정을 살펴보면, 아름다움의 진화과정이 얼마나 우연적이고 예측하기 어려운지를 잘 알 수 있다. 하나의 공통조상에서 자매종sister species들이 다양하고 예측 불가능한 미적 방향으로 진화한다. 또한 성선택은 미적 변화를 통해 새로운 미적 기회를 창출하고, 이것은 일련의 진화적 연쇄효과를 초래한다. 그러니 미적 극단성과 복잡성은 점점 증가할 수밖에. 별의별 아름다움이 생겨남에 따라, 각기 다른 종들은 공통조상의 레퍼토리에서 분기하여 더욱더 다르고 임의적인 방향으로 진화해나간다. 특히, 구애행동이 두드러지는 마나킨새와 같은 조류들은 성선택이 강력하게 작용하므로, 장구한 세월에 걸쳐 별의별 아름다움이 진화할 경우 폭발적인 미적 방산을 초래할 수 있다.

최근 10여 년 동안 청력 상실로 인해 다소 주춤해졌지만, 나는 1982년 수리남에서 현장 연구를 수행한 후 오늘날까지 아름다움의 진화과정을 지속적으로 탐구해왔다. 나는 그동안 열대에 위치한 12개국에서 조류 연구를 수행했으며, 거의 40종에 이르는 마나킨을 야

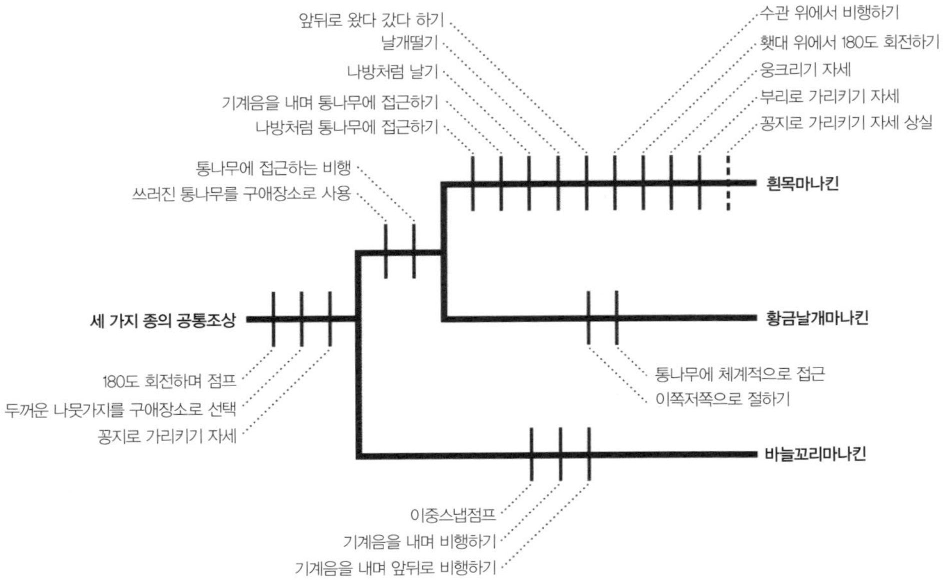

앞뒤로 왔다 갔다 하기
날개떨기
나방처럼 날기
기계음을 내며 통나무에 접근하기
나방처럼 통나무에 접근하기
수관 위에서 비행하기
횃대 위에서 180도 회전하기
웅크리기 자세
부리로 가리키기 자세
꽁지로 가리키기 자세 상실
통나무에 접근하는 비행
쓰러진 통나무를 구애장소로 사용
흰목마나킨
세 가지 종의 공통조상
황금날개마나킨
180도 회전하며 점프
두꺼운 나뭇가지를 구애장소로 선택
꽁지로 가리키기 자세
통나무에 체계적으로 접근
이쪽저쪽으로 절하기
바늘꼬리마나킨
이중스냅점프
기계음을 내며 비행하기
기계음을 내며 앞뒤로 비행하기

흰목마나킨, 황금날개마나킨, 바늘꼬리마나킨의 계통분류. 각각의 종과 공통조상의 과시행동 레퍼토리에서 다양한 과시요소들이 어떻게 진화했고 상실되었는지를 잘 보여준다. Based on Prum(1997)

생에서 관찰하는 행운을 누렸다(지금까지도 나머지 마나킨 종들을 관찰하기 위해 노력하고 있다). 그중 어떤 종들에 대해서는 몇 시간, 며칠, 심지어 몇 개월간의 관찰을 통해 습성을 파악하고, 일주리듬daily rhythm•을 관찰하고, 구애용 노래와 춤을 기술하고, 사회적 관계 지도를 작성했다. 그리하여 마나킨새의 행동 복잡성과 미적 다양성에 대한 자연사적 지식의 풍부한 데이터베이스를 구축했다.

마나킨새의 다양성에 대한 지식이 확장될수록, 자연계에서 진화가 작동하는 방식에 대한 커다랗고 근본적인 의문을 제기하게 되었다. 그리하여 초기에는 마나킨새를 '흥미로울 정도로 특이한 구애행동과 사회적 행동을 갖춘 다채로운 새'로 여겼지만, 나중에는 '성선택의 복잡한 메커니즘이 종 사이에서 행동의 진화에 영향을 미치는 과정을 보여주는 대표적 사례'로 개념화했다. 보다 최근에는 마나킨새를 미적 방산에 대한 세계 최고의 사례로 여기게 되었다. 7장에서 살펴보겠지만, 암컷 마나킨새는 수컷의 과시행동 레퍼토리만을 변화시킨 게 아니라, 수컷의 사회적 관계의 속성까지도 바꿨다. 그것은 암컷의 성선택이 엄청난 변화를 일으킨다는 것을 여실히 보여주는 놀라운 스토리다.

마나킨새는 조류의 아름다움이라는 광대한 태피스트리의 작은 일부일 뿐이다. 이 세상에는 가장 평범한 참새에서부터 가장 정교한 마나킨새에 이르기까지 1만 종 이상의 새들이 존재한다. 모든 종은 각자 나름의 (구애를 위한 의사소통과 성선택 과정에서 선호된) 특이

• 하루를 주기로 하여 나타나는 생물 활동이나 이동의 변화 현상.

한 성적 장식물을 보유한다. 이 점으로 미루어보아, 새들의 성선택 능력은 모든 새의 공통조상, 심지어 쥐라기에 살았던 깃털 달린 수각류theropod 공룡에서 기원하는 것이 분명해 보인다. 즉, 미적 형질과 짝짓기선호의 레퍼토리는 단일 공통조상(깃털 달린 수각류 공룡)에서 출발하여 공진화를 거듭함으로써 오늘날 수천 가지 독특한 미적 형태로 방산했다. 새로운 생태계가 번식 시스템과 양육방법의 변이에 이바지함으로써 서로 다른 시기에 서로 다른 계통수의 가지에서 공진화적 변화의 페이스가 빨라지거나 지연되었고, 이는 배우자 선택에 의한 성선택의 속성과 강도를 엄청나게 변화시켰다. 그 과정에서 다양한 조류 계통에서 (때로는 양성 모두에게서, 때로는 암컷에게서만, 그리고 빈도가 훨씬 낮지만 때로는 수컷에게서만) 배우자선호가 계속 진화했고, 성적 아름다움의 레퍼토리도 그에 발맞춰 공진화했다. 각각의 계통과 종은 나름 독특하고 예측 불가능한 미적 궤적aesthetic trajectory을 따라 진화하여, 1만 가지 이상의 과시 및 욕망의 레퍼토리로 구성된 독특한 미적 세계가 활짝 꽃피게 되었다.

조류뿐만 아니라 생명의 나무 전체를 아울러, 무수한 가지에서 이와 비슷한 현상이 일어났다. 독화살개구리poison dart spider에서부터 카멜레온, 공작거미peacock spider, 춤파리과Empididae에 이르기까지, 성선택과 관련된 사회적 기회와 감각/인지능력의 발달을 주도한 것은 늘 미적 진화과정이었다. 이러한 미적 진화과정은 생명의 역사에서 수십만 번 작동했으며, 심지어 고착생활을 하는 식물의 경우에도 대상은 다를지언정 사정은 마찬가지였다. 그들은 꽃가루매개 동물을 유혹하여 수분을 기다리는 다른 식물들에게 생식세포(꽃가루)를 퍼뜨릴 요량으로, 독특한 형태·크기·색깔·향기를 지닌 꽃을 진화시켰다.

생명의 세계를 통틀어, 동물의 주관적 경험과 인지적 선택은 기회가 있을 때마다 개입하여 생물 다양성의 진화를 미적으로 이끌었다. 아름다움의 진화과정은 자연계에서 끊임없이 진행되는 장편 서사시와 같다.

4. 일생을 탕진하는 퇴폐적 아름다움

에콰도르 안데스산맥 서쪽, 이끼로 뒤덮인 운무림의 하층식생에서, 작은 새 한 마리가 가느다란 나뭇가지에 앉아 노래를 부르고 있다. 몸 전체는 코코아처럼 짙은 갈색이고 정수리 앞부분은 빨간색이다. "빽-빽-왱!"이라는 구성진 노랫소리는 작고 앙증맞은 전자기타에서 나오는 되먹임 소리를 연상시킨다.

가까운 거리에 있는 새 세 마리가 마치 기다렸다는 듯 부리나케 화답한다. 그들은 영토를 소유한 수컷 곤봉날개마나킨Club-winged Manakin(*Machaeropterus deliciosus*)으로, 구애장소에서 배우자의 관심을 끌기 위해 노래 실력을 한껏 뽐내는 중이다. 그들의 특이한 음색은 특이한 행동과 밀접하게 관련되어 있다. 그들은 전자음향처럼 들리는 소리를 내기 위해, 부리를 벌리는 대신 양쪽 날개를 재빨리 열며

'삑-삑' 소리를 낸다. 그런 다음 날개를 등 위로 치켜올려, 부풀어 오르고 뒤틀린 안쪽 날개깃을 옆으로 재빨리 떨어 '왱'이라는 소리를 추가로 낸다.• 수컷 곤봉날개마나킨은 목이 아니라 날개로 노래하는 특이한 새인 것이다. 귀뚜라미나 여치 같은 곤충들처럼 말이다.

앞에서 살펴본 바와 같이, 다른 많은 마나킨새들도 과시표현을 하는 도중에 날개깃을 이용하여 '딱' 소리나 '빵' 소리를 낸다. 흰목마나킨은 과시용 통나무 위에서 비행을 멈출 때 크게 '빵' 소리를 낸다. 흰수염마나킨은 과시장소와 주변의 묘목 사이에서 도약할 때 폭발하는 듯한 '빵' 소리를 내며, 하늘 높은 곳에서부터 구애장소에 착륙할 때 (배에 가스가 꽉 찼을 때 방귀를 뀌는 것처럼) '빵' 소리를 연발한다. 이처럼 마나킨새에서 나는 '딱', '탁', '빵'과 같은 기계적인 소리는 모두 깃털에서 나는 소리다.

이와 같은 비음성적 의사소통음nonvocal communication sound이 존재한다는 것은 진화사를 고려했을 때 적잖이 당황스럽다. 왜냐하면 모든 마나킨새는 완벽하고 훌륭한 음성으로 노래를 부르며, 이 노래들이 그들의 미적 레퍼토리에서 중요한 부분을 차지하기 때문이다. 지난 7,000만 년 동안 음성을 이용한 전통적인 노래가 멋지고 우아하게 작동해왔음에도 불구하고, 완전히 새로운 창법이 진화한 이유는 뭘까?

눈, 사지, 깃털과 마찬가지로, 마나킨새가 내는 '기계음'은 진화적 혁신evolutionary innovation의 본보기라고 할 수 있다.[1] 그것은 완전히

• 컬러 화보 12번.

수컷 흰수염마나킨은 날개를 등 위에서 재빨리 마주침으로써, '따다다다닥'이라는 날갯소리를 만들어낸다.

새로운 생물학적 특징으로, 어떠한 조상의 특징과도 상동관계에 있지 않다. 진화적 혁신은 지적으로 흥미로운데, 그 이유는 그것이 진화하기 위해 진화적 땜질(단순하고 점증적인 양적 변화) 이상의 것이 필요하기 때문이다. 진화적 혁신이란 진정으로 새로운 진화, 즉 질적으로 참신한 현상과 특징의 등장을 수반한다.

사지·눈·깃털은 모두 진화생물학에서 매우 중요한 주제이며, 나 역시 깃털의 진화적 기원을 오랫동안 연구했다. 그러나 마나킨새의 진동음은 '성선택에 의해 진화한 미적 혁신'이라는 점에서 기존의 진화적 혁신과 구별된다. 미적 혁신은 '성적 공진화sexual coevolution가 작동하는 방식'과 '진화적 혁신이 이루어지는 방법'을 연구할 독특한 기회를 제공한다. 최근 생물학자들은 '적응은 진화적 혁신의 과정에 대해 기껏해야 불완전한 설명을 내놓을 뿐'이라는 사실을 발견했다.[2] 나는 이 책에서 미적 혁신을 탐구함으로써, 적응적 배우자선택이 장식물의 기원과 다양화를 충분하게 설명하지 못한다는 점을 입증하려고 한다.

그렇다면 마나킨새의 혁신적 기계음은 어떻게 진화했을까? 기존의 통설은 '마나킨의 과시행동이 부수적인 소음(회전음, 마찰음, 기타 깃털을 움직일 때 나는 소리)을 발생시켰기 때문'이라는 것이다[3]. 달리거나 춤을 출 때 발바닥이 땅에 닿아 자연스럽게 소음이 발생하는 것처럼 말이다. 과시행동의 다른 부분들과 마찬가지로, 이러한 부수적인 소리는 미적 공진화를 통해 암컷이 선호하는 대상이 되었다. 그 결과 그런 소리에 대한 독특한 선호가 진화하고 다양화되어, 소리 자체가 독자적인 미적 레퍼토리의 하나로 편입되었다. 이 날개노래wing song에 대한 짝짓기선호는 아마도 음성에 대한 초기의 음향적 선호에서 진화하여, 진화가 거듭됨에 따라 독특하고 새로운 선호로 자리매김했을 것이다. (탭댄스가 고유한 댄스 장르가 된 것도 같은 원리라고 볼 수 있다. 발 딛는 소리가 처음에는 소음으로 여겨졌겠지만, 시간이 지나며 댄스의 일부로 자리매김한 것이다.)

그러나 곤봉날개마나킨은 멋진 혁신을 시도했다. 대부분의 마나킨새들은 (탭댄스의 경우와 마찬가지로) '빵', ''딱', '휙'과 같은 충돌음에 만족했겠지만, 수컷 곤봉날개마나킨은 음색을 조절하고 멜로디와 리듬을 가미한 것이다. 어쩌면 그는 비행보다 노래를 더 잘하는

지도 모른다. 나중에 살펴보겠지만, 곤봉날개마나킨은 미적 혁신의 모범사례일 뿐만 아니라, 적응과 미적 선택이 충돌할 수 있고, 때로는 데카당스(퇴폐주의)적 아름다움이 승리를 거둘 수 있음을 보여줄 것이다.

1985년 엘플라세르에서 맞은 첫 아침, 나는 앤과 함께 곤봉날개마나킨의 날개노래를 처음 감상했다.[4] 뜻밖에 마주친 황금날개마나킨의 사랑스러운 통나무 댄스를 감상한 후, 이끼로 뒤덮인 숲속에서 흘러나오는 새들의 합창에 귀를 기울이던 중 특이한 전자음 같은 소리가 섞여 있음을 알고 고개를 갸우뚱했다. 처음에는 그 소리가 앵무새의 읊조림일 거라고 생각했다. (앵무새들은 간혹 횃대 위에 무리 지어 앉아 알 수 없는 소리를 잠깐 두런두런 주고받곤 한다) 그러나 그날 오후, 그 소리가 숲의 하층식생에서 들리는 소리며, 게다가 그 소리의 주인공이 잘 알려지지 않은 전설적인 곤봉날개마나킨이라는 사실을 알고 소스라치게 놀랐다. 그 후 몇 주 동안 황금날개마나킨의 영토를 추가로 찾아내기 위해 숲속을 뒤지던 중, 곤봉날개마나킨을 여러 마리 발견하고 그들의 황당한 연주를 녹음했다. 그들의 날개노래는 구애행동을 구성하는 주요 요소였다.[5] 사실, 수컷 곤봉날개마나킨은 다른 마나킨새들과 달리 음성 레퍼토리가 매우 적고, 음성으로 세레나데를 부르지도 않았다. 이들이 내는 유일한 음성이라고는 몸을 웅크릴 때 내는 "키아"라는 날카로운 소리뿐이었다.

우리는 엘플라세르에서 황금날개마나킨에게 색띠를 부착하는 데 사용하던 새그물로 곤봉날개마나킨을 생포했다. 암컷 곤봉날개마나킨의 날개깃은 모든 면에서 평범했지만, 다 큰 수컷의 안쪽 둘째날개깃(자뼈ulna에 붙어 있는 깃털)은 매우 특이했다. 영국의 조류학자 필립 러틀리 스클레이터Philip Lutley Sclater는 일찍이 1860년 곤봉날개마나킨을 기술하는 과정에서 안쪽 날개깃의 그림을 그린 적이 있었는데, 다윈은 『인간의 유래와 성선택』에서 새의 발성기관을 설명할 때 스클레이터의 삽화를 인용하며 "마나킨을 비롯한 새들의 진동음은 성선택에 의해 진화했다"라는 가설을 제시했다.[6] 특히 수컷 곤봉마나킨의 5번, 6번, 7번 둘째날개깃(날개 끝에서부터 안쪽으로 셈)은 매우 두껍고 부풀어 오른 중심축(깃축rachis)을 갖고 있었다. 그리고 6번과 7번 둘째날개깃의 끝부분은 (곤봉의 작은 손잡이, 또는 소프트 아이스크림 콘의 끝부분처럼) 꼬인 매듭을 형성했다. 그와 대조적으로 5번 둘째날개깃은 끝부분이 45도 구부러져, 몸 쪽을 가리키는 둥그런 칼날 모양을 형성했다.

곤봉날개마나킨이 노래하는 장면을 처음 봤을 때, 나는 깃털(심지어 수컷 곤봉날개마나킨의 뻣뻣하고 꼬인 날개깃)이 어떻게 그런 소리를 내는지 상상해보려고 안간힘을 썼다. 그러나 내가 그것을 이해하는 데 무려 20년이 걸렸는데, 거기에는 몇 가지 이유가 있었다. 첫 번째 이유는 기술적인 문제로, 우리는 고속 비디오 촬영 기술이 발명되어 운무림에서 사용할 정도로 보급될 때까지 기다려야 했다. 두 번째 이유는 인력 문제였는데, 나는 1990년대가 되어서야 야심 많고 진취적인 대학원생 킴벌리 보스트윅Kimberly Bostwick을 만났다. 그녀는 현장에서 사용할 수 있는 1세대 고속 비디오카메라가 출시될

수컷 곤봉날개마나킨의 둘째날개깃.

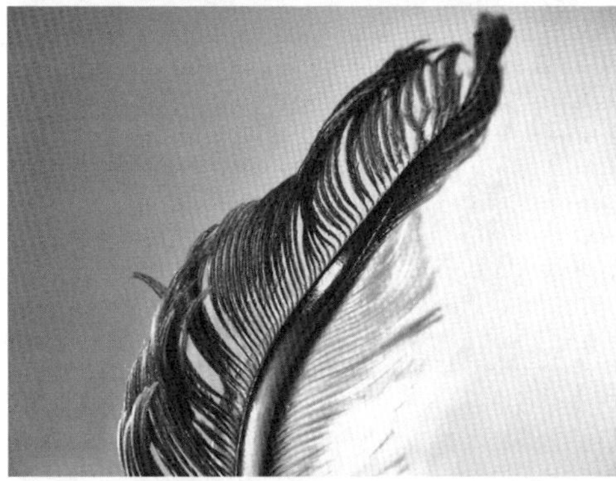

펼쳐진 날개를 아래에서 올려다본 모습.

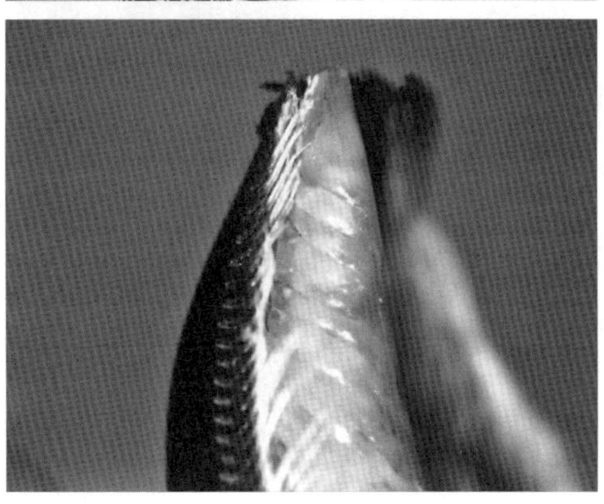

둥그런 칼날처럼 구부러진 5번 둘째날개깃의 끄트머리.

둘째날개깃의 부풀어 오른 끄트머리에는 일련의 덩어리(혹)들이 돌출되어 있다. From Bostwick and Prum (2005).

때 코넬대학교를 졸업하고 내 연구실에 들어왔다.[7] 세 번째 이유는 (늘 그렇듯) 지적 장벽intellectual barrier이라는 가장 커다란 문제였다. 나는 1985년 엘플라세르에서 곤봉날개마나킨이 실제로 사용하는 발성 메커니즘을 유추했지만, '너무 엽기적'이라며 즉시 기각했다. 그러나 나는 행운아였다. 킴은 끈질긴 인내심을 발휘하여 해답을 찾아내, 내가 실패를 인정하도록 만들었던 것이다.

킴 보스트윅은 마나킨을 이용하여 '깃털 소리 생성의 기능적 형태학'에 대한 선구적인 박사학위 연구를 시작했다. 예컨대, 그녀는 고속 비디오카메라를 이용하여, 흰수염마나킨과 흰옷깃마나킨White-collared Manakin(*Manacus candei*)이 날개의 위 표면을 등 위에서 마주침으로써 '딱' 소리를 낸다는 것을 증명했다. 그와 마찬가지로, 브롱크스치어Bronx cheer•를 연상케 하는 '따다다다닥' 소리는 이 같은 날개 마주치기 운동을 초고속으로 반복함으로써 생성되는 것으로 밝혀졌다.[8]

흰수염마나킨의 날갯소리는 혁신적 행동임이 틀림없지만, 소리가 생성되는 메커니즘은 매우 간단하다. 날개를 이용한 '딱', '빵', '딸깍' 소리는 깃털끼리 부딪침으로써 생겨나며, 그 음향은 동작만큼이나 날카롭고 거칠다. 그러나 곤봉날개마나킨의 낭랑하고 음악적인 날갯소리는 독특하다. 그것은 바이올린 소리나 전화 다이얼 누르는 소리처럼 진정한 의미의 진동수·높낮이·톤을 갖고 있으며, 가장 길 때는 3분의 1초 이상 이어진다.

• 입술 사이로 혀를 넣어 소리를 내는 짓으로, 경멸을 표시함.

2002년, 보스트윅은 에콰도르 북서부에서 몇 주 동안 현장 연구를 수행한 끝에, 날개로 노래하는 곤봉날개마나킨의 모습을 고속 비디오카메라(초당 500~1,000프레임)로 촬영하는 데 성공했다. 그 동영상에 따르면, '왱' 소리가 나는 동안 날개깃은 등 위에서 거의 수직을 이루며 좌우로 진동했고, 날갯죽지의 미세하고 빠른 왕복운동이 진동의 원동력이었다. 좌우 날개의 날개깃은 안팎으로 동시에 움직였는데, 날개깃이 맨 안쪽에 도달하는 마지막 순간 좌우 날개의 부풀어 오른 날개깃이 등의 정중앙에서 충돌하여 바깥쪽으로 튀어 나갔다. 깃털의 진동은 3분의 1초 동안 약 35번(초당 약 100번)씩 계속되었고, 날개죽지의 미세한 펌핑운동은 그 이전까지 관찰된 척추동물의 근육운동 중에서 가장 빨랐다.[9]

보스트윅의 아름다운 동영상은 많은 의문을 해결했지만, 새로운 의문도 제기했다. 깃털의 진동수는 초당 100번에 가깝지만, 날개노래의 진동수는 초당 약 1,500번이다. 그것은 '높은 F#'와 '높은 G' 사이의 음音에 해당하는데, '높은 C'보다 5도 높으며, 피아노 건반으로는 70개에서 71개에 해당된다. 다시 말해서 날개노래의 진동수는 정작 관찰된 날개깃의 진동수보다 약 15배 빨랐다. 운동의 진동수가 어떻게 증폭되어 날개노래의 진동수를 만들었을까? 그게 어떻게 가능했을까?

보스트윅은 '깃털 간의 상호작용이 소리를 내는 데 필수적이다'라는 원리를 스스로 깨친 다음, 나를 납득시켰다. 깃털들이 한 번 진동할 때마다, 5번 둘째날개깃의 구부러진 말단이 6번 둘째날개깃 말단의 팽대부에 돌출한 혹을 상하로 문지른다. 그리고 두꺼운 6번 둘째날개깃의 표면에는 일련의 작은 능선들이 있는데, 그 위치가 5번 둘째날개깃의 칼날과 접촉하는 부분과 정확히 일치한다. 바이올린을 켜거나, 손가락으로 빗살을 앞뒤로 튕기는 것처럼, 5번 둘째날개깃의 칼날은 6번 둘째날개깃에 일련의 기계적인 자극을 가한다. 그리고 이 자극들은 5번과 6번 둘째날개깃이 '높은 F#'와 '높은 G'의 진동수에서 크게 공명하게 만든다.

이러한 소리 생성 메커니즘을 마찰발음stridulation이라고 부르며, 귀뚜라미, 여치, 매미가 노래하는 것과 방법이 똑같다. 나는 그보다 20년 전에 마찰음에 대한 가설을 세웠지만, '새가 마찰음을 낸다는 건 도저히 불가능하다'라며 곧바로 기각해버리는 우를 범했다. 과학적 직관이란 게 참!

바이올린 선율의 높낮이가 현絃의 길이, 질량, 팽팽함에 의해 결정되는 것처럼, 모든 공명 장치에 의해 생성되는 소리의 진동수는 장치의 물리적 속성에 의해 결정된다. 나는 1985년까지만 해도 깃털(심지어 곤봉날개마나킨의 두꺼운 둘째날개깃)이 효과적인 공명 장치인 줄은 상상조차 하지 못했다. 그러나 우리가 고속 비디오카메라 분석으로 예측한 바와 같이, 보스트윅과 다른 연구자들은 나중에 "수컷 곤봉날개마나킨의 5번, 6번, 7번 둘째날개깃이 초당 1,500번이라는 놀라운 진동수에서 공명하지만, 다른 날개깃들은 그러지 못한다"라는 사실을 증명했다.[10] 더욱이 둘째날개깃들의 진동이 겹쳐짐으로써 음량이 증폭된다는 사실도 증명되었다. 소리에 독특한 화음구조와 (바이올린을 방불케 하는) 낭랑하고 음악적인 음질을 부여하는 것은, 수컷의 자뼈에 부착된 여러 개의 깃털 간의 음향적 협동

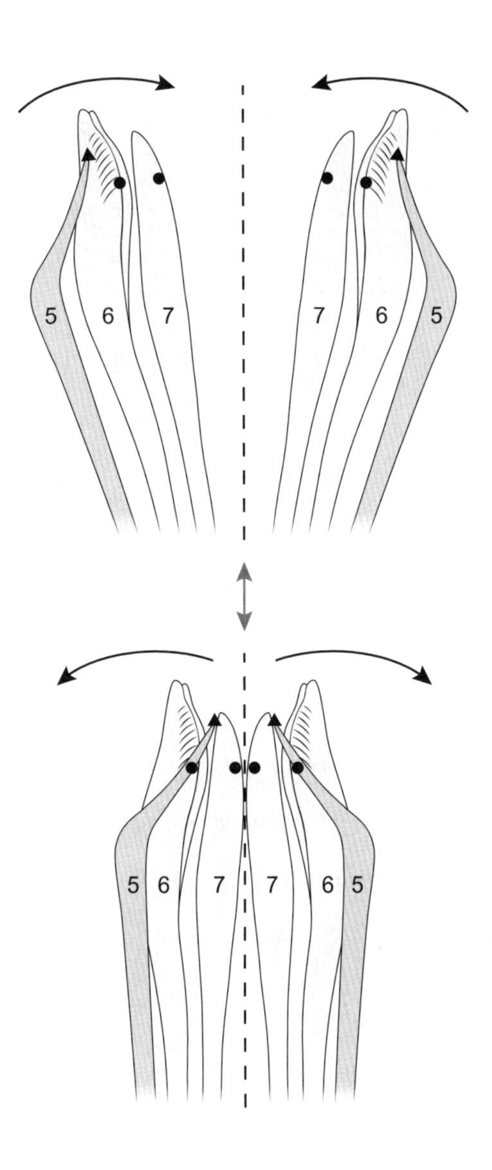

수컷 곤봉날개마나킨의 둘째날개깃들이 소리를 생성하는 과정을 나타낸 그래픽 모델

둘째날개깃이 등 위에서 초당 100번씩 안쪽(위)과 바깥쪽(아래)으로 빠르게 진동할 때, 5번 둘째날개깃 말단의 칼날 모양이 6번 둘째날개깃 말단 팽대부의 돌출한 혹과 마찰하여 초당 1,500번씩 진동하게 만든다.

Based on Bostwick and Prum (2005).

acoustic collaboration이다. 보스트윅의 분석은 새의 아름다움이 혁신적일 수 있으며, 터무니없게 느껴질 정도로 복잡하기도 하다는 것을 보여줬다.

곤봉날개마나킨의 미적 혁신은 적응적 배우자선택론에 엄청난 도전을 제기한다. 마나킨의 날개노래는 수컷의 자질과 밀접하게 관련되어 있을 수 있지만, 새의 음성노래vocal sing도 자질과 밀접하게 관련되어 있을 수 있다. 만약 음성노래가 자질의 확고한 지표로 확립되어 있다면, 어떤 종이 고도로 진화된 기존의 정직한 지표를 포기하고 (정직성이 검증되지 않은) 완전히 새로운 발성법을 선택하는 이유는 뭘까?[11] 적응적 배우자선택론자들의 설명은 종종 조지프 러디어드 키플링Joseph Rudyard Kipling의 『바로 그 이야기들Just So Stories』처럼 들린다. 그들의 설명에서는 동물의 범상치 않은 특징들(예: 기린의 목, 코끼리의 코, 표범의 반점)이 일련의 기이한 사건들과 함께 등장한다. 그러나 곤봉날개마나킨의 경우에는 음성노래와 날개노래에 대한 '바로 그런 이야기들'이 상충하며, 둘 중 어느 하나도 완전히 참이라고 할 수 없다.

2장에서 제시한 '별의별 아름다움이 다 있다'라는 가설은 여기에도 적용될 수 있다. 이 가설에 따르면, 곤봉날개마나킨의 날개노래는 마나킨의 경이로운 미적 방산 과정에서 뜻밖에 발생한 멋진 사건 중 하나에 불과하다. 즉, 임의적인 과시형질과 짝짓기선호는 자연선택이 들이대는 '자질에 관한 정보'나 '짝짓기의 효율성'이라는 잣대를 배제하고 공진화할 수 있다는 것이다.

세상에 별의별 아름다움이 다 있지만, 성적 과시형질이 늘 생존능력을 향상시키는 것은 아니며, 특정 과시형질의 진화가 개체에게 되레 큰 비용을 부과할 수도 있다. 모든 과시형질은 성적 이점sexual advantage과 생존비용survival cost이 균형equilibrium을 이루는 선에서 진화한 것으로 추측되는데, 이 균형점은 자연선택이 수컷의 생존능력과 생식능력에 치중하여 선호하는 최적점optimal point과 거리가 멀 수 있다. '배우자의 관심을 끌 수 있다'라는 성적 이점은 '잘 적응할 수 있다'라는 생존적 이점survival advantage을 능가할 수 있다. 다시 말해서, '잘생긴 용모를 가졌지만 무모함 때문에 요절한' 제임스 딘James Dean 스타일의 수컷이 '책만 파면서 여든 살까지 생존한' 범생이 스타일의 수컷보다 더 많은 자손을 남길 수 있다.

아름다움(대부분의 경우 수컷)과 아름다움에 대한 선호(대부분의 경우 암컷)는 성적 이점을 얼마나 보장할까? 킴 보스트윅은 곤봉날개마나킨에 대한 후속연구에서, 끊이지 않는 질문에 대해 명쾌한 과학적 답변을 내놓았다.[12] 그녀는 "아름다움은 한 꺼풀에 불과한 게 아니다. 곤봉날개마나킨은 뼛속까지 아름답다"라고 강조함으로써, 미적 진화가 작동하는 메커니즘에 대해 심오한 통찰을 제공했다. "새들이 특이한 날개노래를 부르기 위해서는 특이한 깃털과 운동 이상의 무엇이 필요한데, 곤봉날개마나킨의 경우 날개뼈의 형태와 구조, 날개근육의 크기와 인대ligament에 중요한 진화가 필요했다"라고 그녀는 말했다.

오늘날 모든 새의 날개뼈와 근육에는 차이가 거의 없는데, 그 이유는 비행이 정확한 기능적 사양을 요구하는 관계로 날개의 기본적 디자인이 대동소이할 수밖에 없기 때문이다. 새들은 비행에 필요한 고도의 기능적 디자인을 답습하고 있는데, 그것은 1억 3,500만 년 전 중생대의 새들이 현대적 날갯짓을 처음 시작했을 때 (이미 지금의 형태로) 거의 완벽하게 진화했다.[13]

보스트윅이 다른 새들과의 비교를 통해 알게 된 곤봉날개마나킨 날개의 중요한 해부학적 진화는 매우 놀랍다. 수컷 곤봉마나킨의 자뼈는 다른 마나킨새들의 자뼈와는 형태와 구조가 너무 달라, 뼈만 놓고 본다면 도저히 자뼈라고 생각할 수가 없을 정도다. 즉, 다른 마나킨새들의 자뼈보다 길이가 약간 짧음에도 불구하고 너비는 네 배, 부피는 세 배다. 수컷 곤봉날개마나킨 자뼈의 윗면도 놀랍기는 마찬가지여서, 폭이 넓고 골이 깊게 파여 있으며, 진동하는 둘째 날개깃의 인대가 부착될 수 있도록 뾰족한 돌기가 달려 있다. 다른 조류 중에서는 그런 형태와 구조의 뼈를 가진 새를 전혀 찾아볼 수 없다.

그러나 더욱 놀라운 것은, 수컷 곤봉마나킨의 자뼈가 꽉 차 있으며 칼슘이 차지하는 비중이 다른 마나킨새의 날개뼈보다 두세 배 높다는 것이다. 그와 대조적으로, 다른 마나킨새들의 자뼈에서는 빈 공간이 절반 이상을 차지하고 있다. 사실 지구상의 다른 새들은 모두 속이 텅 빈 자뼈를 갖고 있다. 심지어 티라노사우루스 렉스나 벨로키랍토르와 같은 수각류 공룡조차도 텅 빈 자뼈를 갖고 있었다! 그렇다면 수컷 곤봉날개마나킨은 날개깃으로 노래를 부른다는 한 가지 목표를 위해, 새들이 지난 1억 5,000만 년 동안 지속적으로 보유

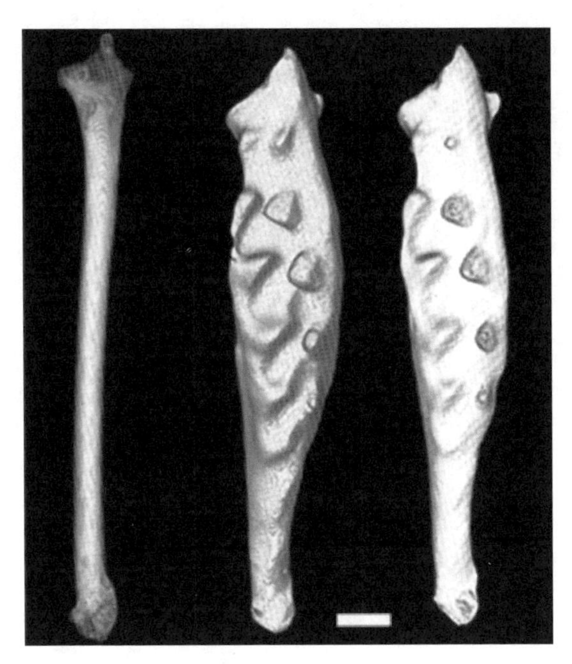

수컷 흰윗머리마나킨(왼쪽), 수컷 곤봉날개마나킨(가운데), 암컷 곤봉날개마나킨(오른쪽)의 자뼈를 엑스선 단층 촬영한 사진. (크기 이해를 위해 아래에 배치한) 축척 막대scale bar의 길이는 2밀리미터다.

해 왔던 날개깃의 해부학적 특징을 바꿨다는 이야기가 된다. 바꿔 말하면, 성선택이 수컷 곤봉날개마나킨에게 압력을 넣어, 새의 비행보다도 오랜 역사를 가진 앞날개뼈의 디자인을 포기하게 한 것이다.

킴 보스트윅은 다음과 같은 가설을 제시했다. "폭넓고 단단한 자뼈와 (깃털 인대의 부착에 유리한) 복잡한 표면은 두 가지 방법으로 기능을 발휘한다. 첫째, 깃털의 기부base에 튼튼하고 고정된 받침대를 제공함으로써, 마찰음의 생성을 향상시킨다. 둘째, 날개 내에서 둘째날개깃의 공명과 동조화coupling를 향상시킨다.

수컷 곤봉날개마나킨의 날개는 완전히 다른 두 가지 기능(비행,

날개노래)을 동시에 수행하기 위해 진화한 게 틀림없다. 다른 모든 비행 조류(심지어 비행하지 않던 조상 중 일부조차도)가 공유하는 전통적인 해부학적 설계를 가진 날개로는 두 가지 역할을 수행할 수 없으므로, 어느 정도의 해부학적 타협이 불가피했을 것이다. 그런데 날개노래라는 목적을 달성하기 위해 날개 형태의 설계를 변경할 경우, 생존능력 및 에너지 측면에서 추가적인 비용이 발생할 가능성이 높다. 실제로 현장에서 관찰하면, 수컷 곤봉날개마나킨의 비행이 어설프다는 것을 쉽게 알 수 있다. '수컷 곤봉날개마나킨의 기형적인 자뼈가 비행의 역학과 에너지학에 미치는 영향'을 조사한 데이터는 아직 발표된 적이 없다.[14] 그렇지만 날개노래를 부르기 위해 날개깃, 날개뼈, 근육이 변형되었음에도 불구하고, 수컷의 비행능력, 기동성, 비행성적, 에너지 효율이 그대로 유지될 거라고는 상상하기 어렵다.

비행하는 새들의 날개가 해부학적으로 표준화되어 있다는 것은 그 형태가 자연선택에 의해 유지되어 왔음을 입증하는 증거이지만, 뒤집어 생각해보면 '적어도 비행의 효율성에 관한 한, 수컷 곤봉날개마나킨이 자연선택의 최적점에서 멀리 떨어진 방향으로 진화했다'라는 것을 입증하는 강력한 증거이기도 하다. 만약 수컷 곤봉날개마나킨 날개의 해부학적 특징이 기능 및 생존 면에서 (추가적인) 비용을 부과하지 않는다면, 다른 새들의 날개에서도 그와 비슷한 형태학적 변이가 진화했을 거라고 예상할 수 있다. 그러나 지금까지 그런 사례는 한 건도 보고된 적이 없다.

곤봉날개마나킨의 날개노래는 진화적 데카당스evolutionary decadence

의 극명한 예를 보여준다. 진화적 데카당스란 '성선택을 통해 한 개체군의 생존능력과 생식능력이 전반적으로 감소하는 현상'을 말한다. 성선택에 위협을 느낀 적응주의자들이 "충분한 근거 없이 임의적 성선택을 주장하는 것은 방법론적으로 사악하다"라고 낙인을 찍도록 만든 이유를 이제야 알 것 같다. 그들은 진화적 데카당스의 혼란스러움을 감당할 수 없었던 것이다. 적응적 배우자선택론에 따르면, 수컷 곤봉마나킨이 그렇게 부담스러운 날개뼈를 가졌다는 것은 '매력적인 수컷이 그런 특별한 생리적·기능적 약점을 극복하고 살아남을 수 있는 능력을 보유하고 있다'라는 증거로 간주된다. 그러나 1장에서 살펴본 바와 같이, 자하비 본래의 핸디캡 원리(또는 스머커스 원리)는 실제로 작동하지 않는다. 만약 장식물의 비용이 이익을 갉아먹는다면, 순이익은 존재하지 않을 테니 말이다.

그렇다면 적응주의자들이 위기를 모면하는 방법은 단 하나, "생존능력과 생식능력의 관점에서 볼 때, 과시형질의 한계이익이 한계비용을 웃돈다"라고 둘러대는 것이다. 그러나 어떤 생물이 됐든 과시형질의 순이익이 존재한다(한계이익-한계비용>0)는 증거는 없으며, 곤봉날개마나킨도 예외가 될 수 없다. 요컨대, "미적으로 변형된 곤봉날개마나킨 날개의 해부학적 구조는 '성적 데카당스가 자연계에서 진화한다'라는 사실을 증명하는 설득력 있고 탁월한 증거"라는 것이 나의 지론이다. 그러나 비용에 대한 생리학적 증거가 제시되지 않았기 때문에, 아직 확정적인 결론을 내릴 수는 없다. 이러한 교착상태를 타개하려면 좀 더 깊숙한 곳을 들여다봐야 한다.

성선택은 수컷의 진화에 영향을 미치지만, 암컷 자신도 성선택의 영향에서 벗어날 수 없다. 나는 최근 성선택으로 인한 부적응적maladaptive이고 퇴폐적decadant이기까지 한(데카당트한) 진화가 암컷 곤봉날개마나킨에도 일어났음을 입증하는 증거를 찾기 시작했다. 곤봉날개마나킨의 날개뼈에 나타난 기이한 변화는 수컷의 비행기능에 악영향을 미칠 수 있다. 그렇다면 암컷 곤봉날개마나킨의 날개뼈에는 아무 일도 없었을까? 암컷 곤봉날개마나킨 표본은 자연사박물관에 거의 소장되어 있지 않으며, 하물며 그녀들의 뼈대 표본을 구할 수 있는 박물관은 전 세계 어느 곳에도 없다. 그러나 나는 박물관에 소장된 몸통을 엑스선과 마이크로 단층촬영을 통해 조사한 결과, 암컷의 날개뼈가 크게 변형되었으며 그 크기와 형태가 수컷과 매우 비슷하다는 것을 발견했다. 그러나 수컷과 다른 점이 하나 있었으니, 바로 자뼈가 단단하지 않고 중심부가 텅 비어 있다는 것이었다.

어떻게 이런 일이 일어났을까? 성선택을 통해 수컷의 날개노래를 선택하는 과정에서, 암컷이 수컷의 날개뼈 형태는 물론 자신의 날개뼈 형태까지도 진화적으로 변형시킨 게 틀림없어 보인다. 물론 암컷의 경우에도, 이러한 형태학적 변화가 비행능력이나 활력에 영향을 미쳤다는 생리학적 증거는 보고되지 않았다. 그러나 "모든 새의 날개뼈에 차이가 없다는 점을 고려할 때, 자연선택의 결과, 최적의 비행기능 및 비행능력을 달성하기 위해 고도로 기능적인 원통형 디자인으로 수렴한 것으로 보인다"라는 것이 진화생물학계의 통설이다. 다시 말해서, 날개뼈의 디자인이 형태학적 일관성을 보인다는 것은 '다른 변이형태들은 기능적으로 열등하고 부담이 많아, 생존과 생식에 불리하다'라는 점을 입증하는 강력한 증거라고 할 수 있다.[15]

암컷 곤봉날개마나킨은 날개를 이용하여 노래를 부르지는 않지만, 날개뼈 일부가 변형된 만큼 (수컷들이 매력적인 노래를 부르기 위해 부담하는) 기능적 비용 중 일부를 부담하는 것으로 보인다. 단, 수컷과 달리 날개뼈가 완전히 골화되지ossified 않았고 중심부에 텅 빈 공간이 있으므로, 수컷들이 극단적인 자뼈를 보유함으로써 부담하는 비용 중 일부를 회피할 수 있었을 것이다.

백 보 천 보를 양보해서, '암컷의 성선택 행동으로 인해 수컷의 비행기능·능력·능률이 저하된 듯하다'라는 관찰이 수컷의 자질에 대한 정직한 정보를 제공하는 현상으로 정당화될 수 있다고 치자.[16] 그러나 '짝짓기할 때 이색적인 수컷의 날개노래를 선호한 결과, 암컷 자신도 비행기능·능력·능률이 저하된 듯하다'라는 관찰은 데카당트한 현상이라고 기술될 수밖에 없다.

흥미롭게도, 암컷이 극단적인 날개뼈를 이용하여 매력적인 노래를 부르는 수컷을 선호한다고 해서, 그녀의 생존능력과 생식능력이 곧바로 손상되는 것은 아니다.[17] 정확히 말하면, 부적응적 날개뼈를 가진 수컷을 선호하는 암컷은 간접적·유전적 비용을 부담할 뿐이다. 왜냐하면 정작 생존능력과 생식능력이 저하되는 것은 부적응적인 날개뼈를 대물림받은 딸들이기 때문이다. 그러나 성선택으로 인한 이 같은 간접적·유전적 비용은 성적 매력이 있는 아들을 낳을 수 있다는 간접적·유전적 이점에 의해 상쇄된다. 이처럼 각 세대의 암컷들은 극단적으로 심미적인 배우자선택의 부적응적 비용을 (직접 부담하지 않고) 후세로 이월移越하므로, 개체군 전체는 세대를 거듭함에 따라 점점 더 데카당스와 기능장애dysfunction의 수렁 속으로 깊숙이 빠져든다.

자연선택이 제아무리 강력해도 개체군을 이러한 데카당스로부터 구원할 수는 없을 것이다. 왜냐하면 부적응적 기능의 비용은 간접적인 데다, 아름답고 성적 매력이 있는 아들의 탄생으로 상쇄되기 때문이다. 그런데도 생물과 환경 간의 부적합성이 시간 경과에 따라 악화하므로, 개체군 전체는 점점 더 부적응적으로 될 것이다. 따라서 암수를 불문하고 모든 개체의 생존능력과 생식능력은 약화할 것이다.

곤봉날개마나킨의 데카당트한 날개뼈 진화는 조류의 기이한 생물학적 특징 때문에 촉진되어왔다. 모든 새의 날개뼈는 배아발생 초기에 발달하기 시작한다. 구체적으로는 부화가 시작된 지 약 6일 후로, 성 분화sexual differentiation가 시작되기 전이다.[18] 따라서 수컷의 날개뼈 형태와 크기에 대한 성선택은 암컷의 날개뼈에도 영향을 미칠 것이다. 결과적으로, 수컷을 미적으로 변화시키는 암컷의 짝짓기선호는 종 전체를 데카탕트하게 변화시킨다. 그러나 배아가 성적으로 분화한 직후에는 발생학적 성차性差가 뚜렷해져, 배아발생 후기에 일어나는 사건들(예: 날개뼈의 완전한 골화)이 모습을 드러낸다. 암컷 곤봉날개마나킨이 수컷과 달리 완전히 골화되고 속이 꽉 찬 날개뼈를 갖지 않는 이유는 바로 이 때문이다.

곤봉날개마나킨의 날개노래는 단순히 특이할 뿐만 아니라, 혁신적이기까지 한 과시형질이다. 그들은 '자연선택이 진화에서 보편적으로 작용하는 강력하고 결정적인 힘이 아니다'라는 점을 다시 한 번 증명한다. 자연계에서 성적 욕구와 성선택의 진화 중 일부는 부적응적이며, 그중 어떤 결과는 진정으로 데카당트하기까지 하다. 자연선택은 자연계에서 통용되는 유기적 설계의 유일한 원천이 아니다.

그렇다면 데카당스의 범위는 어디까지일까? 나의 연구실에서 개발하고 있는 새로운 이론적 모델에 따르면, 데카당스는 짝짓기선호의 간접비용 이월을 통해 진화할 수 있다. 한 걸음 더 나아가, 그와 유사한 진화과정에 대한 수학적 유전모델에 따르면, 데카당트한 과시형질의 비용은 끝내 개체군이나 종 전체를 멸종시킬 수도 있다.[19] 따라서 우리는 성선택이 신종新種의 진화를 강화한다는 점은 물론, 종의 쇠퇴와 멸종을 촉진할 수 있다는 점도 인정해야 한다. 세계에서 가장 절묘하게 아름답고 미적으로 극단적인 생물이 극히 드문 데는 그만한 이유가 있다.

일단 가능성을 분명히 이해했으니, 진화적 데카당스가 희귀하거나 특이한 현상이 아님을 알게 되었을 것이다. 곤봉날개마나킨 말고도, 암컷의 배우자선택으로 인해 (암컷에게는 아무 쓸모가 없는) 수컷의 과시용 장식물이 암컷에게도 발현한 사례는 얼마든지 있다.[20] 이러한 현상은 찰스 다윈과 앨프리드 러셀 월리스 사이에서 '새의 깃

털에 나타난 성별 차이의 본질'에 대한 대논쟁을 촉발했다. 돌이켜 보면, 그들의 논쟁은 뜨거웠지만 소모적이었다. 왜냐하면 두 사람 모두 유전의 메커니즘에 대해 명확한 개념을 갖고 있지 않았기 때문이다. 그러나 논쟁이 격렬했다는 것은, 그들의 논제論題가 '성선택에 의한 진화가 적응적 과정인가?'라는 이슈의 핵심이었다는 것을 증명한다.

암컷에게 불필요한 장식물이 존재한다는 것은 정직한 광고honest advertisement 이론의 논리와 가능성에 도전을 제기한다. 만약 수컷이 성적 장식물을 만들고 유지하는 데 비용이 들거나 그것을 장착하고 생존하는 게 부담스럽다면, 그리고 그 비용이 장식물의 정직성을 보장하는 데 필수적이라면, 암컷이 그 비용을 감내할 필요가 있을까? 그것을 보유함으로써 누리는 혜택이 전혀 없는데도 말이다. 반대로, 만약 암컷이 장식물을 만들고 유지하거나 그것을 장착하고 생존하는 데 비용이 소요되지 않는다면, 그 형질이 수컷의 배우자적 자질을 나타내는 확고하고 정직한 지표가 될 수 있을까? 그것은 적응적 배우자선택의 난제였는데, 그 문제와 관련된 증거가 풍부함에도 불구하고 대부분 무시되었다.

암컷 곤봉날개마나킨의 데카당트한 날개뼈와 마찬가지로, 암컷이 자신에게 불필요한 과시용 장식물을 보유하는 현상의 가장 두드러진 예는 배아발생 초기에 발달하는 다른 형질에서도 볼 수 있다.[21] 예컨대, 뉴기니 서부에 서식하는 수컷 윌슨극락조Wilson's Bird of Paradise(*Cicinnurus respublica*)는 정수리에 반짝이는 담청색 삭발 부위를 갖고 있으며, 그 위에는 매우 짧고 까만 깃털로 구성된 좁은 십자가형 띠가 아로새겨져 있다.• 일견 괴상해 보이기까지 하는 청색 삭발 부위는, 그의 특이한 구애표현의 특징인 10여 개의 다채로운 깃털 장식물 중 하나이며, 암컷은 매우 가까운 거리에서 수컷의 과시행동을 유심히 관찰한다. 수컷은 임상林床 위에 마련된 맨땅 위에서, 작은 묘목의 몸통을 부여잡고 지면과 수직을 이룬 상태에서 과시행동을 한다. 암컷이 위에서부터 수컷에게 접근하면, 수컷은 반짝이는 초록색 가슴을 펼치고, (한 쌍의 초록색 소용돌이 깃털이 있는) 선홍색 꽁지를 곧추세우고, 머리를 안쪽으로 끌어당기며, 찬란하게 빛나는 파란색 정수리 피부를 보여준다. 그런데 암컷이 걸작이다. 자신에게는 아무런 쓸모가 없는데도, 수컷과 똑같은 삭발 부위를 갖고 있으니 말이다. 단, 색깔만은 수컷과 달리 약간 짙은 청색이다.

남아메리카의 깊은 숲속에 살며, 구애행동을 통해 번식하는 카푸친새Capuchinbird(*Perissocephalus tricolor*)도 마찬가지다(카푸친새가 속하는 장식새과Cotingae는 마나킨새가 속하는 무희새과Pipridae와 근연관계에 있다). 카푸친새는 암수 모두 화려한 청색 삭발 부위를 갖고 있는데, 암컷은 이 장식물을 과시행동에 사용하지 않는다.

마나킨의 날개뼈와 마찬가지로, 장식용 삭발 부위가 형성되려면 깃털 모낭follicle의 분포가 변화해야 한다. 그런데 깃털의 모낭은 배아발생 과정 초기, 즉 성 분화가 시작되기 전에 발달하므로, 윌슨극락조와 카푸친새의 정수리가 반질반질해지려면 배아의 정수리 피부에서 깃털모낭의 발달이 억제되어야 한다. 따라서 성선택을 통해 수

• 컬러 화보 13번.

컷의 섹시한 삭발 부위를 선호한 암컷은 아무런 소용이 없거나 심지어 데카당트한 삭발 부위를 갖게 된다.

파란 피부가 드러난 정수리는 암컷 윌슨극락조나 카푸친새의 생존에 해로울까? 밝은 청색 정수리를 가지면, 둥지에서 혼자 알을 품을 때 포식자의 위협을 피하는 데 도움이 되지 않을 게 분명하다. 그러므로 불필요한 파란 정수리는 암컷의 생존능력과 생식능력을 저하시킬 가능성이 높다. 꼭 그렇지 않다고 하더라도, 적어도 파란 정수리가 암컷의 환경적합성을 향상시키지는 않으므로 이 같은 진화가 적응적이라고 판단할 수는 없는 게 분명하다.

수컷 기아나바위새의 반짝이는 오렌지색 관모crest에서도 같은 현상을 발견할 수 있다.• 새들의 정수리에 있는 깃털들은 모낭에서 나와 꽁지를 향해 자라는 것이 보통이다. 그래야만 두개골 위에 찰싹 달라붙어 깃털의 윤곽을 부드럽게 형성할 수 있기 때문이다. 그러나 수컷 기아나바위새의 신기한 관모의 경우, 정수리 양옆의 깃털들이 정수리의 중앙선을 향해 자라나다가, 한가운데서 만나 솟구쳐 올라 우아한 모히칸 스타일을 형성하게 된다. 이때 정수리의 깃털들은 중심 쪽으로 구부러지지 않고 안쪽으로 자란다. 왜냐하면, 정수리 우측의 깃털모낭들은 시계방향으로 90도, 정수리 좌측의 깃털모낭들은 반시계방향으로 90도 회전하기 때문이다.[22] 이 얼마나 환상적인 디자인인가! 그리고 마나킨새의 날개뼈나 윌슨극락조나 카푸친새의 삭발 부위와 마찬가지로, 깃털모낭의 방향이 확립되는 시기

• 컬러 화보 14번.

는 성 분화가 일어나기 전인, 배아발생 7~8일쯤이다.[23] 이번에는 암컷을 살펴보자. 독자들도 이미 예상했겠지만, 칙칙한 갈색의 암컷 기아나바위새를 자세히 들여다보면, 그녀의 작고 앙증맞은 갈색 정수리 깃털은 중앙선의 양쪽에서 방향을 90도 바꿈으로써 정수리의 꼭대기에서 작고 미묘하고 촘촘한 주름을 형성한다. 물론 수컷에 비할 바는 아니지만, 암컷에게는 정수리를 이 정도로 치장하는 것조차 전혀 필요하지 않다.

유사한 사례는 아직도 많다. 일부다처제를 지향하는 새 중에서, 수컷에게나 필요한 장식물을 암컷이 보유한 사례는 비일비재하다. 이 모든 사례는 별의별 아름다움이 데카당트한 결과를 초래함을 증명하는 것이 아니고 뭐겠는가.

'진화는 자연선택에 의한 적응과 동의어이며, 종의 지속적인 발전을 지향한다'라고 배운 사람들에게, '미적 데카당스의 진화'라는 개념은 혼란스러울 것이다. 그러나 인간의 비이성적이고 비실용적인 욕구를 조금만 생각해보면, 이 단순한 견해를 재고再考하는 데 도움이 될 것이다. 인간이 이토록 비이성적인데, 다른 동물은 오죽하겠는가?

재즈 시대의 미국 시인 에드나 세인트 빈센트 밀레이Edna St. Vincent Millay의 〈첫 번째 무화과First Fig〉를 보면 다음과 같은 구절이 있다.

내 양초는 양쪽 끝에서 타오른다.

그것은 오늘 밤을 넘기지 못할 것이다.

그러나 나의 적이여. 오, 친구들이여—

그것은 사랑스러운 불빛을 내뿜는다!

다윈과 밀레이가 이해했던 것처럼, 성선택이 성적 성공을 결정한다면 우리는 삶의 유일한 우선순위를 생존에 부여하지 않을 것이다. 섹시함은 생존능력 및 생식능력과, 성선택은 자연선택과 균형을 유지할 수 있다. 그리고 그 결과는 종종 진화적 데카당스, 생물과 환경 간의 적응적 적합성adaptive fitness 파괴로 이어진다. 곤봉날개마나킨을 비롯한 많은 종에서, 성적 성공을 위해 과다한 비용을 부담해야 할 수도 있다. 심지어 암컷조차도 미적으로 극단적인 성적 욕구를 충족함으로써 적응성이 감소할 수 있다. 그러나 적응적 제약으로부터의 탈출은 진화적 데카당스를 가능케 하며, 미적 혁신을 촉진함으로써 새의 아름다움의 심오한 창의력에 영감을 불어넣는다.

2007년의 어느 날, 예일대학교의 고생물학 교수 데릭 브릭스Derek Briggs와 대학원생 제이컵 빈터Jakob Vinther가 뉴헤이븐에 있는 나의 연구실을 방문했다. 그들은 내게 제이컵이 촬영한 사진 한 장을 보여줬다. 그것은 새의 깃털을 주사전자현미경scanning electron microscope으로 2만 배 확대한 이미지로, 소시지 모양의 작은 물체 수십 개가 나란히 배열되어 있는 장면이었다. 그들은 내게 이렇게 물었다. "이게 뭐처럼 보여요?" 내가 멜라닌소체melanosome처럼 보인다고 대답하자, 제이컵은 의기양양한 표정으로 데릭에게 말했다. "그것 보세요. 제가 그렇게 말했잖아요." 그 사진에는 뭔가 중대한 문제가 걸려 있는 듯했다.

멜라닌소체란 현미경으로만 볼 수 있는 멜라닌 색소 덩어리로, 깃털에 까만색, 회색 또는 갈색을 띠게 하는 요인이다. 제이컵과 데릭이 처음에는 말해주지 않았지만, 그 전자현미경 이미지는 덴마크 푸어섬의 에오세 초기 푸어 지층Fur Formation에서 출토된 새 화석의 깃털을 촬영한 것이었다. 그러므로 그 물체가 멜라닌소체라면, 그 역사가 5,500만 년인 셈이었다.

새의 깃털에 들어 있는 멜라닌 색소는 멜라닌세포melanocyte(멜라닌을 생성하는 색소세포)에 의해 합성되어 멜라닌소체(막으로 둘러싸인 세포소기관organelle) 안에 담긴다. 인간의 모발이 채색되는 과정과 마찬가지로, 새의 멜라닌세포는 완성된 멜라닌소체를 미성숙한 개별 깃털세포로 운반한다. 그 후 깃털세포가 성숙하면, 멜라닌소체는 베타 케라틴β-keratin(깃털 속의 딱딱한 단백질)에 에워싸여 성숙한 깃털의 색깔을 낸다. 멜라닌은 유구한 역사를 지닌 색소로, 거의 모든 동물들에게 존재한다. 또한 멜라닌은 다양한 화학구조를 갖고 있다. 예컨대, 미국까마귀American Crow(*Corvus brachyrhynchos*)의 까만 깃털과 인간의 까만 모발은 유멜라닌eumelanin 분자의 작품이다.[24] 그리고 숲지빠귀Wood Thrush(*Hylocichla mustelina*)의 갈색 깃털과 인간의 붉은 모발은 페오멜라닌pheomelanin이라는 독특한 분자의 작품이다.

고생물학자들은 1980년대 초부터 주사전자현미경을 이용하여 화석의 깃털을 분석해왔다. 그들은 그 과정에서 원통 모양의 구조체를 관찰했을 뿐만 아니라, 심지어 주변의 암석과 달리 탄소를 포함하는 유기분자로 구성되었음도 확인했다. 그러나 대부분의 고생물학자는 세포생물학에 대해 별로 아는 게 없었다. 그들은 원통형 물체의 형태와 크기에만 근거하여, "그 구조체는 화석화된 세균이며, 화석화가 진행되는 동안 깃털을 갉아 먹었다"라는 결론을 내렸다. 그들은 다른 화석들이 보존되는 특이한 메커니즘에 관심이 많았기에 그 발견을 중요하게 취급했지만, 그들의 결론은 설득력이 전혀 없었다. 예컨대 세균의 보존상태가 좋았던 이유는 뭘까? 거의 분해되지 않는 건조한 깃털만 갉아 먹고 분해가 잘 되는, 심지어 맛있고 영양 만점이기까지 한 부위는 전혀 거들떠보지도 않았는데 말이다. 이유가 어찌 됐든, 세균 가설은 고생물학계에서 사실로 받아들여졌다. 그러던 차에 제이컵의 발견은 이러한 도그마dogma에 도전할 멋진 기회를 제공했다.

현미경으로만 보이는 화석 속의 미세한 구조체가 정말로 세균인지 아니면 멜라닌소체인지 여부를 확인하기 위해, 우리는 반론의 여지가 없는 사례, 즉 멜라닌 색소 패턴이 보존된 깃털 화석이 필요했다. 그런데 운 좋게도, 데릭 브릭스는 특별히 잘 보존된 화석을 소장하고 있는 전 세계 박물관에 대해 백과사전 정도로 상세한 지식을 갖고 있었다. 그는 약 1억 800만 년 된 브라질의 크라토 지층Crato Formation에서 출토된 공룡의 깃털화석에 화려한 수평 띠가 있다는 사실을 기억해냈는데, 그 화석은 영국 레스터대학교의 지질학 박물관에 소장되어 있었다. 그 화석에는 깃털의 세부적인 구조가 놀랍도록 잘 보존되어 있었고, 심지어 깃가지barbule의 미세한 섬유까지도 관찰할 수 있었다. 더욱이 깃털의 컬러 띠 패턴은 천연색소의 독특한 특징을 갖고 있어, 화석화된 세균과 혼동될 염려가 없었다.

우리는 전자주사현미경을 이용하여, 공룡 깃털의 까만 띠 속에도 길이 몇 미크론, 너비 100~200나노미터의 미세한 '소시지'들이 풍부하게 들어 있음을 확인했다.[25] 그것들은 에오세 초기의 새는 물론, 현생조류의 깃털에서 발견된 유멜라닌소체와 매우 비슷했다. 그와 대조적으로, 공룡 깃털의 하얀 띠 속에는 그런 구조체가 전혀 존재하지 않았다. 이는 그 미세한 구조체들이 멜라닌소체이며, 백악기 공룡의 깃털에서 유래한다는 것을 시사한다. 왜 그랬는지는 모르겠지만, 백악기 공룡 깃털의 멜라닌소체는 적절한 조건에서 아름답게 화석화되어 수억 년 동안 견뎌냄으로써, 깃털 본래의 컬러 패턴을 오늘날까지 보존한 것이다.

우리가 화석에서 발견한 멜라닌소체는, 척추동물 화석의 색소를 연구하는 신세대 연구자들에게 영감을 불어넣었다. 그들은 척추동물의 화석에서 깃털, 체모, 비늘, 발톱, 심지어 망막의 색소까지도 연구하게 되었다. 물론 색채고생물학이라는 신생분야에서 가장 흥미로운 주제는 '공룡이 어떤 색깔이었는가?'였다. 그런데 우리가 깃털화석에서 멜라닌소체를 발견함으로써, 공룡의 색깔은 더 이상 SF의 주제가 아니라 실질적인 연구 주제로 전환되었다. 깃털은 맨 처음 두 발로 걷는 육식공룡인 수각류에서 진화했는데, 그때는 새나 동물의 비행이 진화하기 전이었다.[26] 우리는 비조류 공룡nonavian dinosaur이 보유했던 깃털의 멜라닌 색소를 재구성하는 것이 이론적

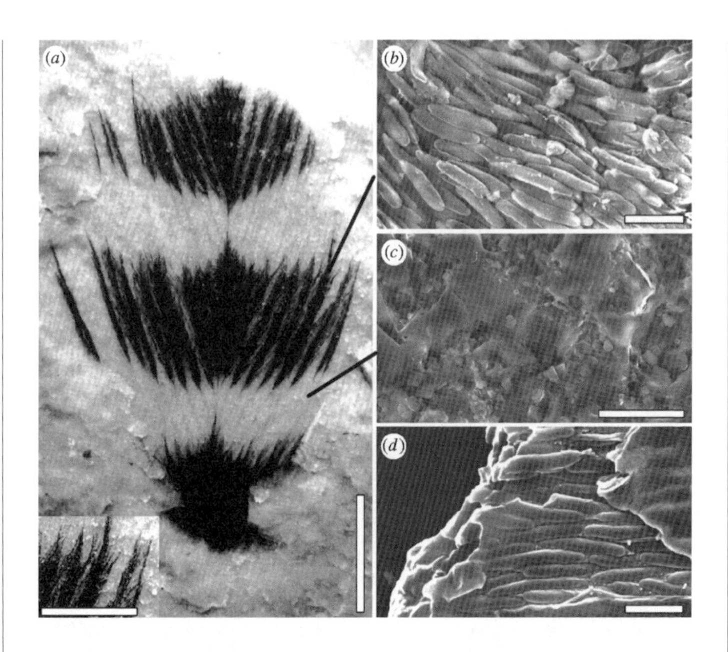

깃털화석과 현생조류 깃털의 멜라닌 색소 비교

(a) 초기 백악기에 해당하는 브라질의 크라토 지층에서 출토된 깃털화석이 선명한 흑백 띠를 보여준다. (b) 흑색 띠에서는 멜라닌소체가 눈에 띈다. (c) 흰색 부분에서는 암석의 모암母巖만 눈에 띈다. (d) 현생조류인 붉은날개검은새Red-winged Blackbird(*Agelaius phoeniceus*)의 날개에서 관찰된 멜라닌소체인데, 화석에 보존된 멜라닌소체와 거의 같다. 축척 막대: (a) 3㎜, 좌측 하단 박스 1㎜; (b) 1㎛; (c) 10㎛; (d) 1㎛.
From Vinter et al. (2008).

으로 가능함을 증명했다. 사실, 흑백 띠가 선명한 브라질 깃털화석은 상당히 오래된 것이어서, 비조류 공룡의 깃털로 간주할 수 있다. 그렇다면 이제 필요한 것은 단 하나, 전자현미경으로 관찰할 수 있는 미세한 공룡 깃털화석을 수집하는 것이었다. 중국 북동부 랴오닝성 유적지의 백악기 초기부터 쥐라기 후기의 지층에서 주로 출토된 깃털공룡 화석은, 지난 한 세기 동안 발견된 가장 흥미롭고 혁명적인 고생물학 유물이었다. 그러나 그 깃털들의 색소를 재구성한다는 것은 흥미로움을 완전히 새로운 수준으로 격상시켰다.

우리는 몇 년 후 연구팀을 더욱 보강하여 베이징 자연사박물관을 찾아가, 중국의 북동부 랴오닝 지층에서 출토된 랍토르raptor와 유사한 쥐라기 후기의 공룡인 안키오르니스 헉슬리아이(*Anchiornis huxleyi*)의 표본을 연구하기 시작했다.[27] 안키오르니스는 두 발로 걷는 작은 수각류로, 뼈가 있는 기다란 꼬리와 작은 이빨을 가졌으며, 양쪽 앞다리와 뒷다리에는 날개처럼 생긴 긴 깃털이 나 있다. 안키오르니스는 불가사의한 '네 날개를 가진 공룡'으로, 랍토르 공룡(영화 〈쥬라기공원Jurassic Park〉에 나오는, 부엌에서 어린이들을 추격한 벨로키랍토르Velociraptor와 비슷하다), 시조새Archaeopteryx(최초의 새 화석), 모든 현생조류의 조상과 근연관계에 있다.

랴오닝 지층은 보존이 잘 되었기로 유명하지만, 안키오르니스 표본의 경우 그다지 가망이 없어 보였다. 실제로 그것은 완전히 짓이겨지고, 머리는 제거되어 다른 석판 위에 보존되고, 사지는 사방으로 벌려져 있어서 마치 쥐라기에 일어난 로드킬처럼 보였다. 하지만 다행히 까만 깃털들이 두꺼운 매트처럼 뼈를 에워싸고 있었다. 우리는 몸 전체의 30개 부위에서 겨자씨만 한 미세한 샘플들을 수집하여, 전자현미경으로 관찰했다. 우리는 표본의 시원찮은 외관을 고려하여 '멜라닌소체를 딱 하나만 발견하면 더 바랄 게 없겠다'라는 소박한 소망을 품었다.

뉴헤이븐으로 다시 돌아와 안키오르니스의 다양한 샘플을 전자현미경으로 관찰한 결과, 그중 일부는 잘 보존된 멜라닌소체를 포함하고 있었고, 어떤 것은 각인된 멜라닌소체를 포함하고 있었으며,

어떤 것은 멜라닌소체를 전혀 포함하고 있지 않았다. 안키오르니스의 다양한 신체 부위를 관찰하여 멜라닌소체를 발견한 것은 나름 혁신적인 성과였지만, 우리는 거기에 만족하지 않았다. 우리의 두 번째 혁신은, 안키오르니스의 화석에서 발견된 멜라닌소체들의 크기·형태·밀도를 현생조류와 비교한 것이었다. 통상적으로 흑색 및 회색 깃털에서 발견된 유멜라닌소체는 긴 소시지 형태인 데 반해, 적갈색 깃털에서 발견된 페오멜라닌소체는 동그란 젤리빈 모양이다. 우리는 안키오르니스의 멜라닌 측정치를 현생조류의 측정치와 비교함으로써, 안키오르니스의 깃털이 무슨 색깔인지 판단할 수 있었다. 우리는 표본의 수십 군데에서 수집한 샘플들을 확보하고 있었으므로, 안키오르니스의 모든 깃털을 재구성할 수 있었다.

내가 과학자로서 연구하던 오랜 세월에서 가장 열광했던 순간 중 하나는, 안키오르니스의 해부학적 부위별로 깃털의 색깔(까만색, 회색, 적갈색, 흰색)을 판단하여, 안키오르니스의 깃털 전체를 재구성한 것이었다. 그 결과 탄생한 그림은 애초 상상했던 것 이상이었다.

안키오르니스 헉슬리아이의 깃털 색깔을 기술하는 것은 쥐라기 공룡의 휴대용 도감 서론을 집필하는 것이나 마찬가지였다. 나는 어린 시절 휴대용 도감에서 영감을 받아 '세계 방방곡곡을 돌며 새를 연구해야겠다'라고 마음먹은 적이 있었는데, 그제야 과학자로서 그때 품었던 생각을 완전히 다른 방식으로 재현할 기회를 얻었다.

안키오르니스 헉슬리아이의 모습은 어땠을까? 몸깃은 대체로 짙은 회색, 앞날개는 까만색, 정수리 위의 길게 솟은 관모 깃털은 적

베이징 자연사박물관에서 수집한 수각류 공룡 안키오르니스 헉슬리아이 표본(BMNHC PH828). 축척막대: 2㎝.

갈색이었다.• 그중에서 가장 두드러지는 것은 양쪽 앞다리와 뒷다리에 난 긴 깃털들로, 마치 오늘날의 스팽글드햄버그Spangled Hamburg라는 닭 품종처럼 전체적으로 하얗고 끝부분에만 까만 스팽글(반짝이는 작은 장식 조각)이 달려 있었다. 다리 깃털의 끝에 달린 까만 스팽글 장식은 길게 나부끼는 테두리를 대담하게 강조하고, 날개에 일련의 까만 줄무늬를 만드는 효과가 있었다.

흥미롭게도 안키오르니스의 긴 사지깃털은 현생조류의 날개깃과 달리 비대칭적인 형태가 아니었다. 따라서 안키오르니스가 사지를 비행날개로 사용했는지 여부는 불분명하다. 더욱이 안키오르니스의 깃털은 머리부터 발가락까지 무성했으며, 대부분의 현생조류와 달리 비늘로 덮인 다리와 발가락이 없었다.

공룡의 색깔을 발견한 것은 단순한 흥밋거리 이상으로, '공룡의 생물학'과 '새의 생물학적 기원'에 대해 많은 근본적 의문들을 제기한다. 안키오르니스의 과감하고 복잡한 깃털색소 패턴은 성적 또는 사회적 신호로 사용되었을 게 분명하다. 따라서 미적인 깃털장식의 기원은 새 자체가 아니라 수각류 공룡까지 한참 더 거슬러 올라간다. 공룡 중에서 하나의 예외적인 계열이 '비행하는 새'로 진화하기 한참 전에, 공룡들은 이미 공진화를 통해 아름답게 변신한 것이다(착각하지 마라. 여기서 아름답다는 것은, 사람이 아니라 공룡이 볼 때 아름답다는 것이다). 새의 아름다움은 쥐라기의 수각류 공룡으로 거슬러 올라가는 풍부한 역사를 갖고 있다.

• 컬러 화보 15번.

깃털이 진화한 것도 중요하지만, 그보다 훨씬 더 중요한 것은 '아름다움의 진화가 깃털의 진화에 기여했는가?'라는 점이다. 1990년대 이후, 나의 연구는 종전에 무관심했던 '깃털의 진화적 기원과 다양화'에 초점을 맞췄다. 특히 1999년, 나는 '깃털의 성장 과정'에 대한 세부사항을 근거로 하여 '깃털의 진화단계'에 관한 모델을 제안했다.[28] 이러한 연구 분야를 일반적으로 진화발생생물학evolutionary developmental biology, 또는 줄여서 이보디보evo-devo라고 부른다. 그 후 내가 제안한 깃털진화의 이보디보 이론은 '수각류의 깃털화석에 대한 고생물학 데이터'와 '깃털발생의 분자메커니즘 실험'에 의해 뒷받침되었다.[29]

깃털의 기원에 관한 나의 이보디보 이론을 요약하면, "깃털은 단순한 관tube에서 시작되었다"라는 것이다(피부에서 속이 텅 빈 펜네penne나 지티ziti 파스타가 꾸역꾸역 나온다고 상상해보라). 그다음 단계에서, 단순한 관은 잘게 갈라져 북슬북슬한 솜털다발downy tuft로 진화했다. 그 후 평면을 만들 수 있는 능력이 진화했고, 새들은 궁극적으로 비행에 필요한 물리력을 사용할 수 있도록 진화했다.

깃털의 진화에 관한 이보디보 이론이 시사하는 것은 '깃털은 새와 비행이 나타나기 이전에 이미 진화하여, 거의 모든 형태와 복잡성을 지니도록 다양화했다'라는 것이다. 즉, 수각류 공룡에서 뭔가 다른 기능을 수행하기 위해 평평한 깃털이 진화했고, 그 깃털은 후에 현생조류의 조상이 된 공룡 계열에서 비행도구로 전용轉用되었다. 그리하여 '깃털의 기원에 관한 이보디보 이론'과 '깃털공룡에 관한 고생물학적 발견'은 수 세기 동안 군림해왔던 "깃털은 자연선택을 통해 공기역학적 능력aerodynamic capacity, 즉 활공능력과 비행능력을 지니도록 진화했다"라는 가설을 뒤집었다. '깃털이 비행을 위해 진화했다'라고 말하는 것은 '손가락이 피아노를 치기 위해 진화했다'라고 말하는 것이나 마찬가지다. 하긴, 우리 몸에서 피아노 연주처럼 복잡한 일을 능수능란하게 할 수 있는 것은 '가장 발달한 구조'밖에 없겠지만 말이다.

깃털의 기원에 관한 공기역학 이론은 새로운 신체 부위의 기원에 대한 적응주의적 접근방법의 일례라고 할 수 있다. 그러나 깃털의 기원을 밝히겠다는 20세기의 거창한 지적 프로젝트는 실패했다. '깃털은 비행도구에 대한 자연선택을 통해 진화했다'라는 신념에 사로잡혀 연구에 착수한 100년 동안, 깃털의 실제 진화과정에 대한 지식은 전혀 증가하지 않았기 때문이다. 왜 그랬을까? 그것은 순서가 틀렸기 때문이다. 깃털이라는 혁신적 도구의 진화과정을 제대로 알려면, 개별 혁신의 선택이익selective advantage에 대한 의문을 일단 보류하고, 각각의 깃털발달 단계에 대한 증거를 수집하고 진화방향을 예측하는 게 먼저다. 이게 바로 이보디보의 접근방법인데, 그 핵심은 '깃털의 각 요소가 왜 진화했는지를 궁리하기에 앞서서, 깃털의 진화 과정에서 무슨 요소들이 생겨났는지를 파악하는 것'이다.[30]

나는 이보디보를 통해 깃털의 진화과정을 이해한 후, 각 진화단계의 선택이익이 무엇인가라는 문제로 돌아갈 수 있었다. 초기의 관 및 솜털다발 단계는 체온조절thermoregulation과 발수성water repellency 때

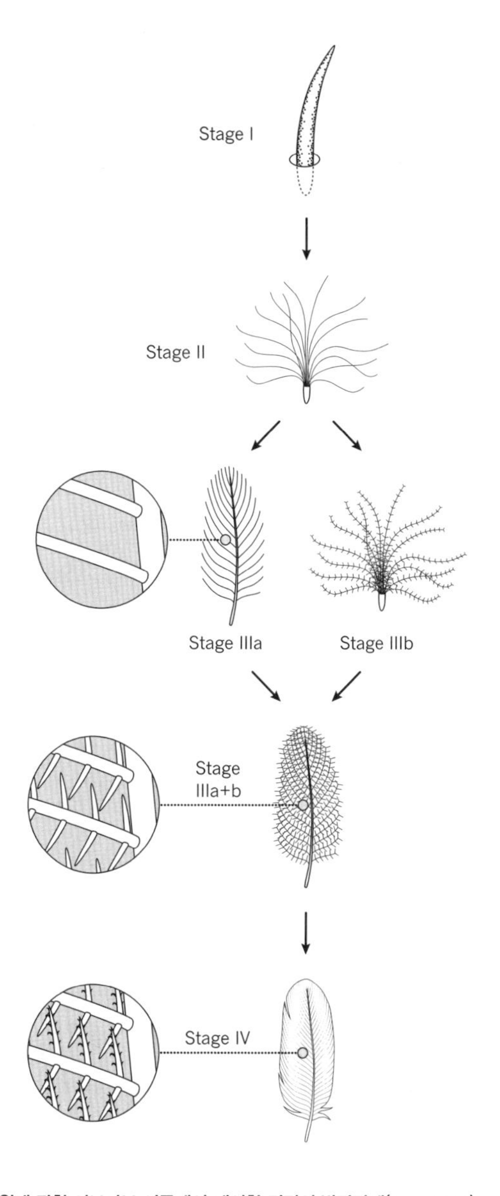

깃털의 기원에 관한 이보디보 이론에서 제시한 깃털의 발달단계(Prum 1999)

깃털은 텅 빈 관(1단계)에서 시작하여 북슬북슬한 솜털다발(2단계)을 거쳐 일련의 혁신적 발달을 통해 점점 더 복잡하게 진화했다. 일관되고 평평한 깃판(4단계)은 처음에 깃털 내부의 복잡한 색소 패턴을 드러내는 데 적합한 평면공간을 제공하기 위해 진화하여, 나중에 심미적인 사회적 · 성적 신호를 전달하는 기능을 수행한 것으로 보인다.

문에 진화한 것으로 가정되어왔는데, 이는 충분히 받아들일 수 있다. 오늘날의 닭처럼 북슬북슬한 솜털로 구성된 깃털이 따뜻하거나 발수성이 충분하여, 체온조절의 요구를 충족한다는 것은 분명하다. 이유야 어찌 됐든 아기 오리는 북슬북슬한 솜털을 갖고서 매우 따뜻하고 건조한 상태를 유지할 수 있으니 말이다. 그러나 북슬북슬한 솜털깃털(2단계)이 깃판 달린 깃털(3a부터 4단계)로 진화한 이유에 대해서는 아직도 정설이 존재하지 않는다. 비행이 진화하기에 앞서서, 평평한 깃판이 제공한 진화적 이점은 무엇일까?

평평한 깃판의 선택이익이 미학적이었다고 말할 수 있을까? 어디 한번 곰곰이 생각해보자. 부드러운 솜털이 보송보송한 건 분명하다. 솜털이 보송보송한 닭이 귀여운 것 사실이지만, 보송보송하고 부드러운 깃털로 연출할 수 있는 깃털의 복잡한 색상 패턴은 미적으로 매우 제한적이다. 물론 요즘 유행하는 모발 염색과 마찬가지로, 서로 다른 솜털을 서로 다른 색깔로 물들일 수 있다. 그리고 제한적이지만, 솜털의 끝부분과 밑동을 다른 색깔로 물들일 수도 있다. 그러나 솜털로 할 수 있는 건 거기까지가 전부다. 그에 반해, 혁신적인 평평한 깃판은 차원이 다르다. 그것은 잘 확립된 2차원 표면을 창조함으로써, 모든 깃털에 복잡한 색상 패턴을 새겨 넣을 공간을 제공한다. 수많은 평평한 깃털들 하나하나가 복잡한 문양을 갖고 있지만, 작은 깃털들이 모여 하나가 되면 산뜻하고 부드러운 총천연색 윤곽이 새로 탄생한다.

다시 말해서, 평평한 깃판이 미적 선택을 통해 2차원 캔버스를 창조하도록 진화함으로써, 그 위에 띠, 점, 반점, 스팽글 등의 복잡한 색소 패턴을 아로새길 수 있게 되었다. 평평한 깃판의 진화가 혁신적인 이유는, 완전히 다른 미적 표현방법을 제공했기 때문이다.

깃털공룡에서 평평한 깃판이 진화한 것은 진정한 빅딜Big Deal이었다. 왜냐하면 나중에 등장한 새들이 평평한 깃판을 가진 깃털을 이용하여 비행에 필요한 공기역학적 힘을 획득했기 때문이다. 깃털이 비행을 위해 진화한 게 아니라, 비행이 깃털에서 진화한 것이었다. 그렇다면 새가 공중으로 날아오를 수 있도록 만든 핵심적 혁신은 아름다움에 대한 욕구였다고 할 수 있다.

새들이 보유한 정교한 미적 능력을 현생조류만의 생생한 특징으로 간주하는 것은 근시안적인 생각이다. 아름다움에 대한 욕구의 공진화가 새를 진화하게 만들었던 1차적인 요인이기 때문이다. 하지만 새의 진화과정은 그리 간단하지 않다. 지금으로부터 6,600만 년 전, 거대한 소행성이 지구와 충돌하여 멕시코 유카탄반도의 칙술루브에 지름 180킬로미터의 분화구를 남겼다. 엄청난 충돌 후에 연쇄적으로 나타난 환경적·생태적 변화는 육상생물과 수서생물의 대멸종을 초래했는데, 그중에서 가장 유명한 것은 공룡의 멸종이다. 물론 우리는 공룡이 멸종하지 않았음을 잘 알고 있다. 정확히 말하면 공룡의 혈통 세 가지가 대멸종에서 살아남았다. 그들이 바로 세 가지 주요 현생조류의 '날아다니는 조상'이었다.[31] 이 세 가지 혈통은 번성하고 다양화하여(그중 하나는 폭발적으로 다양화했다), 1만 종 이상의 새로 진화하여 오늘날 지구를 뒤덮고 있다.

그런데 여기서 궁금한 게 하나 있다. 새의 조상들만 백악기-팔레오기 멸종에서 살아남고, 다른 공룡들은 그러지 못한 이유는 뭘까? 이것은 매우 어려운 문제지만, 깃털을 가졌었다는 사실 하나만으로 충분히 설명할 수 없다는 것만은 분명하다. 왜냐하면 다른 깃털 달린 수각류, 예컨대 온몸이 깃털로 뒤덮였던 랍토르 공룡(예: 벨로키랍토르), 오르니토미미드Ornithomimidae, 트로오돈트Troodontidae는 몰살당했기 때문이다. 사실 백악기-팔레오기 멸종에서 살아남은 공룡 혈통들은 '평평한 깃털'을 이용하여 날아오를 수 있는 종들이었다. 아마도 비행능력이 그들로 하여금 (칙술루브 충돌이 초래한) 최악의 생태적 결과에서 탈출하거나 회피하여 재빨리 흩어짐으로써, 잇따른 생태적 혼돈 속에서 단기적인 피난처를 찾게 해준 것 같다. 확신할 수는 없지만, 비행능력이 없었다면 현생조류의 조상들은 다른 공룡들과 함께 멸종하고 말았을 것이다. 그러므로 미적 잠재력을 지닌 혁신적인 '평평한 깃털'은 비행의 진화를 촉진하여, 조류 공룡avian dinosaur의 위기탈출에 기여했다고 볼 수 있다. 아름다움과 미적 욕구가 생명의 역사에서 이보다 더 큰 역할을 수행했다고 상상하기는 어렵다.

나는 이 책을 통틀어, "자연계에 풍부하게 존재하는 아름다움의 대부분은 무의미하고 임의적이며, 선택자에게 칭찬받거나 선호될 기회를 제공하는 것 외에 아무런 이득도 없다"라고 주장한다. 그러나 미적 복잡성, 혁신, 데카당스의 진화과정을 분석하면, 이러한 관점이 자연계에 존재하는 아름다움의 역할에 대한 (내가 만났던 진화생물학자의 말처럼) 황량하고 경솔하고 허무주의적인 견해가 결코 아니라는 것을 알 수 있다. 사실 생명의 역사를 미적 관점에서 분석하면 분석할수록, 미적 공진화가 생물학적 다양성에 양적·질적으로 강력하고 혁신적이고 결정적인 영향을 미쳤다는 것을 더욱 잘 알게 된다. 짝짓기선호가 '적응적 이점을 제공한다'라는 편협한 과제에 의해 제한되지 않을 때, 아름다움과 욕구는 자유로운 탐구와 혁신을 통해 자연계를 바꿀 수 있다. 또한 고맙게도, 결과적으로 우리는 오늘날 새들의 아름다운 모습을 감상할 수 있게 되었다.

5. 백악관을 뒤흔든 오리의 페니스

앤과 나는 몇 년 전 뉴헤이븐의 이웃집에서 다른 네 부부와 함께 멋진 만찬을 가졌다. 우리는 우아한 촛불을 밝혀놓고, 아름다운 테이블보, 크리스털 와인잔, (가보로 내려오는 듯한) 고상한 은 식기가 놓인 테이블에 앉아 맛있는 식사를 했다. 그동안 다섯 가정의 어린 자녀들은 다른 방에 모여, 만화영화에 푹 빠져 스파게티를 먹는 둥 마는 둥 했다. 우리 중에는 초면인 사람들이 많았으므로, 식사에 앞서서 공손한 소개와 잡담이 오갔다.

식사를 시작한 지 얼마 안 되어 한 부인이 내게 말을 걸었다. "아, 선생님은 조류학자셨군요. 마침 잘 만났어요. 조류학자를 만나면 꼭 물어볼 말이 있었거든요." 나는 '우연히 봤던 이름 모를 새에 관해 물어보려는가 보다'라고 생각했다. 그러나 그녀의 질문은 나를 곤경에 빠뜨렸다. "일전에 우리 아이들에게 『아기 오리들한테 길을 비켜 주세요Make Way for Ducklings to my kids』[1]라는 책을 읽어주고 있었어요." 나는 로버트 맥클로스키Robert McClosky의 그 유명한 그림책을 안다는 의미로 고개를 끄덕였다. 내 부모님도 어렸을 때 내게 그 책을 읽어주셨고 나 역시 세 아들에게 그 책을 읽어줬는데, 너무 많이 읽어주는 바람에 거의 다 암기할 정도였다.

여기까지는 좋았지만, 그다음이 문제였다. "선생님도 아시겠지만, 청둥오리Mallard(*Anas platyrhynchos*) 한 쌍이 한곳에 정착하여 둥지를 짓고 알을 낳았잖아요. 그들은 곧바로 단란한 가정을 꾸렸는데, 어찌 된 일인지 아빠가 금세 가출을 해버리더군요! 왜 그런 거죠?"

내가 '헉' 소리를 낸 후, 숨을 채 들이마시기도 전에, 앤이 언짢은 표정으로 나를 째려보더니 경고 메시지를 날렸다. "그 이야기는 하지 말아요!" 그와 동시에 좌중의 모든 시선이 우리를 향하며, '도대체 무슨 이야기인지 궁금하다'라는 표정을 짓는 게 아닌가! 그러자 앤은 모두에게 경고하려는 듯, 맨 처음 질문을 던진 부인을 똑똑히 바라보며 이렇게 물었다. "당신의 저의가 궁금해요. 설마 내 남편에게 오리의 성생활에 관한 질문을 퍼부으려 했던 건 아니겠죠?"

오리의 가정생활에 관한 뜬금없는 질문으로 인해, 우리의 대화는 (누구도 예기치 않았던) 매우 심오한 영역으로 방향을 틀게 되었다. 2005년부터 2010년까지 예일대학교의 내 연구실에 박사 후 연구원Post doctoral researcher으로 있었던 퍼트리샤 브레넌Patricia Brennan 박사 덕분에, 당시의 나는 '물새류의 성생활과 성기의 해부학적 구조'라는 뜻밖의 분야를 곁눈질할 기회를 얻었다. 사정이 그렇다 보니, 내 아내가 염려했던 대로 오리의 변태적 성생활이라는 낯뜨거운 주제가 그날 저녁의 대화를 지배하게 되었다.

오리의 성생활은 몹시 정교하고 미학적이지만, 동시에 충격적일 정도로 폭력적이기도 하다. 그래서 여차하면 큰 말썽거리가 될 수도 있다. 그러나 동시에 오리의 성생활만큼 매혹적인 주제도 없다. 초면인 사람들과의 만찬 자리에서 입에 올리기에 적당한 주제는 아닐지 모르지만(그래서 그런지, 우리 부부는 내게 질문을 던졌던 호기심 많은 엄마를 두 번 다시 만나지 못했다), 오리의 성생활을 세부적으로 검토하고 이해하고 나면, 이성 간의 관계, 욕망의 세계, 암컷의 성적 자율성sexual autonomy, 자연계에서의 아름다움의 진화에 대해 깊은 통찰을 얻을 수 있다.

오리의 성생활 드라마는 고대 그리스의 레다Leda와 백조Swan 신화를 떠올리게 한다. 그 신화에서, 제우스는 백조로 변신하여 젊고 사랑스러운 레다와 정을 통한다. 신화의 이 장면은 그리스인에서부터 레오나르도 다빈치Leonardo da Vinci, 윌리엄 버틀러 예이츠William Butler Yeats에 이르는 수많은 예술가의 관심을 끌었다. 종종 "레다의 강간rape"이라고 불리지만, 예술가들의 묘사에는 으레 성적 모호성sexual ambiguity이라는 복선이 깔려있으며, 행위의 돌연성과 상호 간의 욕망mutual desire이라는 요소도 가미되어 있다. 아마도 그리스인들은 '물새들의 성관계에는 뭔가 흥미로운 점이 있다'라고 직감했던 것 같다. 만약 그랬다면, 그들의 직감은 정확했다. 오리의 복잡한 성생활이 진화적으로 시사하는 바는 이제야 겨우 베일을 벗기 시작했다.

1973년의 어느 흐린 겨울날, 당시 스무 살이던 나는 바다로 조류관찰 여행을 떠났다. 메사추세츠주 뉴베리포트에 있는 메리맥강의 둑에 서 있었는데, 그곳은 위치상으로 강 하구河口의 초입에 해당하는 곳이었다. 신문을 배달하고 잔디를 깎으면서 호주머니가 두둑해진 나는 먼 거리에서 새를 관찰할 수 있는 스포팅스코프spotting scope[●]를 막 산 참이었다. 게다가 조류관찰의 명당으로 이름난 곳에서 오리, 갈매기, 아비Loon 등의 물새들을 마음껏 관찰할 수 있어 희희낙락했다. 때는 추운 2월이어서 강둑과 잔잔한 강물에 얼음 덩어리가 가득했지만, 흥분의 도가니에 빠진 나는 전혀 개의치 않았다. 강한 썰물의 흐름에 맞서 흙탕물을 튀기며 물갈퀴질을 하는 오리 떼 여럿을 관찰하기도 했다.

나는 첫 번째 관찰에서 20여 마리의 흰뺨오리Common goldeneye (*Bucephala clangula*) 떼를 만나는 횡재를 했다. 수컷 흰뺨오리는 산뜻한 까만색, 설백색 옆구리·배·가슴, 보는 각도에 따라 색깔이 변하며 빛나는 초록색 정수리를 갖고 있었다. 눈부신 초록색 뺨에는 양쪽 모두 커다란 백색 반점이 동그랗게 아로새겨져 있었다. 소문에 듣던 대로, 그들의 눈은 휘황찬란한 황금색이었다. 암컷은 회색 옆구리와 목, 갈색 머리 때문에 칙칙하지만, 눈만큼은 수컷과 마찬가지로 영롱하게 빛나는 황금색이었다. (그 후 몇 년이 지나도록 이해하지 못

● 필드스코프라고도 한다. 삼각대에 연결하여 주로 낮에 야외에서 먼 곳을 관찰하기 위해 사용한다.

했던) 모종의 이유로 흰뺨오리 무리에는 수컷의 수가 암컷보다 훨씬 더 많아, 20여 마리 중에서 암컷은 겨우 대여섯 마리에 불과했다.

나는 매 순간을 즐기던 중, 물속으로 잠수하여 먹이를 낚아챈 후 수면으로 올라오는 오리들에 시선이 갔다. 그런데 그때 수컷 한 마리가 갑자기 머리를 추어올리더니, 완전히 뒤로 젖혀 자신의 엉덩이에 갖다 대는 게 아닌가! 그것은 소위 헤드스로head throw로 알려진 과시행동이었다. 수컷은 머리를 그런 엉거주춤한 위치에 둔 상태에서 잠깐 하늘을 향해 부리를 벌렸다가, 이내 머리를 좌우로 약간씩 흔들며 평상시 위치로 되돌려놓았다. 이윽고 다른 수컷들이 가담하자, 수컷들의 허세가 일제히 폭발하며 암컷을 차지하기 위한 쟁탈전이 벌어졌다. 그날 수컷 흰뺨오리들이 과시행동을 하는 현장에 좀 더 가까지 다가갔더라면, 그들이 뱉어낸 두 음정 짜리 거친 소리를 들을 수 있었을 텐데…. 물론 수컷 흰뺨오리들은 그것 말고도 다양한 과시행동 레퍼토리를 구사했는데, 조류학자들은 그것들에 뱃머리 자세bowsprit나 돛대머리masthead와 같이 항해와 관련된 이름을 적절히 붙였다. 뱃머리 자세란 머리와 부리로 위와 앞을 연신 가리키며 순항하는 것을 말하며, 돛대머리란 머리를 들어 올렸다 숙이면서 수면을 따라 길게 드리우는 것을 말한다. 수컷 흰뺨오리 무리는 얼음이 꽁꽁 어는 추위에도 불구하고 구애행동에 몰두했다. 그들은 겨우내 그런 식으로 암컷들의 환심을 사려고 애쓰다가, 봄이 되어 캐나다 북부의 숲이 우거진 호숫가에 있는 서식지로 돌아간다.

나는 그 잊지 못할 조류관찰 여행을 통해 오리의 복잡한 사회생활에 입문하게 되었다. 모든 물새류를 통틀어, 수컷들은 흰뺨오리

수컷 흰뺨오리의 헤드스로 연속 동작.

와 비슷한 과시적 구애행동에 여념이 없다. 수컷들은 구애행동을 수차례 반복하지만, 기본적인 구성요소들은 매우 간단하다. 구애행동의 구체적인 레퍼토리는 종마다 다르지만, 전반적으로 일련의 독특한 제스처와 자세로 구성되어 있으며, 각각의 레퍼토리는 몇 초 동안만 지속된다. 특히 오리의 경우에는 거의 모든 구애활동을 물 위에서 펼치므로, 물 휘젓기, 순항하기, 첨벙거리기 등에 의존하는 경우가 다반사다.

일부 오리의 과시행동 레퍼토리는 너무나 기괴해서 보는 이들로 하여금 실소를 머금게 하기도 한다. 예컨대 수컷 붉은꼬리물오리 Ruddy Duck(*Oxyura jamaicensis*)의 경우, 매우 인상적인 거품내기bubbling라는 과시행동을 구사한다. 즉, 꽁지를 하늘 높이 치켜세운 다음, 식도 양쪽에 달린 특별한 파우치에 공기를 가득 집어넣어 목과 가슴을 잔뜩 부풀린다. 그리고 머리를 재빨리 낮춰, 파란 부리로 적갈색 가슴을 두드려 나직한 '빵' 소리를 낸다. 수컷이 이런 짓을 하는 동안, 그의 가슴깃은 물을 마구 휘저어 수면 위에 보글보글한 거품을 남긴다. 그는 강도를 점점 더 높여가며 여남은 번 가슴을 때린 후, (배에 가득 찬 가스가 배출되는 듯) 부르릉하는 신음을 낸다. 깃털, 자세, 충돌음, 신음, 거품이 결합되면 많은 시선을 끄는 과시행동이 된다.

오리의 과시행동 중에서 대표적인 극단적 사례는, 유라시아에 서식하는 작고 사랑스러운 원앙Mandarin Duck(*Aix galericulata*)의 수컷이 보여준다. 많은 오리는 거짓 깃털고르기sham preening를 하는데, 그것은 꽁지깃을 자랑하려고 괜히 우쭐거리는 행동이다.[2] 수컷 원앙의 거짓 깃털고르기의 극적 효과는, 밝고 모양이 독특한 적갈색 안쪽 날개깃을 등 위에 수직으로 세움으로써 극대화된다. 날개깃을 등 위에 곧추세우는 목적은, 암컷을 등진 상태에서 고개를 돌려 밝은 분홍색 부리를 깃털 뒤로 밀어 넣을 때 분명해진다. 이때 날개깃 사이로 자신의 눈이 암컷에게 노출되므로, 수컷은 까꿍놀이와 같은 내숭 효과를 거둘 수 있다. 말하자면 인간의 까꿍놀이peek-a-boo와 유사하지만, 새들 고유의 (부리와 깃털을 이용한) 까꿍놀이beak-a-boo•인 셈이다.

물새의 과시행동 사례는 무궁무진하다. 모든 물새의 풍부하고

• 영어에서 훔쳐보다peek와 부리beak의 발음 유사성을 이용한 조어.

거짓 깃털고르기를 하며 까꿍놀이를 하는 수컷 원앙.

복잡한 구애표현의 공통점은 '암컷의 배우자선택을 통해 진화했다'라는 것이다. 수컷들이 온갖 익살스러운 행동들을 마다하지 않는 이유는 단 하나, 몹시 까다로운 암컷들에게 배우자로 선택되기 위해서다. 암컷은 수컷의 과시행동에 대한 관찰을 토대로 하여 '어떤 수컷과 짝을 이룰 것인지'를 결정한다. 흰뺨오리를 비롯한 많은 종의 경우, 암컷은 월동 장소에서 배우자를 선택하여 짝을 지은 후 겨우내 함께 지낸다. 그러나 겨울에는 교미하지 않는데, 그 이유는 둘 다 준비가 되어 있지 않기 때문이다. 새의 성적 발달 주기는 롤러코스터와 비슷하며, 혈중 호르몬 농도는 계절에 따라 오르내림을 반복한다. 번식기가 아닌 겨울에는 생식능력이 전혀 없으며, 몇 달이 지나 봄이 되어야만 생식샘의 크기가 수천 배로 커진다. 짝짓기 시즌이 다가옴에 따라 암수는 함께 번식지로 이동한다. 일단 번식지에 도착하면, 수컷은 다른 수컷으로부터 암컷을 지키며 과시행동을 계속한다. 수컷의 과시행동이 여러 차례 거듭되고 난 후, 암수는 마침내 물 위에서 교미한다. 암컷은 (목을 앞으로 내밀고 몸을 수평으로 유지한 상태에서 꽁지를 치켜드는) 독특한 교태적 표현solicitation display을 통해 교미할 준비가 되었음을 알리는 신호를 보낸다.

그런데 암컷이 그렇게 까다롭게 짝짓기 상대를 선택하는 이유는 뭘까? 거기에는 그럴 만한 이유가 있다. 내가 앞에서 '몇 안 되는 암컷 흰뺨오리들이 훨씬 더 많은 수컷들에게 둘러싸여 있었다'라고 언급한 것을 기억하는가? 대부분의 오리 종에서 성비는 수컷 쪽으로 크게 치우쳐 있으므로, 암컷들이 선택할 신랑감들이 넘쳐난다. 그런 풍부한 선택권을 가진 암컷 오리들은 다채로운 깃털, 화려한 과시행동, 복잡하고 파격적인 음향자극과 같은 정교한 배우자선호를 진화시켰다. 그리고 많은 수컷 오리들은 봄이 되어 번식지에 도착할 때까지 기다리지 않고 일찌감치 겨울부터 구애활동을 시작하므로, 암컷 오리는 자신의 페이스에 맞춰서 의사결정을 내림으로써, 원하는 때에 수컷들을 골라잡을 수 있다.

언뜻 들으면 암컷이 복에 겨워할 것 같지만, 불행하게도 오리의 성생활에는 어두운 측면도 있다. 캐나다기러기Canada Goose(*Branta canadensis*), 고니Tundra Swan(*Cygnus columbianus*), 흰줄박이오리Harlequin Duck(*Histrionicus histrionicus*)와 같은 일부 물새들은 백년해로형 일부일처제를 채택하여 양친이 배타적인 둥지 터를 수호하고 새끼들을 공동으로 양육하지만, (만찬에서 한 엄마가 내게 물었던) 청둥오리를 비롯한 대부분의 오리 종들은 그렇지 않다. 일부다처제를 채택한 오리들이 배우자유대pair-bonding가 강한 물새들과 다른 점은, 배타적인 영토 개념이 없다는 것이다. 그들은 먹이가 집중적으로 분포된 서식지에 둥지를 짓는 데다 개체군 밀도가 매우 높아, 특정 커플이 배타적인 섭식 영토를 주장할 수 없다. 이렇다 보니, 그들의 성적·사회적 관계는 영토를 주장하는 종들과 크게 다를 수밖에 없다.

영토가 없는 오리의 경우, 수컷의 주된 기능은 뭘까? 그들은 일단 번식지에 도착하면 자신의 짝과 교미를 한 후, 10~15일간의 산란 기간 동안 그녀를 다른 수컷들의 성적 약탈sexual depredation로부터 보호한다. 그들은 그럴 만한 진화적 동기가 매우 강하다. 그래야만 자신의 부권paternity을 보호할 수 있기 때문이다. 그러나 암컷이 알을 낳고 나면, 청둥오리 아빠가 할 일은 별로 없다. 왜냐하면 둥지 짓기와 알 품기는 전적으로 엄마의 몫이어서, 아빠가 필요하지 않기 때문이다. 그리고 그들의 새끼들에게도 아빠가 필요하지 않은 것은 마찬가지다. 왜냐하면 그네들은 알에서 깨어난 직후부터 그럭저럭 알아서 먹고살 수 있기 때문이다.

만약 종의 다른 구성원들로부터 영토를 수호하거나 새끼의 섭식을 도와줄 필요가 없다면, 물새의 양육행동에서 주를 이루는 것은 '포식자에게 들켜 잡아먹히지 않도록 조심하기'일 것이다. 그런데 이런 역할은 양친보다는 편모(또는 편부)가 담당하는 편이 더 유리하다. 왜냐하면 양육활동이 부산해봤자 공연히 포식자의 주의를 끌 가능성이 높으며, 수컷의 밝은 깃털 색깔은 포식자의 표적이 될 공산이 크기 때문이다. 그러므로 맥클로스키가 『아기 오리들한테 길을 비켜 주세요』에 쓴 것처럼, 영토가 없는 물새들 중에는 암컷이 알 품기를 시작하자마자 가출하는 아빠들이 많다. 암컷이 알을 낳는 순간 부권이 확정되었으므로, 수컷이 암컷을 지킴으로써 얻는 진화적 이점은 더 이상 존재하지 않으며, 암컷도 수컷과 함께 지냄으로써 얻을 게 없기는 마찬가지다. 뉴헤이븐의 만찬에서 한 엄마가 던진 "왜 그런 거죠?"라는 질문에 대한 답변은 이 정도로 족하다.

그러나 오리의 성생활 중에서 정말 충격적인 부분은 지금부터 시작이다. 맥클로스키가 쓴 청둥오리의 가정생활에 대한 동화는 과학적으로 정확하지만 빠진 부분이 있으며, 대다수의 사람은 그 부분에 대해 질문을 던질 생각조차 하지 않는다. 맥클로스키는 남편 오리가 아내를 수호하기 위해 직면하게 되는 도전과, 만약 그가 아내 수호에 실패할 경우 그녀에게 닥칠 일에 대해 일절 언급하지 않았다. 그리고 가출한 아빠가 어디로 가는지에 대해서도 말해주지 않았다. 이런 의문들을 해결하고 나면, 오리의 세계가 암컷에게 얼마나 무서운 곳이 될 수 있는지를 알게 될 것이다.

비교적 작은 공간에 많은 오리가 우글거리는 곳(예: 영토가 없는 청둥오리들이 사는 고밀도 생태계)에는 사회적 상호작용의 기회가 넘쳐난다. 그런데 수컷에게는 이러한 사회적 기회가 성적性的 기회이기도 하다. 한 개체군에 존재하는 수컷의 수가 워낙에 많다 보니 총각 귀신이 되는 수컷들도 부지기수인데, 이런 수컷들이 총각귀신을 면하는 방법에는 두 가지가 있다. 하나는 요행수를 바라며 다음 시즌을 기다리는 것이고, 다른 하나는 내켜 하지 않는 암컷을 겁탈하는 것이다. 따라서 강제교미forced copulation는 수컷의 생식전략 중 하나라고 할 수 있다. 자신의 아내가 이미 알을 품기 시작한 수컷들도 가출한 후에 강제교미를 시도할 수 있는데, 이는 『아기 오리들한테 길을 비켜 주세요』에서 얼떨결에 가출한 수컷 청둥오리의 흑역사를 암시한다.

강제교미는 조류학자와 진화생물학자들이 '새를 비롯한 동물들 간의 강간'을 지칭하기 위해 사용하는 용어다. 동물학에서는 지난 한 세기 동안 강간이라는 용어를 일상적으로 사용했지만, 1970년대에 여러 페미니스트 진영으로부터 집중포화를 받은 후 거의 사용하지 않고 있다. 특히 수전 브라운밀러Susan Brownmiller는 『우리의 의지에 반하여Against Our Will』라는 책에서, "강간과 강간위협은 인간 사회에서 여성을 사회적·정치적으로 억압하기 위한 메커니즘으로 기능한다"라고 강력하고 효과적으로 주장했다.[3] 요컨대, 인간의 강간은 매우 큰 상징적·사회적 영향력을 가진 용어이므로, 그 용어를 비인간 동물의 맥락에 함부로 사용해서는 안 된다는 것이었다. 조류학자 패티 고와티Patty Gowaty는 이렇게 썼다.[4] "강간과 강제교미 사이에는 중요한 차이가 있으므로, 우리 동물행동학자들은 몇 년 전 강간이라는 용어는 인간에게만 사용하고 비인간 동물에게는 강제교미라는 용어를 사용하기로 합의했다."

나는 고와티의 생각을 이해하고 완전히 그에 동의하지만, 강간이 강제교미라는 용어로 대체됨으로써 '동물의 폭력적 성행동의 사회적·진화적 영향'에 대한 불감증이 초래되었다고 생각한다.[5] 즉, "그런 움직임으로 인해 강제교미도 (강간과 마찬가지로) 암컷 동물들의 의사에 반하는 강압적인, 일종의 성폭력이라는 사실이 모호해져 진화에 있어서 성폭력의 역학을 이해하는 데 어려움이 많다"라는 것이 내 생각이다(나는 10장에서, 이런 지적 오류가 '성폭력이 인간의 진화에 미친 영향'을 이해하는 데 걸림돌이 된 과정을 상세히 설명할 것이다).

그렇다고 해서 내가 동물학에서도 강간이라는 용어를 전면적으로 사용하자고 주장하려는 것은 아니지만, 강제교미라는 용어가 비인간 동물의 성폭력을 이해하는 데 누가 된다고 생각한다. 특히 암컷 오리의 경우, 성적 강압과 폭력이 그녀들의 의사에 크게 반하는 행동임을 인식하는 것은 과학적으로 매우 중요하다.

강제교미는 많은 종류의 오리들 사이에서 흔히 일어나는데, 이는 강제교미가 (오리들에게 있어) 일상적이고 평범한 행위임을 시사할 수도 있다. 그러나 그렇다고 하더라도 강제교미는 폭력적이고, 추하고, 위험하고, 심지어 치명적이기까지 하다. 암컷 오리는 강제교미에 저항하며, 무례한 수컷들로부터 날아가거나 헤엄쳐 벗어나려고 시도하는 게 분명하다. 설사 도망치지 못하더라도, 그녀들은 무뢰한들의 접근을 막으려고 사력을 다한다. 그러나 암컷이 수컷의 마수에서 벗어나는 것은 지극히 어렵다. 왜냐하면 많은 오리 종들의 사회에서는 강제교미가 종종 조직적으로 자행되기 때문이다. 즉, 수컷들은 떼 지어 몰려다니며 암컷 한 마리를 윤간의 형태로 습격하는데, 그 이유는 간단하다. 수컷 여럿이 합세하여 암컷 하나를 공격할 경우, 그중 한 녀석이 그녀의 저항을 뚫고 자신의 목적을 달성할 가능성이 커진다.

암컷이 강제교미에 저항함으로써 치르는 비용은 막대하다. 종종 중한 상처를 입으며, 그 후유증으로 목숨을 잃는 경우도 드물지 않으니 말이다.[6] 그런데도 암컷 오리들이 강력하게 저항하는 이유는 뭘까? 강제교미에 저항할 때 입는 직접적인 신체 손상이 꽤 크다는 점을 고려할 때, 그녀들이 강력하게 저항하는 이유를 진화적 관점에서 설명하기가 어려워 보인다. 유전자의 대물림을 위협하는 요인 중에 죽음보다 더한 것이 없을진대, 왜 죽을 위험을 감수하며 저항하는 것일까?

이 의문은 우리를 '암컷과 수컷의 복잡한 상호작용'의 핵심적인 부분으로 이끈다. 암컷은 아름다움을 추구하는 성적 욕구에 충실하려고 하는 데 반해, 수컷은 강압과 성폭력을 통해 그녀의 성선택 능력을 파괴하려 한다. 그녀가 강제교미로 인해 입는 피해는 자신의 건강과 웰빙이 직접 훼손되는 것 이상이며, 어쩌면 그보다 훨씬 더 중요할 수 있는 간접적·유전적 이점도 상실된다. 왜냐고? 자신이 원하는 수컷과 짝짓기하는 데 성공한 암컷은, 자신뿐만 아니라 모든 암컷이 동경하는 과시형질을 물려받은 아들을 낳을 가능성이 높기 때문이다. 성적으로 매력적인 아들 역시 매력적인 손주를 낳을 가능성이 높으므로, 그녀의 후손은 더욱 불어날 것이다. 이러한 간접적·유전적 이점이야말로 미적 공진화를 추동하는 힘이다. 그에 반해 강제로 수정된 암컷은 무작위적인 과시형질이나 (자신의 미적 기준을 충족하지 못해) 퇴짜맞은 과시형질을 가진 수컷을 닮은 아들을 낳게 될 것이다. 무작위적이든 기준미달이든, 원치 않는 수컷과 짝짓기함으로써 통해 탄생하는 아들은 인기 있는 수컷의 과시형질을 물려받지 못할 가능성이 높다. 그러면 다른 암컷들에게 성적으로 호감을 살 가능성이 작고, 결국에 선택받지도 못할 가능성이 높으므로 손주의 수가 크게 줄어들 것이다. 이것은 수컷의 성폭력으로 인해 암컷이 치르는 간접적·유전적 비용이며, 암컷이 죽음을 무릅쓰고 강제교미를 거부하는 것은 바로 이 비용을 회피하기 위해서라고 할 수 있다.

오리의 복잡한 생식생물학의 중심에는 '아이의 아버지를 누가 결정할 것인가'를 둘러싼 암수의 성 갈등이 도사리고 있다. '공진화한 수컷의 아름다움(깃털, 노래, 과시행동)에 기반을 둔 성선택'을 통한 암컷의 자발적 선택에 맡길 것인가, 아니면 강제교미를 통한 수컷의 강압에 맡길 것인가?

1979년 제프리 파커Geoffrey Parker는 성 갈등을 '생식을 둘러싸고 일어나는, 다른 성별을 가진 개체들의 진화적 이해관계의 대립'이라고 정의했다.[7] 성 갈등은 생식의 다양한 측면과 관련된 문제들, 예컨대 짝짓기의 대상과 빈도, 자녀양육의 비용 및 책임 분담 등의 문제를 둘러싸고 일어날 수 있다. 이러한 갈등의 원천인 '수정을 누가 지배할 것인가', '정자를 누가 제공할 것인가', '알을 누가 돌볼 것인가'는 성선택의 진화에 매우 중요하다.

오리의 성생활은 수정을 둘러싼 성 갈등의 좋은 예로, 다윈이 제안한 '미적 취향taste for the beautiful'이 성적 자율성의 진화 기회를 창조하는 메커니즘을 연구할 수 있게 해준다. 여기서 핵심적인 것은, 성선택에는 두 가지 기본적인 메커니즘(수컷의 과시형질에 대한 암컷의 미적 선호에 기반을 둔 배우자선택과, 수정의 권리를 둘러싼 수컷 간의 경쟁)이 존재하며, 두 가지 메커니즘이 진화적으로 상반될 수 있다

는 것이다.[8]

이러한 통찰은 진화생물학의 지배적 통념을 뒤흔들었다. 앞에서 살펴봤던 것처럼, 다윈의 『인간의 유래와 성선택』이 출간된 후 진화론의 주도권을 잡았던 월리스의 적응주의 관점은 모든 형태의 성선택을 자연선택의 일종으로 간주했다. 이 견해에 따르면, 코끼리물범이 됐든 극락조가 됐든 객관적으로 최선인(가장 적응적인) 수컷들만이 짝짓기에 성공한다. 그러나 물새들의 사례에서 보는 바와 같이, '암컷의 성선택'과 '수컷 간의 경쟁'이라는 메커니즘이 동시에 작동하며, 이 두 가지 메커니즘이 상반된다면 어떤 일이 벌어질까? 뚜렷이 구별되는 두 가지 메커니즘에서, 어느 한쪽의 승자가 반드시 최종적인 승자가 될 수 있는 것은 아니다. 설사 가장 공격적인 수컷이 최선이라도, 암컷이 그를 선호하지 않을 수 있다. 절대로 참이라고 단언할 수 있는 것은, 두 가지 메커니즘에서 각각의 승자가 결과적으로 일치하지 않을 수도 있다는 것뿐이다.

정확히 말하면 성폭력은 이기적인 수컷 입장에서의 진화전략일 뿐이다. 이는 성폭력 피해자인 암컷의 진화적 이해관계와 상충하며, 아마 종 전체의 진화적 이해관계와도 부합하지 않을 것이다. 그런 폭력성은 암컷들을 불구로 만들거나 살해함으로써 종의 개체군 크기를 감소시킬 것이다. 그리고 성비가 왜곡될수록 비명횡사하는 암컷들은 더욱 증가할 것이다. 왜냐하면 성선택 경쟁에서 패배하는 수컷 중에서 '성범죄식式' 전략을 추구하도록 동기부여가 되는 수컷들이 늘어날 것이기 때문이다. 따라서 오리들에게서 나타나는 성갈등은 "성선택은 자연선택과 일치하지 않는다"라는 다윈의 통찰을 다시금 증명한다.

오리의 성생활이 그토록 예외적인 이유 중 하나는, 조류의 97퍼센트와 달리 아직도 페니스를 갖고 있기 때문이다. 조류의 페니스는 포유류나 파충류의 페니스와 상동기관이지만, 대부분의 조류는 조상들이 진화해온 과정에서 페니스를 상실했다(자세한 내용은 이 장의 마지막 부분을 참고하라). 아직도 페니스를 보유하고 있는 오리를 비롯한 조류들(날지 않는 새인 타조ostrich·에뮤emu·화식조cassowary·키위새kiwi·레아rhea 그리고 그들의 가까운 친척이지만 날아다니는 티나무tinamous 등)은, 조류들이 구성하는 생명의 나무에서 뻗은 가지 중에서 가장 오래된 것에 속한다. '신체 대비 페니스의 크기'로 보면 페니스를 가진 새 중에서도 오리가 단연 최고다. 그중에서도 어느 한 종의 페니스는 그야말로 '역대급'으로, 모든 척추동물 중에서 최고 기록을 보유하고 있다. 조류학자 케빈 맥크라켄Kevin McCracken과 그의 동료들은 2001년 《네이처Nature》에 기고한 논문에서, 자그마한 아르헨티나 푸른부리오리Argentine Lake Duck(*Oxyura vittata*)의 페니스 크기를 기술했다.[9] 덩치로 보면 길이 30센티미터에 몸무게는 500그램 남짓하지만, 페니스 길이가 무려 42센티미터여서 기네스북에 올랐다. 논문의 제목은 「암컷 오리는 수컷 오리의 물건에 감동할까?Are Ducks Impressed by Drakes' Display?」였는데, 맥크라켄은 이 논문에서 '암컷 오리가 페니스 크기를 기준으로 배우자를 선택할 것'이라는 가설을 제시했다.

그러나 오늘날 우리는 "오리 대부분에게, 페니스 크기는 중요하

'페니스 길이 42센티미터'라는 세계기록을 보유한 수컷 아르헨티나푸른부리오리.
Photo by Kevin McCracken

지 않다"라는 사실을 알고 있다. 왜냐하면 생식주기의 계절성을 고려할 때, 암컷이 배우자를 선택하는 구애기courting season에는 킹사이즈 페니스를 가진 수컷 오리가 존재할 수 없기 때문이다. 좀 더 자세히 말하면, 오리의 페니스는 매년 교미기mating season가 다가옴에 따라 점점 더 커지지만, 일단 시즌이 끝나고 나면 쪼그라들면서 퇴행하다가 최대 크기의 10분의 1도 안 되는 흔적기관으로 전락하기 때문이다.

한편 맥크라켄은 대안가설도 제시했는데, 그 내용인즉 "수컷 오리는 킹사이즈 페니스를 이용하여 다른 경쟁자들의 정액을 암컷의 생식관reproductive tract에서 제거한다"라는 것이었다. 그러나 새로운 과학적 사실이 발견될 때마다 새로운 수수께끼가 꼬리에 꼬리를 물고 이어짐을 인정하듯, 그는 다음과 같은 의문으로 논문을 마감했다. "암컷 오리의 수란관oviduct•의 해부학적 구조가 워낙 복잡해 수정하기가 어렵다 보니, 페니스가 그렇게 길어진 것 같다. 수컷 오리의 기다란 페니스 중에서 실제로 삽입되는 부분은 얼마만큼일까?"

2005년 나의 새로운 동료 퍼트리샤 브레넌은 맥크라켄이 제기한 의문에 큰 관심을 보였다. 브레넌은 콜롬비아 사람이지만 미국에서 15년 이상 살아왔다. 쾌활하고 열정적이고 못 말리는 과학자인 그녀는 조류의 성생활을 연구하거나 거론하는 것을 전혀 부끄러워하지 않았다. 지금은 두 아이의 어머니이고 회색 머리칼이 언뜻언뜻 보이지만, 코넬 대학원 시절의 에어로빅 강사 몸매를 그대로 유지하고 있다. 또한 그녀는 훌륭한 살사 댄서이기도 하다, 누가 콜롬비아인 아니랄까 봐. 그녀는 공룡 비슷하게 생긴 티나무Great tinamou(*Tinamus major*) 수컷의 둥지 관리 및 양육 시스템에 대한 논문으로 박사학위를 받았다. 티나무는 도요타조라고도 불리는 도요타조과Tinamidae의 새로, 수줍음을 많이 타며 생김새는 닭을 닮았다.

• 자궁과 난소를 연결하는 가늘고 긴 관. 여기에서 수정이 이루어진 다음, 수정란이 자궁으로 이동한다.

코스타리카의 열대우림에서 브레넌만큼 티나무에 정통한 사람은 없을 것이다.

언젠가 한번 티나무의 짝짓기 장면을 관찰할 때, 브레넌은 수컷의 총배설강cloaca에 길쭉한 나선형 살덩어리가 매달려 있는 것을 보고 깜짝 놀랐다. 총배설강이란 '수챗구멍'을 뜻하는 라틴어에서 유래하는 말로, 조류의 항문 안에 존재하는 해부학적 공간을 의미하며, 소화관·요로·생식관의 배출물이 모두 통과하는 원스톱 종말처리장이라고 할 수 있다. 페니스가 없는 조류의 경우 '총배설강 키스cloacal kiss'를 통해 수정이 이루어지는데, 말은 '키스'라고 해도, 사실은 암수가 구멍(항문)을 맞대는 자세를 무덤덤하게 기술한 시적 표현으로(로맨틱한 정서라고는 눈곱만큼도 없다), 수컷은 이를 통해 정자를 방출하고 암컷은 그것을 받아들일 뿐이다.

수컷 티나무는 암컷에게 아무것도 삽입하지 않는데, 그도 그럴 것이 암컷의 체내에 그럴 만한 수납공간이 전혀 없기 때문이다. 빅토리아 시대의 해부학자들은 자연사박물관의 표본을 해부하여 티나무의 페니스에 관해 기술했지만, 그 해부학적 모노그래프는 교미 장면을 과학적·체계적으로 기술하지 않아 한 세기 이상 거의 완전히 무시되었다. 그래서 브레넌은 교미 중인 수컷 티나무의 총배설강에서 뭔가가 튀어나온 것을 보고 소스라치게 놀랐다. 아마도 그녀는 티나무의 페니스가 작동하는 장면을 세계 최초로 목격한 사람이었던 것 같다.

2005년 내 연구실에 처음 들어왔을 때, 브레넌은 티나무 연구를 계속하며 페니스의 해부학적 구조와 기능을 집중적으로 분석하고 싶어 했다. 그러나 티나무는 식용으로 인기가 높아 사냥꾼들의 집중적인 표적이 되는 바람에 숲속에 꼭꼭 숨어버려, 야생에서 연구하기가 여간 어려운 게 아니었다. 그와 대조적으로, 오리는 티나무와 마찬가지로 페니스를 가진 데다 연구하기도 비교적 쉬웠다. 그래서 브레넌은 '조류의 성기의 해부학적 구조와 기능이 진화한 과정을 연구하는 데는 오리가 안성맞춤'이라고 생각하게 되었다.

그리하여 그녀는 2009년 캘리포니아의 센트럴밸리에 있는 한 오리농장을 찾았다. 오리농장은 진화생물학의 미답지를 새롭게 탐구하는 데 적합한 곳이 아니지만, 브레넌이 방문한 농장에는 매우 특별한 수컷 오리가 몇 마리 있었다. 그 수컷 오리들은 작은 유리병에 사정射精하도록 훈련을 받았는데, 그 목적은 오리의 성생활에 대한 농장주의 관음증(병적인 호기심)을 충족시키기 위해서가 아니라, 수컷 머스코비오리Muscovy Duck(*Cairina moschata*)와 암컷 베이징종오리(길들인 청둥오리)의 잡종을 얻기 위해서였다. 그 잡종은 활력이 넘치고 성장 속도가 매우 빠른데, 이 두 가지(활력, 급성장)는 오리 사육자들에게 매우 인기 있는 특징이었다. 그러나 머스코비오리와 베이징종오리는 궁합이 맞지 않으므로, 합사할 경우 별로 교미를 하지 않아 상업성이 떨어진다는 문제점이 있었다. 현대 농가들은 이 문제를 해결하기 위해 인공수정이라는 방법을 고안해냈는데, 그러기 위해서는 먼저 수컷 오리의 정자를 채취해야 했다.[10] 그래서 등장한 방법이 수컷 오리가 작은 유리병에 사정하게 하여 정액을 모으는 것이었다.

어느 날 한 라틴계 남성 노동자가 인공수정을 하기 위해 정자를 모을 때, 사랑스럽고 현명하고 재치 있는 고학력 라틴계 여성 학자가 고속 비디오카메라를 들이댈 수 있었던 것은 바로 이 때문이었다. 나중에 비디오를 시청해보니, 수컷 머스코비오리는 매우 쿨한 성격이었다. 병이 아무리 작아도, 카메라 렌즈가 아무리 뚫어지게 쳐다봐도, 조명이 아무리 밝아도 전혀 아랑곳하지 않고 볼일을 보는 게 아닌가!

인공수정의 기본 절차는 다음과 같다. 먼저 암컷과 수컷 머스코비오리를 각각 다른 우리에서 사육함으로써 성적 동기를 유발한다. 한참 후 정자를 수집할 때가 됐다 싶으면, 암수 한 쌍을 비좁은 (궁둥이를 겨우 맞댈 정도의) 우리 안에 넣는다. 그러면 수컷이 부리나케 암컷에게 올라타 압박을 가하기 시작하고, 암컷은 이내 수용적 자세를 취하는데 이를 교미 전 자세precopulatory posture라고 한다. 교미 전 자세를 좀 더 자세히 설명하면, 암컷은 목을 앞으로 길게 빼고 머리를 낮추고 궁둥이를 들어 올려 총배설강을 노출한다. 총배설강이 열려 다량의 점액이 분비되면, 수컷은 암컷이 내민 궁둥이를 향해 자세를 낮춘다. 기회는 바로 이때다.

통상적으로 수컷 머스코비오리의 페니스는 이 순간 발기하여 암컷 머스코비오리의 생식관에 삽입된다. 그러나 인공수정을 위해 수컷 오리의 정자를 수집할 때는 사정이 다르다. 농장 노동자는 암컷을 재빨리 빼돌리는 동시에, 작은 병을 수컷 오리의 총배설강 입구에 얼른 들이댄다. 그러면 발기한 수컷 오리의 페니스는 엉뚱하게 병 안으로 들어가 그 속에 사정하게 된다. 이렇게 수집된 정액은 다른 노동자의 손으로 넘어가고, 그는 넘겨받은 정액을 잘 보관했다가

옆 우리에서 대기하고 있는 암컷 베이징종오리의 총배설강에 투입한다. 그러나 여기서 두 번째 노동자가 브레넌을 위해 특별한 도움을 주었다. 그는 수컷의 삽입을 막은 다음, 수집 병 대신 허공 또는 특수장비(이 특수장비는 브레넌이 나중에 다시 농장을 방문할 때 가져온 것인데, 자세한 내용은 뒤에서 설명하기로 한다) 속에 사정하게 했다.

오리의 페니스는 인간의 페니스와 오래된 상동기관임에도 불구하고 형태와 기능이 상당히 다르다. 첫 번째 특징은, 파충류의 페니스와 마찬가지로 외부에 노출되지 않고 내부에 잠복해 있다는 것이다. 즉, 평상시에는 안과 밖이 뒤집힌 채 여러 겹으로 접혀 총배설강 안에 보관되어 있다가, 교미할 때만 총배설강 밖으로 나온다. 두 번째 특징은, 파충류나 포유류와 달리 혈관계가 아니라 림프계의 동력에 의해 발기한다는 것이다. 수컷 오리의 총배설강 양쪽에는 림프벌브lymphatic bulb라는 근육낭muscular sac이 있는데, 이것이 수축하면 림프가 페니스 중심부의 텅 빈 공간으로 흘러 들어간다. 이렇게 되면 접혀 있던 페니스가 펼쳐짐과 동시에 발기되어 총배설강 밖으로 신속히 튀어 나간다. 수컷 오리 페니스의 발기 과정을 상상하기는 매우 어렵지만, '스웨터 소매를 손으로 뒤집기'와 '컨버터블 스포츠카의 부드러운 지붕을 유압구동으로 펼치기'를 짬뽕한 것이라고 볼 수 있다. 물론 그보다 속도가 훨씬 더 빠르지만 말이다. 페니스의 기저부가 맨 처음 노출된 후 나머지 부분이 순차적으로 펼쳐져 말단부까지 모두 노출되면, 정자는 외부의 홈groove을 따라 기저부에서 말단부까지 이동한다.

그런데 오리의 경우에는 페니스의 발기와 삽입이 동시에 일어난다. 즉, 파충류나 포유류처럼 음경이 경직된 다음 암컷의 질vagina 안으로 들어가는 게 아니라, 발기(정확히 말하면 뒤집힘)와 동시에 암컷 오리의 생식관으로 진입하며 교미가 끝날 때까지 신축성을 유지한다. 더욱이 오리의 페니스는 기저부에서 말단부까지 곧은 형태가 아니라, 반시계방향으로 꼬인 형태다. 머스코비오리의 경우 20센티미터짜리 페니스가 여섯 번 내지 열 번 꼬여 있다.

오리의 페니스에는 (파충류의 페니스처럼) 정액이 흐를 수 있는 폐쇄된 요도urethra가 없고, 정자를 운반하는 홈sulcus처럼 생긴 고랑이 파여 있다. 이 홈은 셔츠 소매의 솔기처럼 페니스 전체에 걸쳐 세로로 파여 있지만, 페니스 자체가 반시계방향으로 꼬여 있으므로 고랑도 똑같은 방향으로 꼬여 있다. 앞에서 언급한 (조류의 페니스를 기술했던) 빅토리아 시대의 해부학자들은 이 고랑을 '구멍이 나서 물이 줄줄 새는 파이프처럼, 제 기능을 하지 못한다'라고 조롱했다. 그러나 그들은 오리의 페니스가 실제로 작동하는 것을 관찰하지 못한 게 틀림없다. 그들의 탁상공론보다 더 부정확한 추측은 없으리라. 오리의 페니스에 난 고랑은 단지 위상적인 주름topological fold처럼 보이지만, 고속으로 촬영한 동영상에 나타나는 정액의 흐름을 유심히 살펴보면, 다른 어떤 포유류의 요도 못지않게 잘 작동한다는 사실을 알 수 있다.

괴상한 외계의 술집에 설치된 자동판매기에서 선택한 섹스토이처럼(게리 라슨Gary Larson이 그린 성인용 만화 『반대편The Far Side』을 생각해보라), 오리의 페니스에는 고랑과 이랑이 있고, 심지어 오리 중에는 페니스에 날카로운 돌기를 가진 변종도 있다. 이러한 돌기의 끝은 기저부를 향하므로, 페니스가 펼쳐질 때 암컷의 생식관 벽에 박혀 페니스를 고정한다. 마치 암벽 등반가들이 위치를 확보하기 위해 바위의 갈라진 틈새에 박아 넣는 피톤piton(금속 못)처럼 말이다. (앞에서 나는 '오리의 페니스는 나선형으로 꼬였다'라고 이야기했다. 그 외에도 오리의 페니스에는 특이한 점이 하도 많아, 그걸 한번에 이해하기는 어렵다. 여기에 대해서는 뒤에서 다시 자세히 다루겠다.)

오리의 해부학에 대한 수년간의 연구를 통해 준비를 단단히 했지만, 브레넌은 오리의 페니스가 실제로 작동하는 광경을 보고는 아연실색했다. 단도직입적으로 말해서 오리의 발기는 "폭발적"이었는데, 우리는 나중에 《런던왕립학회보 BProceedings of the Royal Society of London B》에 기고한 논문에서 실제로 이렇게 적었다. "머스코비오리의 20센티미터짜리 페니스는 폭발적으로 뒤집혔다. 평균 속도는 초속 0.36미터, 최대 속도는 초속 1.6미터였다."[11]

초속 1.6미터라면 시속 5.7킬로미터에 해당하므로 별로 빠른 것 같지 않지만, 20센티미터짜리 페니스가 완전히 발기하는 데 걸리는 시간은 약 3분의 1초밖에 안 된다. 그야말로 눈 깜짝할 사이이다. 발기한 페니스는 사정한 직후 오므라들며, 수컷은 일련의 근육수축을 통해 '공기 빠진 풍선'을 총배설강 안으로 회수하기 시작한다.• 브레넌의 데이터에 따르면, 수컷이 페니스를 완전히 회수하는 데 걸리는 시간은 평균 2분으로, 발기하는 데 걸린 시간의 190배나 된다. 브레넌은 캘리포니아 오리농장을 처음 방문했을 때 페니스의 발기 및

• 컬러 화보 16번.

회수 과정을 모두 관찰했는데, 이를 위해 수컷 오리가 아무런 방해도 받지 않고 허공에서 발기하는 장면을 고속 카메라로 촬영했다. 오리의 발기속도를 측정하고 고랑(페니스의 기저부에서 말단부까지 정자를 운반하는 홈)의 효율성을 관찰한 것은 우리가 처음이었다.

수컷은 사정 및 페니스 회수가 완료된 후 몇 시간이 지나야 성 활동을 재개할 수 있는데, 이는 아마도 폭발적인 발기를 위해서는 림프벌브 안에 충분한 림프를 모아야 하기 때문인 것으로 보인다. 이유야 어찌 됐든, 수컷 오리가 사정 이전으로 돌아가려면 몇 시간이 필요하다.

우리의 오리농장 연구 결과가 발표되었을 때, 오리농장 노동자들의 일상적 활동에 대한 지식은 과학적으로 주목할 만할 뿐만 아니라, 문화적으로 매혹적이기까지 해서 세간의 주목을 받았다. 유튜브Youtube에 업로드된 동영상은 며칠 만에 수만 건의 조회수를 기록하여, 수컷 오리 페니스의 폭발적인 발기에 못지않은 폭발적인 관심을 끌었다.

수컷 오리의 페니스 이야기는 이쯤 해두고, 맥크라켄이 제기한 의문으로 되돌아가기로 하자. "폭발적이고, 나선형이고, 고랑이 파여 있고, 심지어 날카로운 돌기가 있는 수컷 오리의 페니스는, 발기와 동시에 암컷의 생식관 안으로 삽입되어 무슨 기능을 수행할까? 암컷 오리의 몸길이는 32센티미터에 불과한데, 일부 수컷 오리들이 42센티미터나 되는 페니스를 진화시킨 이유는 뭘까?" 브레넌은 이 의

문을 해결하기 위해 암컷 오리의 생식관 표본을 해부해봤다가 매우 혼란스러워졌다. 생물학 교과서에는 "조류의 질vagina은 얇은 벽으로 둘러싸인 단순한 관tube으로, 하나의 난소에서 시작하여 총배설강으로 매끈하게 이어진다"라고 쓰여 있다. 그러나 실제로 브레넌이 해부한 암컷 오리의 생식관은 교과서의 설명과는 전혀 달랐다. 그녀가 해부한 오리의 질은 두껍고 구불구불한 벽을 보유하고 있었고, 그 벽은 수많은 섬유질 결합조직fibrous connective tissue으로 둘러싸여 있었다. 브레넌이 보기에, 그것은 '얇고 단순한 관'이기는커녕 '엄청나게 복잡한 덩어리'였다. 그녀는 대경실색했지만, 그녀를 또 한 번 놀라게 한 표본이 있었다. 다른 암컷 오리를 해부해봤더니, 그 암컷의 질은 교과서에 나온 대로 얇은 벽으로 둘러싸인 단순한 관으로 구성된 것이 아닌가! 나중에 안 사실이지만, '얇고 단순한 관' 표본은 번식기가 지난 암컷 오리의 것이고, '구조가 복잡한 관' 표본은 번식기에 있는 암컷 오리의 것이었다. 요컨대, 암컷 오리 생식관의 해부학적 구조는 수컷 오리의 페니스와 마찬가지로, 계절적 리듬을 따르는 것으로 밝혀졌다. 암컷 오리와 수컷 오리의 성기는 매년 번식기가 다가옴에 따라 발달하고, 번식기가 끝나면 퇴화하는 것이었다.

번식기에 있는 암컷 오리 여러 마리의 질 구조를 관찰한 후, 브레넌은 생식관 맨 아래의 총배설강 근처에 일련의 '막다른 샛길dead-end side pocket', 즉 맹낭cul-de-sac이 존재하는 것을 발견했다. 그리고 생식관을 따라 위로 올라가보니 일련의 구불구불한 통로들이 발견되었다. 흥미롭게도, 이 구불구불한 통로들은 시계방향으로 꼬여 있어, 반시계방향으로 꼬인 수컷 오리의 페니스가 진입하는 것을 효과적으로 차단할 수 있었다. 14종의 물새(청둥오리, 바다오리, 비오리, 기러기, 고니, 붉은꼬리물오리 등)의 샘플을 추가로 수집하여 비교분석한 결과, 브레넌은 "수컷 오리의 페니스 길이가 길고 꼬임이 심할수록 암컷 오리 질의 구조는 더욱 복잡해지고 맹낭의 개수가 많아지며, 시계방향 꼬임이 심해진다"라는 결론을 내렸다.[12]

그런데 암컷 오리 질의 해부학적 구조가 이렇게 다양해진 원인은 무엇일까? 핵심적인 원인은 '생식기의 구조와 사회적·성적 생활 사이에 밀접한 상관관계가 있기 때문'이다. 즉, 영토를 보유하며 일부일처제를 채택한 오리(고니, 캐나다기러기, 흰줄박이오리 등)의 경우, 수컷은 표면이 밋밋하고 크기가 매우 작은 페니스(약 1센티미터)를 보유하고 있고, 암컷은 맹낭이나 꼬임이 없는 단순한 질을 갖고 있다. 그와 대조적으로, 영토를 보유하지 않으며 강제교미를 일삼는 오리(머스코비오리, 고방오리, 붉은꼬리물오리, 그리고 『아기 오리들한테 길을 비켜 주세요』에 등장하는 청둥오리 등)의 경우, 수컷은 길고 표면이 꺼칠꺼칠한 페니스를 보유하고 있고, 암컷은 구조가 매우 복잡한 질을 갖고 있다. 페니스와 질의 형태를 비교분석한 결과에 따르면, 이러한 두 가지 특징(길이가 길고 구조가 정교한 페니스, 복잡하고 구불구불한 질)은 공진화한 게 분명해 보인다.[13] 그렇다면 이러한 공진화를 추동한 요인은 뭘까?

우리는 "오리의 페니스와 질의 공진화는 '자녀의 아버지를 누가 결정할 것인가'를 둘러싼 암수 간의 성 갈등의 산물"이라는 가설을 수립했다.[14] 물새류의 경우, 성 갈등은 양성 간의 가속화되는 전쟁을 초래하는데, 이 전쟁을 성적으로 적대적인 공진화sexually antagonistic

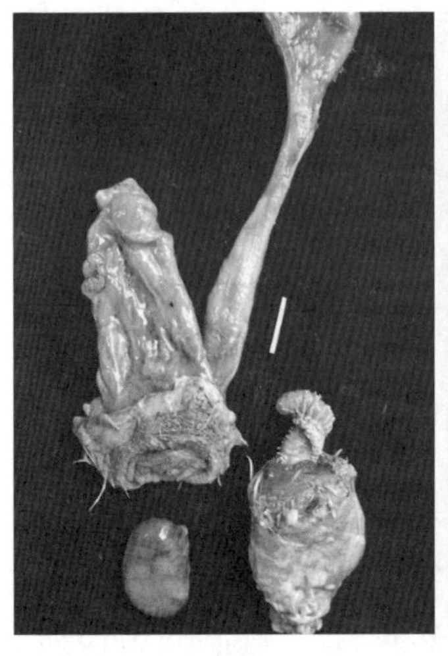
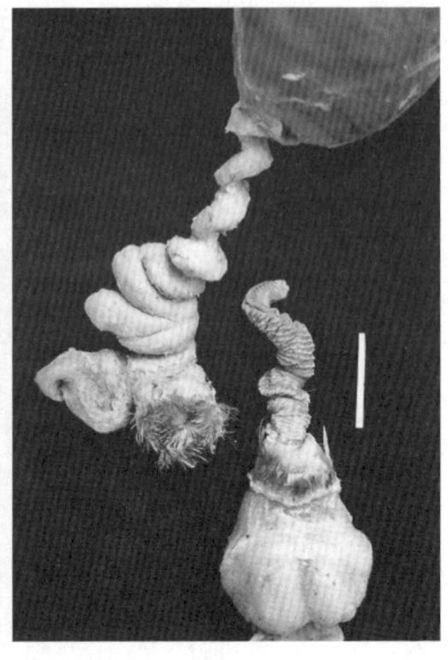

물새류를 대상으로 한, 수컷 오리와 암컷 오리의 생식기 형태의 공진화 연구 결과
(왼쪽) 흰줄박이오리의 경우, 수컷은 매우 작고 1센티미터 남짓한 페니스를 갖고 있으며, 암컷은 단순하고 곧은 구조의 질을 갖고 있다.
(오른쪽) 청둥오리의 경우, 수컷은 길고 반시계방향으로 꼬이고 표면이 꺼칠꺼칠한 페니스를 갖고 있으며, 암컷은 맹낭이 많고 구불구불하고 시계방향으로 꼬인 질을 갖고 있다.
Photos by Patricia Brennan.

coevolution라고 부른다. 성적으로 적대적인 공진화는 암수 간에 일종의 군비경쟁을 초래하여, 각각의 성은 이성異性의 진화적 노력(수컷: 생식에 대한 주도권 장악, 암컷: 생식에 대한 자유로운 선택권 확보)을 압도하기 위해 성공적인 행동적·형태학적·생화학적 메커니즘을 진화시킨다. 즉, 한 성의 진화적 발전은 다른 성의 보상적 대응전략compensating counterstrategy을 추동하게 된다.

수컷 오리는 내켜 하지 않는 암컷의 질에 강제로 삽입할 수 있는 폭발적인 코르크스크루corkscrew 모양의 페니스를 진화시켰고, 암컷 오리는 이에 맞서 강압적 수정을 저지할 수 있는 해부학적 메커니즘을 진화시켰다. 수컷 오리의 페니스는 뻣뻣하지 않고, 암컷 오리의 생식관 속에서 반시계방향으로 소용돌이치며 유유히 전진한다는 점을 상기하라. 내가 보기에, 암컷 오리의 질 속에 맹낭이 존재하고 있고 질의 모양이 시계방향 코르크스크루 형태인 것은 '강제교미가 일어날 때 수컷 오리의 페니스가 생식관을 통과하지 못하도록 차단하기 위해서'인 것 같다. 만약 암컷 오리의 진화적 발전(질의 복잡하고 기만적인 해부학적 구조)이 강압적 수정을 저지하는 데 성공한다면, 수컷 오리는 좀 더 길고 잘 무장된 페니스를 진화시켜 맞대응할 것이고, 암컷 오리는 이에 대응하여 좀 더 복잡하고 기만적인 해부학적 구조를 진화시키는 무한 군비경쟁의 악순환이 계속될 것이다.

이러한 역동적 공진화과정에서 작용하는 선택 메커니즘은 매우 복잡하다. 첫째로, 배우자선택에 의한 성선택이 작용하여, '수컷의 과시형질'과 '암컷의 선호도'의 공진화를 추동한다. 둘째로, 수컷 간의 경쟁이라는 제2의 성선택이 작용하여 '강압적 행동'과 '좀 더 길고 공격적으로 무장된 페니스'를 진화시킴으로써, 수컷의 강압적인 수정을 가능케 한다. 셋째로, 암컷은 자율적 배우자선택의 간접적·유전적 이점을 누리기 위해 행동적·해부적 저항 메커니즘을 진화시키는데, 이 역시 일종의 성선택이라고 할 수 있다. 암컷의 행동이나 질 형태(강압적 수정을 회피하는 데 도움이 됨)와 관련된 유전적 변이가 진화하는 데는 그럴 만한 이유가 있다. 그러한 변이는 암컷이 성폭력의 간접적·유전적 비용(즉, 다른 암컷들이 선호하지 않는 매력 없는 아들을 낳음)을 회피할 수 있게 해주기 때문이다.

겉으로 보기에, 이러한 설명은 오리의 사회적 관계를 담담하게 그려낸 암울한 풍경화인 것처럼 보인다. 이는 어린이들이 잠자기 전에 들려주는 칼데콧 메달The Caldecott Medal• 수상작보다는 종말론적인 디스토피아 과학소설에 더 가깝다. 그러나 이 같은 스토리가 반드시 우울한 것은 아니다. 진화적 군비경쟁 과정에서 중무장한 오리들이 있는가 하면, 군비경쟁을 포기하고 평화공존을 선언한 오리들도 있기 때문이다.[15] 즉, 어떤 오리들은 길쭉하고 정교하게 무장된 페니스와 복잡한 질을 진화시킨 데 반해, 어떤 오리들은 자그마한 페니스와 단순한 질을 진화시켰다. 후자의 축소지향적 경향은 (번식하는 개체들의 밀도를 낮추고, 배타적인 영토를 선호하고, 수컷의 성적 강압을 조장하는 사회적 기회를 제거하는) 외부적·생태적 요인에서 기인하는 것으로 보인다. 성 갈등이 없는 상황에서는 암수 모두 복잡한 구조를 진화시킬 필요가 없기 때문이다.

정황증거를 이용한 추론은 이 정도로 하고, 우리는 "암컷의 복잡한 질은 강압적 수정을 방지하는 기능을 수행한다"라는 가설을 검증하는 작업에 착수했다. 이 가설이 맞는다면, "암컷 오리의 질에 존재하는 맹낭과 나선형 꼬임은 특별히 설계된 장치로서, 수컷 오리의 페니스가 전진하는 것을 물리적으로 저지할 것이다"라는 시나리오가 성립해야 했다.

그런데 무슨 수로 이 시나리오를 증명할 수 있을까? 오리들이 성행위를 하는 동안 질 속을 들여다볼 수도 없는 노릇이고, 설사 오

• 미국에서 매년 뛰어난 어린이 그림책의 삽화가에게 수여하는 문학상.

리 한 쌍을 섭외하여 MRI 장비 속에서 사랑을 나누게 하는 데 성공하더라도, 암수의 조직을 명확히 구별할 방법이 없을 뿐 아니라, 수컷 오리의 페니스가 발기하여 사정하는 3분의 1초 동안 그 과정을 촬영해낸다는 것은 사실상 불가능했다. 성적으로 적대적인 공진화에 대한 가설을 검증하려면 뭔가 창의적인 발상이 필요했다.

브레넌이 바로 그 뛰어난 창의력의 소유자였다. 그녀는 가설검증을 위한 아이디어를 하나 내놓았는데, 그 내용은 이러했다. 암수의 생식기관 간의 상호작용을 분석하기 위해 네 개의 유리관(모형질)을 만드는데, 그중 둘은 페니스가 관을 통과하는 것을 방해하지 않도록 설계한다. 즉, 둘 중 하나는 곧고, 다른 하나는 수컷 오리의 페니스가 꼬인 방향과 마찬가지로 반시계방향으로 꼬여 있다. 나머지 둘은 번식기 암컷 오리의 생식관 모양을 모방하여 장거리장애물경기 코스처럼 설계한다. 즉, 하나는 암컷 오리의 총배설강 근처의 맹낭과 비슷하게 머리핀 모양으로 구부러진 유리관이며, 다른 하나는 암컷 오리 생식관의 상부구조와 비슷하게 시계방향으로 꼬인 유리관이다. 모든 유리관의 지름은 같으며, 단지 내부공간의 형태만 달라야 한다.

그녀와 나는 이런 가설을 세웠다. "수컷 오리의 페니스는 곧은 유리관과 반시계방향으로 꼬인 유리관을 무사통과하겠지만, 머리핀 모양으로 구부러진 유리관과 시계방향으로 꼬인 유리관에서는 발기와 삽입에 큰 애로를 겪을 것이다."[16]

비록 유리관들은 암컷 오리의 질관vaginal tract 실물과 다르지만, '표준 경직도'와 '균일하게 부드러운 면'을 제공함으로써, (가설검증의 핵심요소인) 관의 형태를 제외한 모든 물리적 요인을 일정하게 유지할 수 있다는 장점이 있다. 즉, 유리관은 자연스럽지는 않지만 객관적 타당성이 있었다. 게다가 유리는 투명하므로, 수컷 오리의 페니스가 전진하는 과정을 관찰하며 비디오 촬영까지 할 수 있었다.

브레넌과 나는 유리관을 제작해줄 사람을 수소문해, 예일대학교 화학과 유리세공 연구소의 대릴 스미스Daryl Smith를 찾아갔다. 연구실 현관에는 "만약 유리가 없다면 과학은 소경이 될 것이다"라는 모토motto가 적혀 있었다. 작업실로 들어가는 통로 양옆에 설치된 진열장에는 정교한 응축코일condensing coil을 갖춘 복잡한 유리기구가 가득했는데, 응축코일은 플라스크와 벌브를 통해 숯필터charcoal filter가 설치된 시험관으로 연결되었다. 연구실은 매우 붐볐다. 현관 밖에서는 학생들이 한 줄로 죽 늘어서, 자신들의 차례를 기다리는 동안 저마다 자신들의 연구에 필요한 새로운 디자인을 소중히 붙들고 있었다. 이는 유리세공이라는 고전적 예술이 현대에 이르기까지도 화학에서 빼놓을 수 없는 요소라는 점을 여실히 보여주었다.

우리 차례가 왔을 때, 우리는 스미스에게 오리의 생식생물학 개론을 간단히 강의한 후, 다양한 형태의 인공 오리질artificial duck vagina 제작이 필요한 이유를 설명했다. 그런 다음 가능한 디자인을 논의하다가 최종 사양이 결정되자, 나는 스미스에게 넌지시 물었다. "이런 괴상한 의뢰는 처음이시죠?" 스미스는 고개를 살짝 갸우뚱거리더니 이렇게 대답했다. "아니요. 오리는 처음이지만 전에도 인공 질을 제작해달라는 부탁을 받은 적이 있는걸요." 나는 더는 꼬치꼬치 캐묻지 않았다.

브레넌은 새로운 유리관 네 가지를 들고 오리농장을 다시 찾았는데, 두 가지는 수컷 오리 친화적인 '곧은 유리관'과 '반시계방향으로 꼬인 유리관'이고, 다른 두 가지는 암컷 오리 친화적인 '머리핀 모양으로 구부러진 유리관'과 '시계방향으로 꼬인 유리관'이었다. 그녀가 수컷 오리 친화적인 유리관 두 개를 수컷 머스코비오리의 총배설강에 갖다 대자, 페니스는 열 번에 여덟 번꼴로 완전히 발기하는 데 성공했으며, 페니스가 유리관 속에서 펼쳐지는 속도는 허공으로 발기하는 속도와 똑같았다. 완전히 발기하는 데 실패한 경우에도, 거의 성공하는 듯하다가 맨 마지막에 끝부분이 제대로 펼쳐지지 않은 게 화근이었다. 그와 대조적으로, 그녀가 암컷 오리 친화적인 유리관을 갖다 대자, 수컷 머스코비오리의 페니스는 열 번에 여덟번 꼴로 발기하는 데 실패했는데, 실패의 내용을 살펴보면 아슬아슬한 실패가 아니라 완전한 실패였다. 즉, 페니스는 머리핀처럼 구부러진 부분이나, 첫 번째 또는 두 번째 꼬인 부분에 걸려서 더는 전진하지 못했다. 심지어 페니스가 유리관 입구 쪽으로 후진하는 경우도 간혹 있었다. 이상의 실험 결과는, 암컷 오리 질의 머리핀 모양 구부러짐이나 시계방향 꼬임이 '수컷 오리의 페니스가 전진하는 것을 물리적으로 저지하는 장치'임을 강력히 시사한다.[17]

혹시나 수컷 오리의 '뭔가 석연찮은 느낌'을 우려하는 분들을 위해 부연설명을 하면, 수컷 오리들은 어떠한 물리적 난관에도 전혀 개의치 않고 사정하는 것으로 나타났다. 정자는 고랑을 따라 이동하므로, 페니스가 아무리 구부러지고 꼬이더라도 사정하는 데는 아무런 문제가 없었다. 이는 암컷 오리의 모든 방어구조가 자칫 허사가 될 수도 있다는 말이다. 그러나 암컷 오리의 처지에서 보면, 페니스의 전진을 가능한 한 초동단계에서 저지할수록 '원치 않는 정자'를 난자와 격리할 수 있으며, 난자에서 멀리 떨어진 곳에 사정된 정자는 질 근육의 수축을 통해 배출되므로 강압적 수정을 방지할 가능성이 높아진다.[18]

브레넌이 특별히 제작한 유리관을 이용하여 실험한 결과는 '일부 오리 종에서 발견되는 구불구불한 질 형태가 강제교미 시에 폭발적인 유연성을 발휘하는 페니스의 진입을 저지할 수 있다'라는 우리의 가설을 뒷받침했다. 이러한 결론을 더욱 뒷받침하는 증거는 유전자 감식에 의한 친자확인 검사 결과다. 생물학자들은 검사를 통해 한 암컷 오리가 낳은 자녀들을 '친자녀'와 '혼외자녀'로 나누었는데, 강제교미가 성행하는 청둥오리를 포함한 많은 오리 종을 대상으로 한 친자확인 검사에서 놀라운 결과가 나왔다. 즉, 한 암컷 오리의 교미 중 40퍼센트는 강제교미지만, 그녀의 둥지에서 양육되는 자녀 중에서 강제교미를 통해 낳은 자녀는 겨우 2~5퍼센트에 불과하다는 것이다.[19] 그렇다면 강제교미가 수정에 성공할 가능성은 매우 희박하며, 암컷 오리에게 함부로 들이대는 수컷 오리 중 대다수가 헛물켰다는 이야기가 된다. 요컨대, 정교한 형태의 질로 무장한 암컷 오리들은 지속적인 성폭력하에서도 선택의 자유를 유지하여, 95~98퍼센트라는 놀라운 성공률을 달성한 것이다.[20]

하지만 궁금한 게 하나 있다. 암컷에게 선택된 배우자는 구부러지고 꼬인 생식관의 철통같은 방어망을 어떻게 통과할까? 자발적 교미와 강제교미는 어떻게 다를까? 그 속에서 일어나는 일을 직접 관찰한 적이 없으니, 그에 관한 데이터를 얻으려면 MRI 기술이 비약적으로 발달하는 것을 기다려야 할 것 같다. 그러나 앞에서 언급한 바와 같이, 브레넌이 오리농장에서 관찰한 바에 따르면 암컷 머스코비오리는 교미를 수락할 때 수평적인 '교미 전 자세'를 취함으로써 총배설강 근육을 이완시키고 다량의 윤활점액을 분비한다.[21] 이렇게 되면 생식관은 '원치 않는 수컷을 거부하는 흙길'이 아니라 '원하는 수컷을 환영하는 꽃길'이 될 것이다.

맥크라켄이 제기한 의문으로 다시 돌아가보자. 터무니없이 긴 수컷 오리의 페니스는 암컷 오리의 몸속에서 도대체 무슨 일을 할까? 이 의문에 대한 대답은 '상황에 따라 다르다'라는 것이다. 만약 암컷이 교미를 수락한다면 그녀의 생식관은 꽃길이 될 것이므로, 수컷의 페니스는 질을 손쉽게 통과하여 생식관의 윗부분에 안착한다. 그러나 암컷이 교미를 거부한다면 그녀의 생식관은 흙길이 될 것이므로, 수컷의 페니스는 길고 껄쭉껄쭉한 특성을 이용하여 복잡한 질 내부의 장벽을 통과해야 한다. 내가 괜히 앞에서 이를 암벽등반에 비유한 것이 아니다. 페니스의 이랑과 날카로운 돌기는 (페니스의 진입을 저지할 목적으로 설계된) 질의 복잡한 구조를 돌파하기 위해 진화한 게 분명하다. 그러나 암컷 오리는 맹낭과 시계방향 꼬임을 이용하여 페니스의 삽입을 차단하고 강제교미를 저지함으로써 성적 군비경쟁에서 우위를 유지했다. 암컷 오리들은 지속적인 성폭력에 노출되었음에도 불구하고 성적 자율성을 유지하고 발전시킴으로써

'성선택을 통한 친권 통제'라는 목적을 달성한 것이다.

이것은 진화적 군비경쟁에 얽힌 파란만장하고 교훈적인 스토리다. 우리가 오리의 성생활을 연구하면서 얻은 교훈은, "번식 체계에 만연한 성폭력에도 불구하고, 암컷 오리의 성선택은 변함없이 우위를 유지하고 있다"라는 것이다. 결과적으로 수컷의 깃털, 노래, 과시 행동 역시 계속 진화할 수밖에 없다. 배우자선택의 자유를 파괴하려는 폭력적 시도가 곳곳에 깔려 있지만, 암컷의 배우자선택이 우위를 유지하는 한 아름다움은 계속 발전하기 마련이다. 그러나 암컷의 성적 자율성은 '수컷에 대한 권력 행사'의 형태로 나타나는 게 아니라, 단지 배우자선택의 자유를 보장받기 위한 메커니즘에 불과하다는 점을 명심해야 한다. 암컷 오리는 수컷에게 성적 주도권을 행사하지 않으며, 자신이 선호하는 배우자에게 언제든지 바람을 맞을 수 있다. 암컷은 성폭력에 맞대응하여 수컷을 지배하도록 진화하지 않았으며, 단지 자신의 선택의 자유를 보장받기 위해 진화했다.[22]

이런 점에서 볼 때, '성적으로 적대적인 공진화'에 의한 군비경쟁이라는 표현은 오해의 소지가 너무 많다. 왜냐하면 '이성異性 간의 전쟁'은 매우 비대칭적이어서, 수컷은 암컷을 통제할 무기를 진화시키는 반면, 암컷은 선택의 기회를 창조하는 방어체계를 공진화시킬 뿐이기 때문이다. 실제로 전쟁을 벌이는 쪽은 수컷이기 때문에, 이것은 공정한 전쟁이 아니다. 그러나 오리의 예에서 보는 바와 같이, 암컷의 성적 자율성은 여전히 승리를 거둘 수 있는 잠재력을 보유하고 있다.

2013년 3월 버락 오바마Barack Obama가 두 번째 취임식을 거행한 직후, 공화당과 백악관의 연방 예산 협상이 또다시 결렬되자 공화당은 단골 레퍼토리 중 하나를 또다시 꺼내 들었는데, 그것은 바로 '정부지출이 과도하다'라는 것이었다. 그 불똥이 어이없게도 브레넌과 나에게로 튀었다. 우리가 수행한 '오리의 성 갈등과 생식기 진화에 대한 연구'가 과도한 정부지출 스캔들의 핵심으로 지목된 것이었다. 급기야 오리의 성생활 연구는 정치뉴스의 소용돌이에 말려들어, 진보주의 잡지 《마더 존스Mother Jones》로부터 덕페니스케이트Duckpenisgate•라는 외우기 쉬운 별명을 얻었다.[23]

우리의 연구는 2009년 국립과학재단National Science Foundation(NSF)의 승인을 받아, 미국경기부양법American Recovery and Reinvestment Act(ARRA)에 근거한 경기부양 자금을 지원받았다. ARRA는 투명성 제고를 위해 Recovery.gov라는 웹사이트를 개설했는데, 시민들은 이 사이트를 통해 자금흐름을 추적함으로써, 자신들의 혈세가 어디에 쓰이는지를 훤히 알 수 있었다. 내 추측이지만, 보수주의 인터넷 뉴스인 사이버캐스트 뉴스서비스Cybercast News Service(CNS)의 인턴사원 한 명이 건수를 찾기 위해 Recovery.gov를 훑어보던 중 종료 시한을 몇 달 앞둔 우리의 연구를 발견한 것 같았다. 우리의 연구를 설명한 기사가 CNS에 포스팅되자, 격분한 보수주의자들의 트위터 타임라인에 폭

• 1972~1974년 미국의 워터게이트 사건 이후로, 정치와 결부되는 비리 혹은 스캔들에 보편적으로 붙이는 '게이트'라는 단어와 오리의 페니스를 결합하여 조롱하고자 하는 표현.

풍이 불었다. 예컨대 칼럼니스트 미셸 말킨Michelle Malkin은 트위터에 이렇게 썼다. "헐! 이거 안 본 눈 삽니다." 그러자 〈폭스뉴스Fox News〉가 재빨리 바통을 이어받았고, 한 주일 내내 뉴스 퍼 나르기가 계속되었다.

〈폭스뉴스〉의 앵커 섀넌 브림Shannon Bream은 다음과 같은 질문을 시작으로, 일주일 동안 하루도 빼놓지 않고 연방정부의 예산 낭비 실태를 보도했다.

> 여러분이 낸 38만 5,000달러의 혈세가 오리의 음… 해부학을 연구하는 데 지출되고 있다는 사실을 아시나요? 당신의 세금 중에서 정확히 38만 5,000달러가 오리의 은밀한 부위를 연구하는 데 사용되고 있다는군요. 이 돈은 오바마 대통령의 경기 부양 자금 중 일부로, 국가의 부채와 적자를 눈덩이처럼 불리는 정책 결정의 한 가지 사례일 뿐입니다.

3분짜리 오프닝 멘트가 끝난 뒤에는 어김없이 방만한 재정지출을 질타하는 탄식조의 보도가 길게 이어졌다. 나는 로널드 레이건Ronald Reagan의 어록("정부는 문제의 해결책이 아니다. 정부 그 자체가 문제다!"), 불타는 세계무역센터 쌍둥이 빌딩, 버락 오바마의 텔레프롬프터, 주택담보권 행사, 금융위기라는 토픽을 총동원하여 '동물의 생식기 진화 연구 프로젝트'를 공격하는 게 가능할 거라고 상상해 본 적이 전혀 없었다. 그러나 〈폭스뉴스〉가 이걸 해냈다. 정부를 비판할 꼬투리를 잡은 이상 쉽게 물러날 그들이 아니었다. 숀 해니티

Sean Hannity는 터커 칼슨Tucker Carlson, 데니스 쿠시니치Dennis Kucinich와 함께 〈D.C. 웨이스틀랜드D.C. Wasteland〉라는 주말특집 코너에서 '예일대학교 연구팀의 오리 생식기 진화에 관한 연구'의 타당성을 집요하게 물고 늘어졌다.

그러나 우리의 연구를 강력히 지지한 언론(인)도 꽤 있었는데, 그중에는 MSNBC의 크리스 헤이스Chris Hayes, 과학작가 칼 짐머Carl Zimmer, 《마더 존스》, 《데일리 비스트Daily Beast》, 《타임Time》, 《폴리티팩트Politi Fact》가 포함되어 있었다. 그리고 퍼트리샤 브레넌이 Slate.com에 기고한 멋진 글에서 기초과학에 대한 연구와 연구비 지원의 정당성을 옹호하고 나서 폭풍은 가라앉는 듯했다.[24]

그러나 8개월 후 오클라호마주의 공화당 상원의원 톰 코번Tom Coburn이 2013년의 100대 예산 낭비 사례를 모아 발행한 「낭비백서Wastebook」라는 보고서에서 38만 5,000달러짜리 연구비 지원을 78위에 올려놓자, 수면 아래로 가라앉았던 덕페니스게이트 스캔들이 재부상하여 세상을 뒤흔들었다. 《뉴욕 포스트The New York Post》에는 "38만 5,000달러짜리 오리 생식기 연구, 정부의 낭비적 지출에 포함"이라는 기사가 대문짝만하게 실렸다.[25]

그런데 《뉴욕 포스트》는 헤드라인에서 「낭비백서」에 보고된 총 300억 달러의 재정지출 사례 중 0.001퍼센트에 불과한 우리 연구에 초점을 맞췄다. 어쩌면 '국민의 세금', '오리의 성생활', '아이비리그에 속하는 예일의 명망'이라는 세 가지 요소를 갖춘 우리의 연구가, 민주당의 복지정책을 공격하기 위해 '돈, 섹스, 권력의 야합'이라는 프레임에 맞는 주제를 찾고 있던 보수우익 언론의 구미를 당겼는지도 모르겠다. 그것은 로널드 레이건이 민주당의 복지정책을 공격하는 데 써먹었던 '캐딜락을 몰고 다니는 복지 여왕Welfare Queen'이나 1980년대에 펜타곤을 곤경에 빠뜨렸던 '700달러짜리 변기 시트'와 닮은 데가 있었다.

정부의 방만한 재정지출에 대한 한물간 이야기를 들춰내 퍼뜨리는 동안, 뉴스 프로그램들은 성욕을 살짝 자극하는 가십 거리로 우리의 연구를 끼워 넣은 게 분명했다. 〈폭스뉴스〉에 출연한 숀 해니티는 터커 칼슨에게 눈을 찡긋하며 "칼슨 씨, 우리가 오리의 성기에 대해서까지 알 필요가 있을까요?"라고 물었는데, 그의 질문은 오리의 생식기에 대한 인간의 진정한 관심을 왜곡하는 것이었다. 그는 여느 비판자들과 마찬가지로 '인간은 오리의 성생활을 연구함으로써 많은 것들을 배울 수 있다'라는 사실을 애써 외면했다. 우리의 연구는 중요한 진화적 시사점을 제공할 뿐만 아니라, 어쩌면 당장 사용할 수 있는 실용적 지식을 제공할 수도 있다. 만약 제약산업이 비아그라를 대단한 성과로 간주한다면, 오리의 발생생물학을 연구하는 과학자들의 일거수일투족에 주목할 필요가 있다.[26] 과학자들은, 매년 번식기마다 수컷 오리의 페니스 크기를 폭발적으로 성장시키는, 오리의 줄기세포에 얽힌 비밀을 연구하고 있다. 어떤가, 비아그라 빰치는 아이템 아닌가? (2013년에 기자들에게 이 이야기를 해야 했던 건데!)

그뿐만이 아니다. 2012년 미주리주의 공화당 상원의원 후보 토드 아킨Todd Akin은 인간의 강간에 대해 언급하며 "암컷의 몸에는 강간을 차단할 수 있는 시스템이 내장되어 있다"라고 말한 적이 있는

데, 우리는 오리의 성생활을 연구함으로써 그게 (오리의 경우에 한해서) 사실임을 입증했다. 물론 그것은 자연계에서 진화한 성적 자율성의 심오함과 중요성을 일깨워주는 것이지, 인간의 행동과 관련하여 함부로 왈가왈부할 수 있는 사항은 결코 아니다.

2013년 〈폭스뉴스〉로부터 (월요일부터 금요일까지 하루에 3분씩) 총 15분 동안 융단폭격을 받은 '오리의 성생활에 관한 연구'와 마찬가지로, 이 장章은 암컷의 배우자선택이 수컷의 성폭력에 의해 위협받는 조류집단에 초점을 맞췄다. 우리는 "배우자선택이 물리력에 의해 제한 또는 방해를 받거나 부정될 때 무슨 일이 일어날까?"라는 질문을 던졌다. 그리고 우리는 암컷 오리가 폭력 또는 심지어 죽음의 위협에 속수무책으로 당하기만 하는 수동적인 존재가 아니라는 사실을 알게 되었다. 즉, 암컷 오리들이 공유하는 미적 기준은 (설사 그 아름다움이 무의미하고 임의적일지언정) 성적 강압에 반격을 가할 수 있는 진화적 지렛대를 제공하며, 그녀들은 이를 발판으로 하여 수정에 대한 자유로운 선택권을 얻게 된다는 사실을 알게 되었다. 그리하여 우리는 "암컷의 성적 자율성의 힘이 의외로 강력하다"라는 교훈을 얻었다. 유리스믹스Eurythmics와 어리사 프랭클린Aretha Franklin은 1985년 함께 불렀던 노래에서, "자매들은 스스로 행동한다!Sisters are doin' it for themselves!"라고 외쳤다. 모든 암컷은 스스로 행동함으로써 선택의 주체가 됨과 동시에, 자신의 자유로운 선택의 보증인이 될 수 있다. 자신이 선호하는 배우자를 선택할 경우 누릴 수 있는 진화적인 이점(모든 여성이 선망하는 형질을 보유한 아들을 낳음)이 워낙 크다 보니, 이를 지키기 위해 암컷의 해부학적 구조가 진화했다. 성적 자율성이 계속 확대됨에 따라, 암컷 물새들은 아름다움, 즉 수컷의 성적 표현을 구성하는 모든 레퍼토리(소리, 색깔, 행동, 깃털 등)를 지속적으로 선택할 수 있게 되었다. 심지어 수그러들 줄 모르는 성적 위협에 직면한 가운데서도, 암컷 오리는 세상의 아름다움을 유지하는 방법을 찾아냈다.

곳곳에서 나타나는 이러한 성과들이 심미적인 배우자선택의 결과물이라는 것은 결코 우연의 일치가 아니다. 배우자선택이 개체의 주체적 행동의 한 형태임을 인정할 때, 성폭력은 비로소 '주체적 행동의 파괴'로 개념화될 수 있다. 수전 브라운밀러의 말을 각색하면, 수컷 오리의 성폭력은 암컷 오리의 의지에 반하는 행동이라고 할 수 있다.[27]

물새류 암컷의 성적 자율성이 진화한 미학적 메커니즘이 밝혀진 것은, 심오한 페미니즘적 과학발견이라고 할 수 있다. 여기서 말하는 페미니즘이란 현대 정치학이론이나 이데올로기에서 사용되는 추상적 개념이 아니라, 자연계에서 중요한 역할을 수행하는 성적 자율성을 지칭하는 과학적 개념이다. 성적 자율성은 단순한 정치적 아이디어나 법률용어나 철학이론이 아니라, 사회적 종social species들의 유성생식, 짝짓기선호, 성적 강압 및 폭력이 진화적으로 상호작용하여 탄생한 자연적 결과물이다. 그리고 성적 자율성의 진화를 추동하는 원동력은 심미적인 배우자선택이다. 자연계를 완벽히 이해하려면, 먼저 심미적인 배우자선택이 자연계에서 실제로 작용하는 힘이라는 점을 인정해야 한다. 물론 많은 사람이 암컷의 성적 자율성에 주목하지 않는다는 것은 별로 놀라울 게 없다. 스티븐 콜베어Stephen Colbert가 〈콜베어 르포The Colbert Report〉에서 관찰한 것처럼, 사람들은 나름의 색안경을 쓰고 현실을 바라보기 때문이다.

오리의 생식기 진화에 대해 논의하다 보면, 좀 더 광범위한 의문이 제기된다. 왜 대부분의 새는 페니스가 아예 없을까? 그런 일이 도대체 어떻게 일어났을까? 새들이 페니스를 상실함으로써 어떤 진화적·미학적 결과가 초래되었을까? 내가 지금까지 강조한 미적 진화와 성적 자율성이라는 개념은 이러한 의문들에 대해 새롭고 흥미로운 답변을 제공할 수 있다.

새들은 본래 공룡 조상들로부터 페니스를 물려받았지만, 약 6,600만 년 내지 7,000만 년 전 (오늘날 전 세계 조류 중 95퍼센트를 차지하고 있는) 신조류Neoaves의 마지막 공통조상 때 페니스를 상실한 것으로 알려져 있다.[28] 그러나 신조류 조상의 생태학과 형태학에 대한 정보가 전혀 없으므로, 그들이 페니스를 상실한 과정을 연구하기는 매우 어렵다. 그러나 그렇다고 해서 추론이 전혀 불가능한 것은 아니다.

동굴어Cavefish가 눈을 상실한 것과 마찬가지로, (새들이) 페니스를 상실한 이유는 '더는 유용하지 않기 때문'일 것이다. 그러나 교미가 성공적인 생식에 매우 중요하다는 점을 고려할 때, '도대체 어떤 선택이 페니스를 탈락시켰을까?'라는 의구심이 생긴다.

신조류의 페니스가 상실된 이유는 "암컷들이 '페니스 없는 수컷들'을 명백히 선호했기 때문"이라고 추론할 수 있다. 왜냐고? 만약 페니스의 주요 기능이 (물새류의 경우에서 보는 바와 같이) '강제교미를 통해 암컷의 배우자선택을 파괴하는 것'이라면, 암컷들이 성적 자율성에 대한 위협을 감소시키기 위해 '삽입을 거부하는 짝짓기선호'를 진화시켰을 것이기 때문이다. 이와 관련하여, 6장과 7장에서 '암컷이 배우자선택을 이용하여 수컷의 신체와 행동을 변화시킴으로써 성적 자율성을 강화하는 메커니즘'을 상세히 다룰 것이다. 그러나 어떤 진화적 메커니즘이 작용했든, 조류에서 페니스가 상실된 것은 성적 자율성의 독특한 결과물임이 틀림없다.

페니스 없이 지내는 수컷이 자신의 정자를 암컷의 총배설강에 밀어 넣으려면 암컷의 적극적인 협조가 필요하다. 물론 페니스 없는 수컷도 암컷에게 올라타 그녀의 총배설강 표면에 정자를 강제로 묻힐 수는 있지만, 정자를 질 안으로 밀어 넣거나 암컷의 총배설강을 강제로 확장하여 정자를 받아들이게 할 수는 없다. 95퍼센트 이상의 조류 종들은 페니스가 없는데, 그들의 암컷은 원치 않는 정자를 배출하거나 거부할 수 있다. 예컨대 암컷 집닭들은 강제교미를 당한 후에도 원치 않는 수컷의 정자를 배출할 수 있다.[29] 페니스가 없는 새들의 경우에도 성폭력과 강압이 여전히 존재하고 암컷들이 저항하는 과정에서 상처를 입을 수도 있지만, 페니스 상실은 강제수정을 거의 종식시켰다고 볼 수 있다. 신조류의 수컷이 페니스를 상실했다는 것은, 신조류의 암컷이 수정을 둘러싼 성 갈등의 전쟁에서 본질적으로 승리했음을 의미한다.[30]

성적 자율성이 이렇게 확대됨으로써 초래된 진화적 결과는 뭘까? 흥미롭게도, 우리는 다윈이 『인간의 유래와 성선택』에서 보여준 완전히 새로운 시각을 다시 한 번 참고할 수 있다.

> 전반적으로 볼 때, 새들은 모든 동물 중에서 가장 심미적이다. 물론 인간은 제외하고 말이다. 그러나 주지하는 바와 같이 모든 인간의 미적 취향은 거의 비슷하다. 그에 반해 수컷 새들은 이루 헤아릴 수 없을 정도로 다양한 종류의 음성과 악기를 동원하여 암컷을 매혹한다.[31]

새들이 복잡한 감각계, 인지능력, 그리고 (페니스 상실 덕분에 확대된) 배우자선택의 기회를 가진 극소수 동물그룹임을 고려할 때, 그들이 인간 다음으로 가장 심미적인 동물로 진화한 것은 결코 우연이 아니라는 게 내 생각이다. 페니스의 상실로 인한 암컷의 비가역적인 성적 자율성 증가는, 새들 사이에서 진화한 미적 화려함aesthetic extravaganza을 설명할 수 있는 가장 강력한 요인이라고 할 수 있다.

나아가, '별의별 아름다움이 다 있다'라는 가설에서 예측될 수 있는 이 같은 미적 화려함의 진화는 새의 폭발적 종 분화와 미적 방산에 기여했으며, 이는 "종의 수라는 관점에서 볼 때, 지구상에서 가장 성공한 그룹이 '페니스 없는 새들'인 이유가 뭔가?"라는 의문을 해결하는 데 도움이 된다. 물론 조류의 진화적 성공, 신속한 종 분화, 다양화에 기여한 요인들은 많으며, 그중에는 생태적 다양화, 이주, 노래, 노래학습 등이 포함된다. 그러나 미적 진화와 신조류의 페니스 상실이라는 요인을 배제하고 새의 진화적 성공과 다양성에 대한 의문을 해결하는 것은 불가능하다.

페니스 없는 조류의 암컷에서 나타나는 성적 자율성을 관찰할 때 두드러진 점은, 성적 자율성과 일부일처제 사이에 밀접한 상관관계가 존재한다는 것이다. 일부일처제에서는 생식에 필요한 시간, 에너지, 자원을 암수가 함께 부담한다. 조류에서 진화한 일부일처제에 대한 전통적 설명은 "일부일처제는 신조류 생물학의 양보할 수 없는 특징"이라는 것이었다. 전통적 설명은 다음과 같이 계속된다. "대부분의 파충류와 달리, 알에서 깨어난 신조류의 새끼들은 부모에게 전적으로 의존해야 하는 무기력한 존재다. 이러한 무기력한 새끼들(조류학자들은 이런 새끼를 낳는 새들을 만성조altrices라고 한다)은 포식자에게 너무 취약하므로, 비행을 배우기 전에 둥지 안에서 잡아먹힐 위험을 최소화하기 위해 매우 빨리 성장해야 한다. 만약 양친이 모두 새끼의 양육을 담당한다면, 취약한 시기 동안 새끼들을 보호할 수 있으며, 성장을 촉진하고 독립 시기를 앞당길 수 있다."

그러나 흥미롭게도, 진화를 설명하는 이러한 논리는 본말이 전도된 것이다. 조류의 발생, 생리, 사회행동에 결정적인 영향력을 행사한 것은 수컷의 페니스 상실과 암컷의 성적 자율성 확대이므로, 만성조의 새끼들은 일부일처제 진화의 결과이지 원인은 아니다. 즉, 페니스를 가진 새들은 모두 '부화한 후 즉각 제 밥벌이를 하는 새끼들'을 낳으며(조류학자들은 이런 새끼를 낳는 새들을 조성조precoces라고 한다), 그 새끼들은 편부모에 의해 안전하게 양육되고 보호받을 수 있다. (단, 영토방어가 필요한 경우에는 조성조에서도 편부모 양육 대신 양친 양육이 진화할 수 있다.) 그러나 일단 페니스가 상실되고 나면, 암컷은 확대된 성적 자율성을 누리도록 진화하여 수컷의 양육투자를 좀 더 많이 요구하게 된다. 페니스 없는 수컷은 강제교미를 할 수 없으므로, 생식을 위해서 암컷의 짝짓기선호를 충족할 것이 기본적으로 요구된다. 만약 암컷이 수컷의 생식 투자를 좀 더 많이 요구하도록 진화한다면, 수컷들 사이에서는 까다로운 암컷을 충족시키기 위해 양육에 필요한 자원을 좀 더 많이 제공하려는 경쟁 시스템이 진화할 것이다. 그 결과 좀 더 강력하고 광범위한 배우자 유대가 진화하여, 수컷은 자녀양육에 적극적으로 참여하고 투자하게 될 것이다. 수컷의 생식 투자가 확대되면 무기력한 새끼의 진화가 촉진되며, 그 새끼들을 양육하려면 수컷들이 보유하고 있는 자원을 투자해야 한다. 따라서 신조류 수컷의 페니스 상실에서 비롯된 암컷의 성적 자율성 확대를 통해, 양육투자를 둘러싼 수컷과의 갈등이 극복될 수 있었다.

성적 자율성의 개념은 성적 폭력과 강압에 대한 방어기구가 진화한 이유뿐만 아니라, 성 갈등을 극복하는 다른 독특한 경로가 진화한 이유를 이해하는 데 도움이 된다. 이와 관련하여, 새에 대해서는 6장과 7장, 인간에 대해서는 10장과 11장에서 자세히 살펴볼 것이다.

그렇다면 페니스가 없는 95퍼센트 이상의 조류에서 성적 자율성을 획득한 암컷이, 그 소중한 성적 자율성을 이용하여 한 일은 무엇일까? 6장과 7장에서 바우어새와 마나킨새를 관찰한 결과를 보면 알게 되겠지만, 그녀들은 자신만의 미적이고 종종 임의적인 배우자선택을 추구했으며, 그렇게 함으로써 지구상에서 거의 무한한 색상과 음조와 활기가 넘치는 아름다운 새의 세상이 건설되는 데 기여했다.

6. 데이트 폭력은 이제 그만!

이제부터 수컷 바우어새Bowerbirds가 자신의 구애장소로 사용하기 위해 지은 아름다운 구조물[1]의 비범한 건축학적 특징을 설명하려고 하니, 독자들은 마음의 준비를 단단히 하기 바란다. 지구상에서 바우어새만큼 심미적인 삶을 영위하는 생물은 거의 없으며, 그들의 걸작인 바우어bower(정자)만큼 신중함과 주의력, 안목이 유감없이 발휘된 예술작품은 없을 것이다.

바우어새의 미적 극단성aesthetic extremity은, 우리가 지금껏 검토했던 암컷의 배우자선택과 마찬가지로 진화적 힘의 산물이다. 암컷들의 짝짓기선호는 장식물에 진화압evolutionary pressure을 행사하며, 그녀들이 선호하는 장식물과 함께 공진화한다. 그리고 오리의 사례에서 생생히 확인한 것처럼, 배우자선택이 성적 강제sexual coercion에 의해 침해당할 때 방어전략(강제교미에 저항하는 행동, 심지어 해부학적 메커니즘)의 진화가 추동되는데, 그 이유는 배우자선택의 자유를 유지하는 것이 진화적으로 유리하기 때문이다. 오리의 경우, 성 갈등은 암수 간에 격렬하고 자기 파괴적이고 위험부담이 수반되는 적대적 군비경쟁을 초래했다. 암수 모두 무기와 방어에 많은 투자를 하는 바람에 많은 암컷이 어린 나이에 피살되거나 사망하여 성비 불균형이 더욱 심화하였다. 그러다 보니 성적 경쟁과 강제는 더욱 악화하여 개체군의 크기마저 위협을 받고 있다. 물론 생태 조건이 변화하여 강제의 이점이 줄어들면 성 갈등이 완화되며, 암수 모두 그처럼 큰 위험부담이 수반되는 투자의 필요성을 더는 느끼지 않게 된다.

그러나 바우어새는 오리와 다르다. 오리와 마찬가지로 성적 강압에 직면했지만, 바우어새는 오리와 다른 독특한 진화적 반응을 보였다. 암컷 오리는 '심미적 배우자선택'과 '강압에 대한 저항'을 위해 특단의 신체적 메커니즘을 진화시켰다. 한편 암컷 바우어새는 배우자선택의 힘을 이용하여 수컷의 성적 행동을 '암컷의 성적 자율성을 고양·확대하는 방향'으로 변화시켰다. 결과적으로 암컷들은 자신들이 선호하는 '고도로 자극적이고 흥미진진하고 활동적인 수컷'을 얻었으며, 행동적 측면에서는 짝짓기에 관한 의사결정에서 거의 완벽한 주도권을 행사할 수 있게 되었다.

바우어새는 소위 '미적 리모델링aesthetic remodelling'의 생생한 사례를 제공한다. 여기서 미적 리모델링이란 수컷의 성적 과시행동과 암컷의 미적 선호가 공진화함으로써 암컷의 성적 자율성이 향상된 것을 의미한다. 그리하여 수컷은 암컷을 좀 더 즐겁게 해주고 암컷의 선택에 좀 더 수용적인(다시 말해서, 암컷이 자신과 짝짓기하는 것을 선호하지 않더라도 쿨하게 받아들이는) 매력적인 성적 파트너로 거듭났다.

나는 1990년 앤과 함께 호주를 처음 여행할 때 바우어새 무리를 내 눈으로 직접 봤던 경험을 생생히 기억한다. 호주 동해안의 중심부에 있는 브리즈번 근처의 래밍턴 국립공원 야영장 언저리를 산책하던 중, 우리는 수컷 새틴바우어새Satin Bowerbird(*Ptilonorhynchus violaceus*) 한 마리를 발견했다. 그 땅딸막한 수컷은 작은 까마귀만한 체격에 튼튼한 상아색 부리, 세련된 자줏빛 보라색 홍채, 그윽하고 윤기가 흐르는 파란색 깃털을 갖고 있었다.

그러나 새틴바우어새의 아름다움이 진정 돋보이는 것은 깃털이 아니라 바우어라는 구조물 때문이다. 바우어새과Ptilonorhynchidae의 거의 모든 수컷이 그렇듯, 새틴바우어새는 배우자의 시선을 끌기 위해 구애용 구조물(일종의 정자 또는 오두막)을 짓는다. 헨리 얼레인 니콜슨Henry Alleyne Nicholson이 1870년에 발간한 『동물원 편람Manual of Zoology』에서 바우어새라는 말을 처음 사용했을 때 분명히 못 박은 것처럼, 바우어새가 지은 바우어는 둥지가 아니라 완전히 독특한 구조물, 즉 '과시행동을 하는 수컷이 오로지 암컷의 마음을 사로잡을 요량으로 지은 건물'을 의미한다. 그러므로 바우어의 용도는 단 하나다. 바로 수컷의 성적 과시를 위해 장식된 무대, 즉 유혹 공연장seduction theatre으로 사용되는 것이다.

19세기 중반 서구의 탐험가와 정착민들이 호주와 뉴기니의 조

큰바우어새는 진입로형 바우어를 짓는다.

맥그레거바우어새는 메이폴형 바우어를 짓는다.

이빨부리바우어새는 녹색 잎으로만 장식된 과시용 공간display court을 조성하며, 바우어는 따로 짓지 않는다.

황금바우어새는 이중 메이폴형 바우어를 짓는다.

보겔콥바우어새가 짓는 바우어는 메이폴형 바우어에 오두막집 양식을 가미한 변형이다.

류를 탐구하기 전까지만 해도, 바우어라는 단어는 '간단한 주거지나 오두막집', '가정의 내실, 특히 여성의 침실이나 안방', '나뭇가지와 덩굴로 뒤덮인 그늘진 공간'을 지칭했다.[2] 이 같은 전통적 의미는 수컷 바우어새가 만든 바우어에 잘 들어맞는 것처럼 보이지만 바우어새는 여기서 나아가, 기존의 의미들을 완전히 다른 방향으로 확장했다.

수컷 새틴바우어새가 지은 바우어는 임상林床의 작은 빈터에 위치하며, 건조하고 꼿꼿한 가지·잔가지·밀짚을 모아서 만든 두 개의 평행한 벽으로 구성되어 있다. 그리고 좁은 통행로가 바우어의 한복판을 가로지른다.• 그런 의미에서 진입로형 바우어avenue bowerf라는 이름이 붙은 이 짝짓기용 구조물은 바우어새의 건축양식의 양대 산맥 중 하나다.

바우어를 짓고 나서, 수컷 새틴바우어새는 주변에서 온갖 물건을 주워 모아 바우어를 장식한다. 그가 주워온 물건들은 모두 감청색이며, 바우어 앞마당에 돗자리처럼 깔린 밀짚 위에 적절히 배치된다. (바우어가) 국립공원 캠프장의 쓰레기통과 가까운 거리에 있기 때문이었는지, 앤과 내가 처음 봤던 수컷은 열매, 깃털, 장과류•, 꽃과 같은 천연물들뿐만 아니라, 인간이 만든 비교적 오래가는 물건들(예: 우유병 마개, 만년필 뚜껑, 스낵 포장지, 각종 플라스틱 포장)까지 잔뜩 수집했다. 그런데 꽃에서부터 플라스틱 포장에 이르기까지 이 모든 수집품이 감청색 일색이었다. 수컷 바우어새는 바우어를 짓는

• 컬러 화보 17번.

• 중과피와 내과피가 유연하고 육질의 즙이 많은 과일. 한 개의 과실이 하나의 자방으로 된 것.

데 사용할 자재를 모을 때 색깔을 매우 중시하지만, 색깔만 적당하다면 물성物性과 출처를 전혀 따지지 않는다. 가령 파란색 병뚜껑이라도 파란색 깃털에 못지않은 아름다운 색상을 가졌다면 합격이다. 수컷은 자신의 바우어를 신경 써서 잘 관리하고, 파란색 물건들을 적절하게 배치한다. 그러면서 동시에 자신의 바우어를 다른 수컷들로부터 지키기도 해야 하는데, 그도 그럴 것이 수컷들은 기회만 있으면 남의 바우어를 망가뜨리고 소중한 감청색 수집품들을 강탈하기 때문이다.

물론 수컷이 공들여 짓고 관리하는 바우어의 기능은 단 하나, 암컷의 방문을 유도하여 짝짓기를 성사시키는 것이다. 나는 운이 없었든지, 혹은 참을성이 부족한 탓에 암컷이 방문하는 장면을 목격하지 못했지만, 새틴바우어새의 과시행동은 (이미 다른 연구자에 의해서) 잘 기술되어 있다. 수컷의 바우어에 도착한 암컷은, 두 개의 벽 사이를 통과하는 진입로에 발을 들여놓으며 수컷의 용모와 수집품들을 둘러본다. 진입로는 경마장에서 말들이 대기하는 출발구만큼이나 협소하므로, 암컷은 바우어에 몸을 겨우 들여놓은 상태에서 (암컷의 처분을 기다리는) 수컷을 뚫어지게 바라본다. 일단 암컷의 시선을 끄는 데 성공한 수컷은, 엄청난 정력을 필요로 하는 일련의 과시행동을 통해 몸깃과 날개를 순식간에 부풀린다. 과시행동 사이사이에 커다란 꽥꽥 소리, (특이하지만 왠지 신명 나는) 박동성 전자음, (헐리우드의 정글 사운드트랙에서 나오는 소리로 유명한) 웃음물총새Laughing Kookaburra(*Dacelo novaeguineae*) 소리를 꼭 빼닮은 소리를 낸다. 그러다가 마지막에는 파란색 물건이나 잔가지나 녹색 잎 하나를 부리로 집어 올려 암컷에게 보여준 다음, 땅바닥에 내려놓고 성악 연주를 계속한다. 만약 그 수컷이 마음에 든다면, 암컷은 몸을 낮게 웅크리고 교미자세를 취함으로써 '관심이 있다'라는 신호를 보낸다. 그러면 수컷은 암컷의 뒤로 돌아가 그녀의 등에 올라탄다. 여기서 주목할 것은, 암컷이 아직은 바우어를 통과하지 않고 앞마당과 뒷마당에 몸을 반씩 걸치고 있다는 점이다. 따라서 암컷이 자세를 취하지 않은 상태에서 수컷이 접근한다면, 암컷은 재빨리 전진하여 뒷마당으로 나와 멀리 날아가버리면 그만이다. 이때 수컷은 바우어의 벽 사이를 재빨리 통과할 수 없으므로 암컷을 곧바로 추격할 수가 없다. 그러므로 바우어의 벽은 암컷을 수컷의 우격다짐으로부터 보호하는 장치로 작용한다(물론 수컷이 제대로 된 절차를 거쳐 접근한다면, 암컷은 뒷걸음질을 쳐서 수컷을 맞이할 것이다).

진입로형 바우어라고 해서 모두 똑같은 것은 아니며, 거기에도 여러 가지 변종이 있다. 새틴바우어새가 짓는 가장 기본적인 형태의 진입로형 바우어는 두 개의 기둥벽과 좁은 통로(진입로)만으로 구성되어 있다. 그러나 다른 바우어새들이 짓는 진입로형 바우어 중에는 훨씬 더 정교한 진입로를 갖춘 것도 있다.[3] 예컨대 라우터바흐바우어새Lauterbach's Bowerbird(*Chlamydera lauterbachi*)가 지은 이중 진입로형 바우어double-avenue bower의 경우에는, 흙을 돋운 토대raised platform 위에 두 개의 평행한 통로가 있다. 그리고 점박이바우어새Spotted Bowerbird(*Chlamydera maculata*)가 지은 대로형 바우어boulevard bower의 경우에는 중앙통로가 매우 넓으며, 좌우의 벽은 '막대기를 뭉뚱그려 만든 기둥벽'이라기보다는 '밖이 훤히 내다보이는 반투명 가리개'에 가깝다.

바우어의 앞마당과 뒷마당을 장식하는 데 사용되는 수집물의 종류도 종種 또는 개체군에 따라 크게 달라, 어떤 종들은 과일, 꽃, 잎을 사용하는 데 반해 어떤 종들은 뼈, 조개껍질, 곤충, 깃털을 사용한다. 선호되는 색깔도 종이나 개체군에 따라 다르고 바닥재도 다양하지만, 가장 많이 사용되는 바닥재는 이끼, 밀짚, 자갈이다.

진입로형 바우어를 짓는 바우어새 중 하나인 큰바우어새Great Bowerbird(*Chlamydera nuchalis*)는 호주 북부의 건조하고 탁 트인 삼림지대에 널리 분포한다. 대부분의 큰바우어새 개체군에서는 수컷들이 밝은 빛깔의 자갈, 뼈, 달팽이 껍데기를 건축자재로 사용한다. 그러나 내가 2010년 호주 북서부의 브룸 조류관측소Broome Bird Observatory를 방문했을 때 발견한 개체군의 수컷들은 특히 독창적이다. 그 관측소는 로벅만Roebuck Bay 해안에 자리 잡고 있는데, 해안선은 5~20미터 높이의 가파른 절벽을 형성하고 있으며, 절벽은 붉은 점토와 성층암stratified rock으로 이루어져 있다. 절벽에서 500미터쯤 떨어진 곳에서 큰바우어새가 지은 진입로형 바우어를 발견했는데, 앞마당과 뒷마당이 온통 새하얗고 반짝이는 조개껍질 화석으로 뒤덮여 있었다.• 그 바우어는 사실상의 고생물학 전시장으로, 멋진 배우자감의 관심을 끌 요량으로 멸종한 생물의 화석들을 전시하고 있었다. "부디 왕림하여 제가 소장하고 있는 화석 모음을 감상해보세요"라고 적힌 안내판을 세워주고 싶을 정도였다. 조개껍질의 형태와 색깔

• 컬러 화보 18번

은 너무 독특해서, 어디에서 가져온 것인지 분간하기가 매우 쉬웠다. 만灣을 내려다보는 붉은 절벽의 특정 부분에는 30센티미터 두께의 반짝이는 백색 층이 노출되어 있었는데, 자세히 살펴보니 호주대륙의 지질학적 초창기에 살았던 이매패류bivalves의 화석층이었다. 박물관의 큐레이터이기도 한 나는 큰바우어새의 고생물학에 대한 열정에 특별한 친근감을 느꼈다.

바우어새의 또 다른 대표적 건축양식은 메이폴형으로, 중앙 지지대(묘목이나 작은 나무)의 여기저기에 꽂아 넣은 수평 막대 더미로 구성되어 있다. 갈색 막대로 이루어진 더미는 밑바닥이 가장 넓고 꼭대기가 가장 좁은 원뿔 모양이며, 병솔bottlebrush 또는 (미니멀리즘과 포스트모더니즘을 추구하는) 특이한 크리스마스트리를 연상시킨다. 나무의 밑동 주변에는 원형 통로가 있어서, 구애 작전이 벌어지는 동안 수컷과 암컷이 (마치 쇼트트랙 경주처럼) 빠르게 달릴 수 있다. 원형 통로의 바깥 공간은 (수컷이 수집해놓은) 꽃, 과일, 딱정벌레와 나비의 신체 일부, 심지어 곰팡이까지 사용해 장식해놓았다. 어떤 종의 바우어새는 이 '크리스마스트리'의 가지들을 엽기적인 외장재(예: 게워낸 과육果肉)로 장식하는데, 이쯤 되면 그걸 크리스마스트리라고 부르기 힘들 정도다.

내가 메이폴형 바우어를 처음 본 것도 역시 1990년 앤과 함께 호주를 여행할 때였다. 새틴바우어새를 발견한 지 일주일 후, 우리는 퀸즐랜드 북부의 애서턴 고원Atherton Tablelands을 여행했는데, 우리의 목표는 그곳에서 황금바우어새Golden Bowerbirds(*Prionodura newtoniana*)와 그 수컷들이 짓는 유명한 이중 메이폴형 바우어double-maypole bower

를 관찰하는 것이었다. 황금바우어새는 바우어새과에서 몸집이 가장 작은 종이다. 수컷의 몸깃은 칙칙한 황록색이고, 정수리·등·목에는 밝은 노란색 반점이 있는데, 나는 그들이 짓는 바우어의 구조에 이미 익숙해져 있었다. 왜냐하면 이미 아주 오래전부터 온갖 생물학 교과서에서 그것에 대해 다루어 왔기 때문이다. 내가 소장한, 흑백 삽화가 가득한 아주 멋진 생물 도감에서도 다양한 바우어들의 건축학적 특징을 일목요연하게 보여주고 있었다. 그 도감에서, 황금바우어새의 이중 메이폴형 바우어를 묘사한 화판panel은 새틴바우어새의 단순한 진입로형 바우어를 묘사한 화판과 가까운 곳에 배치되어 있었다. 삽화상으로는 분명 두 바우어의 크기가 거의 똑같았는데, 실제로도 그러한지 배율을 따져볼 생각을 미처 하지 못했다.

나와 앤은 고개를 숙이고 열대우림의 오솔길을 따라 걸으며, 바우어의 흔적을 찾기 위해 숲바닥을 샅샅이 훑어봤다. 나는 그녀에게 "자기도 모르게 바우어를 밟지 않도록 조심해야 해!"라고 나직이 속삭였다. 몇백 미터쯤 걸어가니 굽이진 길이 나왔고, 그 길을 돌아가니 높이는 허리 높이쯤 되고 너비는 1미터 이상 되는 거대한 구조물이 하나 나타났다. 내가 애초 염려했던 것과 달리, 실수로 밟는 것을 피하는 것보다는 그것을 넘어가는 게 훨씬 더 힘들 듯싶었다. 나는 그제야 삽화의 배율을 살펴보지 않았던 게 큰 불찰이었음을 깨달았다. 황금바우어새의 몸집이 작으니, 바우어도 작을 거라는 편견도 함정이었다.

크기의 충격에서 겨우 벗어난 나를 또 한 번 놀라게 한 것은 구조의 복잡성이었다. 이중 메이폴은 한 쌍의 묘목에 꽂아 넣은 수평 막대 더미로 구성되어 있었는데, 규모가 어마어마하게 크고 막대들이 가리키는 방향이 전부 제각각이었다. 두 원뿔형 더미의 아랫부분은 가운데서 만나 안장 모양을 형성했다. 황금바우어새는 바우어 자체를 장식했지만, 주변 공간은 장식하지 않았다. 한쪽 바우어는 개나리 빛깔의 작은 꽃 수십 송이로 장식하고, 다른 쪽 바우어는 녹색 형광을 내는 미세한 이끼 덩어리로 장식했다. 다른 곳에서 공수해 온 이끼는 새 보금자리에 적응하여 잘 자라고 있었고, 꽃송이들은 플로리스트가 방금 만든 부케처럼 싱싱해 보였다. 고랭지의 기온을 고려할 때 꽃송이들은 며칠 못 갈 것이 뻔한데도 갈색으로 변하거나 시든 꽃잎이 하나도 없는 걸로 봐서, 수컷은 자신의 장식물을 계속해서 꼼꼼하게 관리하는 게 분명해 보였다.

그로부터 15년 후 당시 캔자스대학교의 학부생이었던 브렛 벤츠Brett Benz를 방문했는데, 그는 파푸아뉴기니 중부 고산지대의 헤로와나 마을 근처에 있는 현장에서 맥그레거바우어새MacGregor's Bowerbird(*Amblyornis macgregoriae*)를 연구하고 있었다. 수컷 맥그레거바우어새는 메이폴형 바우어를 짓는데, 그의 건축물은 울창한 산림의 수관 위로 높이 솟아오른 산등성에 있었다. 그는 바우어와 주변 공간을 매우 다양한 장식물로 단장했는데, 장식물 중에는 총천연색 과일, 갈색 곰팡이 그리고 엔티무스속Entimus에 속하는 파란색 바구미의 (작지만 무지갯빛으로 휘황찬란하게 빛나는) 파편들이 포함되어 있었다.[4] 브렛은 수컷 맥그레거바우어새가 살아 있는 바구미 한 마리를 물고 바우어로 돌아가는 모습을 비디오카메라로 촬영했다. 그 수컷은 바구미를 마당에 내려놓은 다음 부리로 사정없이 해체하여,

그 조각들을 조심스럽게 바우어에 배치했다. 배치가 끝날 때마다 몇 걸음 뒤로 물러나 고개를 갸우뚱하며 장식물을 바라보는 모습은, 깐깐한 플로리스트가 자신의 작품을 중간점검 하는 모습과 영락없이 똑같았다. 모든 장식물 중에서 가장 궁금증을 자아내는 것은, 바우어에 꽂혀 있는 다양한 수평 막대 끄트머리에 매달려 있는 거무스름한 섬유질 덩어리였는데, 나중에 알고 보니 정체를 알 수 없는 애벌레의 똥이었다. 맥그레거바우어새가 수집한 장식물의 다양성은 바우어새 중에서 단연 최고봉이었다.

메이폴형 바우어를 짓는 암블리오르니스속amblyornis 수컷들이 으레 그렇듯, 수컷 맥그레거바우어새의 색깔은 대체로 암컷과 마찬가지로 칙칙한 갈색이지만 다른 점이 하나 있다. 수컷 맥그레거바우어새는 다른 암블리오르니스속 수컷들과 달리, 정수리 위에 일으켜 세울 수 있는 기다란 짙은 오렌지색 깃털(관모)을 갖고 있다. 암수는 구애표현을 하는 동안 원형 통로 위에서 서로 반대편에 서 있는데, 메이폴에 가려 서로의 모습이 희미하게 보인다.[5] 이때 욕망의 대상을 바라보기 위해 통로를 둘러보던 수컷은, 갑자기 자신의 반짝이는 오렌지색 관모冠毛를 곧추세워 암컷에게 빛을 반사한다. 그런 다음, 수컷은 재빨리 방향을 바꿔 메이폴 반대편에 있는 암컷을 찾기 위해 통로를 둘러보다 오렌지색 관모를 다시 한 번 번쩍 치켜든다. 수컷은 이러한 '교대로 방향 바꿔 응시하기' 동작을 신속하게 여러 번 반복하는데, 이것은 본질적으로 '정교한 까꿍놀이'라고 할 수 있다. 수컷은 적당한 기회를 봐서 통로를 질주하여 암컷에게 달려가는데, 너무 공격적으로 접근할 경우 암컷은 슬쩍 갓길로 비켜선다. 암컷을 한참 지나쳐 달려간 수컷은 메이폴을 사이에 두고 다시 반대편에 서게 된다. 그러나 '지나치게 들이대는 신랑감'을 피해 암컷이 멀리 날아가버리는 경우도 간혹 있는데, 그런 경우에는 수컷의 모든 노력이 수포가 된다.

수컷 바우어새의 구애행동에서 볼 수 있는 독특한 특징 중에는 구체적인 진화적 설명을 필요로 하는 것들이 많다. 바우어라는 구조물의 존재, 그 건축양식의 엄청난 다양성(지금껏 제시한 사례들은 시작에 불과하다), 바우어의 공간을 장식하기 위해 여기저기서 수집한 각양각색의 물건들…. 이처럼 비범한 구조물과 행동은 어떻게, 왜 진화했을까? 이 의문을 해결하려면 그 진화적 기원을 생각해봐야 한다.

바우어새과는 호주와 뉴기니에 서식하는 7~8속, 20종의 새들로 구성되어 있다.[6] 마나킨새와 마찬가지로, 바우어새는 주로 과일을 먹고 살며 거의 모든 종이 일부다처제를 채택하고 있다. 그러나 수컷 마나킨새들과 달리, 수컷 바우어새들은 하나의 구애장소lek에 모여 과시행동을 하지 않는다. 그 대신 구애행동을 하는 수컷 바우어새들은 제각기 자신의 바우어를 짓고 지킨다.

이쯤 되면, 우리는 바우어가 수컷 바우어새의 확장된 표현형extended phenotype의 구성요소 중 하나라는 점을 이해할 수 있다. '확장된 표현형'이란 리처드 도킨스Richard Dawkins가 동명同名의 저서에서 내세운 용어인데, 도킨스는 그 책에서 "생물은 DNA의 발현에 의해 생성되는 단백질, 해부학적 구조, 생리학, 행동 이상의 확장된 표현형을 갖는다"라고 주장했다.[7] 그의 주장에 따르면, 생물의 완전한 표현형(확장된 표현형)에는 유전체와 환경 간의 상호작용 결과가 포함되며, '생물이 환경에 미친 영향'도 이에 해당한다. 그렇다면 비버의 댐도 비버의 확장된 표현형의 일부분이라고 할 수 있다. 왜냐하면 댐으로 인해 생긴 연못에 토사가 점차 흘러 들어와 습지가 형성되면 생태계가 크게 변화할 수 있기 때문이다. 모든 생물이 만드는 건축물(예컨대 바우어뿐만 아니라, 새의 둥지, 벌집, 산호초까지도)은 그것을 건설한 종의 확장된 표현형이며, 모든 생물은 다른 종의 확장된 표현형을 집어삼키거나 보호하도록 진화할 수 있다.

"멀리까지 세력을 미치는 유전자"라는 (원서의) 부제副題에서 암시한 바와 같이, 도킨스는 확장된 표현형의 모든 구성요소를 '이기적 유전자에 작용하는 적응적 진화adaptive evolution의 힘이 추가로 작용한 결과물'로 간주했다. 도킨스는 확고부동한 신월리스주의자로서, "확장된 표현형은 또 하나의 확장된 프런티어이며, 우리가 거기서 관찰할 수 있는 것은 적응적 자연선택의 보편적인 효과밖에 없다"라고 믿었다.[8] 그러나 장식용 성적 과시ornamental sexual display도 확장된 표현형의 일종으로 볼 수 있다면, 바우어는 자연선택이 아니라 성선택에 종속되는 것이 마땅하다는 게 나의 지론이다. 확장된 표현형은 이 대목에서 해묵은 논쟁과 불가피하게 직면하게 되는데, 여기서 해묵은 논쟁이란 '배우자선택, 성선택 그리고 자연선택을 둘러싼 다윈-월리스 논쟁'을 말한다.

확장된 표현형은 오로지 적응적 자연선택에 의해서만 형성될까,

아니면 '별의별 아름다움'에 의해 형성될 수도 있을까? 만약 '별의별 아름다움'이 확장된 표현형을 형성할 수 있다고 한다면, 우리는 어떤 진화적 패턴을 기대할 수 있을까? 바우어새와 그들이 지은 바우어는 비非월리스적 패러다임이 아름다움의 영역에 영향을 미치는지 여부를 조사할 독특한 기회를 제공한다.

진화론을 공부하는 학생들에게 다행스럽게도, 바우어새과에는 충분한 다양성이 존재한다. 예컨대 과도기적 형태transitional form의 구조물을 짓는, 충분히 다양한 바우어새의 현존종extant species이 존재하는데, 이들을 유심히 살펴보면 바우어의 진화적 기원을 암시하는 결정적 단계를 포착할 수 있다.

바우어새의 계통수에서 가장 오래된 가지에는 아일두로이두스Ailuroedus라는 속屬이 있다. 일반적으로는 캣버드Catbird라고도 부르는데, 여기에는 세 가지 종의 새들이 포함된다.[9] 다른 대다수 조류와 마찬가지로(그러나 바우어새과에 속하는 새들과는 달리), 캣버드는 일부일처제와 공동양육을 채택하고, 지속적인 배우자유대를 형성하며, 과시장소나 바우어를 소유하지 않는다. 더욱이 호주 퀸즐랜드 출신으로 바우어새의 열광적인 팬이기도 한 클리퍼드Clifford와 돈 프리스Dawn Frith 부부가 기술한 바에 의하면, 캣버드의 암컷은 혼자 힘으로 둥지를 짓는다.[10] 바우어새과의 계통수를 거슬러 올라갔을 때 이 같은 습성을 지닌 캣버드가 존재한다는 것은, 바우어새 조상의 수컷들이 구조물의 건축 및 관리에 무관심하거나 소홀했음을 입증하는 증거라고 볼 수 있다. 따라서 수컷 바우어새의 비범한 건축능력은 나중에 둥지짓기와 무관하게 진화했으며, 오로지 암컷의 심미적인 배우자선택에 의해 추동되었다고 추론할 수 있다.

그러나 바우어의 디자인과 장식이 오로지 미적 기능만 수행한다는 것을 어떻게 알 수 있을까? 그건 바우어새가 바우어에서 무슨 행동을 하는지 관찰해보면 알 수 있다. 우리는 바우어가 구애를 위한 무대로 사용되는 것 외에는 아무런 목적에 부합하지 않는다는 점을 잘 알고 있다. 그것은 소품이 갖춰진 무대로, 구애 시즌에 암컷에 의해 평가되는 공연만을 위해 만들어졌다.[11] 바우어의 구조와 장식이 수행하는 기본적 역할은 지난 30년 동안 메릴랜드대학교 게리 보르자Gerry Borgia 박사의 장기적인 연구 프로그램을 통해 잘 확립되었다. 보르자는 수십 년간 여러 종의 바우어새들을 관찰했으며, 특히 호주 동부에 서식하는 새틴바우어새에 초점을 맞췄다.

처음에는 8밀리미터 캠코더와 최신 촬영 기술을 선구적으로 활용해, 바우어의 진입로를 자동노출로 포착하도록 촬영 환경을 조성했다. 그렇게 암컷의 방문을 포함한, 바우어에서 일어나는 모든 일을 빠짐없이 촬영한 결과, 보르자와 학생들은 암컷의 배우자선택 행동과 여러 수컷이 저마다 짝짓기에 성공하는 모습을 수년간에 걸쳐 관찰하고 평가할 수 있었다.

보르자의 방대한 연구 덕분에 우리는 바우어새의 배우자선택에 관하여 많은 것을 알게 되었고, 바우어의 유별난 특징과 장식이 암컷의 짝짓기선택에 결정적인 영향을 미친다는 점을 기정사실화했다. 보르자의 제자 알버트 우이Albert Uy와 게일 패트리셀리Gail Patricelli가 34개의 바우어에 방문한 암컷 63마리의 배우자선택을 자세히 관찰한 바에 따르면, 대부분의 암컷은 한 마리당 1~8마리(평균 2.63

마리)의 수컷을 방문한 다음, 그중 몇 마리를 추려 2차 방문을 통해 최종심사를 한 후에야 한 마리를 선택한다고 한다.[12] 그리고 당연한 이야기인 것 같지만, 암컷의 마음은 구조가 정교하고 장식이 화려한 바우어를 소유한 수컷 쪽으로 기우는 경향이 있다고 한다. 그들이 제시한 혁명적 데이터가 시사하는 것은 "암컷 바우어새는 일방적·선험적인 인지자극 문턱값cognitive stimulus threshold보다는 상호적·경험적인 데이터를 기반으로 심미적인 배우자선택을 한다"라는 것이다. 이것이 성선택이 바우어의 진화과정에서 큰 역할을 수행했음을 뒷받침하는 직접적 증거가 아니라면 대체 뭐란 말인가!

이번에는 장식의 진화사에 눈을 돌려, 이빨부리바우어새Tooth-Billed Bowerbird(*Scenopoeetes dentirostris*)라는 또 하나의 현존종을 살펴보기로 하자. 캣버드와 마찬가지로, 이빨부리바우어새 역시 바우어새과 계통수에서 가장 오래된 가지 중 하나에 속한다. 그들은 일부다처제를 채택한 종으로, 암컷이 모든 양육행동을 도맡아 한다.[13] 그러나 가장 중요한 것은, 바우어새과의 일원임에도 불구하고 캣버드와 마찬가지로 사실상 바우어를 짓지 않는다는 것이다.

하지만 이빨부리바우어새는 캣버드와 달리 구애장소를 만든다. 즉, 지름 2미터쯤 되는 땅바닥을 깨끗이 치우고 10여 개의 커다란 녹색 잎으로 장식을 하는데, 그 잎들은 맨땅 위에 일정한 간격으로 신중하게 배열된다. 이처럼 단순하게 장식된 원시적 구애장소는 바우어와 장식의 기원에 대해 어느 정도의 통찰을 제공한다. 즉, 일부다처제를 채택한 바우어새들은 모두 구애장소를 장식하며, 이러한 장식행동은 바우어가 존재하기 전에 진화했다는 것이다. 다시 말해서, 장식은 바우어새의 삶을 특징짓는 전형적 요소 중 하나로, 진화 과정에서 어떤 바우어새 종도 이를 상실하지 않았다. 이는 장식이 암컷의 배우자선택에 얼마나 중요한 요소인지를 다시 한 번 보여준다.

물론 장식의 내용과 방법은 시간이 지남에 따라 변화했다. 수컷들이 수집하는 물건의 종류나 그것을 배치하는 방법은 종마다 다르게 진화해왔고, 때로는 한 종 내의 개체군 사이에서도 다르게 진화했다. 다양한 바우어새들이 장식물로 선택한 것은 열매에서 곰팡이까지, 꽃에서 깃털까지, 장과류에서 나비까지, 콩꼬투리에서 애벌레 똥까지, 심지어 사탕 껍질에서 옷핀까지 이루 헤아릴 수 없이 다양하다. 진입로형 바우어를 짓는 바우어새 중에는, 바우어 내벽을 (식물을 씹어 만든) 파란색, 녹색, 까만색 물감으로 색칠하는 종까지 있다. 어떤 관점에서 보더라도, 이것은 엄청나게 광범위한 미적 패턴이다.

이러한 장식물과 재료들은 암컷의 짝짓기선호와 함께 공진화한 수컷의 미적 선호의 결과물이다. 오로지 암컷을 즐겁게 해주기 위해, 수컷은 자신만의 완전히 새로운 행동과 선호를 진화시켰다. 그리고 그 과정에서, 아름다움의 수호자인 암컷의 주목을 받기 위해 서로 경쟁하는 예술가로 거듭났다.

여느 예술가들이 그렇듯, 수컷들의 재료 선택은 무작위와는 거리가 멀다. 로벅만에 서식하는 그레이트바우어새가 수집한 고생물학 유물들과 새틴바우어새가 캠프장 주변에서 모은 쓰레기에서 보는 것처럼, 바우어의 장식은 '주변에서 구할 수 있는 물건'에 의해 결정되기도 한다. 그러나 재러드 다이아몬드Jared Diamond가 1980년대 초 인도네시아령 뉴기니섬 서쪽 끝의 서이리안자야western Irian Jaya에서 행한 보겔콥바우어새Vogelkop Bowerbird(*Amblyornis inornata*) 개체군에 관한 선구적 연구에서 밝힌 바와 같이, 가장 중요한 것은 수컷의 미적 선택이다.[14]

다이아몬드는 팍파크Fakfak와 쿠마와Kumawa 산맥에 서식하는 수컷들이 간단한 메이폴형 바우어를 칙칙한 색깔의 대나무, 나무껍질, 돌멩이, 달팽이 껍질로만 장식한다는 사실을 발견했다. 그와 대조적으로, 그곳에서 50~150킬로미터밖에 떨어지지 않은 아르팍Arfak, 탐라우Tamrau, 완다멘Wandammen 산맥에 서식하는 수컷들은 오두막집 모양의 정교한 바우어를 짓고, 한복판에는 메이폴을 세워놓으며, 주변 공간은 다채로운 과일, 꽃, 곤충 조각, 곰팡이, 콩꼬투리로 장식하는 것으로 나타났다. 이 다섯 개 지역에 서식하는 개체군의 수컷들은 (바우어를 짓는 데) 사용할 수 있는 재료가 100퍼센트 같은데도 불구하고, 각각 다른 재료를 선택했다. 심지어 바로 이웃에 사는 바우어새들이 지은 오두막집형 바우어들도 스타일이 제각각이었다. 가령 아르팍과 탐라우 산맥에 서식하는 바우어새들은 흰색 장식물을 사용하지만, 완다멘 산맥에 서식하는 바우어새들은 그러지 않았다. 요컨대 그들은 지극히 까다로운 취향을 갖고 있었다.

바우어의 장식이 수컷의 고유한 선호 때문임을 더욱 확실히 증명하기 위해, 다이아몬드는 몇 가지 실험을 해봤다.[15] 그는 완다멘 산맥에 서식하는 수컷 보겔콥바우어새•(이들은 다양하고 다채로운 과

• 컬러 화보 19번.

일, 꽃 등을 이용하여 정교한 오두막집형의 바우어를 짓는 것으로 유명하다)에게 다양한 색깔의 포커 칩들을 제공한 다음, 그들이 수집한 포커 칩들의 색깔을 분석했다. 그랬더니 그들은 분명한 선호도를 보였는데, 그중에서도 특히 (선호도순대로) 파란색, 자주색, 오렌지색, 빨간색을 좋아하는 것으로 나타났다. 게다가 그들은 바우어의 앞마당에 비슷한 색깔의 꽃, 열매, 깃털을 함께 배치했다. 다이아몬드는 각각의 수컷들이 바우어를 장식하는 데 사용한 칩들에 표시해놨는데, 나중에 살펴보니 상당수의 칩이 도난당해 다른 수컷의 바우어 앞마당에 배치되어 있는 게 아닌가! 그런데 도난당한 포커 칩들의 색깔을 분류해보니, 방금 언급한 순서와 마찬가지로 파란색이 가장 많이 도난당하고 빨간색이 가장 적게 도난당한 것으로 밝혀졌다. 다른 실험에서, 쿠마와 산맥에 서식하는 수컷들에게 다양한 색깔의 포커 칩들을 제공해봤더니(이들은 칙칙한 단색의 장식물을 이용하여 간단한 메이폴형 바우어를 짓는 것으로 유명하다), 그들은 무슨 색깔이든간에 포커 칩들을 전혀 거들떠보지 않았다.

그로부터 몇십 년 후, 알버트 우이는 다이아몬드의 실험을 암컷의 짝짓기선호와 병행하여 실시했다(이번에는 포커 칩 대신 다양한 색깔의 타일을 이용했다).[16] 다이아몬드가 연구했던 두 개체군을 대상으로 실험해본 결과, 팍파크 산맥에서 메이폴형 바우어를 짓는 수컷들은 밝은색 타일을 꺼리고 갈색, 까만색, 베이지색 타일을 선호했다. 한편 아르팍 산맥에서 오두막집형 바우어를 짓는 수컷들은 파란색, 빨간색, 녹색 타일을 선호했다. 그와 동시에 아르팍의 16개 개체군에 카메라를 설치하여 촬영한 결과, 암컷의 짝짓기선호는 극소수 수컷들에게 집중되었고, 이 수컷들의 짝짓기 성공률은 두 가지 요인, 즉 '파란색으로 장식된 부분의 면적' 및 '오두막집의 크기'와 유의한 상관관계가 있는 것으로 밝혀졌다. 간단히 말해서, 오두막집이 크고 파란색으로 장식된 면적이 넓을수록 짝짓기에 성공할 가능성이 높았다. 이는 아르팍 개체군에서 암컷의 짝짓기선호와 수컷의 확장된 표현형이 공진화했음을 의미한다.

보겔콥바우어새의 개체군들은 매우 가까운 산간지대에서 발견되므로, 개체군들이 격리된 시기는 비교적 최근임이 틀림없다. 따라서 그들의 서로 다른 건축 양식과 장식물은 (일반적으로) 진화에 필요한 시간에 비하면 몹시 짧은 시간 동안 진화했을 가능성이 높다. 더욱 중요한 것은, 암컷의 짝짓기선호가 수컷의 확장된 미적 표현형과 함께 공진화했다는 것이다. 개체군의 과시형질과 선호가 이처럼 급속도로 분화한 패턴은, '별의별 아름다움' 가설에서 예측되는 패턴과 정확히 일치한다.

그러나 '별의별 아름다움' 가설 말고 다른 설명은 없을까? 수컷 바우어새가 장식용으로 수집한 물건들이 수컷의 유전적 자질을 드러내는 지표는 아닐까? 음, 어쩌면 특정 물건을 선별적으로 수집했다는 것이 수컷의 자질을 정직하게 나타낼 수도 있다. 단, 그러기 위해서는 그 수집물들이 희귀한 물건이어서, 수집하는 데 많은 시간과 에너지와 기술이 소요되어야 한다. 그러나 재러드 다이아몬드가 확인한 바에 따르면, 보겔콥바우어새 개체군들이 서식하는 삼림들의 가용 자원은 (종류와 희소성 양면에서) 모두 똑같다. 까만 곰팡이와 빨간 꽃들이 어떤 지역에서만 흔하고 다른 지역에서 희귀한 것은 아니라는 말이다.[17] 더욱이 조아 매든Joah Madden과 앤드루 밤퍼드Andrew Balmford는 호주 퀸즐랜드에 서식하는 점박이바우어새의 세 개체군을 비교한 연구에서, '장식물이 탐색 비용에 대한 정직한 정보를 제공한다'라는 가설을 제대로 검증했다.[18] 즉, 그들은 '암컷들이 선호하는 바우어의 장식이 다른 장식보다 희귀한 재료로 만들어진 것이다'라는 생각을 뒷받침하는 증거를 찾지 못했다. 오히려 반대로, 달팽이 껍질과 흰 돌멩이가 매우 흔한 지역에서도 수컷들은 이 재료들을 선호했다. 그렇다고 성적 장식물로 쓰이는 다른 재료들이 딱히 더 흔한 (그래서 달팽이 껍질과 흰 돌멩이가 상대적으로 희귀한) 것도 아니었다. 더욱이 수컷 점박이바우어새는 과일 중에서도 천천히 부패하는 과일을 선호했다. 이는 매력을 유지하는 데 소요되는 노력과 비용을 더욱 절감하는 요인으로 작용했다. 따라서 '바우어의 장식은 큰 비용을 수반하며, 수컷의 자질을 나타내는 정직한 신호'라는 생각을 뒷받침할 만한 증거는 존재하지 않는다. 그보다는 차라리, 바우어의 장식품은 다른 미적 형질과 마찬가지로 종에 따라 제각기 다양하게 나타난다는 설명이 타당해 보인다.

보다 최근에, 진화생물학자 존 엔들러John Endler와 동료들은 큰바우어새의 일부 개체군이 만드는 바우어 장식에서 새로운 미적 기교를 발견했다.[19] 그들은 퀸즐랜드 동부에서 행한 연구에서 '성공적인 수컷 큰바우어새는 바우어에서 멀어질수록 점점 더 큰 장식물을 배치하는 경향이 있다'라는 사실을 발견하고, "수컷 큰바우어새는 인위적 원근법forced perspective이라는 착시효과를 유발한다"라는 가설을 제시했다.[20] 즉, 입구에서 먼 곳에 더 큰 물건을 배치하면 바우어 안에서 바라볼 때, 배치된 물건들의 크기가 균일해 보이는 착시효과를 거둘 수 있는데, 이는 (거리와 겉보기 크기apparent size가 반비례하는) 원근법을 교묘히 이용한 눈속임 장치라고 볼 수 있다. 엔들러와 동료들은 그 특별한 눈속임이 암컷에게 어떻게 어필하는지 알아내고자 고심한 끝에, "암컷이 바라보는 방향을 고려할 때 수컷의 몸집이 커 보이는 건 아니므로, 인위적 원근 착시를 수컷의 몸집에 대한 전략적이고 부정직한 신호로 볼 수는 없다"라는 흥미로운 결론에 도달했다.

이유야 어찌 됐든, 수컷이 유발해낸 착시효과가 우연의 일치가 아닌 것만은 분명하다. 엔들러와 동료들이 돌멩이의 배열 순서를 바꿔보니, 이를 눈치챈 수컷이 못마땅한 듯한 태도를 보이며 돌멩이를 원래 순서대로 재배치하는 것으로 나타났으니 말이다. 로라 켈리와 존 엔들러는 뒤이은 관찰연구에서, 완벽한 원근착시를 유발하는 수컷들의 짝짓기 성공률이 높다는 사실을 확인했다.[21]

그러나 이 정도의 실험과 관찰로는 착시에 대한 선호가 진화한 이유를 명쾌히 설명하기에 불충분하다. 엔들러는 "수컷의 착시 유발 능력이 진화한 것은, 신랑감의 인지능력에 대한 정직한 정보를 암컷에게 제공하기 위해서였을 것"이라고 제안했다.[22] 즉, 착시가 완벽할수록 수컷의 머리가 좋고, 머리가 좋으면 유전자가 좋다는 것이다. '원근법에 모종의 메시지가 담겼는지, 만약 담겼다면 그 내용이 무엇인지'는 논외로 하더라도, 원근법이 발견되었다는 사실만으로도 그 시사점은 굉장하다. 엔들러가 지적한 대로, 서양의 미술가들은 15세기의 르네상스 이전까지 인위적 원근법을 구사하지 못했다. 그에 반해 '바우어새과에는 15세기 전부터 원근법이 존재했다'라는 점에 주목하며, 그는 이렇게 묻는다. "원근법이 인간보다 바우어새에게서 먼저 진화한 이유는 뭘까?"

물론 인간이 맨 처음 원근법을 발명한 분야는 미술이다. 인간이 원근법의 실용성을 깨닫기도 전에 미술 분야에서 원근법을 개발했다는 것은 매우 흥미롭다. 그런데 바우어새라고 해서 그러지 말라는 법이 있을까? 앞에서 살펴본 대로, 아름다움의 진화는 진화적 혁신의 탁월한 원천이다. 엔들러는 바우어새의 예술과 인간의 미술을 비교함으로써 이 점을 인정했다. 그는 《뉴욕 타임스》와의 인터뷰에서 이렇게 말했다.[23] "인위적 원근착시는 바우어새가 실제로 예술 창작 활동을 했음을 입증하는 증거다. 우리는 암컷의 짝짓기선호와 수컷의 미적·건축적 선호를 미학적 관점에서 바라봐야 한다. 왜냐하면 거기에는 미적 판단이 개입되어 있기 때문이다."

바우어는 도대체 왜 그렇게 진화했을까? 한 걸음 더 나아가, 바로 지금 이 순간에도 종과 개체군들 사이에서 다양한 갈래로 진화하고 있는 이유가 뭘까? 1985년 게리 보르자, 스티븐Stephen과 멜린다 프루엣-존스Melinda Pruett-Jones 부부는 다음과 같은 구태의연한 가설을 제시했다.[24] "바우어를 건축하고 다른 수컷의 절도와 파괴로부터 보호하는 능력은 수컷의 지위와 자질을 나타내는 지표다." 그러나 이 가설은 다른 개체군과 종 사이에서 나타나는 '바우어의 건축 구조'와 '장식에 관한 선호'의 복잡한 차이를 설명할 수 없었다. 블루베리를 지키는 것의 난이도는 흰 자갈보다 높을 수도 있고 낮을 수도 있다.

그러나 보르자는 1995년부터 바우어의 진화적 기원에 대한 참신하고 설득력 있는 가설을 제시하기 시작했다.[25] 보르자의 관찰에 따르면, 수컷 바우어새의 과시행동이 강렬하고 열정적이고 때로는 폭력적이기까지 해서, 방문한 암컷을 놀라게 하거나 겁먹게 하는 일이 종종 있었다. 만약 구애장소에 앉아 수컷의 생김새와 장식품들을 근거리에서 관찰하면, 암컷은 성적 학대와 강제교미의 위협에 늘 노출될 수밖에 없다. 그러나 바우어 안에 들어가 있으면 이야기가 달라지므로, 보르자는 이런 가설을 세웠다. "바우어라는 건축물이 진화한 것은 암컷이 성적 강제, 신체적 학대, 강제교미에서 보호받는 것을 선호하기 때문이었다." 그는 진화생물학자들이 현장에서 수집한 위협감소 가설threat reduction hypothesis을 입증하는 자연사적 증거를 잔뜩 인용했다. 예컨대, '진입로형 바우어에서 암컷이 수용적 자세를 취하기 전에 수컷이 교미를 시도할 경우, 암컷이 뒷마당으로 나와 멀리 날아가버린다'든지, '메이폴형 바우어에서 수컷이 너무 공격적으로 접근할 때, 암컷이 원형 통로의 갓길로 점프하여 메이폴 구조를 방패막이로 이용한다'라든지 하는 것들이다.

가설을 뒷받침하는 추가 증거로, 보르자는 이빨부리바우어새의 지극히 거친 구애행동을 기술했다.[26] 잎으로 단순하게 장식되어 있을 뿐, 탁 트인 이빨부리바우어새의 구애장소에는 바우어가 없으므로 암컷을 보호할 만한 장치가 아무것도 없다. 그러므로 수컷은 암컷이 구애장소에 도착하는 즉시 그녀의 등에 공격적으로 올라탄다. 보르자가 관찰한 암컷의 대기시간 중 제일 긴 사례도 3.8초에 불과했다.

구애장소에 내려앉기 전에는 수컷의 용모와 장식을 가까운 거리에서 살펴볼 기회가 없으므로, 암컷 이빨부리바우어새는 몇 미터의 안전거리를 유지하며 수컷의 용모와 장식품을 관찰한 다음 배우자선택 결정을 내려야 한다. 하지만 그런 거리에서는 미적 복잡성을 식별할 수가 없으므로, 수컷의 입장에서는 좀 더 정교한 과시행동을 발달시킬 진화적 동기가 없다. 일단 구애장소에 도착하면 수컷이 득달같이 덤벼들기 때문에, 암컷은 신중하고 합리적인 의사결정을 내릴 겨를이 없다. 그와 대조적으로, 암컷 새틴바우어새는 종종 진입로형 바우어 안에 머물며 수컷의 과시행동을 몇 분 동안 가까운 거리에서 관찰한다. 바우어라는 건축물이 보호해주는 한, 암컷은 불과 몇 센티미터 거리에서 배우자를 선택할 기회를 누린다. 수컷의 과시행동이 매우 복잡하므로 그 정도로 자세히 관찰할 값어치는 충분하다.

보르자는 대학원생들과 함께 매우 창의적인 검증방법들을 이용하여, 바우어의 진화에 관한 위협감소 가설을 테스트했다.[27] 예컨대 보르자와 데이븐 프레스그레이브스Daven Presgraves는 점박이바우어새의 독특한 대로형 바우어의 기능을 분석했다. 앞에서 언급한 바와 같이 대로형 바우어의 대로는 널따랗고, 바우어 벽은 '막대기를 뭉뚱그린 기둥벽'이 아니라 '가벼운 잔가지와 밀짚으로 이루어진 반투명 가리개'다. 널따란 대로와 반투명한 벽 덕분에, 암컷은 바우어 내부에 모로 돌아앉아 얇은 가리개 너머로 수컷의 과시행동을 관찰할 수 있다. 보르자와 프레스그레이브스가 관찰한 바에 따르면,

암컷을 보호하는 물리적 구조는 수컷의 시끄럽고 열정적이고 공격적인 과시행동과 밀접한 상관관계가 있었다. 과시행동의 레퍼토리 중에는 '바우어의 테두리를 향해 빠르게 질주하기'가 있는데, 이때 수컷은 간혹 바우어에 충돌하기도 한다. 두 사람이 바우어 벽의 일부를 무작위로 파괴해봤더니, 수컷이 과시행위를 계속하는 동안 암컷은 그를 계속 관찰했지만, 부서진 벽의 구멍을 피해서 온전한 벽을 통해 관찰하는 것으로 나타났다. 이는 "대로형 바우어라는 독특한 건축적 혁신의 기능은, 지나치게 공격적인 수컷의 과시행동을 관찰하는 동안 암컷의 안전감을 보장하기 위한 것"이라는 가설을 뒷받침한다. 더욱 분명한 것은, 점박이바우어새의 과도하게 공격적이고 자극적인 과시행동 레퍼토리는 독특한 바우어 건축양식의 향상된 안전성과 함께 공진화했다는 것이다.

보르자의 위협감소 가설은 진정으로 혁명적이다.[28] 그것은 이성 간의 복잡한 행동적 상호작용behavioral interaction에 완전히 새로운 차원을 추가했는데, 이는 성선택과 배우자선택을 다룬 문헌 중 어디에서도 찾아보기 어려운 것이다. 보르자에 따르면, 수컷 점박이바우어새에서 관찰되는 과시행동과 건축구조는 암컷이 경험하는 심리적 갈등에 대한 해법으로 진화한 것이라고 한다. 즉, 바우어의 혁신은 '암컷이 선호하는 수컷'의 공격적 과시행동에서 느껴지는 공포감을 해소해준다는 것이다.[29]

그러나 내가 보는 견지에서는, '위협감소 반응은 단순한 심리적 갈등보다는 좀 더 심오한 성 갈등을 통해 진화했다'라는 가설이 더 타당하다.[30] 내가 생각하는 가설을 검토하기 위해, 수컷 이빨부리바우어새의 행동과 단순한 구애용 장식품을 살펴보기로 하자. 그의 장식품은 구애장소 여기저기에 흩어진 커다란 잎으로 구성되어 있다. 암컷 이빨부리바우어새는 몇 미터쯤 되는 거리에서 이를 관찰하고서 수컷의 구애장소를 방문할지 말지를 결정한다. 만약 암컷이 방문한다면, 수컷은 즉시 달려들어 올라타 교미를 시도할 것이다. 그런데 어느 시점에서 '별의별 아름다움'이 생겨나, 암컷은 좀 더 정교하거나 특이적인 구애용 장식을 선호하도록 진화했을 것이다.

그러나 그런 미적 혁신(구애용 장식)이 아무리 만족스럽더라도, 그것을 선호하는 암컷은 새로운 도전에 직면하게 되었을 것이다. 좀 더 복잡한 구애용 장식품은 좀 더 엄밀한 의사결정을 요구하므로, 암컷은 '장식품의 창작자와 짝짓기를 할 것인지 여부'를 결정하기 전에 수컷의 개방된 구애장소에 좀 더 가까이 접근하여 평가할 필요가 있다. 그러나 그녀가 가까이 접근한다면, 이빨부리바우어새의 신속하고 공격적인 짝짓기 스타일이 그녀를 (그녀의 의사와 무관하게) 강제교미의 위험에 노출할 것이다. 강제교미는 암컷에게, 바람직한 과시형질(그녀를 위시한 암컷들이 선호하는 수컷의 과시형질)을 물려받지 못한 아들을 낳게 만들 것이다. 바람직하지 않은 과시형질을 보유한 아들들은 성적으로 인기를 끌지 못할 것이다. 물새의 사례에서 봤던 것처럼, 이것은 성 갈등의 간접적·유전적 비용이다.

그러나 오리와는 달리, 수컷과 암컷 바우어새는 엄청난 대가를 수반하는 군비경쟁으로 치닫지 않았다. 암컷은 방어수단을 진화시키는 대신, 수컷의 미적 속성에 선택권을 행사함으로써 암컷의 성적 자율성을 향상시키고 성적 강제의 위협과 비용을 감소시키는 쪽으로 진화했다. 성 갈등에 대한 이처럼 독특한 진화적 반응은, 내가 미적 리모델링이라고 부르는 과정의 한 가지 사례다. 미적 리모델링이란 성적 과시행동과 그에 대한 선호가 공진화함으로써 성적 선택의 자유가 증가하는 것을 말한다.

바우어새의 경우, 미적 리모델링은 수컷의 구애용 구조물의 혁신이라는 형태로 나타났다. 그런 변화들이 모두 그렇듯, 혁신적인 구애용 구조물은 맨 처음에 우연히 시작되어 점진적으로 진화했을 것이다. 아마도 구애장소를 장식하는 과정에서, 바우어를 짓는 새들의 초기 조상들은 막대기 몇 개를 물어다 '녹색 잎'이라는 표준 레퍼토리 위에 얹었을 것이다. 막대기를 배치하는 방식이 조금 바뀌어 기본적인 가리개가 탄생했고, 이것은 암컷을 위한 '성적 학대의 피난처'의 역할을 수행했을 것이다. 따라서 이 같은 '막대기를 모으는 새'들은 암컷들 사이에서 인기를 끌었을 것이다. 왜냐하면 그들이 지은 바우어의 전구체proto-bower가 그녀들에게 평가와 선택의 기회를 확대해줬을 것이기 때문이다. 암컷에게 미적 구조물을 제공하는 것의 성적 이점은, 계속 증가하는 수컷 자손들에 의해 바우어 건축이 진화한다는 것이다.

시간이 지남에 따라 독특한 진입로형 및 메이폴형 바우어가 진화했고, 두 가지 유형의 바우어는 각각 다른 물리적 방법으로 암컷의 성적 안전을 향상시켰다. 바우어를 짓는 수컷을 방문한 암컷들은 오랜 시간 동안 안전하게 머물며 수컷의 용모와 구애장소를 꼼꼼히 평가할 수 있었을 것이다. 주관적인 감각경험과 판단의 기회가 많아질수록, '수컷의 신체행동 및 과시행동'과 '확장된 표현형의 건축적·장식적 특징'에 근거한 성선택의 힘은 더욱 강해진다. 결과적으로 수컷의 과시행동과 바우어의 건축 및 장식은 암컷의 배우자 선호와 함께 공진화하여, 좀 더 정교하고 복잡하고 종별로 다양해졌을 것이다.

미적 리모델링은 적응적 배우자선택과 마찬가지로, 수컷의 과시행동과 표현형 간의 상관관계를 통해 진행된다.[31] 그러나 미적 리모델링의 경우에는 이러한 상관관계가 '좋은 유전자'나 '직접적 혜택'이 아니라 '암컷의 성적 자율성 확대'로 귀결된다. 수정의 50퍼센트가 수컷의 강제적 성폭력에 의해 결정되는 개체군이 있다고 가정해보자. 만약 수컷의 어떤 과시행동(즉, 여기서는 내가 앞에서 가정했던 '초기형 바우어'에 해당하는 막대 더미)으로 인해 성적 강제가 효율적으로 억제된다면, 암컷은 그 과시행동을 선호하도록 진화할 것이다. 이러한 선호의 빈도는 그 개체군에서 진화하는데, 그 이유는 해당 과시형질의 빈도가 증가함으로써 암컷의 배우자선택에 의해 결정되는 수정의 비율(즉, 성적 강제의 간접적·유전적 비용을 회피하는 암컷의 비율)이 상승하기 때문이다. 이처럼 미적 리모델링은 짝짓기선택을 이용하여 수컷의 강제행동을 '사회적으로 수용 가능한 미적 형태'로 전환함으로써 성 갈등을 해소한다.

바우어는 미적인 건축물일까? 절대적으로 그렇다. 바우어는 (암컷을) 보호할까? 정말로 그렇다. 바우어가 미적으로 복잡하고 다양하게 진화한 것은, 바로 그것의 보호 기능 때문이다. 본질적으로, 바우어의 진화적 기능은 미적 평가를 위한 환경을 제공하는 것이며, 이러한 환경은 암컷을 데이트 강간date rape에서 보호한다. 바우어 덕분에 일단 선택의 자유를 확보하면, 암컷은 좀 더 다양하고 복잡한 형태의 아름다움에 대한 미적 선호를 자유롭게 추구할 수 있다.

바우어는 선택의 대상인 동시에 자유로운 선택의 매개체로 기능하므로, 아름다움의 진화를 지속적으로 촉진하는 피드백을 새로이 창조한다. 암컷이 자신의 성적 자율성을 확보하고 나면, 그녀들의 미적 선호는 수컷의 과시행동 및 장식과 지속적으로 공진화하여, 훨씬 더 복잡하고 포괄적인 미적 구조와 공연을 가능케 한다. 마치 그랜드 오페라처럼, 바우어에서의 공연은 다양한 감각들을 동시다발적으로 만족시키고 자극한다. 이는 마치 다채로운 세트와 소품을 갖춘 하나의 무대에서 음악과 춤을 함께 선사하는 것과 같다. 암컷은 앞줄의 편안한 좌석에 앉아 공연을 관람하며, 만약 공연이 과열되어 위협이 느껴질 경우에는 쉽게 비상구로 나가버리면 그만이다. 점박이바우어새의 예에서 본 것처럼, 암컷을 '무력과 협박에 의한 강제'에서 보호하는 미적·물리적 메커니즘의 진화는 훨씬 더 공격적이고 자극적인 과시행동의 공진화를 허용한다. 왜냐하면 암컷은 아무런 위협에 시달리지 않고 수컷의 과시행동을 마음껏 즐길 수 있기 때문이다. 바우어새 전체에 걸쳐, 선택의 자유는 미적 방산의 과정을 크게 향상시켰다.

암컷 바우어새들은 수컷의 과시형질과 행동을 미적으로 리모델링함으로써, '강제적인 수컷'이라는 야수에서 성적 아름다움이 진화하는 완전히 새로운 길을 열었다. 그러나 여기서 알아두어야 할 점이 한 가지 있다. 이러한 진화과정은 암컷이 (물리적 또는 사회적으로 지배할 수 있는) 덜 공격적인 수컷을 선호했기 때문에 일어난 게 아니라는 것이다. 다시 말해서, 암컷은 자신의 선택권을 행사하는 순간 실제로 자율성을 강화한 것이지, 나약한 수컷에 대한 선호를 진화시킨 것은 아니다. 암컷 바우어새가 진화시킨 선호는 모든 암컷의 능력, 즉 모든 미적 욕구의 충족에 기반을 두어 완전한 선택의 자유를 행사할 수 있는 능력을 향상시켰다.

게리 보르자의 연구실에서 일하는 대학원생 게일 패트리셀리는 위협감소 가설을 검증하기 위해 매력적이고 독특한 연구 프로그램을 개발했다.[32] 패트리셀리와 보르자는 수컷의 바우어를 방문한 암컷 새틴바우어새를 촬영한 비디오를 분석하여, 암컷은 종종 공격적인 수컷의 과시행동에 화들짝 놀라거나 긴장하며, 바우어 안에서 몸을 잔뜩 웅크림으로써 자신의 언짢음 정도를 수컷에게 전달한다는 것을 발견했다. 또한 암컷의 반응에 맞춰 과시행동을 조절한 수컷들은 성적으로 성공할 가능성이 높은 것으로 나타났다.

이러한 관찰이 정확한지 확인하기 위해, 패트리셀리는 암컷 새틴바우어새를 닮은 원격조종 로봇인 '펨봇fembot'을 만들었다. 비디오 촬영을 통해 관찰한 결과, 펨봇은 자연스럽게 서 있거나 몸을 웅크리거나 고개를 돌리거나 깃털을 부풀림으로써 수컷을 감쪽같이 속일 수 있는 것으로 나타났다. 패트리셀리는 펨봇을 바우어 안에 넣고 자세와 동작을 다양하게 조절해본 결과, 다음과 같은 가설들이 옳음을 확인할 수 있었다.[33]

(1) 암컷 새틴바우어새는 몸을 웅크림으로써, 과시행동을 하는 수컷에게 자신의 언짢음 정도를 전달한다.
(2) 어떤 수컷들은 암컷을 좀 더 편안하게 해주기 위해 과시행동의 강도를 조절한다.
(3) 과시행동의 강도를 조절함으로써 암컷을 편안하게 해줄 수 있는 수컷일수록 암컷을 성적으로 유혹하는 데 성공할 확률이 높다.

만약 암컷 새틴바우어새가 (멋진 바우어를 보유한) 매력적인 수컷이 연출하는 '과격한 과시행동'에 위협을 덜 느낀다면, 그 이유가 뭘까? 진화적 관점에서 볼 때, 만약 성적 강제의 간접적·유전적 비용이 상당하다면(즉, 암컷들에게 어필하지 않는 아들을 낳아, 자신의 유전자가 후세에 이어질 가능성이 낮아진다면), 암컷은 매력적인 수컷이 제기하는 위험에 대해 부담감을 덜 느끼게 될 것이다. 강제교미에 의한 직접적·물리적 손상의 위험이 있다는 점은 매력적인 수컷이나 덜 매력적인 수컷이나 마찬가지지만, 매력적인 수컷은 덜 매력적인 수컷보다 간접적·유전적 비용을 부과할 위험성이 낮기 때문이다. 그런데 (매력적인 수컷이 보유한) 멋진 바우어가 안전성까지 겸비한다면, 그야말로 금상첨화다.

패트리셀리가 수행한 펨봇 실험은 "바우어가 암컷을 성적 강제의 간접적 피해로부터 보호해주는 역할을 수행한다"라는 가설을 강력히 뒷받침한다. 수컷이 펨봇의 반응에 즉각적으로 대응한 것은, 바우어라는 구조물이 그들의 막무가내 행동을 가로막는 보호장치로 작용했기 때문이다. 퍼트리샤 브레넌의 인공 오리 질에서부터 게일 패트리셀리의 펨봇에 이르기까지, 배우자선택의 과학은 우리를 창의적인 길로 이끌었다. 오리와 마찬가지로, 바우어새는 '선택의 자유'를 이해하는 전혀 새로운 방법을 우리에게 가르쳐줬다. 선택의 자유는 성적 자율성을 보장하며, 성적 자율성은 아름다움의 진화를 추동하는 원동력이다.

7. 로맨스 이전의 브로맨스

이쯤 됐으면, 마나킨새와 바우어새의 세계에서 펼쳐진 '아름다움의 폭발'이라는 현상을 초래한 원동력이 암컷의 배우자선택이었음을 깨닫고도 남을 것이다. 이 얼마나 놀라운가! 보다 놀라운 것은, 암컷의 짝짓기선호가 수컷들 사이의 사회적 관계에까지 지대한 영향을 미쳤다는 것이다. 더욱이 이러한 수컷들의 관계 중 상당 부분은 암컷이 전혀 목격할 수 없는 곳에서 일어났다. 믿기 어렵지만, 이러한 사건은 마나킨새의 세계에서 진화과정에 걸쳐 분명하게 일어난 일이다. 이 장章에서는 이 점에 대해서 자세히 다룰 것이다.

마나킨새의 구애장소lek에서 형성된 수컷들 간의 사회적 관계는 사실상의 브로맨스bromance• 관계로 진화했으며, 그 과정에서 '암컷의 성적 자율성 추구'가 중요한 매개체로 작용했다는 것이 내 생각이다. 구애조직lek organization의 기원에서 암컷을 능동적 주체로 인정하는 나의 견해는, '구애조직을 통한 번식 시스템'이 진화한 이유에 대한 전통적 생각과 대부분 배치된다. 그러나 이러한 가능성을 인정하는 사고방식은 수컷 마나킨새의 특이한 행동 및 구애와 관련된 사회조직의 다양성을 이해하는 데 생산적인 방법을 제공한다.

마나킨새가 속하는 무희새과Pipridae에는 54종의 새가 포함되며, 따라서 번식 및 사회적 관계에도 54가지의 서로 다른 형태가 존재한다. 그렇지만 우리는 마나킨새의 구애행동에서 몇 가지 일반적인 사항을 관찰할 수 있다. 기본사항을 요약하면, 구애장소란 성적 과시행동을 일삼는 수컷들이 모여 있는 곳을 말한다. 모든 수컷은 구애장소 안에서 각자 고유의 영토를 정하고 지키지만, 영토가 제공하는 혜택 중 짝짓기할 기회 말고는 가치 있는 게 하나도 없다. 영토의 크기와 공간적 분포, 한 구애장소에 존재하는 영토의 수(몇 개에서부터 수십 개)는 종에 따라 크게 다를 수 있다. 어떤 종의 경우에는 영토의 너비가 1~5미터에 불과하지만, 어떤 종의 경우에는 10미터 이상이다. 어떤 종의 경우에는 영토가 오밀조밀하게 모여 있지만, 어떤 종의 경우에는 좀 더 널리 흩어져 있다. 몇몇 종의 경우 수컷들이 외로운 영토를 지키는데, 각각의 영토들이 너무 멀리 떨어져 있으므

• 이성애자인 수컷들끼리 갖는 매우 두텁고 친밀한 관계로, 브라더brother와 로맨스romance를 조합한 신조어다. 단순히 진한 우정에서부터 깊게는 로맨틱한 분위기가 가미되기도 하지만, 성적인 관계를 맺지 않는다는 것이 특징이다.

로, 수컷들끼리 영토를 벗어나 접촉하려면 시각과 청각에 의존하는 수밖에 없다. 수컷들은 4~9개월 동안 각자의 영토를 점유하며, 일부 개체군의 수컷들은 털갈이 때를 제외하면 거의 1년 내내 구애장소 내에 머문다. 다른 새들의 경우에도 구애장소가 매우 다양하게 진화했으며, 다양한 곤충, 물고기, 개구리, 도롱뇽, 그리고 몇몇 유제류ungulate(소나 말처럼 발굽이 있는 동물)와 과일박쥐의 경우에도 구애장소가 진화했다.[1]

구애장소의 성격과 기능에 대한 혼동은 다윈에게까지 거슬러 올라가는데, 그는 구애장소를 평가하는 데 이중잣대를 들이댄 적이 있다. 그는 『인간의 유래와 성선택』의 여러 장章에 걸쳐, 구애장소에서 일어나는 조류의 구애행동을 언급했다. '전쟁의 법칙The Law of Battle'이라는 장에서는 이를 '수컷 간의 경쟁'이라는 맥락에서 해석했는데, 이는 대부분의 진화생물학자가 그때부터 오늘날에 이르기까지 줄기차게 논의해온 방식이다.[2] 그러나 '성악Vocal Music'과 '사랑의 몸짓과 춤Love-Antics and Dances'이라는 장에서는, 구애행동을 하는 새들을 '암컷의 배우자선택'이라는 맥락에서 기술했다.[3] '구애행동이 일어나는 구애장소와, 암컷의 선택 간의 상관관계'에 대한 가능성을 제기한 다윈의 태도는 그 후 한 세기 동안 이례적인 것으로 치부되었다.

암컷의 배우자선택이나 성적 자율성에 대한 작동이론working theory이 존재하지 않는 상황에서, 구애장소의 진화적 기원에 관한 이론가들이 구애조직을 전적으로 '수컷 간의 경쟁', 즉 지배권이나 통제권을 거머쥐기 위한 수컷 간 투쟁의 산물로 간주한 것은 전혀 놀라운 일이 아니다. 이와 관련된 전통적 가설은 "하나의 구애장소에 소속된 수컷들이 위계질서를 확립하기 위해 자웅을 겨루는 의식을 치르고, 암컷들은 지배적인 수컷과 짝짓기하기 위해 그런 관행을 묵인한다"라는 것이었다. 이로써 암컷은 문자 그대로 '최고'인 수컷의 차지가 되는데, 그가 최고인 이유는 투쟁을 통해 위계조직의 정상에 올랐기 때문이라고 한다. 이러한 시나리오는 '모든 성선택은 적응적 자연선택의 한 형태'라는 윌리스적 개념에 잘 들어맞는다.

구애를 '수컷 간의 경쟁'으로 보는 개념은, 내가 대학에서 조류학 교재로 사용했던 『새들의 생활The Life of Birds』이라는 유명한 책에서 절정에 달했다.[4] 벨로이트 칼리지의 칼 웰티Carl Welty 교수는 그 책에서 가장 극단적인 표현을 사용했는데, 그 내용인즉 조류의 구애를 중세 유럽의 초야권droit du seigneur에 비유한 것이었다. 초야권이란 '자신의 영토 안에 거주하는 모든 처녀와의 첫날밤을 (남편이 아닌) 영주가 치를 수 있었다'라는 신화적 권리를 말한다. 웰티는 이런 유치하고 부적절한 비유를 통해, 도시전설처럼 전해져 내려오는 인간의 문화제도를 조류의 사회체제와 동일시함으로써, 암컷의 성적 자율성을 궁극적으로 부인하는 우를 범했다. 그러나 곧 보게 되겠지만, 조류 사회에서 성행하는 일부다처형 구애polygynous lek 시스템은 암컷의 성적 자율성이 건재하고 있음을 보여주는 좋은 사례다.

행동생태학자인 스티브 엠렌Steve Emlen과 류 오링Lew Oring은 1977년에 발표한 영향력 있는 논문에서, 전통적인 '수컷 간의 경쟁이론'에서 제시하는 구애장소(구애조직)라는 개념을 '수컷 간의 경쟁을 위한 장場'으로 추켜세우며, 그 덕분에 암컷들이 수컷의 신분을 주된 근거로 삼아 배우자를 선택하는 것이 가능하게 된다고 설명했다.[5]

하지만 자신들의 이론이 진화적으로 문제가 있음을 인정했는지(한 번 생각해보라. 그들 중 대다수가 패배자가 될 줄 뻔히 알면서도, 수컷들이 구애조직에 가담할 이유가 있겠는가?), 엠렌과 오링은 다음과 같은 그럴듯한 설명을 내놓았다. "수컷들은 개별적인 독창들을 한데 모아 우렁찬 제창으로 만들고, 우렁찬 소리는 널리 퍼져나가 좀 더 많은 암컷을 초청할 수 있다. 제창을 통해 불러 모은 암컷 수를 수컷의 수로 나누면, 각자 개별적인 독창을 통해 끌어들일 수 있는 암컷의 수보다 많게 된다." 그러나 동물행동학자인 잭 브래드버리Jack Bradbury는 곧 "시각적·음향적 과시신호display signal를 한데 모음으로써 수컷들이 얻는 실익은 없다"라고 증명했다.[6] 그에 의하면, 대그룹이 내는 소리가 소그룹이 내는 소리보다 크긴 하지만, 볼륨의 증분효과는 기대에 못 미친다고 한다. 다시 말해서, 수컷 한 마리가 구애조직에 추가될 때, 수컷 한 마리당 광고효과(또는 끌어들일 수 있는 암컷의 수)는 오히려 감소한다는 것이다.

만약 과시행동을 통합함으로써 얻는 혜택이 없다면, 수컷들은 대체 왜 구애조직에 가입하는 것일까? 구애조직이 제공할 거라고 여겨지는 이점을 근거로 하여, 브래드버리와 다른 연구자들은 몇 가지 가설을 제시했다. 예컨대 핫스팟 모델hot-spot model의 경우, '수컷을 찾는 암컷의 방문량이 많은 지역'에 모이는 수컷들은 암컷의 조우율encounter rate을 극대화할 수 있다'라고 예측한다.[7] 핫스팟에는 여러 가지가 있을 수 있다. 어떤 핫스팟 모델에서는 '특출한 매력을 지닌 수컷의 영토 근처에 돗자리를 깔고 버티는 게 유리하다'라고 예측하는데, 그 이유가 걸작이다.[8] 인기 좋은 수컷의 근처에서 얼쩡거리다

보면, 곳곳에서 몰려든 암컷들의 눈에 띄어 짝짓기할 수 있는 기회가 많아진다는 것이다.

그러나 핫스팟 가설에 대한 증거는 일관성이 없다. 최근 연구들은 다양한 첨단기법(예: 전파추적, 분자지문)과 오래됐지만 효율이 뛰어난 둥지 찾기를 결합하여, 핫스팟 가설의 허구를 통렬히 지적했다. 예컨대 레나타 두레이스Renata Duraes와 동료들은 일부 푸른윗머리마나킨Blue-crowned Manakin(*Lepidothrix coronate*)의 구애조직을 관찰한 결과, 수컷들은 정말로 암컷들의 방문량이 많은 곳에 자리를 잡고 있기는 했지만, 핫스팟 가설과는 달리 암컷들의 방문량이 적은 곳에 비해 조직의 크기가 작다는 사실을 발견했다.[9] 두레이스는 후속연구에서, 암컷과 수컷 푸른윗머리마나킨의 DNA 지문을 채취하여 분석했다.[10] 그녀는 무려 66개의 둥지를 찾아 분자지문을 채취한 다음, 부부의 신원을 확인했다. 그러고는 암컷이 다른 배우자를 찾아 얼마나 먼 거리를 이동하는지 계산해보니, 대부분의 암컷은 인접한(가장 가까운) 구애장소로 이동하는 게 아니라, 평균적으로 '세 번째로 가까운 구애장소'에서 배우자를 찾는 것으로 나타났다. 이는 핫스팟 모델과 배치되므로, 두레이스는 "암컷의 배우자선택은 핫스팟 개념은 물론 핫스팟 모델과도 부합하지 않는다"라고 결론지었다.

1980년대에 잭 브래드버리와 진화생물학자 데이비드 퀠러David Queller는 다윈 이후 최초로 "구애조직의 형성은 암컷의 배우자선택과 관련되어 있다"라고 제안했다. 브래드버리는 1981년 "구애조직이 진화한 이유는, 암컷이 '모여 있는 배우자들'을 선호하기 때문"이라는 진화적 가설을 제시했다.[11] 특히 그는 암컷들이 한 장소에 모여 있는 수컷들을 선호할 거라고 제안했는데, 그 이유인즉 "가까운 거리에 여러 마리의 수컷들이 모여 있을 경우, 신랑감들을 효과적으로 비교할 수 있기 때문"이라는 거였다. 비교적 좁은 공간에 동일업종 상점들이 모여 있을 경우, 소비자의 관점에서 비교구매가 한결 수월한 것과 같은 이치다. 또한 다양한 물건을 구매할 때도 이 가게 저 가게를 돌아다니는 것보다, 한곳에서 한꺼번에 사는 것이 훨씬 더 편리하다.

켈러는 암컷의 선택에 관한 아이디어를 좀 더 구체화하여, 구애조직의 진화에 대한 심미적 성선택 모델을 제시했다.[12] 그는 사회적 군집화social aggregation가 다른 과시형질(이를테면 꽁지의 길이)과 마찬가지로 진화할 수 있음을 증명했다. 만약 암컷이 군집화된 수컷을 선호한다면, 여러 마리의 수컷들로 구성된 구애조직이 진화하는 것은 당연하다. '구애조직에 대한 짝짓기선호의 유전적 다양성'은 '구애조직의 유전적 다양성'과 밀접한 관계가 있으므로, 선호와 형질(구애조직)은 함께 공진화를 계속할 것이다. 켈러의 모델에 따르면, 구애조직의 진화는 (여타 과시형질과 마찬가지로) 임의적 아름다움 중 한 가지에 지나지 않는다. 다만 수컷의 신체적 특징보다는 사회적 행동과 관련된 것이라는 점에서 차이가 있을 뿐이다.

브래드버리와 켈러는 구애조직을 '암컷의 배우자선택에 유용한 메커니즘을 제공하기 위해 진화한 조직'으로 간주했다. 하지만 불행하게도, 암컷을 능동적인 주체로 바라보는 그들의 시각은 지나치게 시대를 앞선 것이어서, 당시에는 큰 주목을 받지 못했다. 1980년대와 1990년대에 구애행동의 진화에 대한 관심이 고조되었는데, 그중 대부분은 브래드버리나 켈러와 달리 핫스팟 개념과 모델을 뒷받침하는 데 주력했으므로 구애조직의 진화에 얽힌 의문을 제대로 해결할 수 없었다.

'수컷 간의 경쟁'이 됐든 '암컷의 배우자선택'이 됐든, 구애행동에 관한 현행 모델의 가장 큰 약점은 '짝짓기가 이루어지는 장소'라는 개념에 집착한다는 것이다. 연구자들이 간과하고 있는 것은, 협동적 구애행동이 수컷들 사이에서 발생하는 사회적 현상이라는 점이다. 구애조직이란 단지 암컷들이 배우자를 탐색하는 데 편리한 '수컷 영토의 집합체'가 아니다. 운전자들이 쉽게 찾을 수 있는 고속도로 나들목 부근에 경쟁적으로 운집한 주유소나 패스트푸드 레스토랑과 달리, 구애장소는 고도의 사회조직으로서 수많은 수컷이 모여 영토를 수호하고 싸우고 종종 정교한 협동적 과시행동을 하며, 복잡하고 (평생 유지될 수 있는) 지속적인 사회관계를 발달시키는 곳이다.

이러한 관계가 얼마나 정교한지 이해하기 위해, 우리는 수컷 마나킨새의 살짝 기괴하기까지 한 사회생활을 들여다봐야 한다. 그들의 생활은 암컷 마나킨새들의 생활과 극명하게 대비된다. 암컷은 알에서 깨어나 둥지에서 독립한 후 전적으로 독립적인 생활을 영위한다. 그녀들은 다른 성숙한 암컷들과 사회적 관계를 맺지 않으며, 성숙한 수컷들과도 번식기 외에는 일절 접촉하지 않는다(그녀들은 1년에 한 번씩 찾아오는 짧은 번식기에, 과시행동을 하는 수컷들을 몇 분 동안 방문하여 배우자를 선택한 다음 교미를 한다). 사회적 관계라고 부를 만한 것은 딸린 새끼들과의 관계가 전부지만, 그마저도 새끼들이 둥지를 떠나자마자 종료된다.

수컷들은 암컷들과 완전히 다른 삶을 산다. 방금 언급한 대로, 그들이 암컷과 맺는 관계는 겨우 두 가지밖에 없으며, 그 기간도 매우 짧다. 두 가지 관계 중 첫 번째는 둥지에 잠시 머물 때 어미와 맺는 관계이며, 두 번째는 번식기 동안 자신의 영토를 방문한 다양한 암컷들과 1~2분씩 맺는 순간적인 관계다. 뭇 암컷들의 마음에 들 정도로 용모가 매력적이고 과시행동이 멋지다면, 하나 혹은 그 이상의 암컷과 잠깐 짝짓기를 한다. 그에 반해 수컷들끼리 맺는 관계는 복잡하고 상호적이며 오랫동안 지속된다.

깃털이 다 자란 새끼 수컷은 둥지를 떠난 후 1년 이상 떠돌이 생활을 하는데(구체적인 기간은 종에 따라 다르다), 그 기간 동안 다른 수컷들의 구애장소 내에서 영토를 확립하고 수호해야 한다. 그런 다음에는 구애행동의 전형적 특징인 사회적 관계(브로맨스)를 맺기 시작한다. 모든 수컷 마나킨새는 여러 해 동안(종종 그 기간이 평생이 되기도 한다) 번식기를 맞을 때마다 동일한 구애장소 내에서 동일한 영토를 사수하므로, 그들이 맺는 관계는 10년(또는 최장 20년) 동안 장기적으로 발전할 수 있다. 따라서 하나의 구애장소 내에 거주하는 수컷들 간의 사회적 관계는 일상적인 상호작용으로 구성되며, 10년 이상 지속되는 것이 일반적이다.

그렇다면 수컷들이 브로맨스적 구애조직에 가담하는 이유는 뭘까? 최선의 설명은, 암컷들이 군집화된 수컷들을 선호하기 때문이라는 것이다. 마나킨새와 같이 일부다처제를 채택한 종들의 경우, 앞에서 봤던 것처럼 암컷들이 모든 양육활동을 완전히 독자적으로 수행한다. 즉, 그녀들은 둥지를 짓고 알을 낳아 품은 다음, 새끼들이 둥지를 박차고 솟아오를 때까지 먹이를 먹이고 보호한다. 그리고 이 모든 노력에 대한 대가로, 수정에 대한 주도권을 행사한다. 수컷들은 암컷의 선호(군집화)에 따르는 것 외에는 대안이 없는데, 그 이유는 구애조직에 가담하기를 거부한 이탈자들은 생식에 성공할 가망이 전혀 없기 때문이다. 주도권을 잡고 있는 쪽은 암컷이므로, 반항하는 수컷들은 성적 부적합자sexual irrelevance로 전락할 것이다.

1년에 한 번만 짝짓기하고 평소에는 독신생활을 하는 암컷이, 구애조직이 제공하는 풍부하고 복잡한 미적·성적 경험을 마다할 이유가 있을까? 복잡하고 강렬하고 자극적인 곡예가 벌어지는 과시활동의 와중에서, 자신이 원하는 방식으로 짝짓기를 하는데 뭐가 불만인가? 암컷 마나킨새가 보기에 구애조직은 일종의 남창가男娼街나 마찬가지가 될 것이다. 짝짓기 후보들은 그녀의 환심을 사기 위해 갖은 공을 들이며, 게다가 아무런 대가도 요구하지 않는다. 그녀가 원하는 수컷은 부르기만 하면 달려와 무료로 서비스를 제공한다.

군집화된 수컷에 대한 최초의 선호는, 아마도 (여럿이 어울려 함께 노래하고 우쭐거리는 수컷들을 관찰하는 데서 비롯된) 크고 강렬한 성적 자극에 대한 단순한 감각적·인지적 편향이었을 것이다. 따라서 협동적 구애행동이 암컷의 그런 욕구를 충족하는 방법으로 진화했다는 주장은 설득력이 있다. 그러나 앞에서 지적했던 것처럼, 구애조직은 '짝짓기가 이루어지는 영토'의 집합체일 뿐만 아니라, 수컷들이 상호 간의 정교한 사회적 관계를 발달시킨 장소이기도 하다. 이것은 매우 독특한 진화적 발전이다. 왜냐하면 거의 모든 종의 동물에게 있어서, 수컷들은 서로 성적 경쟁자이며, 종종 서로 공격을 주고받기까지 하기 때문이다. 이렇듯 경쟁관계에 있는 수컷의 협동이 진화한다는 것은 매우 어려우므로, 동물계에서 발견되는 모든 형태의 협동적 행동은 진화적 설명에 도전을 제기한다. (사회적 곤충에서 볼 수 있는) 이타주의가 됐든, (인간 사회에서 협동의 매개체로 발달한) 언어가 됐든, (새의 둥지에서 양친의 양육행동을 돕는) 육아도우미helper가 됐든, 협동적 행동의 진화는 늘 '개체 이기주의를 관철했을 때 얻을 수 있는 이득'이라는 실질적 장애물을 극복해야 한다.

분명히 말하지만, 수컷 간의 협동은 엄청난 진화적 도전이다. 한 수컷의 입장에서 짝짓기 성공률을 증가시키려면 다른 수컷의 짝짓기 시도를 공격적으로 방해해야만 한다. 그런데 그런 방해가 이어지면 구애조직이 와해될 수밖에 없다. 만약 수컷들이 허구한 날 공격적으로 훼방을 놓고 서로 싸운다면, 암컷은 배우자를 도저히 선택할 수가 없을 테니 말이다. 그렇다면 서로 짝짓기를 방해하는 것이 이기적인 수컷들의 최대 관심사임에도 불구하고 구애조직이 진화하고, 또 존속할 방법은 무엇일까?

이런 난제難題를 이해하는 데 있어서의 핵심은 "암컷이 구애장소 내의 다른 수컷을 방문하지 못하도록 방해하는 수컷의 행동은 일종의 성적 강제로서, 암컷의 성적 자율성을 침해하는 처사다"라는 점을 깨닫는 것이다. 암컷의 배우자선택은 본질적으로 하나의 진화적 메커니즘으로, 또 다른 메커니즘인 수컷 간 경쟁과 대립한다. 암컷의 선택이 마나킨새의 세계에서 주도권을 잡으려면, 수컷의 공격성을 어떻게든 처리해야 한다.

마나킨새들은 이 문제를 어떻게 해결했을까? 바우어새의 경우와 마찬가지로, 암컷 마나킨새들은 자신들이 원하는 것을 얻기 위해 배우자 선호를 이용하여 수컷의 행동을 리모델링했다. 바우어새의 경우에는 이 같은 리모델링이 바우어라는 구조물의 형태로 나타나, '이 수컷이 새끼의 아빠로 적당한가'를 결정하는 동안 암컷을 원치 않는 교미로부터 보호해주는 역할을 수행했다. 수컷 바우어새들은 여전히 서로에게 공격적이며 심지어 방문한 암컷에게도 과격하게 행동하지만, 그들이 지은 바우어가 '암컷의 자유로운 선택'에 대한 공격성의 영향을 상당 부분 완화해준다.

그와 대조적으로, 마나킨새의 경우에는 성적 강제에 대한 저항이 건축양식이 아니라 수컷의 사회조직과 행동을 근본적으로 재구성reengineering하는 방식으로 표출되었다. 그 결과로 나타난 조직변화는 수컷의 공격성을 대폭 감소시킴으로써, 암컷이 원하는 것을 얻을 기회를 최대한 보장할 수 있었다. 또한 사회적 조직과 행동의 재구성은 (수컷의 공격성에 의해 지속적으로 교란되지 않는) 안정적인 구애 시스템의 탄생으로 이어졌다. 수컷들 간의 싸움과 훼방이 완전히 사라진 것은 아니지만, 수컷의 공격성과 암컷의 자유로운 선택이 균형을 이룰 만한 수준으로 감소했다.

지금까지 살펴본 내용을 바탕으로 하여 나는 다음과 같은 가설을 제시한다. "20세기의 대부분을 지배한 이론에서 주장했던 것과 달리, 협동적 구애조직은 '수컷의 순위제dominance hierarchy', '그에 대한 암컷의 순응', '그것이 제공하는 적응적 이점'이 외부로 표출된 것이 아니다. 오히려 그것은 '수컷들의 사교적이고 협동적인 미적 군집화'에 대한 암컷의 선호가 낳은 결과물이다."

그렇다면 '구애조직, 특히 마나킨새의 구애조직이 협동적 사회현상으로 진화했다'는 가설을 뒷받침하는 증거는 무엇일까? 사실, 이 진화적 가설을 검증하기는 매우 어렵다. 분명히 말하지만, 영토를 가진 새 중에서 '구애조직을 보유한 종'은 그러지 않은 종들보다 구성원에게 공간적 관용spatial tolerance을 베푸는 성향이 훨씬 더 강하다. 따라서 근본적인 관점에서 볼 때, 수컷 마나킨새를 비롯한 '구애조직을 보유한 수컷들'은 사회적으로 다소 독특한 면이 있다. 그러나 암컷의 선택이 수컷의 사회행동을 변화시킨 원인인지 아닌지를 알아내기는 어렵다. 그나마 천만다행인 것은, 마나킨새 사이에서 널리 성행하는 구애행동 중에 고도의 다양성을 보이는 것이 하나 있어, 집단적 구애행동의 기본적 특징인 협동성cooperativeness에 대한 통찰을 얻을 수 있다는 것이다.

마나킨새 중에서 많은 종種의 수컷들은 단순한 '평화공존'의 수준을 훨씬 넘어서는 사회적 관계를 형성한다. 그들은 두 마리 이상이 모여 매우 정교하고 조직화된 과시행동에 참여하는데, 행동이 완벽하게 조율되려면 수년의 시간이 필요하다. 과시행동의 구체적 내용은 종에 따라 천차만별이지만, 조직화된 협동행동을 보인다는 것은 여러 종에 걸쳐서 나타나는, 수컷 마나킨새들의 전형적인 특징이다.[13]

이처럼 조직화된 과시행동의 미적 성질은 매우 다양하지만, 사회적 기능이라는 면에서 볼 때 크게 두 가지로 나눌 수 있다. 첫째로, 암컷이 보지 않는 데서 한 쌍의 수컷이 펼치는 협응동작coordinated display이 있다. 둘째로, 키록시피아속Chiroxiphia라고 하는 한 가지 특별한 마나킨속에서만 볼 수 있는 의무적 협응동작obligate coordinated display이 있다. 이것은 암컷이 보는 데서 한 쌍 또는 여러 마리의 수컷들이 펼치는 것으로, '의무적'이라는 접두어가 붙은 이유는 그것이 배우자선택과 짝짓기의 전제조건이기 때문이다. 다시 말해서, 키록시피아속에 속하는 수컷들은 이 군무群舞에 참여하지 않을 경우 암컷과 짝짓기할 기회를 얻을 생각일랑 꿈도 꾸지 말아야 한다.

춤이라는 관점에서 볼 때, 협응동작은 놀랍도록 다양하다. 예컨대 3장에서 설명한 것처럼, 영토를 가진 수컷 황금머리마나킨 한 쌍은 정교하게 연출된 일련의 안무를 펼친 다음, 같은 나뭇가지에 나란히 앉아 서로 외면한 채 '부리로 가리키기' 자세를 취한다. 푸른정수리마나킨과 흰이마마나킨의 수컷들이 펼치는 협응동작은 (암컷이 수컷의 개별 영토를 방문할 때 펼치는) 다양한 독무獨舞의 협응 버전이다.[14] 이 일련의 안무는 임상 부근의 아담한 공간을 무대로, 묘목 사이를 종횡무진으로 움직이며 서로 쫓고 쫓기는, 최단 코스 비행

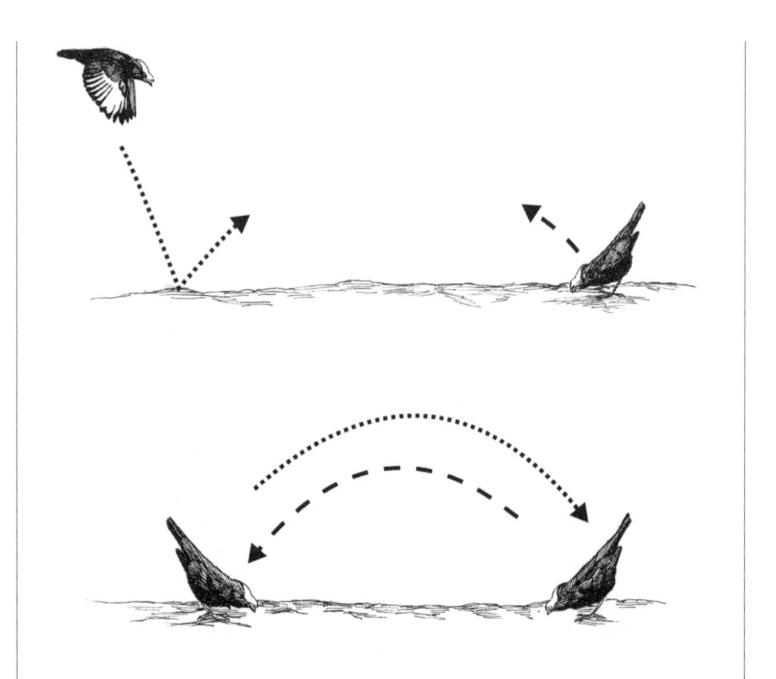

수컷 황금날개마나킨 한 쌍의 협응동작
(위) 한 수컷이 통나무 위에 앉아 꽁지로 가리키기 동작을 취하는 동안, 다른 수컷이 통나무를 향해 날아온다. 날아온 수컷이 착륙한 후 뛰어오를 때(점선), 기다리던 수컷도 뛰어오른다(파선).
(아래) 두 수컷이 통나무 위에서 뛰어올라 자리를 바꾼 후, 서로 바라보며 꽁지로 가리키기 자세를 취한다.

beeline flight 및 공중선회 비행bumblebee flight으로 구성되어 있다.

황금날개마나킨의 경우, 한 쌍의 수컷이 3장에서 설명한 화려한 통나무접근 에어쇼의 협응 버전을 연출한다. 첫 번째 수컷은 통나무 위에 앉아 두 번째 수컷이 통나무접근 에어쇼를 펼치며 다가오는 것을 기다리다가 두 번째 수컷이 도착하자마자 자리를 양보하며 공중으로 솟구쳐 오른다. 그러면 이제 역할이 뒤바뀌어, 두 번째 수컷이 첫 번째 수컷을 기다린다. 두 수컷은 각자 자신의 영토를 보유한 이웃사촌일 수도 있다. 아니면 하나는 '영토를 보유한 성숙한 수컷'이고 다른 하나는 '영토 없이 떠도는 어린 수컷'일 수도 있다. 내가 방금 기술한 협응동작들은 수컷 간의 사회적 관계를 유지하기 위한 것일 뿐, 암컷이 수컷을 방문하는 시기에 펼쳐지는 것은 단 하나도 없다.

조류학자인 마크 로빈스Mark Robbins, 토머스 라이더Mark Robbins 등은 피프라속Pipra 마나킨새 수컷들의 협응동작을 기술함으로써, 마나킨새의 사회적 관계에 대한 지식을 넓혀주었다.[15] 피파라속에 속하는 마나킨새로는 실꼬리마나킨Wire-tailed Manakin(*Pipra filicauda*), 띠꼬리마나킨Band-tailed Manakin(*Pipra fasciicauda*), 붉은후드마나킨Crimson-hooded Manakin(*Pipra aureola*)이 있다. 영토를 보유한 피프라속 마나킨새 수컷들은 많은 수컷과 협응동작을 하는데, 그중에는 '영토를 보유한 성숙한 수컷'과 '영토 없이 떠도는 어린 수컷'이 모두 포함되어 있다. 협응동작은 전형적으로 두 마리 수컷의 동작으로 구성된다. 먼저 영토를 보유한 수컷 한 마리가 자신의 과시용 횃대 위에서 기다리는 동안, 다른 한 마리는 S자형 곡선을 그리며 급강하한다. 하강곡선을 그렸던 수컷은 막판에 상승곡선을 그리며 첫 번째 수컷의 횃대로 접근한다. 횃대에 도착한 수컷은 기다리던 수컷의 자리에 내려앉으며 임무를 교대하는데, 이러한 동작으로 이루어진 협응비행은 여러 번 반복되며 몇 분 동안 쉬지 않고 진행된다.

앞선 사례들과 마찬가지로, 피프라속 마나킨새 수컷들의 협응동작 또한 통상적으로 암컷이 방문하지 않았을 때 펼쳐진다. 수컷 마나킨새들이 동성 간 의사소통에 사용하는 기본 레퍼토리는 이성

수컷 띠꼬리마나킨 한 쌍의 협응비행

영토를 보유한 수컷 한 마리가 자신의 과시용 횃대 위에서 기다리는 동안, 다른 한 마리는 S자형 곡선을 그리며 급강하한다.

간 의사소통intersexual communication에 사용하는 것과 같지만(즉, 협응동작을 구성하는 요소들은 방문한 암컷을 일대일로 맞이할 때 사용하는 요소들과 같다), 그들은 수컷 간의 사회적 관계를 위해 그 요소들을 엮어 협응동작을 만들어낸다.

이번에는 두 번째 유형인 의무적 협응동작에 대해 알아보자. 이것은 키록시피아속에 속한 몇 종류의 파란색 마나킨새에서만 나타나는 특징이다. 키록시피아속 수컷들은 모든 동물을 통틀어 가장 극단적인 수컷 간 교미 전 협동precopulatory male-male cooperation을 펼친다.[16] 오랜 관계를 맺고 있는 두 마리 이상의 수컷들이 펼치는 협응동작은 대부분 의무적인 부분으로 구성되어 있다.[17] 다른 암컷 마나킨새들과 달리, 키록시피아속의 암컷들은 이 합동 공연을 유심히 관람하며, 자신들의 (미적) 평가를 근거로 짝짓기할 상대를 선택한다. 일단 선호하는 수컷들을 결정하고 나면, 그중에서 지배적인 수컷, 즉 알파 수컷을 선택할 기회를 얻게 된다.

암컷을 과시장소로 끌어들이기 위해, 키록시피아속 수컷들은 먼저 과시용 횃대보다 훨씬 더 높은 횃대 위에 앉아 큰 소리로 중창重唱을 부른다. "톨리도… 톨리도… 톨리도…" 하는 식으로 말이다. 그러다가 암컷이 방문하면, 수컷들은 옆으로 재주넘기cartwheel나 등 짚고 거꾸로 뛰어넘기backward leapfrog와 같은 정교한 묘기를 선보인다.[•] 대부분의 종種에서, 등 짚고 거꾸로 뛰어넘기 동작은 땅바닥 근처에 위치한 작고 은폐된 수평 가지 위에서 수컷 한 쌍에 의해 펼쳐진다. 푸른마나킨Blue Manakin(*Chiroxiphia caudata*)의 경우, 최대 네댓 마리의 수컷 그룹이 모여 등 짚고 거꾸로 뛰어넘기 묘기를 선보인다. 즉, 암컷이 방문하여 수컷들이 앉아 있던 횃대에 자리 잡고 앉으면, 그녀와 가장 가까운 곳에 있는 수컷이 깡충 뛰어올라 빨간 정수리를 잔뜩 부풀린 채 그녀 앞에서 공중선회를 한다. 수컷은 '톨리도' 노래를 신명 나게 부르며 공중선회를 한 다음, 횃대로 돌아와 암컷에서 멀리 떨어진 곳에 자리를 잡는다. 그러는 동안 두 번째 수컷이 횃대를 타고 암컷 쪽으로 미끄러지듯 다가와, 깡충 뛰어오르며 첫 번째 수컷과 똑같은 묘기를 부린다. 등 짚고 뛰어넘기 묘기는 적게는 스무 번에서 많게는 200번 가까이 반복되는데, 구체적인 횟수는 전적으로 암컷의 선호도에 달려 있다. 최종적으로 지배적인 알파 수

• 컬러 화보 20번.

수컷 푸른마나킨 그룹이 암컷(맨 오른쪽)을 위해 의무적인 합동 공연을 펼치는 장면
맨 앞의 수컷이 깡충 뛰어 날개를 퍼덕이며 뒤로 날아가는 동안, 두 번째 수컷이 암컷을 향해 스르르 접근한다. 이 공연은 수십 번에서, 심지어 수백 번까지 반복될 수 있다.

컷이 독특한 소리를 내면 종속적인 베타 수컷들은 하릴없이 횃대를 떠난다. 암컷을 독차지한 알파 수컷은 독특한 묘기를 몇 가지 더 보여준 후, 암컷이 아직도 자리를 지키고 있으면 그녀와 그 횃대에서 사랑을 나눈다. 그러나 수컷이 묘기를 부리는 동안, 암컷은 자신의 의사에 따라 언제든 자리를 뜰 수 있다.

이러한 공연을 펼치는 데는 상당한 기술과 조율이 요구되며, 취향이 몹시 까다로운 암컷은 팀워크가 뛰어난 수컷들을 선택하게 된다. 그도 그럴 것이, 팀워크는 오랜 시간에 걸쳐 다져지게 마련이며, 수컷들은 그 과정에서 부지런한 연습을 통해 다양하고 멋진 공연을 연출할 수 있게 되기 때문이다. 수컷 중창단은 암컷의 마음을 끄는 노래를 부르기 위해, 수년간 동고동락하며 리듬과 멜로디를 맞추고 음정을 수도 없이 조율했을 게 틀림없다. 조류학자 질 트레이너Jill Trainer와 데이비드 맥도널드David McDonald에 따르면, 수컷 긴꼬리마나킨Long-tailed Manakin(*Chiroxiphia linearis*) 한 쌍이 "톨리도… 톨리도…" 듀엣을 부르는 과정에서 박자가 틀리면 암컷이 날아가버려 공든 탑이 무너진다고 한다.[18]

이러한 협동적 과시행동은 키록시피아속 마나킨새들의 번식시스템 전체를 재편하여, 독특하고 새로운 구애조직을 탄생시켰다. 키록시피아속 수컷들은 다른 마나킨새들과 달리 개체별로 독자적인 영유권을 주장하지 않으며, 각각의 영토는 팀에 의해 통제된다. 팀은 지배적인 알파 수컷과 종속적인 베타 수컷(단, 푸른마나킨의 경우에는 베타, 감마, 심지어 엡실론 수컷까지도 존재하는데, 이들의 공통적인 열망은 언젠가 알파 수컷 자리를 차지하는 것이다)으로 구성되며, 영토를 공유한다. 영토를 공유하는 수컷들은 수년간에 걸친 상호작용 과정을 통해 동반자 관계를 확립하므로, 그들 간의 관계는 오랫동안 이어진다.

그러나 이런 유형의 동반자 관계로 가는 길은 워너비 알파(언젠가 알파 수컷이 되고 싶어 하는 수컷)들의 도전으로 점철되어 있다. 젊은 수컷들은 베타 수컷이나 알파 수컷으로 인정받으려고 노력하는 과정에서 서로 치열하게 경쟁해야 한다. 심지어 경쟁은 아무나 할 수 있는 게 아니다. 도전권을 얻으려면 먼저 성숙한 깃털이 돋아날 때까지 4년을 기다려야 한다. 즉, 어린 수컷은 맨 처음에는 마치 암컷처럼 보이는 녹색 깃털을 갖고 있지만, 매년 털갈이를 하며 좀 더 수컷다운 깃털을 얻게 된다.[19] 4년이라는 인고의 나날 동안, 미성숙한 수컷들은 다양한 그룹들과 어울리며 기초적인 과시행동에 참여한다. 하지만 4년이 흘러 마침내 성숙한 깃털을 갖게 되더라도, 곧바로 영토를 보유한 그룹의 구성원이 되는 것은 아니다. 그들은 몇 년 동안 떠돌이 신분으로 과시행동을 하며 (동반자관계를 맺고 싶은) 알파 수컷에게 눈도장을 찍으려 노력한다.[20] 이 기간은 일종의 수습 기간이라고 볼 수 있는데, 그동안 수컷들은 틈틈이 듀엣을 짜서 노래하고 묘기를 부리며 기량을 끊임없이 연마한다.

각고의 노력 끝에 베타 수컷의 지위를 획득했을 때, 키록시피아속 수컷 마나킨새는 그동안 들인 시간과 노력을 어떻게 보상받을까? 음, 암컷과 짝짓기하는 것은 아직도 그림의 떡이다. 암컷은 어느 그룹을 방문하든지 그 그룹의 넘버원(알파 수컷)만 상대하므로, 넘버투는 언감생심이다. 그나마 마음의 위안이 되는 것은 언젠가 넘버원이 될 가능성이 있다는 것이다. 그러려면 알파 수컷이 죽거나 행방불명이 되어야 하는데, 보통은 5년에서 10년이면 되지만 운이 없으면 그 이상을 기약 없이 그저 기다리고만 있어야 한다. 이런 인고의 세월 끝에 드디어 알파 수컷의 지위를 획득하더라도 경쟁은 끝나지 않는다. 이제부터는 다른 그룹의 알파 수컷들과 왕중왕 자리를 놓고 일전을 벌여야 하기 때문이다.

이처럼 치열하고 다층적多層的인 경쟁은 그 어떤 척추동물보다도 강력한 성선택을 초래했다. 가령 데이비드 맥도널드는 코스타리카에서 오랫동안 수행한 긴꼬리마나킨 연구에서, "극소수의 수컷들만이 5년여 동안 매년 50~100번씩 교미를 하는 데 반해, 대부분의 수컷은 짝짓기 기회조차 얻지 못한다"라고 보고했다.[21] 행동생태학자 에밀리 듀발Emily DuVal은 파나마에서 창꼬리마나킨Lance-tailed Manakins(*Chiroxiphia lanceolata*)을 철저히 연구한 끝에, 맥도널드와 유사한 결론을 얻었다. 즉, 둥지 속에 있는 새끼들의 DNA 지문을 이용하여 부성父性을 확인한 결과, 모든 새끼는 알파 수컷의 자식인 것으로 밝혀졌다.[22] 추가로 스물한 마리의 동년배 수컷들을 조사한 결과, 그중 다섯 마리만이 알파 수컷이 되었다. 더욱이 다섯 마리의 알파 수컷 중에서 네 마리가 열다섯 마리의 새끼를 낳은 데 반해, 나머지 열여섯 마리의 수컷들은 9년 동안 단 한 마리의 새끼도 낳지 못한 것으로 나타났다. 요컨대 키록시피아속 암컷들은 너무나 강력한 짝짓기선호를 갖고 있어서, 배우자선택에서 패자의 수가 승자의 수를 엄청나게 앞질렀던 것이다. 90퍼센트 이상의 수컷이 패자가 되는 키록시피아속 사회는 거액의 폰지사기Ponzi scheme•와 비슷하다.

그런데 키록시피아속 마나킨새들은 왜 그런 기이한 행동을 하는 걸까? 대다수의 수컷들은 의무적인 수컷 간 협동에서 본전도 못 건지는데 말이다. 이런 일이 일어날 수 있는 유일한 이유는, 암컷이 짝짓기의 주도권을 완전히 장악하고 있기 때문이다. 그들의 세계에는 다른 짝짓기 방식이 존재하지 않으므로, 수컷들은 아무런 선택권이 없다. 마치 남성으로만 이루어진 페어 피겨스케이팅 대회(혹은 남성으로만 이루어진 페어 폴댄스 경연이라는 표현이 더 나을지도 모르겠다)의 심판처럼, 암컷들의 취향은 까다로움의 극치를 이룬다(또는 그렇게 진화했다). 그런 대회가 정말 있다면, 극단적인 미적 표현을 자

• 신규 투자자의 돈으로 기존 투자자에게 이자나 배당금을 지급하는 방식의 다단계 금융사기를 일컫는 말로, 1920년대에 미국에서 찰스 폰지Charles Ponzi라는 사람이 벌인 사기 행각에서 유래했다.

랑하는 브라질 팀에게 온갖 상을 몰아줘도 전혀 이상할 게 없다. 수컷 푸른마나킨들은 브라질 남동부에 있는 카니발의 도시 리우데자네이루 주변의 숲속에서, 세 마리에서 다섯 마리가 한 팀을 이루어 옆으로 재주넘기 공연을 펼친다. 지구상에 이런 환상적인 쇼는 또 없을 것이다.

키록시피아속의 수컷 마나킨새들은 자연계에서 가장 무자비하기로 유명한 성적 경쟁에 내몰린다. 그러나 그 경쟁은 뿔이나 완력을 이용한 경쟁이 아니라, 오로지 의례화된 협동적 군무를 통한 경쟁이다. 암컷의 극단적인 선택은 수컷들을 '공격적인 경쟁자'에서 '춤사위 유행의 노예'로 변화시켰다.

협응적 과시행동은 전통적으로 '수컷이 의례적으로 순위제를 확립하는 메커니즘'으로 해석되었으며, 나도 1980년대에는 그렇게 해석했다.[23] 그러나 이런 견해는 "구애장소란 수컷들끼리 서열을 정한 다음, 암컷이 우두머리 수컷에게 순응하도록 강요하는 곳"이라는 고루한 사고방식의 잔재에 불과하다. 사실 수컷의 지배 자체가 마나킨새들의 성적 성공에 기여한다는 주장을 뒷받침하는 증거는 거의 없다. 수컷의 협응적 과시에 대한 대안적 설명으로는 혈연선택kin selection이 있다. 수컷들은 가까운 친척들과 함께 과시행동을 함으로써, 자신들의 이복형제들이나 사촌들과 공유하는 유전자의 생식 성공률을 향상시킬 수 있다는 것이다. 그러나 데이비드 맥도널드와 웨인 포츠Wayne Potts는 "과시행동을 함께 하는 긴꼬리마나킨 동반자 그룹을 살펴본 결과, 그중에 친척들이 끼어 있을 확률은 우연의 일치 수준을 넘지 않았다"라고 단호하게 못을 박았다.[24] 수컷의 우위를 강조하려는 그 밖의 설명은 생각해볼 가치도 없다.

그와 대조적으로, 암컷의 선택과 성적 자율성을 강조하는 모델은 '구애행동 자체의 진화'와 '사회적으로 협응된 구애행동의 다양성'을 모두 설명할 수 있다. 즉, 마나킨새의 협응동작은 자연계에서 전반적으로 나타나는 '수컷의 구애행동 특유의 협동성'이 정교해진 버전이라고 볼 수 있다. 그리고 협동적 구애행동이 가능하게 된 것은 1차적으로 '수컷 개체의 이기적 공격성'이 순치馴致되었기 때문이다. 요컨대, 협응동작은 구애행동을 창조한 메커니즘과 같은 메커니즘, 즉 '수컷의 협동적 행동에 대한 암컷의 짝짓기선호'에 의해 진화했을 가능성이 높아 보인다. 그리고 결과적으로 암컷의 짝짓기선호는 암컷에게 선택의 자율성까지 안겨주었다.

암컷의 선택과 성적 자율성을 강조하는 가설을 접할 때 첫 번째로 떠오르는 의문은 "대부분의 마나킨새 종에서 나타나는 수컷의 협응적 과시행동이, 정작 영토를 방문한 암컷의 눈에는 거의 포착되지 않는 이유가 뭘까?"라는 것이다. 그 대답은, 암컷이 '수컷의 협응적 사회행동의 진화'에 미치는 효과가 간접적임이 틀림없다는 것이다. 의문은 꼬리에 꼬리를 물고 이어진다. 암컷들이 협응적 과시행동을 직접 관찰하지 않는다면, 그녀가 단체행동에 가담한 수컷들을 선호하는 이유는 뭘까? 기본적으로, 수컷들의 단체행동이 그녀들과 무슨 상관이 있을까?

내 생각은 이렇다. "암컷들은 '다른 수컷들과 잘 어울려 지내는 수컷'을 선택함으로써 '협응적 과시행동을 하는 수컷'을 간접적으로 선택한다." 그런 긴밀한 협동관계에 참여하는 수컷들은 폭력적인 짝짓기경쟁에 가담할 가능성이 작으므로, 암컷들은 현명한 선택을 통해 성적 학대를 회피함으로써 시간 낭비를 줄이고 배우자선택의 혼란을 방지할 수 있다. 따라서 협응적 과시행동이 진화한 이유는, 그와 같은 수컷 간 상호작용이 (암컷이 요구해온) 복잡한 사회관계에 자양분을 제공했기 때문이다.

그러나 미적 진화의 예상 밖 결과들이 늘 그렇듯, 일단 존재하게 된 협동적 과시행동은 성선택에 종속되어 새로운 형태의 짝짓기 선호 형태로 귀결된다. 이러한 메커니즘은 키록시피아속 마나킨새에서 관찰되는 의무적 협응동작이라는 독특한 과시행동이 진화한 이유를 설명할 수 있다. 아마도 키록시피아속 조상들 사이에서 수컷의 협응동작이 빈번히 나타나다 보니, 암컷들이 그것을 특이적으로 선택하기 시작함으로써, 새로운 형태의 수컷 간 과시행동을 자극했을 것이다. 암컷의 선호는 이 새로운 과시행동과 그렇게 공진화한 것으로 보인다. 그리하여 한때 우발적이었던 사회적 행동이 과시행동 레퍼토리의 요소로 통합되어, 심미적 배우자선택에 의해 창조되는 진화적 연쇄효과의 또 다른 사례로 자리매김했다.[25]

그런데 '협응적 과시행동이 암컷의 배우자선택을 통해 협동적인 사회적 행동으로 진화했다'라는 가설을 어떻게 검증해야 할까? 마나킨새의 사회적 관계를 완전히 새로운 관점에서 바라본 두 가지

흥미로운 데이터 세트가 지금까지 설명한 가설을 강력히 뒷받침한다. 최근 데이비드 맥도널드는 네트워크 분석network analysis이라는 혁신적 방법을 이용하여 협동적 과시행동을 하는 새들 간의 사회관계를 추적했다.[26] 네트워크 분석이란 개체를 의미하는 노드node와 관계를 의미하는 선line으로 구성된 그래프를 통해 사회적 상호연계성interconnectedness을 기술하는 분석방법이다. 예컨대 사법기관, 안보기관, 정보기관들은 네트워크 분석기법을 이용하여 휴대전화 통화기록, 전자우편, 메타데이터metadata를 분석함으로써 범죄집단과 테러집단을 발견하여 추적하고 있다. 이와 같은 기법을 이용하면, 수컷 마나킨새들의 성적 성공에서 사회관계가 수행하는 역할을 알아내는 데 도움이 될 수 있다.

맥도널드는 수컷 긴꼬리마나킨들이 의무적·협응적으로 펼치는 '옆으로 재주넘기' 동작에 관한 10년치 데이터를 이용하여, 젊은 수컷의 미래의 성적 성공sexual success을 예측할 수 있는 최고의 지표는 '사회적 네트워크와의 연계성'임을 증명했다.[27] 다시 말해서, 사회적 관계에 충실한 젊은 수컷들(즉, 여러 집단과 연계하여 협응적 구애활동에 꾸준히 참여하는 수컷들)은 알파 수컷의 지위로 상승함으로써 나중에 성적 성공률이 높아지는 경향이 있다는 것이다. 이와 마찬가지로, 브렛 라이더와 동료들은 실꼬리마나킨을 대상으로 한 연구에서, 사회적 연계성이 높은 수컷일수록 추후 사회적 신분이 상승하고 성적으로 성공할 가능성이 커진다고 기술했다.[28]

이러한 데이터들을 종합하면, 수컷들 간에 친밀한 사회적 관계(즉, 지배와 공격이 아닌 브로맨스)를 구축하는 것이 마나킨새 사회에

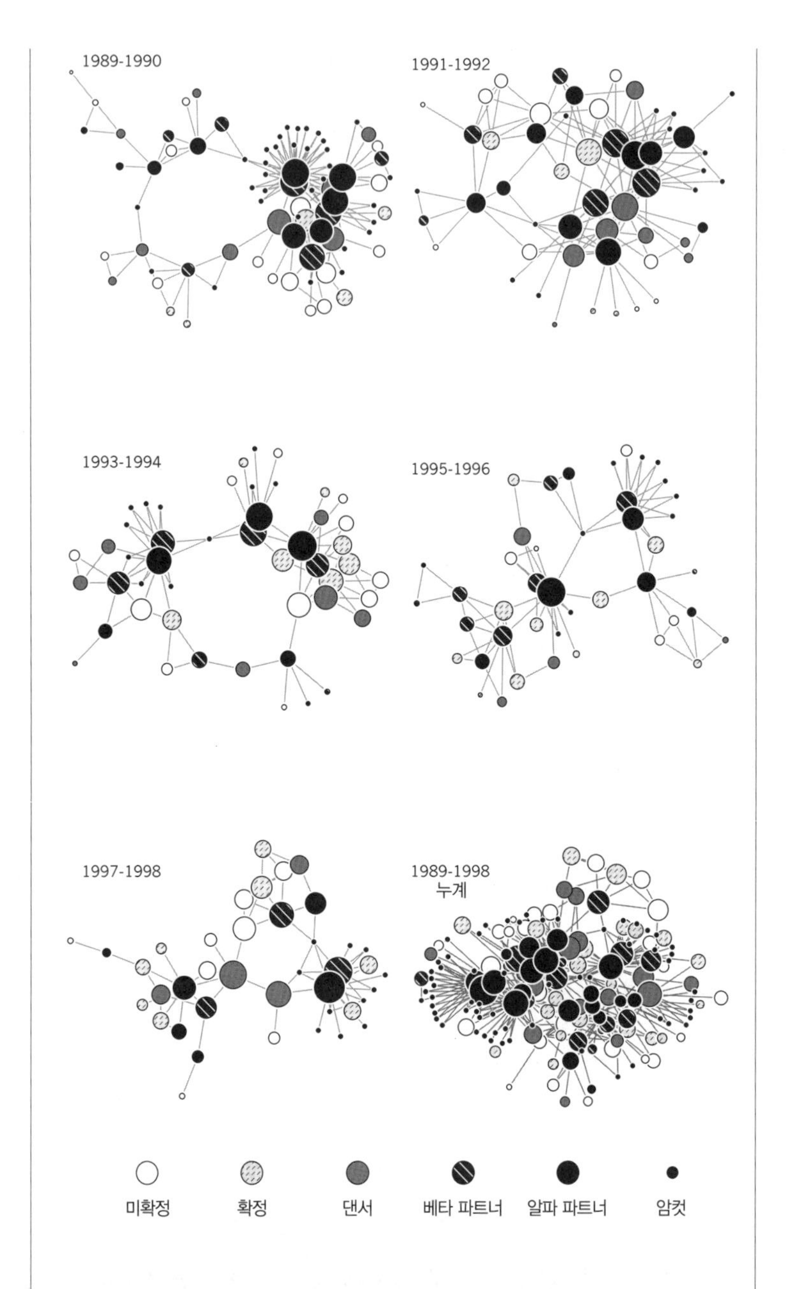

사회적 지위별로 1년간 분석한, 수컷 긴꼬리마나킨의 사회적 네트워크

From Mcdonald (2007).

서 성적으로 성공하는 지름길이라는 결론에 도달하게 된다. 다른 수컷들과 어울리지 못하는 외톨이, 비사교적인 수컷들은 구애조직에서 성적 패배자가 될 것이다.

이쯤 되면 '암컷 실꼬리마나킨은 사회적 관계에 충실한 수컷을 어떻게 알아보나?'라는 의문을 제기하는 독자들이 있을 것이다. 왜냐하면 암컷들은 수컷들의 협응공연을 거의 관람하지 못하며, 그렇다고 수컷의 페이스북 친구 수를 알 수 있는 것도 아니기 때문이다. 그러나 암컷들은 수컷의 과시행동을 직접 보고 평가하여 배우자로 선택하는 과정에서 '가장 복잡하고 지속 가능한 사회관계를 보유한 수컷'을 간접적으로 선택하게 된다. 만약 이러한 관행이 완벽하다면, 암컷은 최고의 과시자displayer를 선택함으로써, 가장 다양하고 빈번하고 지속적인 사회협력자social collaborator를 선택하게 될 것이다. 물론 유전자의 영향력을 완전히 무시할 수는 없다. 만약 독자들이 "마나킨새들 중에서 사회적·성적으로 성공하는 수컷이 누군가요?"라고 묻는다면, 나는 이렇게 대답할 것이다. "아마도 좋은 유전자, 신체발달, 사회경험을 두루 갖춘 수컷이지요."

암컷 마나킨새들의 배우자선택은 자신의 성적 욕망과 자유로운 선택을 위해, 평소에 거의 마주칠 일조차 없는 '수컷들만의 세계'의 성격을 근본적으로 바꿨다. 그 결과 수컷들의 구애행동 자체는 물론 (그 많은 종에서 발견되는) 놀랍도록 많고 다양한 협응적 과시행동이 진화했다.

『인간의 유래와 성선택』이 발간된 지 거의 150년이 지난 오늘날, 우리는 "새들은 모든 동물 중에서 가장 심미적이다. 물론 인간은 제외하고 말이다"라는 다윈의 말이 과연 적절했는지 곰곰이 따져봐야 한다. 만약 한 개체나 종의 미적 성과를 '미적 표현에 투자하는 에너지와 자원'이라는 관점에서 평가한다면, 마나킨새가 인간을 훨씬 능가할 것이다. 왜냐하면 모든 마나킨새의 절반을 차지하는 수컷들은 살면서 대부분의 시간과 에너지를 고난도의 안무가 수반되는 노래와 댄스를 (그것도 솔로, 듀엣, 그룹 등 다양한 레퍼토리로) 리허설 하고, 완성하고, 공연하는 데 소모하기 때문이다. 사정이 이렇다면 다윈도 마나킨새와 바우어새의 손을 들어줄 수밖에 없을 것이다.

8. 사람에게도 별의별 아름다움이 다 있다

찰스 다윈이 쓴 『인간의 유래와 성선택』은 기본적으로 인간의 진화를 다룬 두툼한 책이며, 그중 몇 장章을 조류를 비롯한 다른 동물들에게 할애했다. 다윈이 그 책에 새와 다른 동물들을 포함한 이유는, 자신의 성선택 가설이 인간의 진화에서 핵심역할을 수행했음을 잘 뒷받침하기 위해서였다. 나도 이 책에서 비슷한 접근방법을 채택하고 있지만, 인간과 새가 차지하는 비중을 뒤바꿨다는 점이 다르다. 이런 식의 혼합적 접근방법이 중요하고 생산적이기는 예나 지금이나 마찬가지다. 우리는 새의 진화과정 분석을 통해 얻은 배우자선택에 대한 통찰을 응용하여, 그것이 인간의 외모와 성행동을 형성하는 데 기여한 바를 좀 더 완벽하게 이해할 수 있다.

내가 새들에게서 목격했던 '별의별 아름다움', '성 갈등', '미적 리모델링'과 같은 힘들은 인간과 그 영장류 조상들의 경우에도 마찬가지로 영향력을 발휘한다. 나는 앞으로 다섯 장에 걸쳐 그 과정을 추론할 것이다. 내가 여기서 '추론'이라는 말을 사용하는 이유는, 인간의 미적 진화는 과학계에서 아직 신생분야이므로, 내가 제시하는 이론들이 대부분 비교연구 및 사회학적 연구를 통해 검증되고 분석되어야 하기 때문이다. 그러나 지금까지 새들의 사례에서 살펴봤던 것처럼 미적 진화는 강력한 설명력을 갖고 있으며, 나아가 자연선택이라는 보편적 힘에서 비롯된, 지루하고 제한적인 적응주의적 고집에서 우리를 해방한다.

사실 오늘날 인간의 배우자선택에 대한 연구는 진화심리학의 테두리 내에서 그런 고집에 의해 지배되고 있다.[1] 현대 진화심리학은 뿌리 깊고 근본적인 차원에서, 때론 종종 광신적으로 '자연선택에 의한 적응'의 보편적 효율성에 사로잡혀 있다. 진화심리학의 구성원리는 '적응이라는 개념을 인간 생물학에 적용하는 것'이며, 진화심리학자들은 인간의 성적 장식물과 행동을 '정직한 광고와 적응전략의 보고寶庫'로 간주한다.[2] 모든 진화심리학 연구의 결론에는 본질적인 차이가 없고, 다만 차이가 있다면 정도의 차이가 있을 뿐이다.[3]

이러한 지적 전도단intellectual mission의 폐해는 뭘까? 내가 가장 우려하는 것은, 진화심리학이 단순히 나쁜 과학bad science이 아니라는 것이다.[4] 나쁜 과학은 시간이 지남에 따라 차츰 개선될 여지가 있지만, 진화심리학은 전혀 그럴 기미를 보이지 않는다. 설상가상으로, 진화심리학은 우리의 '성적 욕구·행동·태도에 대한 생각'에 영향을 미치기 시작하고 있다. 진화심리학은 우리에게 "특정한 배우자선택은 과학계에서 '적응적adaptive인 것(즉, 보편적인 선善)'으로 인정받는데 반해, 다른 배우자선택은 그렇지 않다"라고 가르침으로써 우리의 자아성찰 방법을 바꾸고 있다.

암컷 굴뚝새가 특정한 수컷의 노래를 선호하는지 여부는 내게는 물론 중요한 문제다. 왜냐하면 그 노래가 '다른 노래보다 미적으로 아름답다'라고 지각될 수도 있고, '수컷의 우월한 유전적 자질이나 생식 투자능력을 나타내는 신호다'라고 여겨질 수도 있기 때문이다. 그러나 그런 조류학적 논쟁이 영향력을 미치는 범위는 매우 제한적이다. 반면에 우리가 적응주의적 논리를 인간의 신체와 성적 욕구에 잘못 적용할 경우에는 이야기가 달라진다. 왜냐하면 (곧 알게 되겠지만) '과학적 과정이 어떤 지적 운동intellectual movement의 희생양이 될 수도 있다'라는 점은 우리 모두에게 중요한 문제이기 때문이다.

인간의 성적 진화에 대해 생각하기 전에, 인간이라는 존재와 그 성생물학sexual biology을 선사적·역사적 맥락에서 살펴볼 필요가 있다. 앞에서 언급한 것처럼 생명의 역사는 나무와 같으며, 인간은 생명의 나무에서 뻗어 나온 특정한 가지에 속해 있다. 인간은 유인원, 특히 아프리카유인원에 속한다. 유인원은 긴팔원숭이gibbon, 오랑우탄orangutan, 고릴라gorilla, 침팬지chimpanzee를 포함하는 구세계영장류의 한 계통이다. 영장류와 가장 가까운 친척, 즉 자매그룹sister group은 다양한 구세계원숭이들로, 버빗원숭이vervet, 마카크원숭이macaque,

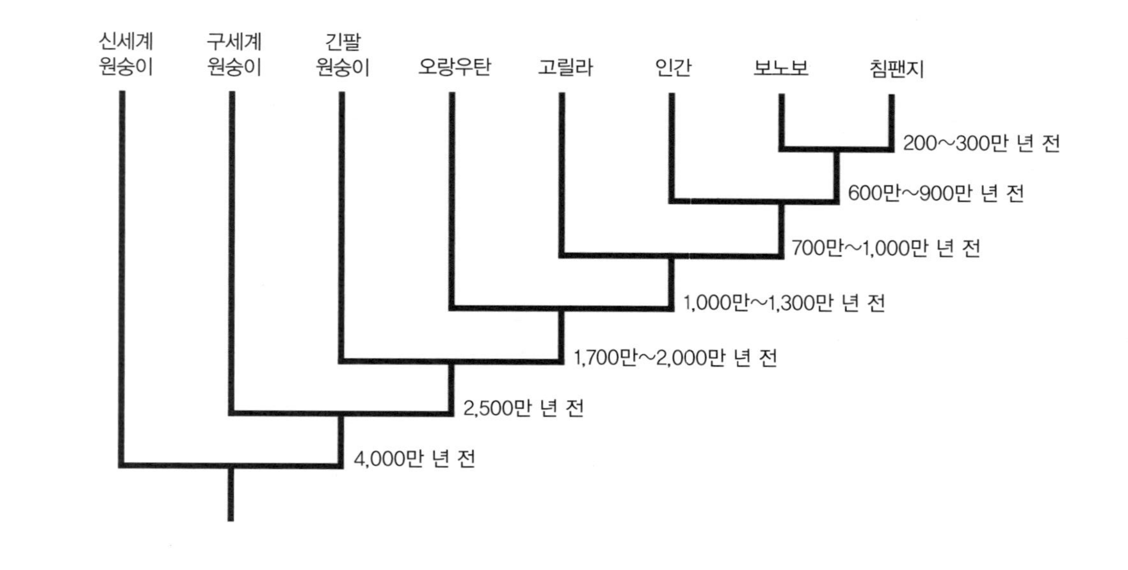

원숭이 및 유인원의 계통발생도와, 공통조상에서 갈라진 것으로 추정되는 시기

개코원숭이baboon, 맨드릴개코원숭이mandrill, 랑구르원숭이langur, 잎원숭이leaf monkey를 포함한다. 인간은 아프리카유인원 중에서도 침팬지(*Pan troglodytes*)나 피그미침팬지라고도 하는 보노보bonobo(*Pan paniscus*)와 가장 가까우며, 그들과 함께 고릴라의 자매그룹이다.

인간은 복잡한 진화사를 거쳤으며, 약 600만~900만 년 전 침팬지와 마지막 공통조상에서 갈라진 후 극적인 변화를 겪었다. 그보다 훨씬 더 최근인 5만 년 전에 변화가 가속화되며 전 세계에 광범위하게 퍼져나갔고, 그 결과 집단·언어·인종·문화가 몹시 다양화되었다. 이러한 복잡성 때문에, 인류의 진화에 대한 가설들은 모두 생명의 나무(계통수)상의 진화사라는 맥락에서 골격이 형성되었다. 우리는 어떠한 진화된 특징이나 진화적 진술이 다음의 네 가지 맥락 중 하나에 속한다고 생각할 수 있다.

(1) 다양한 포유류 계통, 영장류, 유인원과의 공통조상이 살던 시기, 또는 그 이전 시기에 일어난 진화
(2) 침팬지와 마지막 공통조상에서 갈라진 이후 인간이라는 목적지를 향해 나아간 독특한 계통에서 일어난 진화
(3) 현생인류에서 일어났고, 계속 일어나고 있는 진화
(4) 비교적 최근에 인간들 사이에서 일어나기 시작했고, 전 세계의 인간 개체군 내부 또는 사이에서 계속 일어나고 있는 문화적 변화(또는 문화진화)의 과정

예컨대 '인류의 뼈·사지·모발이 진화했지만, 꼬리가 사라졌다'라

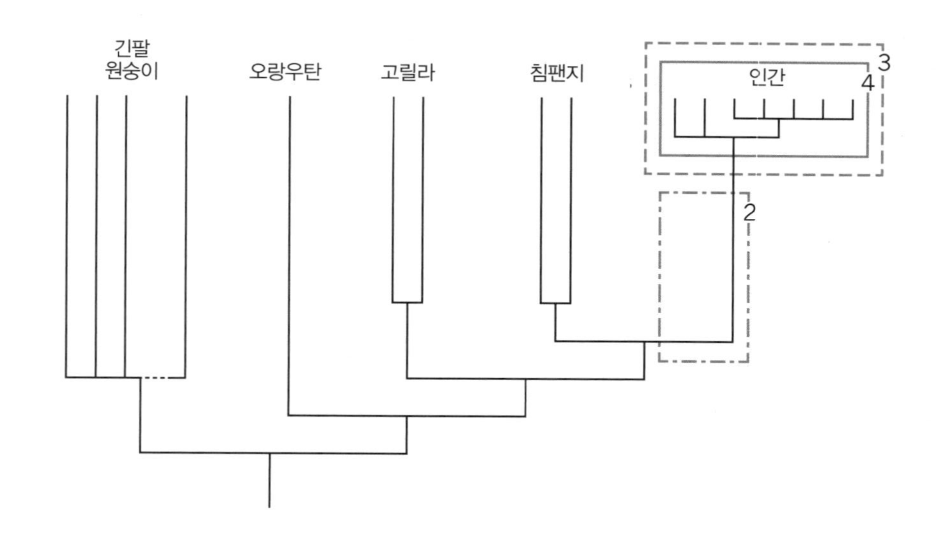

인간의 진화에 관한 진술의 네 가지 맥락을 개괄하는 유인원의 계통발생도

(1) 다른 많은 종(계통수에서 인간보다 오래된 가지에 속하는 종들을 모두 포함함)과 공유하는 진화사건들.

(2) 침팬지와의 공통조상에서 갈라진 이후 인간이라는 목적지를 향해 나아간 독특한 계통에서 일어난 진화사건.

(3) 현생인류 안에서 일어난 진화사건.

(4) 인간 개체군에서 일어나고 있는 문화진화.

는 논평은 '진화적 맥락 1'의 서로 다른 시점에서 일어난 진화사건들에 관한 진술이다. 인간은 큰 뇌를 가졌고 직립보행을 한다는 주장은 '진화적 맥락 2' 동안에 일어난 진화사건에 관한 진술이다.[5]

'인간은 아직도 진화하고 있다'라는 논평은 '진화적 맥락 3'에 관한 진술이다. 그리고 '진화적 맥락 4'는 '진화적 맥락 3'과 시기가 겹치지만, 인류문화라는 완전히 새로운 현상을 포괄한다. 인류문화는 지난 몇백만 년 사이의 어느 시점엔가 발생했을 것으로 추측되지만, 문화는 좀처럼 화석의 형태로 남아 있질 않으므로 그 시점이 모호할 수밖에 없다. 문화는 자체적인 변화 메커니즘을 갖고서 생물학적 진화와 병행하거나 때로 상호작용함으로써 공유된 개념·사상·신념·관행의 형태로 나타나며, 간혹 인간의 사고방식·행동방식·존재방식에 심오한 영향을 미친다.

인간의 성행동은 유인원의 성행동의 일종이므로, 우리가 유인원 친척들과 어떤 성적·사회적 행동을 공유하고 있는지 이해하는 것은 중요하다. 그러나 그에 못지않게 중요한 것은 '우리가 그들과 갈라선 후 얼마나 멀어졌는가'라는 점이다. 우리의 동료 유인원들, 특히 침팬지의 행동을 살펴보면 우리가 그들과 공통조상으로부터 갈라진 후 어떤 다른 행동을 하도록 진화했는지를 분석할 수 있으며, 그 이유가 뭔지도 합리적으로 추론할 수 있다. 그리고 우리의 경우에는, 그런 차이점들이 '미적 진화'와 '성적 자율성 향상'의 결과인지 여부도 추론할 수 있다.

인간을 포함한 대부분의 영장류는 사회관계를 매개로 하여 결합한 무리나 군단을 이루어 살도록 진화했다. 다양한 영장류의 번식

시스템에는 다른 유형의 성행동들이 많이 존재하는데, 이는 그룹의 구성, 크기, 사회관계가 다른 데서 비롯된 결과다. 아프리카유인원 계열에 속하는 고릴라, 침팬지, 보노보 그리고 인간의 경우에는 이런 차이들이 매우 두드러진다.

고릴라의 무리는 여러 마리의 암컷들과 그녀들을 지배하는 한 마리의 실버백silverback[•]으로 구성되어 있다. 실버백은 무리에 속한 모든 암컷의 성생활을 통제하므로, '어떤 그룹에 소속될 것인가'에 관한 드문 의사결정이 아닌 다음에야 암컷의 배우자선택권이 거의 인정되지 않는다. 그와 대조적으로, 침팬지는 여러 마리의 수컷과 암컷들로 구성된 대규모 그룹 안에서 산다. 수컷 침팬지들은 그룹 내부의 사회적 지배권을 획득하기 위해 경쟁하며, 그 지배권을 이용하여 발정기 암컷들에 대한 생식 통제권reproductive control을 장악한다. 암컷 침팬지들은 서로 다른 수컷들과 두루 짝짓기하지만, 때때로 한 쌍의 침팬지가 일시적인 배우자 관계를 형성하여, 암컷의 발정기가 끝날 때까지 그룹을 이탈하여 밀월여행을 떠나기도 한다.

고릴라와 침팬지는 암컷이 발정기(성적 활동기)가 아닐 경우에는 성性에 전혀 관심이 없다. 암컷 침팬지는 4년마다 한 번씩 찾아오는, 2주간의 '집중적인 발정기' 동안 여러 번 짝짓기를 한다. 침팬지의 발정기 사이의 간격이 긴 이유는, 교미를 통해 수태한 암컷이 7개월 동안 임신한 후 약 3년간 새끼에게 젖을 먹이기 때문이다. 수유기 동안에는 발정과 배란이 억제된다. 수유기 동안 배란이 억제되는 것

• 등에 은백색 털이 나 있는, 나이 많은 수컷 고릴라.

은 인간 여성도 마찬가지다. 그러나 이 점을 제외하면, 인간 여성의 성생활은 침팬지나 고릴라의 암컷과 전혀 다르다.

보노보는 침팬지와 마찬가지로 수컷과 암컷들로 구성된 복잡한 그룹을 형성한다. 그러나 수컷 보노보는 그룹의 지배권을 놓고 경쟁을 벌이지 않으며, 그룹 내부는 물론 서로 다른 그룹 상호 간에도 매우 낮은 수준의 공격성을 보인다. 앞에서 기술한 다른 유인원들과 달리, 성숙한 암수 보노보는 그룹 내부의 많은 개체와(심지어 동성 간에도) 생식시즌이나 가임기와 무관하게 평생 자유롭고 빈번한 성행동을 한다. 특히 발정기 동안에 암컷 보노보는 여러 수컷과 짝짓기를 하며 다양한 짝짓기 취향을 나타낸다.

보노보는 생식을 위한 섹스 외에도, 식량을 둘러싼 갈등을 중재하거나 사회적 긴장을 완화하거나 개체 간의 화해 분위기를 조성하기 위해, 성별·지위·나이를 가리지 않고 잠깐 동안 간단한 성행동을 한다. 보노보 사회의 비즈니스 협상 과정에서 일시적인 긴장 관계가 형성되었다고 상상해보자. 그러면 두 마리의 수컷 협상가들이 갑자기 대화를 멈추고 교미를 하거나 성기를 맞대고 문지른 후, 원만한 합의점에 도달하게 될 것이다. 보노보에게 있어, 섹스란 바로 그런 것이다.

그런 비생식적 성행동도 여전히 섹스라는 점을 인정하는 것이 중요하다. 왜냐하면 생식적인 섹스든 비생식적인 섹스든, 주로 그것이 제공하는 감각적 쾌락에 의해 동기부여가 되기 때문이다. 이러한 행동의 결과는 사회적이든 생식과 관련된 것이든, 섹스 자체의 감각적 쾌락을 추구하는 과정에서 언제나 나타나는 하류효과downstream effect임을 명심하라.

인간도 보노보와 마찬가지로, 여성의 가임기라는 짧은 기간에 얽매이지 않고 빈번하게 섹스를 한다. 이런 성향은 유인원뿐만 아니라 동물계 전체를 통틀어 매우 이례적이다. 그런데도 우리는 대부분의 측면에서 보노보와 다르다. 우리 역시 성인이 된 후, 일생에 걸쳐 가임기나 불임 여부와 무관하게 섹스를 하지만, 최소한 보노보와 달리 그 상대를 고르는 데는 매우 까다롭다.

인간의 성행동을 이해하려고 노력하는 가운데 우리가 명심해야 할 것은 '성gender과 섹슈얼리티sexuality에 관한 우리의 생각 중 상당 부분이 문화의 영향을 받았다'라는 것인데, 어떤 학자들은 이를 가리켜 문화적으로 구성되었다culturally constructed고 한다. 모든 인간은 각자 고유의 문화를 내면에 학습하고 있으므로, 우리의 태도와 행동은 (성적인 것이 됐든 그 밖의 것이 됐든) 문화가 진화한 방식을 반영할 수밖에 없다(진화적 맥락 4). 그 결과 전 세계의 인간 군상들 사이에서 언어적·물질적·경제적·인종적·국민적·윤리적·종교적 문화가 매우 다양하게 발달했고, 성적 신념과 관행도 예외가 될 수 없다. 그렇다고 한들, 이러한 기본적 진실이 '인간의 섹슈얼리티, 생식, 사회행동은 생물학적인 진화과정(진화적 맥락 1-3)과 밀접하게 관련되어 있다'라는 명백한 사실을 흐리게 하지는 않는다. 따라서 우리의 가장 큰 과제는, 생물학사와 문화사가 상호작용하여 (오늘날 우리가 보고 있는) 다양한 섹슈얼리티를 빚어낸 메커니즘을 이해하는 것이다.

이 복잡한 메커니즘을 완벽하게 이해한다는 것은 이 책에서 내가 다룰 수 있는 한계를 넘어서므로, 나는 미적 진화에 대한 연구를 통해 가장 생산적으로 이해할 수 있는 생물학적·문화적 실타래 중에서 핵심이슈를 몇 가지 골라 집중적으로 논의하려고 한다. 특히 '침팬지와 공통조상에서 갈라진 때'부터 '농업과 부wealth가 발명된 약 1만 5,000년 전'까지 일어난 인간의 섹슈얼리티의 진화적 변화(진화적 맥락 2)에 집중할 것이다.

인간의 섹슈얼리티는 이처럼 제한된 맥락하에서도 독특하고 복잡하게 진화했다. 그것은 (종종 동시에 작동하는) 몇 가지 성선택 메커니즘들의 상호작용에 의해 형성되었는데, 그 메커니즘들을 열거하면 다음과 같다.

(1) 수컷 간 경쟁
(2) 암컷 간 경쟁
(3) 양성 공통의 장식용 형질에 대한 상호 간의 짝짓기선호
(4) 수컷의 과시형질에 대한 암컷의 짝짓기선호
(5) 암컷의 과시형질에 대한 수컷의 짝짓기선호
(6) 수컷의 성적 강제
(7) 암컷의 성적 강제
(8) 성 갈등

이러한 성선택 메커니즘의 다양성과 복잡성을 고려할 때, 인간의 성적 진화에 대한 우리의 생각이 매우 난해하므로, 헷갈리기 쉽

다는 것은 전혀 놀랍지 않다. 도대체 어디서부터 출발해야 할까? 이 책의 목표는 '인간의 진화에서 미적 선택의 작용방식을 탐구하는 것'이므로, 배우자선택을 통해 진화했을 가능성이 높은 장식용 특징들을 집중적으로 살펴보려고 한다. 우리는 지금까지 주로 수컷의 과시형질에 대한 암컷의 짝짓기선호를 살펴봤는데, 그 이유는 우리가 논한 새의 경우 성선택과 극단적 아름다움을 추동한 쪽이 암컷이기 때문이다. 그러나 인간의 경우에는 특정한 조류 종(예: 바다오리, 펭귄)과 마찬가지로 양성이 모두 배우자선택에 관여한다.

그러면 '상호적 배우자선택mutual mate choice을 통해 진화한 인간의 성적 형질과 선호들'을 살펴보는 것을 시발점으로 논의를 전개하기로 하자. 양성이 같은 형질과 선호를 보유하고 있다는 점을 제외하면, 상호적 배우자선택은 암컷의 배우자선택과 같은 방식으로 작용한다. 다윈은 나체에 가까운 인간의 피부(체모體毛의 진화적 감소)를 가리켜 '성적으로 선택된 미적 형질sexually selected aesthetic trait로 진화했다'라고 말했지만, 체모 감소는 '장거리를 달릴 때 체온을 쉽게 내리기 위한 적응'이라고 볼 수도 있다.[6] 그러나 체모 감소가 미적 형질이든 아니든, 또 하나의 독특한 형질인 '특화된 털(겨드랑이, 음부, 두피, 눈썹)의 부분적 잔류'가 장식용이라는 것은 분명하다.

특정 부위의 모발 잔류가 양성 모두의 공통사항(생물학자들은 이를 성적 단형성sexual monomorphic이라고 부른다)이라는 점은, 그것이 상호적 배우자선택을 통해 진화했음을 강력히 시사한다. 바다오리, 펭귄, 앵무새, 큰부리새의 암컷과 수컷이 모두 반짝이는 부리와 깃털을 가진 것처럼 말이다. 겨드랑이털과 음모가 성적 신호sexual signal로써 진화했다는 가설은, 그 털들이 사춘기가 되기 전에는 발달하지 않는다는 사실을 고려하면 더욱더 명백해 보인다. 이런 '부분적으로 특화된 털'은 배우자 간의 페로몬(동종 유인) 및 성적 의사소통을 목적으로 진화한 것으로, 포유류에서 매우 일반적으로 나타나는 현상이다.

겨드랑이털과 음모는 피부 분비물과 미생물의 결합을 통해 미적이고 성적인 체취를 풍긴다. 인간의 피부는 엄청나게 다양한 미생물로 구성된 복잡한 생태계를 형성하며, 이 미생물 중 상당수는 인간과 발맞춰 공진화해왔다. 피부 미생물학자 엘리자베스 그라이스 Elizabeth Grice와 동료들이 기술한 것처럼, "털이 많고 촉촉한 겨드랑이는 부드럽고 건조한 팔과 가까이 있지만, 두 부위의 생태적 환경은 마치 열대우림과 사막처럼 극과 극이다."[7] 사실, 이러한 생태적 차이 중 일부는 미적 특징으로서 공진화해왔을 가능성이 높다. (겨드랑이털과 음모에 서식하는 미생물총microbiota에 관한 심층연구들이 '체취를 유발하는 피부 미생물총'에 초점을 맞추는 것은 당연하다. 이로 인해 '인간과 공진화한 미생물의 미학'이라는 흥미로운 분야가 새로 탄생하고 있다.)

영장류 중에서는 드문 일이지만, '암컷의 성적 장식물'에 대한 수컷의 배우자 선호가 생명의 나무에서 뻗어 나온 인간 가지(계통)에서 독특하게 진화한 것은 분명하다. 수컷이 강력한 선호(까다로운 취향)를 보유하고 있다는 것은, 진부한 진화심리학의 '뻔한 소리' 중 하나("정자는 저렴하고 양이 풍부한 데 반해 난자는 값비싸고 희귀하므로, 남성은 성적으로 헤프고 여성은 내숭 떠는 경향이 있다")에 정면으로 위배되는 듯하다. 그런 고정관념의 폐해는 '인간의 행동심리를 어설

프게 반영하는 시늉만 할 뿐, 실상은 형편없다'라는 것이다. '남성의 헤픔과 여성의 내숭'이라는 적응주의적 설명이 널리 퍼진 게 신기할 정도로, 남성과 여성이 평생 상대하는 성생활 상대의 수는 평균적으로 (최소한 서구사회의 경우) 사실상 별반 다르지 않다.[8]

더욱이 '남성은 무작위적인 이방인과의 성관계를 제한 없이 욕망한다'라는 주장은 인간의 진화사와 별로 관련이 없다. 농업발달로 인해 인구밀도가 높아지기 전으로 고작 몇백 세대만 거슬러 올라가 보아도, 인간이 형성한 집단의 크기는 너무 작고 분산되어 있었다. 전쟁할 때를 제외하면 무작위적으로 성접촉을 한다는 것 자체가 극단적으로 힘들고 드문 일이었다. 이로 미루어볼 때, '남성의 성행동은 이방인과의 성접촉에 대한 특이적 선택specific selection을 통해 진화했다'라는 소리는 어불성설이다. 사실 남성의 성행동은 정반대, 즉 까다로움을 통해 진화했다.

섹슈얼 스워시버클링sexual swashbuckling•에 나타나는 문화적 묘사를 분석해보면, 내 말이 옳다는 것을 알 수 있다. 제임스 본드나 돈 후안의 전설에서 '유명한 바람둥이가 만나는 여자들과 죄다 성관계를 했다'라는 이야기를 빼면, 팥소 없는 찐빵이나 마찬가지인 것 같다. 그러나 그건 영화를 잘못 보고 하는 소리다. 자세히 들여다보면 제임스 본드와 돈 후안은 섹슈얼 히어로sexual hero, 즉 남성의 성적 판타지를 실현하는 영웅이다. 왜냐하면 그들은 아무 여자나 상대하는 게 아니라, 가장 매력적인 여성들하고만 사랑을 나누기 때문이다.

• 용감무쌍하고 여성을 존중하는 날쌘 영웅이 총칼을 휘두르고 이리저리 날뛰며 영웅행각을 벌이는, 할리우드 영화 장르.

사실 본드의 까다로운 성적 취향은, 그가 미스 머니페니에게 보이는 지속적인 성적 무관심에서 잘 드러난다. 그녀는 매력적이고 언제든 접근할 수 있는 사무실 비서지만, 사랑스러움에도 불구하고 너무나 접근하기 쉬운 상대이기 때문에 성적 선택성sexual selectivity이라는 남성의 판타지를 충족하지 못한다.

인간 남성과 대조적으로, 다른 유인원의 수컷들은 성욕을 제한 없이 발산하며, 주어진 성적 기회를 전혀 마다하지 않는다. 고릴라, 침팬지, 오랑우탄의 수컷들은 가능한 한 성적 연결sexual liaison을 모두 붙잡으려 들지만, 인간 남성은 이런 면에서 두드러진 차이를 보인다. 인간 남성의 성적 까다로움은, 유인원의 생명의 나무에서 오로지 인간의 가지에서만 나타난 배타적인 특징이다(진화적 맥락 2). 그러므로 인간 남성의 성적 헤픔에 대한 구실을 들이대려고 애쓰는 진화심리학자들과 정반대로, 우리에게 필요한 것은 그 정반대의 자질을 설명하는 진화적 설명이다.

수컷의 성적 까다로움에 대한 진화적 설명은 실제로 존재한다. 나중에 10장에서 설명하겠지만, 그것은 매우 심오하며 우리를 인간으로 만들어준 독특한 자질과 연관되어 있다. 지금 당장은 그 까다로움이 '인간 남성은 다른 수컷 유인원들과 달리 생식에 상당한 투자를 한다'는 사실과 관련되어 있다는 정도만 알고 넘어가기로 하자. 즉, 그들은 자녀를 보호하고 돌보고 먹이고 사회화하는 데 상당한 자원과 시간, 에너지를 투자한다. 이런 종류의 지속적인 양육행동이 생식과 연관되는 한, 남성은 '누구와 생식을 할 것인가'를 까다롭게 선택하도록 진화할 것으로 예상된다.[9] 이는 현실에서 나타나는 현상과도 정확히 일치한다. 즉, 남성들의 심미적인 성적 선호는 남성의 양육투자가 증가함에 따라 진화했다(이 역시 진화적 맥락 2에서 일어난 사건이다). 한 걸음 더 나아가, 남성의 성적 까다로움은 여성의 독특한 성적 장식(예: 영구적인 유방, 독특한 체형)의 공진화로 귀결되었으며, 다른 유인원에서는 이런 사례를 전혀 찾아볼 수 없다.

영구적인 유방조직, 비교적 좁은 허리와 널따란 골반, 엉덩이에 축적된 지방은 침팬지와 공통조상에서 갈라진 후에야 인간 여성에게 나타난 체형이므로, 진화적 설명이 필요하다. 물론 이 모든 특징의 기본 버전이 강력한 자연선택에 예속된다는 것은 분명하다. 널따란 골반은 아기를 낳는 데 필요한데, 그 이유는 인간 아기의 머리가 유인원 친척들보다 더 크게 진화했기 때문이다. 가슴은 수유에 필요하므로 아기를 먹이는 데 필수적이다. 적당한 체지방 축적은 자원이 부족하거나 불안정할 때 강력한 자연선택에 따른 결과인데, 인류의 진화사에 있어서 대부분의 기간이 그러했다. 그러나 관점을 달리해보면, 이러한 특징들은 자연선택의 최적점을 넘어 과장된 장식으로까지 진화한 측면이 있는데, 이는 배우자선택이 아니면 설명할 수 없는 부분이다.

지구상에 존재하는 5,000여 종의 포유류 가운데, 영구적인 유방조직을 가진 종은 인간밖에 없다. 다른 포유류의 유방은 배란 및 수유기 동안에만 성장하며, 생활주기의 다른 시점에는 커지지 않는다. 그러나 인간 여성의 경우에는 성적 성숙이 시작되면서 유방이 크게 자라, 평생 커진 유방조직을 보유한다. 그런데 1억 년 이상의 진화사를 돌이켜보면, 포유류 조상의 '실용적인 유방'은 성공적인 자녀양육에 최적화된 디자인을 보유하고 있었음을 알 수 있다. 이는 영구적인 유방발달이 생식 자체를 위한 것도 아니고 자연적으로 선택될 만한 이점을 보유하고 있는 것도 아님을 시사한다. 그보다 인간 여성의 영구적인 유방조직은 남성의 배우자선택을 통해 진화한 미적 형질일 가능성이 높다.

그와 마찬가지로, 잘록한 허리, 널따란 골반, 통통한 엉덩이는 자연선택에 의해 합리화되는 비율을 초과하는 수준으로 진화했다. 인간 여성의 신체에서 체지방의 분포는 매우 독특하며, 특히 엉덩이의 지방은 유방, 허리, 엉덩이가 그리는 모래시계 형태를 두드러지게 한다. 이러한 특징들이 많은 사람들에게 성적으로 어필한다는 데는 이의가 없지만, 그렇다고 해서 그게 (진화심리학자들이 제안하는 것처럼) 배우자의 자질을 나타내는 적응지표adaptive indicator임을 의미하는 것은 아니다. 설사 특정한 체지방량이 유전적 자질이나 건강을 나타내는 정직한 광고라 할지라도, 그게 인간 여성의 신체에 분포한 체지방의 특이성을 설명하는 것은 아니다. 그러나 많은 진화심리학자는 '커다란 유방'과 '낮은 허리/엉덩이 비율'을 짝짓기가치mating value라고 부르며, 특정인의 유전적 자질과 상태가 적응적인지 여부를 보여주는 객관적 척도로 내세운다.

짝짓기가치 개념의 문제점 중 하나는 '성적 매력의 이면에는 단순한 섹스 어필을 넘어서는 커다란 가치가 도사리고 있음이 틀림없다'라는 가정에 의존하며 임의적인 미적 형질arbitrary aesthetic trait의 섹스 어필 가능성조차 배제한다는 것이다.[10] 앞에서 언급한 바와 같이, 진화심리학자들은 금본위제를 지지하는 경제학자들과 같아서,

'모든 진화한 장식의 배후에는 뭔가 외재적인 가치(이를테면, 좋은 유전자라든가 직접적인 혜택이 잔뜩 들어 있는 진화적 금 항아리)가 숨어 있을 것'이라고 확신한다. 그들은 "성적 매력에는 의미가 내포되어 있으며, 아름다운 개체는 어떤 면에서든 객관적으로 우월하다"라고 가정한다. '인간의 배우자선택은 적응적'이라는 생각을 지탱하려고 노력하는 연구자들은 부지기수지만, 적응적 배우자선택의 존재를 뒷받침하는 데이터는 믿을 수 없을 정도로 빈약하다.

예컨대, '보편적으로 선호되는 낮은 허리/엉덩이 비율은 여성의 유전적 자질이나 건강과 실제로 관련되어 있다'라는 가설을 검증하기 위해 엄청난 노력을 기울였지만, 제시된 증거는 가설을 뒷받침하지 않는다. 일례로, 한 유명한 연구에서는 폴란드 여성들의 사례를 분석하여, "유방의 크기가 크고 허리/엉덩이의 비율이 낮을수록 월경주기 동안 에스트라디올estradiol과 프로게스테론progesterone•의 최고치가 높다"라는 결론을 내렸다.[11] 이 호르몬들은 여성의 생식능력과 관련된 것으로 알려져 있으므로, 그 연구는 적응가설을 지지하는 것으로 간주되었다. 그러나 실제로는 연구에 참여한 여성들의 호르몬 수치 차이가 별로 크지 않아, 생식능력에 영향을 미칠 정도는 아니었다. 게다가 연구진은 여성들의 체형이 생식능력에 미치는 유의한 영향을 발견하지 못했으며, 참가자들의 행동을 제대로 통제하지도 못했다. 따라서 그 연구는 '체형이 생식능력과 상관관계가 있다'라는 가설을 제대로 검증했다고 볼 수 없다. 그런데도 그 연구는 적

• '에스트라디올'은 여성에게 주로 존재하는 성호르몬인 에스트로겐 중 가장 대표적인 호르몬이며, '프로게스테론'은 난소의 황체에서 분비되는 성호르몬이다. 양쪽 모두 생식주기를 조절하는 역할을 한다.

응가설을 지지하는 증거로 빈번히 인용된다. 이는 신념에 바탕을 둔 과학 규범이 작동하는 방식을 여실히 보여준다. 이 규범을 맹신하는 연구자들은 (설사 불충분하더라도) 새로운 원인을 계속 찾아냄으로써, 이미 실패한 이론에 대한 신념을 지켜나간다.

그와 마찬가지로, 많은 진화심리학 문헌에서는 여성스러운 얼굴 facial femininity(즉, 비교적 작은 턱, 커다란 눈, 높은 광대뼈, 도톰한 입술)을 여성의 생식가치reproductive value(즉, 여생 동안 남아 있는 생식잠재력)를 나타내는 진화적 지표로 내세운다. 이러한 사고방식의 문제는 '젊음'이라는 게 유전형질이 아니라는 점이다. 왜냐하면 그들이 말하는 "여성스러운" 특징들은 사춘기에 최고조에 이른 후, 나이가 들면서 쇠퇴하기 때문이다. '미래의 생식잠재력이 높은, 젊은 배우자'에 대한 선호가 남성에게 유리하게 작용할 수는 있겠지만, 그런 선호가 여성의 진화를 추동하지는 않는다. 진화적 관점에서 볼 때, '젊음의 지표에 대한 짝짓기선호'라는 개념을 합리화할 수 있는 형질은 동안童顏, 즉 '나이를 속이는 형질'밖에 없다. 따라서 우리는 이렇게 예측할 수 있다. "남성의 배우자선택이 생식가치에 집중하면 할수록, 여성의 부정직한(나이를 감추는) 매력적·임의적 형질이 진화한다."[12] 그렇다면 '여성스러운 특징'을 선호하는 남성들의 경향은 배우자선택의 적응성이 아니라 임의성을 입증하는 증거라고 할 수 있다. 동안, 즉 이 부정직한 형질은 어디까지나 남성을 속여 선호를 유발하는 것이지, 생식능력을 나타내는 적응적 지표라고 할 수 없기 때문이다.

마지막으로, 아름다운 사람들은 친구가 많고 취직을 잘하고 소득이 높은 경향이 있지만, 그런 사실은 아름다움의 사회적 이점을 입증하는 증거일 뿐, 아름다운 사람들이 다른 사람보다 객관적으로 우월하다는 것을 입증하는 증거는 아니다.

이처럼 신념에 바탕을 둔 '배우자선택의 적응적 능력에 대한 열광'을 잠재울 방법은 '별의별 아름다움'이라는 영가설을 수용하는 것밖에 없다. '별의별 아름다움 가설'은 "인간 여성의 성적 장식(예: 영구적인 유방, 둔부 및 엉덩이의 풍만한 곡선)은 인간 남성의 성적 선호와 함께 임의적으로 공진화한 것이지, 유전적 자질이나 건강상태를 나타내는 지표는 아니다"라고 제안한다. 그렇다고 해서 별의별 아름다움 모델이 '정직한 광고'의 가능성을 덮어놓고 배제하는 것은 아니며, 단지 "아름다움 뒤에 숨어 있는 진화적 금 항아리의 존재를 '좋은 과학'을 통해 뒷받침하라"라고 요구할 뿐이다. 다시 말해서 이데올로기적 열광에 휩싸이지 말고, 제대로 된 가설검증 절차에 따라 영가설을 정식으로 기각하라는 것이다. 지금껏 별의별 아름다움 가설에 입각한 설명보다 훌륭한 것은 없었다.

그런데 알다가도 모를 일이 하나 있다.[13] 그 내용인즉, 진화생물학 문헌을 검색해보면 '여성의 신체적 매력에 대한 남성의 선호'에 대한 논문이 '남성의 신체적 매력에 대한 여성의 선호'에 대한 논문보다 훨씬 더 많다는 것이다. 실제로 진화심리학자 스티븐 갱지스태드Steven Gangestad와 글렌 셰이드Glenn Scheyd는 "남성의 신체적 특징에 대한 여성의 선호를 다룬 논문이 별로 없다"라고 솔직히 인정했다. 진화심리학 연구가 활발히 행해지고 있는 것을 고려할 때, 데이터가 이처럼 부족하다는 것은 좀 뜻밖이다. 만약 여성의 값비싼 생식세포gamete가 그녀들을 유난히 까다롭게 만들었다면, 그녀들의 엄청난 선별성selectivity이 수컷들의 다양한 장식용 형질에 대해 지나치게 예민한 짝짓기선호를 초래했을 것이다. 그렇다면 누가 봐도 그녀들의 짝짓기선호를 대번에 알아차리고 측정할 수 있어야 하지 않을까? 쉽게 말해서, 여성의 짝짓기선호를 연구하는 것은 '낮은 가지에 매달린 과일을 따는 것'처럼 쉬운 일이어야 한다.

하지만 그와 전혀 딴판으로, 여성의 짝짓기선호에 대한 연구가 드문 이유는 뭘까? 이 의문에 대해서는 몇 가지 다른 답이 가능하다. 많은 사람들은 "연구자들이 여성의 성적 선호에 대해 흥미를 덜 느끼기 때문에 논문이 빈번히 발표되지 않는다"라고 말한다. 그러나 나는 이 답에 동의하지 않는다. 내가 생각하는 개연성 높은 답은 "여성의 짝짓기선호를 연구한 연구자들이 적응적 배우자선택 이론을 뒷받침하는 데 실패하여, 논문을 공개하지 않는다"라는 것이다. (이들에게 있어서) 진화생물학의 목표는 '인간의 배우자선택이 적응적인 이유를 설명하는 것'이므로, 그 목표에 반하는 데이터는 연구실의 컴퓨터에 고이 잠든 채 발표되지 않는 경향이 있다. 추측하건대, 그들이 공개하지 않은 원고들을 면밀하게 검토해보면, 그중 상당수가 별의별 아름다움의 메커니즘을 뒷받침하는 것으로 판명될 것이다.

심지어 공개된 논문들이 제시한 데이터도 적응주의 견해를 뒷받침하는 것으로 해석하기는 어렵다. 예컨대 여성은 이른바, '남성적인' 안면특징(사각턱, 널따란 이마, 두꺼운 눈썹, 움푹 들어간 뺨과 얇은 입술)을 가진 남성을 선호하지 않는다는 증거가 대세다. 구체적으로,

많은 연구에 따르면 여성들은 그 대신 중성적이거나 심지어 여성적인 안면특징을 가진 남성(소위 꽃미남)을 선호한다고 하며[14], 한 연구에서는 "여성들이 '덥수룩한 턱수염'보다 '약간 까칠하게 자란 수염'을 선호한다"라고 보고했다.[15] 갱지스태드와 셰이드가 인용한 몇몇 연구에 따르면, 그런 안면특징들에 대한 선호는 여성들이 남성의 신체에서 보고 싶어 하는 특징과 부합한다고 한다. 즉, 여성들은 호리호리하면서도 약간 남성적인 몸매(넓은 어깨, 역삼각형 상체)를 가진 남성을 가장 선호하고, 우락부락한 근육질 몸매의 남성을 가장 꺼리는 경향이 있다는 것이다.

이러한 보고들은 적응주의에 대한 혼란을 초래한다. 왜냐하면 남성적인 특징은 권력과 지배력을 암시하는 지표로 간주되어왔으며 정상적인 사고를 하는, 적합성을 추구하는 여성들이라면 으레 그런 특징을 선호할 것이라고 여겨졌기 때문이다. 물론 '남성적인 특징이 여성들에게 선호되지 않음에도 불구하고 존재하는 이유'는 다음과 같이 해석될 수도 있다. 그런 특징은 배우자와 사회적 지위를 둘러싼 남성 간 경쟁을 통해 진화한 것이지, 여성의 배우자선택을 통해 진화한 것은 아니라는 것이다. 또한 진화심리학자들에 따르면, "여성들이 '덜 남성적인(중성적이거나 꽃미남인)' 남성을 선호하는 이유는 그런 특징이 '자녀에 대한 양육투자를 많이 하는 남성'을 의미하기 때문"이라고 한다. 그러나 그들은 '널따란 이마와 두드러진 아래턱뼈를 가진 우락부락한 남성'이 나쁜 아빠인 이유를 구체적으로 설명하지는 않는다. 그냥 당연하다고만 할 뿐.

진화심리학자들이 여성의 선호에 일관성이 결여된 이유를 제대로 설명하지 못하는 데는 그만한 이유가 있다. 그건 그들이 짝짓기가치라는 개념을 너무 협소하게 규정한 나머지, 인간의 배우자선택에 존재하는 복잡한 측면을 포착하지 못했기 때문이다. 어떤 면에서, 짝짓기가치라는 개념은 문화이론가들이 말하는 '남성적 시선male gaze'이라는 개념의 과학적 표현일 수 있다.[16] '남성적 시선'이란 여성과 여성의 신체를 오로지 '남성의 성적 쾌락 및 통제의 대상'으로만 묘사하는 관점을 말한다. 사실, 여성의 짝짓기가치에 대한 진화생물학적 분석은, 여성의 얼굴과 신체에 대한 이미지를 컴퓨터 모니터에 띄워놓고서, 젊은 남성이 그것을 말 그대로 바라보게gaze함으로써 이루어질 뿐이다. 이 개념이 여성의 성적 선호를 제대로 이해하기 위한 도구 역할을 제대로 해내지 못하는 게 당연해 보이지 않는가? 진화심리학은 남성적 시선을 적응으로 착각한 나머지, 성차별적 편향sexist bias을 인간의 진화생물학에 투사해버리고 만다. 그 때문에 결국, 인간의 다른 반쪽(여성)의 배우자선호를 설명하는 데 실패한 것이다.

진화심리학자들은 (배우자선택에 매우 중요한) 사회적 상호작용을 간과해왔다. 사실 사회적 상호작용은 '성적 매력을 경험하는 과정', '성관계를 맺는 상대', '사랑에 빠지는 과정'에 매우 큰 영향을 미친다. 실험사회생물학experimental social psychology 분야에서 새로 나온 연구결과에 따르면, 인간의 사회적 상호작용은 자신의 눈을 통해 입수한 정보를 압도할 수 있는 잠재력을 지녔다고 한다. 심리학자 폴 이스트윅Paul Eastwick은 사회적 상호작용이 성적 매력을 변화시키는 메커니즘을 집중적으로 분석했다.[17] 그는 동료들과 함께 수행한 일련의 실험과 메타분석을 통해 우리가 경험적으로 이미 알고 있는 사실을 증명했는데, 그것은 '상대방의 성적 매력에 대한 인간의 지각은 서로를 알아감에 따라 변화한다'라는 것이었다.

사회적 상호작용을 경험하기 전, 사람들은 타인의 성적 매력에 대한 첫인상(즉, 피상적 판단)에 동의하는 경향이 있다. 그러나 일단 사회적으로 상호작용할 기회가 주어지면, 사람들의 판단은 각각 달라지기 시작하여 타인의 성격 중에서 자신의 취향에 어필하는 부분을 주목하게 된다. 궁극적으로 타인의 매력을 평가하는 데 있어서, 이처럼 주관적인 사회적 지각은 신체적 외모보다 훨씬 더 강력한 영향력을 행사한다. 폴 이스트윅과 루시 헌트Lucy Hunt는 이렇게 썼다. "이러한 별스러움idiosyncrasy은 행운이다.[18] 왜냐하면 거의 모든 사람에게 '쌍방이 서로 독특한 이상형으로 간주하는 파트너 관계'가 형성될 기회를 제공하기 때문이다." 사람들은 신체적 매력이 각각 다름에도 불구하고, 대체로 다른 사람과 사회적·성적 행복을 공유할 수 있도록 설계되었다. 이 얼마나 흐뭇한 생각인가! 짝짓기가치라는 것은 보편적이고 객관적인 척도가 아니라, 상호작용 경험에 입각한 주관적 척도다.

흥미로운 것은, 이스트윅의 연구가 "사회적 관계가 매력의 평가에 미치는 영향력의 크기는 남녀 간에 차이가 없다"라는 점을 암시한다는 것이다. 컴퓨터 화면을 응시함으로써 여성의 짝짓기가치에 대한 진화심리학 연구에 데이터를 제공하는 줄로만 알았던 남성들이, 사실은 여성들과 마찬가지로 사회적 상호작용을 통해 드러나는 특징에 영향을 받는다니! 남성적 시선은 남성에게 행복을 가져다주는 마법의 만능 열쇠가 아닌 게 분명하다.

현실 세계에서는 인간의 배우자선택이 다양한 구성원들로 이루어진 복잡한 환경 속에서 이루어지는데, 모든 구성원은 신체적 특징뿐만 아니라 성격과 스타일이 천차만별이다. 점점 더 복잡해져 가는 사회는 상호작용 능력의 진화를 추동했고, 이 능력은 배우자선택 기준에 영향을 미쳤다. 정신문화, 물질문화, 언어, 복잡한 사회적 관계가 탄생하면서 인간의 매력에 새로운 차원이 추가되자, 인간의 매력의 범위가 확장되어 사회적 성격social personality이 진화했다. 사회적 성격에는 유머 감각, 친절, 공감능력, 사려 깊음, 정직, 충성, 호기심, 자기표현 등의 항목이 포함되는데, 이 모든 것들이 구성원 상호 간에 마음을 끄는 특성 중 일부로 자리 잡았다. 이런 특성들은 타인을 매혹하고 성적 관계의 사회적 안정성을 강화하기 때문에 진화했을 가능성이 높다. 사랑에 빠지는 정서적 과정은 점점 더 강렬하고 즐겁고 애간장 타는 방향으로 정교화되었는데, 이것은 수백만 년에 걸쳐 공진화해온 심미적인 상호적 배우자선택의 결과물이기도 하다. 고릴라나 침팬지의 경우에도 사회적 성격을 보유하고 있지만, 인간과 같은 방식으로 사랑에 빠지지는 않는 것으로 생각된다. 왜냐하면 그들은 우리와 같은 공진화과정을 거치지 않았기 때문이다.

짝짓기가치에 대한 진화심리학적 개념에 따르면, 우리는 잠재적 배우자들의 사진첩을 보고 좌우로 넘겨보며 합리적 의사결정(정보에 입각한 의사결정)을 내리는 능력을 보유하고 있다고 한다. 이런 식의 배우자선택은 단기적으로 흥미로울지 몰라도, 장기적인 성공전략은 아니다. 왜냐하면 짝짓기가치를 피상적 판단에 근거한 객관적 등급으로 규정하는 것은 불가능하기 때문이다. 진정한 짝짓기가치는 서로서로 알아가며 사랑에 빠지는 과정에서 형성되는 것이며, 사랑에 빠지는 데는 시간이 필요하기 마련이다. 진화심리학의 짝짓기가치 개념은 인류의 진화사와도 부합하지 않는다. 오늘날 도시에 거주하는 청춘남녀들의 경우, 시간은 한정되어 있는데 가능한 성적 선택지는 거의 무한하다. 그에 반해 최근 수백만 년 중 대부분의 기간, 인간은 소그룹 단위로 살면서 성적 선택의 기회를 거의 얻지 못했다. 진화심리학자들이 내세우는 개념은 오늘날의 도시 남녀들에게 꼭 들어맞지만, 인간의 배우자선택은 수백만 년 동안 진화한 것이므로 번지수가 틀려도 단단히 틀린 것이다.

인간 남성이 인간 여성과 달리 형태학적 장식morphological ornament을 별로 보유하지 않은 진정한 이유는, 여성의 배우자선택이 신체적 형질보다는 주로 사회적 형질에 초점을 맞추는 쪽으로 진화했기 때문이다. 비교적 최근까지 자녀양육을 거의 도맡았던 쪽이 여성이었다는 점을 고려할 때, 여성들이 '관계의 지속성을 의미하는 특질'에 치중했을 거라는 추론은 설득력이 높다. 장기적으로 볼 때, 여성들은 '아내에게 좋은 파트너'이자 '자녀에게 좋은 아빠'가 될 수 있는 배우자를 원하는 쪽으로 진화했을 것이다. (물론 그렇다고 해도 여성들은 그런 배우자를 물색하는 과정에서 이따금 다양한 스타일의 남성들을 저울질하는 것도 잊지 않았다.)

여성의 배우자선택이, 아무리 남성의 신체보다 사회적인 면에 초점을 맞추는 경향이 있다 하더라도, 남성의 신체 중 핵심적인 특

징이 진화하는 데는 결정적인 역할을 했을 것이다. 바로 페니스의 진화다. 이 '필수적인 장비'를 가리켜 "장식물이 아니다"라고 생각하는 사람들도 있지만, 남성의 페니스에도 여성의 유방과 마찬가지로 자연선택과 성선택이 동시에 작용했다. 이때, 두 메커니즘이 페니스의 각기 어떤 특징을 진화시켰는지를 따져볼 만한 가치는 충분하다.

다윈 자신도 개별적인 신체 부위에 자연선택과 성선택 중 어떤 것이 작용했는지 구별하기 위해 골머리를 앓았다.[19] 예컨대, 그는 특정 갑각류 수컷들이 교미할 때 암컷을 붙들기 위해 사용하는 사지를 놓고, 자연선택의 결과인지 성선택의 결과인지 판단하기 위해 심사숙고했다. 만약 하나의 기관이 어떤 식으로든 생식에 필요하다면, 다윈은 그것이 자연선택에 의해 진화했을 거라고 추론했다. 그러나 그 기관의 특정 부분이 짝짓기 경쟁이나 배우자선택을 통해 파생되었다면, 거기에는 성선택도 작용했을 것이다.

인간의 페니스는 두 가지 진화 메커니즘이 동시에 작용한 흥미로운 사례라고 할 수 있다. 포유류가 체내수정을 한다는 점을 고려할 때, 우리는 페니스가 생식에 절대적으로 필요하다는 점을 알 수 있다. 그러므로 페니스의 존재와 유지는 자연선택에만 귀속될 수 있다. 그러나 페니스의 다양한 형태학적 측면을 살펴보면, 교미와 수정에 필요한 수준을 넘어선 부분이 존재한다. 그렇다면 그 부분에는 성선택이 작용했을 공산이 크다.

유인원들의 페니스는 가장 다양한 기관 중 하나여서, 종에 따라 길이, 너비, 두께, 형태, 표면적, 정교함의 차이가 극단적으로 크게 나타난다. 이 모든 다양성은 생식이라는 목적을 달성하기에 필요한 수준을 넘어서, '과도하게' 다양하다. 그렇다면 각기 다른 종들이 극적으로 다른 페니스를 진화시킨 이유는 뭘까?

나는 여기서 인간의 페니스를 집중적으로 기술하려고 한다. 아무리 곰곰이 생각해봐도, 인간의 페니스는 설명할 게 너무도 많다. 인간의 몸집은 고릴라와 침팬지의 중간쯤인데, 인간의 페니스는 어떤 유인원과 비교해도 절대적으로나 상대적으로나 크다. 고릴라의 발기한 페니스는 길이가 고작 4센티미터이고, 침팬지의 발기한 페니스는 길이 7.5센티미터에 매우 가느다랗고 부드러우며 끝부분이 매우 뾰족하다. 그에 비해 인간의 페니스는 어떤 유인원보다도 길고 (발기했을 때 평균 15.2센티미터•) 지름이 크다. 또한 인간의 페니스는 둥글납작한 귀두를 갖고 있는데, 뒤쪽 테두리의 약간 볼록하게 솟아 있는 부분을 귀두관龜頭冠이라 하며, 그 뒤의 가늘게 잘록해진 부분을 귀두경龜頭頸이라고 한다. 다른 유인원의 경우에도 이와 비슷한 구조로 진화한 사례가 있긴 하지만, 다른 아프리카유인원에는 나타나지 않는 구조다. 또한 인간의 페니스는 크기가 크고 정교한 데 비해, 고환의 크기는 절대적으로나 상대적으로나 (가장 가까운 근연종인 침팬지보다도!) 작다.

재러드 다이아몬드는 『제3의 침팬지The Third Chimpanzee』에 수록한 '고릴라, 침팬지 그리고 인간은 서로에게 어떻게 보이나'라는 기억할 만한 삽화에서 생식기의 차이를 극명하게 대조하고 있다.[20] 여기에 따르면 고릴라는 둥글고 거대한 몸통에 작은 고환, 그보다 더 작은

• 한국 남성의 경우 발기했을 때 평균 12.7센티미터.

페니스를 갖고 있다. 침팬지는 훨씬 더 작은 몸집에, 커다란 고환과 작은 페니스를 갖고 있다. 인간의 몸집은 고릴라와 침팬지의 중간 정도지만, 고환은 작고 페니스는 거대하다. 이러한 생식기 특징 조합은 각각 다른 성선택을 기반으로 진화한 것이다. 따라서 이 차이는 페니스 형태의 역동적 진화사를 보여준다. 여기에는 다양한 해석의 여지가 있지만, 그중에는 다른 것보다 설득력이 높은 해석도 있다.

"고환과 페니스의 크기는 모두 수컷들 간에 벌어지는 정자경쟁에 의해 진화했다"라는 가설이 빈번히 인용되어왔다. 이 가설에 따르면, "암컷이 여러 명의 배우자를 보유할 경우, 수컷들이 '다른 수컷들의 정자와 경쟁하기 위해 더 많은 정자를 생성해야 한다'라는 성선택 압력을 받아 커다란 고환이 진화하게 된다"라고 한다. 침팬지의 번식 시스템은 문어발 짝짓기multiple mating와 치열한 정자경쟁이 특징이므로, 결과적으로 침팬지는 커다란 고환을 보유하게 되었다. 그와 반대로, 고릴라의 번식 시스템은 수컷이 생식력 있는 암컷 그룹을 물리적으로 지배하는 것이 특징이므로, 정자경쟁이나 암컷의 배우자선택이 거의 없어서 작은 고환을 보유하게 되었다.

인간의 커다란 페니스도 정자경쟁을 통해 진화한 것으로 해석되어왔다. 성교 도중 사정할 때, 페니스의 크기가 클수록 난자에 더욱 가까이 접근함으로써 수정 가능성을 높일 수 있다는 것이다. 그와 같은 맥락에서, 인간 페니스의 귀두관과 귀두경은 (여성의 질 내에 먼저 사정된) 다른 남성의 정자를 퍼내기 위한 도구로 여겨져 왔다. 진화심리학자 고든 갤럽Gordon Gallup과 동료들은 실험을 통해 이 가설을 검증했다.[21] 즉, 그들은 다양한 형태의 인공 페니스와 인공

질(이 둘은 할리우드의 성인용품점에서 구입했다), 물과 전분으로 만들어진 인공 정액을 이용하여 실험을 수행했는데, 아니나 다를까 '귀두관과 귀두경이 있는 사실적인 딜도'는 '매끄럽고 윤이 나는 딜도'보다 인공 정액을 더 많이 퍼내는 것으로 밝혀졌다. 그리하여 일명 '정자 퍼내기 가설'은 멋지게 증명된 듯 보였다.

그러나 안타깝게도, 페니스의 크기 및 형태와 관련된 정자 퍼내기 가설은 계통수에서 도출된 증거와 일치하지 않는다. '침팬지와 공통조상에서 갈라진 후 고환이 지속적으로 작게 진화해왔다'라는 사실은 '인간 남성들 간의 정자경쟁 역시 감소해왔다'라는 것을 시사한다. 그러므로 정자경쟁과 정자 퍼내기 메커니즘을 통해 인간의 페니스 진화를 설명하려는 이론은 '한물간 이론'이라고 봐야 한다. 만약 돌출한 귀두관과 잘록한 귀두경을 가진 커다란 페니스가 (앞서 사정한) 다른 남성의 정자를 제거하기 위한 도구라면, 침팬지는 왜 그런 도구를 진화시키지 않았을까? 다른 수컷의 사정액을 페니스로 긁어낸다는 것은 구태의연하고 기계적이며 전혀 미학적이지 않다. 그런 단순한 물리적 메커니즘이 정자경쟁에 몰두하는 모든 유인원 종들 사이에서 널리 유용하게 사용되는 것은 맞다. 핀치의 부리와 마찬가지로, 수많은 영장류가 이 과업을 수행하기 위해 같은 도구를 수렴적으로 진화시켜왔다. 그렇다면 침팬지가 치열한 정자경쟁에도 불구하고 작고 가늘고 부드럽고 뾰족한 페니스(기본적으로 인간의 새끼손가락만 한 페니스)를 보유하도록 진화한 이유는 도대체 뭘까? 인간의 성기 진화에 대한 정자경쟁 가설의 오류는, 우리의 영장류 친척에게서 찾을 수 있는 증거 덕분에 단칼에 기각된다.

그렇다면 적응주의자들이 그렇게 좋아하는 '정직한 페니스 가설'은 어떻게 된 걸까? 이상하게도 진화심리학자들은 '페니스의 크기는 남성의 자질을 나타내는 정직한 지표'라는 생각을 적극적으로 수용하지 않는다. 인간 여성의 신체에서 감지될 수 있는 특징들(예: 허리/엉덩이 비율, 유방의 크기와 비례, 안면의 균형, 여성스러움 등)은 거의 예외 없이 유전적 자질과 짝짓기가치의 잠재적 지표로 간주되어 면밀한 조사를 받아왔지만, 인간 남성의 (측정 가능한) 페니스는 거의 주목을 받지 못했다. 남성을 연구하는 진화심리학자들이 자신의 해부학적 구조를 여성의 신체와 같은 수준으로 까발리고 싶지 않았던 걸까? 혹시 자신들의 신념을 증명할 용기가 부족했던 건 아닐까?

물론 인간 남성의 페니스 크기가 어떤 자질을 나타내는 지표라고 상상하기는 좀 어렵다. 요컨대, 축 늘어졌을 때의 평균 무게가 120그램에 불과한 살덩어리가 설사 두 배라 해도 비용부담이 클 리 만무하며, 자하비의 추종자들이 말하는 핸디캡이 될 수도 없을 것이다. 고작해야 남성의 체질량의 수백 분의 1에 불과하니 말이다. 만약 페니스가 희소하고 제한되고 생물학적으로 부담되는 재료로 만들어졌다면, 페니스 크기를 늘리기 위해서 큰 비용이 투자되었을 것이다. 그렇다면 커다란 페니스를 '우월한 자질을 나타내는 신호'로 간주할 수도 있다. 그러나 페니스는 특별한 재료로 만들어지지 않았으며, 그저 연결조직, 혈관, 피부, 신경의 복합체일 뿐이다(단, 신경은 매우 많다). 게다가 페니스가 크다고 해서 작동하는 데 비용이 많이 드는 것도 아니다. 예컨대 커다란 페니스를 가진 남성들의 발기부전 유병률이 특별히 높다는 증거는 없지 않은가!

진화심리학자들의 페니스에 대한 관심이 전반적으로 낮았지만, 한 측면에서는 최소한 한 명의 적응주의자의 관심을 끌었다. 바로 인간 페니스의 또 한 가지 생물학적 혁신인 '음경골baculum, os priapi상실'이다. 즉, 인간 남성의 페니스가 다른 영장류 수컷들의 페니스와 두드러지게 다른 점은 음경골이 없다는 것이다.

음경골은 포유류의 페니스에 있는 뼈로, '모든 뼈 중에서 가장 다양한 뼈'라는 호칭을 얻었다.[22] 가장 큰 음경골을 가진 동물은 수컷 바다코끼리Warlus(*Odobenus rosmarus*)로, 상아로 만든 경찰봉처럼 생겼다. 음경골의 크기와 형태가 얼마나 다양한지 보여주는 사례를 하나만 더 들면, 많은 다람쥐의 음경골은 끝부분이 주걱 모양인데, 마치 딴 세상의 파스타 스푼pasta spoon처럼 정교한 깔쭉이가 새겨져 있다.

포유류 학자들은 음경골을 진화시킨 포유동물들의 이름을 암기하기 위해 PRICC라는 이니셜을 고안해냈다.[23] PRICC란 영장류Primate, 설치류Rodent, 식충동물Insectivore, 육식동물Carnivore, 익수목Chiroptera(박쥐류)을 말한다. 인간이 음경골을 갖지 않았다는 것은 새삼스러운 사실도 아니지만, 영장류 중에서 음경골이 없는 종은 인간과 거미원숭이spider monkey 두 종뿐이라는 사실을 알면 당황하지 않을 독자는 별로 없을 것이다. 다른 영장류들이 음경골을 갖고 있다는 것은, 페니스 내부에 존재하는 단단한 뼈가 발기를 확실히 보장한다는 것을 의미한다. 그러나 인간 말고도 음경골을 보유하지 않은 포유류는 많은데(예: 주머니쥐, 말, 코끼리, 고래), 그들은 하나같이 뼈가 없어도 끄떡없는 발기 시스템을 보유하고 있다. 그렇다면 음경골이란 단지 삽입 이상의 다른 기능을 수행한다는 이야기가 된다. 그

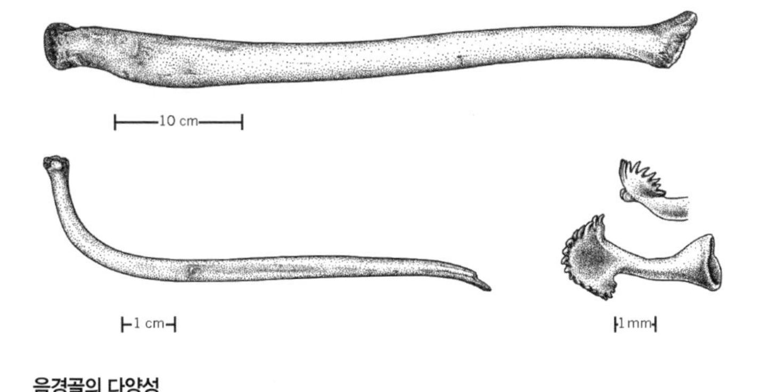

음경골의 다양성
(위) 수컷 바다코끼리 (아래 왼쪽) 수컷 미국너구리(*Procyon lotor*)
(아래 오른쪽) 수컷 점박이땅다람쥐(*Xerospermophilus spilosoma*)

기능이 도대체 뭘까? 현재 알려진 음경골의 추가적인 기능은 '발기하지 않은 페니스를 회수하는 역할을 한다'라는 것이지만, 다른 기능은 아직 분명하지 않다.

그러나 이 장의 주제와 관련된 나의 관심사는 '일부 포유류가 음경골을 가진 이유'가 아니라 '인간이 음경골을 상실한 이유'다. 사실 인간의 음경골 상실은 오랜 불가사의로, 유대-기독교 문화의 기본 텍스트인 구약성서 창세기에 나오는 이브 창조 설화에까지 거슬러 올라간다. 2001년에 스워스모어 칼리지의 발생생물학자 스콧 길버트Scott Gilbert와 UCLA의 성경학자 자이어니 제비트Ziony Zevit, 존경받는 이 두 명의 학자들이 《미국 의료유전학 저널American Journal of Medical Genetics》에 발표한 「인간의 선천적인 음경골 결핍: 창세기 2:21-23•

• 여호와 하나님이 아담을 깊이 잠들게 하시니 잠들매 그가 그 갈빗대 하나를 취하고 살로 대신 채우시고, 여호와 하나님이 아담에게서 취하신 그 갈빗대로 여자를 만드시고 그를 아담에게로 이끌어 오시니, 아담이 이르되 이는 내 뼈 중의 뼈요 살 중의 살이라 이것을 남자에게서 취하였은즉 여자라 부르리라 하니라. (개역개정)

에서 사람을 만든 뼈Congenital Human Baculum Deficiency: The Generative Bone of Genesis 2:21– 23」라는 논문에서 이 문제를 자세히 다뤘다.[24] 그 유명한 설화가 완성된 지 약 2,500년이 지난 후, 길버트와 제비트는 이렇게 주장했다. "신神은 아담의 갈비뼈가 아니라, 음경골을 취해 이브를 창조했다. 모든 고대 이스라엘 사람들은 '갈비뼈에서 이브가 창조되었다는 설'이 엉터리라는 것을 알고 있었다. 왜냐하면 남자와 여자의 갈비뼈 수는 똑같기 때문이다." (나는 유치원생 시절 교회 주일학교에서 내 갈비뼈를 세어본 후 이 문제를 인식했던 일을 기억한다.) 길버트와 제비트는 한술 더 떠 '갈비뼈에는 내재적인 재생능력이 없다'라는 점을 들어, "우리가 알고 있는 아담의 갈비뼈 스토리는 과학적으로 허점투성이"라고 몰아세웠다. "'사상 최고의 스토리'인 창세기에는 킹 제임스 성경•에 나오는 허술한 설화보다 훨씬 더 강력한 줄거리가 있다"라고 확신한 길버트와 제비트는 자신들의 급진적인 가설을 뒷받침하기 위해 인상적인 언어학적 증거를 제시했다.

> 창세기에서 '갈비뼈'로 번역된 히브리어 명사 쩰라tzela(tzade, lamed, ayin)가 정말로 갈비뼈를 의미할 수도 있다. 그러나 그것은 산비탈의 측면(사무엘 하 16:13), 곁방side chamber(열왕 상 6:5,6), 향나무나 전나무로 만든 들보, 또는 건물과 문의 널빤지(열왕 상 6:15,16)를 의미하기도 한다. 그러므로 쩰라라는 단어는 (말 그대로 갈비뼈가 아니라) 구조적인 지지대structural support beam를 가리키기 위해 사용되었을 수도 있다.

• 1611년 영국의 제임스 1세가 지시하여 편찬한, 서구사회에서 널리 사랑받고 있는 영역본 성경.

'구조적인 지지대'라는 말은 음경골을 의미하는 간접적인 표현일 수 있다. 다음으로, 길버트와 제비트는 진화-성서학적 불가사의evo-scriptural mystery를 푸는 실마리를 발견했는데, 그것은 뜻밖에도 히브리 성서•에 나오는 명백한 해부학적 증거였다.

> 창세기 2장 21절에는 또 다른 근거가 상세히 적혀 있다. "신은 그 자리를 살로 대신 채웠다." 이 문장은 인간 남성의 페니스와 음낭scrotum에 나타나는 특이한 가시적 특징인 봉합선raphe에 관한 설명이다. 인간의 페니스, 음낭, 비뇨생식기의 가장자리는 비뇨생식동urogenital sinus 위에서 만나, 일종의 이음새인 봉합선을 형성한다. 외부 생식기에 봉합선이 있는 이유는, '신이 아담의 페니스에서 뼈를 꺼내 이브를 만들고, 그 자리를 살로 메웠기 때문'이다.

길버트와 제비트는 성서학과 진화생물학을 넘나드는 절묘한 학제 간學際間 논문을 통해 '사상 최고의 스토리'를 재해석하여, 유대-기독교가 창조 설화를 바라보는 혁명적 관점을 제시했다. 그런데 그들의 논문은 왠지 석연찮은 이유 때문에, 의당 받았어야 할 폭발적 관심을 아직 받지 못했다. 개인적 생각이지만, 로마 교황청에서부터 페미니스트 학자들에 이르기까지 누구나가 두 사람의 이론에 대해 알고 의견을 교환하고 싶어 할 것 같다. 그러나 그들의 논문은 지난 15년간 단 세 번 인용되었을 뿐이다. 히브리의 신이 아담의 음경골

• 구약성서의 원문은 히브리어로 쓰여 있다.

에서 이브를 창조했는지 여부를 알고 싶어 하는 사람이 왜 그렇게도 없을까? 탐구심이 조금이라도 있는 사람이라면 당연히 알고 싶어 할 텐데 말이다. 오늘날 지적 문화intellectual culture가 해체되다 보니, 그 문제를 심사숙고할 사람이 거의 없어서일까?

만약 구약성서 창세기가 '아담의 음경골 상실'을 신의 행동으로 설명한다면, 진화생물학자들은 어떻게 설명할까? 인간의 페니스를 전반적으로 다루거나 음경골의 상실을 특별히 다룬 진화심리학 이론이 거의 존재하지 않는 가운데, 한 용감한 생물학자가 총대를 메고 나서서 관심을 끈다. 그는 바로 리처드 도킨스다. 그의 가설에 따르면, "인간의 페니스가 음경골이 없는 쪽으로 진화한 이유는, 페니스가 남성의 건강과 유전적 자질을 나타내는 정직한 지표이기 때문"이라고 한다.[25]

> 마치 진단을 잘하는 의사처럼 가장 건강한 남성만을 배우자로 선택하는 여성은, 자녀에게 건강한 유전자를 물려주는 경향이 있다. … 자연선택 덕분에 그녀들의 진단 기술이 예리해져서, 페니스의 생김새와 각도만 봐도 남성의 건강과 스트레스 대처 능력에 관한 온갖 단서들을 수집할 수 있게 되었다는 건 충분히 설득력 있는 말이다. 그러나 페니스에 뼈가 있다면 여성의 판단이 흐려진다! 페니스 속에 뼈가 들어 있다면, 특별히 건강하거나 강인하지 않은 남성도 여성에게 어필할 수 있기 때문이다. 그리하여 여성으로부터의 선택압이 남성에게 음경골을 상실하게 했을 것이다. 그래야만 실제로 건강하거나 강인한 남성만이 페니스의 진정한 강직도를 선보임으로써, 여성

이 올바르게 진단할 수 있을 테니 말이다. … 만약 당신이 내 '페니스 가설'의 논리를 수긍한다면, '남성은 음경골을 상실함으로써 수세에 몰리게 되었으며, 그게 결코 우연이 아니었다'라는 점을 알게 될 것이다. 유압식 발기 메커니즘만큼 남성의 건강과 강인함을 가감 없이 드러내는 것은 없다.•

공정성을 기하기 위해 말하자면, 도킨스 자신도 "'자하비의 핸디캡 원리(즉, 스머커스 원리)와 좋은 유전자 간의 관련성'을 설명하기 위한 아이디어를 궁리하다가 문득 그런 생각이 떠올랐을 뿐이므로, 내 가설을 너무 진지하게 받아들일 필요는 없다"라고 인정했다. 그러나 도킨스가 '내 아이디어의 설득력은 다소 떨어지지만, 애교로 봐달라'라고 꼬리를 내린 순간, 그는 자신도 모르게 적응적 배우자 선택이라는 분야 전체를 깎아내리는 폭로를 한 셈이 된다.

도킨스의 '여의사 이야기'는 "인간의 발기는 '남성의 유전적 우월성과 건강의 상징'으로서 진화했다"라는 가설에 대한 자신의 성적 쾌감을 은연중에 드러낸 것이라고 할 수 있다. 그는 이 시나리오에서, 남성의 발기에 대한 황홀한 경험을 '남성의 개인적 우월성을 나타내기 위해 진화한 지표'라는 과학적 개념으로 구체화했다. 남자 청소년들이 가진 발기의 전지전능함에 대한 판타지가 인간의 진화에 대한 설명력으로 표출되다니! 그리하여 도킨스의 '여의사 이야기'는 판타지 진화생물학의 걸작으로 등극했다.

• 이 내용은 다음의 부분을 옮긴이가 새로 번역한 것이다. (리처드 도킨스, 『이기적 유전자』, 을유문화사, 2019, pp.560–562.)

그러나 도킨스도 인정한 바와 같이, 그가 제시한 시나리오는 설득력이 떨어진다. 아마도 설득력이 떨어지는 주된 이유는, 우리의 영장류 친척들에게 음경골이 건강의 상징이 아닌 것처럼, 결혼 적령기에 이른 평균적인 인간 남성에게 발기가 우월한 건강의 상징이 아니기 때문이다. 왜냐하면 그 나이에는 누구나 (특별히 건강하거나 강인하지 않더라도) 발기가 가능하기 때문이다. 결혼 적령기에 있는 남성이라면, 실제로 건강하지 않더라도 순전히 혈관에 의존하는 유체정역학적 발기hydrostatic erection는 그리 어렵지 않다. 인간의 발기부전은 대부분 노쇠senescence에 기인하며, 인간의 조상들이 발기부전을 경험하지 않은 데는 그만한 이유가 있다. 진화사를 더듬어볼 때 플라이스토세Pleistocene의 아프리카 사바나에 살던 대부분의 남성들은 발기부전을 경험하기 전에 이미 이 세상 사람이 아니었다. 왜냐고? 수명이 짧았으니 발기부전을 경험할 기회가 없었을 수밖에.

요즘 제약사들이 엄청나게 선전하는 발기촉진제의 이면에는 발기부전이 현대의 유행병임을 암시하는 메시지가 숨어 있지만, 오늘날 만연하는 발기부전의 대부분은 무슨 질병 때문이 아니라 노쇠한 남성들의 성性기능이 자연적으로 쇠퇴했기 때문이다. 그렇다면 (도킨스의 시나리오대로) '여의사'들이 남성의 발기능력을 배우자선택의 기준으로 사용할 때, 탈락하는 사람은 누구일까? 처녀에게 장가를 가겠다고 과욕을 부리는 극소수의 영감님들(아이러니하게도, 장수 유전자를 보유한 사람들)밖에 더 있겠는가! 따라서 음경골 상실은 '남성의 자질과 건강을 제대로 평가하려는 여성들의 요구'에 대한 진화적 답변이 아닐 가능성이 높다. 도킨스 자신도 자신의 가설(남성들이 여성들의 요구에 부응하여 음경골을 상실했다는 가설)을 가리켜 설득력이 떨어진다고 인정했음에도 불구하고, 진화심리학자들은 그의 '페니스 핸디캡 가설'을 진지하게 받아들이고 있다.[26]

그러나 도킨스의 가설에는 훨씬 더 받아들일 만한 가능성이 내포되어 있었다. 그것은 "음경골의 진화적 상실evolutionary loss이 여성의 배우자선택을 통해 일어났다"라는, 미학적으로 완벽한 제안이었다. 요컨대, 정직한 광고 가설과 수컷 간 경쟁 이론에 대한 대안은 '음경골 상실, 페니스 크기 증가, 페니스 형태 변화는 모두 (여성들이 임의적으로 매력적이라고 여기는) 미적 선호를 통해 공진화했다'라는 것이다. 그러나 인간 여성들은 왜, 길고 두껍고 독특한 형태의 페니스를 선호한 걸까? 물론 이 질문에 대한 답변은 다방면에 걸친 성적 쾌락이다.

인간의 페니스는 복잡한 성적 장식물로, 그 다양한 특징은 두 가지 독특한 감각양상sensory modality, 즉 시각과 촉각을 통해 경험하도록 진화했다. 그리하여 상호적이고 친밀한 터치를 통해 시각적 아름다움이 배가倍加되는 공감각적 장식물로 빚어졌다. 다른 말로 하면, 생식기에도 별의별 아름다움이 다 있다는 것이다.

이런 다양한 특징들은 '인간은 음경골과 그로 인한 페니스 회수 기능을 상실한 덕분에, 다른 영장류들과 달리 발기하지 않았을 때 페니스가 자취를 감추지 않는다'라는 사실과 밀접한 관련이 있다.[27] 즉, 발기하지 않은 페니스는 회수되어 자취를 감추지 않고 매달려 있으므로, 다른 영장류의 페니스보다 더 크고 길어 보인다. 따라서 '음경골 상실'과 '페니스 크기의 점진적 증가'는 서로 연관되어 있으며, 둘 다 '매달린 생식기 과시dangling genital display'에 대한 여성의 짝짓기선호의 결과물이다. 남성의 매달린 생식기는 지난 500만 년간 두발보행이 진화하면서 점점 더 돋보이는 과시형질로 진화했다.[28]

완전히 매달린 생식기의 미적 기능은, 인간의 음낭이 다른 영장류의 음낭보다 더 축 늘어져 있다는 사실에 의해 뒷받침된다.[29] 고릴라와 오랑우탄은 외부로 돌출된 음낭이 없으며, 침팬지는 축 늘어진 음낭과 매우 큰 고환을 갖고 있다. 그러나 인간은 침팬지보다 훨씬 더 크고 낮게 늘어진 음낭을 갖고 있어, 일견 역설적인 현상(고환의 점진적 축소 vs 음낭의 점진적 확대)을 보여준다. 왜냐하면 인간의 고환은 침팬지보다 절대적으로나 상대적으로 작기 때문이다. 인간의 음낭이 지나치게 커서 고환을 수용하고도 남는다는 것은 뭘 의미할까? 이것은 생리적 기능 때문이라기보다는 여성들의 선호가 반영된 결과인 것으로 보인다. 즉, 여성들은 팽팽한 음낭보다 축 늘어진 음낭을 선호했기 때문에, 남성의 음낭이 필요 이상으로 커진 것이다.

음낭의 진화과정에 성선택이 작용한 사례는 그것 말고도 또 있다. 음낭이 성적 과시용으로 동원된 사례는 색각色覺이 있는 다양한 포유류에서 많이 나타나는 것으로 알려져 있다. 예를 들어 버빗원숭이Vervet Monkey(*Chlorocebus pygerythrus*)와 로빈슨쇠주머니쥐Robinson's Mouse Opossum(*Marmosa robinsoni*)는 암컷의 시선을 끄는 '선명한 파란색 풍선껌' 모양의 음낭을 갖고 있다.

물론 인간의 페니스는 건성으로 매달려 있는 게 아니며, 성적으로 선택되는 미적 기능을 위해 진화한 것으로 추정되는 파생적 특징들이 많다. 매달려 있는 페니스는 여성들에게 발기했을 때의 크기를 가늠할 수 있는 단서를 제공한다. 그렇다면 여성들은 왜 다른 유인원 친척들보다 훨씬 더 큰 페니스에 대한 선호를 진화시켰을까? 커다란 페니스는 그녀들에게 어떤 혜택을 제공할까? 나는 지금까지 '페니스 크기는 유전적 자질에 대한 정직한 지표다'라는 고정관념을 불식시켰으므로, 이제 페니스의 미학적 측면을 고려할 수 있다. 돌출한 귀두를 가진 길고 굵고 널찍한 페니스는 '보다 많은 쾌락을 제공하는 교미기관'에 대한 여성의 선호를 통해 진화했을 가능성이 높다. 첫 번째 쾌락은 매달린 페니스를 멀찌감치서 관찰하는 데서 오며, 이는 음경골의 상실에 의해 증가한다. 과시용 페니스의 크기는 (남성과의 성교를 통해 경험할 것으로 예상되는) 잠재적 촉감과 감각의 지표로 작용한다. 이와 같은 예상적 쾌락은 성적 상호작용과 성교를 통해, 페니스로부터 얻는 직접적 쾌락으로 대체된다.

그러나 커다란 페니스에 대한 선호가 모든 여성에게서 보편적으로 나타나는 선호일까? 물론 일반적으로 (인간의 새끼손가락만 한) 침팬지의 페니스보다는 크고 굵어야 하는 것 같다. 하지만 다른 남성들의 크기보다 큰 것을 무조건 선호한다는 것은 아니다. "페니스의 크기가 중요한가요?"라는 질문에 대한 여성들의 반응은 매우 다양하다. 그런데 흥미롭게도 남성들의 페니스 크기 또한 매우 다양하다. 그렇다면 이 두 가지 다양성 간에 무슨 연관성이라도 있는 걸까? 만약 페니스 크기가 임의적인 미적 형질이라면, 페니스의 크기는 인간의 다른 미적 측면과 마찬가지로 고도로 가변적이며 광범위한 취향에 부응할 것이다. 그리고 현실이 그렇다. 제 눈에 안경이라고 하는 말도 있지 않은가.

한눈에 시각적으로 확인할 수 있는 페니스와 달리, 귀두의 크기와 형태는 평상시에는 포피에 가려져 있다가 페니스가 발기하고 섹스를 할 때 비로소 정체가 드러난다. 만약 (내가 지금 제안하려는 것처럼) 귀두 역시 쾌감에 대한 여성의 선택을 통해 진화했다면, 섹스하는 동안에만 평가될 수 있는 형질에 대한 짝짓기선호가 존재해야 한다. 섹스하지 않고서는 귀두의 특징을 평가할 방법이 없기 때문이다. 그런데 섹스를 '배우자선택이 일어난 후에만 발생할 수 있는 일'로 간주한다면, 섹스가 실제로 시작된 이후에는 배우자선택권이 이미 물 건너갔다고 봐야 한다.

그러면 섹스할 때까지 경험할 수 없는 귀두의 특징에 대한 짝짓기선호가 진화했다는 건 도대체 무슨 소리일까? 그 비밀은 인간의 짝짓기 방식에 있다. 즉, 인간들은 다른 동물들과 달리 번식기나 가임기와 무관하게 반복적으로 섹스를 하므로, 섹스가 시작되었다고 해서 배우자선택이 종료되는 것은 아니다.[30] 인간의 배우자선택은 심지어 섹스와 함께 시작될 수도 있다(심지어 섹스한 후에 배우자선택을 하는 경우도 있다). 섹스는 풍부한 감각적 자극을 제공함으로써 귀두의 특징을 평가할 기회를 부여하며, 그 평가 결과는 다음번 짝짓기선택에도 영향을 미칠 수 있다. 따라서 미적 진화에 관한 모든 기본적 사항들은 귀두에도 그대로 적용될 수 있다.

인간 여성은 다른 암컷 유인원들과 달리 은폐된 배란concealed ovulation을 진화시켰으므로, 개별적 섹스가 수정으로 이어질 가능성은 극히 낮다. 따라서 인간은 단순한 짝짓기선호가 아니라 반복적 짝짓기선호remating preference를 갖고 있다고 보는 것이 정확하다. 반복적 짝짓기선호는 섹스 자체의 감각경험에 기반을 두므로, 인간 남성의 생식기 진화에 관한 완벽한 미적 이론은 두 가지 요소에 대한 평가로 구성된다. 그중 하나는 성교 전에 평가될 수 있는 '매달린 페니스와 음낭'이며, 다른 하나는 성교 도중에 평가될 수 있는 '발기된 페니스의 크기와 형태'다. 흥미로운 부분은, 이러한 진화 메커니즘은 여성을 행위 주체로 간주하며, '성적으로 수줍어하는 여성'이라는 개념을 정면으로 반박한다는 것이다.

여성의 배우자선택은 인간 남성의 생식기 장식물의 겉모양에 심오한 영향을 미쳤다. 그것은 지난 수백만 년간의 진화사에 걸쳐 재형성되었으며, 우리의 유인원 친척들과 닮은 점이 거의 없다. 그러나 내가 지금까지 언급한 내용은 '진화적 맥락 2', 그러니까 '침팬지와 공통조상에서 갈라진 후 인간계통에서 진화가 일어난 기간'에만 적용된다. 따라서 좀 더 가까운 과거에 일어나 지금까지 계속되고 있는 생물학적 변화(진화적 맥락 3)와 문화가 생물학에 미친 영향(진화적 맥락 4)은 아직 고려의 대상이 아니다. 인류의 문화가 배우자선택에 행사하는 영향력은, 남성이 됐든 여성이 됐든 매우 유의미하다. 한 문화권에서 섹시한 매력으로 간주하는 것이 다른 문화권에서는 상스러운 작태로 매도될 수 있다. 나는 이처럼 임의적인 문화적 선호가 사회적 행동과 관계를 재형성할 뿐 아니라, 시간이 지남에 따라 우리의 신체와 그 다양성까지도 재형성할 수 있다고 제안한다.

1982년 수리남의 브라운스버그 자연공원에 머물며 마나킨새의 과시행동을 연구할 때, 나는 하루에 2달러씩을 내고 공원 노동자들의 합숙소에서 잠을 잤다. 그들은 모두 젊은 사라마카인Saramaccan 남성들로, 17세기 초 남아메리카 동해안의 대규모 농장에서 탈출한 아프리카인 노예들의 후손이었다. 그들은 강의 상류로 이동하여 숲 속으로 들어가, 신대륙에 새로운 아프리카계 크리오요African Creole 문화를 건설했다. 여행자 그룹들이 일주일에 한두 번씩 공원의 게스트하우스에 머물자, 인근의 사라마카 마을에서 몇 명의 젊은 여성들이 찾아와 오두막집을 청소하고 요리를 해주곤 했다. 여성들이 시트와 수건, 양동이와 대걸레를 들고 오두막집 사이를 왕래하는 동안, 노동자들은 내가 머물던 숙소의 현관과 창문에서 그 여성들의 몸매와 걸음걸이를 게슴츠레한 눈으로 바라보며 음흉한 말들을 끊임없이 쏟아냈지만, 그녀들은 미소를 지으며 정감 어린 농담으로 받아넘겼다. 그중에서 가장 눈길을 끈 여성은 키가 165센티미터쯤 되고, 몸무게는 90킬로그램이 훨씬 넘는 듯했다. 그녀는 몸매가 진화심리학 교과서에 나오는 이상적인 허리/엉덩이 비율(아마도 서구의 미적 기준을 염두에 둔 비율일 것이다)과는 동떨어져 있음에도 불구하고 노동자들 사이에서 폭발적인 인기를 끌었으며, 그녀도 그 사실을 잘 알고 있었다.

만약 인간이 생물학적 진화의 결과물이라면, 인간의 아름다움에 대한 생각이 이처럼 다양할 수 있을까? 우리는 지금까지 '침팬지와 공통조상에서 갈라진 후 600만~900만 년 동안 진화했다(진화적 맥락 2)'라는 가설에 부합하는 인간의 섹슈얼리티에 대한 생물학적 특징들을 집중적으로 다뤘다. 하지만 이쯤 됐으면, 그보다 좀 더 가까운 과거에 일어난 독특한 진화적 변화를 살펴볼 때가 됐다.

인간은 음성언어, 고급 인지능력, 복잡한 사회생활, 사회적 상호작용과 관련된 능력을 진화시켰다. 호모 에렉투스, 네안데르탈인, 호모 사피엔스에 이르기까지, 인류는 수차례에 걸쳐 아프리카를 떠나 지구 전체로 확산하였다. 여러 대륙으로 전파되는 과정에서, 인류의 진화와 유전적 다양화는 지속적으로 일어났다(진화적 맥락 3). 계속 복잡해지는 능력과 그로 인한 경험 덕분에 인류의 문화는 과거 어느 때보다도 빠른 속도로 변화와 다양화를 거듭했다(진화적 맥락 4).

문화적으로 형성된 특징은 '개인의 사회적 환경'과 '인류사적 사건' 간의 상호작용 결과다. 다시 말해서, 지리적으로 격리된 인간의 집단과 소집단에서 다양한 문화가 생겨나는 것은, 그들이 '특정한 환경'에 적응했을 뿐만 아니라 '사전에 일어난 역사적 사건'의 영향을 받았기 때문이다. 언어의 다양성은 인류 문화사의 임의성을 보여주는 대표적인 사례다. 영어, 일본어, 나바호어Navaho 간의 차이가 오롯이 '각 언어가 적응한 각기 다른 환경' 때문이라고 생각하는 언어학자는 아무도 없다. 하나의 문화권에 속한 인간의 개인적 됨됨이는 그들이 태어나 사는 사회집단은 물론, 지역사회와 국가의 역사에 의해 크게 좌우된다.

문화의 영향을 받는 다른 특징들과 마찬가지로, 인간의 아름다움, 구애 및 짝짓기 관행, 성적 행동 역시 문화의 영향을 크게 받는다. 보편적인 짝짓기가치에 대한 진화심리학자들의 믿음과 달리 '문화 없는 인간의 섹슈얼리티'는 존재하지 않으며, 문화에 적용되는 보편적 진리는 다양성밖에 없다. 만약 타임머신을 타고 몇천 년 전으로 거슬러 올라갈 수 있다면(몇천 년 전이라고 해봐야, 인류의 진화사에서는 눈 깜짝할 사이에 불과하지만) 내 말을 금세 실감할 수 있을 것이다.

고대 로마와 그리스의 조각상들은 여성의 미를 너무 상징적으로 묘사해놓아, 숭배하기에 안성맞춤이었다. 그러나 유행하는 스타일의 변화 때문에, 오늘날 서구사회에서는 그러한 얼굴과 신체를 특별히 매력적인 것으로 간주하지 않는다. 사실, 이 같은 취향 변화는 수천 년이 아니라 훨씬 더 짧은 기간 내에 일어난다. 미국의 문화에서는 불과 수십 년 사이에 남녀의 용모에 대한 관점이 극적으로 바뀌었다. 미에 대한 문화적 기준이 얼마나 빨리 변할 수 있는지 알고 싶으면, 1940년대와 1950년대의 메릴린 먼로Marilyn Monroe, 리타 헤이워드Rita Hayworth의 사진과 오늘날의 수척한(때로는 거식증에 걸린) 여배우와 패션모델의 사진을 비교해보면 된다. 부드럽고 풍만한 메릴린 먼로는 섹시함의 상징으로서 전설적인 인물이지만, 오늘날에는 리얼리티 TV쇼 〈아메리카 넥스트 톱모델America's Next Top Model〉의 1라운드에도 출연하지 못할 것이다. 남성의 신체에 대한 매력 기준도 확 바뀌었다. 오늘날 남자배우들이 최고의 자리를 지키려면, 1940년대와 1950년대의 케리 그랜트Cary Grant, 클라크 게이블Rita Hayworth, 게리 쿠퍼Gary Cooper의 부드러운 몸매와 완전히 다른 '윤곽이 뚜렷한 근육질 몸매'를 유지해야 한다.

어떤 문화권에서는 여성의 비만을 숭배하며 섹시하다고 여긴다.[31] 모리타니와 다른 아프리카 국가에서는 여성의 비만을 매력으로 여긴 나머지, 표준 체중을 가진 소녀들을 비만 캠프로 보내 엄청난 음식을 먹임으로써 살을 찌운다. 모리타니의 젊은 남성들은 젊은 여성의 (급격한 체중 증가로 인해 피부에 나타나는) 튼살stretch mark을 보고 특별한 성적 흥분을 느낀다. 그와 대조적으로, 미국에서는 엄청난 체중감량을 위해 젊은 여성들을 비만 캠프로 보낸다. 비만 캠프라는 이름은 똑같지만, 하는 일은 정반대인 것이다.

심지어 순식간에 지나가는 성사회적 유행sociosexual fashion의 트렌드도 인간의 성적 욕구와 짝짓기행동에 큰 영향을 미친다. 몇 년 전, 한 익명의 남성은 가십 블로그인 〈거커Gawker〉에 다음과 같은 글을 올렸다.[32]

> 나는 몇 년 전 한 여성과 우연히 성관계를 맺었다. 그런데 그녀는 티 파티Tea Party• 에 가담한 공화당원으로서 고위 정치직에 입후보하고 있었다. 처음 만난 지 몇 달 후인 핼러윈 날Halloween day 밤, 그녀가 다른 지인과 함께 내 아파트에 나타나서는 나를 파티에 초대했다. 나는 그들과 함께 술집으로 가서 곤드레만드레가 되도록 마신 다음, 그녀와 함께 내 아파트로 돌아왔다. 그러나 순조롭게 진행될 것 같던 우리의 관계는 뜻하지 않게 갑자기 중단되었다. 그녀가 속옷을

• 2009년 미국의 길거리 시위에서 시작된, 건전한 재정운영을 요구하는 보수주의 정치운동.

벗는 순간 내가 보고 만 것이다. 그녀가 음모pubic hair를 손질한 방식이 최근 유행하는 스타일과 동떨어져 있었다.[33] 그것이 계기가 되어, 나는 순식간에 흥미를 잃었다.

우익 정치인이 갑자기 바람을 맞았다는 사실보다 훨씬 더 뜻밖이었던 것은, 그 남성이 '나의 성적 선호는 보편적이며, 블로그의 독자들이 나의 선호를 지지할 것'이라고 가정하고 있었다는 것이다. 그가 알고 있던 최신 스타일은 '음모의 일부를 선택적으로 제거하는 것'이었다. 비록 음모를 선택적으로 제거하는 것이 일시적인 유행임을 알고 있었지만, 그 익명의 수다쟁이 남성의 생각은 단호했다. "특정한 성사회적 유행을 따르지 않는 여성은, 나처럼 유행에 민감한 플레이보이의 눈길을 끌 수 없어."

그러나 내가 지금 소개한 일화는 성적 취향의 문화적 다양성을 말하기 위한 것만은 아니다. 그것은 '남성은 누구나 자연선택에 의해 성적으로 헤프도록 진화한다'라는 진화심리학의 또 다른 주장에 대한 반증反證이기도 하다. 사실, 남성은 상당히 까다로우며, 그 까다로움의 형태는 문화환경에 의해 크게 좌우된다.[34]

내가 아름다움에 대한 문화적 규범의 상이성을 비교적 상세히 언급하는 이유는, 그것이 생물학적·유전적 진화에 대한 정보를 제공할 수 있기 때문이다. 문화가 진화과정에서 인과적 역할causal effect을 수행할 때, 우리는 그것을 하향적 효과top-down effect라고 부른다.

인간의 문화가 유전자에 미치는 하향적 효과에 관한 가장 두드러진 사례는, 성인의 유당내성lactose tolerance(일부 성인들에게 유제품을 먹을 수 있게 해주는 형질)이 진화한 것이라고 할 수 있다.[35] 유당lactose은 포유류의 젖에서 발견되는 특별한 당糖이다 포유류의 새끼들은 모두 락타아제lactase라는 효소를 이용하여 유당을 소화할 수 있지만, 젖을 떼고 나면 락타아제 생성을 중단한다. 그러나 1만 2,000년~1만 5,000년 전, 다양한 인간 그룹이 양, 소, 염소, 말을 길들임으로써 젖의 활용도가 광범위하게 증가했다. 포유류의 젖은 성인에게 풍부한 열량과 단백질을 제공하는 새로운 원천이 되었고, 많은 인간 개체군에서 자연선택이 개입하여 성인이 유당 소화능력을 보유하게 되었다. 그리하여 낙농이라는 문화적 관행이 인간의 유전적 진화에 하향적 영향을 미치게 되었다. 말하자면, 문화가 생명 활동을 빚어낸 것이다.

그와 유사한 예로, 나는 아름다움과 섹슈얼리티에 대한 문화적 생각이 (성선택을 통해) 인간의 외모 및 행동에 관련된 유전자에 하향적 영향을 미칠 거라고 생각한다.[36] 내 생각을 검증하는 데 필요한 비교학적 데이터를 실제로 수집하는 것은 매우 어려운 일이다. 그러나 그런 연구에 영감을 불어넣기 위해, 나는 매우 사변적이지만 타당성 있는 연구방법을 제시하고자 한다.

서로 다른 문화권에 속하는 인종그룹들은 외모가 매우 다르지만, 이러한 변이 중에서 자연선택의 영향력하에 있는 것은 별로 없는 듯하다. 다만 몇 가지, 가령 피부색의 차이는 위도와 밀접하게 관련되어 있는데, 아마도 적도 부근의 위도에서 짙은 피부색이 암을

전 세계 인간 개체군별 성인의 유당내성 빈도의 다양성 Based on Curry (2013)

예방하거나 엽산folate을 보존해줌으로써 자연선택에 유리한 여건을 제공한 결과로 해석된다.[37] 그와 반대로 고위도 지방에서는 옅은 색 피부가 비타민D 합성을 촉진함으로써 자연선택에 유리한 고지를 차지한 것으로 보인다. 모발과 눈의 색깔은 종종 피부색과 함께 변화하는데, 그 이유는 이 형질들이 멜라닌 색소 형성에 관여하는 유전자들과 밀접하게 관련되어 있기 때문이다.

그러나 이를 제외하면 인간 개체군과 인종그룹 사이에서 나타나는 외모의 차이는 대부분 자연선택의 영향을 받지 않을 가능성이 높다. 그런 특징의 예를 들어보면, 모발의 질감과 길이, 코의 형태와 크기, 광대뼈의 형태, 안면의 너비, 입술의 크기와 형태, 눈꺼풀의 형태, 귀의 크기와 형태, 귓불의 연결성, 유방의 크기, 여성의 체지방 축적 패턴, 남성의 안면과 신체의 발모 정도, 페니스의 크기가 있다. 이러한 특징들은 인간 개체군의 지리적 분포에 따라 달라지며 유전율heritability이 매우 높다. 그러나 환경적 차이에 적응함으로써 이 같은 특징이 진화했을 가능성은 사실상 0zero이다.

사변적인 예로, 사모아와 하와이 사람들을 생각해보자. 두 개체군은 약 1,500년의 시간 간격을 두고 태평양의 각기 다른 군도에 정착하여 살게 되었다. 세계의 다른 개체군과 견주어봤을 때, 이 개체군들은 몸집과 체중이 두드러지는 편이다. 그들의 문화권에서는 전통적으로 크고 무거운 신체의 소유자들이 선망의 대상이 되었고, 동시에 성적 매력을 지닌 것으로 여겨졌다. 그들의 왕과 여왕은 자고로 '크고 무겁고 위압적인 인물'이었던 것으로 유명하다. 만약 아름다움에 대한 문화적 기준이 '특정한 외모를 가진 사람이 자녀를 많이 낳고 부를 많이 축적함으로써 다른 사람들보다 성적으로 성공할 가능성이 훨씬 더 높음'을 의미한다면, 선호되는 외모(폴리네시아의 경우에는 크고 풍만한 신체)에 대한 유전자가 유전자 풀gene pool에서 차지하는 비중이 늘어날 것이다. 매력에 대한 문화적 생각은 이런 방식으로 외모의 진화를 비교적 빠르게 추동한다.

이 같은 하향적 영향의 또 다른 사례는 남아프리카공화국에서 볼 수 있다. 남아프리카공화국에서는 코이산족Khoisan이라는 토착부족의 여성들이 엉덩이에 많은 체지방을 축적함으로써 '매우 독특하고 예쁜 엉덩이를 가진 체형'을 형성한 것으로 유명하다. 대부분의 문화는 개체군 특유의 특징에 매우 긍정적인 속성을 부여하므로, 코이산족의 남성들은 그 특징을 매우 매력적이라고 여긴다. 그런데 만약 체지방 축적이 일반적으로 자연선택의 심판을 받는다고 가정해 보자. 그럴 경우 그런 특이한 해부학적 형태는 지구상 어느 환경에서도 선호되지 못할 것이다. 따라서 그런 체형은 완전히 임의적인 성적 선호의 결과물일 가능성이 높다. 코이산족 내에서는 여성의 특정 체형이 문화적으로 용인됨으로써 대물림이 가능한 체지방 분포의 차이가 진화했을 것이다. 다시 말해서, 그런 스타일의 여성 체형에 대한 문화적 선호가 그런 스타일의 체형을 빚어낸 것이다.[38]

생물학자 네이선 베일리Nathan Bailey와 앨런 무어Allen Moore는 피셔의 폭주하는 성선택 모델runaway sexual selection model과 부합하는 수리모델을 이용하여, 문화적 짝짓기선호가 (외견상 바람직한 것으로 여겨지지만, 생존이나 생식능력과 전혀 무관하며 오직 미적 가치만 있는) 특정 형질에 대한 진화적 정교화evolutionary elaboration를 야기할 수 있음을 기술했다.[39] 이러한 짝짓기선호는 단순히 자연선택의 시녀 역할에 그치지 않는다. 피셔, 랜드, 커크패트릭이 유전학적으로 주장한 바와 같이, 문화적 폭주cultural runaway 과정은 아름다움과 '자질에 관한 정직한 지표' 간의 관계를 깡그리 무시하고 (심지어 생존목적과 상반될 수도 있는) 외적 형질의 진화를 추동한다.

이러한 문화-유전자 진화는 인간의 개체군과 인종그룹에서 나타나는 피상적 외모의 미적 다양화를 상당 부분 설명할 수 있다. 인간의 문화적 다양성은 많은 신체적 다양성을 잉태하며, 이 진화적 메커니즘은 '자연선택에 의한 적응'과 무관하게 독자적으로 진행된다. 정말이지, 인간의 문화는 우리의 외모가 정직한 성적 신호honest sexual signal로 진화하는 것을 매우 어렵게 만든다.

임의적이고 심미적인 인간의 배우자선택은 서구 문명에 깊숙이 뿌리박고 있는 적응주의적 사고와 극단적으로 대비된다. 만약 이 장章이 소기의 목적을 달성했다면, 나는 독자들이 "외모의 차이는 내면의 유전적 가치inner genetic value를 반영한다"라는 무조건반사적 사고에서 벗어났을 거라고 믿는다. 특정 장식용 형질을 가리켜 '적응적이다'라는 결론을 내리려면, 그에 앞서 '세상에는 별의별 아름다움이 다 있다'라는 영가설을 기각해야 한다. 그리고 영가설을 기각할 만한 증거를 찾지 못한다면, 우리는 '사람에게도 별의별 아름다움이 다 있다'라고 인정해야 한다.

9. 세상에는 별의별 쾌락도 다 있다

그리스 신화에서 신들의 지배자로 군림하는 제우스와 헤라 부부의 결혼생활에는 우여곡절이 많았다. 제우스는 틈만 나면 아름답고 젊은 여성들을 유혹하여 더 많은 자녀를 낳으려 동분서주했다. 헤라는 헤라대로 자연히 제우스의 빈번한 외도에 분노하여 질투의 눈길을 보내고, 방해하는 데 여념이 없었다. 헤라에게 부여된 수많은 역할 중에 '결혼의 여신'도 포함되어 있었으므로, (결혼 생활에) 진정성을 보이려 애쓰지 않는 남편의 태도는 헤라의 개인적 고통은 물론 많은 이들의 당혹감까지도 초래했다. 제우스와 헤라가 '남자와 여자 중 누가 더 많은 성적 쾌락을 경험하는가'에 대해 논쟁을 벌인 것은 이러한 맥락하에서였다. 두 사람은 모두 자신보다는 상대편 성별이 더 많은 성적 쾌락을 누릴 것이라고 주장함으로써, 결혼의 충실성에 대한 본인의 도덕적 입장을 옹호하려 애썼다. 두 사람은 논쟁을 해결하기 위해 그 분야의 유일한 권위자로 알려진 티레시아스라는 현자賢者에게 고견을 묻기로 합의했다.

티레시아스는 오늘날의 생물학 용어로 순차적 자웅동체sequential hermaphrodite라고 불리는 인물이었다. 순차적 자웅동체란 살면서 성별이 바뀌는 개체를 말하며, 특정 동식물에서 그런 사례를 찾아볼 수 있다. 티레시아스는 남성으로 태어나 테베Thebes 땅에서 성장했는데, 어느 날 무심코 시골길을 거닐다 두 마리의 뱀이 교미하는 장면을 목격했다. 그는 그들을 지팡이로 후려쳤더니 여성으로 변하였다. 그로부터 7년 후, 여성인 티레시아스는 같은 길을 거닐다 뱀들이 교미하는 것을 또다시 발견했다. 이번에는 반대 방향으로의 성전환을 기대하며 그 뱀들을 지팡이로 다시 후려쳤다. 아니나 다를까 그녀는 남성으로 되돌아왔다.

헤라와 제우스는 티레시아스가 남녀의 성적 쾌락을 양쪽 다 경험해봤으니, 그 우열을 판정할 수 있는 유일한 인간일 거라고 판단했다. 그래서 그에게 다가가 자기들의 논쟁을 해결해달라고 부탁했다. 헤라와 제우스가 불쑥 나타나 남녀의 쾌락을 비교해달라고 요청하자, 티레시아스는 즉시 "여성이 남성보다 아홉 배나 많은 성적 쾌락을 경험한다"라고 대답했다.

왜 하필 아홉 배였을까? 기하학적 관념에 사로잡힌 그리스인들에게, 9는 실로 매우 특별한 숫자였다. 9는 3의 제곱으로, 여성의 성적 쾌락이 크기magnitude만 큰 게 아니라 차원dimension도 크다는 것을 의미했다. 그러므로 티레시아스는 하나의 상징적인 숫자를 제시함으로써, 여성의 성적 쾌락은 비선형적·기하급수적으로 증가하며, 남성의 성적 쾌락과 비할 바가 아니라는 메시지를 전달한 것이다.[1]

티레시아스의 신화는 우리에게, 여성의 성적 쾌락이야말로 성性을 둘러싼 가장 핵심적이고 지속적인 미스터리일 거라는 점을 일깨워준다. 성적 쾌락은 목적이 무엇이며, 왜 존재하는 걸까? 참으로 안타깝게도, 배우자선택에 관한 현대과학은 (오르가슴을 포함한) 여성의 쾌락의 진화를 다루려고 시도하면서도 유독 '성적 쾌락의 주관적 경험'에 대해서는 입을 꼭 다물어왔다. 그러나 미적 진화 이론은 그 주제에 대해 할 말이 많으며, 나 역시 이 장章에서 이야기보따리를 풀어놓으려고 단단히 벼르고 있다. 쾌락을 '배우자선택의 핵심적·구성적인 힘'으로 간주하고, 배우자선택을 '진화적 변화의 주된 역학'으로 간주하는 미적 이론의 골자는 다음과 같다. "여성의 쾌락 추구는 인간의 아름다움과 섹슈얼리티 진화의 핵심이다."

미적 진화 이론의 예측에 따르면, 모든 정교한 성적 장식물의 배후에서 정교한 성적 선호가 공진화해왔다. 예컨대, 만약 인간 페니스의 크기와 형태가 장식적 기능을 수행하려고 진화했다면, 페니스에 일어난 진화적 변화와 함께 여성의 선호가 공진화했음이 틀림없다는 것이다. 내가 8장에서 제안했던 것처럼, 여성의 그런 선호는 성적 쾌락 증가에 대한 감각경험과 관련되어 있다. 그리고 이 문제는 우리에게 오르가슴(성적 절정)에 대한 의문을 품게 만든다. 그 기원과 목적에 관해, 나아가서는 티레이시아스가 제우스와 헤라에게

한 대답 또한 궁리하게 한다. 어떻게 여성의 오르가슴은 남성의 오르가슴보다 훨씬 더 강렬하고 심오한 경험이 되는지를 말이다.

최근 수십 년 동안 여성 오르가슴의 기원만큼 과학적 흥분과 논쟁을 고조시킨 주제는 없을 것이다.[2] 남성의 오르가슴에 대한 진화적 설명은 누가 생각해도 늘 명확했다. 왜냐하면 남성의 오르가슴은 정자의 사정과 직접 관련되어 있으며, 남성의 성적 쾌락은 자연선택을 통해 남성에게 생식기회 추구의 동기를 제공하도록 진화했음이 틀림없기 때문이다. 남성의 오르가슴은 대체로 '종을 어떻게 유지할 것인가'라는 문제에 대한 매우 깔끔한 해답이며, 적응주의적 관점과 완벽하게 보조를 맞춘다. 그와 대조적으로 여성 오르가슴의 기원과 기능은 큰 논란을 빚어왔으며, 수많은 이론가가 나름의 설명을 제시하기 위해 골몰하고 있다. 그러나 놀랍게도, 성적 쾌락에 대한 그들의 설명을 들어보면 맥이 탁 풀린다.

20세기 초 지그문트 프로이트는 여성의 오르가슴에 대해 과학적으로 영향력 있는 설명을 내놓았다. 그는 클리토리스clitoris를 '유치한 성적 쾌락의 부위'로, 질vagina을 '성숙한 여성의 성적 쾌락에 적절한 부위'로 지목했다. 그에 따르면 "통상적인 여성의 성적 발달에는 클리토리스 및 자위 오르가슴clitoral, masturbatory orgasm에서 질 오르가슴vaginal orgasm으로의 이행이 요구되며, 이는 클리토리스 자극이 없는 이성 간 섹스를 통해 달성된다"라고 한다. 이처럼 근거 없고 신화적인 이행에 실패한 여성들에게는 불감증frigid이라는 낙인이 찍혔다. 불감증이란 '성적으로 결핍되고 정서적으로 미성숙하며, 자신의 여성성feminine을 완전히 깨닫지 못한 상태'를 의미한다.

프로이트의 가설에 영향을 미친 것은, 그와 똑같이 자율성을 부정하고 반미학적anti-aesthetic 성향을 지닌 마이바트와 월리스의 전통이었다(1장 참고). 그들은 "여성의 성적 쾌락은 단지 적응적 생리 자극adaptive physiological stimulus일 뿐이며, 이성 간의 성행동을 조장하고 조율함으로써 종의 전파를 보장한다"라고 생각했다.[3] 프로이트, 마이바트, 월리스는 '여성의 성적 쾌락은 수단이 아니며, 그 자체가 목적일 수 있다'라는 가능성을 완전히 배제했다. 앞에서 살펴봤던 것처럼, 마이바트는 여성의 성적 자율성sexual autonomy에 대해 반대하는 견해를 분명히 밝혔다. 그는 "포악한 여성의 변덕vicious feminine caprice이 어떤 식으로든 진화에 영향을 미칠 수 있다"라는 생각을 하는 것만으로도 소름이 쫙 돋는 사람이었다.[4] 흥미로운 것은, 프로이트의 실패한 '여성 오르가슴 이론'은 '여성의 성적 욕구의 자율성을 인정하면 위험하다'라는 불안감에서 비롯되었다는 것이다.[5]

'여성의 오르가슴은 어떻게 진화했는가'에 대한 현대적 과학논쟁은, 1979년 도널드 시먼스Donald Symons가 『섹슈얼리티의 진화The Evolution of Human Sexuality』를 발간하면서 시작됐다. 그는 이 책에서, "여성의 오르가슴은 남성의 젖꼭지와 마찬가지로 '이성 간의 섹스에서 작동하는 성적 기능'에 대한 자연선택의 부산물로서 진화했다"라고 제안했다. 이 '부산물 가설'에 따르면, 남성의 젖꼭지가 존재하는 것은 단지 여성의 강력한 자연선택(즉, 여성의 젖꼭지는 자녀양육에 필요하다)에 의해 좌우되었기 때문이다. 그와 마찬가지로 여성의 오르가슴은 오로지 남성의 강력한 자연선택(즉, 남성의 오르가슴은 짝짓기 도중에 정자 전달 메커니즘을 제공한다)에 의해 좌우된다. 남성의 젖꼭지나 여성의 오르가슴과 같은 부산물들이 발생하는 이유는, 양성 간의 유전적·발생적 분화가 불완전하기 때문이다. 즉, 남성의 젖꼭지가 여성의 젖꼭지와 같은 진화적 기원을 갖는 것처럼, 여성의 클리토리스도 남성의 페니스와 상동기관이다. 그러므로 시먼스는 다음과 같은 가설을 세웠다. "여성이 섹스 중에 오르가슴 반응을 보일 수 있다는 것은 기본적으로 행복한 우연happy accident, 즉 남성의 성적 반응에 대한 자연선택의 부산물이다."

뒤이어 시먼스의 부산물 가설을 계승한 사람은 진화생물학자 스티븐 제이 굴드Stephen Jay Gould와 과학철학자 엘리자베스 로이드Elisabeth Lloyd였다.[6] 로이드는 《가디언Guardian》과의 인터뷰에서 다음과 같이 말했다. "배아발생 과정에서 남녀로 분화하기 전, 남성과 여성은 두 달 동안 똑같은 해부학적 구조를 갖는다.[7] 여성이 오르가슴을 얻은 것은 남성이 나중에 그것을 필요로 했기 때문이며, 남성이 젖꼭지를 갖게 된 것도 여성이 나중에 그것을 필요로 했기 때문이다."

부산물 가설을 뒷받침하는 가장 설득력 있는 증거는 '인간의 섹스 자체가 여성의 오르가슴을 끌어내는 데 매우 부적절하다'는 것이다. 또한 '여성의 오르가슴은 여성의 출산능력과 전혀 무관하다'는 사실도 부산물 가설에 힘을 실어줬다. 부산물 가설 옹호자들의 주장에 따르면, 섹스 도중에 오르가슴을 전혀 경험해보지 않은 여성들도 아기를 잘 낳는다는 것을 고려할 때, 오르가슴을 생식을 뒷받침하기 위한 적응으로 간주할 수 없다. 한발 더 나아가, 부산물 가설은 "암컷의 오르가슴은 비인간 유인원들(예: 짧은꼬리마카크stump-tailed macaque, 침팬지, 보노보) 사이에서 광범위하게 관찰된다"라는 보고에 의해 더욱 탄력을 받았다.[8] 이런 식의 설명에 따르면, 인간 여성의 오르가슴에는 진화적으로 설명할 요소가 하나도 없다. 그녀들이 다른 영장류 암컷들과 똑같이 그저 우연히 오르가슴을 얻게 되었다면 적응과는 아무런 관련이 없을 테니 말이다.

1980년대와 1990년대의 적응주의적 사회생물학자들이 부산물 가설을 매우 못마땅하게 생각했던 것은 그리 놀랍지 않다. 그들은 부산물 가설에 반발하여, 여성의 오르가슴은 적응이라고 주장했다. 다시 말해서 여성의 오르가슴은 자연선택에 의해 진화했으며, 그 목적은 배우자유대pair-bonding의 유지를 뒷받침한다는 것이다. 이것을 배우자유대 가설이라고 하며, 기본적으로 "부부관계가 좋아야 결혼생활이 행복해진다"라는 가설과 같은 맥락이라고 할 수 있다.

그러나 1980년대에 "여성의 오르가슴은 공식 배우자는 물론 혼외 배우자extra-pair mate와의 성적 관계sexual liaison에서도 강력한 동기부여 요인으로 작용한다"라는 인식이 퍼지며, 배우자유대 가설은 진화생물학자들의 관심권에서 멀어졌다. 이러한 지적 풍토의 변화는 '외견상 일부일처제를 지향하는 새들은 무늬만 일부일처제일 뿐'이라는 사실이 발견된 것과 시기적으로 일치한다. 즉, 배우자 관계에 있는 새들은 양육의무를 이행하기 위해 외견상 안정적인 커플을 형성할 뿐이며, 실제로는 배우자 이외의 이성과 광범위한 짝짓기를 한다는 것이다. 이 충격적 발견은 1990년대 중반 1세대 진화심리학자 중 상당수가 '성적 진화에서 정자경쟁의 역할'이라는 주제에 몰두하게끔 했다. 그리하여 '정자경쟁 이론'은 궁극적으로 '인간 여성의 오르가슴 이론'과 연결되었다.

발 빠른 진화심리학자들은 "여성의 오르가슴이 혼외짝짓기extra-pair mating 시나리오에서 중요한 역할을 수행한다"라고 주장하며, "오르가슴 반응 중 일부인 자궁수축uterine contraction은, 고품질 남성(유전적 자질이 높은 남성)의 정자를 흡입upsucking함으로써 자신의 난자와 수정될 가능성을 높이는 적응적 메커니즘이다"라고 제안했다. 이것을 흡입 가설이라고 한다.

표준 진화심리학 시나리오에 따르면, 이러한 진화적 메커니즘이 작동하는 이유는 '여성의 공식 배우자가 고품질이라는 보장이 없어, 여성이 전략적·기만적으로 자유분방한 성행동을 하기 때문'이라고 한다. 다시 말해서, 공식적인 배우자는 재력, 돌봄, 보호 등의 차원에서 자녀에게 최고의 직접적 혜택을 제공할 수 있는 '듬직한 남성'이어서 선택된 것이지, 바람직한 정자를 가진 '고품질 남성'이어서 선택된 것은 아니라는 것이다. 그렇다면 그렇게 바람직한 정자를 가진 '고품질 남성'은 도대체 누구일까? 고품질 남성은 섹시하고 매력적인 남성으로, 여성이 가임기에 찾는 혼외 배우자다. 그녀는 그런 남성이 자녀의 아빠가 되기를 원하는데, 그 이유는 매력남이 자녀들에게 간접적 혜택, 즉 좋은 유전자를 제공할 수 있기 때문이다. 따라서 적응주의에서는 이렇게 주장한다. "여성은 매력이 많고 유전적 자질이 높은 남성과 섹스할 때만 오르가슴을 느낀다. 그럴 경우 그 남성의 정자가 흡입(즉, 정자 분류sperm-sorting) 메커니즘의 이점을 활용하여 그녀의 난자를 수정시킬 가능성이 높다."

그러나 엘리자베스 로이드는 조금도 물러서지 않고, 『여성의 오르가슴 사례The Case of the Female Orgasm』라는 책에서 흡입 가설을 강력하게 부정하는 근거를 제시했다. 그녀는 여성의 오르가슴 진화를 둘러싼 논쟁사史를 포괄적으로 정리하고, 인간의 오르가슴에 대한 과학적·성과학적sexological 문헌을 고찰한 후, "여성의 오르가슴이 수정에 영향을 미친다는 주장을 입증할 증거가 전혀 없다"라고 주장했다. 또한 "여성의 오르가슴을 유도하는 남성이 다른 남성보다 수정에 성공할 확률이 높거나 유전적으로 우월하다는 주장에도 아무런 근거가 없다"라고 못 박았다. 만약 여성의 오르가슴이 수정이나 생식능력에 아무런 영향을 미치지 않고, '남성의 유전적 자질'과 '여성의 오르가슴을 유도하는 능력' 간에도 아무런 상관관계가 존재하지 않는다면, 오르가슴이 자녀의 유전적 자질을 미조정하기 위한 적응이라고 주장할 아무런 이유가 없게 된다. 로이드는 한 걸음 더 나아가, 흡입 가설을 내세워 부산물 가설을 비판한 진화심리학자들의 태도를 맹비난했다. "그들은 성적 편향에 사로잡혀, 근본적 결함이 있는 통계 방법에 의존하고 정당화될 수 없는 데이터 조작까지 자행했다."

여성의 오르가슴 진화에 대한 부산물 가설과 흡입 가설 간의 논쟁에서 눈여겨봐야 할 점은, 양 진영 모두 (방향은 정반대지만) '여성의 오르가슴의 다양성'을 자신의 논거로 사용했다는 것이다.[9] 즉, 로이드는 부산물 가설을 방어하는 과정에서 섹스 도중 여성들이 경험하는 오르가슴의 빈도가 극단적으로 다양하다는 점을 강조하며,

"어떤 여성들은 오르가슴을 거의 경험하지 않고, 어떤 여성들은 거의 항상 오르가슴을 경험하고, 상당수의 여성은 양극단의 어디쯤임을 고려할 때, 오르가슴이 자연선택의 결과물이 아니라 부산물임이 명백하다"라고 제안했다. 그리고 다음과 같이 결론지었다. "만약 오르가슴이 자연선택의 직접적 결과라면, 여성들이 좀 더 일관된 반응을 보여야 한다. 그러나 오르가슴이 진화된 설계evolved design의 결과물이 아니라면, 우연한 행운의 결과로 발생한 것으로 봐야 한다."

그와 대조적으로, 흡입 가설의 옹호자들은 다양성이야말로 오르가슴 반응의 존재 이유raison d'être라고 반박하며, 여성의 오르가슴은 남성 오르가슴의 부산물이 아니라 그 자체로서 적응적 기능이라고 주장했다. 진화심리학자 데이비드 푸츠David Puts에 의하면, 여성의 오르가슴이 다양한 것은 그녀들이 처한 짝짓기 환경의 적절성propitiousness(속궁합)이 다양하기 때문이다.[10] 다시 말해서, 짝짓기가치(즉, 성적 매력)가 높은 여성일수록 매혹할 수 있는 남성 파트너의 유전적 자질이 높아, 섹스 도중에 오르가슴을 경험할 가능성이 높아진다는 것이다. 매력적인 여성(유전적 자질과 조건이 우수한 여성)일수록 더욱 매력적인(유전적 자질이 우수한) 남성을 매혹할 것이며, 매력적인 남성들은 여성의 오르가슴을 빈번히 유도함으로써 자신의 고품질 정자가 흡입되어 그녀의 고품질 난자와 수정되게 할 것이다. 따라서 매력적인 여성은 양호한 유전자, 건강, 지위, 조건 때문에 행복해지는 것은 물론, 배우자로 선택한 남성의 양호한 유전적 자질 때문에 커다란 성적 쾌락으로 보상받는다고 한다.

이러한 진화심리학적 사고는 남성 편향적 인상을 강화하는 것일 뿐, 받아들이기가 매우 어렵다. 흡입 가설은 우월한 남성의 판타지를 '여성의 오르가슴을 설명하는 가장 가깝고 궁극적인 인과요인'으로 떠받든다.

흡입 가설의 근본적 문제점 중 하나는, '여성들이 섹스 도중에 경험하는 오르가슴의 내재적 능력inner capability이 상대방 남성의 매력과 무관하게 다양한 이유'를 설명할 수 없다는 것이다.[11] 킴 월렌Kim Wallen과 엘리자베스 로이드는 최근 발표한 논문에서, '섹스 도중의 오르가슴 빈도가 여성 생식기의 구조와 관련되어 있다'라는 증거를 제시했다.[12] 두 사람은 1920년대부터 1940년대 사이의 역사적 통계자료(안타깝게도 이 주제에 대한 자료는 이 기간에 수집된 것밖에 없다)를 분석하여, "클리토리스가 질 입구vaginal opening에 가까울수록, 여성의 섹스 도중 오르가슴 빈도가 증가한다"라고 결론지었다. 여성의 오르가슴이 이 같은 내재적·해부학적 요인에 의해 좌우된다는 것은 그들이 검토한 데이터와 부합할 뿐 아니라, 남성들에게서 비공식적으로 수집한 일화적·개인적 경험담과도 부합한다. 요컨대, 여성들이 경험하는 오르가슴의 빈도 및 수월함의 차이는 '상대하는 남성의 유전적 자질'이 아니라 '여성 자신의 내재적 요인(예: 클리토리스와 질 입구 사이의 거리)'에서 기인하지만, 흡입 가설은 이 다양성을 제대로 설명하지 못한다. 자신의 유전적 자질이 중요하다고 주장하는 남성들도 간혹 있지만, 과학적 신빙성은 없다.

흡입 가설의 근본적 결점을 한 가지 더 살펴보면, '전략적 여성의 자유분방함과 기만'이라는 맥락에서만 적용되는 '정자경쟁의 중요성'이라는 가정에 의존한다는 것이다. 흡입 이론가들의 주장에 따르면, "여성의 오르가슴이란 짧은 가임기 동안 (다양한 유전적 자질을 보유한) 복수의 남성들과 짝짓기를 할 때 직면하는 '좋은 유전자를 얻어야 한다'라는 과제를 해결하기 위해 진화한 것"이다. 만약 그들의 주장대로 정자경쟁이 여성의 오르가슴 진화에 결정적으로 기여했다면, 여성의 오르가슴에서 볼 수 있는 진화적 정교함은 정자경쟁의 증가와 밀접한 상관관계를 보일 것으로 예상된다. 그러나 관련 데이터를 비교해 보면 예상과 정반대의 결론이 도출된다. 정자 경쟁의 진화사史에서 가장 신뢰할 만한 지표로 알려진 고환의 크기는 인간이 침팬지와 공통조상에서 갈라진 이후 유의하게 감소한 데 반해, 인간의 섹슈얼리티에서 여성의 오르가슴의 중요성은 지속해서 증가해왔다. 그와 대조적으로, 침팬지는 매우 큰 고환을 보유하며 강력한 정자경쟁을 벌이고 있지만, 암컷 침팬지는 오르가슴 능력을 지니고 있음에도 불구하고(이는 심장박동 수 증가와 질 및 자궁의 신속한 수축으로 짐작할 수 있다) 교미하는 동안 오르가슴을 거의 경험하지 않는다.[13] 만약 흡입 가설이 맞는다면, 암컷 침팬지들은 유전적 자질이 서로 다른 복수의 수컷과 짝짓기를 하므로, 교미하는 동안 암컷의 오르가슴이 정자분류(흡입) 메커니즘으로 나타나야 한다. 그러나 그런 현상은 관찰되지 않는다.

마지막으로, 흡입 가설의 옹호자들은 의외의 허점을 보인다. 그들은 흡입 가설이 제시하는 적응적 시사점을 제대로 파악하지 못하고 있는 것 같다. 만약 인간 여성의 오르가슴이 수정의 확률을 기계적으로 증가시키기 위해 진화했다면, 인간 남성은 매번 짝짓기 할 때마다 오르가슴의 정자흡입을 유도하기 위해 적응적 대응전략

adaptive counterstrategy을 진화시켰어야 한다. 만약 남성이 자신의 생식 성공률을 증가시키는 전략을 적시에 고안해내지 못했다면 그 훌륭한 지능은 대체 어디에다 쓰려고 아껴두고 있단 말인가! 여성의 오르가슴이 행하는 정자분류에 대한 대응전략으로, 남성은 여성의 성적 클라이맥스에 대해 보편적이고 부지런한 관심을 진화시켰어야 한다. 그러나 많은 여성이 이구동성으로 증언하는 바와 같이 그런 일은 일어나지 않았으며, 그녀들의 증언을 뒷받침하는 과학적 증거도 있다. 일련의 문화들을 비교·분석한 인류학 데이터에 따르면, 많은 남성이 여성의 성적 쾌락이나 오르가슴에 별로 신경을 쓰지 않는다고 한다.[14] 많은 사회에서, 남성들은 최소한의 전희foreplay만으로 섹스를 시작하여 여성의 쾌락 따위는 아랑곳하지 않고 '혼자만의 절정'으로 직행한다. 심지어 많은 사회의 남성들은 여성이 오르가슴을 경험하는 게 가능한지조차 모른다(최소한 인터넷이 등장하기 전에는 그랬다). 2000년에 실시된 조사에서, 파키스탄의 대졸 남성 중 42퍼센트가 여성의 오르가슴에 대해 무지한 것으로 밝혀졌다.[15] 설상가상으로, 많은 가부장적 문화에서는 음핵절제clitorectomy나 그 밖의 여성 생식기 훼손 방법을 통해 여성의 오르가슴을 적극적으로 억제하고 있다. 빈번한 적개심은 말할 것도 없고, 전 세계 문화권의 남성들이 여성의 성적 쾌락과 오르가슴에 대해 압도적인 무관심을 나타낸다는 것은 흡입 이론의 오류를 명명백백히 드러내는 것이다.

여성의 오르가슴 진화를 둘러싼 논란은 아직 해결되지 않았다.

흡입 가설은 전혀 신뢰를 얻지 못하고 있고, 부산물 가설(즉, 남녀의 생식기는 상동기관이며, 남녀의 오르가슴 반응은 생리적으로 유사하다)을 뒷받침하는 기본적 데이터는 완전히 정확하지만, '부산물 가설이 설명하는 것 이상의 무언가가 진화과정에 존재한 게 아닐까?'라는 의문은 여전히 남아 있다.

인간 여성의 오르가슴이 혹시 독자적으로 진화한 것은 아닐까? 흥미롭게도, 이 질문은 진보적 페니미스트들에 의해 제기되었다. 그들은 부산물 가설을 가리켜 "여성의 성적 주체성sexual agency을 하찮게 여기는 경향이 있다"라고 하는데, 나는 그들의 주장에 일리가 있다고 생각한다.[16] 많은 여성의 삶에서 중요한 위치를 차지하는 성적 쾌락의 핵심(오르가슴)이 고작 진화사적 우연에서 비롯되었을까? 여성의 오르가슴과 성적 쾌락이 가진 엄청난 특질과 잠재력을 설명하려면, 부산물 가설 이상의, 보다 실질적인 이론이 필요하지 않을까?

여성 오르가슴의 진화라는 이슈를 둘러싼 논쟁에서 빠진 것은, 진정한 다윈주의의 핵심이라고 할 수 있는 미적 진화의 시각이다. 이슈를 제대로 다루려면, 성적 쾌락에 대한 여성의 주관적 경험을 직접 고려해야 한다. 그러나 흡입 가설과 부산물 가설은 (각각 다른 방식으로) 여성의 성적 쾌락을 오르가슴의 역사적·인과적 설명과 무관한 것인 양 취급했다. 그 결과 여성의 성적 쾌락이 주변부로 밀려나 등한시되는 결과를 초래했다.

과학이 쾌락을 설명하는 데 서투르다는 사실은 전혀 놀랍지 않다. 왜냐하면 내가 이 책의 프롤로그에서 언급한 바와 같이, 과학은 인간이 실제로 경험하는 쾌락을 방정식에 포함하지 않기 때문이다.

인간을 다루든 동물을 다루든, 배우자선택에 관한 현대과학은 성적 쾌락이라는 문제를 직접 다루도록 설계되지 않았다. 그럴 수밖에 없는 것이, 배우자선택에 대한 과학은 본래 다른 동물 종의 배우자선택 이론에서 발전했기 때문이다. 과시용 무대에서 금조류lyrebird의 수컷이 끊임없이 부르는 모방노래mimetic song를 듣는 동안, 암컷이 경험하는 쾌락을 포착할 방법은 없다. 수컷 금조가 꽁지깃을 몸 위로 우산처럼 펼칠 때, 바르르 떨리는 꽁지깃이 연출하는 몽환적인 '얇은 사紗 장막'을 바라보는 암컷 금조의 쾌락도 사정은 마찬가지다. 암컷 기아나바위새가 느끼는 미적 경험은 또 어떠한가? 구애 영토의 맨땅 위에 꼼짝하지 않고 앉아 고함을 지르는 오렌지빛 수컷 옆에 서 있는 암컷의 심정을 무슨 수로 이해한단 말인가! 게다가 그 주변에서 다른 수컷들이 고함을 냅다 질러, 구애 공연이 졸지에 시끌벅적한 불협화음으로 돌변한다면 그야말로 속수무책이다. 이런 상황에서 과학자가 평가할 수 있는 것은 단 하나, '암컷이 어떤 수컷을 최종적으로 선택하는가'라는 결과밖에 없다. 그러나 생물학자들은 결과에만 집중한 나머지, 암컷에게 선택을 내리게끔 하는 풍부한 쾌감과 인지기준을 모호하게 만들고 종국에는 무시하게 된다.

그러나 우리가 연구하는 것이 인간의 쾌락이라면, 성적 쾌락을 이해할 기회는 얼마든지 있다. 왜냐하면 인간은 다른 동물들과 달리 자신이 뭘 경험하는지를 알려줄 수 있기 때문이다. 이러한 의사소통 능력은 오르가슴의 진화에 대한 분석을 완전히 바꿔놓을 수 있다. 그렇다면 진화생물학은 이 기회를 적극적으로 포착해야 한다. 다행스럽게도, 미적 진화 이론은 이러한 노력을 도와줄 준비를 다른 어떤 학문 분야보다도 잘 갖추고 있다.

미적 진화 이론은 배우자 선호와 관련된 쾌락의 주관적 경험을 명시적으로 다룬다. 성적 쾌락의 진화를 이해하려면 '별의별 아름다움 가설'을 차용해야 하는데, 앞으로는 이것을 '별의별 쾌락Pleasure Happens 가설'이라고 부르기로 하자. 나는 '별의별 아름다움 메커니즘'에서 '한 성의 욕구'와 '다른 성의 과시형질'의 공진화에 초점을 맞춘 바 있다. '별의별 쾌락 메커니즘'에서는 '쾌락의 주관적 경험'과 '그 쾌락을 이끌어낸 특징'의 공진화에 초점을 맞출 것이다. 이는 배우자선택을 경험한다는 것 자체가 쾌락적임을 의미하는데, 다윈이 제안한 개념임에도 불구하고 배우자선택에 관한 과학 문헌에서 거의 찾아볼 수 없다.

다윈은 매우 세심하고 수줍어하는 성격인 데다, (다윈 시대의 고지식한) 독자들의 반응을 염려한 나머지, 『인간의 유래와 성선택』에서 인간의 성적 쾌락을 명시적으로 언급하지 않았다. 그러나 그는 동물의 성적 쾌락을 언급하며, "동물의 성적 과시가 진화한 이유는, 그것이 이끌어내는 심오한 감각적 쾌락 말고는 없을 것이다"라고 제안했다. 그와 마찬가지 논리로, 여성의 성적 쾌락과 오르가슴은 역동적인 배우자선택 경험의 기본적인 구성요소(성행동과 관련된 모든 신체적 상호작용 포함)이므로, 성적 평가는 본질적으로 쾌락적이라고 할 수 있다. 배우자선택 경험에 수반되는 쾌락, 특히 오르가슴 경험은 배우자선택, 나아가 반복적 짝짓기선택remating choice(8장 참고)의 근거자료가 된다. 우리는 여기서, 그러한 쾌락이 어떻게 진화했느냐는 물음으로 되돌아가게 된다.

'별의별 쾌락 가설'에 따르면, 여성의 성적 쾌락과 오르가슴은 '여성의 짝짓기선호(성적으로 쾌락적이라고 여겨지는 남성의 형질과 행동에 대한 선호)에 의한 간접적 선택'을 통해 진화했다. 즉, 침팬지와 공통조상에서 갈라진 후, 여성이 경험하는 쾌락의 빈도와 강렬함이 지속해서 증가해 왔다(진화적 맥락 2). 인간의 짝짓기선호는 대체로 (반복적인 성적 만남에 근거한) 반복적 짝짓기선호remating preference이므로, 여성의 배우자선택에는 생리적·감각적·인지적 성경험의 미적 평가가 포함된다. '여성의 짝짓기선호에 의한 선택'이 남성의 짝짓기 행동을 점차 바꿔나감에 따라, 여성 자신의 주관적 쾌락능력은 공진화하고 확장되어 좀 더 복잡하고 강렬하고 만족스럽게 된다. 여성의 배우자선택에 관한 미학적 설명을 가능한 한 명확히 정리하면, "여성의 성적 쾌락과 오르가슴이 진화한 이유는, 여성이 '자신의 성적 쾌락을 자극한 남성'과의 짝짓기 및 반복적 짝짓기를 선호했기 때문"이다. 또한 여성은 그 과정에서 자신의 쾌락 증가에 기여하는 유전적 변이를 간접적으로 선택했다. 즉, 여성의 배우자선택은 오르가슴을 좀 더 빈번하게 끌어내는 남성의 형질과 행동을 선택함으로써, 자신이 경험하는 쾌락의 본질까지도 진화시킨 것이다.

'별의별 쾌락 가설'에 따르면, 여성의 오르가슴은 자연선택이 선호하는 외재적 기능(정자 흡입, 또는 적응주의자들이 이치와 순리에 맞추기 위해 들이대는 온갖 기능)을 달성하기 위한 적응이 아닐뿐더러, 남성의 성적 쾌락에 장단을 맞춘 우연적 결과물도 아니다. 여성의 성적 쾌락과 오르가슴은 여성의 욕구와 선택의 진화적 결과이며, 나름의 독자적인 결론으로 마무리된다.

오르가슴의 진화에 관한 '별의별 쾌락 가설'은 '여성의 섹슈얼리티와 성적 반응'에 대한 증거와 상당 부분 일치하며, 그 핵심내용은 내재적 다양성inherent variability이다. 나는 엘리자베스 로이드의 다음과 같은 제안에 동의한다. "여성의 오르가슴이 나타나는 양상이 다양하다는 것은, 오르가슴이 적응적 자연선택을 통해 진화하지 않았음을 여실히 보여준다. 왜냐하면 자연선택이란 훨씬 확실하고 기능적이고 일관된 경험으로 귀결되기 마련이기 때문이다." 그러나 나는 "여성의 오르가슴은 역사적 행운이지만 그저 우연"이라는 그녀의 결론에는 동의하지 않는다. "여성의 오르가슴은 고도로 진화한 경험이며, 그 배경에는 필시 그럴 만한 이유와 내력이 있을 것"이라는 게 내 생각이다. 여기서 '그럴 만한 것'은 쾌락을 의미하며, 이 쾌락은 배우자선택을 통해 진화한다.

생각 같아서는 지금 당장 "인간 여성의 오르가슴은 침팬지와 공통조상에서 갈라진 이후 진화했으며, 그 과정에서 쾌락적인 요소의 비중이 증가했다"라는 결론을 내리고 싶지만, 그러기에는 '다양한 원숭이와 유인원 암컷들의 오르가슴'에 대한 비교학적 증거가 아직 불충분하다. 그러나 내가 제시한 '별의별 쾌락 가설'을 계기로 심층적인 후속연구들이 쏟아져 나와 가설을 검증할 수 있기를, 그래서 명쾌한 결론에 도달하기를 바라는 것이 내 솔직한 심정이다. 하지만 지금도 '별의별 쾌락 가설'과 부합하는 데이터들은 상당히 많다는 것을 확인할 수 있다. 예컨대, '별의별 쾌락 메커니즘'을 이끄는 간접적인 성선택은 직접적인 자연선택보다 진화를 설계하는 데 비효율적이다. 더욱이 여성의 선택은 인간의 성선택을 추동하는 유일한 요인이 아니므로, '별의별 쾌락 메커니즘'은 여성의 섹슈얼리티 진화를 결정하는 데 지배적 영향력을 행사할 수 없다. 따라서 '별의별 쾌락 메커니즘'은 여성의 오르가슴의 다양성과 기본적으로 부합한다.

더욱이 인간의 섹슈얼리티의 많은 특징이 유인원 친척들과 다르게 진화했으며, '성적 쾌락의 증가'라는 관점 말고 달리 설명할 방법이 없음을 고려할 때, '별의별 쾌락 가설'의 타당성은 충분히 인정될 수 있다. 예컨대, 고릴라와 침팬지의 경우에는 교미의 지속시간이 불과 몇 초에 불과하다. 그에 반해 인간의 섹스는 평균적으로 몇 분 동안 이어지며, 물론 그 이상 이어질 수도 있다. (많은 여성들이 실망할지 모르겠지만, 남성들의 지속시간 분포도는 침팬지 쪽으로 크게 치우쳐 있다.) 긴 섹스 지속시간longer copulation time은 여성을 많이 자극하고 오르가슴을 경험하게 할 가능성이 크지만, 적응적 기능을 수행하지는 않는다. 왜냐하면 섹스를 길게 한다고 해서 수정의 성공률을 높아지거나, 해당 남성이 정자경쟁의 승리자가 되는 것은 아니기 때문이다.[17] 아무리 다양한 이유를 갖다 대더라도, 고릴라나 침팬지보다 긴 섹스 지속시간에 대한 진화적 설명의 본질이자 핵심은 '여성의 성적 쾌감이 증가한다'라는 것이다.

긴 섹스 지속시간에 이어, 여성의 쾌락이 '인간의 성적 진화의 상당부분을 추동하는 힘'임을 입증하는 두 번째 증거는 체위의 다양성copulatory variation이다. 고릴라와 침팬지 수컷은 일반적으로 수컷이 암컷의 뒤에서 올라탄 자세를 취한다. 그에 비해 인간 남성과 여성은 매우 창의적이고 다양한 체위를 구사하는데, 이는 "성적 레퍼토리의 진화가 '여성의 클리토리스 자극과 쾌락 기회 향상'이라는 목적에 부응한다"라는 가설과 부합한다. 이와 마찬가지로 '성교 빈도의 증가', '은폐된 배란', '섹슈얼리티와 여성 월경주기의 분리'가 진화한 것도 인간의 생활에서 성행동과 성적 쾌락의 역할이 증가하는 데 기여했다.

오르가슴에 대한 미학적 설명은 여성의 오르가슴이 출산에 불필요하다는 관찰과도 완전히 일치한다. 오르가슴은 여성의 생식능력에 아무런 영향을 미치지 못하는데, 그 이유는 그것이 아무런 적응적 목적 없이 진화했기 때문이다. 여성의 오르가슴이 생식에 불필요하다는 사실이야말로 그 다양성과 쾌락성을 설명하는 데 안성맞춤이다. 여성의 오르가슴이 매우 광범위하고 엄청나게 증가한 것은 기능적으로 진화한 부분이 없기 때문이다. 오르가슴은 성적 쾌락 그 자체를 위한 것이며, 오로지 여성이 쾌락을 추구한 결과로 진화한 것이다.

그에 반해 남성의 오르가슴은 늘 사정과 함께 일어나므로, 유성생식에 빠질 수 없는 과정이다. 즉, 섹스에 있어서 남성의 지상과제는 연동펌핑peristaltic pumping을 통해 약간 끈끈한 정액이 정관vas deferans을 오르고 내려서 요도를 빠져나가게 하는 것이므로, 오르가슴의 주관적 경험은 자연선택에 의해 제한될 수밖에 없다. 본질적으로, 남성의 오르가슴은 거의 전적으로 배관작업plumbing, 즉 유체가 관을 통해 이동하는 과정이다. 이러한 '사정과 오르가슴의 연관성' 때문에, 남성은 다음 오르가슴이 가능할 때까지 전립선, 정낭seminal vesicle, 쿠퍼샘Cowper's gland에서 생성된 정액을 보충해야 한다. (젊은 남성 독자들은 이 회복기recovery period가 나이가 듦에 따라 점점 더 길어진다는 사실을 알면 깜짝 놀랄 것이다.) 따라서 자연선택에 따라 진화한 남성 오르가슴의 생리적 기능은 오르가슴에 수반되는 쾌감의 크기, 빈도, 지속시간을 제한한다.

하지만 여성의 오르가슴은 어떠한 '부수적·생리적 기능을 위한 설계'에 의해서도 제한되지 않는다. 여성의 오르가슴은 아무런 화물을 운반할 필요도, 과제를 수행할 필요도 없다. 질, 자궁, 회음부perineum, 복근의 수축은 모두 전적으로 쾌락을 위한 것이며, 다른 어떠한 기능을 수행해야 한다는 껄끄러운 제한사항도 없다. 많은 여성이 신속하게 반복적인 오르가슴을 경험할 수 있는 것은 바로 이것 때문이다. 여성의 오르가슴이 달성해야 하는 것은 쾌락 외에 없으므로, 여성은 회복기가 불필요하며 그녀의 반복되는 성행동을 제한하는 것은 오로지 그녀 자신의 욕구뿐이다.

그러므로 여성의 오르가슴에 대한 미학적 이론은 "여성이 남성보다 아홉 배나 많은 성적 쾌락을 경험한다"라는 티레시아스의 선언을 뒷받침한다. 여성의 오르가슴은 순전히 배우자선택의 미적 진화과정을 통해 진화했으므로, 여성이 남성보다 더 많은 쾌락을 느끼는 건 당연하다. 그리고 여성의 성적 쾌락은 남성의 성적 쾌락보다 강도가 높을 뿐만 아니라 질적으로 풍부하다. 별의별 아름다움이 있는데, 별의별 쾌락이 없겠는가?

여성의 오르가슴이 정교화된 것은 미적 진화의 힘이 얼마나 강력한지를 보여주는 산 증거다. 그리고 그것은 미적 진화가 비이성적으로 과열될 수 있음을 보여주는 대표적 사례이기도 하다. 요컨대, 오르가슴은 오로지 임의적 쾌락을 위해 진화했다. 그러나 다행스럽게도, 인간의 오르가슴적 쾌락은 아직 극단적으로 진화하지 않았으며 자연선택의 저항 탓에 도를 넘지 않고 있다.

여성의 성적 쾌락에 초점이 맞춰지다 보니, 남성들은 소외감을 느끼며 왜소해졌고, 그들의 쾌락은 여성들의 쾌락보다 과소평가되었으며, 그들의 오르가슴은 단순한 배관작업으로 폄하되었다. 그러나 그렇다고 해서 남성이 멋진 성관계를 가질 수 없는 것은 아니다. 그렇지 않고서야, 남성의 오르가슴이 어찌 쾌락적일 수 있겠는가! 남성의 오르가슴은 늘 '남성이 성적 기회를 추구하도록 부추기는 적응'으로 설명되어왔음을 상기하라. 모든 행동에 대한 자연선택은 종종 그 행동에 대한 생리적 쾌락physiological pleasure의 진화로 귀결되곤 한다. 동물들은 살기 위해 먹어야 하므로, 배고플 때 먹는 행동은 '보람되고 만족스럽고 쾌락적인 것'으로 진화했다. 그런데 내 생각에는 대부분의 남성이 '오르가슴의 쾌락은 먹는 쾌락보다 훨씬 더 크고 강렬하고 보람되다'라는 점에 동의할 것 같다. 그렇다면 남성의 오르가슴은 단지 생식을 부추기기에 필요한 것 이상으로 쾌락적(즉, 자연선택 하나만으로 설명할 수 있는 것 이상으로 쾌락적)이라는 이야기가 된다.[18] 오죽하면 성욕이 식욕보다 강하다는 말이 있겠는가! 그렇다면 "남성의 오르가슴 진화는 단지 자연선택에 의해서만 추동된 게 아니며, 미적 진화도 나름 상당한 역할을 했다"라는 결론을 내릴 수 있다.

좀 사변적이긴 하지만, 나는 남성의 오르가슴적 쾌락이 고릴라 및 침팬지와 공통조상에서 갈라진 이후 진화적으로 팽창한 게 틀림없다고 생각한다. 다른 유인원들의 수컷은 인간 남성만큼이나 열정적으로 성행동을 할 기회를 호시탐탐 노리지만, 인간 남성만큼 섹스를 즐기지는 않는 것 같다. 고릴라와 침팬지 수컷들의 오르가슴은 그들의 가슴에 인간 남성의 오르가슴과 같은 강도의 방망이질을 하지 않는 것 같다. 그들의 섹스에는 전희가 거의 없고, 스킨십은 최소한의 수준에 머물며, 심지어 눈도 맞추는 둥 마는 둥 한다. 그저 잠깐 찌르기 한 판을 한 후, 암수는 각자 제자리로 돌아가 무성한 나뭇잎 사이를 뒤진다. 또한 수컷 침팬지가 오르가슴에 도달하는 시간은 평균 7초쯤 되지만, 인간 남성의 오르가슴 도달시간은 약 몇 분이라는 사실을 고려해보라. 만약 '오르가슴적 쾌락의 질'과 '오르가슴에 도달하는 데 걸리는 시간' 사이에 상관관계가 존재한다면(이건 생리적으로 그다지 불합리한 추측은 아니다), 인간 남성은 수컷 침팬지보다 더 많은 성적 쾌락을 경험한다고 분명히 말할 수 있을 것이다.

만약 내가 지금 말한 게 사실이라면, '인간 남성의 오르가슴적 쾌락은 왜, 어떻게 진화했을까?'라는 의문이 떠오르는 게 당연하다. 물론 정답은 '심미적인 배우자선택을 통해서'일 가능성이 높지만 말이다. 침팬지와 고릴라 수컷들은 성적으로 까다롭지 않으며, 어떠한 성행동의 기회라도 주어지면 절대로 놓치지 않는다. 배우자선택이 개입되지 않는 한, 성적 쾌락에 작용하는 모든 진화적 영향력은 오로지 자연선택에 한정된다. 그러나 인간은 유별나게 까다롭게 진화했다. 여성과 남성의 배우자선택을 비롯하여 성행동과 짝짓기의 빈도·지속시간 등의 진화사史. 이 모든 것이 하나같이 여성뿐만 아니라 남성의 '오르가슴적 쾌락의 미적 공진화와 정교화를 위한 기회'를 제공했다. 남성의 성적 쾌락의 진화적 향상은 '싸구려 정자의 헤픈 공급자profligate purveyor of cheap sperm'라는 진화심리학적 고정관념에서 벗어남으로써 빚어진 결과라고 할 수 있다. 남성의 성적 쾌락이 생식기능에 필요한 기준선을 넘어 미적으로 공진화한 것은, 그들이 선호하는 여성들에게 호의를 표시하기 위해 다른 성적 기회를 어느 정도 포기함으로써(다시 말해서, 배우자선택 메커니즘을 가동함으로써) 가능했다.

요컨대 남성과 여성의 근본적 차이는, 남성의 경우에는 쾌락의 진화가 배관기능plumbing function에 대한 자연선택에 의해 제한됐지만, 여성의 경우에는 그렇지 않았다는 것이다. 하지만 그럼에도 남성의 성적 취향은 가까운 유인원 친척들보다 훨씬 더 까다로우며, 남녀 모두 배우자선택에서 선보였던 까다로운 취향이 유인원들보다 훨씬 많은 성적 쾌락을 경험하도록 진화하는 행운으로 이어졌다.

이런 면에서 볼 때, 남성과 여성은 한통속이라고 할 수 있다. 남녀의 상호적 배우자선택mutual mate choice이 작용하여 쾌락의 강도와 질을 높이는 성적 상호작용을 촉진함으로써, 양쪽의 오르가슴이 모두 정교화되는 결과를 초래했을 것이다. 진화심리학자 제프리 밀러Geoffrey Miller도 2000년 발간한 『연애The mating mind』에서, 인간의 오르가슴이 진화하는 과정에서 피셔의 폭주 과정runaway process이 수행한 역할을 강조했다.[19] 그러나 미학적 사고가 영 못마땅했던지, 밀러는 그 과정을 페니스와 클리토리스 간의 자극적 군비경쟁stimulatory arms race으로 상정했다. 이 안타까운 경쟁적·군사적 비유는 남녀의 오르가슴이 갖는 포괄적·쾌락적·감각적인 차원을 모호하게 만들었다. 페니스의 형태와 성행동에 나타난 변화는 여성의 욕구에 의해 추동되었지만, 그게 남성의 성적 쾌락을 증가시켰으면 증가시켰지 전혀 감소시키지 않았다. 그렇다면 오르가슴의 진화는 양성 간의 전쟁의 결과가 아니라, 미학적·공진화적 야합lovefest이라고 해야 옳다.

배우자선택의 메커니즘을 달리 기술하는 견해로는 성적 행위 주체성 이론sexual agency theory이 있다. 이 흥미롭고 다소 돌발적인 페미니스트 사조에서는, 여성을 '별의별 쾌락 가설에 따라 행동하며, 자신만의 오르가슴적 쾌락능력의 진화과정에 참여하는 능동적인 행위 주체active agent'로 간주한다. 이 견해에 따르면 여성의 오르가슴은 자신들이 원하는 것을 얻은 여성들의 직접적 경험인 동시에, 진화된 결과이기도 하다. 다시 말해서, 오르가슴이란 모든 여성에게 있어 축복이며, 그 속에는 '여성 자신의 성적 욕구가 지속해서 확장되고 충족되어온 진화사'가 오롯이 담겨 있다는 것이다.

여성들 자신의 성적 경험은 그녀들에게 이렇게 묻는다고 한다. "다른 방식의 경험은 어떤 느낌일까?"

10. 섹스 파업이 불러온 평화

《뉴요커》에 흔히 실리는, 한 쌍의 남녀가 침대에 나란히 누워 있는 만화를 떠올려보자. 머리판 위의 벽에는 단조로운 그림 한 점이 걸려 있고, 침대 양옆의 테이블에는 어울리는 빛깔의 램프가 하나씩 놓여 있다. 여기까지는 늘 똑같지만, 그다음부터 작품에 따라 세부사항이 달라진다. 두 사람은 정갈한 파자마를 걸친 채 책을 읽고 있으며, 남남처럼 떨어져 있는 두 사람을 시트와 담요가 부드럽게 감싸고 있을 수 있다. 또는 두 사람은 시트가 뒤죽박죽 놓여 있는 상태에서 머리칼이 헝클어진 채 섹스 후의 여운에 잠겨 있을 수도 있다. 어떤 한 쌍은 그 후 몇 년 동안 복잡한 관계를 유지하며 가슴을 쥐어뜯을 수도 있다. 어떤 사람들은 방금 동거를 결정했거나 그저 하룻밤만 함께 보내기로 한 젊은 커플일 수도 있는데, 이 경우에는 둘 중 하나가 함축적이거나 아이러니하거나 몽환적이거나 가슴 아프거나 몹시 화가 나거나 씁쓸하거나 아쉬운 말을 할 것이다. 그들의 갖가지 대화에는 (대부분 백인이고 이성애자인) 현대인 커플의 걱정, 열망, 집착, 욕구가 뒤섞여 있을 것이다.

〈오늘 밤은 안 돼요,…〉라는 만화에서 나타나는 다음과 같은 대사는 (단호한 섹스 거절을 표현하는) 하나의 하위 장르subgenre의 전형적인 사례다.

여자: 아이고, 머리야. 애가 셋인데 풀타임 일까지 하고 왔단 말이야.

(또는)

여자: 자기야, 오늘 밤에는 안 돼. 요가 교습이 있거든.

섹스 후의 장면을 다루는 하위 장르에서는 친근함, 만족감, 실망, 부정不貞, 엉뚱한 욕망 등의 주제를 다루며, 어떤 만화에서는 심지어 자하비의 정직한 핸디캡 원리를 패러디하기도 한다.

여자: 내 오르가슴은 연기였어.

남자: 피장파장이야. 내 롤렉스도 가짜거든.

성적 단절을 다루는 하위 장르도 있다. 젊고 매력 있는 커플이 한 침대에서 등을 돌리고 누워 있다. 남자는 아이패드를 들여다보고 있고, 여자는 섹시한 네글리제를 입은 채 팔을 꼬고 있다.

여자: 지금 하고 싶으면 아무 데나 만져.

배우자의 부정을 다루는 하위 장르에서는 여성이 한 외간 남자와 함께 침대에 나란히 누워 있는데, 정장 차림의 남편이 침실로 뚜벅뚜벅 걸어 들어온다.

여자: 미안해, 버트…. 외주제작outsourcing 중이야.

다른 훌륭한 내러티브들과 마찬가지로, 《뉴요커》에 실린 만화들은 갈등을 적절히 상징화한다. 남녀가 누운 침대를 배경으로 한 장면들은 성 갈등을 둘러싸고 일어나는 원초적 휴먼 드라마를 포착한다. 물론 진화적 의미에서 볼 때, 파트너 간의 의견충돌이 전부 성 갈등의 사례인 것은 아니다. 누구나 개인적 이해관계와 욕구가 있는데, 이것이 배우자들 간에 다를 수 있기 때문이다. 그러나 섹스, 배우자선택, 배우자에 대한 신의, 자녀양육, 투자, 이혼, 가정생활을 사실적으로 재현한 드라마를 시청해보면, 성 갈등이라는 것이 오랫동안 지속적으로 진화해온 현상임을 잘 알 수 있다.

성 갈등은 남녀의 진화적 이해관계가 생식의 맥락 안에서 엇갈릴 때 일어난다. 새鳥의 경우와 마찬가지로, 인간의 성 갈등은 광범위한 이슈에 걸쳐 일어난다. 성적 파트너의 신원과 인원수, 성적 지조sexual fidelity, 섹스의 빈도, 성행동의 유형, 피임, 출산의 타이밍, 자녀의 수, 양친의 자녀양육 투자 분담률(에너지, 시간, 자원의 측면에서)….

물론 유성생식이란 유전자 차원에서 일어나는, 본질적으로 협동적이고 자기희생적인 행동이다. 모든 성적 개체들은 자녀 하나를 만들 때마다 자신의 유전자 중 절반을 다른 개체의 유전자 중 절반과 통합한다. 이것은 유성생식이 불가피하게 치러야 하는 유전적 비용이다. 그러나 양성 간에는 ('생식세포의 크기와 수'에서부터, 유성생식에 필요한 일련의 해부학적·생리학적·행동학적 특징까지) 다양한 부분에서 차이가 드러나므로, 다양한 갈등을 빚을 소지가 있다.

생식의 전반적인 성공 여부는 '자녀의 수', '자녀들의 수명', '손주(자녀들의 자녀)의 수' 등과 관련된 문제다. 물론 성선택이 일어난다면, '자녀들의 매력'이 '손주의 수'에 영향을 미칠 것이다. 요컨대 생식의 성공은 남녀 공히, 성교의 빈도, 배우자의 수, 자녀의 수, 양육에 투자하는 자원의 양과 같은 이슈에 의해 좌우될 것이다. 사정이 이러할진대, 이러한 이슈를 둘러싼 양성 간의 갈등이 일어나는 과정을 상상하기는 그다지 어렵지 않다.

성 갈등은 성적 강제를 초래할 수 있다. 성적 강제란, 힘이나 협박을 이용하여 성 갈등의 결과에 영향을 미치는 것을 말한다. 성적 강제의 주체는 남성에만 국한되지 않으며, 심지어 성행동에만 국한되는 것도 아니다. 장인(또는 시아버지)과 장모(또는 시어머니)가 야기할 수 있는 사회적 갈등 중 일부는 신랑신부의 선택(배우자선택과 그 밖의 생식선택)을 둘러싼 성 갈등을 초래할 수 있다. 인간이 이 점에 있어서 독보적인 동물은 아니다. 동아프리카 사바나에 서식하는 흰목벌잡이새White-fronted Bee-Eater(*Merops bullockoides*)의 경우, 아들들이 두 차례 가량의 번식기를 반납하고 친가에 머물며 부모의 형제 양육을 돕는 게 일반적이다.[1] 가뭄이 들어 도움이 특히 필요할 때, 벌잡이새 부모는 종종 아들들이 새로운 신부와 짝을 지으려는 시도를 방해하고, 심지어 맺어진 관계를 끊기도 한다. 그래야만 '돌싱'이 된 아들이 본가로 돌아와 부모의 양육활동을 도울 수 있기 때문이다. 부모의 학대 중에는 아들이 신부에게 먹이를 물어다 주지 못하도록 방해하거나, 새로 마련한 신혼집에 들어가지 못하도록 막는 행동이 포함되어 있다. 요컨대 부모가 자신의 생식상 이점(더 많은 자녀 낳기)을 챙기기 위해 자녀의 성적 선택(더 많은 손주 낳기)에 훼방을 놓는 것이다.

현실 세계에서 일어나는 성 갈등은 커플이 등장하는 만화나 장인장모에 관한 농담만큼 재미있을 수 있지만, 결코 유머가 아니다. TV 뉴스와 신문은 극적이고 가슴 아픈 성폭력, 배우자 학대, 생식기 훼손, 성매매, 영아유기, 강간, 근친상간 등에 관한 이야기로 가득 차 있다. 나는 이 책에서 수많은 조류 암컷들이 배우자선택을 통해 다양한 메커니즘(성적 자율성을 확대하고, 성적 강제의 효율성 및 성폭력 자체까지도 감소시키는 메커니즘)을 진화시켜온 과정을 설명했다. 이 장章에서는 인간과 그 영장류 조상들의 성 갈등의 역사를 살펴봄으로써, 우리가 그들과 유사한 진화적 몸부림(성 갈등을 해결하고, 성적 강제와 성폭력을 극복하고, 여성의 성적 자율성을 확장하기 위한 노력)을 통해 형성되었음을 설명하려 한다. 곧 알게 되겠지만, 인간의 생명 활동에서 수없이 나타나는 독특하고 복잡한 특징들이 진화할 수 있게 한 핵심적인 혁신은 '성적 자율성의 향상'과 '남성 성적 주도권의 감소'였다.

앞에서 살펴본 바 있는 오리의 섹스에 대한 기억을 잠깐 떠올려 보자.

우리는 이 책을 통틀어 '배우자선택과 미적 다양성의 공진화 댄스coevolutionary dance'를 탐구했다. 또한 우리는 '성적 강제가 배우자선택을 방해하고 제한하고 교란하고 파괴하고 약화시킨 과정'과 '암컷이 지속적인 성적 폭력과 강제에 직면하여 자신의 성적 자율성을 향상시키는 수단을 진화시킨 과정'도 살펴봤다.

새들의 경우, 암컷의 성적 자율성이 진화하는 과정에서 기본적으로 두 가지 이질적인 메커니즘이 작용했다. 예컨대 많은 물새류의 경우, 암컷들은 강제교미의 효율을 떨어뜨리기 위한 물리적 방어 메커니즘을 진화시켰다. 질의 형태가 변형된 암컷들은 강제수정을 방지함으로써, 축복받은 유전자(아버지의 매력적인 형질의 근본이 되는 유전자)를 물려받은 아들을 낳았을 것이다. 따라서 이 암컷들은 생식에 크게 성공했을 것이다(즉, 손주를 더 많이 낳았을 것이다). 왜냐면 다른 암컷들이 그녀의 섹시한 자녀들에게 이끌렸을 것이기 때문이다. 단, 그녀들이 성공하는 데는 전제조건이 하나 있었으니, 수컷들의 집단적인 성폭력에 심한 상처를 입거나 살해당하지 말아야 했다.

그런데 5장에서 살펴본 바와 같이, 암컷 오리들이 진화시킨 이처럼 정교한 질 형태에는 불행하게도 큰 단점이 하나 있었다. 왜냐하면 '암컷의 방어능력'과 '수컷의 강압적 도구 및 능력' 사이에서 점점 큰 비용이 필요하게 되면서, 점차 가속되는 성적 군비경쟁이 초래되었기 때문이다. 그러므로 물새류 전체의 생식 성공은 고통과 맞바꾼 것이나 마찬가지였다.

한편 바우어새와 마나킨새의 경우에는 성적 군비경쟁을 용케 피할 수 있었는데, 그 비결은 심미적 배우자선택을 통해 수컷들을 특정한 방향(암컷의 성적 자율성을 촉진하는 방향)으로 개조한 것이었다. 그러나 여기서 주목할 점은, 수컷의 강제력을 제한하는 위력을 발휘한 공진화 댄스가 '비리비리한(사회적으로 지배하거나 다루기 쉬운) 수컷'에 대한 암컷의 짝짓기선호로 귀결되지 않았다는 것이다. 그 대신, 암컷들은 '빠릿빠릿한(극적이고 정교하고 복잡하고 감각적인 과시행동을 펼치는) 수컷'에 대한 선호를 지속해서 진화시켰다. 사실 암컷의 관점에서 볼 때, 수컷 위에 사회적으로 군림하는 것은 진화적 이점이 없다.[2] 암컷에게 진화적으로 득이 되는 것은 성적 선택의 자율성이 확대되는 것이며, 그 열매는 '매력적인 자녀의 탄생'이라는 생식성과reproductive success로 나타난다. 나중에 다시 언급하겠지만, 인간 여성의 성적 자율성에도 이와 똑같은 원리가 훨씬 더 심오하게 적용된다.

인간의 섹슈얼리티는 영장류 조상들의 성적 습관과 철저히 결별했다. 구세계원숭이의 평균적인 암컷은 실질적인 성적 자율성에 대한 기회가 제한된 상태에서 성적으로 예속sexual subjugation된 삶을 살았다.[3] 단체로 구애행동을 하는 새들의 암컷은 알을 품고 새끼들을 양육하는 일을 전담하면서도 완벽한 성적 자율성을 진화시켰지

만, 구세계원숭이 암컷들은 그러지 못했다. 그녀들은 전형적으로 자녀양육에 필요한 재생산 투자에 올인한 반면, 수컷들은 오로지 사회적 위계질서 내에서 신분을 상승시키는 데만 투자했다.[4] 그리하여 일단 지배적인 위치에 오른 수컷은 자신이 거머쥔 성적 기회를 모두 만끽했다.

암컷들에게는 불행한 일이지만, 영장류 수컷들의 사회적 위계질서는 본질적으로 불안정하다. 젊고 강한 수컷은 그룹 내의 지배적인 수컷을 권좌에서 몰아내기 위해 호시탐탐 사회적·물리적 기회를 노린다. 이처럼 불안정한 위계질서의 결말은 암컷에게 늘 충격적이고 파괴적이다. 기존의 지배적인 수컷을 몰아낸 수컷은, 새로 획득한 사회적·성적 통제권을 암컷들에게 행사함으로써 생식성과를 향상시킬 수 있는 기회를 거머쥔다. 그러나 새로운 우두머리는 이 같은 생식기회를 즉시 누릴 수가 없다. 왜냐하면 대부분의 암컷은 늘 임신부나 수유부인 상태인데, 이 상태는 몇 달에서 몇 년 동안 계속되며 그동안에는 배란이 억제되어 짝짓기가 곤란하기 때문이다.

따라서 많은 영장류의 수컷들은 그룹의 지배권을 장악하는 순간 모든 암컷에게 딸린 자녀들을 모조리 살해함으로써 새로운 생식기회를 창조하도록 진화했다. 딸린 자녀가 살해된 후 더 이상 수유를 할 필요가 없어진 암컷은 발정기에 들어가고, 그 시점에서 짝짓기를 재개하게 된다. 이 같은 영아살해infanticide는 '수컷 간의 경쟁에서 승리한 이점을 얼마나 빨리 챙길 것인가'라는 문제에 대한 수컷의 이기적인 해결책이다. 그러나 그 결과는 암컷의 생식성과는 물론 개체군 전체의 성과에 엄청난 타격을 입혔다. 예컨대 보츠와나에 서식하는 차크마개코원숭이Chacma Baboon(*Papio hamadryas ursinus*)의 경우 수컷에 의한 영아살해가 영아사망의 38퍼센트(어떤 해에는 무려 75퍼센트)로, 영아의 사망원인 중 1위를 차지하고 있다.[5]

영아살해는 새로운 지배적 수컷에게 짝짓기 기회를 새로 제공하지만, 그것이 암컷의 생식성과에 평생토록 미치는 악영향은 실로 엄청나다. 영아살해는 그녀 혼자서 오랫동안 임신과 수유에 쏟아부은 재생산 투자를 모두 물거품으로 만든다. 그리고 그녀가 평생 낳을 수 있는 새끼의 수는 최대 열 마리이므로, 그녀가 영아살해에서 잃는 새끼 하나하나는 그녀 자신의 재생산능력(유전자 대물림 능력)에 상당한 타격을 가한다.

수컷이 저지르는 영아살해는 성 갈등의 대표적 사례로, 암컷의 생식성과를 희생시킴으로써 지배적 수컷의 이기적인 생식성과를 증가시킨다. 그러나 이러한 과정은 종의 암컷에게 해롭기만 한 게 아니라, 그 자체가 부적응적이다. 왜냐하면 그로 인해 종의 개체군이 전반적으로 위축될 수 있기 때문이다. 영아살해가 부적응적인 것은 '종의 환경 적합성을 향상시키지 않아서'가 아니라, '성 갈등의 비뚤어진 표출'이기 때문이다. 영아살해는 기존의 지배적 수컷을 축출하고 이익을 챙기려는 수컷 간 경쟁을 통해 진화했지만, 다른 전형적인 수컷 간 전쟁(예컨대 가지 달린 뿔로 겨루는 수컷 엘크들 간의 싸움)과 달리 수컷 간의 우열을 가리는 데 그치지 않고 암컷의 진화적 이해관계를 해친다.

생물인류학자이자 유인원학자인 세라 블래퍼 허디Sarah Blaffer Hrdy는 1981년 발간한 『여성은 진화하지 않았다The Woman That Never Evolved』

에서, 영아살해에 대한 여성의 진화적 반응을 최초로 이론화했다. 그 당시 암컷 유인원들은 종종 '성적·사회적으로 무기력한 개체로, 수컷의 사회적 지배와 위계질서에 단지 수동적으로 반응한다'라고 기술되고 있었다. 하지만 그녀는 인도에서 다년간 수행한 랑구르원숭이에 대한 연구 결과를 토대로, "암컷 구세계원숭이들은 자신의 사회적·성적 관심사를 추구하는 활동적이고 진화된 행위 주체"라고 강조했다. 허디가 영아살해에 대한 진화적 반응에서 관찰한 것은, 많은 암컷 유인원들이 발정기 동안 여러 마리의 피지배 수컷subdominant male들과 짝짓기를 시도한다는 것이었다. 그 이유가 뭘까? 허디의 가설에 따르면, "암컷은 여러 마리의 수컷들과 짝짓기를 함으로써, 그들에게 '저 암컷이 낳는 새끼가 내 자식일 수 있다'라는 가능성을 심어준다"라는 것이었다.

이쯤 되면, 웬만한 독자들은 암컷의 의중을 파악할 것이다. 나중에 지배자를 축출하고 권좌에 오른 수컷이 영아살해를 자행할 때, '저 아이가 내 자식일 수 있다'라는 생각이 들면 어찌 못된 짓을 할 수 있겠는가? 요컨대, 암컷 원숭이가 '일견 문란해 보이는 짝짓기'를 하도록 진화한 것은, 그중 한 녀석이 나중에 지배자로 등극할 경우 발생할 영아살해에 대비하기 위한 일종의 양육보험insurance이었던 것이다.

오리의 공진화한 질 형태와 마찬가지로, 허디가 제안한 원숭이의 양육보험 전략은 성 갈등에 대해 공진화한 방어반응이다. 암컷 원숭이가 문어발 짝짓기multiple mating로 얻은 건 성적 자율성이 아니다. 그녀들은 끔찍한 상황에서 나름의 최선을 다했을 뿐이다. 암컷

원숭이가 복수의 배우자들을 찾아내려 애쓰는 것은 그들을 선호해서가 아니라, 사회적 야망이 있는 수컷과 관계를 맺을 경우 새끼의 목숨을 구할 수 있기 때문이다. 영장류학 문서를 들춰보면, 암컷의 전략(여러 수컷을 기만하여, '지배적인 수컷의 성적 통제를 위협하지 않으면서 내 혈육을 남길 수 있겠다'라는 상상에 빠지게 함)을 자세히 서술한 글로 가득 차 있다. 그러나 암컷 오리의 방어적 질 형태와 마찬가지로, 암컷 원숭이의 방어적 짝짓기 전략에는 커다란 약점이 하나 있다. 그것은 격렬한 성적 군비경쟁에 발동을 건다는 것이다. 그도 그럴 것이, 지배적인 수컷이 암컷의 생식을 통제하기 위해 암컷의 자유분방함에 더욱 공격적으로 반응할 게 뻔하기 때문이다. 수컷의 증폭된 강압 전략에는 배우자 감시, 폭력적인 체벌, 사회적 협박 등이 있다. 성적인 측면에서, 구세계원숭이의 일반적인 암컷은 이러지도 저러지도 못하는 진퇴양난에 빠져 있다. 암컷은 피곤하다.

우리와 가장 가까운 친척인 아프리카유인원 중 대부분에서도 상황은 별로 개선되지 않았다. 고릴라도 랑구르원숭이와 비슷한 '수컷이 지배하는 그룹 구조'를 갖고 있지만, 여러 마리의 암컷이 존재하는 사회그룹에서 한 마리의 크고 지배적인 수컷이 군림하는 게 일반적이다. 지배적인 수컷은 다른 수컷들을 모두(또는 거의 모두) 그룹에서 쫓아낼 수 있으므로, 짝짓기를 둘러싼 성 갈등은 거의 없다고 봐도 좋다. 그러나 수컷은 여전히 폭력을 이용하여 공포 분위기를 조성함으로써 자신의 지배를 공고히 한다. 따라서 그룹에 들어온 암컷 고릴라는 수컷의 공격적 행동에 시달리는데, 한 영장류 연구자는 이를 가리켜 "수컷은 새로 들어온 암컷과 관계를 맺으려고 집요하게 덤벼든다"라고 했다.[6] 그건 암컷에게 엄청난 질곡桎梏이다.

새로운 수컷 고릴라가 그룹을 장악하거나 암컷 몇 마리를 가로채면서 그룹이 와해할 경우, 수컷에 의한 영아살해가 빈번히 발생한다.[7] 영아살해가 얼마나 만연해 있는지 정확히 파악할 수는 없다. 왜냐하면 한 마리의 새끼가 갑자기 행방불명이 되었거나 숨진 채 발견됐을 때, 직접 두 눈으로 보지 않는 한 '새로운 수컷의 난폭한 공격에 희생되었다'라고 확신할 수는 없기 때문이다. 만약 당신이 유인원의 영아살해를 연구하려고 한다면, 울창한 밀림을 홀로 헤매는 영아살해 탐정이 되는 셈이다. 그러나 문제는 그 탐정에게 목격담을 털어놓으려는 증인은 아무도 없다는 것이다. 그러므로 그것은 매우 어려운 작업이지만, 신빙성 높은 추정에 의하면 고릴라 세계에서 발생하는 모든 영아사망의 약 3분의 1은 '성적 동기에 의한 영아살해' 때문이라고 한다.[8] 이 정도라면 영아살해가 고릴라의 전반적인 생식성과에 부과하는 부적응비용maladaptive cost은 엄청나며, 개체군의 성장능력에 미치는 악영향이 상당하다고 볼 수 있다.

여러 마리의 수컷과 암컷들로 구성된 침팬지 그룹은 몇 시간, 며칠, 몇 주에 걸쳐 이합집산을 겪곤 한다. 이러한 사회그룹 내에는 '복잡한 순위제dominant hierarchy'와 '광범위한 수컷 간 성적 경쟁'이 존재하며, 그로 인해 '수컷의 부권paternity'과 '암컷의 투자'를 둘러싼 성 갈등이 야기된다. 암컷이 발정기에 들어가면 회음부 팽창perineal swelling이 두드러져, 그녀의 출산능력이 동네방네 알려진다. 그러면 여러 마리의 수컷들이 짝짓기를 시도하고, 암컷은 모든 수컷의 요구에 일일이 응한다. 그러나 발정기의 열 번째 날에 그녀의 출산능력이 최고조에 이르면, 암컷을 다른 수컷들로부터 지키려는 지배적인 수컷의 경계심이 증가하여 그녀의 성행동이 철저히 통제된다. 결과적으로, 설사 암컷이 모든 짝짓기 시도에 응한다고 하더라도 알파 수컷alpha male이 수정에 성공할 확률은 약 50퍼센트인 것으로 알려져 있다.[9] 또한 특정한 암수 커플이 눈이 맞아 암컷의 발정기 동안 일시적으로 그룹을 이탈하는 경우도 있는데, 이러한 밀월여행은 암컷이 배우자선택 의사를 표명하는 것으로 간주될 수도 있다(밀월여행 기간 동안 다른 수컷들이 암컷에게 접근할 수 없으므로, 수컷의 부권은 확실히 보장된다). 그러나 수컷이 때로는 난폭한 공격을 통해 공포 분위기를 조성함으로써 암컷들의 이탈을 철저히 단속하므로, 암컷이 얼마나 많은 수컷을 진정 자유롭게 선택할 수 있는지는 의문이다.

난교가 성행하는 침팬지 세계에 강제교미가 존재하는지 여부는 미지수이지만, 그렇다고 해서 암컷이 성적 자율성을 갖고 있다고 할 수는 없다. 암컷이 많은 수컷을 상대하는 이유는, 그녀가 자유로워서라기보다는 차라리, 수컷들의 성적 접근sexual access을 효과적으로 제한할 수가 없기 때문이다. 고릴라의 경우와 마찬가지로, 수컷 침팬지는 암컷에게 폭력을 행사함으로써 성적 협박sexual intimidation의 분위기를 조성하게 된다. 사실, 암컷의 출산능력이 최고조에 도달했을 때 가장 가까이 지내고 가장 빈번히 교미하는 수컷은 '발정기 전체를 통틀어 그녀에게 가장 공격적으로 행동했던 수컷'이다.

수컷 침팬지에 의한 영아살해는 문헌에 잘 기술되어 있지만, 대부분의 구체적인 관찰담은 일화적이다. 그러므로 고릴라의 경우와 마찬가지로, 침팬지 세계에서 일어나는 영아살해를 제대로 추정하기는 사실상 어렵다. 그러나 수컷에 의한 영아살해 위험은 침팬지의 생활 속에 상존하는 게 분명하며, 암컷 침팬지의 생식성과를 심각하게 위협한다.

보노보(또는 피그미침팬지)는 침팬지와 마찬가지로, 여러 마리의 수컷과 암컷들로 이루어진 대그룹 속에서 생활한다. 그러나 그들의 성행동은 침팬지와 매우 다를 뿐더러, 그 외의 다른 어떤 포유류와도 다르다. 앞에서 언급했던 것처럼, 보노보는 성행동을 이용하여 사회적 갈등을 조정하도록 진화했다. 그들은 상대방이 누구든(남녀노소와 신분고하를 불문하고) 모든 개체들과 성행위를 한다. 전반적으로 볼 때, 수컷과 암컷은 사회적으로 평등하며(또는 공동지배적co-dominant이며) 모든 생태자원에 대한 접근을 공유한다. 암컷들은 암컷 간에 강력한 사회적 동맹관계female-female social alliance(또는 우정)를 유지한다. 그 결과, 보노보 세계에는 수정에 대한 성적 강제는 사실상 존재하지 않고, 영아살해의 증거도 전혀 없으며, 어떤 종류의 극단적인 그룹간 폭력도 없다. 그러나 침팬지나 고릴라와 마찬가지로, 임신과 자녀양육에 관한 일은 모두 암컷의 몫이다.

요컨대, 우리의 가장 가까운 친척인 침팬지와 보노보 세계에서, 암컷들은 (이유는 다르지만) 기본적으로 무차별적인 성행동을 하며 어쩌다 한 번씩만 특정한 짝짓기선호를 나타낼 뿐이다. 그리고 모든 양육투자는 전적으로 암컷의 몫이라는 점에서도 공통점이 있다. 그러나 자녀가 수컷에게 살해당하는 아픔을 겪는 것은 침팬지뿐이다.

성 갈등과 성적 강제는 지구상의 모든 인간사회에서 발견되지만, 우리의 유인원 친척들의 생활에서 볼 수 있는 것과 비교하면 빈도·규모·치명성이 크게 다르다.[10] 특히 수컷이 자행하는 영아살해의 경우, 우리와 대부분의 원숭이·유인원 친척들 간의 차이는 훨씬 더 극적이다. 인간생물학의 렌즈를 통해 들여다볼 때, 개코원숭이, 고릴라, 침팬지의 평균적인 수컷은 '호시탐탐 기회만 노리고 있는 영아살해광狂'이라고 할 수 있다. 영아사망 중에서 수컷의 영아살해가 차지하는 비중은 개코원숭이의 경우 38퍼센트, 고릴라의 경우 약 33퍼센트다. 영아살해는 수컷 원숭이와 유인원들이 흔히 저지르는 행동이지만, 어느 인간사회에서도 거의 찾아볼 수 없다. 성인 남성의 폭력은 인간의 폭력에서 압도적인 다수를 차지하고 있고 그중에는 어린이 살해 사례도 포함되어 있지만, 단지 생식상의 이득을 챙길 목적으로 어린이를 살해하는 경우는 없다.[11] 오히려 인류학 문헌에서 영아살해에 관한 부분을 읽어보면, 기술된 영아살해의 대부분은 엄마에 의한 것이다.[12]

인간사회에서 남성의 영아살해가 사실상 사라진 것은, 영장류 생물학에서 볼 수 있는 중요한 진화적 이행evolutionary transition이라고 할 수 있다. 이러한 변혁의 배경에는 남성 간의 성적 경쟁 감소, 여성에 대한 성적 강제 감소, 여성의 성적 자율성의 질적·양적 증가라는 요인이 깔려 있다. 그렇다면 이런 일들은 어떻게 일어난 걸까? 좀 더 정확한 질문은, '남성들은 어떤 조건에서 무기를 내려놓을까?'라고 할 수 있다. 다시 말해서, 여성에 대한 성적 강제를 부추기는 '남성 간의 경쟁'이라는 힘을 상쇄할 수 있는 진화적 메커니즘은 뭘까?

사실, 초기 인간사회에는 진화적 위기evolutionary stakes가 도사리고 있었다. 인간을 인간답게 만드는 독특한 특징들(예: 지능, 복잡한 사회적 인식, 협동적 사회행동, 언어, 문화, 물질문명) 중 대부분은 어린이의 성장기 연장과, 그에 따른 지속적인 양육투자에 크게 의존한다. 수많은 혁신적 인식능력을 감당하려면 좀 더 복잡한 뇌가 발달해야 하고, 그러기 위해서는 더 많은 시간과 양육투자가 필요하기 때문이다. 그런 상황에서, 만약 영아사망의 가장 큰 이유가 수컷의 폭력에 의한 영아살해라면, 영아살해란 절대로 일어나지 말아야 하는 일이었다. 다시 말해서, 인간의 생명활동이 진화하려면 한 명도 빼놓지 않고 모든 자녀에게, 좀 더 많은 자원을 투자해야 했다. 그러기 위해서는 영아살해 문제에 대한 진화적 해법이 절대적으로 필요했다. 인간의 조상들은 영아살해라는 걸림돌을 어떻게 제거했을까?

진화인류학의 지배적 견해는, 호미닌hominin•의 복잡한 사회행동은 '남성 간 경쟁'과 '채집생태계에서의 자연선택(즉, 환경 속에서 식량을 좀 더 효율적이고 생산적으로 채취함)' 간의 상호작용을 통해 진화했다는 것이다. 예컨대, 인류학자 겸 영장류학자인 브라이언 헤어Brian Hare, 빅토리아 워버Victoria Wobber, 리처드 랭엄Richard Wrangham은 "독특하게 부드럽고 협동적인 보노보의 행동과 기질은 자기가축화

• 현생인류, 고인류, 그리고 현생인류의 직계조상으로 구성된 그룹이다. 인류학에서 주로 쓰이던 용어인 '호미니드'는 현생인류, 침팬지, 고릴라, 오랑우탄과 그들의 직계조상까지도 포함하는데, 근래에는 좀 더 좁은 범위를 가리키는 '호미닌'이 주로 사용되고 있다.

self-domestication를 통해 진화했다"라고 제안했다.[13] 자기가축화란 인위적인 가축화와 대비되는 개념으로, '인위적 개입이 아닌 생태적 자연선택을 통해 공격성이 순치馴致되는 과정'을 말하는데, 그들은 "보노보가 서식하는 채집생태계의 독특한 특징(고품질 먹이가 풍부하고 고릴라와 경합할 필요가 없음)이 이러한 과정을 추동했다"라고 상정했다. 세부사항은 아직 확립되지 않았지만, "협동적인 그룹이 보노보 사회를 안정시키고 생태적 효율을 전반적으로 향상시켰다"라는 것이 그들의 생각이다. 자기가축화 가설의 내용을 요약하면, "사회적 관용 및 협동은 '종의 생태적 적응'을 통해 탄생하는 것이지, '수컷의 사회적·성적 행동 개혁'을 통해 탄생하는 것은 아니다"라는 것이다.

헤어와 마이클 토마셀로Michael Tomasello는 이 같은 생각에서 한 걸음 더 나아가, "인간의 경우에도 채집생태계에서 작용한 자연선택으로 말미암아 공격성이 감소하고 사회적 관용이 증가했다"라는 가설을 제시했다. 그들은 '진화사적으로 볼 때, 보노보와 인간은 각각 독립적으로 사회적 협동을 진화시켰다'라는 점을 인식하고, "인간의 사회적 기질social temperament은 자기가축화와 유사한 메커니즘을 통해 진화했을 것"이라고 제안했다.[14] 그러나 헤어와 토마셀로는 인간의 자기가축화가 실제로 일어난 과정을 기술하는 데 무척 애를 먹었다. 첫째로, 그들은 협공cooperative aggression(여러 하급자들이 패거리를 지어 과도하게 공격적·독재적인 개인을 살해하거나 추방하거나 처벌함)이 그 과정에 관여했을 거라고 추측했다. 그러나 하급자들이 협공을 위한 방법으로 더 강력한 공격성을 선택하지 않고, 군비축소disarmament를 선택한 이유는 분명하지 않다. 둘째로, 협동적인 사회적 기질의 기원에 대한 메커니즘을 제시할 때는, (메커니즘의 핵심 요소인) 협동에 대한 정확한 개념 설명이 전제되어야 한다. 그러나 '하급자들이 누군가의 공격성을 집단으로 억누르기 위해 협동한다'라는 그들의 설명은, 협동의 일반적 의미인 사회적 관용과 어울리지 않는다. 셋째로, 헤어와 토마셀로는 인간이 자기가축화를 선택한 생태환경을 기술하는 데 실패했다. 그들의 가설의 토대를 이루는 것이 바로 생태환경인데도 말이다.

진화생물학자들은 인류의 기원에 관한 이론을 수립하는 데 있어서 거의 예외 없이, 여성의 배우자선택, 성 갈등, 성적 자율성 문제를 적절히 다루는 데 실패했다. 그러나 인간의 사회적 지능과 협동이 진화하기 위해서는 수컷의 고질적 문제인 폭력성(공격성, 텃세, 영아살해 행동)을 혁파하는 것이 급선무였다는 점을 주목해야 한다. 그렇다면 남성의 폭력성을 없앰으로써 가장 큰 혜택을 보는 진화적 행위 주체에 초점을 맞춰 인간 진화의 메커니즘을 탐구하는 것이 합당하다. 그 행위 주체는 두말할 것도 없이 여성이다.

인간의 섹슈얼리티 진화에 관한 근본적 의문들이 으레 그렇듯, 우리는 남성의 폭력성 혁파에 관한 의문을 해결하는 데도 고대 그리스인들의 지혜를 빌릴 수 있다. 그러나 그들은 이 지혜를 과학이론이 아니라 희극 장르로 표현했다. 아리스토파네스Aristophanes가 기원전 411년에 발표한 희극 〈리시스트라타Lysistrata〉(여자의 평화)에서,

아테네의 가정주부 리시스트라타는 적대적인 도시국가 아테네와 스파르타의 여성들을 모두 소집하여, "우리의 남편과 연인들이 평화협상에 동의함으로써 비용과 피해가 막심한 펠로폰네소스 전쟁을 끝낼 때까지 섹스를 최대한 삼간다"라는 공동선언에 서명하게 했다. 역사상 전무후무한 여성들의 성파업sex strike은 성 갈등을 악화시켰지만, 종국에는 남성들이 여성들의 요구조항에 완전히 굴복하는 웃지 못할 촌극이 벌어졌다. 그리스는 여성들의 조직적인 성적 자율권 행사를 통해 평화를 회복했다.

〈리시스트라타〉의 내용은 진화와 무관하지만, 우리는 그 희곡에서 인류의 진화에 관한 시사점을 몇 가지 얻을 수 있다. 첫째로, 여성과 남성 중 폭력을 더 용납하지 않는 쪽은 여성이다. 왜냐하면 전장에서 더 많은 목숨을 잃는 쪽은 남성이지만, 생식성과의 관점에서 더 큰 비용을 치르는 쪽은 여성이기 때문이다. 왜냐고? 여성들은 전쟁과 그 밖의 폭력에서 죽은 아들들을 양육하는 데 엄청난 시간과 노력을 투자하지 않았는가! 영아살해의 경우와 마찬가지로, 전쟁으로 자녀를 잃는다는 것은 어머니의 생식성과에 평생토록 타격을 입힌다. 우리가 그 희곡에서 얻을 수 있는 두 번째 시사점은, 짝짓기에 관한 여성의 결정이 남성의 폭력에 대응하는 강력한 카운터펀치라는 것이다. 성파업이 효과를 발휘한 것은, 아테네와 스파르타의 여성들이 모두 동의했기 때문이다. 그러므로 그녀들에게 힘을 부여한 것은 합의consensus였다.

셋째로, 리시스트라타가 작중에서 남성들을 완전히 바꿔버린 메커니즘은 단지 성적sexual일 뿐만 아니라 미학적이다. 그 희곡에서,

그리스 여성들은 남성들의 공격성이 가라앉을 때까지 섹스를 자제했다. 즉, 리시스트라타는 아테네와 스파르타의 여성들에게 "만약에 남편이 빈번한 성관계를 요구한다면, 덮어놓고 응하지 말고 가능한 한 횟수를 줄이라"라고 조언하며, 그 이유를 이렇게 설명했다. "섹스가 너무 잦으면, 남편들이 곧 흥미를 잃고 합의에 의한 섹스라는 아름다운 관계의 의미를 망각할 거예요." 리시스트라타의 조언을 들은 여성들은 저돌적인 남편들 때문에 공진화한 미적 쾌락coevolved aesthetic pleasure이 손상되지 않도록 노력했다. 그리하여 아테네와 스파르타의 여성들은, 비용이 많이 수반되는 공격적인 군비경쟁을 배제하고 남성의 공격성을 진정시킬 수 있었다.

이로써 내가 앞에서 제기했던 '남성들은 어떤 조건에서 무기를 내려놓을까?'라는 의문은 풀렸다. 그 의문을 해결한 사람은 리시스트라타다. 그녀는 여성들에게 남성의 폭력에 반격하는 가장 효과적인 방법을 가르쳐줬다. 그것은 그들이 가장 취약한 곳, 벨트 아래를 공략하는 것이다.

내 가설에 따르면, 남성의 공격성이 약해지고 인류의 협동적인 사회적 기질과 사회적 지능이 진화한 메커니즘은 바로 이것이다. 이런 변화들은 자연선택이 아니라 '여성의 배우자선택을 통한 미적 성선택aesthetic sexual selection'을 통해 진화했다는 것이 내 지론이다.

지금부터 '여성의 배우자선택을 통한 미적 성선택'의 작동 메커니즘을 탐구하기 위해, 우리의 먼 조상들이 살던 시기로 거슬러 올라가보기로 하자. 어떤 호미니드hominid 개체군에서, 수정은 '남성의 난폭한 강제'와 '여성의 (특정한 남성용 과시형질에 대한) 짝짓기선호'

에 의해 반반씩 결정된다고 가정하자. 그런데 바우어새와 마나킨새의 경우에서 봤던 것처럼, 새로운 버전의 남성용 과시형질이 등장한 것을 계기로 여성의 성적 자율성이 확대되었다고 치자(바우어새에서 나타난 보호적 바우어protective bower와 마나킨새의 구애조직에서 등장한 수컷들의 매우 협동적인 사회관계가 그런 예이다). 이렇게 되면 개체군 내에서 이 새로운 과시형질에 대한 짝짓기선호가 지속해서 진화하는데, 이는 하나의 선택으로 인해 여성의 자유로운 선택권이 더욱 증가한 것으로서 횡재나 다름없다. 왜냐하면 새로운 형질과 선호가 결합함으로써 개체군 내 모든 여성의 비강제적 배우자선택uncoerced mate choice 빈도가 증가하기 때문이다. 이 새로운 형질에 대한 여성의 선호는 (물리력과 강압을 통한) 남성의 수정능력을 잠식하고 '여성의 선택을 통한 수정'의 비율을 계속 향상시킬 것이다. 요컨대 앞에서 살펴본 많은 신체형질 및 행동형질과 마찬가지로, 미적 공진화의 자기 구성적 메커니즘self-organizing mechanism은 새로운 피드백 고리를 형성함으로써 남성의 성적 폭력과 강제에 맞서 자신의 짝짓기선택을 주장할 수 있는 여성의 능력을 강화한다.

이러한 시나리오에 따르면, 여성은 '공격성 및 성적 강제와 관련된 남성의 형질은 섹시하지 않으므로 거부한다'라는 점에 동의하도록 진화함으로써 남성의 사회행동의 성격을 완전히 바꿔버렸다. 하지만 여기에는 한 가지 전제조건이 있으니, 그것은 '여성의 배우자선택이 태초부터 존재했다'라는 것이다.

그러나 만약 우리의 유인원 조상들에게 여성의 배우자선택이 없었다면 이야기가 달라진다. 시나리오는 애초부터 작동하지 않았을 테니 말이다. 그렇다면 배우자선택은 도대체 어디에서 왔을까? 하늘에서 떨어졌을 리도, 그렇다고 땅에서 솟아났을 리도 없고…. 안타깝게도, 인간 배우자선택의 기원을 연구하기는 매우 어렵다. 왜냐하면 그것은 침팬지와 공통조상에서 갈라진 직후에 등장했을 가능성이 높아 추적하기가 매우 힘들기 때문이다. 하지만 고릴라와 침팬지에서 딱히 여성의 배우자선택이라고 할 만한 형질이 진화한 사례를 찾아볼 수는 없을지라도, 유인원 조상에서 그와 관련된 인지적 잠재력cognitive potential을 엿보는 것은 가능하다. 야생에서든 동물원 상황에서든 침팬지와 고릴라에 익숙한 사람들이라면, 그들의 풍부한 사교성과 뚜렷한 호불호 성향을 생생하게 기억해낼 수 있을 것이다. 이는 그들이 서로를 인식하고 평가하는 인지능력을 보유하고 있음을 시사하는 명백한 증거라고 할 수 있다. 고릴라 그룹이 분열되거나 침팬지 한 쌍이 밀회를 즐기기 위해 야반도주를 할 때, 암컷 유인원은 약간의 배우자선택권을 행사할 여지가 있었을 것이다. 따라서 암컷 유인원들은 짝짓기선호 및 선택에 필요한 인지능력을 보유하고 있었음이 틀림없다, 다만 자신의 욕망대로 살아갈 수 있는 사회적 기회가 없었을 뿐. 우리의 호미닌 조상들 사회에서 배우자선택이 등장할 수 있게 한 생태적·사회적 환경을 구구절절이 설명할 수는 없지만, 초기의 호미닌 여성들이 그럴 만한 사회적 기회가 닥쳤을 때 곧바로 배우자선택권을 행사했을 거라고 상상하기는 어렵지 않다.

나는 이러한 진화적 메커니즘을 미적 리모델링aesthetic remodeling이라고 불러왔다. 왜냐하면 '심미적 배우자선택을 통해 남성을 개혁(또는 리모델링)함으로써, 남성의 강제적·파괴적·폭력적 성향을 줄이는 것'이 그 메커니즘의 요체이기 때문이다. 인간의 미적 리모델링에는 미적 무장해제aesthetic deweaponization라는 특별한 과정이 포함된다. 무장해제란 본질적으로 여성의 배우자선택을 통해 (남성 간 경쟁을 통해 진화한) 남성의 군비를 감축하는 것인데, 인류의 진화사에서 이 같은 군비감축의 대표적 사례는 두 가지가 있다. 하나는 커다란 몸집이고, 다른 하나는 면도날처럼 날카로운 송곳니다. 수컷 영장류의 경우에는 이 두 가지 신체형질을 이용하여 다른 수컷, 암컷, 암컷에 딸린 새끼들을 폭력적으로 지배한다.

먼저 남녀 간의 몸집 차이라는 문제부터 생각해보자. 인간 남성은 아직도 평균적으로 인간 여성보다 덩치가 크지만, 인류의 진화사를 돌이켜보면 몸집의 성적 이형성sexual size dimorphism(즉, 양성 간의 체질량 차이)이 엄청나게 감소해왔음을 알 수 있다.[15] 오랑우탄과 고릴라의 수컷들은 기골이 장대하여, 암컷보다 평균적으로 두 배 이상 체격이 우람하다. 침팬지와 보노보의 경우에는 몸집의 성적 이형성이 훨씬 더 작아, 수컷이 암컷보다 25~35퍼센트 크다. 그러나 인간의 경우에는 그 차이가 더더욱 작아, 남성의 체구는 여성보다 평균적으로 16퍼센트 클 뿐이다. 이러한 성적 이형성의 감소는 모든 분야의 갈등에서 남성의 여성에 대한 신체적 우위를 매우 감소시켰다.

물론 남성들은 여전히 여성과의 신체적 갈등에서 상당한 우위를 점하고 있다, 단지 몸집이 크다는 이유 하나 때문에. 예컨대 복싱이나 레슬링과 같은 체급경기들은 공정한 경기를 보장하기 위해, 고작 2.5~5퍼센트의 체질량 차이를 기준으로 체급이 나뉘도록 설계되었다. 그러니 남성이 보유한 16퍼센트의 체질량 이점이 남녀 간의 물리적 다툼에서 승부를 결정지을 가능성이 매우 높을 수밖에.

그런데 인간의 몸집에서 관찰되는 성적 이형성의 뚜렷한 감소는 단순한 우연이 아니다. 왜냐하면 몸집의 이형성은 몸집이 증가함에 따라 극단적으로 (감소하는 게 아니라) 증가하는 것이 상례인데, 인간은 침팬지와 공통조상에서 갈라진 후, 몸집이 크게 진화하면서도 성차性差가 감소해왔기 때문이다. ('몸집의 성차는 몸집이 증가할수록 훨씬 커진다'라는 현상을 렌쉬의 법칙Rensch's rule이라고 하는데, 이는 관찰연구 결과 이 법칙을 제안한 포유류학자 베른하르트 렌쉬Bernhard Rensch의 이름에서 유래한다.[16])

"평등한 몸집에 대한 여성의 선호가 '여성에 대한 남성의 신체적 우위 감소'로 이어지며, 성적 강제를 비롯한 폭력에 저항할 기회를 향상시킨다"라는 것은 분명한 사실이다. 또한 여성의 배우자선택을 통한 몸집의 이형성 감소는, 그와 관련된 남성의 행동 변화(특히 공격성 감소와 사회적 관용 증가)를 끌어낼 수 있다. 흥미로운 것은, 가정에서 키우는 반려견들에게서 '다양한 미적 특징(귀여운 반려견에서 얼마든지 발견할 수 있는 말린 꼬리, 늘어진 귀, 짧은 주둥이, 작은 이빨)과 행동기질(낮은 공격성, 사회적 신호에 대한 예리한 인지감각) 간의 상관관계'를 암시하는 강력한 증거가 나왔다는 것이다. 예컨대 수십 년 전 소비에트 시대에 여우를 대상으로 실시된 가축화 실험 결과에 따르면, 사회적 관용성이 높은 여우만을 지속해서 선택한 결과 궁극적으로 반려견의 전매특허인 귀여운 신체적 특징을 가진 여우가 진화했다고 한다. 좀 더 가까운 예를 들면 헤어, 워버, 랭엄은 "수컷 보노보의 공격성이 침팬지보다 작게 진화한 것은 10여 가지의 다른 변화(몸집의 성적 이형성 감소, 새끼와 비슷한 핑크빛 입술 보유, 사회적 스트레스에 대한 수동적 반응 증가, 인간의 사회적 신호에 대한 민감성 증가. 맨 마지막 항목은 동물원 실험 결과임)와 관련된 것으로 보인다"라고 지적했다.[18] 따라서 '남성의 신체적 특징(예: 몸집)에 대한 여성의 배우자선택이 남성의 성적·사회적 행동에 강력한 진화적 영향력을 행사했을 수 있다'라는 주장은 설득력이 있다.

이번에는 송곳니의 형태 차이라는 문제를 생각해보자. 대부분의 구세계영장류에서는 암컷과 수컷의 송곳니 형태가 극단적으로 다른, 성적 이형성 특징이 발견된다. 마카크원숭이, 개코원숭이, 오랑우탄, 고릴라, 침팬지의 경우, 수컷의 송곳니가 암컷보다 길며 널따란 기저부를 보유하고 있다. 기다란 송곳니는 아래턱의 세 번째 작은어금니에 의해 줄곧 연마되어 면도날처럼 날카롭게 유지된다.[19] 오랑우탄과 고릴라의 암수 간 송곳니 차이는 구세계원숭이들과 마찬가지로 극단적인데, 이는 신체적 경쟁이 수컷의 성적 성공에 중요하다는 것을 암시한다. 침팬지의 경우에는 송곳니의 이형성이 중간 정도인데, 이는 그들의 몸집이 비교적 작다는 사실과 부합한다.

한편 인간 남성의 웃는 모습만 봐도, 이들의 송곳니 크기가 유인원들과 공통조상에서 갈라진 후 엄청나게 감소했음을 알 수 있다. 인류의 몸집이 계속 커져왔음에도 불구하고 남성과 여성의 송곳니 크기는 사실상 똑같은데, 이는 렌쉬의 법칙에 어긋나는 또 한 가지 사례라고 할 수 있다. 호미닌의 송곳니에서 성적 이형성이 감소하기 시작한 것은 침팬지와 공통조상에서 갈라진 직후부터였다. 사헬란트로푸스 차덴시스(*Sahelanthropus tchadensis*, 700만 년 전 존재한 것으로 여겨지는 화석인류)와 아르디피테쿠스 라미두스(*Ardipithecus ramidus*, 440만 년 전 존재한 것으로 여겨지는 화석인류로, 아르디Ardi라고도 불린다)의 송곳니는 침팬지의 송곳니보다 덜 뾰족하며, 송곳니를 작은어금니에 대고 문지른 흔적이 없다.[20] 초기 호미닌인 오스트랄로피테쿠스 아파렌시스(*Australopithecus afarensis*, 그 유명한 루시Lucy)의 시대인 320만~350만 년 전쯤에는 송곳니의 이형성이 줄어들어 오늘날의 호모 사피엔스처럼 되었다. 남성의 송곳니 축소에 대한 고인류학자들의 전통적인 설명은 "오스트랄로피테쿠스 아파렌시스가 수평적 턱 운동을 했던 점을 고려할 때, 질긴 식물성 식품을 씹어 먹기 위한 적응인 듯하다"라는 것이었다.[21] 그러나 최근에는 "송곳니 축소가 그보다 훨씬 전에 시작되었으며, 오스트랄로피테쿠스 스타일의 식생활이 확립되지 않았던 아르디피테쿠스 라미두스의 시대에 이미 상당히 진행되어 있었다"라는 주장이 힘을 얻고 있다. 호미니드의 송곳니 이형성 감소에 대한 적응적·생태적·식이적 설명이 이처럼 부정확하다는 것은 새로운 진화적 가설, 즉 여성의 배우자선택 가설이 필요하다는 것을 시사한다.

내 말의 핵심은, 구세계원숭이 수컷 중 대부분은 자신의 입안에 (암컷들이 갖고 있지 않은) 치명적 무기를 갖고 있다는 것이다. 수컷의

수컷 로랜드고릴라lowland gorilla(왼쪽), 침팬지(가운데), 인간 남성(오른쪽)의 송곳니 크기 차이 Photos by Shutterstock(left) and Ronan Donovan(center and right)

커다란 송곳니는 효율적인 수렵채집 도구이지만, 성적 주도권 행사를 위한 사회적 무기이기도 하다. 다윈이 가정했던 것처럼, 이 무기는 생존적 이점survival advantage 때문이 아니라 (암컷과 다른 수컷 라이벌들을 무력으로 제압할 수 있는) 성적 이점sexual advantage 때문에 진화했다. 비인간 영장류 수컷들은 이 무기를 이용하여 다른 수컷들을 공격하거나, 암컷들을 난폭하게 굴복시키고 딸린 영아들까지 비정하게 살해한다. 발정 난 암컷이 수컷의 통제권을 조금이라도 벗어나거나 (무리에서 그녀의 주변을 기웃거리는) 놈팡이에게 다가가려는 기미를 보일 경우, 수컷 망토개코원숭이Hamadryas Baboon(*Papio hamadryas*)는 극단적으로 큰 송곳니를 드러내며 그녀를 위협하거나 확 깨물어버린다.[22] 수컷 마운틴고릴라mountain gorilla는 그룹의 주도권을 둘러싸고 라이벌 수컷과 대결하거나 암컷에게 딸린 새끼들을 살해할 때 송곳니를 사용한다.[23] 수컷 침팬지의 경우, 암컷을 괴롭히는 레퍼토리 중에 송곳니를 이용한 잔인한 물어뜯기가 포함되어 있다.[24]

'자신과 비슷한 몸집을 가진 남성'에 대한 여성의 짝짓기선호와 마찬가지로, '위축되고 무뎌진 송곳니를 가진 남성'에 대한 여성의 짝짓기선호는 여성의 선택의 자율성을 향상시켰을 것이다. 남성의 무기가 작고 무뎌지면 남성의 강제력 및 영아살해의 효율이 떨어져, 여성이 성공적으로 배우자를 선택할 기회는 더욱 증가한다. 작은 송곳니를 가진 남성을 선호하는 여성은 간접적·유전적 혜택도 누리는데, 그 내용인즉 아빠를 닮은 매력적인 아들이 탄생하여 다른 여성들의 자유로운 선택기회가 보다 많아진다는 것이다. 그리하여 여성의 짝짓기선호는 여성의 사회적·성적 자율성을 미적으로 확장하는 결과를 초래했다.[25]

다시 한 번 강조하지만, 몸집의 성적 이형성이 감소한 경우와 마찬가지로, 송곳니의 미적 무장해제가 비리비리하고 겁 많고 순종적인 남성의 탄생으로 귀결되지는 않았다. 그와 정반대로, 여성의 짝짓기선호는 매력적인 남성 형질(예: 이상적인 신체 비율, 넘치는 성적 매력)을 지속적으로 진화시켰다. 여성이 남성을 개인적으로 지배하는 것은 진화적 이점이 전혀 없으며, 진화적으로 유리한 것은 오로지 선택의 자유뿐이다. 그리고 이 모든 과정은 적응적이 아니어서, 인간과 환경 사이의 적합성이 조금도 향상되지 않는다. 인류가 이런 방향으로 진화한 이유는, 여성의 성적 자율성이 '남성의 성적 강제'로 인한 피해를 감소시켰기 때문이다. 그 결과 영아의 생존율이 증가하고, 여성의 직접적 피해가 감소하고, 개체군의 성장률이 증가했다.

인간의 진화에 대한 미적 리모델링·무장해제 가설은 사변적이지만 설득력이 높다. 이 가설은 적응적·생태적 설명이 부족한 인간의 특징들(예: 몸집의 성적 이형성 대폭 감소, 영아살해를 포함한 남성의 폭력적인 성적 강제 대폭 감소, 여성의 배우자선택 확대, 남성의 성적 장식물 진화)이 진화한 이유를 효과적으로 설명해준다. 그러나 이 가설을 검증할 수 있을까? 이 가설을 지지하거나 기각할 만한 증거가 있기는 한 걸까?

최우선적 과제는 (현실성은 차치하고라도) 이 가설의 이론적 실현 가능성을 확립하는 것이다. 나는 새뮤얼 스노Samuel Snow와 함께 수학적 유전모델을 이용하여, "형질과 선호의 유전적 변이가 주어졌을 때, '여성의 자율성을 우연히 향상시킨 형질 변이'가 정말로 진화할 수 있는지"를 따져보고 있다.[26] 물론 이 모델이 '인류의 진화사에서 그런 진화적 메커니즘이 실제로 작동했다'라는 증거를 제시하는 건 아니며, 단지 그랬을 개연성이 있음을 알려줄 뿐이다.

'인간 남성에게 여성의 미적 리모델링이 정말로 일어났다'라는 아이디어를 지지하는 가장 강력하고 현대적인 증거는 아마도 '평균적인 현대 여성의 짝짓기선호는 남성의 신체적 우월성과 관련된 형질 쪽으로 치우치지 않는다'라는 경향을 보여주는 데이터에서 오는 것 같다.[27] 8장에서 살펴본 바와 같이, 평균적인 여성은 남성성masculinity의 스펙트럼에서 중간, 즉 '체격이 호리호리하고, 근육량이 많지 않고, 이마가 널따랗지 않고, 얼굴과 몸의 털이 적당한 남성'을 선호한다. (여성들이 남성성을 드러내는 특징을 선호하지 않음에도) 이런 남성적 형질이 남성들 사이에 여전히 남아 있다는 것은, 다른 유전적 힘(아마도 남성 간 경쟁)이 '좀 더 남성적인 특징'을 선호하기 때문인 듯하다.

미적 무장해제 가설에 대한 그 밖의 상세한 검증은, 진화인류학자들이 미적 진화, 성적 자율성, 미적 리모델링이라는 개념을 도입하여 영장류의 비교행동학, 인간 진화의 화석기록, 진화고고학, 비교인류학을 분석한 연후에나 가능할 것으로 보인다. 현재로서 분명히 말할 수 있는 것은, "호미닌의 진화를 '남성 간 경쟁'과 '적응적·생태적 자연선택' 간의 상호작용으로 간주하는 지배적 견해가 부실하여, 인간의 인지적·사회적·문화적 복잡성이 진화하는 과정에서 일어난 핵심적 혁신을 설명할 수 없다"라는 것이다. "우리가 현재의 모습을 갖게 된 이유를 좀 더 잘 설명하려면, 여성의 미적인 배우자선택, 남성의 성적 강제, 여성의 성적 자율성이라는 요인을 인류의 진화사 연구에 포함해야 한다"라는 게 나의 지론이다.

나는 지금까지 '수정과 관련된 성 갈등', 즉 '자녀의 부권을 누가 결정할 것인가'라는 문제에 국한하여 인간의 성 갈등을 설명했다. 그러나 '자녀가 태어난 후 양육을 누가 담당할 것인가'와 '양친이 각각 얼마나 많은 에너지·시간·자원을 자녀양육에 투자할 것인가'라는 문제를 놓고서도 성 갈등이 일어날 수 있다. 남성이 자행하는 영아살해가 진화적으로 감소한 후(이를 여성의 이해관계와 관련된 첫 번째 중요한 혁신이라고 할 수 있다), 인간은 자녀양육을 둘러싸고 지속적인 성 갈등을 빚는 가운데 여성의 이해관계와 관련된 제2의 중요한 진전을 이루었다.

대부분의 구세계원숭이, 오랑우탄, 고릴라, 침팬지 수컷들은 기본적으로 자녀양육에 전혀 관여하지 않는다. 심지어 평화롭고 평등한 생활을 영위하는 보노보의 수컷 중에서도, 먹이를 나눠 먹는 것을 제외하면 딱히 양육 투자라고 부를 만한 노력을 찾아볼 수 없다(하지만 이 경우 먹이는 그룹 내의 모든 개체들 사이에서 자유롭게 공유되는 것이지, 특정한 가족의 배타적 소유물은 아니다). 이 모든 종의 암컷은 수컷에게 양육투자를 분담시키려는 투쟁에서 패배했다. 사실, 이 영장류 종들 가운데서는 양육투자를 둘러싼 성 갈등의 기미조차도 전혀 보이지 않는다. 왜냐하면 암컷들이 모든 양육투자를 전담하기 때문이다. 하지만 인간들은 그렇지 않다. 사실상 모든 인간 사회와 환경에서, 남성은 식생활, 경제적 자원, 보호, 혈연관계, 정서적 관계라는 형태로 실질적인 양육 투자를 분담한다. 따라서 인간 특유의 자녀양육 패턴인 협동적 자녀양육collaborative child care은 인간의 생식생물학과 관련된 제2의 중요한 혁신으로, 여기에는 진화적 설명이 필요하다.

남성의 영아살해를 감소시키거나 제거하는 데 충분한 성적 자율성을 획득한 후, 여성의 조상들은 다른 성 갈등 영역에서 추가적인 혜택을 확보하기 위해 배우자선택이라는 전가의 보도를 휘두르기 시작했다. 특히 여성의 선택은 '직접 감지할 수 있는 배우자감의 신체적 특징'을 넘어 '광범위한 사회적 성격과 사회적 관계'를 포함하고, 궁극적으로 남성의 양육투자를 진화시키기에 이르렀다. 이러한 개혁에는 섹스 자체의 미적 확장aesthetic expansion이 수반되어, 섹스는 좀 더 빈번하고, 오래 지속되고, 복잡하고, 다양하고, 쾌락적이고, 매력적이고, 생식과 덜 관련되고, (은폐된 배란 탓에) 부권이 모호하고, 새로운 정서적 내용과 의미를 갖게 되었다. 사교성이 뛰어나고 대인관계가 좋은 남성 배우자들이 여성들에게 선택됨에 따라, 남성들은 배우자와 자녀를 위해 새로운 재생산 투자(식생활, 보호, 협동적 사회관계)를 모색하는 방향으로 점차 진화했다. 궁극적으로 남성의 재생산 투자는 (까다로운 여성들의 비위를 맞추려는) 남성들 간의 경쟁을 통해 진화했고, 그로 인해 지속적인 성접촉기회와 (배우자유대에 수반하는) 사회적 관계를 얻게 되었다.

물론 자녀에 대한 남성의 재생산 투자는 자녀의 건강, 웰빙, 생존능력을 향상시켜, 그들이 성적으로 성숙하여 생식이 가능한 연령에 도달하도록 도와줄 것이다. 또한 배우자에 대한 남성의 재생산 투자는 여성의 생존, 웰빙, 생식능력을 향상시켜, 그녀의 출산 간격이 단축되고(참고로, 인간의 출산 간격은 다른 유인원들보다 상당히 짧다) 평생의 생식성과가 향상되도록 도와줄 것이다. 인간의 개체군 성장능력이 다른 유인원들을 크게 앞지를 수 있었던 것은, 바로 출산 간격 단축 덕분이었다. 따라서 남성의 자녀양육은 여성의 배우자 선택이 얻어낸 적응적이고 직접적인 혜택인 셈이다.

인류의 진화사를 돌이켜볼 때, 배우자선택은 이 단계에서 남녀 간의 일련의 사회적·정서적 상호작용을 고려하도록 진화했다. 이 기간에, 인간은 (적당한 배우자를 물색하는 데 중요한) 사회적·정서적·심리적 속성을 자세히 살펴보고 평가할 기회를 얻었다. 이러한 의미에서 볼 때, 지속적인 성적 유대가 발달한 것은 게임이론에서 말하는 엄격한 규칙에 따른 협상hardball, legalistic negotiation의 결과물이라고 할 수 없다. 나는 비非낭만적이고 공격적인 어구語句가 빼곡한 혼전계약서prenuptial agreement에 동의하지 않는다. 남녀가 사랑에 빠진다는 것은 그렇게 엄밀하게 설정된 규칙에 따르는 과정이라기보다, 상호 간의 사회적·인지적·신체적 유혹이 수반되는 심오한 미적 경험이다.

이러한 진화모델이 시사하는 바는 "인간의 배우자유대는 일부 문화이론가들이 주장하는 바와 달리, '여성의 생식자유에 대한 남성의 강제적 통제'를 통해 진화하지 않았다"라는 것이다. 다시 말해서, 인간의 배우자유대는 한 남성을 위한 하렘harem의 형태로 귀결되지 않았으며, 그보다는 차라리 '양육투자를 둘러싼 남성과의 성 갈등'에 대한 여성의 관심이 독특하게 발달함으로써 진화했다. 궁극적으로, 인간의 배우자유대란 미적으로 공진화한 사회관계이며, 남녀는 이를 통해 쌍방의 생식적 이해관계를 진보시켰다. 물론 인간의 배우자유대는 절대적이거나 신성불가침한 것이 아니다. 죽음이 두 사람을 갈라놓을 때까지 계속되는 일부일처제와 달리, 배우자유대는 자녀의 발육과 생존에 결정적이고 긍정적인 영향을 미칠 수 있을 만큼만 오래 지속되면 진화할 수 있다. 남성의 재생산 투자가 진화하던 중 어떤 시점에서 문화의 진화가 시작되면서 '일련의 사회적 복잡성 및 다양성으로 이루어진 종합세트'가 탄생했는데, 이것이 바로 배우자유대였다.[28]

가감 없이 사실 그대로 말하면, 인간의 자녀양육 진화는 진정한 빅딜이다. 수컷의 자녀양육은 포유류 전체에서는 일반적이지만 영장류에서는 극히 드물다. 그런데 다른 영장류와 달리 인류의 진화에서 부친의 양육paternal care이 특히 중요했던 이유는, 인간의 자녀가 성장하는 과정에서 다른 영장류들보다 더욱 복잡한 사회적·문화적·

인지적 발달 문제가 수반되고 성숙에 오랜 시간이 걸리므로, 여기에 너무나 많은 보살핌과 투자가 필요하기 때문이다. 영아살해라는 수수께끼가 해결된 후, 인류의 진화사에서 '인지적·문화적 복잡성의 기원'과 관련하여 가장 중요한 문제로 대두된 것은 '부친의 양육의 기원'이라는 게 나의 생각이다. 흥미로운 것은, 제2의 진화적 혁신으로 불리는 부친의 양육이 '성 갈등에 대한 여성의 관심 증가'와 밀접하게 관련되어 있다는 것이다.[29]

인류의 진화과정에서 여성의 배우자선택이 수행한 역할을 살펴보면, 내 이야기를 쉽게 납득할 수 있을 것이다. 남성의 성폭력, 성적 강제, 영아살해라는 진화적 도전들을 남성성masculinity의 미적 리모델링을 통해 해결한 여성들에게 돌아온 것은, 성적 자율성의 더욱 커다란 확대였다. 그러나 남성의 무장해제는 뒤이어 등장한 인간의 사회적·인지적·문화적 복잡성을 뒷받침한 핵심적 혁신일 수도 있다. 여성과 지속적인 관계를 맺으면서 생활하는 가운데, 덜 공격적이고 더 협동적인 남성들은 성장하는 자녀들을 위해 좀 더 안정적인 사회환경을 조성했을 것이다. 그로 인해 자녀들의 성장기간은 더욱 길어지고 모든 자녀들에 대한 투자도 더욱 증가했을 것이다(이러한 투자는 우리가 인간성의 증거로 높이 평가하는 지능, 사회적 인지능력, 언어, 협동, 문화, 물질문화, 기술과 같은 자질들이 진화하는 데 필요하다). 인간의 진화에 대한 이 같은 새로운 견해가 검증되려면 많은 연구가 필요하지만, 기각될 가능성은 의외로 높지 않을 것이다.

11. 호모 사피엔스의 호모-섹슈얼리티

《뉴요커》의 상징 격인 '침대 위의 커플'을 소재로 한 만화는 수십 년 동안 전적으로 이성애heterosexuality 커플만 묘사했었다. 그러나 미국의 많은 문화기관과 마찬가지로, 《뉴요커》는 게이와 레즈비언 커플들의 존재를 서서히 반영하여, 동성애 커플을 '침대 위의 커플' 만화의 소재로 간간이 다루기 시작했다. 초기 '침대 위의 동성애자 커플' 만화에 등장한 장면은, (기존 이성애 커플 만화에) 빈번히 묘사되던 이성애 커플의 섹스 후 장면(헝클어진 시트)에 비해 꽤 단정한 편이었다. 예컨대 '침대 위의 게이 커플'을 다룬 초기 만화 중 하나는, 이질적인 문화 간의 어색한 타협을 둘러싼 불안감을 통찰력 있게 조명했다. 그것은 1999년 윌리엄 해펠리William Haefeli가 그린 기발한 만화로, '게이 커플들도 한 침대에 같이 눕는다'라는 당연한 사실을 공론화하는 게 주목적이었다. 만화의 배경은 대형 백화점의 전시실인데, 그 속에는 많은 매트리스가 진열되어 있다. 그중 제일 작은 매트리스 하나에는 두 명의 남성들이 겨울용 오버코트를 단단히 챙겨 입은 채 나란히 누워 있다. 한 남성이 파트너에게 이렇게 말한다. "아무래도 퀸 사이즈 매트리스를 보여달라고 해야 할까 봐. 소문에 의하면, 매트리스의 크기가 클수록 더 많은 판매사원들의 시선을 끈다고 하지만 말이야."

이 책의 앞 장에서 인간의 섹슈얼리티 진화를 다룬 부분들을 읽어보면, 《뉴요커》의 전통적인 만화들과 마찬가지로 이성애적 개념이 인간의 본성과 맞닿아 있음을 강조하는 것으로 비칠 수 있다. 이성애 중심적 개념을 요약하면 "이성애는 인간이 천성적으로 타고났으며, 진화적으로도 논리가 맞는 유일한 성행동이다"라는 것이다. 그러나 성적 선호sexual preference의 다양성은 인간의 유서 깊은 특징으로, 인간의 욕구를 자연사적 관점에서 바라본 모든 문헌에서 그 근거를 발견할 수 있다.

성적 다양성은 기존의 진화적 설명에 대해 분명한 이의를 제기한다. "생식(정자와 난자의 만남)과 직접적으로 관련되지 않은 성행동을 진화적으로 어떻게 설명할 수 있을까?" 최근 부상하고 있는 미적 진화 이론의 가장 흥미로운 점 중 하나는 '인간 성적 욕구의 다양성'이라는 풀리지 않는 미스터리에 한 줄기 빛을 비출 수도 있다는 것이다. 성적 욕구의 다양성이 발생한 기원을 이해하려면, 특히 개인의 주관적 욕구(즉, 성적 매력에 대한 개인적인 미적 경험)가 진화한 과정에 집중할 필요가 있다.

나는 여기서 성정체성sexual identity(즉, 이성애, 동성애, 양성애 등의 개념적 범주)의 진화를 논하지는 않을 예정이다. 사실 "성행동은 한 개인의 정체성에 대한 표지marker 또는 정의defenition다"라는 생각은 매우 현대적인 문화 발명품으로, 그 역사는 150년에 불과하다. 성행동을 성정체성의 관점에서 바라보는 데 익숙한 사회에서 살고 있다 보니, 우리는 '성정체성이라는 범주가 생물학적으로 실재하므로 과학적 설명이 필요하다'라고 생각하는 경향이 있다.[1] 문제는, 동성애의 기원에 대한 과학적 연구가 사회적 구성social construct의 진화를 설명하는 데 골몰한다는 것이다. 미시간대학교의 영문학 교수 데이비드 할페린David Halperin이 지적한 바와 같이, 동성애의 진화에 대한 이론을 제시한다는 것은 힙스터hipster나 여피yuppy•의 등장에 관한 이론을 제시하는 것과 근본적으로 다르다. 분명히 말하지만, 동성애의 진화를 장황하게 다룬 기존의 과학 문헌들은 이 이슈를 대부분 잘못 다룸으로써, 결과적으로 스스로의 논리적 기반을 약화시키는 실수를 범했다.[2]

그러므로 나는 이 책에서 인간의 동성 간 성행동same-sex sexual behavior의 생물학적·진화적 역사를 제대로 탐구하려 한다. 나는 특히 '침팬지와 공통조상에서 갈라진 후'부터 '성정체성의 현대문화적 구성modern cultural construction이 등장하기 전'까지(진화적 맥락 2, 348페이지 참고) 인간의 성적 욕구와 행동이 진화적으로 변화한 과정을 탐구하

• '힙스터'는 1940년대 주류문화로부터 도피하여 흑인 비밥 재즈에 열광하면서 그들의 패션과 라이프스타일을 모방했던 젊은이들 또는 그러한 하위문화를 말한다.
'여피'는 도시 근교에 살면서 고등교육을 받고 전문직에 종사하며 고수익을 올리고, 주말에는 본인의 취미와 여가를 마음껏 즐기는 젊은 인텔리들을 말한다.

고 싶다. 그러나 논의를 시작하기 전에 분명히 못 박아둘 것이 있다. 설사 정자와 난자가 만나지 않더라도, 모든 동성 간 성행동은 (키스나 포옹, 구강성교 등 여타 비생식적 행동과 마찬가지로) 여전히 섹스라는 사실을 명심해야 한다.[3]

동성 간 성행동에 전적으로 몰입하는 사람에서부터, 그런 행동을 일상적으로, 간혹, 드물게 하는 사람, 이성 간opposite-sex 성행동에 전적으로 몰입하는 사람에 이르기까지, 인간의 성적 선호는 하나의 연속체continuum를 형성한다. (성적 선호 이외에 수많은) 여타 복잡한 인간 형질과 마찬가지로, 인간의 성적 선호에 대한 유전적 영향들은 상이한 유전자에 일어난 각자 다른 유전적 변이genetic variation에서 유래하며, 인간이 성장하는 과정에서 '유전적 변이들 상호 간' 또는 '유전적 변이와 환경 사이'에서 복잡한 상호작용이 일어난다. 그러니 결과적으로 나타나는 성적인 선호·매력·욕구·행동 반응은 크게 달라질 수밖에 없다. '특정한 개인을 변이의 연속체상에서 어디에 배치할 것인지'는 수많은 유전적 영향과 수많은 사회적·환경적·문화적 영향의 조합combination에 달려 있다.[4]

오늘날 '인간의 섹슈얼리티 진화'를 다룬 과학 문헌들의 근본적 문제점은, "섹슈얼리티는 진화를 막다른 골목에 몰아넣는다"라는 기본 가정 위에서 논의를 시작한다는 것이다. 사실 현대적인 성정체성 개념이 도입되기 전까지만 해도 '동성 간의 선호가, 낮은 생식성과 reproductive success와 관련되어 있는지' 여부는 매우 불투명했다. 하지만 인간은 섹스에 있어서 좀 더 빈번한 횟수, 좀 더 긴 지속시간, 좀 더 많은 쾌락을 지향하도록 진화해왔으며, 그 방법의 다양성 면에서도 유인원 조상을 훨씬 능가한다. 그 결과로 나타난 성행동 중에는, 생식에 직접 기여하지 않지만 생식성과와는 완벽히 부합하는 것들이 많다. 구강성교를 하는 이성애자의 생식성과가 구강성교를 하지 않는 사람보다 낮을까? 그건 매우 어리석은 질문임이 틀림없으며, 그런 생각을 할 이유가 전혀 없다. 동성 간의 행동을 고려할 때도 이와 비슷한 이슈가 제기된다. 그러나 '성적 매력에 대한 주관적 경험'의 진화적 기원, 다양성, 문화성을 고려하지 않고 무턱대고 진화적 설명을 들이대려고 시도함으로써, 기존의 진화적 연구 중 상당수가 좋은 기회를 놓치고 말았다.

동성 간 성행동에 관한 진화 이론들은 대부분 오늘날까지 '생식성과 감소에 대한 적응적 해법adaptive solution'이라는 논리를 내세워 동성 간 성행동을 설명해왔다. 예컨대 널리 인정된 가설에 따르면, "동성 간 선호를 지닌 개인들은 대가족extended family 내 다른 구성원들의 생존 및 생식성과에 기여할 수 있다"라고 한다. 이를 혈연선택 가설kin selection hypothesis이라고 하는데, 그 핵심은 "동성 간의 행동이 이어지는 이유는, 동성 간 선호를 지닌 비생식개체nonreproductive individual들이 어린 형제자매, 조카, 조카딸, 삼촌 등을 보살피는 데 실질적으로 기여하기 때문"이라는 것이다. 이런 도우미 삼촌(또는 숙모)들Helpful Uncles or Aunts은 친척들과 유전자를 공유하므로, 동성 간의 선호에 기여한 유전자의 복사본이 다른 대가족 구성원을 통해 간접적으로 다음 세대에게 전달될 수 있다.

'도우미 친척' 가설의 문제점은 동성 간 끌림same-sex attractiveness과 '친척의 자녀들을 양육하는 데 도움이 되는 성향' 간에 명확한 상관관계가 존재하지 않는다는 것이다. 또한 혈연선택 가설은 진화적 설명을 필요로 하는 가장 핵심적인 사실, 즉 인간의 성적 욕구의 다양성을 설명하는 데 완전히 실패했다.[5]

간단히 말해서, 동성 간 성행동 자체가 친척의 자녀들에 대한 생식투자에 기여한다는 주장을 입증하는 증거는 전혀 없다.[6] 그런 투자가 이루어지는 좀 더 직접적인 경로는, 성행동에 전혀 참여하지 않는 무성생식개체asexual individual가 진화하는 것이다. 개미와 벌 사회에 존재하는 노동자 계급처럼 말이다. 그러나 성적 욕구의 부재不在는 동성 간 성행동에서 설명될 필요가 있는 페로몬과 정면으로 배치된다. 혈연선택 가설은 '성적 욕구 자체의 다양성이 계속 진화하며 존속해온 메커니즘은 뭘까?'라는 핵심적인 의문에 답변하는 데 실패했다.[7]

나는 이 시점에서 다음과 같이 제안하고자 한다. "앞의 세 장에서 살펴본 많은 성적 형질 및 행동들과 마찬가지로, 인간의 동성 간 성행동은 여성의 배우자선택을 통해 진화한 메커니즘이며, 여성의 성적 자율성을 증가시키고 (수정과 자녀양육을 둘러싼) 성 갈등을 감소시키는 기능을 수행했다."[8] 이러한 미학적 가설에 따르면, 인간사회에 동성 간 성행동이 존재한다는 것은 수컷의 성적 강제라는 유인원의 고질적 문제에 대한 또 하나의 진화적 반응이라고 할 수 있

다. '인간의 모든 동성 간 성행동들은 여성들에게 좀 더 많은 성적 자율성과 선택의 자유를 부여하기 위해 진화했다'라는 것이 나의 생각이지만, 여성의 동성 간 성행동과 남성의 동성 간 성행동은 별도로 다루는 게 좋을 것 같다. 왜냐하면 각각의 구체적인 진화 메커니즘이 상당히 다르기 때문이다.

인간의 동성 간 성행동의 진화과정을 살펴보기에 앞서서, 우리는 영장류의 중요한 사회적 습관을 한 가지 이해할 필요가 있다. 그것은 '성적으로 성숙한 연령에 도달했을 때 출생그룹natal group을 떠나는 성性이 어느 쪽인가에 따라 영장류의 사회적·성적 활동이 크게 좌우된다'라는 것이다. 젊은 성체adult가 하나의 사회그룹을 떠나 다른 그룹으로 이주하는 것은 근친교배inbreeding를 방지하기 위해 필요하다. 많은 영장류 종들은 포유류의 전통적인 이주패턴을 답습하여, 성숙한 수컷이 다른 사회그룹들로 퍼져나가고 성숙한 암컷은 출생그룹에 그대로 머무른다. 그러나 아프리카유인원과, 몇몇 다른 구세계원숭이들은 정반대의 패턴, 즉 암컷이 다른 사회그룹들로 퍼져나가는 방식을 진화시켰다.[9]

인간의 경우에도 여성이 다른 가문으로 출가出家하는 생활풍습은 조상으로부터 대대로 내려온 전통이며, 오늘날 전 세계 많은 문화권에서 여전히 계속되고 있다. 이로 인해 초래되는 기본적 결과는, 젊은 암컷 유인원들이 새로운 사회그룹에 편입되기 위해 출가할 때 출생그룹의 사회연결망social network과 단절된다는 것이다. 따라서 '암컷이 출가하는 사회'에 속하는 영장류 암컷들은 누구나 심각한 사회적 불이익을 무릅쓰고 성생활을 시작한다. 기존에 형성된 사회연결망이 없어, 수컷의 성적 강제와 사회적 협박을 맨몸으로 견뎌내야 하니 그럴 수밖에. 출가한 암컷들은 성적 강제의 다양한 위험을 완화할 요량으로 사회연결망을 새로 구축해야 한다.

설사 암컷이 출생그룹에 머무르더라도, 방어적인 사회연결망을 형성할 필요성은 상존한다. 예컨대, 영장류학자 바버라 스머츠Barbara Smuts 등의 관찰연구에 따르면, 개코원숭이 새끼 암컷들이 수컷 친구들의 도움을 받아 영아살해를 일삼는 수컷들의 위협에서 벗어난다고 한다.[10] 생물인류학자 조앤 실크Joan Silk와 동료들은 보다 최근에, 암컷 간 우정female-female friendship이 영아살해를 비롯한 각종 위협에서 서로의 새끼들을 보호하는 데 기여한다고 보고했다.[11]

인간 여성들도 영장류 암컷들과 마찬가지로 우정을 이용하여 이 같은 상호 지원적·방어적 사회연결망을 형성하는 것으로 보인다. 따라서 나는 인간 여성의 동성 간 성행동이 진화한 메커니즘에 대해 다음과 같은 가설을 제안한다. "성숙한 여성들은 출생그룹(친정)을 떠날 때 상실한 사회연결망을 만회하고 새로운 여성 간 사회적 연대를 구성·강화하기 위한 방법으로 동성 간 성행동을 진화시켰다." 동성 간 성행동에 대한 여성의 선호에 자연선택이 작용하여 더욱 강력한 사회적 유대가 형성되자, 그녀들은 남성의 성적 강제(예: 영아살해, 폭력, 사회적 협박)를 더욱 효과적으로 방어할 수 있게 되었다. 나의 가설에 따르면, 여성의 동성 간 성행동은 '생식에 대한 남성의 강제적 주도권 행사'에 수반되는 직·간접적 비용에 대처하기 위한 방어적·적응적·미적 반응이다. 그것이 방어적인 이유는, 여성의 생식성과에 부과되는 성적 강제의 비용을 직접 완화하기 때문이다.

그것이 적응적인 이유는, 성적 강제의 직접비용(폭력과 영아살해)과 간접비용(여성의 배우자선택 제한, 강제적 수정)이 여성의 선호에 대한 자연선택을 통해 모두 최소화되기 때문이다.

인간 남성의 동성 간 성행동도 인간 여성의 동성 간 성행동과 마찬가지로 여성의 성적 자율성 향상을 위해 진화했지만, 그 메커니즘은 다르다. 나는 "남성의 동성 간 성행동이 (6, 7, 10장에서 살펴봤던) 남성성masculinity의 미적 리모델링 과정의 확장을 통해 진화했다"라고 제안한다. 나의 미적 진화가설에 따르면, 여성의 배우자선택은 남성의 신체적 특징뿐만 아니라 사회적 형질에도 작용한다. 1차적으로 남성의 행동을 리모델링한 다음, 2차적으로 남성 간 사회관계를 개혁하는 것이다. 다시 말해서, 여성들이 애초에 배우자들에게 원했던 심미적·사교적 성격형질personality trait이 남성의 광범위한 성적 욕구(예: 남성의 동성 간 선호 및 성행동)가 진화하는 데 부수적으로 기여한 것이다.

하나의 개체군에서 동성 간 성행동이 등장한 후, 여성의 성적 자율성은 여러모로 향상되었을 것이다. 첫째로, 하나의 사회그룹 안에서 비교적 소수의 남성이 동성 간 이끌림 성향을 나타냈더라도, 그것은 사회환경에 상당한 변화를 초래했을 것이다. 일부 남성들이 동성 간 성적 선호를 진화시키자 남성의 성적 배출구sexual outlet가 확대되어, 여성을 성적·사회적으로 지배하고자 하는 남성들의 관심과 투자가 감소했고, 남성 간 성적 경쟁의 열기가 수그러들었을 것이다. 서로 성적 경쟁자인 남성들이 동성애 파트너인 경우도 있었을 텐데, 만약 그랬다면 그들의 생식성과가 감소하지 않으면서 상호 간의 경쟁이 더욱 최소화될 수 있었을 것이다. 내가 정말로 제안하고 싶은 것은 "남성의 성적 선호가 진화적으로 변화한 특별한 이유는, 동성 간 선호와 관련된 형질을 보유한 남성들이 여성들에 의해 배우자로 선호되었기 때문"이라는 것이다. 만약 그렇다면 그들의 생식성과가 감소할 이유는 전혀 없었을 것이다. 어차피 인간의 성행동 대다수가 생식과 무관하도록 진화하여 여성의 짧은 가임기brief fertile period라는 제한이 무의미해진 이상, 동성 간 이끌림 성향은 성행동의 개념과 사회적 기능을 더욱 확대한 것에 불과하다고 간주할 수 있다.

둘째로, 남성의 동성 간 성행동은 성행동의 맥락 밖에서도, 남성들 사이에서 덜 공격적이고 더 협동적인 사회관계의 진화를 촉진했을 것이다. 이러한 동성 간 관계는 협동적 사냥과 방어를 비롯하여 쌍방에 이득이 되는 그 밖의 사회행동에 기여했을 것이다. 인간의 자기가축화 가설이 등장한 것은 바로 이런 사회행동들을 설명하기 위해서라고 할 수 있다(10장 참고).

셋째로, (광범위한 성적 선호와 관련된) 남성의 형질과 함께 여성의 미적 선호가 공진화함에 따라, 미적 리모델링 과정은 두드러진(또는 심지어 배타적이기까지 한) 동성 간 선호를 보유한 소수의 남성을 탄생시켰을 것이다. 뒤이어, 이 소수파 남성들은 여성을 지지하고 보호하는 비非성적 관계nonsexual relationship가 형성되는 데 기여했을 것이다. (물론, 성정체성이라는 개념이 발명되기 이전의 '성적 선호의 배타성'에 대한 논란은 아직 종결되지 않았다.) 만약 성적 선호에 대한 유전적 영향이 (다른 복잡한 형질들과 마찬가지로) 서로 다른 수많은 유전자들에 일어난 작은 변이들이 결합한 결과라면, 어떤 남성들은 (여성들이 매력적으로 느끼는) 사회적 행동 형질과 관련된 다양한 유전적 변이들을 평균보다 많이 물려받았을 것이다. 이런 남성들은 결과적으로 성적 선호의 연속체의 말단에 자리 잡거나, 두드러지거나 배타적인 동성 간 선호를 보유한 채 같은 사회그룹에 속한 여성들과 비생식적·비경쟁적·비강제적인 사회연대를 맺었을 것이다. 개코원숭이의 경우 이런 식의 남녀 간 우정은, 암컷을 수컷들의 물리적 공격으로부터 보호하고 영아살해를 방지하며, 그룹 내의 사회연결망에서 암컷과 그 새끼들의 권익을 증진한다.[13] 따라서 나는 이렇게 제안한다. "두드러진 동성 간 선호를 보유한 남성과 여성의 연대(우리는 이것을 '동성애자 남성-이성애자 여성 간 우정gay-male-straight-female friendship'이라고 부른다)는 인간의 성적 다양성을 여실히 보여주는 특징이며, 우연적인(또는 순수하게 문화적인) 특징이 아니라 나름의 기능을 수행하는 진화적 결과물이다."[14]

동성 간 선호의 진화에 기인하는 '남성의 생식성과 하락'은 진화를 막다른 골목에 몰아넣지 않는다. 왜냐하면 애초에 배우자선택 게임에서는 승자와 패자가 늘 있기 마련이며, 여성의 배우자선택이 '남성의 생식성과의 다양화'를 초래하기 때문이다. 동성 간 선호로 인해 남성의 생식성과가 감소할 가능성이 있다는 것은, 남성의 동성 간 선호가 '남성을 위한 적응'으로서 진화한 게 아니라 '여성의 성적 자율성 향상'을 위해 진화한 것임을 증명할 뿐이다.

나는 10장에서 "여성의 미적 리모델링은 남성성의 진화를 통해 여성의 선택 자유를 확대함으로써, 인간의 진화에 큰 영향을 미쳤다"라는 가설을 제안했다. 나는 남성의 동성 간 성행동이 진화한 것도 같은 선상에서 볼 수 있다고 생각한다. 다시 말하지만, 이러한 가설은 "남성의 동성 간 성행동이 (여성이 사회적·물리적으로 지배할 수 있는) 나약하고 수동적이고 여성적이고 무기력한 남성에 대한 여성의 선호를 통해 진화했다"라고 시사하지 않는다. (물론, 여성의 그런 짝짓기선호가 미래에 남성들의 '여성들을 지배할 수 있는 능력'을 감소시키긴 하겠지만 말이다.) 그보다는 차라리, 여성의 이러한 선택 메커니즘은 남성의 강제적 성적 지배의 효율성을 전반적으로 떨어뜨려, 장차 '배우자선택으로 인한 수정'이 전체 수정에서 차지하는 비율을 증가시키게 될 것이다. 역사상 가장 낮은 수준으로 떨어진 '성적 강제로 인한 수정'의 비율은 여성 선택의 성공 가능성을 높여, 성적 자율성을 눈덩이처럼 부풀리는 결과를 초래할 것이다.

남성의 동성 간 성행동에 관한 미적 진화 진화이론이 "동성에 대한 뚜렷한 지향을 지닌 남성은 다른 남성들과 다른 신체적·사회적 성격특성을 지니고 있다"라고 암시하는 것은 아니다. 미적 진화 이론은 그와 정반대로, "남성 동성애자들에게는 유별난 점이라고는 전혀 없다"라고 주장한다. 왜냐하면 동성 간 선호와 더불어 진화한 특징들이 남성성이라는 포괄적 특징을 구성하는 전형적 요소이기 때문이다. 따라서 배타적인 동성 간 성적 선호를 지닌 개인들은 동성 간 욕구가 배타적이어서 독특한 것이지, 동성 간 욕구를 갖고 있어서 독특한 것은 아니다.

물론 인간의 동성 간 성행동에 관한 미적 진화 이론은 매우 사

변적이다. 그러나 이 사변에 나름의 근거가 있다고 생각한다. 그에 반해 적응 이론은 인간의 동성 간 성행동이라는 문제의 기본적인 중요성을 고려하지 못한 나머지 너무 안이하고 피상적으로 접근했다는 인상을 준다. 그 결과 적응적 설명은 인간의 섹슈얼리티에 대한 대중문화적 담론에 악영향을 미쳐, 인간을 '자율적이고 당당한 성적 주체sexual subject'가 아니라 '결함을 지닌 성적 객체sexual object'로 간주하는 경향을 부추겼다. 분명히 말하지만, 이 문제를 제대로 다룰 새로운 진화 이론이 절실히 필요하다.

이에 나는 적응 이론에 대한 대안으로 미적 진화 이론을 제시하고, '이론적 타당성'과 '(인간과 비인간 동물의 섹슈얼리티에 관한) 현행 데이터와의 일치 여부'를 검토함으로써 미적 가설을 검증하려고 한다. 먼저 그 가정의 현실성을 검토함으로써, 이론적 타당성을 평가해보기로 하자. 예컨대, 미적 진화 이론은 "'성적 선호'와 '성적 선호와 관련된 행동'에는 유전성 변이heritable variation(상속 가능한 유전적 변이)가 존재할 것"이라고 가정한다. 인간의 다른 사회적 행동형질들과 마찬가지로, 두드러진 동성 간 성적 선호(즉, 자각된 동성애self-identified homosexuality)는 유전율이 높다.[15]

여성들의 동성 간 성행동의 경우, 사회적 연대의 진화에 대한 자연선택 메커니즘의 타당성은 일반적으로 잘 정립되어 있다. 그러므로 내가 제시하는 가설은 잘 알려진 진화 메커니즘을 새로운 맥락에 적용할 뿐이다.

그러나 '여성의 배우자선택이 남성의 사회행동을 진화시킴으로써 여성의 성적 자율성을 확대할 수 있다'라는 가설은 새로운 아이디어다. 나는 새뮤얼 스노와 함께 수학적 유전 모델을 개발하고 있는데, 그 목적은 바우어새, 마나킨새, 인간의 사례를 바탕으로 제안된 미적 리모델링 메커니즘의 유효성을 확립하는 것이다. 이 모델이 완성되면, 특정한 현실적 가정하에서 작용하는 진화 메커니즘을 확립할 수 있을 것이다.

미적 이론에 따르면, 여성의 배우자선택은 남성의 사회행동을 개조하여 '여성과의 사회적 상호작용'이라는 틀을 넘어서게 하는데, 이는 집단적 구애행동을 하는 새들에서 발견된 과정과 정확히 일치한다. 예컨대, 암컷 마나킨새의 배우자선택은 수컷의 사회적 경쟁을 본질적으로 바꿔, 브로맨스를 로맨스 성공을 위한 열쇠로 만들었다. 인간 남성에게서 발견되는 동성 간 성행동은 이러한 '암컷에 의해 추동되는 수컷의 사회관계의 미적 리모델링'의 또 다른 형태이자, '수컷의 성적 강제'라는 문제에 대한 또 다른 진화적 해답이라고 할 수 있다.

'인간의 동성 간 성행동이 반反강압적·사회적 기능을 수행한다'라는 가설을 입증하는 강력한 증거는 보노보에서 발견된다. 보노보는 계통수상에서 우리와 가장 가까운 친척 중 하나로, 빈번하고 자유분방하고 (광범위한 동성 간 성행동을 포함하여) 대체로 비생식적인 섹스nonreproductive sex로 유명하다. 보노보들의 섹스는 다양한 종류의 사회적 갈등(특히 식량을 둘러싼 갈등)을 중재하는데, 그래서 그런지 보노보 사회는 눈에 띄게 평등하고 평화적이다. 암수 보노보의 현격한 신체적 차이는 인간보다 두드러지지만, 보노보 사회는 거의 완벽한 '성적 강제의 부재'로 유명하다.[16] 따라서 보노보는 다음과 같은 가설들을 증명한다. (1)동성 간 성행동은 영장류 수컷의 성적 위계질서와 성적 통제를 약화시킨다. (2)암컷의 동성 간 성행동은 암컷의 사회적 연대를 강화함과 동시에 수컷들 간의 성적·사회적 경쟁을 감소시킨다. (3)수컷의 동성 간 성행동은 경쟁을 완화하고 그룹의 사회결속을 강화한다. 그러나 이 같은 사회기능의 유사성에도 불구하고, 보노보의 동성 간 성행동은 인간과 무관한, 매우 다른 메커니즘을 통해 진화했다.

동성 간 성행동의 진화에 대한 미적 가설은 '보노보 및 침팬지와 공통조상에서 갈라진 이후 인간의 섹슈얼리티가 정교하게 진화했다'라는 우리의 지식과도 부합한다. 고릴라와 침팬지는 암컷과의 가능한 성적 기회를 전혀 마다하지 않지만, 그 기회는 짧은 가임 기간에만 주어질 뿐이다. 그에 반해 인간 남성은 성적으로 까다로울 뿐 아니라 짧은 배란기간이라는 맥락을 벗어난 섹스에도 관심이 있다. 또한 다른 유인원 암컷들은 배우자선택권을 거의 행사하지 못하지만, 인간 여성은 매우 까다롭게 선택하도록 진화했다.

인간의 성행동에서는 그 밖에도 많은 진화적 변화가 관찰된다. 인간의 빈번한 성행동은 여성의 가임기라는 제한된 기간을 벗어난 것은 물론, 감각적·정서적 콘텐츠가 넓어지고 깊어졌다. 인간의 성행동은 생식기능과 사회기능에 이어, 동성 간 관계에서도 기능을 수행하도록 영역을 계속 확장해온 것으로 보인다. 또한 '은폐된 배란의 진화'와 '성적 쾌락의 광범위한 미적 진화'는 성행동을 생식으로부터 더욱 멀찌감치 떼어놓았다.

인간의 동성 간 성행동 진화에 대한 종래의 이론들은 남성의 동성 간 성행동에만 집중하거나, 여성과 남성의 동성 간 성행동을 뭉뚱그려 하나의 현상으로 간주하는 우를 범했다. 그와 대조적으로, 미적 가설은 "남성과 여성의 동성 간 성행동의 메커니즘은 각각 다르다"라고 제안한다. 남녀의 동성 간 성행동 메커니즘이 각각 다르다면, 우리는 "두 가지 동성 간 성행동의 빈도와 사회적 기능도 다를 것"이라고 예측할 수 있다.

예컨대 남성의 동성 간 성행동은 성선택을 통해 진화했으며, 그 혜택을 누리는 쪽은 남성이 아니라 여성이다. 따라서 그로 인해 비생식적 개인이 진화할 가능성은 진화의 막다른 골목이 아니라 성선택의 예견된 결과라고 할 수 있다. 그와 대조적으로, 여성들의 동성 간 선호(여성 간 연대 형성)는 자연선택을 통해 진화했으며, 여성의 생식성과를 유의미하게 감소시키지 않을 것이다. 그렇다면 배타적인 동성 간 선호를 보유한 개인(게이와 레즈비언)의 빈도는 여성보다 남성에서 훨씬 더 높게 진화할 것으로 예측된다. 실제로 이러한 예측은 "남성 중 게이의 빈도는 여성 중 레즈비언의 약 두 배"라는 데이터에 의해 뒷받침된다.[17]

미적 리모델링 메커니즘의 가설에 따르면, 남성의 동성 간 선호와 관련된 신체적·사회적 성격특성이 진화한 이유는 '그 특성이 여성들에 의해 선호되기 때문'이다. 결과적으로, 비록 동성 간 선호의 진화가 일부 남성들의 생식성과를 감소시킬 수 있다 하더라도, 그 원인은 '동성 간 선호의 배타성' 때문이지 '여성 배우자를 매혹하는 데 실패'했기 때문은 아닐 것이다. 앞에서도 지적했듯이, 배타적인 동성 간 선호를 가진 남성에게는 유별난 점이 전혀 없다. 왜냐하면 동성 간 선호와 더불어 진화한 특징들이 남성성이라는 포괄적 특징을 구성하는 전형적 요소이기 때문이다. 이러한 예측은 8장에서 언급한 데이터들과도 부합하는데, 그 데이터에 따르면 여성들은 남성성이라는 연속체의 중간 어디쯤 속하는 신체적 특징을 가진 남성을 선호한다.[18] 또한 이 예측은 "두드러진 동성 간 선호를 보유한 대부분의 남성들은, 원하기만 하면 언제든지 여성 배우자를 얻는 데 성공할 수 있다"라는 주장과도 일치한다.

또한 성적 자율성 가설에 따르면, 폭넓고 비非배타적인 동성 간 성적 끌림sexual attraction은 인간 사회에서 (보편적이지는 않지만) 매우 흔하게 나타날 것으로 예상된다. 이 예상을 검증하기는 어려운데, 그 이유는 많은 문화권들이 동성 간 성행동을 오랫동안 도덕적·사회적으로 비난해온 내력을 갖고 있기 때문이다. 그럼에도 불구하고 오늘날 많은 사람이 그토록 강력한 문화적 금기에 구애받지 않고 행동하려 하는 이유는 아직 알 수 없다. 그러나 '동성 간의 끌림이 상당히 흔하다'라고 믿을 만한 근거는 충분하다. 예컨대, 앨프리드 킨제이Alfred Kinsey는 1940년대와 1950년대에 남녀 각각 5,000여 명을 대상으로 벌인 조사에서, "37퍼센트의 남성과 13퍼센트의 여성이 '오르가슴에까지 이르는 동성 간 성행동'을 경험한 적이 있다"라고 보고했다.[19] 킨제이의 표본이 미국인 전체를 대표하는 것은 아니지만, "사람들이 '동성 간 끌림'과 '동성 간 성적 경험'을 느끼는 빈도는, '배타적인 동성 간 선호 보유자'임을 스스로 인식하는 사람들의 비율보다 훨씬 더 높다"라는 주장을 뒷받침하는 증거를 제시한 것은 분명하다. 결론적으로 말해서, 동성 간에 끌릴 수 있는 생물학적 능력은 남녀 모두에게 광범위하게 분포된 것으로 보인다.[20]

더욱이, 동성 간 성행동을 비난하거나 억누르지 않는 특정 문화권과 기관에서는 동성 간 성행동이 흔히 일어난다. 예컨대 페미니스트이자 문화인류학자인 글로리아 웨커Gloria Wekker는 수리남 파라마리보의 도시·노동자·크리오요 문화권에서 실시한 매력적인 연구에서, "여성의 4분의 3이, (자신들이 낳은 자녀의 아버지인) 남성과 장기적으로 성적 관계를 유지함과 동시에, 동성 간의 성적 동반자관계 또한 맺고 있다"라고 보고했다.[21] 이 같은 동성 간 관계를 맺고 있는 여성들은 파트너 상호 간에 협동적 양육, 정서적 지원, 성적 쾌락을 긴밀히 제공하는 것으로 알려졌다. 이 같은 동성 간 성행동은 동성들만으로 이루어진 개체군이 수용된 기관(예: 교도소, 기숙학교)에서 더욱 빈번하게 나타나는데, 그 이유는 그런 기관들에서는 동성 간 성행동에 대한 제재制裁가 느슨해질 수 있기 때문이다.

또한 미적 이론에서는 "여성들은 '두드러진 동성 간 성적 선호를 가진 남성'과의 우정과 사회연대를 통해 자신의 성적 자율성을 향상시킬 수 있다"라는 가설을 제시한다. 성性, 성정체성, 현대 인간문화에서의 사회관계의 복잡성을 고려할 때 이 가설을 검증하기는 어렵지만, 우리는 그런 우정이 우리 문화에서 특별한 종류의 사회관계로 흔히 인식된다는 것을 알고 있다. 오랫 동안 인기를 누렸던 NBC의 TV쇼 〈윌 앤 그레이스Will & Grace〉의 핵심은, 한 집에 사

는 동성애자 변호사 윌과 이성애자 여성 인테리어 디자이너 그레이스 간의 지속적인 우정이었다. 그런데 '동성애자 남성-이성애자 여성 간 우정'은 서구문화 고유의 현상이 아니다. 1992년의 일본 영화 〈오코게おこげ〉는 동성애자 남성 커플과 젊은 이성애자 여성 사무직 노동자 간의 우정에 관한 스토리였다. 영화의 제목은 '동성애자 남성을 좋아하는 이성애자 여성'을 지칭하는 속어 오코게(누룽지)● 에서 유래한다. 심지어 이런 속어가 존재한다는 사실만 봐도, 그런 현상이 서구문명에서와 마찬가지로 일본에서도 널리 인식되고 있음을 방증한다.

그러나 내가 아는 범위에서, '동성애자 여성-이성애자 남성 간 우정'의 상징적 사례는 없다. 〈윌 앤 그레이스〉와 대조적인 커플이 등장하는 쇼, 예컨대 로지 오도넬Rosie O'Donnell과 실베스터 스탤론Sylvester Stallone이 출연하는 〈로지 앤 로키Rosie & Rocky〉는 방영되지 않았다. 그리고 그런 관계가 이성애자 남성이나 동성애자 여성에게 어떤 이득이 된다는 내용의 진화적 가설도 존재하지 않는다. 그러나 우리는 그런 관계를 좀 더 검토해보기 위해, '동성애자 남성-이성애자 여성 간 관계의 본질과, 실존인물들의 생활에서의 각각의 역할'에 관한 사회학적·심리학적 연구를 신중히 수행할 필요가 있다.

마지막으로, 동성 간 성행동의 진화를 '성폭력 감소의 메커니즘'으로 간주하는 미적 가설에 따르면, 동성 간 성행동을 하는 남성은 이성 간 성행동을 하는 남성에 비해 성적 강제, 성폭력, 가정폭력을

● 누룽지처럼 동성애자에게 달라붙는 존재라는 뜻.

덜 저지를 것으로 예상된다. 이 문제와 관련된 데이터는 고무적이다. 2010년 발표된 「친밀한 파트너와 성폭력에 관한 전국 실태조사 The 2010 National Intimate Partner and Sexual Violence Survey」에서, 동성 간 성행동의 남성 파트너가 평생 경험하는 성폭력(예: 파트너에 대한 강간, 물리적 폭력, 스토킹)의 빈도는 이성 간 성행동의 여성 파트너보다 유의미하게 낮은 것으로 보고되었다.[22]

내가 제안하는 진화모델은 "동성 간의 이끌림·선호·행동에는 유전적 다양성이 존재한다"라고 가정한다. 그러나 많은 사람에게 유전학과 성적 선호라는 말을 꺼내면, 덮어놓고 '게이 유전자gay gene의 발견 전망'이라든지 건강보험회사나 예비부모들이 좋아하는 유전자검사의 가능성을 떠올린다. 그러나 다른 복잡한 인간 형질들에 관한 유전학 지식을 고려할 때, 그런 생각은 아무런 근거가 없다.

유전체학 연구들에 따르면, "(심장마비 위험, 음악성, 사회성, 수줍음에서부터 자폐증에 이르기까지) 가장 복잡한 인간 형질들이 (유전체 속에 존재하는 수많은 유전자들에 일어난) 작은 변이들 간의 상호작용에 의해 결정되며, 각각의 변이들이 인간 형질에 미치는 개별적인 영향은 매우 작다"라고 한다. 요컨대, 이 복잡한 형질들은 유전율이 매우 높지만, ('게이 유전자' 같은 신화적인 단일 유전자의 영향이 아니라) 유전자, 유전자의 상호작용, 그리고 성장환경이 독특하게 조합된 결과물이라는 것이다. 예컨대, 최근 수천 명의 인간 유전체를 조사한 연구결과에 따르면, 가장 단순한 DNA 시퀀스 변이(이를 단일염기

다형성single nucleotide polymorphisms, 간단히 SNPs라고 한다) 중 82퍼센트가 1만 5,000분의 1, 즉 0.006퍼센트 미만의 빈도로 나타난다고 한다.[23] 그러므로 한 사람이 전 세계 70억 인구 중에서 '유전적으로 독특한 사람'이 되는 건 아주 간단하다. 서너 개의 SNP만 갖고 있으면 되니 말이다. 그런데 당신의 유전체는 무려 수천 개의 SNP를 보유하고 있으므로, 모든 사람 하나하나가 독특함의 극치라고 말해도 전혀 지나치지 않다.

이런 식의 방법으로, 현대 유전체학은 인간의 개성human individuality에 대한 엄청난 사실을 발견했다. 장담하건대, '무수하고 독특한 유전적 조합'이 각각의 복잡한 형질(예: 성적 선호)에 영향을 미친다는 점을 고려할 때, 단일한 '게이 유전자'라는 건 세상에 존재하지 않는다는 것이다. 개인의 성적 선호에 영향을 미치는 유전적 변이의 조합은 하나같이 모두 독특하다. 유전학이란 인간의 성적 이끌림을 하나의 유전자에 귀속시키는 환원주의적 과학reductive science이 아니다. 성적 이끌림의 원인은 한마디로 정리할 수 있다. 셀 수 없이 다양하다!

요컨대, '인간의 동성 간 성행동은 여성의 성적 자율성을 확대하기 위해 자연선택과 성선택을 통해 진화했다'라는 가설은 '인간의 성적 선호 및 행동의 다양성'에 대한 수많은 증거와 부합한다. 그러나 이 가설은 "많은 문화권(예: 고대 그리스인, 뉴기니의 다양한 원주민 부족)에서는 남성의 동성 간 성행동이 '여성의 사회적·성적 자율성의 심각한 제한'과 공존한다"라는 관찰과 일견 상반되는 듯 보인다. 하지만 그런 문화적 사례는 지나치게 예외적이므로, 이 가설을 기각하기에는 충분하지 않다. 그런 문화권에서는 구성원 간의 관계가 연령별·신분별로 엄격히 구조화되는 게 상례이므로, 모든 사회행동과 마찬가지로 남성의 동성 간 성행동도 구조화된 관계의 영향을 받을 수밖에 없다. 따라서 동성 간 성행동에 참여하는 남성들은 사회적 '갑'(활동적이고, 까다롭고, 사회적 지배층에 속한 나이 든 남성)과 '을'(수동적이고, 수용적이고, 사회적으로 예속된 젊은 남성)로 구성된다. 일부 문화권에 확립되어 있는 경직된 위계질서는, 동성 간 성행동을 남성의 강압적 위계질서에 편입함으로써 '자율성 향상'이라는 동성 간 성행동의 본질을 흐리는 문화적 메커니즘으로 작용하는 것으로 보인다.[24]

내가 지금까지 언급한 동성 간 성행동에 관한 가설들은 아직 사변적 수준에 머물러 있지만, 인간의 미적 진화, 성적 자율성, 성적 다양성의 접점interface에 생산적인 연구분야가 존재함을 시사한다. 내가 개괄적으로 서술한 진화적 가설은 현대적 젠더 이론gender theory의 기본적 요소들과 놀라울 정도로 부합하며 그중 일부를 강력히 뒷받침하는 측면도 있다. 예컨대 인간의 동성 간 성행동에 대한 미적 진화 이론은, 레즈비언·게이·바이섹슈얼 공동체Lesbian, Gay, Bisexual community 내부에서 논쟁을 벌이는 두 진영의 논점들을 모두 지지한다.

LGB의 권익을 옹호하는 사람들 중 일부는 한편에서, "성적 욕구와 성 파트너를 제외하면 LGB인들은 이성애자들과 본질적으로 똑같다"라고 주장한다. 앤드루 설리번Andrew Sullivan이 1995년에 발표한 『일반이라는 허상Virtually Normal』에서 웅변적으로 대변한 이 학설은, 미국을 비롯한 많은 선진국에서 동성 간 결혼이 합법화되는 데 크게 기여했다. 내가 소개한 미적 진화 가설은 『일반이라는 허상』의 견해를 뒷받침한다. 왜냐하면 이 가설은 "동성 간의 이끌림은 상당수의 인간들이 진화사史를 통해 광범위하게 공유하고 있는 형질"이라고 제안하기 때문이다. 동성애자들은 다른 모든 사람들과 근본적으로 동일하다. 그들의 다른 점은 '동성 간 선호 자체를 보유하고 있다'라는 데 있지 않고, '배타적exclusive이고 특이적specific인 동성 간 선호를 보유하고 있다'라는 데 있다.

그러나 많은 LGB인들은 동화론적 관점assimilationist perspective을 거부한다. 왜냐하면 그들은 성적 지향성·욕구·행동의 다양성을 '이성애적 사회를 본질적으로(그리고 건전한 방향으로) 파괴하는 요소'로 간주하기 때문이다. 마이클 워너Michael Warner의 『일반과의 불화The Trouble with Nomal』와 데이비드 할페린의 『게이가 되는 방법How to Be Gay』으로 대변되는 이 견해의 요점은 "동성 간 욕구에는 이성애적 문화·위계질서·권력의 규범을 본질적으로 파괴하는 요인이 내재되어 있다"라는 것이다.[25] 그런데 흥미롭게도, 인간의 동성 간 성행동에 대한 미적 진화 이론은 동성 간 성행동에 내재하는 체제전복성subversiveness을 강력하게 지지한다. 내가 제시한 가설에 따르면, 동성 간 성행동은 남성의 성적 지배와 사회적 위계질서를 매우 특이한 방법으로 전복하도록 진화했다. 따라서 호모 사피엔스의 동성 간 성행동은 남성의 강제적 통제를 벗어나려는 여성의 성적 욕구를 통해 진화했을 가능성이 높다.

더욱이, 만약 동성 간 욕구가 남성의 강압적인 성적 통제를 전복하기 위한 수단으로 진화했다면, 수많은 가부장적 문화들이 동성 간 성행동을 도덕적·사회적으로 맹렬하게 비난한 이유를 이해할 수 있을 것 같다. 이런 관점에서 볼 때, 동성 간 성행동을 금지하는 것은 여성과 생식에 대한 남성의 성적·사회적 통제능력을 강화하는 또 다른 수단이라고 할 수 있다.

바라건대, 내가 소개한 미적 진화 이론과 성 갈등 이론이 진화생물학, 현대문화, 성 이론 연구에 생산적인 지적 접점intellectual interface을 새로 제공할 수 있으면 좋겠다. 사회생물학자들과 진화생물학자들은 지난 수십 년간 환원론적·적응론적 주장들을 줄기차게 펼쳐왔고, 그 과정에서 동성 간 성행동을 '일탈적 행동'으로 치부하거나 '비성적 행동nonsexual behavior의 일종'으로 오해하는 우를 범했다. 그들 중에서 진화생물학과 호모-섹슈얼리티 이론이 한 페이지에서 나란히 언급되리라고 상상한 사람은 아무도 없었으리라. 그러나 이제는 세상이 달라져 많은 사람들의 인식이 바뀌었다. 앞으로 진화생물학과 호모-섹슈얼리티 이론을 함께 논의하다 보면, 생산적인 공통 관심사가 더욱 많이 발견될 것으로 기대된다.

12. 아름다움을 위한 아름다움

존 키츠John Keats는 유명한 시詩 〈그리스 항아리에 부치는 송가Ode on a Grecian Urn〉를 다음과 같은 구절로 끝맺는다. 이 구절은 항아리가 인간에게 전하는 메시지다.

> 아름다움이 진리고, 진리가 아름다움이다.
> 당신이 세상에서 알고 있는 건 그게 전부다,
> 알아야 할 모든 것이기도 하고.

다윈보다 수십 년 전에 시를 짓고 있었던 키츠는 진화에 대해 전혀 알지 못했을 게 틀림없음에도 불구하고, 이 시의 마지막 구절은 아름다움을 정직함과 동일시하는 진화생물학의 오랜 전통에 딱

들어맞는 슬로건이다. 참으로 귀신이 곡할 노릇이다. 정직한 광고honest advertisement라는 패러다임을 그렇게 함축적이고 인상적으로 표현한 구절은 그 이전에도 없었고 그 이후에도 없으니 말이다.[1]

하지만 이 구절은 유명한 시의 끝을 맺는 불멸의 구절일지는 몰라도, 세상의 아름다움을 이해하는 데는 별로 도움이 되지 않는다. 키츠의 경구警句는 마치 외견상으로만 잠잠한 수면水面과 같다. 세상의 지적 복잡성intellectual complexity을 물로 뒤덮어놓고 소위 심오함이라는 것을 얻었노라고 헛기침을 하는, 그릇된 통찰의 전형典型을 보여주니 말이다. 혹자들은 그가 눈부시게 아름다운 해법을 제시했다고 주장하지만, 그는 사실 해법을 손상시킨 것에 불과하다.

그러나 다윈보다 수십 년이 아니라 수 세기 전에 활동했던 윌리엄 셰익스피어William Shakespeare는 달랐다. 그는 키츠와 달리, 진리와 아름다움에 대해 훨씬 더 풍부한 시각을 가진 캐릭터를 그려냈다. 〈햄릿Hamlet〉[2] 3막 1장의 "덴마크의 왕자"에서 햄릿은 사랑하는 여인 오필리아를 만나는데, 그녀는 얼마 전부터 아무런 설명 없이 그를 피해왔었다. 오필리아는 (아버지가 시키는 대로) 햄릿에게 러브레터를 되돌려주며, 그의 글솜씨가 옛날 같지 않다고 타박했다. (글솜씨가 형편없다는 것은, 햄릿의 사랑이 식어간다는 것을 에둘러 표현한 말이었다. 편지에는 쓰는 사람의 마음이 구구절절이 담겨 있기 마련이므로.) 상심한 햄릿은 그녀의 동기가 불순한 것이 아닌지 의심했다. 왜냐하면 그는 자신의 결백함(사랑이 식지 않았음)을 누구보다도 잘 알고 있었기 때문이다. 오필리아가 전과 달리 화려한 데다 거짓말까지 하는 것을 보고, 지적 호기심이 발동한 햄릿은 진리와 아름다움 간의 관계를 냉철하게 분석하기 시작했다.

햄릿: 하하! 당신은 정직하오?[3]

오필리아: 왕자님, 뭐라고요?

햄릿: 공정하냐는 말이오.

오필리아: 왕자님, 도대체 무슨 뜻이죠?

햄릿: 당신이 정직하고 공정하다면, 당신의 정직함과 아름다움이 절대로 사귀지 못하게 하라는 말이오.

오필리아: 왕자님, 아름다움에 정직함만큼 잘 어울리는 친구가 있을까요?

햄릿: 아니, 절대로 아니오. 아름다움의 힘은 정직함을 금세 창부娼婦로 바꿔버리지만, 정직함의 힘은 아름다움을 함부로 다루지 못한단 말이오. 예전에는 이 말이 궤변에 불과했지만, 지금은 그게 진실임을 증명해주는 좋은 예가 생겼구려. 나는 한때 당신을 정말로 사랑했었소.

여기서, 영리한 햄릿은 키츠와 달리 '아름다움과 진리(정직함)의 관계'를 회의적인 시각으로 바라본다.[4] 그의 말에 따르면, 아름다움은 진리를 창부(거짓 웃음을 흘리며 피상적인 사랑을 파는 여인)로 전락시킬 수 있다고 한다. "아름다움의 힘이 정직함을 무너뜨린다"라는 햄릿의 말은 피셔의 명제와 정확히 일치한다.[5] 햄릿이 한때 궤변으로 생각했던 진실이란 "아름다움의 매혹적인 힘이, 아름다움을 '고상한 목적을 가진 것', '절대적으로 선한 것', '보편적이고 객관적인 자질을 반영하는 것'으로 간주하고자 하는 욕구를 압도한다"라는 것이다.

키츠의 시구는 아름다움을 '자질(즉, 일종의 우월성)을 나타내는 정직한 지표'로 간주하려는 인간의 깊은 욕구를 완벽하게 재현한다. 반면에 햄릿은 "삶의 경험을 통해 아름다움이 진리가 아님을 깨달았다"라고 주장한다. 햄릿의 말에 따르면, "아름다움은 아름다움일 뿐이고, 그것 말고 아무것도 의미하지 않으며, 종종 진리와 상반될 수도 있다". 우리는 두 가지 상반된 명제를 마주하고 있다. 한쪽에서는 '아름다움의 의미'를 강조하고, 다른 한편에서는 '아름다움의 자의적 힘arbitrary power이 진리를 약화시킬 수 있다'라고 주장하니 말이다. 내가 이 책에서 줄기차게 다룬 현대과학 논쟁의 핵심에는 이러한 상반된 견해들이 내재해 있다.

이사야 벌린Isaiah Berlin은 〈고슴도치와 여우The Hedgehog and the Fox〉라는 에세이에서 이러한 지적 분열intellectual divide을 탐구했다. 그는 이 에세이에서 "여우는 시시콜콜히 많이 알지만, 두더지는 큰 것 하나만 안다"라는 고대 그리스의 경구를 분석하며, 극명하게 대조되는 두 가지 유형의 지적 스타일을 은연중에 암시했다.[6]

벌린에 따르면, 지적인 두더지는 조화로운 우주를 탐구한 나머지, 하나의 중심시central vision•만을 가진 렌즈를 통해 세상을 들여다본다. 두더지의 지적 임무는 기회가 있을 때마다 이 '위대한 시각'을 전파하는 것이다. 그와 대조적으로, 지적인 여우는 '단일화된 생

• 물체의 상像이 망막의 중심와中心窩에 맺혀, 사물을 가장 선명하고 정확하게 볼 수 있는 상태.

각'의 매혹적인 힘에 전혀 무관심하다. 여우는 그 대신, 매우 다양한 경험의 절묘한 복잡성에 이끌린다. 즉, 그는 다양한 경험들을 하나의 포괄적인 틀에 꿰어 맞추려고 시도하지 않는다. 임무수행에 충실한 두더지와 달리, 여우는 즐겁게 노니는 데 치중한다. 그리고 그 과정에서 (어린이들과 마찬가지로) 갖고 놀던 장난감을 아무 데나 내팽개치고 새로운 놀이를 시작한다.

한 걸음 더 나아가 벌린이 말한 두더지와 여우의 지적 스타일은, 자연선택 개념의 공동 발견자들에 관한 통찰을 제공한다. 단도직입적으로 말해서, 다윈은 여우고 월리스는 두더지라고 할 수 있다. 두 사람 모두 '자연선택에 의한 적응적 진화'의 메커니즘을 직감했지만, 그 핵심적인 통찰을 정교화한 방법이 근본적으로 달랐다. 다윈은 자연계에서 관찰한 현상의 다양성을 다루기 위해, 계통발생, 성선택, 생태학, 수분pollination에 대한 생물학 이론을 추가로 제시했으며, 심지어 (지렁이의 생태학적 영향에 대한 연구에서) 생태계 서비스에 관한 이론까지 제시했다. 다윈이 다방면으로 제시한 이론들은 각각 미묘하게 다르므로, 저마다 새로운 논증, 사고방식, 데이터가 필요했다. 반면에 월리스는 광범위한 실증연구에도 불구하고 순수한 다윈주의pure Darwinism를 확립하는 데만 주력했다. 그리하여 월리스의 이론에서는 모든 생물학적 진화가 증류되어 '자연선택에 의한 적응'이라는 하나의 전지전능한 설명으로 응축되었다.

진화생물학에서 벌어지는 두더지와 여우 간의 갈등은 오늘날까지 조금도 수그러들지 않고 있다. 최근 수십 년간 여우에 해당하는 다윈주의의 하위분야인 진화발생생물학, 일명 이보디보evo-devo는 두더지에 해당하는 적응주의자들이 지배했던(사실상 독점했던) 진화생물학에서 제자리를 되찾기 위해 노력해왔다.[7] 나는 이 책에서, 다윈의 미적 진화 이론이 진화생물학에 복귀해야 한다고 일관되게 주장했다. 이보디보와 미적 진화 이론이라는 두 가지 하위분야는, 적응과정을 마치 법칙처럼 일반화law-like generalization하는 것을 지양하고 다양성(광범위하게 나타나는 개별적 사례)에 주목한다.

다윈은 『종의 기원』을 "장엄한 생명관"이라는 영감 넘치는 시적 표현으로 마무리했다. 나중에 『인간의 유래와 성선택』에서도, 그는 『종의 기원』에 못지않은 감동적이고 웅장한 필치로 미학적 생명관을 기술했다. 나는 이 책에서 지금까지 "다윈의 미적 진화 이론을 부활시켜, 미학적 생명관의 독특함·풍부함·복잡성·다양성을 온전히 드러낸다"라는 목표를 추구해왔다. 이제 미학적 생명관이 과학과 인류문화에 긍정적 영향을 미침으로써, 과학과 인문학 간에 협동적이고 생산적인 관계를 형성하는 과정을 살펴보며 대단원의 막을 내리려고 한다.

"동물의 배우자선택에 수반된 미적 평가는 자연계에서 독립적으로 작용하는 진화의 원동력이다"라는 다윈의 생각은, 이 아이디어가 처음 발표된 150년 전이나 지금이나 여러 가지 면에서 급진적이다. 다윈은 '진화는 적자생존에 관한 것만이 아니라, 개체가 주관적 경험에서 느끼는 매력과 감각적 기쁨sensory delight에 관한 것이기도 하다'라는 점을 발견했다. 다윈의 아이디어가 과학자와 자연관찰자들에게 시사하는 점은 매우 심오하며, 우리에게도 다음과 같은 점을 일깨워준다. "새벽에 울려 퍼지는 새들의 코러스, 파란색 키록시피아속 마나킨새 수컷 무리의 협동적 과시행동, 수컷 청란의 깃털에 아로새겨진 현란한 무늬, 자연계에 펼쳐진 그 밖의 경이로운 장면과 소리들…. 동물들의 이런 다양한 아름다움은 우리의 눈과 귀를 그저 즐겁게 해주기만 하는 게 아니다. 이는 동물들의 주관적 평가가 장구한 세월 동안 누적된 진화사의 산물이다."

다윈이 제기한 가설에 따르면, 동물의 감각적 평가와 성선택이 진화함에 따라 새로운 진화적 행위 주체(진화과정을 스스로 추동하는, 판단능력을 보유한 개체)가 등장했다고 한다. 그리고 미적 진화 이론이 시사하는 것은, 동물은 미적 행위 주체로서 자신이 속한 종의 진화에서 나름의 역할을 수행한다는 것이다. 물론 두더지 같은 월리스주의자들은 그런 사실을 못마땅하게 여길 것이다. 왜냐하면 그들은 "자연선택이라는 아이디어가 '모든 것을 충분히 설명할 수 있는 능력'을 갖고 있다"라고 믿기 때문이다. 그러나 미안하지만 나는 그들에게 〈햄릿〉의 또 다른 구절을 들려주고 싶다. "하늘과 땅에는 당신이 철학에 기대어 꿈꿀 수 있는 것보다 더 많은 것들이 존재한다."

리처드 도킨스는 '자연선택에 의한 진화'를 눈 먼 시계공blind watchmaker, 즉 '변이, 유전율heritability, 차별적 생존differential survival을 원료로 삼아 기능적 디자인functional design을 만들어내는 비인격적이고 맹목적인 힘'으로 기술한 바 있다. 이 비유는 기본적으로 정확하다. 그러나 다윈 자신이 최초로 인정했듯이, 자연계에 존재하는 유기적 디자인organic design의 원천이 자연선택 하나밖에 없는 건 아니다. 그러므로 도킨스의 비유는 진화과정과 자연계를 완벽하게 기술했다고 할 수 없다. 눈 먼 시계공은 실제로 자연을 바라볼 수 없고 (자신이 만들지 않았고, 설명할 수도 없는) 재료들을 식별할 수도 없다. 그러나 자연은 자신의 눈·귀·코 등과 (그런 감각기관에서 전해지는 신호들을 평가할 수 있는) 인지 메커니즘을 진화시켰다. 그리하여 무수히 많은 생물들은 자신의 감각을 이용하여 성적·사회적·생태적 선택을 하도록 진화했다. 동물들은 자신의 역할을 인식하지 못함에도 불구하고, 자기 자신의 디자이너가 된 것이다. 그러므로 그들의 눈은 멀지 않았다. 심미적 배우자선택은 자연선택의 등가물equivalent도 아니고 단순한 파생물offshoot도 아닌, 새로운 진화 방식을 창조했다. 심미적 배우자선택이라는 개념은 다윈주의 미학의 핵심이며, 오늘날까지 혁명적인 아이디어로 남아 있다.

미학적 생명관은 '동물 개체를 미적 행위 주체로 인식하지 못한다'라는 진화생물학의 결점을 백일하에 드러낸다. 예컨대, 섹슈얼리티에 대한 과학 연구 중 상당수의 특징은 '성적 쾌락과 욕구의 주관성에 대해 깊은 우려를 표명한다'라는 것인데, 특히 암컷의 성적 쾌락이라는 문제를 다루는 경우에는 더더욱 그렇다. 이러한 우려로 인해 나타나는 현상 중 하나는, 진화생물학자들이 성적 쾌락과 욕구에 대한 언급을 회피하기 위해 횡설수설하다가 본의 아니게 장광설을 늘어놓게 된다는 것이다. 그러나 배우자선택에 관한 다윈의 미학적 견해를 주목하지 않는다면, 성적 욕구와 쾌락은 자연선택의 부차적 산물로 전락할 수밖에 없다.

유감스럽게도, 생물학의 모든 분야에서는 과학적 객관성을 빌미로 '주관적 느낌 없는 성적 쾌락'이라는 정체불명의 개념이 암묵적으로 통용되었다. 동물을 '나름의 주관적 선호를 지닌 미적 행위 주체'로 상상한다는 것은 의인관擬人觀적인 태도로 터부시되었다. 동물의 짝짓기행동과 생식을 설명하기 위해 개발된, 배우자선택에 대한 적응적·불감증적 이론은 "인간 섹슈얼리티의 진화까지도 너끈히 설명할 수 있다"라고 과대포장 되었다. 그러다 보니 성적 쾌락은 과학적 설명에서 배제되었고, 과학의 연구 주제로는 적절하지 못하다고 여겨지기까지 했다. 그 결과 자하비의 핸디캡 원리나 여성 오르가슴의 흡입 가설과 같은 반미학적 성 생물학antiaesthetic sexual biology이 수세대에 걸쳐 생물학을 지배하며, 성적 쾌락의 주관적 경험이 존재한다는 사실을 무시하거나 애써 부인했다.

이러한 성적 쾌락에 대한 과학적 우려는, 배우자선택에 관한 현대과학의 많은 부분에 남아 있다. 이처럼 '검열된 성 과학'에는 자연계와 인간이 느끼는 성적 쾌락을 분석하고 설명하는 데 필요한 이론과 어휘가 턱없이 부족하다.

이러한 전통적 프레임은, 자연의 합리성을 모호하게 비틀어버리는 결과를 초래했다. 진화생물학자들은 동물에게 '미적 행위 주체가 아님'이라는 낙인을 찍은 다음, "동물의 선택은 자연선택의 보편적·이성적 손길을 반영한다"라고 결론지었다. 물론 우리는 너무나 잘 알고 있다. 그 잘난 인간들이 성과 사랑에 관한 한 매우 비합리적일 수 있음을 말이다. 아둔한 동물은 냉철한 적응 논리에서 벗어날 수 있는 인지능력을 보유하고 있지 않으므로, 우리 인간보다 더 합리적일 수 있다고? 참으로 일리 있는 말이다. 아이러니하게도 인간이 보유한 인지적 복잡성이 인간에게 비합리적으로 행동할 수 있는 기회를 열어준 셈이다. 이 무슨 궤변인가! 애초에 성적 쾌락과 욕구의 주관성을 인정했더라면 이런 불상사는 일어나지 않았을 텐데.

진화생물학에 대한 미적 견해의 또 하나의 중요한 시사점은, 20세기에 일어났던 정치적·윤리적 학대라는 고통스러운 기억(우생학 eugenics)을 배척한다는 것이다.[8] 우생학이란 '인간의 인종·계급·민족이 유전적·신체적·지적·도덕적 자질의 적응적 차이를 진화시켰다'라고 주장하는 과학 이론이다. 또한 조직화된 사회적·정치적 운동이기도 했던 우생학은, 이 결함 있는 과학 이론을 바탕으로 하여 배우자선택 및 생식을 사회적·법적으로 통제함으로써 인간집단의 자질 향상을 꾀했다. 우생학은 특히 배우자선택의 진화적 결과에 관심을 기울였으므로, 인간의 성선택 및 미적 진화와도 깊은 관련이 있다.

진화생물학자들은 여러 가지 이유 때문에 우생학에 대한 논의를 꺼림칙하게 여긴다. 첫째로, 1890년대와 1940년대에 미국과 유럽의 모든 유전학 및 진화생물학 전문가들은 우생학의 열렬한 옹호자(우생학적 사회 프로그램의 헌신적인 참가자)이거나 기꺼워하는 동조자였다. 여기에 대해서는 더는 할 말이 없다. 오늘날 이 당황스럽고 수치스럽고 정신이 번쩍 들게 하는 진실을 마주하려는 진화생물학자는 거의 없다. 둘째로, 우생학은 모든 수준에서 자행된 인권 학대에 유사과학적pseudoscientific 정당성을 부여했다. 그 결과 미국은 인종차별, 성차별, 장애인에 대한 편견, 강제 불임수술, 감금, 린치를 일상적으로 저질렀고, 나치는 유대인과 집시에 대한 인종 청소를 획책했으며, 유럽은 지적장애인과 동성애자들을 대량으로 살해했다. 인류사를 통틀어 과학을 파괴적으로 오용誤用한 최악의 사례가 바로 우생학이다. 과학은 잘못 나가도 너무 잘못 나갔다.

우생학과 관련된 세 번째 불편한 진실은, 현대 진화생물학의 지적 프레임 중 상당 부분이 '우생학이 붐을 이루던 시기'에 형성되었다는 것이다. 대부분의 진화생물학자들은 "제2차 세계대전 이후 인종의 우월성에 대한 우생학 이론이 배격되면서, 우생학이 진화생물학 분야에서 자취를 감추었다"라고 믿고 있다. 그러나 사실은 그렇지 않다. 몇 가지 핵심적이고 근본적인 우생학적 요소가 진화생물학의 지적 구조에 남아, 진화생물학의 논리적 결함을 야기하게 되었다. 지면 관계상 상세한 분석은 할 수 없지만, 미적 진화 이론이 이러한 지적인 독소 요인들을 어떻게 해독解毒할 수 있는지를 간략히 설명하려고 한다.

우생학과 개체군유전학의 공통점은, 배우자선택이 완전히 기각되거나 '자연선택과 본질적으로 동일하다'라고 간주되던 시기에 탄생했다는 것이다. 그런데 그 시기는 다윈적 적합성Darwinian fitness이 재정의되어, 성선택의 모든 것까지도 포함하도록 확장된 때와 완전히 일치한다. 즉, 1장에서 살펴본 바와 같이, 다윈이 사용했던 적합성이라는 개념은 본래 '개체가 자신의 생존능력과 생식능력 향상에 보탬이 되는 과제를 수행할 수 있는 능력'을 지칭하는 것으로, 신체적합성physical fitness과 사실상 동일한 개념이었다. 그러나 20세기 초에 들어와 적합성은 추상적이고 수학적인 개념, 즉 '개체의 유전자가 후대에 계승되는 정도'를 의미하게 되었다. 이러한 새로운 정의는, 세 가지 능력(생존능력, 생식능력, 짝짓기·수정의 성과)을 하나의 개념으로 뭉뚱그려, 자연선택과 성선택의 차이를 모호하게 만들었다. (이러한 재정의에도 불구하고, 적합성과 적응을 동일시하던 본래의 개념은 여전히 유지되었다.) '임의적이고 심미적인 배우자선택'이라는 다윈의 아이디어를 무시하는 풍조는 이런 식으로 현대 진화생물학의 용어에 녹아들어, 적응적 개념을 배제한 채 생식이나 배우자선택을 언급하는 것이 거의 불가능하게 되었다.

새로 정의된 광범위한 적합성 개념이 의미하는 것은 "모든 선택은 적응적 향상adaptive improvement이며, 그 외에 다른 선택은 있을 수 없다"라는 것이었다. 임의적 배우자선택은 개념상 존재하지 않았으므로, 그 이후 진화생물학에서 모진 시련을 겪었다. 이러한 지적 자세는 우생학 이론의 논리적 불가피성에 직접 기여했다. 만약 어떤 진화생물학자가 네 가지 명백한 사실(자연선택, 인간의 진화, 개체군 내부와 개체군 사이에 존재하는 유전 가능한 변이, 인간의 적합성과 자질의 다양성)을 받아들인다면, 우생학의 논리에서 빠져나간다는 게 사실상 불가능했다. 그리고 솔직히 말하면, 우생학에서 빠져나온 사람은 아무도 없었다. 우생학의 프레임과 진화생물학의 모든 분야에서 공통적으로 빠진 핵심개념이 있다면, 그것은 '임의적이고 심미적인 배우자선택의 가능성'이었다.

현대적인 성선택 이론이나 연구가 반드시 우생학적이라고 말할 수는 없다. 그러나 20세기에 진화생물학자들이 인종의 우월성 이론을 기각했다는 사실 하나만으로 진화생물학이 우생학적 전통을 극복했다고 말할 수도 없다. 우생학과 현대의 적응적 배우자선택 이론 사이에는 명백하고 불편한 지적 유사성이 남아 있다. 우생학 이론과 사회 프로그램은 모두 자녀의 유전적 자질(즉, 좋은유전자)과 가족의 문화적·경제적·종교적·언어적·도덕적 조건(즉, 직접적인 이익)을 생식의 토대로 가정한다. 우생학의 두 가지 관심사, 즉 유전적 특질과 환경적 특질은 오늘날 적응적 배우자선택의 용어 속에 살아 있다. 사실, '좋은 유전자good genes'라는 현대적 용어는 우생학과 똑같은 어원을 갖고 있다. 우생학eugenics은 그리스어의 에우게네스eugenes(eu + genos)에서 유래한 단어다. 그런데 여기서 에우eu는 좋다good 또는 건강하다well를, 그리고 게노스genos는 출생birth을 의미한다. 또한 우생학은 명백히 반反미학적이며, 성욕의 파괴력이 초래할 부적응적 결과maladaptive consequence를 우려한다. 일반적으로, '모든 배우자선택은 반드시 적응적 향상이어야 한다'라는 우생학적 집착은 오늘날 적응적 배우자선택의 용어와 논리 속에 여전히 남아 있다.

오늘날 대부분의 연구자는 적응 개념에 몰두하는 경향이 있어서, 인간의 장식용 형질이 다양하게 진화한 과정을 연구하기가 어렵다. 왜냐하면 장식용 형질의 다양성을 연구하려면 인간의 개체군들 사이에서 유전적 특질과 물리적 특질을 구분해야 하기 때문이다. 진화심리학이 인간 보편적인 진화(즉, 모든 인간이 공유하는 행동 적응behavioral adaptation)에 그렇게 집중하는 이유 중 하나는, 동일한 적응주의 논리를 연구에 함부로 적용할 경우 우생학 연구가 부활할 게 불

1939년 암람 샤인펠트Amram Scheinfeld가 발간한 『당신과 유전you and heredity』이라는 책에 수록된, 당시에 인기를 끌었던 우생학 테스트 삽화. 이것을 보면, 우생학적 사회 프로그램이 반反미학적 목표를 추구한다는 것을 명확히 알 수 있다. 샤인펠트는 이 삽화에서 여성의 바람직한, 사회적 형질과 우생학적 형질을 대비하며, '성적인 열정과 욕구'를 '규제되지 않은 배우자선택'의 부적응적 결과와 동일시하고 있다.

을 보듯 뻔하기 때문이다.

진화생물학을 우생학적 뿌리에서 영원히 분리하려면, 다윈의 미학적 생명관을 받아들여 '성선택에 의한 비적응적·임의적·미적 진화'의 가능성을 완전히 통합해야 한다. 이를 위해서는 피셔의 폭주 이론의 수학적 원리를 잠자코 인식하는 것 이상의 행동이 필요하다. 그러려면 월리스의 변형(다윈주의를 엄격한 적응주의적 과학으로 변질시킴)을 무효화하고, '모든 배우자선택은 본질적으로 적응적'이라는 기본 가정을 포기해야 한다. 우생학과의 역사적 연결고리를 끊기 위해, 진화생물학자들은 자연선택과 성선택을 각각 별개의 진화적 메커니즘으로 정의하고, 적응적 배우자선택을 '자연선택과 성선택 간의 특별하고 특이적인 상호작용'의 결과물로 간주해야 한다. 이와 보조를 맞추어, 진화생물학은 '성선택에 의한 짝짓기선호와 과시형질 진화'에 관한 비적응적인 영가설('별의별 아름다움' 가설)을 채택해야 한다.

미적 진화 이론을 진화생물학에 다시 받아들이면, 진화생물학의 우생학적 잔재에 담긴 지적 오류를 완전히 제거할 수 있다. '별의별 아름다움' 영가설을 채택하면, 비적응적(또는 부적응적) 결과에 대한 기대(2장 참고)를 공식화함으로써 우생학적 사고의 논리적 불가피성을 깨부술 수 있다. 그 결과 탄생한 진정한 다윈주의 진화론은, 모든 이들에게 모든 동물(인간 포함)의 적응적 배우자선택을 연구할 수 있는 기회를 제공할 것이다. 그러나 적응적 배우자선택에 요구되는 증거의 부담은 적절히 높아질 것이다. 이러한 변화는 진화생물학을 발전시킬 것이며, 세상도 진보할 것이다.

내 경우를 예로 들면, 다윈의 미학적 생명관을 채택함으로써 '성적 강제와 성적 자율성이 진화에 미친 영향'에 대해 뜻밖의 새로운 통찰을 얻었다. 퍼트리샤 브레넌에게서 "오리의 페니스를 연구하려고 하는데 같이 하는 게 어떠세요?"라는 제안을 처음 받았을 때, 나는 '그런 목적으로 새를 연구해본 적은 단 한 번도 없었는데…'라

는 생각이 들었다. 흥미로운 해부학적 구조를 많이 배우겠거니 생각은 했지만, 그 프로젝트가 어떻게 진행될지는 전혀 예상하지 못했다. 그 결과가 나의 진화관觀을 완전히 바꾸고, 새롭고 놀라운 방향과 시사점을 제시할 줄이야!

물론 성적 강제와 성폭력이 암컷 오리의 행복에 직접 해를 끼친다는 것은 오래전부터 잘 알려진 사실이었다. 그러나 나는 미학적 관점을 채택함으로써, 비로소 성적 강제가 개체의 자유로운 선택권을 침해할 수 있음을 이해하게 되었다. 이를 인식하고 나서, '선택의 자유가 인간뿐만 아니라 동물에게도 중요하다'라는 엄연한 사실을 깨달은 것은 자연스러운 수순이었다. 성적 자율성이란 페미니스트와 자유주의자들이 고안해낸 비현실적이고 신화적인 개념이 아니다.[9] 분명히 말하지만, 성적 자율성은 유성생식을 하는 많은 종의 사회에서 광범위하게 나타나는 진화적 특징이다. 오리를 비롯한 새들의 사례에서 살펴본 것처럼, 성적 자율성이 폭력이나 강제에 의해 약화되거나 파괴될 때, 배우자선택은 선택의 자유를 주장하고 확대하는 진화적 지렛대를 제공할 수 있다.

나는 이 책의 후반부에서, "성적 자율성을 추구하는 여성의 진화적 몸부림이, 인간의 섹슈얼리티가 진화하는 데 핵심역할을 수행했으며, 인간성 자체가 진화하는 데도 핵심적인 요인으로 작용했다"라고 제안했다. 그러나 내 말이 사실이라면, 오늘날 전 세계의 여성들이 진화과정의 결실인 성적·사회적 자율성을 누리지 못하는 이유가 뭘까? 많은 문화권에서 횡행하는 강간, 가정폭력, 여성의 할례,

중매결혼, 명예살인honor killing•, 일상적인 성차별, 경제적 의존과 정치적 예속은, 인간의 진화사에 대한 미학적 관점에 반론을 펼치는 강력하고 직접적인 증거다. 그렇다면 그런 행동들이 인간 본성의 불가피한 부분, 인간이 도저히 극복할 수 없는 진화적 유산의 일부임을 자인自認해야 하는 것일까?

나는 그렇게 생각하지 않으며, 성 갈등 이론이 그 이유를 이해하는 데 도움이 될 거라고 생각한다. 성 갈등 이론에 따르면, '여성의 미적 리모델링'은 진화의 현장에서 작용하는 유일한 힘이 아니다(5장 참고). 다른 한편에서, 남성은 (여성의 미적 리모델링뿐만 아니라) '남성 간 경쟁'의 힘도 동시에 받으면서 진화하는데, 이 '남성 간 경쟁'은 성적 강제를 유지·발전시키려고 분투하는 성선택의 또 다른 형태다. 이러한 사달이 벌어지는 이유는, 여성의 배우자선택의 유효성에 한계가 있기 때문이다. 여성의 배우자선택이 여성의 성적 자율성을 확대할 수 있는 것은 맞지만, 그것이 '여성의 힘'이나 '남성에 대한 여성의 성적 지배권'을 진화시키는 메커니즘은 아니다. 남성이 자신의 성적 지배 및 성폭력 능력을 발달시킬 수 있는 메커니즘을 계속 진화시키는 한, 여성은 어느 정도의 불이익을 당하게 된다. 내가 오리의 성생활 부분에서 언급한 바와 같이, 양성 간의 전쟁은 매우 비대칭적이므로 엄밀히 말하면 전쟁이라고 할 수도 없다. 남성들은 무기와 통제수단을 진화시키는 반면, 여성들은 단지 자유로운 선택의 방어수단을 공진화시킬 뿐이다. 따라서 이것은 공정한 전쟁이

• 집안의 명예를 더럽혔다는 이유로 가족 구성원을 죽이는 관습. 요르단 · 이집트 · 예멘 등 이슬람권에서 순결이나 정조를 잃은 여성, 또는 간통한 여성들을 상대로 자행되어온 관습이다.

아니다.

인간의 미적 리모델링이 여성의 성적 자율성을 크게 발달시킨 게 사실이지만, 뒤이어 진화한 인간의 문화가 성 갈등의 새로운 문화적 메커니즘을 등장시켰다. 다시 말해서 남성의 권력, 성적 지배, 사회적 위계질서(즉, 가부장제)라는 문화적 이데올로기가 발달하여, 여성의 성적 자율성 확대에 대한 대응조치로 수정·생식·양육투자에 관한 남성의 지배권을 재확립한 것이다. 그 결과, '문화적 메커니즘을 통한 인간의 성 갈등'이라는 새로운 군비경쟁이 벌어지고 있다.

좀 더 구체적으로 말하면, 인간이 침팬지와 공통조상에서 갈라진 이후 수백만 년 동안 발달한 여성의 성적 자율성은(진화적 맥락 2) 비교적 최근에 진화한 두 가지 문화혁신의 도전에 직면했다. 하나는 농업이고, 다른 하나는 농업과 함께 발달한 시장경제다(진화적 맥락 4). 이 '쌍둥이 혁신'은 우리 조상들이 궁핍한 생활을 영위하던 600세대 이전 시대에 나타나, 부富를 창출하고 차별적으로 분배할 기회를 창조했다. 남성들이 이러한 기회를 틈타 물질 자원에 대한 문화적 통제권을 장악하자, 남성의 사회권력을 공고히 할 수 있는 기회가 새로 창출되었다. 전 세계의 많은 문화권에서 동시다발적으로 고안된 가부장제는, 여성의 삶 중 거의 모든 영역에 대한 통제권을 남성에게 넘기는 기능을 수행해왔다. 요컨대, 현대 여성들이 과거에 진화를 통해 얻은 성적 자율성을 완전히 향유하지 못하도록 방해한 주범은 가부장제라는 문화의 진화였다.[10]

이러한 문화적 성 갈등 이론은 아름다움의 진화, 성 갈등 문화의 진화, 현대의 성 정치학 사이에서 생산적이고 흥미로운 지적 접점intellectual interface을 새로 제공한다. 이런 관점에서 보면, 가부장제 이데올로기가 여성의 섹슈얼리티와 생식을 통제하거나 동성 간 성 행동을 비난하고 금지하는 데 골몰하는 것은 결코 우연이 아니다. 여성의 성적 자율성과 동성 간 성행동은 모두 남성의 가부장적 권력과 통제를 파괴하기 위해 진화한 것이기 때문이다. 이러한 파괴적 효과에 대한 두려움이야말로, 가부장제 문화가 고안되고 유지되는 이면에서 작용하는 원동력이라고 할 수 있다.

하지만 문화적 성 갈등 이론에 따르면 "남성의 문화적 지배가 거의 도처에 존재하지만, 가부장제는 불가피한 것이 아니며 인간의 생물학적 '운명destiny'을 구성하지도 않는다"라고 한다. 가부장제는 인류의 진화사나 인간생물학의 산물이 아니고, 인류 문화의 산물일 뿐이라는 것이다. 세상 사람들은 남성지배의 많은 폐해들(공격, 범죄, 성폭력, 강간, 전쟁 등)을 일컬어 '지긋지긋한 불가피성'이라며 수수방관하는 경향이 있다. "남잔 다 그래"라는 노래 가사도 있지 않은가! 그러나 여기서 말하는 '남자'란 인류 진화사의 산물이 아니라 가부장제 문화의 산물이다. 인류의 성 갈등 역사를 분석해보면, 남성은 진화적으로 무장해제 되었지만 막판에 문화적으로 재무장했음을 알 수 있다. 평화롭기로 유명한 수컷 보노보의 경우 암컷보다 우람한 체구를 갖고 있지만, 인간의 남성은 여성보다 신체적으로 별로 우월하지 않다는 점을 떠올려보라. 오늘날 남성이 여성에 대해 누리고 있는 사회적·성적 이점은 생물학적 진화사의 필연적 결과가 아니다.

만약 가부장제가 '성 갈등을 둘러싼 문화적 군비경쟁'의 일부라면, 여성도 가만히 있지 않을 것이다. 그렇다면 여성의 성적·사회적 자율성을 재확립하기 위한 문화적 대응 수단이 등장할 거라고 예측할 수 있을까? 탁월한 예측이다. 19세기에 여성의 선거권, 피교육권, 재산권 및 상속권을 쟁취하기 위해 벌어졌던 페미니스트 운동을 필두로 하여, 가부장제의 지배에 맞서 여성의 성적 자율성과 자유로운 선택권을 재확립하고 발전시키기 위한 문화적 노력이 공진화해 왔다. 그런 노력이 시작되기까지 수천 년의 세월이 흘렀지만, '여성의 선거권과 보편적 인권 인정'과 '법적인 예속관계 폐지'라는 결과를 얻어낸 것을 보라! '생물학적으로 자연스럽다'라는 그릇된 편견에 힘입어 사회 전반에 걸쳐 깊게 뿌리내렸던 가부장제를 폐지하는 게 가능함을 백일하에 입증하지 않았는가? 아직도 그 찌꺼기가 일부 남아 있긴 하지만 말이다.

우리는 현재 진행되고 있는 '성 갈등을 둘러싼 문화적 군비경쟁'이라는 개념을 통해, 또 한 가지 의문을 해결할 수 있다. 그것은 "현대의 페미니스트들과 보수적·가부장적인 논객들이 벌이고 있는 섹슈얼리티 논쟁의 핵심 쟁점이 무엇인가?"라는 것이다. 결론부터 말하면, 성 갈등의 핵심에 도사리고 있는 문제는 '생식(피임과 낙태 포함)의 주도권을 누가 행사할 것인가'라고 할 수 있다.[11]

오리들 가운데서 진화한 성적 자율성과 마찬가지로, 페미니즘은 권력이나 타자지배를 위한 이데올로기가 아니라 선택의 자율성을 위한 이데올로기다. '수컷의 지배 확대'를 꾀하는 가부장제와 '암컷의 선택의 자유'를 추구하는 페미니즘! 오리에서 인간에 이르기까지, 모든 종의 성 갈등의 핵심에는 이러한 '목표의 비대칭성'이 내재해 있다. 이는 '보편적 성 평등권을 지향하는 현대의 문화 투쟁'을 심각한 좌절에 빠뜨리는 특징이기도 하다.

자신이 누리는 권력과 특권을 정당화하려는 듯, 가부장제의 옹호자들은 종종 페미니즘을 '권력 장악을 위한 이데올로기'로 매도한다. 그들은 이렇게 주장한다. "페미니스트들은 남성의 삶을 조종하고, 그들의 자연발생적·생물학적 특권을 부인하며, 그들을 부차적인 지위로 끌어내리려고 한다." 예컨대 페미니즘을 반대하는 한 법학자는 성적 자기결정권이라는 합법적 권리마저 "자신의 개인적인 성적 욕구를 타인에게 강요하려고 한다"고 그릇되게 비판한다.[12] 성적 자기결정권은 강간과 성범죄를 규정한 법령 중 대부분의 근간을 이루고 있는데도 말이다. 그런 어처구니 없는 비판은 성적 자기결정권의 개념과 생물학적·문화적 발생과정을 근본적으로 오해한 데서 비롯된 것이다.

경륜이 풍부한 관측통들은 최근 미국에서 벌어진 피임 및 생식권을 둘러싼 정치적 논쟁을 살펴보며, "이런 이슈들은 수십 년 전에 이미 해결된 거 아닌가요?"라고 반문하며 어처구니없다는 표정을 짓는다. 안타깝게도 이런 논쟁들이 '성 갈등을 둘러싼 문화적 군비경쟁'의 일부라면, 우리는 다음과 같이 예측할 수 있을 것이다. "한쪽 진영이 상대 진영의 진보를 상쇄할 방법을 고안해낼 때마다, 여성의 성적 자기결정권을 위한 투쟁은 끊임없이 반복될 것이다."

다른 한편으로, 페미니스트들은 아름다움, 성의 미학, 욕구 평가의 기준에 대해 종종 불만을 토로한다. 그 내용인즉, "아름다움은 여성들을 성적 객체sexual object로만 간주하는 남성의 징벌적 기준punishing standard으로, 여성들에게 자기 파괴적 '코르셋'을 이용하여 자기 자신을 판단하라고 강요한다"라는 것이다. 안타깝게도 이는 시대착오적인 사고방식이다. 종래에는 미적·성적 욕구가 '여성을 남성의 권력에 예속시키는 경로 중 하나'로 간주되어왔다. 그러나 미적 진화 이론에 따르면, 여성은 성적 대상일 뿐만 아니라 자신만의 욕구와 행위능력을 보유하도록 진화한 성적 주체sexual subject이기도 하다. 성적 욕구와 이끌림은 단순한 예속의 수단이 아니라, 사회적 역량증진social empowerment을 위한 개인적이고 집단적인 도구로서 성적 자율성의 확대에 기여할 수 있다는 것이다. '바람직한 배우자의 특징'에 대한 규범적인 미적 합의normative aesthetic agreement는 문화를 바꾸는 강력한 힘이 될 수 있다. 고대 그리스의 가정주부, 리시스트라타가 남긴 교훈은 명확하다. 개인은 자신들의 뚜렷한 성적 선택을 통해 사회를 바꿀 수 있다.

이 책은 인간성에서 아름다움이라는 개념을 끄집어낸 후, 과학적으로 분석하여 '욕구와 과시의 공진화 댄스의 결과물'로 정의하는 순서를 밟았다. 이제 정반대로 아름다움에 관한 공진화적 견해를 살펴본 후에 그것을 인간성, 특히 예술에 적용해보려고 한다.

최근 진화생물학 분야에서 몇몇 연구자들은 새로운 미적 철학aesthetic philosophy을 추구해왔다. 자연계의 미적 진화에 대한 이해가 증진되면서, 진화생물학과 미학(예술철학, 미적 속성론, 예술사, 예술비판을 포함함) 간에 지적 교류의 기회가 새로 생겨났다.[13] 지난 수 세기 동안 자연에 관한 미학은 인간이 자연에서 지각하는 미적 경험을 연구하는 데 치중했다. 풍경을 바라보거나, 붉은가슴밀화부리Rose-Breasted Hrosbeak(*Pheucticus ludovicianus*)의 노랫소리를 듣거나, 난초의 모양과 색, 향을 떠올리거나 하는 것들 말이다. 그러나 미적 진화 이론은 우리에게 '붉은가슴밀화부리의 노래와 난초의 아름다움(단, 풍경은 제외)이 각각 암컷 밀화부리나 곤충 꽃가루매개자pollinator라는 비인간 행위 주체nonhuman agent의 주관적인 미적 평가와 함께 공진화해 왔다'라는 정보를 알려줬다. 돌이켜보면, 인간은 그들의 아름다움을 평가할 수 있지만, 그것이 형성되는 데는 털끝만큼도 기여하지 않았다. 자연계의 미적 풍요로움 중 상당 부분은 동물의 주관적 평가를 통해 이루어진 것인데, 전통적인 미학은 그것을 제대로 평가하는 데 실패했다. 배타적인 '인간적 시선human gaze'으로 자연의 아름다움을 바라봄으로써, 많은 비인간 동물들의 활발한 미적 활동을 이해하는 데 실패한 것이다.[14] 좀 더 엄밀한 학문이 되려면, 미학은 생물세계의 엄청난 복잡성과 정면으로 마주해야 한다.

미학적 생명관이 시사하는 또 한 가지 흥미로운 점은, 모든 미적 현상(인간의 예술 포함)의 밑바닥에는 '공진화'라는 기본적 특징이 깔려 있다는 것이다. 내가 이 책을 통틀어 설명한 것처럼, 수컷 공작의 꽁지깃과 같은 성적 장식물의 진화에는 그에 상응하는 암컷 공작의 미적 선호가 수반되었다. 짝짓기선호의 진화는 꽁지깃을 진화시켰고, 꽁지깃의 진화는 짝짓기선호를 진화시킨 것이다. 우리는 순수예술 분야에서도 이와 비슷한 공진화 절차가 작동하는 것을 볼 수 있다. 예컨대 모차르트Wolfgang Amadeus Mozart는 관현악과 오페라 작곡을 통해 청중과 관객의 음악적 상상력('음악이라는 게 무엇이고, 음악이 뭘 할 수 있는가'라는 생각)을 진화시켰다. 이 같은 새로운 음악적 선호는 후세의 작곡가와 연주자들에게 영향을 미쳐, 서양 음악에서 (소위 말하는) '클래식'이라는 장르를 발전시켰다. 이와 마찬가지로 마네Édouard Manet, 반 고흐Vincent van Gogh, 세잔Paul Cézanne과 같은 미술가들은 전통적 범위를 훌쩍 뛰어넘어 새로운 유럽 미술 장르를 창조했다. 그들에 의해 변화된 관람객들의 미적 선호는 후세의 미술가, 수집가, 미술관에 영향을 미쳐, 궁극적으로 20세기 초의 큐비즘Cubism, 다다이즘Dadaism 등 현대미술의 발전으로 이어졌다. 이처럼 문화적 맥락에서 미적 진화가 일어나는 메커니즘은 기본적으로 자연계에서의 공진화 메커니즘과 동일하다.

예술은 감상자와 예술가 간의 역사적인 공진화과정(과시와 욕구, 표현과 취향의 공진화 댄스)의 결과물임을 이해했다면, 이제 '예술이란 게 뭐고, 뭐가 될 수 있는가'라는 개념을 확장할 차례다. 단도직입적으로 말해서, 예술은 객관적 특질이나, 특별한 감상능력 따위로 정의될 수 없다. 즉, 예술의 본질은 그 자체에 있지 않으며, 감상자의 눈과 귀에도 있지 않다. 예술작품이 된다는 것은 미적 공진화aesthetic coevolution라는 역사적 과정의 산물이 된다는 것을 의미한다. 다시 말해서, 예술이란 예술작품과 그에 대한 평가가 함께 공진화하는 일종

의 의사소통이다.[15]

예술에 대한 이러한 공진화적 정의가 시사하는 것은, 예술은 반드시 미적 공동체, 즉 미적 생산자와 평가자로 구성된 집단 안에서 탄생한다는 것이다. 지금은 미학의 고전으로 자리 잡은 1964년의 논문에서 아서 단토Arthur Danto는, 이 같은 취향을 만들어내는 미적 공동체를 예술계artworld라고 불렀다.[16] 이것은 예술에 대한 새로운 공진화적 정의로, 진화생물학과 예술 사이에 완전히 새로운 가교를 건설했다.

예술에 대한 이러한 정의가 가져온 가장 혁명적인 결과는, 아마도 새의 노랫소리, 성적 과시, 동물이 매개하는 꽃, 열매 등도 예술로 여겨진다는 것일 게다. 이것들은 생물예술biotic art로 분류되며, 무수히 많은 생물예술계biotic artworld 내부에서 탄생한 것이다. 그리고 각각의 생물예술계에서는 시간이 지남에 따라 동물의 미적 형질과 선호가 계속 공진화한다.

물론 '예술에 대한 모든 정의는 (인간예술계에서 볼 수 있는) 아이디어의 문화적 전파방식에 의존해야 한다'라는 주장이 제기될 수 있다. 인간의 예술은 문화적 현상으로, 사회연결망 안에서 구성원들 간에 전달되는 미적 아이디어에 의해 좌우된다. 이는 미적 혁신과 영향의 문화적 메커니즘이다. 만약 예술의 문화적 정의를 받아들인다면, 마치 '미적으로 공진화하는 유전적 실체genetic entity는 예술이 될 수 없다'라는 점을 은연중에 시사하는 것처럼 보일 수도 있다. 그러나 이러한 정의가 생물예술을 배제하는 것은 아니다. 예컨대, 지구상에 서식하는 조류의 거의 절반은 종의 다른 구성원으로부터 노래를 배운다.[17] 이러한 조류 종들은 조류문화avian culture를 갖고 있으며, 이 문화는 4,000만 년에 걸쳐 지속·번창·다양화되었다. 결과적으로, 학습된 새의 노래에는 지역적 변이(즉, 방언)가 존재하며, 문화적 전달은 신속하고 때로는 급진적인 노래의 변화를 초래할 수 있다. 마치 인간의 예술에서 간혹 일어나는 변화처럼 말이다. 고래와 박쥐의 경우에도 이와 유사한 미적 문화 과정이 존재한다.[18]

요컨대 박물관과 도서관에서 나와서, 자연계의 미적 복잡성을 자세히 살펴보며 '이 모든 것들이 어디에서 왔을까?'라고 생각할 때, 우리는 모든 비인간 동물들의 미적 창작물을 배제하고 '순수하게 인간적인 것'만을 예술로 정의한다는 게 어불성설임을 깨닫게 될 것이다.[19]

어떤 미학자, 예술사가, 예술가들은 무수한 형태의 생물예술이 자신의 전문분야에 기여하기보다는 성가시게 하거나 심지어 모욕한다고 생각한다. 그러나 나는 '포괄적인 포스트휴먼적 예술관post-human view of art이 미학의 발달에 진정한 기회를 제공한다'라는 생각을 받아들일 이유가 충분하다고 생각한다. 우리 인간은 본래 자신을 '모든 창조물의 중심'으로 간주하고, 태양과 별들이 우리의 주위를 맴돈다고 생각했었다. 그러나 지난 500년 동안의 과학적 발견들은 우리의 우주관과 '우주 속에서 우리가 차지하는 위치'에 대한 프레임을 바꿀 것을 요구했다. 하나의 새로운 사실이 발견될 때마다, 인간은 우주의 핵심부에서 점점 더 멀어져왔다. 우리는 '인간은 평범한 태양계에서 살고 있으며, 태양계는 특별할 것 없는 은하계의 변두리(문자 그대로 오지마을Nowheresville)에 존재한다'라는 냉혹한 현실에 직면했다. 지구의 '크기'와 '태양으로부터의 거리'는 특별하지만, 우주 안에서 우리의 위치는 아무리 따져봐도 무작위적이고 예측 불가능하며 지극히 평범하다. 많은 사람들은 이 같은 지적 변화intellectual change에 당황하고 있지만, 나는 그런 지식이 '생물계, 인간의 존재, 우리의 의식경험과 기술적·문화적 성과는 놀라우며 예상외로 풍성하다'라는 기존의 생각을 확장해줬을 뿐이라고 생각한다.

이와 마찬가지로, 나는 미학의 프레임을 완전히 뜯어고쳐 인간을 학문의 중심에서 밀어내고 인간과 비인간 동물들을 모두 아우르는 것만이, 인간예술의 경이로운 다양성, 복잡성, 미적 풍성함, 다양한 사회기능에 대한 우리의 이해를 향상시키는 길이라고 생각한다. 다른 동물들의 존재를 고려하여 우리와 인간예술계의 좌표를 설정하는 포스트휴먼적 미학을 받아들임으로써, 우리는 '우리가 어떻게 여기까지 왔으며, 인간이라는 존재의 특별함이 진정 무엇인지'를 좀 더 심오하게 이해할 수 있을 것이다.

1974년 6월 말의 안개 낀 아침, 나는 쌍안경을 손에 쥔 채 바닷가재잡이 어선에 몸을 싣고 메인주 웨스트 존스포트의 항구를 떠났다.[20] 우리의 목적지는 머차이어스실섬Machias Seal Island이었는데, 그 당시 그곳은 코뿔바다오리Atlantic Puffin(*Fratercula artica*)의 최남단 서식지였다. 어선이 펀디만Bay of Fundy의 깊은 수역에 진입했을 때 안개가 걷히기 시작하자, 바르나 노턴 선장은 곧바로 큰슴새Greater Shearwater(*Puffinus gravis*), 회색슴새Sooty Shearwater(*Ardenna grisea*), 윌슨바다제비Wilson's Storm Petrel(*Oceanites oceanicus*)를 손으로 가리켰다. 그들은 대양을 횡단하는 거대한 알바트로스의 조그만 친척들로, 회색 물 위를 스치듯 지나가고 있었다.

어선이 섬에 접근했을 때 태양이 모습을 드러냈다. 그 섬은 풀로 뒤덮인 15에이커짜리 섬으로, 바위투성이 해안에는 우편엽서에 나오는 하얀 등대가 세워져 있었다. 섬을 가로지르는 판자길 좌우의 풀밭 위에서는 수천 마리의 제비갈매기Common Tern(*Sterna hirundo*)가 둥지를 틀고 있었다. 그들 사이에는 200여 마리의 북극제비갈매기Arctic Tern(*Sterna paradisaea*)들이 섞여 있었는데, 피처럼 붉은 부리, 은색 날개, 짧은 빨간색 다리, 회색 가슴, 기다란 하얀색 꽁지깃으로 제비갈매기와 구별할 수 있었다. 북극제비갈매기들은 불과 6주 후면 (지구상의 어떤 생물도 따를 수 없는) 초장거리 여행을 떠날 예정이었다. 그들은 남아메리카 남단까지 내려가 남대서양을 건너 남극해에서 겨울을 난 다음, 다음 해 여름이 되어야 번식하기 위해 그곳으로 돌아온다. 우리는 판자길을 따라 걸으며 제비갈매기 서식지를 훑어보던 중 큰 봉변을 당했다. 공중으로 솟아오른 여러 쌍의 제비갈매기들이 번갈아 괴성을 지르며, 매우 예리한 부리로 우리들의 머리에 융단폭력을 하는 게 아닌가! 당시 겨우 열두 살이었던 나는 일행 중에서 키가 가장 작은 축에 속했다. 제비갈매기들은 편의상 큰 사람들을 공격하는 경향을 보였기 때문에, 나는 다행히 공격 대상에서 벗어날 수 있었다.

바위투성이 해안을 무심코 여러 번 내다보다가 수십 마리의 코뿔바다오리 떼를 발견했다. 그들은 턱시도를 연상케 하는 흑백의 깃털에, 광대처럼 빨간색·오렌지색·까만색 얼룩무늬로 치장된 커다란 부리를 갖고 있었다.[•] 그들은 화강암 바위 위에 앉아 일광욕을 하며 서로 노닥거리다가, 먹이를 사냥하러 바다 쪽으로 날아갔다. 간혹 새로운 코뿔바다오리가 한 마리씩 바다에서 돌아왔는데, 부리에는 10여 마리의 작고 가느다란 물고기들이 물려 있었다. 부리의 좌우에 주렁주렁 매달린 물고기들의 모습은 영락없이 (그 당시 록스타와 젊은 사람들 사이에서 유행하던) 은빛 팔자수염이었다. 일단 해안에 착륙한 (수컷 또는 암컷) 코뿔바다오리는 바위 사이의 둥지로 들어가, 애타게 먹이를 기다리던 새끼 한 마리를 배불리 먹였다. 다른 바위들 위에는 바다오리Common Murre(*Uria aalge*)과 레이저빌Razorbill(*Alca torda*) 몇 쌍이 있었는데, 그들은 멸종한 큰바다쇠오리Great Auk(*Pinguinus impennis*)와 가장 촌수가 가까운 현존종이다. 큰바다쇠오리는 몇 세기 전 바로 그 곳에 살았으며, 날지 못한 게 원인이 되어 멸종의 길을 걸었던 것으로 알려져 있다.

시간이 그렇게 빨리 흐를 줄이야! 몇 시간 후 나는 새카맣게 그을린 얼굴로 어선으로 돌아왔다. 머리에는 제비갈매기의 똥을 잔뜩 뒤집어쓰고 있었지만 행복에 겨워 어쩔 줄 몰랐다. 웨스트 존스포트로 돌아올 때까지 (물 위를 스치듯 지나가는) 슴새나 (사냥을 하는) 북극제비갈매기를 한 번이라도 더 볼 요량으로 한시도 경계를 게을리하지 않았다. 그날 일어났던 많은 사건들은 40년이 지나도록 내 기억 속에 오롯이 각인되어 있다. 새벽에 텐트에서 일어나자마자, 내가 제일 좋아하는 스웨인슨지빠귀Swainson's Thrush(*Catharus ustulatus*)의

• 컬러 화보 21번.

노랫소리를 들은 것처럼.

육지로만 둘러싸인 버몬트 남부의 작은 고향에 틀어박혀 몇 개월 동안 틀어박혀 꿈꾸고 계획하고 읽고 연구한 후, 코뿔바다오리와 다른 물새들을 마지막으로 관찰한 경험은 안 그래도 거침없었던 나의 상상력에 날개를 달았다. 책에서 배운 내용과 삶의 경험이 한데 만나 심오한 즐거움을 창조했다. 그것은 savoir와 connaissance의 결합으로, 나의 조류연구에 박차를 가한 중요한 통찰이었다. 그 후 몇 년 동안 인생의 상당 부분을 자연사 관찰, 과학연구, 발견의 계시적 경험revelatory experience을 회상·확장·심화하는 데 헌신했다.

그 과정에서 '조류관찰과 과학이란 게 결국은 세상에서 자아를 탐구하는 방법이며, (주변에 존재하는 자연계의 다양성, 복잡성에 몰입하는) 자기표현self-expression 및 의미 찾기 경로와 병행된다'라는 사실을 깨달았다. 그러나 나는 아직도 놀라움을 금치 못하고 있다. 그 사실이 여전히 진리라니! 지식이 살아 움직이며, 풍부하고 심오한 경험과 감동적 발견을 위한 기회를 창조하며, 그리고 그 모든 과정이 우리의 삶을 풍요롭게 하다니!

나는 아직도 다음 기회, 다음 발견 그리고 다음에 관찰할 새롭고 아름다운 새를 상상하며 흥분한다. 메인주에서 맞이했던, 기대에 가득 찬 안개 낀 아침에 그랬던 것처럼.

감사의 글

이 책을 쓰고 만드는 동안 많은 분에게 통찰, 조언, 지원, 지지를 받았다. 개인적으로 아내 앤 존슨 프럼의 열렬한 격려, 고마운 통찰, 따끔한 충고, 인내 그리고 그 과정에서 보여준 무한한 이해심에 감사한다. 세 아들 거스, 오언, 리엄의 솔직한 호기심과 관심을 고맙게 생각한다. 나의 이란성 쌍둥이 누이 캐서린은 내게 영감을 제공하고 나를 누구보다 잘 이해해줬다. 그녀는 나와 유년기를 함께 보내며 내게 무한한 영향을 미쳤고, 페미니즘과 '타자의 주관적 경험'이라는 불가사의한 주제에 관심을 두게 해줬다. 마지막으로, 아버지 브루스 프럼과 어머니 조앤 가한 프럼에게 감사드린다. 두 분은 어렸을 때부터 새와 과학, 조류탐사 여행에 관심을 보이는 나에게 격려를 아끼지 않았다.

많은 동료가 이 책의 집필을 도와줬다. 나는 2011~2012년 스페인 이커바스크 과학재단Ikerbasque Science Foundation과 도노스티아 국제 물리학센터Donostia International Physics Center(DIPC)에서 이커바스크 과학 펠로우십Ikerbasque Science Fellowship을 받아 이 책을 쓰기 시작했다. DIPC의 페드로 미겔 에체니케와 하비에르 아이스푸루아의 관심과 지원에 감사드린다. 이 책은 2015년 베를린 고등연구소Wissenschaftskolleg zu Berlin(비코Wiko)에 방문연구원으로 있는 동안 거의 완성되었다. 비코에서 놀라울 정도로 생산적이고 학술적이고 협력적인 환경을 제공받았으며, 그곳에서 처음 만난 수많은 친구들에게 감사한다. 그 프로젝트의 비용은 예일대학교의 윌리엄 로버트슨 코 기금William Robertson Coe Fund과 매카서 재단 MacArthur Foundation에서 제공한 연구비로 충당되었다.

아름다운 그림과 삽화를 그려준 미카엘 디조르조와 리베카 겔언터, 멋진 사진을 사용하도록 허락해준 후안 호세 아랑고, 브렛 벤츠, 라파엘 베사, 마크 크레티앵, 마이클 둘리틀, 로난 도너번, 로드리고 가바리아 오브레곤, 팀 라만, 케빈 매크라켄, 브라이언 파이퍼, 주앙 켄탈, 에드 숄스, 짐 지프에게도 감사드린다.

이 책의 내용과 방향은 여러 동료 및 친구들과 이야기하고 의견을 나누면서, 형성되고 향상되었다. 수잰 알론조, 이언 아이레스, 도리트 바온, 데이비드 부스, 게리 보르자, 브라이언 보로브스키, 퍼트리샤 브레넌, 제임스 번디, 팀 카로, 바버라 캐스퍼스, 이네스 커딜, 앤 데일리, 재러드 다이아몬드, 엘리자베스 딜런, 마이클 도너휴, 저스틴 아이헨라우프, 테리사 페오, 마이클 프레임, 리치와 바버라 프랭크, 제니퍼 프리드만, 조너선 길모어, 마이클 고딘, 필 고스키, 패티 고와티, 데이비드 핼퍼린, 브라이언 헤어, 카르스텐 해리스, 베리티 하트, 제프 힐, 드로어 홀레나, 리베카 헬름, 잭 히트, 리베카 어윈, 수전 존슨 커리어, 마크 커크패트릭, 조너선 크람니크, 수전 린디, 폴린 레벤, 대니얼 리버만, 케빈 매크라켄, 데이비드 맥도널드, 에리카 마일럼, 앤드루 미랭커, 마이클 나흐만, 베리 네일버프, 톰 니어, 대니얼 오소리오, 게일 패트리셀리, 로버트 B. 페인, 브라이언 파이퍼, 스티븐 핑커스, 스티븐 핑커, 제프 포도스, 트레버 프라이스, 데이비드 프럼, 조애나 라딘, 빌 랭킨, 마크 로빈스, 길 로즌솔, 데이비드 로젠버그, 조앤 러프가든, 알렉산드르 룰랭, 제드 러벤펠드, 더스틴 루벤스타인, 프레드 러시, 브렛 라이더, 리사 샌더스, 혼 소시, 프랜시스 소여, 샘 시, 마리아 서베디오, 러스 샤퍼-랜도, 로버트 실러, 브라이언 시먼스, 데이비드 슈커, 밥 슐만, 스티븐 스턴스, 캐시 스토더드, 코델리아 스완, 게리 톰린슨, 크리스 어드리, 알 우이, 랄프 베터스, 마이클 웨이드, 귄터 바그너, 데이비드 와츠, 메리 제인 웨스트-에버하르트, 톰 윌, 캐서린 윌슨, 리처드 랭엄, 마를레네 주크, 크리스토프 지스코프스키. 그 외에도 (미안하게도) 다 기억하지 못할 정도로 많은 동료와 친구들이 도와주었다!

이 책에 소개된 연구 내용 중 상당 부분은 대학원생, 박사후 연구원들과의 공동연구를 통해 이루어졌다. 마리나 앙시아스, 제이컵 버브, 킴벌리 보스트윅, 퍼트리샤 브레넌, 크리스 클라크, 테레사 페오, 토드 하비, 제이컵 머서, 비노드 사라나탄, 에드 숄스, 샘 스노, 캐시 스토더드, 칼리오피 스투르나라스의 창의적인 아이디어와 열정적인 토론, 근면한 연구 활동에 찬사를 보낸다.

더블데이 출판사의 편집자 크리스틴 푸오폴로와 직원 대니얼 마이어는 시종일관 격려, 사려깊은 통찰, 탁월한 논평을 제공했다. 베스 라시바움은 더욱 명료하고 쉽고 가독성 높은 책을 만들기 위해 전권全券의 초고를 수없이 편집하면서도 전혀 피곤한 기색을 보이지 않았다. 베스의 인내, 고집, 통찰에 깊이 감사한다. 당연한 이야기지만, 그럼에도 이 책에 잘못된 점, 간과된 점, 부족한 점이 하나라도 있다면 그건 모두 내 책임이다.

나의 에이전트인 존 브록만과 카팅카 맷슨이 집필과 출판의 전 과정을 통해 제공한 경험, 충고, 지도편달에 특히 감사드린다.

책을 집필한다는 것은 고독과 불확실성으로 점철된 과정이기도 하다. 나는 집필 프로젝트의 초기부터 시인 카터 레바드와 새, 자연, 예술의 미적 진화에 대해 이메일로 의견을 주고받았다. 그는 나에게 마지막으로 로버트 프로스트의 〈꽃다발The Tuft of Flowers〉을 적어 보냈다. 그 시의 마지막 구절에 절로 눈길이 갔다.

> "곁에서 일하든, 멀리 떨어져 일하든," 나는 진심을 담아 말했다.
> "사람들은 늘 함께이지요."

프로스트의 시에서 연상되는 이미지는 프로젝트가 진행되는 동안 줄곧 내게 영감을 주고 용기를 북돋아줬다. 많은 독립된 개체들이 각각 떨어져 나름의 다른 방법으로 동시에 일하는 장면. 심지어 공간적으로 고립되어 서로의 존재를 전혀 의식하지 못하더라도 말이다. 그러므로 보이지 않는 모든 이들께 진심으로 감사드린다. '과학적 변화'와 '과학과 문화 간의 새롭고 좀 더 생산적인 관계'를 추구하기 위해, 지금 이순간에도 나와 함께 동시다발적으로 노력하고 있는 모든 사람들에게.

—
주

프롤로그

1. 새의 이름은 고유명사므로, 조류학자들은 새의 일반명 첫머리를 늘 대문자로 쓴다. 이는 검은부리아비Common Loon(*Gravia immer*)와 '일반적인 아비common loon', 붉은매Ferruginous Hawk(*Buteo regalis*)와 '빨간색의 매ferruginous hawk'를 구분하는 유일한 방법이기도 하다.

2. Gauthier et al. (2000). 그러나 시각경험에 관한 신경과학적 논쟁을 좀 더 자세히 알고 싶으면, Harel et al. (2013)과 그 책에 수록된 참고문헌을 읽어보라.

3. 조류관찰은 뇌의 사회적 영역(사회적 관계를 인식하는 부분)을 신경학적으로 재활용하는 것일 수 있다. 그러나 이 영역은 처음에 (잠재적 식량원이나 포식자의 위협과 관련하여) 새, 다른 야생동물, 식물을 인식하기 위해 진화한 후, 나중에 사회적 인식을 위해 전용轉用되었을 수 있다. 다시 말해서, 조류관찰은 인간이 초기부터 발달시킨 신경학적 기능 중 하나일지도 모른다.

4. Nagel (1974). "하나의 생물이 의식을 한다면, 그의 감각경험에는 고유한 특징이 있을 것이다"라고 주장했다. 즉, "어떤 생물이 의식경험을 갖는다는 사실은, 기본적으로 생물 고유의 무언가가 존재함을 의미한다"라는 것이다. 나는 '네이글의 주장이 의식을 생산적으로 정의했는지' 여부를 따질 생각은 없지만, '조류를 포함한 많은 생물들이 감각과 의식의 흐름을 갖고 있으며, 그 특징들이 매우 다양하다'라는 가설을 입증하는 증거가 충분히 축적되어 있다고 생각한다. 이러한 감각적·의식적 특징은 궁극적으로 (미적 진화의 기본이 되는) 생태적·사회적·성적 의사결정을 낳는다.

5. 피터Peter와 로즈메리 그랜트Rosemary Grant 부부가 수행한 '갈라파고스핀치 부리의 진화'에 관한 연구는 Grant(1999)와, 조너선 와이너Jonathan Weiner의 대표적인 저서 『핀치의 부리the beak of the finch』(1994)에 잘 정리되어 있다.

6. 물론 성과 사회에 대한 미적 결정이 부리의 형태에 영향을 미칠 수도 있다. 왕부리새Ramphasto나 많은 코뿔새hornbill들의, 커다랗고 반짝이는 부리는 복잡한 사회적 신호의 대표적 사례다. 이들은 단지 생태적 기능에 대한 자연선택을 통해서만 진화한 것이 아니다.

7. 나는 메리 제인 웨스트-에버하르트Mary Jane West-Eberhard에게 큰 빚을 졌다. 그녀는 일찍이 '성적·사회적 선택'에 관한 수준 높은 연구(1979, 1983)를 남겼으며, 최근에는 적응적 배우자선택을 비판하고 "다윈의 잊힌 이론"을 옹호했다(2014).

1. 다윈의 정말로 위험한 생각

1. Darwin (1871).

2. Darwin to Asa Gray, April 3 [1860], Darwin Correspondence Project, Letter 2743.

3. 다윈을 다룬 탁월한 전기가 필요하다면 재닛 브라운Janet Brown의 두 권짜리 책 『찰스 다윈 평전: 종의 수수께끼를 찾아 위대한 항해를 시작하다Charles Darwin: Voyaging』(1995)와 『찰스 다윈 평전: 나는 멸종하지 않을 것이다Charles Darwin: The Power of Place』(2002)를 참고하라.

4. Darwin (1871, 15).

5. Darwin (1859, 488).

6. Darwin (1871, 784).

7. Darwin (1871, 794-95).

8. 재닛 브라운은 『찰스 다윈 평전: 종의 수수께끼를 찾아 위대한 항해를 시작하다』에서, 『인간의 유래와 성선택』(1871)에는 몇 페이지만 할애한 반면 『종의 기원』(1859)에는 100여 페이지를 할애했다.

9. Darwin (1871, 61). 첫 번째 문장은 2판에서 추가되었다.

10. Darwin (1871, 466).

11. 발표된 지 시일이 조금 흘렀지만 지금 보기에도 탁월한 '성선택에 관한 이론 및 데이터'의 요약은 Andersson (1994)을 참고하라. 좀 더 최근에 나온 '배우자선택의 지각적·인지적 성격'에 관한 리뷰로는 Ryan and Cummings (2013)이 있다.

12. Darwin (1859, 127).

13. 현대 진화생물학자들은 자신들과 다윈 간의 지적 견해 차이를 얼버무리기 위해, 『종의 기원』에 조금 나오는 '부수적인 성선택' 개념만 인용하고, 두 권짜리 『인간의 유래와 성선택』에 잔뜩 나오는 '명백히 미적인 성선택' 개념을 완전히 무시하는 경우가 종종 있다.

14. Darwin (1871, 516).

15. Darwin (1871, 793).

16. Mivart (1871, 53).

17. Mivart (1871, 53).

18. Mivart (1871, 75-76).

19. Mivart (1871, 59).

20. "vicious, adj.," OED online, March 2016, Oxford University Press.

21. "caprice, n.," OED online, March 2016, Oxford University Press.

22. Mivart (1871, 62).

23. Mivart (1871, 48).

24. 헬레나 크로닌Helena Cronin은 『개미와 공작The Ant and the Peacock』(1991)에서 다윈과 윌리스의 논쟁을 역사적 관점에서 탁월하게 설명했다.

25. Darwin (1882, 25). 다윈은 성선택에 대한 비판에 단 한 번 양보한 적 있다. "내가 너무 확대해석했을 수도 있다. 예컨대, 수컷 풍뎅이의 이상하게 생긴 뿔과 턱이 그렇다." 그러나 다윈은 세상을

떠날 때까지 '풍뎅이의 뿔 길이'나 성선택 자체에 대해, 그 이상은 결코 양보하지 않았다.

26. Wallace (1895, 378–79).

27. Ben S. Bernanke, "The Ten Suggestions", June 2, 2013, Princeton University's 2013 Baccalaureate remarks.

28. Wallace (1895, 378–79).

29. Wallace (1889, xii).

30. Wallace (1895, 379).

31. 20세기 초에 수행된 다양한 '배우자선택 연구'에 대한 흥미로운 설명은 Milam (2010)을 참고하라.

32. Fisher (1915, 1930).

33. 피셔의 2단계 모델은 '피셔의 성선택Fisherian sexual selection이란 과연 무엇인지'에 대한 혼란을 야기했다 (1915, 1930). 독자들은 다음과 같은 의문을 제기할 것이다. "피셔의 성선택은 '순차적 과정(1차는 적응적 단계, 2차는 임의적 단계)'을 지칭할까, 아니면 '적응적 단계와 임의적 단계의 병행과정'을 지칭할까?" 이 책에서 말하는 '피셔의 성선택'이란, 피셔가 혁신적으로 기술한 두 번째 단계(임의적 단계)만을 지칭하는 것임을 밝혀둔다.

34. Fisher (1930, 137).

35. 성선택이 새롭게 인식되고 있음을 알린 것은 버나드 캠벨Bernard Campbell이 편집한 《성선택과 인간의 유래: 다윈주의자들의 발자취Sexual Selection and the Descent of Man: The Darwinian Pivot》(1972)라는 제목의 한 권짜리 논문집이었다. 여기에는 차별화된 재생산투자differential reproductive investment에 관한 로버트 트리버스Robert Trivers의 영향력 있는 논문이 실렸다.

36. Lande (1981); Kirkpatrick (1982).

37. Zahavi (1975).

38. Zahavi (1975, 207).

39. Zahavi (1975, 207).

40. 어떤 연구자들은 '좋은 유전자'나 '랜드-커크패트릭 메커니즘'이나 크게 보면 '간접적인 유전적 이점'이라는 연속체상의 점들일 뿐이지 않냐고 반문한다(Kokko et al. 2002). 그러나 두 가지 메커니즘은 성적 장식물의 진화적 의미를 정반대로 예측하므로, '연속체상의 점들'보다는 '상이한 진화적 메커니즘들'로 이해하는 것이 최선이라고 생각된다(Prum 2010, 2012).

41. Grafen (1990).

42. 과시형질의 비선형적 비용에 대해 생각하는 또 다른 방법은, 그 비용을 돈money이라고 가정하는 것이다. 즉, 어떤 사람들은 자질이 떨어지고 돈이 별로 없는 데 반해, 어떤 개인들은 자질이 우수하고 돈이 남아돈다고 하자. '가난한 사람의 1달러'는 '부자의 1달러'보다 값어치가 크므로, 자질이 낮은 사람은 자질이 높은 사람보다 상대적 고비용larger relative cost을 지불할 수밖에 없을 것이다. 그러나 자질의 다양성이 자연계의 개체군에 불균등하게 분포되어 있을까? 그건 알 수 없다. 왜냐하면 내가 아는 범위 내에서, 핸디캡 원리의 이러한 핵심가정은 어떤 동물 종에서도 명백히 검증된 바 없기 때문이다. Grafen (1990)의 제안이 핸디캡 원리가 처한 지적 몰락intellectual demise의 위기를 타파

한 후, 그의 제안을 검증하려고 되돌아본 사람은 지금껏 아무도 없었다.

43. Grafen (1990, 487).

44. Grafen (1990, 487).

45. Grafen (1990, 487).

46. Ridley (1993, 143).

47. 에른스트 마이어Ernst Mayr는 『인간의 유래와 성선택』 100주년을 기념하여 발간된 논문집(1972)에서 이와 똑같은 이슈를 제기했다.

48. 일반적으로 진화생물학자들은 변이, 재조합recombination, 부동drift, 자연선택이라는 네 가지 생물학적 진화 메커니즘을 인정한다. 이러한 신월리스적 분류neo-Wallacean classification에서는 성선택이 적응적 자연선택의 한 형태로 정의된다. 다윈의 진화생물학적 프레임을 복귀시키려면, 성선택을 자연선택에 예속시키지 말고 대등한 자격을 가진 '다섯 번째 진화 메커니즘'으로 목록에 올려야 한다.

2. 세상에는 별의별 아름다움이 다 있다

1. Darwin (1871, 516).

2. Davison (1982).

3. 지금 당장 유튜브를 통해서도 아마추어가 동물원에서 촬영한 청란의 과시행동 동영상을 감상할 수 있다.

4. Bierens de Haan (1926) cited in Davison (1982).

5. Beebe (1926, 2:185).

6. Campbell (1867, 202–3).

7. Darwin (1871, 516).

8. Beebe (1926, 2:185–86).

9. Beebe (1926, 2:187).

10. Prum (1997).

11. "null, adj.," OED online, March 2016, Oxford University Press.

12. Keynes (1936, chap. 12).

13. Fisher (1957). 피셔가 흡연의 안전성을 옹호하기 위해 내세운 논리를 자세히 알고 싶으면 Stolley (1991)를 참고하라.

14. 자세한 내용을 알고 싶으면 Prum (2010, 2012)을 참고하라.

15. 진화생물학에서 유명한 또 하나의 영가설은 하디-바인베르크 법칙Hardy-Weinberg law인데, 이 법칙은 일배체allele(즉, 유전자 변이)의 빈도가 주어졌을 때 개체군에서 유전자형genotype의 빈도를 계산하는 데 사용된다. 이 법칙은 우리에게 '다른 사건들(비무작위적 짝짓기, 전출, 전입, 선택)이 일어나지

않는다고 가정할 때, 하나의 개체군에서 유전자형의 빈도가 어떻게 나타나는지'를 예측하게 해준다. 생물학자들은 하디-바인베르크 법칙에서 벗어난 정도(편차deviation)를 이용하여 개체군 내에서 뭔가 특별한 일이 일어났음을 증명한다. 그런데 흥미로운 것은, 피셔가 배우자선택 이론을 처음 제안한 게 1915년, 그러니까 고드프리 하디Godfrey Hardy와 빌헬름 바인베르크Wilhelm Weinberg가 이 법칙을 발표한 지 7년밖에 안 지났을 때라는 것이다. 하디-바인베르크 법칙과 마찬가지로, 피셔의 이론도 '유전적 변이만 존재할 때의 진화적 결과'를 기술하려는 시도로 이해될 수 있다. 배우자선택에서 말하는 변이란 '과시형질의 유전적 변이를 선택하는 선호'의 유전적 변이를 의미하며, 랜드-커크패트릭 모델은 그러한 과정을 수학적으로 기술한 것이다.

16. Grafen (1990, 487).

17. Prokop et al. (2012).

18. Pomiankowski and Iwasa (1993); Iwasa and Pomiankowski (1994).

19. Mehrotra and Prochazka (2015).

20. "우리가 매년 받는 건강검진의 가성비가 낮은 이유는 뭔가?"라는 질문에 다음과 같이 대답하는 사람들도 있을 수 있다. 첫째, 미국인들이 다른 나라 국민들보다 건강하니 그럴 수밖에 없다. 둘째, 인간의 표현형은 유전적 자질, 건강, 질병에 관한 정보를 타인들에게 드러내기보다는 감추도록 특별히 진화했다. 그러나 나는 그들이 들이대는 근거의 정확성을 신뢰하지 않는다.

21. Alberto Gutierrez (director of FDA Office of In vitro Diagnostics and Radiological Health) to Anne Wojcicki (23andMe CEO), Nov. 22, 2013, FDA doc. GEN1300666. FDA는 나중에 23andMe에게 "특정 유전 장애에 대한 검사키트를 소비자들에게 판매해도 무방하다"라고 승인했다.

22. Lehrer (2010).

23. Palmer (1999); Jennions and Møller (2002).

24. '정직한 대칭성'이라는 아이디어가 진화심리학과 신경과학에서 끈질기게 버티고 있는 이유 중 하나는, 진화생물학자들이 너무 당혹스러운 나머지 그것에 대한 언급을 피하고 있기 때문이다. 이런 지적 공백상태로 인해, 다른 분야에서는 그 '실패한 아이디어'를 마치 확립된 정설인 양 떠받들며 계속 인용한다.

25. 예컨대, Byers et al. (2010); Barske et al. (2011).

26. '비용이 많이 수반되는 정직한 신호'에 관한 논문 중 대다수는 "값비싼 형질이 존재한다는 사실 자체가 자하비의 핸디캡 원리의 타당성을 입증한다"라고 가정한다. 그러나 랜드-커크패트릭 모델도 '값비싼 형질'의 진화를 예측한다. 즉, '랜드-커크패트릭의 균형점'과 '자연선택의 최적점'의 편차offset는 성적인 매력의 비용과 정확히 일치한다(71페이지의 도표를 참고하라). '별의별 아름다움이 다 있다'라는 영가설을 기각하려면, 연구자들은 값비싼 형질이 '직접적 혜택'이나 '좋은 유전자'의 차이와 긴밀한 상관관계에 있음을 증명해야 한다. 그러나 그런 성과를 달성한 사람은 극히 드물다.

27. 발레와 음악에 빗대어 말하는 게 과장으로 보일 수도 있다. 그러나 예술과 공연의 미학을 적응적으로 설명하는 데도 이와 동일한 논리가 적용되어 왔다. 예컨대, 데니스 더튼Denis Dutton은 "인간의 예술창작과 공연은 배우자선택에 의해 '좋은 유전자'와 '정신적·신체적 능력'의 지표로 진화했다"라고 제안했다(Dutton 2009).

28. 금본위제의 더욱 심각한 아이러니는, 금 자체가 일정한 내재적 가치를 갖고 있다고 가정한다는 것

이다. 금이 비교적 활성이 없는 금속이고 유용한 물성을 많이 지니고 있기는 하지만, 금이 '보편적 가치기준'으로 확립된 것은 임의적인 문화적 현상이다. 이러한 사실을 감안하면, 임의적인 미적 영향력에 예속되지 않은 가치체계를 확립한다는 게 얼마나 어려운 일인지를 짐작하고도 남음이 있다.

29. 이것은 Samuelson (1958)에서 나온 표현이다. 세상에 이보다 더 적절한 표현은 없는 듯하다.

30. 나는 "아름다움이라는 말을 '공진화한 매력'을 의미하는 데 사용한다"라는 원칙을 잠시 보류해야겠다. 우리가 무지개의 매력에 이끌리는 것은 분명하지만, 그것은 우리의 평가와 함께 공진화하지 않았고, 그럴 수도 없다(Prum 2013).

31. 아름다움의 가치를 돈의 가치에 비유하는 것은, 적응주의자들이 적응적 배우자선택 이론을 옹호하는 데 사용하는 정서적 에너지에 대해서도 통찰을 제공한다. 현대경제학이 금본위제를 폐기한 것처럼, '별의별 아름다움이 다 있다'라는 가설은 적응주의적 세계관에 존재론적 위협을 가한다. 왜냐고? 조지 마이바트의 말을 그대로 인용하자면, 적응주의는 "자연선택의 '전적인 충분함the all-sufficiency'에 몰입하는 것을 근간으로 하여 자연계의 기능적 설계를 설명하기 때문이다"(1871, 48). 그러나 아름다움에 내재적인 진화적 가치가 있음을 인정하면, 배우자선택과 미적 진화를 적응의 족쇄에서 벗어나게 할 수 있다. 그렇게 되면 전적으로 충분한 적응은 붕괴하게 된다.
아름다움의 가치와 돈의 가치의 두 번째 유사점은, 대부분의 화폐들이 역사적으로 외재적 상품(예: 금)의 뒷받침을 받으며 시작되었고, 가치라는 사회적 장치는 나중에 그 화폐가 경제적 교환의 매개물을 창조함으로써 생겨났다는 것이다. 이 같은 '외재적 가치에서 내재적 가치로의 전환'은 피셔가 제시한 '형질과 선호의 2단계 진화 모델'과 정확히 일치한다. 1단계는 '약간의 상관관계를 가진 외재적·적응적 이점'을 나타내는 적응적 지표로서 시작되었지만, 2단계에서 짝짓기선호 유전자가 나타나면서 가치를 위한 새로운 기회, 즉 '매력적인 자녀를 낳는다'는 간접적인 유전적 혜택을 창조했다.

32. Krugman (2009).

33. Shiller (2015).

34. Conversation with Shiller, Sept. 16, 2013.

35. Akerlof and Shiller (2009).

36. Muchnik et al. (2013).

37. Prum (2010).

3. 춤추고 노래하는 마나킨새

1. 20세기의 3분의 2가 지나도록 생물의 계통수 연구가 수행되지 않았으며, 계통수 연구에 대한 이 같은 홀대는 '진화적 의문을 해결하는 가장 적절하고 생산적인 학문은 유전학과 개체군 유전학이다'라는 개념에 의해 뒷받침되었다. 그 결과 20세기 중반에 등장한 진화생물학의 새로운 종합New Synthesis은 대체로 비역사적 과학ahistorical science이 되었으며, 이상기체법칙(PV = nRT; '압력 곱하기 부피'는 '온도 곱하기 몰수 곱하기 이상기체상수'와 같다)을 모방하려고 애쓰는 개체군 유전학 기구population genetic machinery에 기반을 두고 있었다. 20세기의 마지막 10년 동안 진화생물학에서 계통발생과 계통학의 적절한 위치를 회복하기 위한 지적 전쟁이 벌어졌고, 이는 장차 다윈의 미적 진화 이

론이 회복되는 데 알맞은 토양을 제공했다. 진화생물학에서 계통학을 복권시키기 위해 벌어진 지적 전쟁에 대해서는 Hull (1988)을 참고하라.

2. 미적 진화는 다양한 사회적 선택social selection 메커니즘을 통해 진행될 수도 있다. 예컨대, 어미새들이 '어떤 새끼의 입에 먹이를 넣을지'를 선택할 때, 어미의 주의를 끌기 위해 깃털과 주둥이 패턴이 진화했을 것이다. 이러한 과정은 귀여움cuteness(새끼새의 매력)의 진화로 귀결되었을 것이다.

3. 지도교수 자격으로 그 그룹을 이끈 사람은 어류학자 빌 핑크Bill Fink 박사였다. 당시 그룹에 참가한 대학원생들 중에는 식물 분류학도 마이클 도너휴Michael Donoghue(현재 미국과학아카데미 회원으로, 나와 함께 예일대학교에 재직 중이다), 거미 분류학도 웨인 매디슨Wayne Maddison(쌍둥이 형제인 데이비드 매디슨David Maddison과 함께 맥클레이드MacClade, 메스키트Mesquite 등의 컴퓨터 프로그램을 만들어 형질진화의 계통발생 분석을 가능케 함), 식물학도 브렌트 미슐러Brent Mishler(UC버클리 식물표본실 큐레이터), 거미 분류학도 조너선 코딩턴(스미소니언 협회)이 있었다.

4. 나는 이 연구결과를 Prum (1988)과 Cracraft and Prum (1988)을 통해 발표했다.

5. 오늘날의 모든 작업장들과 마찬가지로, 자연사박물관들은 산업 안전 및 보건 규정에 따라 위험한 화학물질에 대한 노출을 제한한다. 박물관들은 최근 수십 년 사이에 파라디클로로벤젠paradichlorobenzene(좀약)을 이용한 해충구제를 중단했다.

6. Coddington (1986).

7. 황금머리마나킨의 행동과 생식에 대한 기본적 사항은 Snow (1962b)와 Lill (1976)에 기술되어 있다.

8. 나의 박사과정 학생이었던 킴벌리 보스트윅은 2005년 방영된 PBS 자연 다큐멘터리 〈정글 속Deep Jungle〉에서 케라토피파라속Ceratopipra 마나킨새들의 '미끄러지듯 뒷걸음질 치는 모습'을 처음으로 문워크에 비유했다.

9. 마나킨새의 구애행동에 대한 리뷰는 Höglund and Alatalo (1995)를 참고하라. 구애행동의 진화과정은 7장에서 자세히 설명한다.

10. 흰수염마나킨의 과시행동과 생식은 Snow (1962a)와 Lill (1974)에 기술되어 있다. 날개에서 '딱' 하는 기계음이 나는 메커니즘은 Bostwick and Prum (2003)에서 설명하고 있다.

11. 구애행동의 진화적 기원이 마나킨새의 공통조상에서 최초로 확립되었음을 언급한 문헌은 Prum (1994)이다. 무희새과 전체에서 구애행동을 하지 않는 종은 헬멧마나킨Helmeted manakin(*Antilophia galeata*) 하나뿐인데, 이들은 구애장소에서 일어나는 협동적 구애행동cooperatively lekking을 하는 키록시피아속의 자매그룹sister group으로, 무희새과의 계통수 깊은 곳에 자리 잡고 있다. 따라서 우리는 안틸로피아속Antilophia의 한 종에서 구애행동이 진화적으로 상실되거나 역전되었다고 추론할 수 있다.
    현생조류들이 최초로 등장한 시기에 대해서는 다소 논란이 있지만, 가장 최근에 발표되어 가장 강력한 지지를 받고 있는 수치는 Prum et al. (2015)이 주장한 약 1,500만 년 전이다.

12. 흥미롭게도, 과일과 마찬가지로 편안한 삶을 상징하는 기초로 흔히 사용하는 '젖'과 '꿀'은 모두 천연물이며 쾌락을 제공하고 먹히기 위해 특별히 공진화했다.

13. 스노가 일부다처제의 진화를 설명하기 위해 제시한 '과일 위주의 식생활' 가설은 '협동적 구애행동을 하는 새들 중 상당수가 열대지방에 서식하는 과식동물frugivore(마나킨새, 장식새cotinga, 극락조, 바우어새 등)에서 발견된다'라는 관찰에 의해 뒷받침된다. 꿀만 먹고 사는 일부 조류(예: 벌새)의

경우에도 비슷한 생태적 상황이 벌어진다. 꿀은 과일과 마찬가지로 먹히기를 원하므로, 꽃가루매개자 동물을 유혹할 목적으로 식물에 의해 창조된 뇌물bribe이다. 과식동물들과 마찬가지로, 벌새의 경우에도 자녀양육은 오로지 암컷의 몫이다. 이 같은 편모양육female-only parental care은 조성조(새, 꿩, 닭, 뇌조grouse 등과 같이, 알에서 부화한 직후 스스로 먹이를 챙겨먹는 새)에서도 나타난다. 조성조의 새끼들은 곁에서 지켜보며 포식자의 공격에서 보호해 주기만 하면 되므로, 편친偏親 혼자서도 양친의 역할을 충분히 해낼 수 있다. 탁란brood parasitism과 같이 극단적인 경우, 암컷이 다른 종의 둥지에 알을 낳은 다음 어느 생물학적 부모도 양육행동을 일절 하지 않는다. 이상의 모든 사례에서, 편친의 양육uniparental care은 '암컷의 배우자선택을 통한 강력한 성선택'과 '구애장소나 무대에서 벌어지는 수컷의 영토과시'의 진화로 귀결되었다.

14. 예일대학교의 선구적인 생태학자 조지 에블린 허친슨George Evelyn Hutchinson이 『생태 극장과 진화 연극The ecological theater and the evolutionary play』(1965)에서 말한 바와 같이, 환경조건과 생태적 상호작용은 진화적 변화가 일어나는 배경을 창조한다. 따라서 과일 위주의 식생활은 '일부다처형 번식 시스템polygynous breeding system'과 '극단적 배우자선호'의 진화를 추동하는 조건을 창조한다. 다른 생태조건들은 상이한 번식 시스템을 창조함으로써, 미적 진화의 패턴에 큰 영향을 미칠 수 있다. 대다수의 조류 종들은 일부일처제를 통해 암수가 새끼를 공동으로 양육하는데, 그런 종들 중 상당수는 (바다오리나 펭귄과 마찬가지로) 암수가 동일한 성적 장식물을 진화시켰다. 그런 장식물은 배우자선택을 통해 진화하는데, 이 경우 암수가 동일한 형질과 선호를 보유하며 동시에 선택권을 행사한다. 어떤 이동성 물새shorebird들은 일처다부형 번식 시스템polyandrous breeding system을 통해, 암컷 하나당 여러 마리의 수컷들을 거느린다. 예컨대, 떠돌이메추라기Plains Wanderer(*Pedionomus torquata*), 호사도요Painted Snipe(*Rostratula benghalensis*) 그리고 긴 발가락으로 수련의 잎을 사뿐히 밟으며 물 위를 걷는 자카나류jacanas의 여러 종이 그런 경우다. 이 종들의 암컷은 덩치가 크고 색깔도 화사하고 노래를 부르며 다른 암컷으로부터 영토를 지키는 역할을 한다. 그리고 풍요로운 영토를 갖고 있는 암컷은 여러 마리의 수컷들을 유혹하여 둥지를 공유할 수 있다. 덩치가 작은 수컷들은 암컷이 확보한 풍요로운 영토에 둥지를 짓고, 암컷이 낳아준 알을 품고 새끼를 양육한다. 이러한 일처다부형 종들의 경우, 배우자선택권을 행사하는 쪽은 수컷이다. 그러나 가장 성공한 암컷과 가장 실패한 암컷의 생식성과 차이는, 협동적 구애행동을 하는 수컷 새들의 경우만큼 크지 않다. 따라서 일처다부형 조류들은 일부다처형이나 협동적 구애형 조류처럼 극단적인 아름다움을 진화시키지는 않았다.

15. Snow (1962a, b); Lill (1974, 1976).

16. Snow (1962a, b); Lill (1974, 1976).

17. Snow (1962a, b); Lill (1974, 1976).

18. Snow (1962a, b); Lill (1974, 1976).

19. Davis (1982).

20. Prum (1985, 1986).

21. 코라피포속 마나킨새에는 세 가지 종이 더 있다. 콜롬비아와 베네주엘라의 안데스 산지에 서식하는 흰턱받이마나킨White-bibbed Manakin(*Corapipo leucorrhoa*), 중앙아메리카 남부에 서식하는 흰목도리마나킨White-ruffed Manakin(*Corapipo altera*)와 흰목도리마나킨 아종(*Corapipo altera heteroleuca*)이 바로 그것이다.

22. Snow and Snow (1985).

23. Prum and Johnson (1987).

24. Prum (1990, 1992).

4. 일생을 탕진하는 퇴폐적 아름다움

1. Prum (1998)에서 밝히고 있는 것처럼, 우리는 마나킨새 전체의 계통발생을 조사하여, 기계음의 기원이 여러 가지임을 알게 되었다.

2. '형태적 혁신을 설명하는 데 있어서 적응의 한계'에 대한 분석은 Wagner (2015)를 참고하라.

3. Prum (1998); Clark and Prum (2015).

4. 이것은 내가 1985년에 관찰한 내용에 대한 유일한 기술이며, 녹음된 자료는 전혀 없다. Willis (1966)는 콜롬비아 서부에 서식하는 곤봉날개마나킨의 날개노래를 간단히 기술하고 있다. 에드윈 윌리스Edwin Willis는 그 소리가 두꺼운 둘째날개깃을 마주침으로써 생성된다는 가설을 제시했지만, 그게 음성노래일 가능성도 배제하지 않았다.

5. Willis (1966)의 일화적 관찰에 이어, Bostwick (2000)은 에콰도르에서 곤봉날개마나킨의 과시 레퍼토리에 대한 행동연구를 광범위하게 보여준다.

6. Sclater (1862); Darwin (1871, 491; fig. 35).

7. Dalton (2002)을 참고하라.

8. Bostwick and Prum (2003). 흥미롭게도, 마나쿠스속에서 기계음이 처음 생겨난 후, 암컷 마나쿠스들은 폭죽 소리 같은 '딱' 소리에만 만족하지 않았다. 그녀들은 연속음이나 속사포와 같은 메뉴를 추가하며 혁신을 계속했다.

9. 가장 빨리 수축하는 척추동물의 근육들은 모두 소리 생성과 관련되어 있다. 예컨대, 방울뱀은 속근fast muscle을 이용하여 딸랑거리는 소리(약 90Hz)를 내고, 토드피시toadfish는 부레를 이용하여 휘파람 소리(약 200Hz)를 낸다(Rome et al. 1996). 그러나 이 생물들은 수축하는 근육과 똑같은 주파수를 가진 소리를 낼 뿐이다. 곤봉날개마나킨은 빨리 진동하는 근육을 증폭기에 연결하여 주파수가 훨씬 더 높은 의사소통용 소리를 낸다.

10. Bostwick et al. (2009).

11. 모든 성적 신호에 내포된 적응적 정보의 품질은 진화할 필요가 있다. 이 정보는 배우자선택의 작용에 의해 점차 세련되어지고, 품질과의 상관관계 또한 더욱 높아진다. 그런데 이 시나리오에는 문제가 있다. 만약 하나의 짝짓기 과시행동이 자질의 지표로 확고하게 자리매김했다면, 어떤 수컷이 그 적응적 이점을 포기하고 (이점이 검증되지 않은) 새로운 장식물로 갈아타는 이유가 뭘까? 그럴 경우 자질에 관한 정보의 품질이 저하될 게 뻔한데 말이다. 따라서 정직한 신호 전달은 과시 레퍼토리와 미적 혁신을 제한하게 될 것이다.

12. Bostwick et al. (2012).

13. Chiappe (2007), Field et al. (2013), Feo et al. (2015)을 참고하라.

14. 곤봉날개마나킨은 흔치 않은 새로, 동물원에서 거의 찾아볼 수 없다. 그러므로 그들을 실험실로 데려와 비행능력과 생리를 측정하는 것은 전술적으로나 법적으로나 매우 어렵다.

15. '종들 간에 형태학적 일관성이 나타난다는 것은, 그것이 자연선택에 의해 유지되고 있음을 입증하는 증거다'라는 주장은 적응주의적 견해다. 따라서 이 사례에서, 적응주의자들은 이러한 기본적 원리에 의문을 제기하거나, '곤봉날개마나킨의 배우자선택'에 관한 적응적 가설을 기각해야 하는 함정에 빠지게 된다.

16. 이 같은 '선택자의 데카당스'는 임의적인 미적 공진화를 추동하는 상관관계와 동일한 유전적 상관관계를 통해 진화한다. 과시형질에 대한 배우자선택은 형질과 선호의 유전적 공변이 covariation로 귀결되는데, 배우자선택 자체가 짝짓기선호의 진화를 추동할 수 있는 것은 바로 이 때문이다. 이와 마찬가지로, 암컷들은 배우자선택을 통해 수컷의 신체를 선택하며, 유전적으로 상관된 방법으로 자신의 신체까지도 변형시킬 수 있다.

17. '암컷의 형질과 수컷의 과시형질의 공진화'에 대한 직접적 증거를 제시하기는 매우 어렵다. 그러나 '수컷의 장식용 형질과 상관관계가 있는 형질이 암컷에게 발현된다'라는 사실은 '암컷이 수컷에 대한 배우자선택을 통해 공진화한다'라는 가설을 입증하는 명쾌한 근거라고 할 수 있다.

18. 닭의 경우 노뼈radius와 자뼈ulna의 연골성 전구체는 부화가 시작된 지 6일 만에 발달하기 시작하며, 오리의 경우에는 부화가 시작된 지 7일 만에 골화가 시작된다(Romanoff 1960, 1002). 닭의 경우, 생식샘gonad의 성 분화는 부화가 시작된 지 7일 만에 시작된다(Romanoff 1960, 822). 그러나 비생식샘 체조직non-gonadal body tissue의 성 분화에 관여하는 성호르몬은 부화가 시작된 지 10일 만에 전신을 순환하는데, 이 시기에는 다른 성적 이형성 기관sexually dimorphic organ들(예: 울대syrinx)이 분화하기 시작한다(Romanoff 1960, 541, 842).

19. Lande (1980).

20. 이러한 형질들은 (상호적 배우자선택mutual mate choice이 이루어지는) 일부일처형 번식시스템이나 (수컷이 암컷을 선택하는) 일처다부형 번식시스템에서 진화한 '진정한 암컷용 장식물'들과 구분된다. 그와 달리 일부다처형 번식시스템을 가진 곤봉날개마나킨의 암컷들은 '있으나마나 한 형질'을 선보이는데, 이 형질들은 쓸모가 전혀 없으므로 암컷에게 아무런 득이 되지 않는다.

21. Romanoff (1960, 1019); Lucas and Stettenheim (1972).

22. 새의 이례적인 관모가 생겨나는 과정에서 깃털모낭의 방향성이 하는 역할은, 애완용 머리깃비둘기crested pigeon(*Ocyphaps lophotes*)의 사례에서 증명되었다. Shapiro et al. (2013).

23. Shapiro et al. (2013).

24. 조류의 깃털에 존재하는 멜라닌에 대한 리뷰는 McGraw (2006)를 참고하라.

25. Vinther et al. (2008).

26. Prum (1999); Prum and Brush (2002, 2003).

27. Li et al. (2010).

28. Prum (1999).

29. Prum and Brush (2002, 2003); Harris et al. (2002).

30. 좀 더 자세한 내용은 Prum (2005)을 참고하라.

31. Prum et al. (2015).

5. 백악관을 뒤흔든 오리의 페니스

1. McCloskey (1941).

2. Lorenz (1941, 1971)는 오리들의 구애표현에 대한 상세한 비교분석 결과를 내놓았다. 그의 연구는 매우 창의적이어서, 읽는 이들로 하여금 장차 계통발생적 동물행동학phylogenetic ethology이 발달할 것임을 예감케 했다. 필자인 콘라트 로렌츠Konrad Lorenz는 이 연구를 포함한 여러 연구에서, 가장 새로운 의사소통용 신호수단 중 하나는 전위행동displacement이라고 지적했다. 전위행동이란 뜬금없는 운동 패턴으로, 사회적 관계나 동기유발과 관련하여 긴장이 발생했을 때 간혹 행동으로 표출되는 것을 말한다. 그는 다음과 같이 설명했다. "어떤 사람들은 처음 데이트할 때 긴장한 나머지 머리칼을 만지작거린다. 그런 행동들은 시간이 경과함에 따라 의례화 과정을 통해 의사소통 표현으로 진화한다. 즉, 진화과정에서 과장이 포함되고 가변성이 줄어들어, 다른 행동들과 뚜렷이 구별되는 행동 패턴으로 자리 잡는다. 오리의 거짓 깃털고르기도 전위행동의 일종이라고 할 수 있다."

3. Brownmiller (1975).

4. Gowaty (2010, 760). Brownmiller (1975)가 인간에 대해 말한 것처럼, 패티 고와티는 새의 성적 강제가 편의적 일처다부제의 진화를 조장할 수 있다고 말했다. 이 경우 암컷은 다른 수컷의 성폭력으로부터 자신을 보호하기 위해 한 마리 또는 여러 마리의 수컷 배우자를 받아들인다고 한다 (Gowaty and Buschhaus 1998).

5. 예컨대 Eberhard (1996, 2002), Eberhard and Cordero (2003) 등 여럿(가령 Adler 2009)이 "수컷의 수정 성과에 영향을 미치는 암컷들의 행동은 모두 동등한 자격을 가진 적응적 성선택으로 간주된다"라는 생각에 근거하여, '성적 공격에 대한 저항은 배우자선택의 한 형태일 뿐'이라는 가설을 제시했다. 이러한 '선택으로서의 저항resistance as choice' 가설은 '강간은 본질적으로 암컷에 대해 적응적이다'라는 제안으로 이어진다. 이 제안에 따르면, 만약 어떤 암컷이 모든 성적 공격에 저항한다면, 성적 공격의 최고수인 수컷이 그 암컷을 잉태시키는 데 최종적으로 성공하는 것은 필연적이다. 그럴 경우, 암컷의 아들들은 아버지를 닮아 탁월한 성적 공격자가 되어, 어미에게 간접적인 유전적 이득을 제공할 것이다. 그러나 이러한 생각의 문제점은, 암컷이 직접 부담하는 비용과 그녀의 딸들이 간접적으로 부담하는 비용을 도외시한다는 것이다. 다시 말해서, '강간에 능한 아들을 낳는다'라는 이득은 '성적 공격을 경험하는 딸들의 생존능력과 생식능력이 저하된다'라는 불이익과 상쇄된다는 것이다. 그러므로 '선택으로서의 저항' 가설은 '선택으로서의 강간rape as choice' 가설이라고 불리는 게 더 정확하다.

6. 이에 대한 최근의 리뷰는 Brennan and Prum (2012)을 참고하라.

7. Parker (1979).

8. 이러한 메커니즘에 의해 성적 자율성이 진화하는 데 있어서, 배우자선택으로 인한 간접적인 유전적 이득이 좋은 유전자 때문인지, 아니면 임의적인 '별의별 아름다움이 다 있다'라는 메커니즘 때문인지 여부는 중요하지 않다. 왜냐하면 두 가지 메커니즘이 모두 작용하기 때문이다.

9. McCracken et al. (2001).

10. 현대 농업에서 인공수정은 보편적으로 쓰이는 수단이다. 포유류로 하여금 제멋대로 수정하게 내버려두는 농장은 단 한 군데도 없다. 자신이 먹고 있는 식용 포유류의 고기가 (소가 됐든 돼지가 됐든 양이 됐든) 최우수상을 수상한 수컷 동물, 농장 근로자, 인공 질artificial vagina, 액체질소 탱크, 커다란 주사기의 합작품임을 아는 사람은 거의 없을 것이다. 그러나 (오리를 포함한) 대부분의 가금

류는 자유연애를 하므로, 이 오리 농장이 제공한 기회는 몹시 희귀한 것이었다.

11. Brennan et al. (2010).

12. Brennan et al. (2007).

13. Brennan et al. (2007).

14. 물새류에서 '성적으로 적대적인 공진화'가 일어나는 메커니즘은 Brennan and Prum (2012)에 잘 기술되어 있다.

15. Brennan et al. (2007).

16. 최초의 인공수정 실험에서, 브레넌은 실리콘으로 만든 인공 질을 사용했다. 우리가 당초 예상했던 대로, 페니스가 발기하는 순간 직선형 또는 반시계방향으로 꼬인 관tube을 수컷의 총배설강에 갖다 댔을 때, 페니스는 아무런 방해를 받지 않고 전진했다. 그러나 머리핀 모양 또는 시계방향으로 꼬인 관을 사용했을 때는 사정이 달랐다. 페니스는 일시적으로 관 속에 걸려 있다가, 갑자기 부드러운 실리콘 관 옆구리에 구멍을 뚫으며 밖으로 빠져나갔다. 이 실험은 개념적으로는 성공했지만 가설을 입증하기에는 아직 충분하지 않았다. 우리는 "진로가 차단되는 바람에 페니스가 실리콘 관을 뚫고 나가는 불상사가 발생했을 것"이라고 확신했지만, 명확한 증거를 제시할 수가 없었다. 우리는 원하는 데이터를 얻기 위해 관의 설계를 변경해야 했고, 그래서 궁리 끝에 선택한 것이 유리관이었다.

17. Brennan et al. (2010). 이 실험과 관련된 빠른 속도의 동영상은《영국왕립협회보 BProceedings of the Royal Society B》와 유튜브를 통해 확인할 수 있다.

18. 양계들은 원치 않는 교미unsolicited copulation로 인해 총배설강 안에 들어온 수컷의 정자를 배출할 수 있다 (Pizzari and Birkhead 2000).

19. Evarts (1990). Brennan and Prum (2012)에서 재인용.

20. Brennan and Prum (2012).

21. Brennan et al. (2010).

22. 성적 자율성의 진화 메커니즘은 수컷의 형질에 대한 '공유되고 공진화하는 규범적 합의'를 통해 기능을 발휘한다. 합의의 구체적 내용은 '매력적이어야 하며, 모든 암컷들의 자유로운 선택에 협조적이고 이로워야 한다'라는 것이다. 그러므로 암컷들의 선택지는 수컷들과 다르다. 첫째로, 그녀들은 서로를 이용하거나 자신의 욕구를 타자에게 강요하지 않는다. 둘째로, 그녀들은 (암컷의 성적 통제에 대한 대항력을 보유한) 수컷의 성적 공격에 맞대응할 요량으로 권력을 사용하지 않는다.

23. Asawin Suebsaeng, "The Latest Conservative Outrage Is About Duck Penis," Mother Jones, March 26, 2013. 숩생Asawin Suebsaeng은 "16달러짜리 머핀(연방정부의 과잉지출을 비아냥거리는 뜻의 은어)은 오리의 페니스로부터 아무것도 얻은 게 없다"라고 보도했다.

24. Patricia Brennan, "Why I Study Duck Genitalia," Slate.com, April 3, 2013.

25. S. A. Miller, "Government's Wasteful Spending Includes $385G Duck Penis Study," New York Post, Dec. 17, 2013. 나는 그 헤드라인을 처음 읽고 "G가 뭐지?"라고 중얼거렸다. 누군가가 내게 (1,000을 뜻하는) 그랜드grand의 이니셜이라고 일러주지 않았더라면 무슨 뜻인지 모를 뻔했다. 세계 일류 국가라면 의당 일반적인 표기법을 적용하여 $385K라고 쓸 것이지, $385G는 또 뭐람?

26. 우리가 NSF로부터 연구비를 지원받아 수행한 '오리의 페니스 연구'의 주안점은 '페니스 발달의 계절성'과 '사회환경과 경쟁이 페니스 크기에 미치는 영향'이었다.

27. 성 갈등의 진화에 대한 이러한 성찰은 현대 진화생물학의 또 다른 주류인 환원주의적 경향, 즉 이기적 유전자selfish gene라는 개념과 배치된다. 리처드 도킨스는 『이기적 유전자The selfish gene』(2006)에서, "선택의 본질적 수준은 유전자이며, 생물 개체들은 이기적 유전자를 퍼뜨리는 가죽 포대flesh bag에 불과하다"라고 제안했다. 나는 유전자선택gene selection을 부정하지는 않는다. 그러나 오리의 성생활은 우리에게 "수정을 둘러싼 성 갈등을 유전자 수준의 선택gene-level selection으로 완전히 환원하는 것은 불가능하다"라는 교훈을 준다. 유전체 중에서 성 분화를 제어하는 부분의 비율은 매우 낮으며, 이 부분을 제외하면 수컷 오리와 암컷 오리의 유전자는 똑같다. 암컷 오리도 '길고 험악하고 가시 돋친 페니스에 관한 유전자'를 보유하고 있으며, 수컷 오리도 '구불구불하고 시계방향으로 꼬인 질에 관한 유전자'를 보유하고 있다. 질과 페니스의 형태에 관한 유전자들은 미래 세대에게 자신의 사본을 퍼뜨리기 위해 경쟁하지 않는다. 이 유전자들에는 성별이 없으며, 성별이 있는 것은 오직 개체뿐이다. 그리고 수정을 둘러싼 성 갈등이 일어나는 수준도 오직 개체 수준뿐이다.
거북의 성 갈등이 진화한 과정을 살펴보면 이러한 견해를 쉽게 이해할 수 있다. 거북의 성 결정은 온도에 의존하는데, 따뜻한 알은 암컷이 되고 차가운 알은 수컷이 된다. 수컷 거북과 암컷 거북 사이에는 유전적 차이가 전혀 없지만, 거북의 성 갈등은 매우 심각하다. 수컷 거북은 암컷 거북의 등에 공격적으로 올라타 교미를 시도함으로써 성적 학대를 저지르며, 이 학대가 암컷에게 부과하는 비용은 상당하다. 이처럼 이성 간에 유전적 차이가 없는 종의 경우에는 이기적 유전자라는 개념으로 진화를 설명하는 게 불가능하다. 난자와 정자를 동시에 생산하는 자웅동주 동물의 경우에도 이와 비슷한 분석이 가능하다. 이 경우에 선택은 기관, 즉 생식샘이 등장하는 수준에서 일어나며, 유전자 수준에서 일어나지는 않는다.

28. 전반적인 리뷰는 Brennan et al. (2008)을 참고하라. 페니스는 포유류와 파충류의 배타적인 공통조상에서 맨 처음 진화했다. 현생조류의 경우, 모든 주금류ratites 및 티나무tinamous(즉, 타조와 그 친척들)와 모든 물새류가 페니스를 보유하고 있다. 또한 물새류와 근연관계에 있는 사냥감 새(순계류Galliformes) 중 일부도 페니스를 보유하고 있다. 이 그룹들은 현생조류 중 가장 오래된 독립적 계통의 후손이며, 공룡 조상으로부터 파충류의 페니스를 물려받았다. 그 페니스는 티나무, 다양한 사냥감 새, 모든 신조류의 조상에서 여러 차례 독립적으로 사라지거나 삽입 기능을 상실했다. 신조류는 현재 1만 종이 넘는 지구상 조류의 95퍼센트를 차지한다.

29. Pizzari and Birkhead (2000).

30. 흥미로운 점은, 많은 신조류 새들이 총배설강의 돌출부cloacal protuberance를 진화시켰다는 점이다. 그것은 수컷의 총배설강 주변에 자리 잡은 짧은 버튼 모양의 돌기로, 번식기에 발달한다. 이 구조는 페니스를 상실한 수컷의 대응수단으로, 강제교미를 할 때 암컷의 총배설강을 강제로 열 수 있게 해준다.

31. Darwin (1871, 466).

6. 데이트 폭력은 이제 그만!

1. Frith and Frith (2004)는 바우어새의 생물학과 자연사를 멋지게 연구했다.

2. "bower, n.1," OED online, March 2016, Oxford University Press.

3. '재미로 하는 말장난'만큼 명확한 해명이 요구되지 않고 얼렁뚱땅 넘어가는 것도 없지만, 그만큼 흥미로운 일도 없다. 진화발생생물학(이보디보) 분야에서, 체제body plan라는 개념은 동일한 문phylum의 구성원들이 공유하는 기본적인 해부학적 레이아웃을 지칭한다. 낭만주의 시대의 시인 겸 작가 겸 자연사가인 요한 볼프강 폰 괴테Johann Wolfgang von Goethe까지 거슬러 올라가면, 체제라는 개념은 본래 Baupläne이라는 독일어에서 시작되었다. 그렇다면 확장된 표현형extended phenotype의 체제를 뭐라고 불러야 할까? ExBauplan이라고 부르면 어떨까? 바우어새의 이름이 들어간 bower-plan도 좋은 말이다. 수컷 바우어새의 독보적인 미적 확장표현형인 진입로형 바우어와 메이폴형 바우어는 바우어플랜의 완벽한 사례라고 할 수 있다.

4. 우리는 엔티무스속 바구미의 희귀한 파란색 비늘에서 관찰된 광자결정photonic crystal의 나노 구조를 기술하는 즐거움을 누렸다(Saranathan et al. 2015).

5. Frith and Frith (2004).

6. Frith and Frith (2004).

7. Dawkins (1982).

8. 내가 아는 한, 신월리스적neo-Wallacean이라는 딱지를 대놓고 열광적으로 받아들인 사람은 리처드 도킨스뿐이다. 그는 『조상 이야기The Ancestor's Tale』(2004)에서 자하비, 해밀턴, 그라펜의 발견들을 일컬어 "다윈주의의 모호함과 싸워 대승大勝을 거둔 신월리스주의의 정교함"이라고 극찬했다. 그는 다윈-월리스 논쟁을 다음과 같이 묘사했다 (2004, 265-66):

   > 다윈은 선택을 이끄는 선호preference를 당연한 것으로 간주했다. 남성들이 매끄러운 피부의 여성들을 선호했다고 말하고는 그만이었다. 자연선택의 공동 발견자인 앨프리드 러셀 월리스는 다윈이 말한 성선택의 임의성을 싫어했다. 그는 암컷들이 변덕이 아니라 장점을 바탕으로 수컷들을 선택한다고 보았다. … 다윈은 공작 암컷들이 그저 눈에 멋있어 보이는 수컷들을 선택한다고 보았다. 훗날 피셔는 수학을 이용해서 다윈의 이론을 더 확고한 수학적 토대 위에 올려놓았다. 반면에 월리스주의자들은 공작 암컷들이 수컷의 선명한 깃털이 멋있기 때문이 아니라, 더 근원이 되는 건강과 적합성을 표현한 것이기 때문에 선택한다고 본다. … 다윈은 암컷의 선호를 설명하려고 하지 않았고, 수컷의 외모를 설명하기 위해서 그것을 추정하는 데에서 그쳤다. 월리스주의자들은 성적 선호 자체를 진화적으로 설명하려고 애쓴다.

   도킨스는 다윈의 미학적 진술을 '형질과 선호의 진화적 정교화'에 대한 가설로 받아들이지 않았다. 그 결과, 그는 '성적 속성의 임의성'을 '선호가 진화한 메커니즘의 지각적 모호함perceived ambiguity'과 혼동했다. 비非미학적인 월리스주의는 '과학적 진보'로 추앙된 반면, 미학적인 다윈주의는 '흐릿하고 나태하고 불완전한 태도'로 매도되었다. 임의성에 확고한 이론적 토대를 제공한 피셔의 공로를 인정하기는 했지만, 월리스의 해법에 대한 현대적 다윈주의 대안을 인정하지 않았다. 피셔의 답변은 신월리스적 해법과 달리 마음에 위로가 되는 '이치와 순리'를 제공하지 않았기 때문에, 심지어 '과학적 답변'으로 취급받지도 못했다.

9. 데이터의 양과 질이라는 측면에서 볼 때 다소 미흡하지만, 바우어새의 계통발생에 대한 최신 자료는 Kusmierski et al. (1997)에 수록되어 있다. 호주와 파푸아뉴기니에 서식하는 캣버드(아일루로이두스속)는 북아메리카에 흔히 서식하는 그레이캣버드Gray Catbird(Dumetella carolinensis)와 근연관계에 있지 않다. 후자는 흉내지빠귀과Mimidae에 속한다.

10. Frith and Frith (2001).

11. 21세기에 들어와 성선택 이론이 부활하기 전까지, 바우어의 특징은 마이바트의 아이디어(1장 참고)의 업데이트 버전을 이용하여 설명되었다. 그 아이디어의 골자는, 감각자극sensory stimulus을 '이성 간의 적응적인 생리적 조율physiological coordination'의 한 가지 형태로 간주하는 것이었다. 예컨대, Jock Marshall (1954)은 "배우자 유대가 없는 상황에서, 암컷 바우어새의 조상들에게 교미와 생식을 유도하려면 엄청난 성적 자극이 필요했을 것"이라고 제안했다. 그의 가설에 따르면, 바우어는 수컷이 암컷에게 성적 자극을 상기시키는 방법 중 하나로 진화했으며, 암컷은 바우어를 보자마자 (진화적 과거를 통해 공유된) '성적 자극을 유발하는 둥지'를 떠올리게 되었다고 한다. 그다음 이야기는 보지 않아도 뻔하다. 암수는 교미를 한 후 둘만의 보금자리를 꾸며 생식을 계속했을 것이다. 이상과 같은 아이디어는 논리의 비약이 지나치므로, 역사적 유물로 남겨놓는 게 최선일 것이다. 그러나 나름의 의미는 있다. 21세기에 들어와 '배우자선택에 의한 진화'라는 이론이 등장하기 전까지 지적 왜곡이 얼마나 심했는지를 단적으로 보여주니 말이다.

12. Uy et al. (2001).

13. 이빨부리바우어새의 자연사에 대해서는 Frith and Frith (2004)를 참고하라.

14. Diamond (1986).

15. Diamond (1986).

16. Uy and Borgia (2000).

17. Diamond (1986).

18. Madden and Balmford (2004).

19. Endler et al. (2010); Kelly and Endler (2012).

20. 이러한 인위적 원근착시는, 내가 2장에서 제안했던 '수컷 청란의 300개 황금공 배열에서 나타나는 착시현상'과 똑같은 현상이다..

21. Kelley and Endler (2012).

22. 수컷 바우어새로 하여금 이러한 착시효과를 유발할 수 있게 해주는 '지능 유전자'가 암컷을 통해 유전되지 않거나 암컷의 생존능력이나 생식능력에 유용하지 않다면, 착시는 '좋은 유전자'의 지표로서 진화하지 않을 것이다. 수컷의 과시행동에 대한 암컷의 미적 선택은 신경의 진화와 혁신으로 귀결될 수 있지만, 이러한 신경발달이 미적 과시와 평가에만 사용된다면 미적 혁신에 한정될 뿐 지능 향상으로까지 이어지지는 않을 것이다. 따라서 '별의별 아름다움'이 생겨날 때 공진화하는 것은 예술가 정신artistic mind이라고 할 수 있다.

23. Bhanoo (2012). 동물의 예술이라는 주제는 12장에서 다시 한 번 다룰 것이다.

24. Borgia et al. (1985).

25. Borgia (1995).

26. Borgia (1995).

27. Borgia and Presgraves (1998).

28. 더욱 자세한 내용은 Prum (2015)을 참고하라.

29. 게리 보르자는 '암컷의 선호는 부권의 통제control over paternity로 인해 누릴 수 있는 간접적·유전적 혜택을 바탕으로 진화했다'라는 점에 동의했지만, 암컷의 선호를 결과적으로 '암수의 상충된 이해

관계의 진화적 타협의 산물'이라고 봤다. 그러나 "암컷은 수정과 부권을 완전히 자유롭게 결정하는 방향으로 진화했다"라는 것이 나의 지론이며, 여기에는 충분한 근거가 있다. 수컷의 다양한 행동들(바우어 짓기, 장식물 수집하여 배치하기, 방문한 암컷 앞에서 노래와 과시행동 하기)을 하는 이유는, 암컷이 그런 행동들을 판단근거로 삼아 수컷에게 선택권을 행사하기 때문이다. 바우어의 세계에 그것 말고 다른 게임은 없다. 암컷들은 자신에게 자율성을 부여하는 미美의 기준을 통제하고 진화시킴으로써, 성선택의 결과에 대해 거의 완벽한 통제권을 획득했다.

30. Prum (2015).

31. 나는 독자들의 이해를 돕기 위해, 과시형질과 (암컷의 성적 자율성에 기여하는) 표현형phenotype이 상관관계를 갖고 있다고 기술했다. 그러나 상관관계는 부정확한 용어이며, 정확한 용어는 공변이라고 할 수 있다. 즉, '과시형질에 대한 특정한 유전적 변이'가 '자율성을 향상시키는 표현형에 대한 특정한 유전적 변이'와 동일한 개체 안에서 함께 일어나는 것이다.

32. Patricelli et al. (2002, 2003, 2004).

33. Patricelli et al. (2004)은 또 한 가지 사실을 발견했다. 그 내용인즉, "'과격한 과시행동에 대한 암컷의 관용'은 방문순서나 특정한 수컷과의 친숙함(직전 번식기에 관계를 맺음)과 무관하다"라는 것이었다. '과격한 과시행동에 대한 암컷의 관용'의 강력한 예측지표는 수컷의 실질적인 매력, 장식의 품질, 바우어의 품질인 것으로 밝혀졌다.

7. 로맨스 이전의 브로맨스

1. 구애행동의 다양성과 진화에 대한 리뷰는 Höglund and Alatalo (1995)를 참고하라.

2. Darwin (1871, 468–77).

3. Darwin (1871, 477–95).

4. Welty (1982, 304).

5. Emlen and Oring (1977).

6. Bradbury (1981). 브래드버리는 수컷의 마릿수 증가가 그룹 광고의 볼륨을 선형적으로 증가시킨다는 사실을 증명했다. 그러나 신호의 강도는 음원에서부터의 거리의 제곱에 반비례하는 것으로 나타났다. 따라서 볼륨의 선형적 증가는 수컷 한 마리당 활동범위를 증가시키는 데 불충분하며, 수컷 한 마리당 방문하는 암컷의 마릿수를 비례적으로 증가시키지 못한다.

7. Bradbury et al. (1986).

8. Beehler and Foster (1988).

9. Durães et al. (2007).

10. Durães et al. (2009).

11. Bradbury (1981). 브래드버리의 '암컷 선택 모델'은 적응적 모델로, 자연선택이 암컷의 선호에 작용하여 배우자 탐색 비용을 최소화한다고 가정한다.

12. 켈러의 모델(1987)은 피셔의 과정에 대한 커크패트릭의 반수체 모델haploid model(1982)을 단순히 각색한 것이다. 따라서 그의 모델에서 구애조직의 크기는 수컷의 과시형질 중 하나로 취급되었다.

물론 수컷 개체들이 구애조직의 크기에 대한 유전자를 독자적으로 발현할 수는 없지만, 이동하는 개체들의 개체군 규모가 충분히 증가하면 군집을 형성함으로써 생식상의 이점을 누릴 수 있다. 암컷들이 군집을 이룬 수컷들 가운에서 짝짓기하는 것을 선호한다면 말이다.

13. Prum (1994). 조직화되고 협동적인 수컷의 과시행동은 과科 안에서 여러 번 독립적으로 진화했다.

14. Prum and Johnson (1987).

15. 이런 행동들이 기술된 문헌으로는 Snow (1963b), Schwartz and Snow (1978), Robbins (1983), Ryder et al. (2008, 2009)이 있다.

16. 키록시피아속 마나킨새의 과시행동과 번식 시스템에 대한 일반적 설명은 Snow (1963a, 1976), Foster (1977, 1981, 1987), McDonald (1989), DuVal (2007a)을 참고하라.

17. 키록시피아속 중 일부 종에서는 단체적인 과시행동 없이 교미가 일어나기도 한다. 예컨대 DuVal (2007b)에 따르면, 창꼬리마나킨의 교미 중 약 50퍼센트는 협동적 과시행동 없이 한바탕의 단독적 과시행동이 끝난 직후 일어났다고 한다. 그러나 이 경우 암컷과 수컷들이 구면인지(암컷이 그 수컷들의 집단적 과시행동을 종전에 관찰한 적이 있는지) 여부는 분명하지 않다. 더욱이 단독으로 교미하는 수컷은 예외 없이 베타 파트너를 거느린 알파 수컷(영토의 주인)이었는데, 베타 파트너는 암컷이 방문했을 때 공교롭게도 자리를 비운 것이었다. 분명한 것은, 2인무나 군무를 추지 않는 수컷이 성적으로 성공할 수 있는 경로는 존재하지 않는다. 그러므로 협응적 과시행동은 최소한 번식 시스템 수준에서는 의무사항이며, 번식이 목적이 아닌 경우에는 암컷이 개별적으로 방문할 수도 있다.

18. Trainer and McDonald (1993).

19. 키록시피아속의 털갈이에 관한 설명은 Foster (1987)와 DuVal (2005)을 참고하라.

20. 듀발이 기술한 바에 따르면, 어떤 수컷 창꼬리마나킨들은 성숙한 깃털을 갖는 즉시 다른 수컷의 휘하에서 베타 수컷으로 지내는 과정을 건너뛰고 알파 수컷의 자리를 꿰찬다고 한다. 이런 특별한 수컷들은 모종의 대가를 치르고 사회적 경쟁에서 승리한 게 분명해 보인다.

21. McDonald (1989).

22. DuVal and Kempenaers (2008).

23. Prum (1985, 1986).

24. McDonald and Potts (1994).

25. 내가 3장에서 "바늘꽁지마나킨의 조상이 꽁지로 가리키기 자세를 맨 처음 진화시켰다"라고 언급했던 것을 기억하는가? 그 자세는 바늘꽁지마나킨의 과시행동에 필요한 기다란 꽁지깃이 진화할 수 있는 기회를 창조했다. 그러나 그런 패턴이 진화의 결정적인 요인은 아니다. 왜냐하면 황금날개마나킨도 꽁지로 가리키기 자세를 공유하지만, 뾰족한 꽁지를 진화시키지는 않았기 때문이다. 그와 마찬가지로, 협응적 과시행동의 탄생이 궁극적으로 키록시피아속 마나킨새 수컷의 구애행동에서 의무적인 협응동작을 진화시켰지만, 다른 종의 마나킨새에게서는 그런 진화적 변화가 일어나지 않았다.

26. McDonald (2007).

27. McDonald (2007).

28. Ryder et al. (2008, 2009).

8. 사람에게도 별의별 아름다움이 다 있다

1. 현대 진화생물학은 1970년대와 1980년대에 에드워드 윌슨Edward Osborne Wilson 등이 주도했던 사회생물학의 지적 후손이다. 사회생물학은 "인간과 다른 동물에서 볼 수 있는 사회적·성적 행동들은 '자연선택에 의한 적응적 진화'를 통해 설명될 수 있다"라는 가설에 기반을 두고 있다. 최근 수십 년 동안 인간 사회생물학은 진화심리학에 계승되었는데, 이 역시 사회심리학과 적응주의적 목표를 공유한다. 그러나 진화생물학은 한술 더 떠서 신월리스주의적 사고neo-Wallacean idea를 통합하여, 진정으로 다윈적인 '미적 배우자선택 메커니즘'의 가능성을 배제하고 있다.
   물론 인간의 진화사와 그것이 인간의 섹슈얼리티·심리·인지·언어·개성 등에 미친 영향을 연구하는 학문은 매우 매혹적이고 생산적인 학문 분야임에 틀림없다. 사실, 내가 8장에서부터 12장까지 언급하는 인간의 진화에 관한 연구들은 넓은 의미에서 볼 때 진화심리학 분야의 새로운 사변적 이론으로 간주될 수 있다. 그러나 오늘날의 진화심리학자들은 진화심리학의 핵심에 다가서지 못한 채 변죽만 울리고 있다는 게 나의 지론이다.

2. 배우자선택에 관한 진화심리학 연구의 특징을 단적으로 보여주는 두 가지 사례를 간단히 살펴보면 다음과 같다. Aki Sinkkonen (2009)은 "배꼽이 '두 발 보행bipedality을 하는 털 없는 인간'의 배우자적 자질을 나타내는 정직한 신호로서 진화했다"라고 제안했다. 배꼽은 두 발 보행이나 맨살furlessness이 등장하기 훨씬 전에 2억 년 동안 모든 태반류placental mammal에 존재했는데, 도대체 그게 무슨 소리란 말인가! Hobbs and Gallup (2011)은 "빌보드 차트에 올랐던 히트송들의 가사를 모두 분석해봤더니, 그중 92퍼센트가 '인간의 밑바탕에 깔린 생식에 관한 메시지'를 포함하고 있는 것으로 밝혀졌다"라고 자랑스럽게 말했다. 그러니 뭘 어쩌라고? 물론 히트송의 가사에 지조, 헌신, 거부, 흥분, 신체부위에 관한 메시지들이 존재한다는 건 '대중음악이 적응적 가치adaptive value를 갖고 있다'라는 가설을 뒷받침하기는 한다.

3. 진화심리학의 지적·실증적 문제점에 대한 광범위한 비판은 Bolhuis et al. (2011), Buller (2005), Richardson (2010), Zuk (2013)를 참고하라.

4. 진화심리학의 '꿈틀거리는 좀비'와 같은 아이디어의 대표적 사례는, "신체적 대칭body symmetry과의 편차는 개체의 유전적·발생적 결함을 알리는 신호이며, 그 결과 인간은 대칭적 얼굴과 신체에 대한 적응적 짝짓기선호를 진화시켰다"라는 가설이 지속적으로 관심을 끈다는 것이다. 이러한 변동비대칭fluctuating asymmetry 가설은 1990년대 초기의 연구에서 기원하지만 곧 완전히 기각되어 '실패한 이론'의 대명사가 되었다(2장 참고). 그러나 그로부터 20년이 지난 오늘날, 그 아이디어는 진화심리학에서 여전히 활개를 치고 있다.
   심지어 진화심리학자들조차 '인간의 안면 대칭은 우월한 유전자나 발생과 연관되어 있다'라는 주장에 대한 근거가 빈약하다는 점을 인정한다(Gangestad and Scheyd 2005). 또한 '사람들은 실제로 대칭적인 얼굴을 선호한다'라는 주장을 뒷받침하는 일관된 증거도 없다. 사실, 인간의 안면의 다양성(비대칭 포함)은 우연이 아니다. 오히려 얼굴모습의 다양성은 개성의 표지에 대한 강력한 사회적 선택 하에서 진화했을 가능성이 높다(Sheehan and Nachman 2014). 복잡한 사회적 상호작용은 타자를 개체로 인식한 다음, 그를 그에 걸맞게 대접하는 데서 출발한다. 얼굴이 다양한 것은, 당신이 당신으로 인식되는 게 진화적으로 유리하기 때문이다. 그리고 얼굴이 인식되도록 만드는 핵심적인 특징 중 하나는 비대칭성이다. 인간의 안면인식의 신경 메커니즘을 감안할 때, 대칭적인 얼굴은 비대칭적인 얼굴보다 분간·인식·기억하기가 어렵다. 인간은 개인의 얼굴을 잘 인식하고 기억하도록 진화했으므로, 대칭적인 얼굴보다 약간 비대칭적인 얼굴을 더 매력적으로 느낀다.

이러한 현상은 인간에게만 국한되지 않는다. 예컨대, 고도의 사회적 곤충인 쌍살벌paper wasp은 독특하고 비대칭적인 얼굴패턴과, 그것을 학습하고 인식하는 능력을 진화시켰다 (Sheehan and Tibbets 2011).

대칭적인 얼굴이 별로 아름답지 않은 이유는, 대칭성이란 게 무미건조할 수 있기 때문이다. 무미건조함은 아름답지 않으며, 얼굴의 대칭성은 무미건조함의 극치일 수 있다. 그와 대조적으로, 비대칭성이 실제로 아름다운 이유는, 부분적으로 인식 가능하기 때문이다. 20세기 최고의 글래머러스하고 섹시한 여성으로 추앙받는 미국 여성들 세 명의 경우를 보자. 메릴린 먼로, 마돈나Madonna, 신디 크로퍼드Cindy Crawford가 명성을 얻은 이유는 두드러지고 대칭을 거부하는 얼굴의 점facial mole 때문이다. 또한 헤어스타일 중 대다수가 (비대칭 가르마처럼) 얼굴의 비대칭성을 만들고 강조하는 이유도 마찬가지다. 물론 괴상망측한 비대칭성은 매력이 없지만, 기계적인 대칭성도 매력이 없기는 마찬가지다. 시라노 드 베르주라크Cyrano de Bergerac를 생각해보라.

'대칭성은 유전적 자질의 지표이기 때문에, 인간은 대칭성에 대한 선호를 진화시켰다'라는 적응주의 가설은, 온갖 반증反證에도 불구하고 죽기를 거부하는 좀비 아이디어다. 그것이 좀비인 이유는 사람들이 믿음에 이데올로기적으로 집착하기 때문이다. 연구자들은 아무리 미심쩍은 증거라도 개의치 않고 들이대려 한다, 좀비를 살리기 위해서라면. 예컨대 유명한 로버트 트리버스를 비롯한 럿거스대학교의 진화심리학자들은 자메이카 남녀 185명을 대상으로 실시된 대칭성에 관한 연구결과를《네이처》에 발표했다(Brown et al. 2005). 그들은 그 논문에서, "인간의 춤실력은 (겉으로 드러나지 않지만 근본적인) 신체대칭의 지표이므로, 유전적 자질의 정직한 신호다"라고 주장했다. 그러면서 "인간이 춤꾼을 찬양하고 섹시하게 여기도록 진화한 이유는 바로 그 때문"이라는 설명을 곁들였다. 그 논문은《네이처》표지에 실리며 전 세계의 언론에 보도되었지만, 불행하게도 사실이라고 하기에는 데이터가 '너무' 그럴듯했다. 그로부터 여러 해가 지난 후 트리버스는 스스로 데이터의 변칙성을 실토하며, 그 논문을 '공저자 중 한 명의 농간에 의해 영속화된 엉터리 논문'이라고 불신하기 시작했다. 궁극적으로 럿거스대학교 당국의 전면조사를 통해, "박사 후 연구원과 선임저자가 데이터를 조작했다는 분명하고 납득할 만한 증거가 있다"라는 결론이 내려졌다. 그리하여《네이처》는 2013년 12월 그 논문을 철회했다. Reich (2013)를 참고하라.

5. 닐 슈빈Neil Shubin은『내 안의 물고기Your Inner Fish』(2008)에서 '진화적 맥락 1'을 탁월하게 서술했다.

6. Bramble and Lieberman (2004), Lieberman (2013)을 참고하라.

7. Grice et al. (2009, 1190).

8. 인간이 평생 동안 상대하는 성생활 파트너의 수에 대한 정확한 데이터는 입수하기가 어렵다. 여러 문헌들을 살펴보면, 남성과 여성이 스스로 진술하는 성생활 파트너의 수는 문화적 기대에 부응하기 위해 왜곡되며, 남성은 부풀리고 여성은 축소하는 경향이 있는 듯하다. Terri Fisher (2013)는 젊은 미국 남녀들을 대상으로 실시한 포괄적 설문조사 보고서에서, "첫 번째 조사에서는 그냥 물어보고 두 번째 조사에서는 가짜 거짓말 탐지기를 들이댔더니, 여성들은 두 번째 조사에서 성생활 파트너의 수를 늘려 말한 반면 남성들은 줄여 말했다. 그러나 비성적 행동nonsexual behavior에 관한 문항에서는 그런 패턴이 발견되지 않았다"라고 보고했다. 흥미로운 것은, 미국의 주요 대학에 개설된 심리학 강좌에 등록한 남녀 학생들(대표성 없음)을 대상으로 실시한 설문조사에서는, 여성이 진술한 파트너 수가 남성이 진술한 파트너 수보다 많은 것으로 나타났다는 것이다. 이상의 두 가지 사례를 종합하면, 성생활 파트너의 수에 대한 진술은 '문화적으로 용인된 남녀의 성적 행동에 대한 규범'과 '진화심리학적 예측'에 부응하는 방향으로 왜곡되는 듯하다.

스웨덴에서도 남녀의 성적 행동에 대한 포괄적 데이터를 제시한 보고서가 발표되었다. Lewin et al. (2000)에 따르면, 스페인 사람들의 성생활 파트너의 수는 남녀 모두 1967년~1996년 사이에 상당히 증가했지만, 중앙값에는 별 차이가 없었다고 한다(1967년: 여성 1.4, 남성 4.7. 1996년: 여성 4.6, 남성 7.1). 남녀 간의 차이는 대부분 '성적 활동이 가장 활발한 소수의 남성들' 때문이었고, 남녀 간 차이는 연도별 차이보다 작다.

9. 남성의 성적 까다로움은 인간에게만 독특하지 않으며, 수컷의 삽입기관이 없는 곤충들 가운데서도 매우 흔하다. 신조류 새들과 마찬가지로 페니스를 상실한 이런 곤충들에서는, 수정과 재생산 투자를 둘러싼 성 갈등에서 암컷의 약진이 두드러진다. 즉, 암컷으로 하여금 정자를 받아들이도록 유도하기 위해, 수컷들은 짝짓기하기에 앞서서 (영양분이 풍부한 벌레나 칼로리가 매우 높은 식용 정포spermatophore로 이루어진) 결혼선물nuptial gift을 증정한다. 결혼선물은 암컷의 생식능력을 크게 향상시키는데, 그 이유는 그 속에 함유된 영양분이 '더 많은 알 낳기'와 직접적으로 관련되기 때문이다. 결과적으로, 암컷들은 생식의 일환으로 수컷에게 더 많은 투자(직접적인 혜택)를 요구하는 방향으로 진화하며, 많은 암컷 곤충들이 다다익선多多益善을 선호하도록 진화할 것으로 예상된다. 그러나 이런 결혼선물을 만드는 것은 수컷에게 큰 부담이므로, 많은 곤충의 수컷들은 짝짓기에 대해 매우 까다로운 태도를 보이도록 진화했다. 예컨대 춤파리과dance fly에 속하는 어떤 종들의 경우, 암컷은 섭식용 구기mouth part를 완전히 상실했으므로 수컷의 결혼선물에 전적으로 의존해야 한다. 그 결과, 암컷은 수컷의 짝짓기선호에 맞춰 불룩한 과시용 복강낭abdominal sac을 공진화시켰다. Funk and Tallamy (2000)는 암컷 긴꼬리춤파리long-tailed dance fly(*Rhamphomyia longicauda*)의 '과장되게 부풀어 오른 장식물'을 '수컷의 선호에 대한 기만적 조작deceptive manipulation'으로 해석했다. (수컷은 암컷의 고품질을 나타내는 지표를 선호하며, 고품질이란 '뱃속에 알을 많이 품고 있음'을 의미한다.) 그러나 펑크와 탈라미의 데이터는 피셔의 오리지널 모델과 정확히 일치한다. 1단계에서 유용한 정보를 제공했던 과시형질informative display trait이 2단계에서는 '완전히 임의적이고 무의미한 형질(크고 아름다운 복강낭)'에 대한 선호를 공진화시킨 것이다.

10. 짝짓기가치는 문화적 요구(성적·사회적 성공이 '객관적으로 훌륭한 것'으로 간주되어야 한다는 요구)가 다른 가능성들을 일절 배제하는 과학적 개념으로 구체화된 대표적 사례다. 일단 짝짓기가치의 개념이 존재하면, 배우자선택과 성적 성공에 대한 모든 의문들이 적응적 답변만을 억지로 요구하게 된다.

11. Jasienska et al. (2004).

12. 남성이 동안(여성스러운 얼굴을 가진 젊고 생식력 높은 여성)에 대한 선호를 진화시킨 후, 뒤이어 개체군 내부에 등장하는 '과장된 동안'을 가진 여성 군상이 특별히 매력적일 수 있다. 그러나 이러한 변이는 여성스러움과 생물학적 나이(또는 생식가치) 간의 오리지널 상관관계에 잡음을 추가할 뿐이다. 그리하여 '주의를 흩뜨리는 부정직한 여성성'이 임의적으로 정교해져, '생물학적 나이에 대한 정직한 정보'라는 본래의 적응적 형질에서 점점 더 멀어져갈 것이다. 이것은 로널드 피셔가 자신의 폭주모델에서 제안한 "처음에는 정직하고 적응적이었던 형질이 대중적이고 임의적인 형질로 진화한다"라는 시나리오와 정확히 일치한다(1장 참고). 이것은 정직한 성적 신호honest sexual signal를 유지하기가 얼마나 어려운지를 보여주는 좋은 사례이기도 하다.

13. Gangestad and Scheyd (2005, 537)

14. Gangestad and Scheyd (2005)는 여성들의 선호에 관한 연구를 일곱 건 인용했는데, 구체적으로 '남성적인 특징을 선호한다'라는 연구가 두 건, '여성적인 특징을 선호한다'는 연구가 두 건, '특별히 선호하는 패턴이 없다'라는 연구가 세 건이다.

15. Neave and Shields (2008).

16. '남성적 시선'은 로라 멀비Laura Mulvey가 〈시각적 쾌락과 내러티브 영화Visual Pleasure and Narrative

Cinema〉(1793)라는 에세이에서 처음 사용한 말이다. 그 이후 이 용어는 의미가 확장되어 '여성에 대한 영화나 예술의 묘사'뿐만 아니라 '여성과 여성의 신체에 대한 맹목적이고 가부장적인 태도', 나아가 '여성 자신이 그러한 기대를 결과로 수용하기 위해 내재화한 여성의 매력에 대한 자아개념'까지도 지칭하게 되었다.

17. Eastwick and Finkel (2008); Eastwick and Hunt (2014).

18. Eastwick and Hunt (2014, 745).

19. Darwin (1871, 248–49).

20. Diamond (1992)

21. Gallup et al. (2003).

22. Romer (1955, 192).

23. PRICC이라는 이니셜은. 내게서 '음경골의 진화과정'에 대한 질문을 받은 두 명의 포유류 학자들이 알려준 것이다. 비록 그들이 '식충동물은 더 이상 단일계통이 아니니 명심하라'라는 주의사항까지 덧붙이기는 했지만, 그래도 PRICC은 여전히 포유류학 강의 노트에 적혀 있다. 왜냐하면 어느 정도의 지적 편의를 위해서는 약간의 다원성을 용인할 가치가 있기 때문이다.

24. Gilbert and Zevit (2001, 284). 포유류와 파충류의 페니스는 상동기관이다. 척추동물의 오리지널 페니스는 외부에 홈groove(또는 고랑sulcus)이 파여 있는데, 이것은 정자를 운반하기 위한 것이며 조류, 악어, 도마뱀, 뱀에게 아직 남아 있다. 포유류의 페니스는 홈의 양쪽 모서리를 융합하여 새로운 관을 만듦으로써 '외부와 차단된 요도'를 진화시켰다.

25. Dawkins (2006, 305–8).

26. Cellerino and Janini (2005).

27. 유일하게 음경골을 상실한 영장류(거미원숭이Atele와 양털원숭이Lagothrix)가 두드러지게 덜렁거리는 성기를 갖고 있는 건 우연의 일치일까? 그러나 흥미롭게도, 이들의 경우에 '매달린 성기'를 과시하는 쪽은 수컷이 아니라 '축 늘어진 클리토리스'를 가진 암컷이다. '암컷의 성기 과시'의 기능과 진화과정은 잘 이해되지 않았다. 그러나 일부 포유류가 상동적인 음핵골os clitoridis을 보유하고 있는 점으로 미뤄볼 때, '음핵골 상실'과 '축 늘어진 클리토리스'에 대한 사회적 선택이 수컷 거미원숭이와 양털원숭이의 페니스에서 상동기관인 뼈의 상실을 초래했을 것으로 추측된다.

28. Maxine Sheets-Johnstone (1989)은 인간 페니스의 크기, 형태, 미관이 (시각 및 촉각 요소를 포함하는) 미적 과시를 위해 진화했다고 주장했다. 한 걸음 더 나아가, 두발보행이 부분적으로 성기의 미관을 향상시키기 위해 성선택을 통해 진화했을 거라고 제안하기도 했다.
Jared Diamond (1997)는 미적 매달림 가설aesthetic dangle hypothesis을 기각했는데, 그 이유는 '많은 여성들이 남성의 페니스를 별로 매력적으로 느끼지 않는다'라는 일화적 증거 때문이었다. 그러나 나는 현대인의 생활습관(페니스가 대체로 의복에 감싸여 있음)이 여성들의 그런 반응에 큰 영향을 미쳤을 거라고 생각한다. 다시 말해서, 페니스가 평소에 거의 보이지 않으므로 여성들에게 비교평가 받을 기회가 별로 없다는 것이다. 코를 생각해 보라. 만약 코가 평소에 잘 보이지 않다가 키스하기 직전에만 눈에 띈다면, 매우 괴상하고 비호감적이지 않겠는가?

29. Smith (1984).

30. William Eberhard (1985, 1996)에 따르면, 중복교배 하는 종의 경우에는 교미하는 동안 성기의 특징을 평가함으로써 배우자선택을 할 수 있다고 한다.

31. Haworth (2011)를 참고하라.

32. 이러한 익명의 성 접촉 '썰'이 선거기간 동안 정치 후보자에 대한 비방 수단으로 이용되는 것은 불공평하고 무책임하므로, 나는 가급적 언급하지 않으려 했다. 그러나 그 남성의 스토리는 문화 유행이 인간의 성행동에 영향력을 발휘한 전형적 사례이므로, 나는 정치인의 이름과 신분 등을 구체적으로 밝히지 않고 핵심적인 줄거리만 소개했다.

33. 미국 여성들 사이에서 음모 제모가 유행하며, 최근 극단적인 음모 제모 형태가 급속히 증가하고 있는 경향에 대해서는 Rowen et al. (2016)을 참고하라.

34. 이 익명의 블로그 포스팅과 마찬가지로, 많은 문화권에서는 강력한 정서적 역겨움을 통해 성관행을 통제한다. 역겨움은 생물학적 뿌리가 깊은 감정이지만, 역겨움을 촉발하는 요인(예: 음식물, 냄새, 성 관행)은 매우 다양하며 문화적으로 결정된다. 성 관행은 역겨움을 유발하는 문화 스토리를 통해 특히 효과적으로 통제된다. 이 익명의 블로거가 포스팅한 '음모의 제모除毛 상태가 초래한 역겨움'에 관한 글은, 이러한 문화적 메커니즘이 얼마나 빨리 변화하는지를 보여주는 좋은 사례다.

35. Durham (1991). 유전자, 문화, 인간의 다양성의 공진화에 대한 연구를 선도한 사람은 윌리엄 더럼 William Durham이다. 그는 문화적 하향효과의 일례로 락타아제 발현lactase expression을 소개했다. '인간 성인의 락타아제 발현 진화'에 대한 유전학·유전체학 연구의 리뷰는 Curry (2013)를 참고하라.
    락타아제가 없을 경우, 소화계에 섭취된 유당은 대장 속의 세균에 의해 분해되어 복부팽만, 복통, 방귀를 초래한다.
    성인의 락타아제 생성을 위한 유전자는 매우 최근에 진화했으므로, 많은 지구인들은 유당불내성 lactose intolerance을 갖고 있다. 최근 발표된 유전체 연구에 따르면, 락타아제 효소 발현의 조절에 관여하는 것으로 알려진 부분(락타아제 유전자의 상류 지역)에서 변이에 대한 자연선택의 증거가 여러 개 발견되었다고 한다. 이러한 자연선택의 원천은 충분히 강력하거나 보편적이지 않아, 인류 전체에서 새로운 유전자의 탄생을 초래하지 않았다. 그래서 지구상의 많은 집단, 특히 (낙농문화의 역사가 없는) 동아시아와 많은 아프리카의 주민들이 성인이 되어 락타아제를 생성하도록 진화하지 않았다.

36. Darwin (1872), Diamond (1992), Jerry Coyne (2009, 235)도 종전에 이와 비슷한 생각을 했었다.

37. Jablonski (2006); Jablonski and Chapin (2010). Diamond (1992)는 "피부색이 적응적 기초를 갖고 있는가"라는 의문을 제기하고, 인간 피부색의 모든 변이들은 임의적인 사회적·성적 선택의 결과물이라는 가설을 내세웠다.

38. 문화적 하향효과가 인간의 진화적 미래에 영향을 미칠 수도 있다. 겨드랑이털과 음모의 분포는 분비된 페로몬/땀과 피부미생물 간의 상호작용에 의해 생성되는 체취가 성적 의사소통 수단으로서 공진화해왔음을 시사한다. 많은 사람들은 특정인의 체취를 인식하고, 파트너의 체취에 특별한 매력을 느낀다. 그러나 위생문화(즉, 비누로 자주 씻고, 탈취제를 이용하여 체취를 제거하고, 체모를 제거함)는 문화적으로 용인되거나 성적으로 매력 있는 체취에 영향을 미친다. 더욱이 위생문화는 체내에 상주하는 세균과 체액이 야기하는 위험에 우려를 제기한 나머지, 사람들의 성행동에 영향을 미칠 수 있다. 궁극적으로, 위생문화는 수백만 년에 걸친 진화해온 인간의 이성 간 화학적 의사소통과 미적 공진화를 파괴할 수 있다. 현대적 위생관행을 채택한 사람들이 여러 세대에 걸쳐 배우자선택을 하면 인간의 페로몬의 특이성과 감수성이 상실될 수 있다. 위생문화는 인간의 성적 아름다움의 모든 차원을 제거할 수 있다. 물론 사람들은 아직도 냄새를 맡지만, 그들의 체취는 더 이상 아름답지 않을 것이다.

39. Bailey and Moore (2012).

9. 세상에는 별의별 쾌락도 다 있다

1. 동료 수학자인 마이클 프레임Michael Frame은 이 논리에 어리둥절하다는 반응을 보였다. 그도 그럴 것이, 1과 9라는 숫자 두 개는 직선(즉, 선형관계) 외에 어떤 상관관계도 의미하지 않기 때문이다. 그러나 나는 독자들에게 '숫자를 숫자 자체로만 보지 말고, 직관이 뛰어났던 그리스인들처럼 시적詩的으로 상상하라'라고 요구하고 싶다. 쾌락의 차이를 제곱수로 나타내면, 단순히 '크다'라는 의미가 아니라 '광대하다'라는 느낌을 준다. 3의 제곱수인 9가 그렇고, 2의 5제곱수인 32도 마찬가지다.

2. 엘리자베스 로이드의 『여성의 오르가슴 사례』(2005)는 이 매혹적인 주제에 대해 탁월한 리뷰를 제공한다. Pavličev and Wagner (2016)는 '태반 포유류placental mammal에서 오르가슴이 등장하고 진화한 과정'에 대해 새로운 가설을 제시한다. 그들에 따르면, 여성의 오르가슴은 교미에 의해 배란이 유도되었을 때, 배란을 알리는 감각신호로서 맨 처음 진화했다고 한다.

3. 프로이트가 제안한 '여성의 오르가슴' 이론은 성 기능에 관한 적응적 이론이기도 하지만, 진화적 관점보다는 심리학적 관점에서 바라봤다는 점이 다르다. 그는 "여성이 성적·정서적으로 완전히 성숙하기 위해 '클리토리스 오르가슴'에서 '질 오르가슴'으로의 이행이 필요하다"라고 주장했다. 그리고 "올바른 오르가슴이 제공하는 직접적 혜택은, 여성이 유치한 관계(어머니에 대한 애착)에서 성숙한 관계(적합성을 향상시키는 이성애적 관계)로 이행하는 과정에서 직면하는 심리적 도전을 극복하도록 도와주는 것"이라고 했다. 이러한 의미에서 볼 때, 진화적 적응과 심리적 적응은 모두 '표현형과 환경 간의 적절하고 기능적인 적합성'을 전제로 한다고 볼 수 있다.

4. Mivart (1871, 59).

5. 프로이트의 이론은 유럽과 미국 전역의 교양 높은 특권층 여성들에게 심각한 타격을 입혔다. 앨프리드 킨제이가 『여성 성행동 연구Sexual Behavior in the Human Female』(1953)에서 말한 것처럼, 많은 문헌과 임상의들(정신분석가, 임상심리학자, 결혼상담자 포함)이 환자들에게 '클리토리스 반응'에서 '질 반응'으로 이행하라고 가르치기 위해 진땀을 흘렸기 때문이다. 그는 이렇게 푸념했다. "내 연구에 참여한 수백 명의 여성들과 특정 임상의들을 방문한 수천 명의 환자들이 '생물학적으로 불가능한 과제'를 달성하는 데 실패하여 큰 충격을 받았다."

6. Gould (1987); Lloyd (2005).

7. Sutherland (2005).

8. Masters and Johnson (1966)이 정의한 여성 오르가슴의 기준에는 '심장박동 수 증가'와 '질과 자궁의 빠른 수축'이 포함되었다. 이러한 변수들은 연구실에서 사육되는 암컷 짧은꼬리마카크Stump-tailed Macaque(*Macaca arctoides*)를 이용하여 측정되었다 (Goldfoot et al. 1980). 이 연구용 원숭이들은 암수 간의 교미 과정에서 오르가슴을 경험하는 게 분명하지만, 어이없게도 암컷끼리 올라타기를 할 때 오르가슴을 경험하는 빈도가 훨씬 더 높다 (Chevalier-Sklonikoff 1974).

9. Lloyd (2005)는 엄청난 결점에도 불구하고 많이 인용되는 Baker and Bellis (1998)의 논문에 특별한 관심을 기울인다. 게다가 그녀는 "여성의 오르가슴과 '남성 파트너의 대칭성' 간의 상관관계를 주장하는 영향력 있는 연구들 중 상당수는 결점투성이다"라고 지적한다. 왜냐하면 그것들은 정자경쟁 가설을 검증하는 데 실패했기 때문이다. 즉, '여성이 동일한 가임기에 여러 명의 성 파트너들과 성관계를 가질 때, 유전적으로 우월한 남성에게서 더 빈번한 오르가슴을 경험한다'라는 흡입

가설을 실제로 증명한 연구결과는 지금껏 발표된 적이 없다.

10. Puts (2007, 338).

11. 예컨대, Baker and Bellis (1998)는 "오르가슴 능력의 다양성은 (개별 여성과 짝짓기 환경에 따라 달라지는) 오르가슴 전략의 다양성을 시사한다"라고 제안한다. 그러나 이런 두루뭉술한 진술은 반증을 예방하기 위한 술책에 불과하다. 왜냐하면 데이터에 나타나는 모든 다양성은 적응전략에 따른 특이적 변이의 또 다른 사례로 얼마든지 재해석될 수 있기 때문이다.

12. Wallen and Lloyd (2011).

13. Allen and Lemon (1981).

14. Davenport (1977).

15. Qidwai (2000).

16. Lloyd (2005, 139–43)는 시먼즈의 초기 제안(부산물 가설)에 대한 페미니스트들의 비판을 요약하며 조목조목 반박을 가했다. 그녀는 여성의 성적 쾌락의 문화적 지위cultural status가 '오르가슴이 적응인지 아닌지' 여부에 따라 결정되는 게 아니라고 지적했는데, 그건 정확한 지적이다. 다시 말해서, 적응적 가치가 문화적·개인적 가치를 결정하는 것은 아니라는 것이다. 그러나 그녀는 '흡입 이론이 부산물 이론보다 여성을 훨씬 더 주체적으로 기술한다'라는 Fausto-Sterling et al. (1997)의 비판에 반박하는 데 실패했다.

17. 침팬지의 경우, 강력한 정자경쟁에도 불구하고 교미 지속시간이 매우 짧다. 이는 영장류의 교미 지속시간과 정자경쟁 사이에는 상관관계가 없음을 시사한다. 그에 반해 개를 비롯한 일부 동물들은 교미 지속시간이 연장되는 방향으로 진화했는데(오죽하면 교미자물쇠copulatory lock라는 말이 있겠는가), 이는 암컷이 다른 수컷과 상당한 기간 통한 짝짓기하지 못하도록 방해함으로써 정자경쟁에서 승리할 가능성을 높이기 위한 것으로 해석된다. 그러나 이러한 메커니즘은 사정 후 교미시간post-ejaculatory copulation duration을 연장하며, 사정 전 성교시간pre-ejaculatory copulation duration을 연장한 인간과 크게 다르다.

18. 이 결론은 수컷 물고기와 새들의 사례를 통해 더욱 뒷받침된다. 그들은 대부분 삽입기관이 없어서 짝짓기하는 도중에 촉감이나 쾌감을 경험할 기회가 전혀 없음에도 불구하고 교미를 맹렬히 시도한다.

19. Miller (2000, 240).

10. 섹스 파업이 불러온 평화

1. Emlen and Wrege (1992)

2. 암컷 한 마리가 평생 동안 낳을 수 있는 알과 새끼의 수는 크게 제한되어 있으므로, 가장 성공적인 암컷과 평균적인 암컷 간의 분산variance은 작다. 그에 반해 수컷의 경우에는 생식성과의 분산이 매우 클 수 있다. 결과적으로, 수컷들이 많은 생식기회를 독점하려고 애쓰는 것은 실질적으로 득이 되는 반면, 암컷들은 그런 식으로 사회적 지배권을 행사해봤자 득 될 것이 별로 없다.

3. 유인원의 종 안에서, 혹은 종간에 나타나는 다양성이 매우 크다는 점을 감안할 때, '평균적인 구세계원숭이'라는 개념은 사실상 존재하지 않는다. 그러므로 유인원의 번식 시스템에 대한 나의 간

략한 기술은 불충분하다. 그러나 나는 이러한 요약이 구세계영장류 조상들의 성 갈등 상태를 기본적으로 정확히 포착했다고 생각한다.

4. 재생산 투자는 개체가 자녀의 생산·건강·생존을 위해 쏟는 에너지·시간·자원들을 모두 포괄한다. 많은 구세계영장류의 암컷에서 발견되는 '자녀양육 전담'과 '성적 자율성의 완전한 결핍'이라는 이중고는 조류 세계에서는 전혀 찾아볼 수 없는 현상이다. 그와 대조적으로, 마나킨새와 바우어새의 암컷들은 자녀양육을 전담했지만 결과적으로 완전한 성적 자율권을 진화시켰다.

5. Palombit (2009, 380). 간혹, 영아살해 공격은 수컷이 사회적 지배권을 장악하는 과정에서 기선을 제압하기 위해 구사하는 광범위한 파괴 전략의 일환일 수도 있다.

6. Robbins (2009).

7. 내가 사용하는 '수컷의 영아살해male infanticide'라는 용어는 '수컷이 영아를 살해한다'라는 뜻이지, '수컷 새끼가 살해된다'는 뜻은 아니다. 그룹의 분열은 암컷 고릴라에게 배우자선택이라는 드문 기회를 제공한다. 왜냐하면 암컷은 소속될 그룹을 스스로 결정할 수 있기 때문이다. 물론 그녀는 동행하는 암컷들에게 휩쓸릴 수도 있으므로, 그게 순전히 배우자선택에 의해 좌우되는 것이 아닐 수도 있다.

8. 데이비드 와츠David Watts와의 개인적 의사소통을 통해 얻은 정보다.

9. 침팬지의 번식행동에 관한 전반적 내용은 Muller and Mitani (2005)를 참고했고, 부권paternity의 추정치는 Boesch et al. (2006)에서 인용했다.

10. 인류가 유인원 조상에서 진화하는 동안, 인간의 성폭력 양상은 질적으로 완전히 바뀌었다. Shannon Novak and Mallorie Hatch (2009)는 '침팬지와 인간 개체들이 폭력적으로 조우할 때 발생하는 두개골 손상'에 대한 매혹적인 법의학 연구를 수행했다. 연구 결과, 암컷 침팬지들은 두개골의 윗부분과 뒷부분에, 수컷 침팬지들은 안면에 직접 손상을 입는 경우가 많은 것으로 나타났다. 이는 '수컷 침팬지는 공격자를 똑바로 쳐다보고, 암컷 침팬지는 공격 받는 동안 도망치거나 몸을 웅크린다'라는 것을 시사한다. 그와 대조적으로, 인간 여성들은 남성 파트너에게 폭행을 당하는 동안 두개골보다 얼굴에 손상을 입는 경우가 더 많은데, 이는 암컷 침팬지보다는 수컷 침팬지의 패턴에 더 가깝다고 할 수 있다. 이는 '인류가 침팬지와 공통조상에서 갈라진 이후, 남성의 폭력에 대한 여성의 태도가 새롭게 진화했다'라는 것을 시사한다. 즉, 성폭력으로 인한 큰 충격에도 불구하고, 여성은 똑바로 선 상태에서 공격해오는 남성을 정면으로 응시한다는 것이다.

11. 미국의 경우, 영아사망의 가장 빈번한 원인은 선천성 기형, 조산, 저체중 출생으로, 모든 영아사망의 44퍼센트를 차지한다(CDC 2007, 1115). 유전학적 부모보다 계부모에게 살해당하거나 치명적 학대를 받을 가능성이 100퍼센트 더 높지만(Daly and Wilson 1988), 영아사망이 영아사망에서 차지하는 비율은 10만 분의 1 미만이다.

12. 예컨대, Scrimshaw (2008)을 참고하라.

13. Hare et al. (2012).

14. Hare and Tomasello (2005). 여기서 '진화사적으로 볼 때 독립적'이라는 것은, 인류와 보노보 조상의 관용적인 사회적 기질이 상이한 시기 및 장소에서 각각 별도로 진화했음을 의미한다.

15. Gordon (2006).

16. 렌쉬의 법칙(Rensch 1950)은 기본적으로 '몸집의 성적 이형성 진화'에 관한 영가설로, 자연계에서 관찰되는 많은 독립적 요인에 근거하여 몸집을 예측하는 모델이다. 만약 몸집이 커지는 방향으로

진화하고 그 과정에 영향을 미치는 별다른 요인이 없다면, 암수의 몸집 차이도 그에 비례하여 커질 것이다. 그러나 인간의 경우에 정반대의 현상이 일어났다(즉, 인간의 몸집이 커짐에 따라, 몸집의 성차는 감소했다)는 것은 '영가설을 기각하고, 인간의 진화사(진화적 맥락 2)에서 발생한 뭔가 특별한 사건이 일어났다고 생각해야 한다'라는 것을 시사한다. 그 특별한 사건은 아마도 '몸집의 성적 이형성 감소'가 선택된 사건일 것이다. 그렇다면 그 선택은 자연선택일까, 아니면 성선택일까? 나는 그것이 '자신과 비슷한 몸집을 가진 남성에 대한 여성의 배우자선택'이라는 형태로 나타난 성선택이라고 제안한다. 즉, 여성이 '자신과 비슷한 몸집을 가진 남성'을 선호함으로써 몸집의 성적 이형성을 감소시켰다는 것이다.

17. Trut (2001); Hare and Tomasello (2005)는 이 연구의 시사점을 광범위하게 논의했다.

18. Hare et al. (2012).

19. Walker (1984). 위 송곳니의 안쪽 표면을 뒤덮은 에나멜은 세 번째 작은어금니 표면을 뒤덮은 에나멜보다 얇은데, 이는 송곳니가 썹는 운동을 통해 지속적으로 연마되어 예리해질 수 있음을 의미한다.

20. Lieberman (2011).

21. Jolly (1970), Hylander (2013), Lieberman (2011)을 참고하라.

22. Swedell and Schreier (2009).

23. Robbins (2009).

24. Muller et al. (2009).

25. 미적 무장해제 가설은 미소의 진화과정에 대해 새로운 시사점을 던진다. 즉, 이 가설에 따르면, 미소는 '긍정적이고 비공격적인 사교적 신호'에 대한 여성의 짝짓기선호를 통해 진화했고, 이 신호가 작아진 송곳니의 미적 평가를 직접 촉진한다는 것이다. 다윈에게까지 거슬러 올라가는 미소의 기원에 대한 선행이론에서는 "인간의 미소는 영장류 조상의 다양한 치아 드러내기teeth-baring, 즉 지배력, 공격성이나 공포, 복종을 의미하는 과시행동에서 진화했다"라고 제안했었다. 그러나 이런 내러티브들은 미소의 실질적인 내용을 명확하게 거론하지도 않고, 다른 종류의 치아 드러내기가 상이한 의미를 진화시킬 수 있는 이유도 설명하지 않는다. 사실 미소란 단순히 치아를 드러내는 것만은 아니다(만약 그렇다면, 미소와 얼굴 찡그리기를 어떻게 구별할 텐가!). 미소는 송곳니의 아름다움은 물론 긍정적·비폭력적 의향을 효율적이고 명확하게 과시하는 행동이다. 송곳니 과시하기를 '비공격적이고 긍정적인 사교적·매혹적 메시지'로 간주하는 연상과정은 '작아진 송곳니를 이용한 미적 과시'에 대한 선택을 통해 진화한 것으로 보인다.

26. Samuel Snow et al. (출간예정).

27. Gangestad and Scheyd (2005); Neave and Shields (2008).

28. 다른 영장류, 예컨대 일부 긴팔원숭이, 타마린, 올빼미원숭이에서도 자녀양육은 발견된다. (Fernandez-Duque et al. 2009).

29. 고인류학자 오언 러브조이Owen Lovejoy는(2009) 아르디피테쿠스 라미두스에 대한 생물학적 분석에서, "여성이 '공격성이 감소하고, 남성 간 폭력성이 감소하고, 송곳니가 작고, 송곳니를 작은어금니에 비비지 않는 남성들'을 선택한 것은 선신세Pliocene 말 호미닌이 등장할 때쯤이었다"라고 제안했다. 러브조이는 '새로운 적응형질 종합세트(협동행동, 남성의 재생산 투자, 배우자선택과 관련된 형태적·행동적·생활사적 특징)에 대한 자연선택'에 의해 추동되지 않는 진화과정을 상정했다.

예컨대, 러브조이는 '섹스에 대한 대가로 음식물을 제공하는 남성의 음식운반 행동'이 두발보행의 진화를 촉진했을 거라고 제안했다. 그러나 러브조이는 '남성의 사회적 지배 감소, 남성의 투자 증가, 남녀의 상호적 배우자선택'이 그와 동시에 진화한 과정에 대해 생태적·생활사적·선별적 설명을 내놓지는 않았다. 러브조이의 진화적 시나리오를 들여다보면, 내가 이 장에서 제기한 '인간 생식의 진화'에 관한 문제점이 진화인류학자들 사이에서 '인류의 기원을 설명하는 데 필수적인 문제'로 널리 인식되고 있음을 알 수 있다. 그러나 그들은 성 갈등, 심미적 배우자선택, 성적 자율성이 없는 상황에서 그런 변화들이 발생한 진화 메커니즘을 아직 확립하지 않았다.

11. 호모 사피엔스의 호모-섹슈얼리티

1. 우리가 현실세계에서 일어나는 현상들을 깔끔하게 정리한답시고 사용하는 문화적 범주cultural category들은 실체reality를 제대로 담아내지 못하고 버벅대는 경우가 허다하다. 성정체성sexual identity도 예외는 아니다. 성정체성이라는 문화적 범주는 (인종 정체성racial identities과 마찬가지로) 그보다 훨씬 더 풍부하고 지속적이고 복잡한 생물학적 현상biological phenomenon에 억지로 할당되었다. 이런 식으로 탄생한 성정체성과 관련된 범주들은 레즈비언, 게이, 바이섹슈얼, 트랜스젠더들이 자신들의 권리를 정치적·사회적으로 인정받으려는 투쟁에서 필수적인 진보적 정치도구로 사용되어왔다. 그러나 이러한 범주들은 그들에게 되레 부담이 될 수도 있다. 왜냐하면 하나의 연속체continuum 상에 존재하는 인간의 성적 선호 및 행동의 가변성과 다양성을 모호하게 만들기 십상이기 때문이다.
2. 이러한 경향에서 탈피한 탁월한 예외로는 Bailey and Zuk (2009)가 있다.
3. 동성 간 성행동은 동물계에 광범위하게 존재하는 것으로 잘 알려져 있다(Bagemihl 1999; Roughgarden 2009). 20세기의 대부분에 걸쳐, 생물학자들은 대체로 동성 간 성행동을 일탈로 치부하며 무시하거나 비非성적·사회적 행동의 한 형태로 재해석하려고 노력했다. 예컨대 빅토리아 시대의 탐험가이자 자연사학자 조지 머리 레빅은 아델리펭귄Adelie Penguin(*Pygoscelis adeliae*)을 비롯한 남극 펭귄들의 자연사와 행동을 기술한 저서를 출판했다 (Levick 1914). 그는 남극에서 수많은 동성 간 성행동들을 관찰했지만, 연구일지에만 남겨놓고 저서에는 일절 수록하지 않았다. 게다가 연구일지에 적힌 동성 간 성행동은 고대 그리스어로 기록되어, 당대 최고의 학식을 가진 독자가 아니라면 그 은밀하고 외설스러운 디테일을 알 재간이 없었다. 그 연구일지는 최근 재발견되어 영어로 번역되어 출간되었다(Russell et al. 2012). 그러나 '동성 간 성행동은 (비인간 동물이 됐든, 인간이 됐든) 극단적으로 다양한 현상의 집합체로, 단 하나의 인과관계로 설명될 수 없다'라는 점을 명심하는 게 중요하다. 개념적 정의를 넘어서는 이 다양한 현상을 과학적으로 광범위하게 일반화하는 것은 불가능하다는 게 나의 생각이다.
4. 다양한 성적 선호가 실질적인 연속적 분포를 이룬다는 점을 감안할 때, 일부에서 제기하는 '동성 간 성행동은 개인의 선택에 관한 문제다'라는 문화적 견해와 판단이 대체로 정확하다고 볼 수 있다. 다시 말해서, 동성 간 성행동은 (다양한 성적 선호의 연속체 말단에 위치한) 소수파 개체들이 고르는 특이한 옵션이 아니라, (통상적 분포범위 내에 있는) 대다수 개체들이 각자의 성적 선호에 따라 고를 수 있는 다양한 옵션 중 하나일 수 있다.
5. '배타적인 동성 간 선호를 보유한 개체들은 친자녀가 없으므로 가문의 자녀들을 키우는 데 필요한 시간과 에너지(또는 그에 대한 관심)가 비축된 저장소 역할을 한다'라는 개념은 문화적 구성물의 또 다른 형태일 뿐이다. 이런 아이디어는 그들의 존재를 설명하는 진화적 메커니즘이라기보다는, '자신만의 성적 자율성을 추구하지 못하도록 금지되어온 사람들을 실제로 어떻게 활용할 것인가'

라는 문제를 해결하기 위한 동성애 혐오문화homophobic culture적 해법이라는 인상을 준다.

6. 일부 문화권의 경우, 문화적으로 이질적인 성정체성을 가진 남성들이 커밍아웃을 하고 여성의 역할(예: 육아)을 담당한다. 그러나 그것이 생물학적 현상인지, 아니면 (이질적인 성정체성을 가진 개인으로 하여금 제한적인 문화적 역할에 순응하게 하는) 문화적 하향효과(8장 참고)인지는 분명하지 않다.

7. 최근 제시된 또 하나의 가설에서는, "한 성性의 생식성과를 향상시키는 유전자가 다른 성性에게는 부적응적 행동을 초래할 수 있다"라고 제안했다(Camperio Ciani et al. 2008). 만약 한 성(예: 어머니)의 생식형질에 대한 자연선택이 충분히 강력하다면, 그 형질의 진화적 이점이 일부 자녀(즉, 성적 선호가 변형된 아들)의 생식능력 상실을 만회하고도 남는다는 것이다. 이런 메커니즘이 작동할 수 있는 이유는, 동일한 유전자의 사본이 남성과 여성에게 평균적으로 절반씩 대물림되기 때문이다. 즉, 한쪽에서 거둔 이익이 충분히 크다면 다른 쪽에서 입은 작은 손실을 상쇄할 수 있으므로, 전체적으로 볼 때 그 유전자는 진화할 수 있다.
   이 메커니즘은 진화적으로는 그럴듯해 보이지만, 완전히 사변적이다. 왜냐하면 '어머니의 생식성과를 향상시키고 아들의 성적 선호를 변형시키는 데 기여하는 유전자와 형질이 도대체 무엇인가'에 대한 가설이 존재하지 않기 때문이다. 이 메커니즘은 성적 선호의 변이를 반대편 성에서 일어나는 '우연적이고 비의도적인 적응의 부산물'로 취급한다. 즉, 자연선택의 역할은 동일한 유전자 풀pool에서 적응적인 남녀를 만들어내는 것이며, 자연선택의 효율을 저하시키는 특이한 메커니즘 덕분에 동성 간 성행동이 탄생했을 뿐이라고 설명한다. 하지만 혈연선택의 경우와 마찬가지로, 이 아이디어는 핵심 쟁점인 '성적 욕구 자체의 주관적 경험'을 구체적으로 설명하지 못한다.
   보다 최근에 Rice et al. (2012)은 "개체의 성적 발달 과정에서 유전체에 일어난 후성적 변형epigenetic modification이 우연히 유전되어 동성애가 생겨난다"라고 제안했다. 이러한 변형은 발생중인 배아의 호르몬 감수성(자궁 속에 존재하는 어머니의 안드로겐에 대한 민감성)을 조절하며, 나중에는 비활성화되거나 재설정되는 것이 보통인 것으로 알려져 있다. 그런데 발생기 말에 재설정이 일어나지 않을 경우, 후성적 변형은 다음 세대로 전달되어 반대편 성을 가진 자녀의 안드로겐 감수성을 증감시킬 수 있다고 한다.
   이 진화적 메커니즘 역시 이론적으로는 그럴듯하지만, 동성 간의 선호와 행동을 '발생 도중의 여성화(남성의 경우) 또는 남성화(여성의 경우)'와 동일시하는 오류를 범했다. 저자들은 동성애를 '비이성non-opposite-sex에 대한 성적 이끌림(또는 경험) 일체, 즉 모든 킨제이 점수Kinsey score가 0보다 큰 경우'라고 정의했는데, 나는 그들이 지금껏 증명된 바 없는 이론적 적응비용theoretical fitness cost에 대한 해답을 찾으려고 노력한다는 생각이 든다. 저자들이 생물학적 실체로 받아들이는 문화적 성정체성cultural sexual identity이라는 범주가 발명되기도 전에, '킨제이 점수가 0보다 큰 사람은 적합성이 낮다'고 자신 있게 말할 수 있을까? 그럴 수는 없다. 더욱이 '동성 간 이끌림이 성전환sexual inversion을 수반한다'라는 아이디어는 그것을 질병으로 간주하는 것이 분명하며, 오랫동안 동성 간 선호의 다양성에 대한 부적절한 설명으로 비난받아왔다.

8. Qazi Rahman and Glen Wilson (2003; Wilson and Rahman 2008)도 나와 비슷한 제안을 했지만, 미적 배우자선택과 성 갈등의 역할을 명확히 인식하지 않았다. 미적 배우자선택과 성 갈등이 없다면 검증 가능한 예측을 정교화할 수 없으므로, 일관성과 설명력이 높은 메커니즘을 확립할 수 없다.

10. Greenwood (1980); Sterk et al. (1997); Kappeler and van Schaik (2002).

11. Smuts (1985).

12. Silk et al. (2009).

13. Palombit (2009).

14. '성적 선호의 다양성이 긍정적인 사회적 기능을 수행한다'라는 나의 제안이 혈연선택 가설(또는 도우미 삼촌들 가설)보다 설득력이 높은 이유는 다음과 같다. 첫째로, 이 책에 소개된 선택이익 selective advantage은 내가 제안한 선택 메커니즘이 제공하는 여러 가지 이익 중 하나에 불과하다. 둘째로, 인간의 문화와 완전히 동떨어진 비인간 영장류에서도, 이와 매우 유사한 암수 간의 비성적 우정이 암컷의 적합성을 향상시킨다는 증거가 있다. 셋째로, 현대 인간사회에는 '도우미 삼촌들'보다 '동성애 남성과 이성애 여성 간 우정'에 관한 증거가 더 많다.

15. Pillard and Bailey (1998)는 다양한 일란성·이란성 쌍둥이들을 조사하여, 자각된 동성애의 유전율 heritability은 무려 0.74라고 보고했다.

16. Paoli (2009).

17. Pillard and Bailey (1998).

18. Gangestead and Scheyd (2005)

19. Kinsey et al. (1948, 650); Kinsey et al. (1953, 475).

20. 동성 간에 이끌릴 수 있는 능력이 거의 보편적이라는 것은, 동성 간의 욕구가 비난받는 사회에서 동성 간의 욕구에 관한 불안감을 가중시키는 요인으로 작용하며, 급기야 성적 소수자에 대한 동성애 혐오증과 폭력을 악화시킨다.

21. Wekker (1999).

22. 이성애 여성과 게이 남성이 평생 동안 동일한 성 파트너에게서 경험하는 성폭력의 구체적인 내용은 아래와 같다 (Walters et al. 2010).

	이성애 여성	게이 남성
강간	9.1%	0%
물리적 폭력	33.2%	28.7%
스토킹	10.2%	0%
종합	35%	29%

안타깝게도 이 데이터에는 피해자의 성 지향성만 표시되어 있고, 가해자의 성 지향성은 표시되어 있지 않다. 따라서 양성애 남성이 여성 파트너에게 가하는 성적 강제, 파트너 폭력, 강간의 빈도가 이성애 남성보다 낮은지 여부는 알 수 없다.

23. Keinan and Clark (2012). 인간이 희귀한 유전체 변이를 그렇게 많이 보유하고 있는 이유는, 지난 1만 5,000년간 인구가 폭발적으로 급팽창했기 때문이다. 케이난과 클라크는 이러한 상황을 '희귀 유전자 변이 과잉'이라고 불렀지만, '과잉'이라는 표현은 '안정적이거나 균형적인 진화 상황'을 가정할 때만 사용될 수 있다. 그러나 이러한 가정은 현생인류의 역사를 감안할 때 적절하지 않다.

24. '동성 간 욕구의 가부장적 전용轉用'은 군대, 일부 전통적 종교기관, 기숙학교와 같이 전통적으로 매우 계층적이고 남성 주도적인 기관들이 동성 내 또는 이성 간에 벌어지는 성적 강제, 성폭력, 학대를 통제하거나 제거하기 위해 골머리를 앓는 이유 중 하나라고 할 수 있다. 이러한 기관들의 고질적인 계층구조는 계층권력의 성적 오용을 촉진하고 제도화하는 경향이 있다.

25. Warner (1999); Halperin (2012).

12. 아름다움을 위한 아름다움

1. 키츠의 송가에 나오는 마지막 구절은 '아름다움과 진리의 논리적 동의성synonymy'을 지적한 것은 물론, 그것이 완벽한 세계관의 핵심임을 강조했다는 점에서 두드러진다. 이 두 가지 측면에서 볼 때, 키츠는 월리스적 세계관에 기초하여 성적 장식물을 바라봤을 거라고 짐작할 수 있다. 물론 본인은 전혀 의식하지 못했겠지만 말이다.

2. 2013년 봄 예일 레퍼토리 극장에서는 폴 지어마티Paul Giamatti를 '고뇌하는 네덜란드 왕자'로 캐스팅하여 셰익스피어의 〈햄릿〉을 무대에 올렸다. 공연은 공전의 히트를 쳤고, 티켓은 완전 매진되었다. 그로부터 한 달 동안 뉴헤이븐 전체가 햄릿 이야기로 꽃을 피웠다. 심지어 나의 연구실에서 열리는 주말 회의에서도 화제가 될 정도였다. 평소에는 대학원생들과 박사 후 연구원들이 모여 진행 중인 연구에 대해 프레젠테이션을 하거나 최근 발표된 진화론과 조류학 관련 과학논문에 대해 의견을 주고받는 게 상례였는데 말이다. 그때 나의 연구실에서 조류의 미적 진화에 관한 프로젝트를 담당하던 제니퍼 프리드먼Jennifer Friedmann이 〈햄릿〉 3막에 나오는 이 놀라운 대사를 인용함으로써 나의 관심을 끌었다. 그녀는 그 대사의 내용이 피셔와 월리스의 성선택 이론과 매우 유사하다고 지적했다. 이 자리를 빌려, 내게 그 대사를 분석해보자고 제안한 그녀의 통찰력에 경의를 표한다.

3. 나는 이 구절을 처음 읽었을 때 (사실, 고등학생 시절 이후 처음이었다) 큰 충격을 받았다. 아름다움과 정직함이라는 주제를 그런 식으로 다루다니, 영국의 대문호라는 호칭이 괜한 게 아니라는 생각이 들었다. 셰익스피어는 내가 모르는 어마어마한 메시지를 몇 줄에 압축해놓았을 테지만, 문학에 문외한인 나로서는 그 깊은 뜻을 헤아릴 재간이 없었다.
   나는 친구이자 동료인 예일대학교 드라마스쿨의 총장 제임스 번디James Bundy에게 달려가, 전문가적 견지에서 한 수 지도해줄 것을 간청했다. 때마침 그는 2013년 예일 레퍼토리 극단에서 공연한 〈햄릿〉의 총감독이기도 했다. 그는 나와 점심 식사를 같이하며, '조류학자를 위한 드라마 분석'이라는 초단기 강좌를 베풀었다. 나는 제임스의 격려에 힘입어, 〈햄릿〉의 3막 1장에 나오는 이 구절들을 조류진화학evo-ornithology적으로 분석했다. 간간이 독자들의 신경을 거슬렀을지 모르는 오류, 누락, 과장, 실수는 모두 내 책임임을 분명히 밝혀둔다.

4. 엉겁결에 햄릿과 대화를 시작한 오필리아는, '잘 어울리는 친구'라는 표현을 이용하여 아름다움과 정직함의 관계를 미화한다. 그러자 햄릿은 타락한 거래, 즉 매춘을 거들먹거리며 오필리아의 논리를 통박한다.

5. 피셔와 마찬가지로, 햄릿은 '아름다움과 진실의 결합'이 칼날 위에 위태롭게 놓여 있음을 잘 이해하고 있었다. 왜냐하면 아름다움의 존재 자체가 유혹적인 권력이어서 정직함을 쉽게 타락시킬 수 있기 때문이다.
   '오필리아의 아름다움은 그녀의 정직함을 나타내는 지표가 아니다'라는 햄릿의 깨달음은 '배우자 선택에 의한 진화'에 대한 피셔의 2단계 모델과 똑 같은 과정을 거쳐 나온 것이다. 햄릿과 오필리아의 관계는 '월리스적 만족'이라는 꽃길에서부터 시작되었다. 그 당시 그녀의 아름다움은 '고결한 영혼'과 '동반자에 대한 헌신'을 반영하는 정직한 지표였다. 그러나 '부상浮上하기 시작하는 매력의 이점(아름다움의 힘)이 과시형질과 자질 간의 상관관계를 침식한다'라는 피셔의 말과 같이, 본질적으로 불안정한 관계는 오래 지속될 수 없다.

그러나 오필리아의 행동에서는 성적 자율성을 전혀 찾아볼 수가 없다. 그녀는 아버지의 강압적인 지시에 따라 햄릿을 따돌리며 거짓말까지 했다. (물론 부모에 의한 성적 강제sexual coercion도 상당한 수준이었겠지만, 나는 거기에 큰 비중을 두지 않으려고 한다. 이것은 세계적으로 훌륭한 문학작품임을 양해하기 바란다.) 마지막 장에서, 실성한 오필리아는 진실하고 자율적인 성적 욕구를 표출한다. 그녀는 '발렌타인데이에, 기만적인 악당(아마도 햄릿?)에게 처녀성을 빼앗겼다'라는 내용이 담긴 외설적인 노래를 부른다. 그런 다음 자신을 햄릿의 왕비라고 상상하며, 현명한 조언자와 훌륭한 신하들에게 말을 거는가 하면, 시종들에게 마차를 대령하라고 명령한다. 그녀는 미친 상태에서 마침내 진정한 욕구와 판타지를 드러낼 수 있다. 아버지의 강제 때문에 자신의 성적 자아를 실현하지 못했던 오필리아는, 미쳐 죽는 과정을 통해서만 해방되어 자아를 실현하게 된다. 아마도 이것은 '엘리자베스 시대의 사회에서 성적 자율성을 추구하는 여성이 안고 있는 사회적 위험부담'에 대한 셰익스피어의 충고인지도 모르겠다. 사실, 오필리아의 몰락은 햄릿의 두 번째 비극이다.

6. Berlin (1953).

7. 데이비드 헐David L. Hull의 『과정으로서의 과학Science as a process』(1988)과 론 애먼드슨Ron Amundson의 『진화적 사고에서 배아의 변화하는 역할The Changing Role of the Embryo in Evolutionary Thought』(2005)을 참고하라

8. 우생학의 사회사에 대한 권위 있는 저술로는 Kevles (1985)가 있다.

9. 예일대학교 법학과교수인 제드 러벤펠드Jed Rubenfeld는 〈기만에 의한 강간의 수수께끼와 성적 자율성의 신화The Riddle of Rape-by-Deception and the Myth of Sexual Autonomy〉(2013)에서 "미국 강간법의 밑바탕에 깔려 있는 성적 자율성이라는 개념은 근거 없는 신화다"라고 주장했다. 그는 성적 자율성을 광범위하게 해석하여, '자신의 개인적 욕구를 타자의 욕구에 우선하여 주장할 수 있는 권리'를 포함한다고 봤다. 분명히 말하지만, 이러한 성적 자율성 개념은 애당초 실패하도록 설계되었다. 왜냐하면 상이한 개인들의 욕구는 필연적으로 분열되어 갈등을 일으키기 때문이다. 그의 견해에 따르면, 성적 자율성은 실현될 수 없으므로 신화적이라고 한다. 러벤펠드는 '느슨한 성적 자율성'이라는 개념을 잠시 인정하는데, 그것은 '자신의 성적 욕구를 강요 없이 추구할 수 있는 자유'라는 나의 정의와 기본적으로 일치한다. 그러나 그는 곧 '한 가지 이상한 사례와 개념적으로 혼동된다'라며 이 아이디어를 기각한다. 그가 말하는 '이상한 사례'는 다음과 같은 질문 속에 들어있다. "외롭고 집 없고 장애를 가진 걸인을 '성적으로 자율적인 상태에 있다'라고 말할 수 있는가?" 물론 이 질문에 대한 대답은 '그 불행한 사람이 겪는 여러 가지 고통은 성적 자율성 방해와 아무런 관련이 없다'는 것이다. 맞는 소리다. 그렇다면 그 사람은 성적으로 자율적인 상태에 있다고 할 수 있다. 하지만 '걸인의 자율성이 아무런 쾌락을 가져다주지 않는다'라는 사실은 논점을 완전히 벗어난다. 자율성이란 '자신의 욕구를 주장하는 힘'이 아니라 '강제로부터의 자유'라는 것이 나의 지론이며, 이 견해는 '동물의 성적 자율성이 성적 욕구를 타자에게 강요하지 않는다'라는 관찰을 통해 확실히 증명된다. 예컨대 암컷 오리들은 강제교미에 직면하여 성적 자율성을 보호하기 위해 해부학적 구조를 진화시켰지만, 자기가 원한다고 해서 언제든지 교미를 할 수 있는 것은 아니다. 마음에 드는 신랑감에게 언제든지 퇴짜를 맞을 수 있기 때문이다.
진화생물학은 성적 자율성이 신화가 아님을 증명한다. '동물에서 진화한 성적 자유'가 그에 기반을 둔 법률적 강간이론을 정당화할 수는 없지만, 동물의 사례는 그 개념이 허울만 그럴듯한 게 아니라, 개성, 선호, 선택, 복잡한 사회적 상호작용의 자연적 귀결임을 입증하는 증거라고 할 수 있다. 이러한 과학적 결과가 법제화의 적절한 근거인지'에 대한 판단은 법률학자들에게 맡기지만, 이러한 생물학적 현상이 (법률 제정의 원인을 제공한) 복잡한 사회적 갈등을 수반한다는 것은 분명하다.

10. 현대 인간문화에서 가부장제가 거의 보편적이라는 사실은, 인류의 진화과정에서 여성의 배우자선택이 수행한 역할을 모호하게 해왔다. 그러나 우리는 미학적 관점을 채택함으로써, "인류의 진화가 남성의 신체적·사회적 표현형 변화를 요구했으며, 여성의 성적 자율성이 그 변화를 달성하는 메커니즘을 제공했다"라는 점을 알 수 있다.

11. '여자들은 현모양처가 되어야 한다'라는 전통적 가부장제의 주장은 양육투자를 둘러싼 성 갈등의 또 다른 표현이라고 할 수 있다. 이러한 문화적 사고방식은 여성들이 자신만의 독립적·비생식적·사회적·경제적 활동을 통해 성적·경제적·사회적 독립을 획득하지 못하도록 방해하는 역할을 수행한다.

12. Rubenfeld (2013).

13. Prum (2013). 나는《생물학과 철학Biology and Philosophy》에 발표한 논문에서, 공진화적인 미적 철학의 기본적 틀을 제시했다.

14. '인간적 시선'이란 인간과 자연의 권력관계power relation에 대한 인간중심적 관점anthropocentric perspective으로, 인간의 감각과 물질적 욕구 충족을 자연계의 객관적 목적으로 간주한다. 남성적 시선male gaze과 마찬가지로, 인간적 시선은 다른 종種들의 생물학적 행위 주체성과 자율적인 미적 목표를 인정하지 않는 경향이 있다.

15. Prum (2013).

16. Danto (1964).

17. 노래를 배우는 새로는 명금류, 앵무새, 벌새, 방울새 등이 있다. 새의 노래와 그 문화적 결과에 대한 입문서로는 Kroodsma (2005)가 있다.

18. Noad et al. (2000)은 호주에 서식하는 혹등고래 개체군에서 일어난 미적 문화혁명의 극적인 사례를 보고했다.

19. 나는 Prum (2013)에서, 예술에 대한 다양한 정의가 '비인간에게도 예술이 있는가'라는 의문을 해결하는 큰 영향을 미친다는 점을 지적했다.

20. 지금으로부터 30여 년 전, 나는 펀디만으로 멋진 여행을 떠나기 위해 메리Mary와 리처드 버턴-바이네케Richard Burton-Beinecke 부부에게 큰 빚을 졌다. 그러나 안타깝게도 그 후 그들과의 연락이 끊어졌다. 메리는 인근에 있는 버몬트주 알링턴의 유니테리언Unitarian 목사로, 버몬트 자연과학연구소가 주최한 조류관측 캠프에 참가하여 나의 친구 톰 윌Tom Will에게 조류관측 요령을 배웠다. 메리와 리처드는 나를 머차이어스실섬까지 데려다주는 친절을 베풀었고, 나는 그들 덕분에 새에 대한 열정을 키워 조류 전문가로 발돋움할 수 있었다.

참고문헌

Adler, M. 2009. "Sexual Conflict in Waterfowl: Why Do Females Resist Extra-pair Copulations?" *Behavioral Ecology* 21:182-92.

Akerlof, G. A., and R. J. Shiller. 2009. 『야성적 충동』. Princeton, N.J.: Princeton University Press.

Allen, M. L., and W. B. Lemmon. 1981. "Orgasm in Female Primates." *American Journal of Primatology* 1:15-34.

Amundson, R. 2005. *The Changing Role of the Embryo in Evolutionary Thought: Roots of Evo-Devo*. Cambridge, U.K.: Cambridge University Press.

Andersson, M. 1994. *Sexual Selection*. Princeton, N.J.: Princeton University Press.

Bagemihl, B. 1999. *Biological Exuberance: Animal Homosexuality and Natural Diversity*. New York: St. Martin's Press.

Bailey, N. W., and A. J. Moore. 2012. "Runaway Sexual Selection Without Genetic Correlations: Social Environments and Flexible Mate Choice Initiate and Enhance the Fisher Process." *Evolution* 66:2674-84.

Bailey, N. W., and M. Zuk. 2009. "Same-Sex Sexual Behavior and Evolution." *Trends in Ecology & Evolution* 24:439-46.

Baker, R. R., and M. A. Bellis. 1993. "Human Sperm Competition: Ejaculate Manipulation by Females and a Function for the Female Orgasm." *Animal Behaviour* 46:887-909.

Barkse, J., B. A. Schlinger, M. Wikelski, and L. Fusani. 2011. "Female Choice for Male Motor Skills." *Proceedings of the Royal Society of London B* 278:3523-28.

Beebe, W. 1926. *Pheasants: Their Lives and Homes*. 2 vols. New York: New York Zoological Garden and Doubleday.

Beehler, B. M., and M. S. Foster. 1988. "Hotshots, Hotspots, and Female Preference in the Organization of Lek Mating Systems." *American Naturalist* 131:203-19.

Berlin, I. 1953. 『고슴도치와 여우』. London: Weidenfeld & Nicolson.

Bhanoo, S. N. 2012. "Observatory: Design and Illusion, to Impress the Ladies." *New York Times*, Jan. 24, D3.

Bierens de Haan, J. A. 1926. "Die Balz des Argusfasans." *Biologische Zentralblatt* 46:428-35.

Boesch, C., G. Kohou, H. Néné, and L. Vigilant. 2006. "Male Competition and Paternity in Wild Chimpanzees of the Taï Forest." *American Journal of Physical Anthropology* 130:103 – 15.

Bolhuis, J. J., G. R. Brown, R. C. Richardson, and K. N. Laland. 2011. "Darwin in Mind: New

Opportunities for Evolutionary Psychology." *PLoS Biology* 9:e1001109.

Borgia, G. 1995. "Why Do Bowerbirds Build Bowers?" *American Scientist* 83:542-47.

Borgia, G., and D. C. Presgraves. 1998. "Coevolution of Elaborated Male Display Traits in the Spotted Bowerbird: An Experimental Test of the Threat Reduction Hypothesis." *Animal Behaviour* 56:1121–28.

Borgia, G., S. G. Pruett-Jones, and M. A. Pruett-Jones. 1985. "The Evolution of Bower-Building and the Assessment of Male Quality." *Zeitschrift für Tierpsychology* 67:225-36.

Bostwick, Kimberly S. 2000. "Display behaviors, mechanical sounds, and their implications for evolutionary relationships of the Club-winged Manakin (*Machaeropterus deliciosus*)." *Auk* 117 (2):465–78.

Bostwick, K. S., D. O. Elias, A. Mason, and F. Montealegre-Z. 2009. "Resonating Feathers Produce Courtship Song." *Proceedings of the Royal Society of London B.*

Bostwick, K. S., and R. O. Prum. 2003. "High-Speed Video Analysis of Wing-Snapping in Two Manakin Clades (Pipridae: Aves)." *Journal of Experimental Biology* 206 (20): 3693–706.

Bostwick, K. S., M. L. Riccio, and J. M. Humphries. 2012. "Massive, Solidified Bone in the Wing of a Volant Courting Bird." *Biology Letters* 8:760-63.

Bradbury, J. W. 1981. "The Evolution of Leks." In *Natural Selection and Social Behavior: Recent Research and Theory*, edited by R. D. Alexander and D. W. Tinkle, 138-69. New York: Chiron Press.

Bradbury, J. W., R. M. Gibson, and I. M. Tsai. 1986. "Hotspots and the Dispersion of Leks." *Animal Behaviour* 34:1694-709.

Bramble, D. M., and D. E. Lieberman. 2004. "Endurance Running and the Evolution of Homo." Nature 432:345-52.

Brennan, P. L. R., T. R. Birkhead, K. Zyskowski, J. Van Der Waag, and R. O. Prum. 2008. "Independent Evolutionary Reductions of the Phallus in Basal Birds." *Journal of Avian Biology* 39:487-92.

Brennan, P. L. R., C. J. Clark, and R. O. Prum. 2010. "Explosive Eversion and Functional Morphology of the Duck Penis Supports Sexual Conflict in Waterfowl Genitalia." *Proceedings of the Royal Society of London B* 277:1309–14.

Brennan, P. L. R., and R. O. Prum. 2012. "The Limits of Sexual Conflict in the Narrow Sense: New Insights from Waterfowl Biology." *Philosophical Transactions of the Royal Society of London B* 367:2324-38.

Brennan, P. L. R., R. O. Prum, K. G. McCracken, M. D. Sorenson, R. E. Wilson, and T. R Birkhead. 2007. "Coevolution of Male and Female Genital Morphology in Waterfowl." *PLoS One* 2:e418.

Brown, W. M., L. Cronk, K. Grochow, A. Jacobson, C. K. Liu, Z. Popovic, and R. Trivers. 2005. "Dance Reveals Symmetry Especially in Young Men." *Nature* 438:1148-50.

Browne, J. 2002. 『찰스 다윈 평전 : 종의 수수께끼를 찾아 위대한 항해를 시작하다』, N.J.: Princeton University Press.

———. 2010. 『찰스 다윈 평전 : 나는 멸종하지 않을 것이다』, New York: Random House.

Brownmiller, S. 1975. 『우리의 의지에 반하여』. New York: Simon & Schuster.

Buller, D. J. 2005. *Adapting Minds: Evolutionary Psychology and the Persistent Quest for Human Nature*. Cambridge,

Mass.: MIT Press.

Byers, J., E. Hebets, and J. Podos. 2010. "Female Mate Choice Based upon Male Motor Performance." *Animal Behaviour* 79:771-78.

Campbell, B. 1972. *Sexual Selection and the Descent of Man*, 1871-1971. Chicago: Aldine.

Campbell, G. D., Duke of Argyll. 1867. *The Reign of Law*. London: Strahan.

Camperio Ciani, A., P. Cermelli, and G. Zanzotto. 2008. "Sexually Antagonistic Selection in Human Male Homosexuality." *PLoS One* 3:e2282.

CDC, Morbidity and Mortality Weekly Report. 2007. "QuickStats: Infant Mortality Rates for 10 Leading Causes of Infant Death—United States, 2005," edited by Centers for Disease Control and Prevention. Atlanta.

Cellerino, A., and E. A. Jannini. 2005. "Male Reproductive Physiology as a Sexually Selected Handicap? Erectile Dysfunction Is Correlated with General Health and Health Prognosis and May Have Evolved as a Marker of Poor Phenotypic Quality." *Medical Hypotheses* 65:179-84.

Chevalier-Skolnikoff, S. 1974. "Male-Female, Female-Female, and Male-Male Sexual Behavior in the Stump-tailed Monkey, with Special Attention to Female Orgasm." *Archives of Sexual Behavior* 3:95-116.

Chiappe, L. M. 2007. *Glorified Dinosaurs: The Origin and Early Evolution of Birds*. Hoboken, N.J.: Wiley & Sons.

Clark, C. J., and R. O. Prum. 2015. "Aeroelastic Flutter of Feathers, Flight, and the Evolution of Non-vocal Communication in Birds." *Journal of Experimental Biology* 218:3520-27.

Coddington, J. A. 1986. "The Monophyletic Origin of the Orb Web." In *Spiders: Webs, Behavior, and Evolution*, edited by W. A. Shear, 319-63. Palo Alto, Calif.: Stanford University Press.

Coyne, J. A. 2009. 『지울 수 없는 흔적』, Oxford: Oxford University Press.

Cracraft, J., and R. O. Prum. 1988. "Patterns and Processes of Diversification: Speciation and Historical Congruence in Some Neotropical Birds." *Evolution* 42:603 – 20.

Cronin, H. 1991. 『개미와 공작』. Cambridge, U.K.: Cambridge University Press.

Curry, A. 2013. "The Milk Revolution." *Nature* 500:20-22.

Dalton, R. "High Speed Biomechanics Caught on Camera." *Nature* 418: 721-22.

Daly, M., and M. Wilson. 1988. "Evolutionary Social Psychology and Family Homicide." *Science* 242:519 – 24.

Danto, A. 1964. "The Artworld." *Journal of Philosophy* 61:571 – 84.

Darwin, C. 1859. 『종의 기원』. London: John Murray.

———. 1871. 『인간의 유래와 성선택』. London: John Murray.

———. 1882. "A Preliminary Notice to 'On the Modification of the Race of Syrian Street Dog by Means of Sexual Selection' by Dr. Van Dyck." *Proceedings of the Zoological Society of London* 25:367-69.

———. 1887. 『나의 삶은 서서히 진화해왔다』. New York: Barnes & Noble Reprint.

Davenport, W. H. 1977. "Sex in Cross-cultural Perspective." In *Human Sexuality in Four Perspectives*, edited by F. Beach, 115-63. Baltimore: Johns Hopkins University Press.

Davis, T. A. W. 1949. "Display of White-throated Manakins *Corapipo gutturalis*." *Ibis* 91:146-47.

Davis, T. H. 1982. "A Flight-Song Display of the White-throated Manakin." *Wilson Bulletin* 94:594-95.

Davison, G. W. H. 1982. "Sexual Displays of the Great Argus Pheasant *Argusianus argus*." *Zeitschrift fur Tierpsychology* 58:185-202.

Dawkins, R. 1982. 『확장된 표현형』. Oxford: Oxford University Press.

———. 2004. 『조상 이야기』. New York: Houghton Mifflin.

———. 2006. 『이기적 유전자』. 30th anniversary ed. New York: Oxford University Press.

Diamond, J. M. 1986. "Animal Art: Variation in Bower Decorating Style among Male Bowerbirds *Amblyornis inornatus*." *Proceedings of the National Academy of Sciences* 83:3402–06.

———. 1992. 『제3의 침팬지』. New York: HarperCollins.

———. 1997. 『섹스의 진화』. New York: Basic Books.

Durães, R., B. A. Loiselle, and J. G. Blake. 2007. Intersexual Spatial Relationships in a Lekking Species: Blue-crowned Manakins and Female Hotspots." *Behavioral Ecology* 18:1029-39.

Durães, R., B. A. Loiselle, P. G. Parker, and J. G. Blake. 2009. "Female Mate Choice Across Spatial Scales: Influence of lek and Male Attributes on Mating Success of Blue-crowned Manakins." *Proceedings of the Royal Society of London B* 276:1875-81.

Durham, W. H. 1991. *Coevolution: Genes, Culture, and Human Diversity*. Palo Alto, Calif.: Stanford University Press.

Dutton, D. 2009. *The Art Instinct*. New York: Bloomsbury Press.

DuVal, E. H. 2005. "Age-Based Plumage Changes in the Lance-tailed Manakin: A Two-Year Delay in Plumage Maturation." *Condor* 107:915-20.

———. 2007a. "Cooperative Display and Lekking Behavior of the Lancetailed Manakin (*Chiroxiphia lanceolata*)." *Auk* 124:1168–85.

———. 2007b. "Social Organization and Variation in Cooperative Alliances Among Male Lance-tailed Manakins." *Animal Behaviour* 73:391-401.

DuVal, E. H., and B. Kempenaers. 2008. "Sexual Selection in a Lekking Bird: The Relative Opportunity for Selection by Female Choice and Male Competition." *Proceedings of the Royal Society of London B* 275:1995–2003.

Eastwick, P. W., and E. J. Finkel. 2008. "Sex Differences in Mate Preferences Revisited: Do People Know What They Initially Desire in a Romantic Partner?" *Journal of Personality and Social Psychology* 94:245–64.

Eastwick, P. W., and L. L. Hunt. 2014. "Relational Mate Value: Consensus and Uniqueness in Romantic Evaluations." *Journal of Personality and Social Psychology* 106:728-51.

Eberhard, W. G. 1985. *Sexual Selection and Animal Genitalia*. Cambridge, Mass.: Harvard University Press.

———. 1996. *Female Control: Sexual Selection by Cryptic Female Choice*. Princeton, N.J.: Princeton University Press.

———. 2002. "The Function of Female Resistance Behavior: Intromission by Coercion vs. Female Cooperation in Sepsid Flies (Diptera)." *Revista de Biologia Tropical* 50:485-505.

Eberhard, W. G., and C. Cordero. 2003. "Sexual Conflict and Female Choice." *Trends in Ecology and Evolution* 18:439-40.

Emlen, S. T., and L. W. Oring. 1977. "Ecology, Sexual Selection, and the Evolution of Mating Systems." *Science* 197:215-23.

Emlen, S. T., and P. H. Wrege. 1992. "Parent-Offspring Conflict and the Recruitment of Helpers Among Bee-Eaters." *Nature* 356:331-33.

Endler, J. A., L. C. Endler, and N. R. Doerr. 2010. "Great Bowerbirds Create Theaters with Forced Perspective When Seen by the Audience." *Current Biology* 20:1679-84.

Evarts, S. 1990. "Male Reproductive Strategies in a Wild Population of Mallards (*Anas plathyrhynchos*)." Ph.D. diss., University of Minnesota.

Fausto-Sterling, A., P. A. Gowaty, and M. Zuk. 1997. "Evolutionary Psychology and Darwinian Feminism." *Feminist Studies* 23:402-17.

Feo, Teresa J., D. J. Field, and R. O. Prum. 2015. "Barb Geometry of Asymmetrical Feathers Reveals a Transitional Morphology in the Evolution of Avian Flight." *Proceedings of the Royal Society of London B: Biological Sciences* 282 (1803: 20142864).

Fernandez-Duque, E., C. R. Valeggia, and S. P. Mendoza. 2009. "The Biology of Paternal Care in Human and Nonhuman Primates." *Annual Review of Anthropology* 38:115-30.

Field, D. J., C. Lynner, C. Brown, and S. A. F. Darroch. 2013. "Skeletal Correlates for Body Mass Estimation in Modern and Fossil Flying Birds." *PLoS One* 8:e82000.

Fisher, R. A. 1915. "The Evolution of Sexual Preference." *Eugenics Review* 7:184-91.

———. 1930. "The Genetical Theory of Natural Selection." Oxford: Clarendon Press.

Fisher, R. A. 1957. "The Alleged Dangers of Cigarette Smoking." *British Medical Journal* 2:1518.

Fisher, T. D. 2013. "Gender Roles and Pressure to Be Truthful: The Bogus Pipeline Modifies Gender Differences in Sexual but Not Non-sexual Behavior." *Sex Roles* 68:401-14.

Foster, M. S. 1977. "Odd Couples in Manakins: A Study of Social Organization and Cooperative Breeding in *Chiroxiphia linearis*." *American Naturalist* 11:845-53.

———. 1981. "Cooperative Behavior and Social Organization of the Swallow-tailed Manakin (*Chiroxiphia caudata*)." *Behavioral Ecology and Sociobiology* 9:167-77.

———. 1987. "Delayed Plumage Maturation, Neoteny, and Social System Differences in Two Manakins of the Genus *Chiroxiphia*." *Evolution* 41: 547-58.

Frith, C. B., and D. W. Frith. 2001. "Nesting Biology of the Spotted Catbird, *Ailuruedus melanotis*, a Monogamous Bowerbird (Ptilonorhynchidae), in Australian Wet Tropical Upland Rainforests." *Australian Journal of Zoology* 49:279-310.

———. 2004. *The Bowerbirds*. Oxford: Oxford University Press.

Funk, D. H., and D. W. Tallamy. 2000. "Courtship Role Reversal and Deceptive Signals in the Long-tailed Dance Fly, *Rhamphomyia longicauda*." *Animal Behaviour* 59:411 – 21.

Gallup, G. G., R. L. Burch, M. L. Zappieri, R. A. Parvez, M. L. Stockwell, and J. A. Davis. 2003. "The Human Penis as a Semen Displacement Device." *Evolution and Human Behavior* 24:277-89.

Gangestad, S. W., and G. J. Scheyd. 2005. "The Evolution of Human Physical Attractiveness." *Annual Review of Anthropology* 34: 523-48.

Gauthier, I., P. Skudlarski, J. C. Gore, and A. W. Anderson. 2000. "Expertise for Cars and Birds Recruits Brain Areas Involved in Face Recognition." *Nature Neuroscience* 3:191 – 97.

Gerloff, U., B. Hartung, B. Fruth, G. Hohmann, and D. Tautz. 1999. "Intracommunity Relationships, Dispersal Pattern, and Paternity Success in a Wild Living Community of Bonobos (P*an paniscus*) Determined from DNA Analysis of Faecal Samples." *Proceedings of the Royal Society of London B* 266:1189-95.

Gilbert, S. F., and Z. Zevit. 2001. "Congenital Baculum Deficiency in the Human Male." *American Journal of Medical Genetics* 101:284-85.

Goldfoot, D. A., H. Westerborg-van Loon, W. Groeneveld, and A. Koos Slob. 1980. "Behavioral and Physiological Evidence of Sexual Climax in the Female Stump-tailed Macaque (*Macaca arctoides*)." *Science* 208:1477-79.

Gordon, A. D. 2006. "Scaling of Size and Dimorphism in Primates II: Macroevolution." *International Journal of Primatology* 27:63 – 105.

Gould, S. J. 1987. "Freudian Slip." *Natural History* 87 (2): 14-21.

Gowaty, P. A. 2010. "Forced or Aggressively Coerced Copulation." *In Encyclopedia of Animal Behavior*, edited by M. D. Breed and J. Moore, 759-63. Burlington, Mass.: Elsevier.

Gowaty, P. A., and N. Buschhaus. 1998. "Ultimate Causation of Aggressive and Forced Copulation in Birds: Female Resistance, the CODE Hypothesis, and Social Monogamy." *American Zoologist* 38:207-25.

Grafen, A. 1990. "Sexual Selection Unhandicapped by the Fisher Process." *Journal of Theoretical Biology* 144:473-516.

Grant, P. R. 1999. *Ecology and Evolution of Darwin's Finches*. Princeton, N.J.: Princeton University Press.

Greenwood, P. J. 1980. "Mating Systems, Philopatry, and Dispersal in Birds and Mammals." *Animal Behaviour* 28:1140-62.

Grice, E. A., H. H. Kong, S. Conlan, C. B. Deming, J. Davis, A. C. Young, NISC Comparative Sequencing Program, G. G. Bouffard, R. W. Blakesley, P. R. Murray, E. D. Green, M. L. Turner, and J. A. Segre. 2009. "Topographical and Temporal Diversity of the Human Skin Microbiome." *Science* 324:1190 – 92.

Halperin, D. M. 2012. *How to Be Gay*. Cambridge, Mass.: Belknap Press.

Hare, B., and M. Tomasello. 2005. "Human-Like Social Skills in Dogs?" *Trends in Cognitive Sciences* 9:439-44.

Hare, B., V. Wobber, and R. W. Wrangham. 2012. "The Self-Domestication Hypothesis: Evolution of Bonobo Psychology Is Due to Selection Against Aggression." *Animal Behaviour* 83:573-85.

Harel, A., D. Kravitz, and C. I. Baker. 2013. "Beyond Perceptual Expertise: Revisiting the Neural Substrates of Expert Object Recognition." *Frontiers in Human Neuroscience* 7 (885): 1-11.

Harris, M. K., J. F. Fallon, and R. O. Prum. 2002. "Shh-Bmp2 Signaling Module and the Evolutionary Origin and Diversification of Feathers." *Journal of Experimental Zoology (Molecular and Developmental Evolution)* 294:160-76.

Haverschmidt, F. 1968. *Birds of Surinam*. Edinburgh: Oliver & Boyd.

Haworth, A. 2011. "Forced to Be Fat." *Marie Claire*, July 20.

Hobbs, D. R., and G. G. Gallup. 2011. "Songs as a Medium for Embedded Reproductive Messages." *Evolutionary Psychology* 9:390-416.

Höglund, J., and R. V. Alatalo. 1995. *Leks*. Princeton, N.J.: Princeton University Press.

Hrdy, S. B. 1981. 『여성은 진화하지 않았다』. Cambridge, Mass.: Harvard University Press.

Hull, D. L. 1988. 『과정으로서의 과학』. Chicago: University of Chicago Press.

Hutchinson, G. E. 1965. *The Ecological Theater and the Evolutionary Play*. New Haven, Conn.: Yale University Press.

Hylander, W. L. 2013. "Functional Links Between Canine Height and Jaw Gape in Catarrhines with Special Reference to Early Hominins." *American Journal of Physical Anthropology* 150:247-59.

Iwasa, Y., and A. Pomiankowski. 1994. "The Evolution of Mate Preferences for Multiple Sexual Ornaments." *Evolution* 48:853-67.

Jablonski, N. G. 2006. 『스킨』. Berkeley: University of California Press.

Jablonski, N. G., and G. Chaplin. 2010. "Human Skin Pigmentation as an Adaptation to UV Radiation." *Proceedings of the National Academy of Science* 107:8962-68.

Jasienska, G., A. Ziomkiewicz, P. T. Ellison, S. F. Lipson, and I. Thune. 2004. "Large Breasts and Narrow Waists Indicate High Reproductive Potential in Women." Proceedings of the Royal Society of London B 271:1213-17.

Jennions, M. D., and A. P. Møller. 2002. "Relationships Fade with Time: A Meta-analysis of Temporal Trends in Publication in Ecology and Evolution." *Proceedings of the Royal Society of London B* 269:43-48.

Jolly, C. T. 1970. "The Seed-Eaters: A New Model of Hominid Differentiation Based on a Baboon Analogy." *Man* 5:5-26.

Kappeler, P. M., and C. P. van Schaik. 2002. "Evolution of Primate Social Systems." *International Journal of Primatology* 23:707-40.

Keinen, A., and A. G. Clark. 2012. "Recent Explosive Human Population Growth Has Resulted in an Excess of Rare Genetic Variants." *Science* 336:740-43.

Kelley, L. A., and J. A. Endler. 2012. "Illusions Promote Mating Success in Great Bowerbirds." Science 335:335-38.

Kevles, D. J. 1985. *In the Name of Eugenics*. New York: Alfred A. Knopf.

Keynes, J. M. 1936. 『고용, 이자 및 화폐에 관한 일반이론』. New York: Harcourt Brace.

Kinsey, A. C. 1953. *Sexual Behavior in the Human Female*. Bloomington: Indiana University Press.

Kinsey, A. C., W. B. Pomeroy, and C. E. Martin. 1948. *Sexual Behavior in the Human Male*. Bloomington: Indiana University Press.

Kirkpatrick, M. 1982. "Sexual Selection and the Evolution of Female Choice." *Evolution* 82:1-12.

———. 1986. "The Handicap Mechanism of Sexual Selection Does Not Work." *American Naturalist* 127:222-40.

Kokko, H., R. Brooks, J. M. McNamara, and A. I. Houston. 2002. "The Sexual Selection Continuum." *Proceedings of the Royal Society of London B* 269:1331-40.

Kroodsma, D. 2005. *The Singing Life of Birds: The Art and Science of Listening to Birdsong*. New York: Houghton Mifflin.

Krugman, P. 2009. "How Did Economists Get It So Wrong?" New York Times Sunday Magazine, *Sept*. 6, 36-43.

Kusmierski, R., G. Borgia, J. A. Uy, and R. H. Corzier. 1997. "Labile Evolution of Display Traits in Bowerbirds Inidicate Reduced Effects of Phylogenetic Constraint." *Proceedings of the Royal Society of London B* 264:307-13.

Lande, R. 1980. "Sexual Dimorphism, Sexual Selection, and Adaptation in Polygenic Characters." Evolution 34 (2): 292-305.

———. 1981. "Models of Speciation by Sexual Selection on Polygenic Traits." *Proceedings of the National Academy of Sciences of the United States of America* 78 (6): 3721-25.

Lehrer, J. 2010. "The Truth Wears Off." *The New Yorker*, Dec. 6.

Levick, G. M. 1914. "Antarctic Penguins-a Study of Their Social Habits." London: William Heinemann.

Lewin, B. F., K. Helmius, G. Lalos, and S. A. Månsson. 2000. *Sex in Sweden: On the Swedish Sexual Life*. Stockholm: Swedish National Institute of Public Health.

Li, Q., K.-Q. Gao, J. Vinther, M. D. Shawkey, J. Clarke, L. D'Alba, Q. Meng, D. E. G. Briggs, and R. O. Prum. 2010. "Plumage Color Patterns of an Extinct Dinosaur." *Science* 327:1369-72.

Lieberman, D. E. 2011. *The Evolution of the Human Head*. Cambridge, Mass.: Belknap Press.

———. 2013. 『우리 몸 연대기』. New York: Vintage.

Lill, A. 1974. "Social Organization and Space Utilization in the Lek-Forming White-bearded Manakin, M. manacus trinitatus Hartert." *Zeitschrift für Tierpsychology* 36:513-30.

———. 1976. "Lek Behavior in the Golden-headed Manakin, Pipra erythrocephala, in Trinidad (West Indies)." *Advances in Ethology* 18:1-83.

Lloyd, E. A. 2005. T*he Case of the Female Orgasm: Bias in the Science of Evolution*. Cambridge, Mass.: Harvard University Press.

Lorenz, K. 1941. "Vergleichende Bewegungsstudien an Anatiden." *Journal für Ornithologie* 89:194-293.

———. 1971. "Comparative Studies of the Motor Patterns of Anatinae (1941)." In *Studies in Animal and Human Behaviour*, edited by K. Lorenz, 14-114. Cambridge, Mass.: Harvard University Press.

Lovejoy, C. O. 2009. "Reexamining Human Origins in Light of Ardipithecus ramidus." *Science* 326:74e1-8.

Lucas, A. M., and P. R. Stettenheim. 1972. *Avian Anatomy: Integument*. Washington, D.C.: U.S. Department of Agriculture.

Madden, J. R., and A. Balmford. 2004. "Spotted Bowerbirds Chlamydera maculata Do Not Prefer Rare or Costly Bower Decorations." *Behavioral Ecology and Sociobiology* 55:589-95.

Marshall, A. J. 1954. *Bower-Birds: Their Displays and Breeding Cycles*. Oxford: Clarendon Press.

Mayr, E. 1972. "Sexual Selection and Natural Selection." In *Sexual Selection and the Descent of Man*, 1871-1971, edited by B. Campbell, 87-104. Chicago: Aldine.

Masters, W. H., and V. E. Johnson. 1966. *Human Sexual Response*. New York: Little, Brown.

McCloskey, R. 1941. 『아기 오리들한테 길을 비켜 주세요』. New York: Viking.

McCracken, K. G., R. E. Wilson, P. J. McCracken, and K. P. Johnson. 2001. "Are Ducks Impressed by Drakes' Display?" *Nature* 413:128.

McDonald, D. B. 1989. "Cooperation Under Sexual Selection: Age Graded Changes in a Lekking Bird." *American Naturalist* 134:709-30.

———. 2007. "Predicting Fate from Early Connectivity in a Social Net-work." *Proceedings of the National Academy of Sciences of the United States of America* 104:10910-14.

McDonald, D. B., and W. K. Potts. 1994. "Cooperative Display and Relatedness Among Males in a Lek-Breeding Bird." *Science* 266:1030-32.

McGraw, K. J. 2006. "Mechanics of Melanin-Based Coloration in Birds." In *Bird Coloration, vol. 1, Mechanisms and Measurements*, edited by G. E. Hill and K. J. McGraw, 243-94. Cambridge, Mass.: Harvard University Press.

Mees, G. F. 1974. "Additions to the Avifauna of Suriname." *Zoologische Mededelingen* 38:55-68.

Mehrotra, A., and A. Prochazka. 2015. "Improving Value in Health Care—Against the Annual Physical." *New England Journal of Medicine* 373:1485 – 87.

Milam, E. K. 2010. *Looking for a Few Good Males: Female Choice in Evolutionary Biology*. Baltimore: Johns Hopkins University Press.

Miller, G. 2000. 『연애』. New York: Doubleday.

Mivart, St. G. 1871. Review of *The Descent of Man*, by Charles Darwin. *Quarterly Review* 131:47 – 90.

Møller, A. P. 1990. "Fluctuating Asymmetry in Male Sexual Ornaments May Reliably Reveal Male Quality." *Animal Behaviour* 40:1185 – 87.

———. 1992. "Female Swallow Preference for Symmetrical Male Sexual Ornaments." Nature 357:238 –

40.

Muchnik, L., S. Aral, and S. J. Taylor. 2013. "Social Influence Bias: A Randomized Experiment." *Science* 341:647–51.

Muller, M. N., S. M. Kahlenberg, and R. W. Wrangham. 2009. "Male Aggression Against Females and Sexual Coercion in Chimpanzees." In *Sexual Coercion in Primates and Humans: An Evolutionary Perspective on Male Aggression Against Females*, edited by M. N. Muller and R. W. Wrangham, 184-217. Cambridge, Mass.: Harvard University Press.

Muller, M. N., and J. C. Mitani. 2005. "Conflict and Cooperation in Wild Chimpanzees." *Advances in the Study of Behavior* 35:275-331.

Mulvey, L. 1975. "Visual Pleasure and Narrative Cinema." *Screen* 16:6–18.

Nagel, T. 1974. "What Is It Like to Be a Bat?" *Philosophical Review* 83:435–50.

Neave, N., and K. Shields. 2008. "The Effects of Facial Hair Manipulation on Female Perceptions of Attractiveness, Masculinity, and Dominance in Male Faces." *Personality and Individual Differences* 45:373-77.

Noad, M. J., D. H. Cato, M. M. Bryden, M.-N. Jenner, and K. C. S. Jenner. 2000. "Cultural Revolution in Whale Songs." *Nature* 408:537.

Novak, S. A., and M. A. Hatch. 2009. "Intimate Wounds: Craniofacial Trauma in Women and Female Chimpanzees." In *Sexual Coercion in Pri-mates and Humans: An Evolutionary Perspective on Male Aggression Against Females*, edited by M. N. Muller and R. W. Wrangham, 322-45. Cambridge, Mass.: Harvard University Press.

Palmer, A. R. 1999. "Detecting Publication Bias in Meta-analyses: A Case Study of Fluctuating Asymmetry and Sexual Selection." *American Naturalist* 154:220-33.

Palombit, R. 2009. "'Friendship' with Males: A Female Counterstrategy to Infanticide in Chacma Baboons of the Okavango Delta." In *Sexual Coercion in Primates and Humans: An Evolutionary Perspective on Male Aggression Against Females*, edited by M. N. Muller and R. W. Wrangham, 377-409. Cambridge, Mass.: Harvard University Press.

Paoli, T. 2009. "The Absence of Sexual Conflict in Bonobos." In *Sexual Coercion in Primates and Humans: An Evolutionary Perspective on Male Aggression Against Females*, edited by M. N. Muller and R. W. Wrangham, 410–23. Cambridge, Mass.: Harvard University Press.

Parker, G. A. 1979. "Sexual Selection and Sexual Conflict." In *Sexual Selection and Reproductive Competition in Insects*, edited by M. S. Blum and N. B. Blum, 123-66. New York: Academic Press.

Patricelli, G. L., J. A. Uy, and G. Borgia. 2003. "Multiple Male Traits Interact: Attractive Bower Decorations Facilitate Attractive Behavioural Displays in Satin Bowerbirds." *Proceedings of the Royal Society of London B* 270:2389–95.

———. 2004. "Female Signals Enhance the Efficiency of Mate Assessment in Satin Bowerbirds (Ptilonorhynchus violaceus)." *Behavioral Ecology* 15:297-304.

Patricelli, G. L., J. A. Uy, G. Walsh, and G. Borgia. 2002. "Male Displays Adjusted to Female's Response."

Nature 415:279–80.

Pavlicev, M., and G. Wagner. 2016. "The Evolutionary Origin of Female Orgasm." *Journal of Experimental Zoology B: Molecular and Developmental Evolution* 326:326 – 37.

Pillard, R. C., and J. M. Bailey. 1998. "Human Sexual Orientation Has a Heritable Component." *Human Biology* 70:347–65.

Pizzari, T., and T. R. Birkhead. 2000. "Female Feral Fowl Eject Sperm of Subdominant Males." *Nature* 405:787–89.

Pomiankowski, A., and Y. Iwasa. 1993. "The Evolution of Multiple Sexual Ornaments by Fisher's Process of Sexual Selection." *Proceedings of the Royal Society of London B* 253:173–81.

Prokop, Z. M., L. Michalczyk, S. Drobniak, and M. Herdegen. 2012. "Meta-analysis Suggests Choosy Females Get Sexy Sons More Than 'Good Genes.'" *Evolution* 66:2665–73.

Prum, R. O. 1985. "Observations of the White-fronted Manakin (*Pipra serena*) in Suriname." *Auk* 102:384–87.

———. 1986. "The Displays of the White-throated Manakin Corapipo gutturalis in Suriname." *Ibis* 128:91–102.

———. 1988. "Phylogenetic Interrelationships of the Barbets (Capitonidae) and Toucans (Ramphastidae) Based on Morphology with Comparisons to DNA-DNA Hybridization." *Zoological Journal of the Linnean Society* 92:313 – 43.

———. 1990. "Phylogenetic Analysis of the Evolution of Display Behavior in the Neotropical Manakins (Aves: Pipridae)." *Ethology* 84:202 – 31.

———. 1992. "Syringeal Morphology, Phylogeny, and Evolution of the Neotropical Manakins (Aves: Pipridae)." *American Museum Novitates* 3043:1 – 65.

———. 1994. "Phylogenetic Analysis of the Evolution of Alternative Social Behavior in the Manakins (Aves: Pipridae)." *Evolution* (48): 1657–75.

———. 1997. "Phylogenetic Tests of Alternative Intersexual Selection Mechanisms: Macroevolution of Male Traits in a Polygynous Clade (Aves: Pipridae)." *American Naturalist* 149:668–92.

———. 1998. "Sexual Selection and the Evolution of Mechanical Sound Production in Manakins (Aves: Pipridae)." *Animal Behaviour* 55:977–94.

———. 1999. "Development and Evolutionary Origin of Feathers." *Journal of Experimental Zoology (Molecular and Developmental Evolution)* 285:291–306.

———. 2005. "Evolution of the Morphological Innovations of Feathers." *Journal of Experimental Zoology: Part B, Molecular and Developmental Evolution* 304B (6): 570–79.

———. 2010. "The Lande-Kirkpatrick Mechanism Is the Null Model of Evolution by Intersexual Selection: Implications for Meaning, Honesty, and Design in Intersexual Signals." *Evolution* 64:3085–100.

———. 2012. "Aesthetic Evolution by Mate Choice: Darwin's Really Dangerous Idea." *Philosophical*

Transactions of the Royal Society of London B 367:2253 – 65.

———. 2013. "Coevolutionary Aesthetics in Human and Biotic Artworlds." *Biology and Philosophy* 28:811-32.

———. 2015. "The Role of Sexual Autonomy in Evolution by Mate Choice." In *Current Perspectives in Sexual Selection*, edited by T. Hoquet, 237-62. New York: Springer.

Prum, R. O., J. S. Berv, A. Dornburg, D. J. Field, J. P. Townsend, E. M. Lemmon, and A. R. Lemmon. 2015. "A Comprehensive Phylogeny of Birds (Aves) Using Targeted Next-Generation DNA Sequencing." *Nature* 526:569-73.

Prum, R. O., and A. H. Brush. 2002. "The Evolutionary Origin and Diversification of Feathers." *Quarterly Review of Biology* 77:261 – 95.

———. 2003. "Which Came First, the Feather or the Bird?" *Scientific American*, March, 60-69.

Prum, R. O., and A. E. Johnson. 1987. "Display Behavior, Foraging Ecology, and Systematics of the Golden-winged Manakin (Masius chrysopterus)." *Wilson Bulletin* 87:521-39.

Puts, D. A. 2007. "Of Bugs and Boojums: Female Orgasm as a Facultative Adaptation." *Archives of Sexual Behavior* 36:337-39.

Qidwai, W. 2000. "Perceptions About Female Sexuality Among Young Pakistani Men Presenting to Family Physicians at a Teaching Hospital in Karachi." *Journal of the Pakistan Medical Association* 50 (2): 74-77.

Queller, D. C. 1987. "The Evolution of Leks Through Female Choice." *Animal Behaviour* 35:1424-32.

Rahman, Q., and G. D. Wilson. 2003. "Born Gay? The Psychobiology of Human Sexual Orientation." *Personality and Individual Differences* 34:1337-82.

Reich, E. S. 2013. "Symmetry Study Deemed a Fraud." *Nature* 497:170-71.

Rensch, B. 1950. "Die Abhangigkeit der relativen Sexualdifferenz von der Korpergrosse." *Bonner Zoologische Beitrage* 1:58-69.

Rice, W. R., U. Friberg, and S. Gavrilets. 2012. "Homosexuality as a Consequence of Epigenetically Canalized Sexual Development." *Quarterly Review of Biology* 87:343-68.

Richardson, R. C. 2010. *Evolutionary Psychology as Maladapted Psychology*. Cambridge, Mass.: MIT Press.

Ridley, M. 1993. 『붉은 여왕』. London: Viking.

Robbins, M. B. 1983. "The Display Repertoire of the Band-tailed Manakin (Pipra fasciicauda)." *Wilson Bulletin* 95:321-42.

Robbins, M. M. 2009. "Male Aggression Against Females in Mountain Gorillas: Courtship or Coercion?" In *Sexual Coercion in Primates and Humans: An Evolutionary Perspective on Male Aggression Against Females*, edited by M. N. Muller and R. W. Wrangham, 112-27. Cambridge, Mass.: Harvard University Press.

Romanoff, A. L. 1960. *The Avian Embryo: Structural and Functional Development*. New York: Macmillan.

Rome, L. C., D. A. Syme, S. Hollingworth, and S. L. Lindstedt. 1996. "The Whistle and the Rattle: The Design of Sound Producing Muscles." *Proceedings of the National Academy of Science* 93:8095-100.

Romer, A. S. 1955. *The Vertebrate Body*. New York: Saunders.

Roughgarden, J. 2009. 『진화의 무지개』. Berkeley: University of California Press.

Rowen, T. S., T. W. Gaither, M. A. Awad, E. C. Osterberg, A. W. Shindel, and B. N. Breyer. 2016. "Pubic Hair Grooming Prevalence and Motivation Among Women in the United States." *JAMA Dermatology* 2016:2154.

Rubenfeld, J. 2013. "The Riddle of Rape-by-Deception and the Myth of Sexual Autonomy." *Yale Law Journal* 122:1372-443.

Russell, D. G. D., W. J. L. Sladen, and D. G. Ainley. 2012. "Dr. George Murray Levick (1876–1956): Unpublished Notes on the Sexual Habits of the Adélie Penguin." *Polar Record* 48:387–93.

Ryan, M. J., and M. E. Cummings. 2013. "Perceptual Biases and Mate Choice." *Annual Review of Ecology, Evolution, and Systematics* 44:437–59.

Ryder, T. B., D. B. MacDonald, J. G. Blake, P. G. Parker, and B. A. Loiselle. 2008. "Social Networks in Lek-Mating Wire-tailed Manakin (Pipra filicauda)." *Proceedings of the Royal Society of London B* 275:1367–74.

Ryder, T. B., P. G. Parker, J. G. Blake, and B. A. Loiselle. 2009. "It Takes Two to Tango: Reproductive Skew and Social Correlates of Male Mating Success in a Lek-Breeding Bird." *Proceedings of the Royal Society of London B* 276:2377–84.

Samuelson, P. A. 1958. "An Exact Consumption-Loan Model of Interest With or Without the Social Contrivance of Money." *Journal of Political Economy* 66:467–82.

Saranathan, V., A. E. Seago, A. Sandy, S. Narayanan, S. G. J. Mochrie, E. R. Dufresne, H. Cao, C. Osuji, and R. O. Prum. 2015. "Structural Diversity of Arthropod Biophotonic Nanostructures Spans Amphiphilic Phase-Space." *Nanoletters* 15:3735-42.

Scheinfeld, A. 1939. You and Heredity. New York: Frederick A. Stokes. Schwartz, P., and D. W. Snow. 1978. "Display and Related Behavior of the Wire-tailed Manakin." *Living Bird* 17:51-78.

Sclater, P. L. 1862. "Notes on Pipra deliciosa." *Ibis* 4:175-78.

Scrimshaw, S. C. M. 1984. "Infanticide in Human Populations: Societal and Individual Concerns." In *Infanticide: Comparative and Evolutionary Perspectives*, edited by G. Hausfater and S. B. Hrdy, 439–62. London: Aldine Transaction.

Shapiro, M. D., Z. Kronenberg, C. Li, E. T. Domyan, H. Pan, M. Campbell, H. Tan, C. D. Huff, H. Hu, A. I. Vickery, S. C. A. Nielsen, S. A. Stringham, H. Hu, E. Willerslev, M. Thomas, P. Gilbert, M. Yandell, G. Zhang, and J. Wang. 2013. "Genomic Diversity and Evolution of the Head Crest in the Rock Pigeon." *Science* 339:1063-67.

Sheehan, M. J., and M. W. Nachman. 2014. "Morphological and Population Genomic Evidence That Human Faces Have Evolved to Signal Individual Identity." *Nature Communications* 5:4800.

Sheehan, M. J., and E. A. Tibbets. 2011. "Specialized Face Learning Is Associated with Individual Recognition in Paper Wasps." *Science* 334:1271-75.

Sheets-Johnstone, M. 1989. "Hominid Bipedality and Sexual Selection Theory." *Evolutionary Theory* 9:57-70.

Shiller, R. J. 2015. 『비이성적 과열』. 3rd ed. Princeton, N.J.: Princeton University Press.

Shubin, N. 2008. 『내 안의 물고기』. New York: Pantheon.

Silk, J. B., J. C. Beehner, T. J. Bergman, C. Crockford, A. L. Engh, L. R. Moscovice, R. M. Wittig, R. M. Seyfarth, and D. L. Cheney. 2009. "The Benefits of Social Capital: Close Social Bonds Among Female Baboons Enhance Offspring Survival." *Proceedings of the Royal Society of London B* 276:3099-104.

Sinkkonen, A. 2009. "Umbilicus as a Fitness Signal in Humans." *FASEB Journal* 23:10-12.

Smith, R. L. 1984. "Human Sperm Competition." In *Sperm Competition and the Evolution of Animal Mating Systems*, edited by R. L. Smith, 601-59. New York: Academic Press.

Smuts, B. 1985. *Sex and Friendship in Baboons*. Cambridge, Mass.: Harvard University Press.

Snow, B. K., and D. W. Snow. 1985. "Display and Related Behavior of Male Pin-tailed Manakins." *Wilson Bulletin* 97:273-82.

Snow, D. W. 1961. "The Displays of Manakins Pipra pipra and Tyranneutes virescens." *Ibis* 103:110-13.

———. 1962a. "A Field Study of the Black-and-white Manakin, Manacus manacus, in Trinidad, W.I." *Zoologica* 47:65-104.

———. 1962b. "A Field Study of the Golden-headed Manakin, Pipra erythrocephala, in Trinidad, W.I." *Zoologica* 47:183-98.

———. 1963a. "The Display of the Blue-backed Manakin, Chiroxiphia pareola, in Tobago, W.I." *Zoologica* 48:167-76.

———. 1963b. "The Display of the Orange-headed Manakin." *Condor* 65:44-48.

———. 1976. *The Web of Adaptation*. Ithaca, N.Y.: Cornell University Press.

Snow, S. S., S. H. Alonzo, M. R. Servedio, and R. O. Prum. Forthcoming. "Evolution of Resistance to Sexual Coercion Through the Indirect Benefits of Mate Choice."

Sterck, E. H. M., D. P. Watts, and C. O. van Schaik. 1997. "The Evolution of Female Social Relationships in Nonhuman Primates." *Behavioral Ecology and Sociobiology* 41:291-309.

Stolley, P. D. 1991. "When Genius Errs: R. A. Fisher and the Lung Cancer Controversy." *American Journal of Epidemiology* 133:416-25.

Sullivan, A. 1995. *Virtually Normal*. New York: Vintage Books.

Sutherland, J. 2005. "The Ideas Interview: Elisabeth Lloyd." *Guardian*, Sept. 26.

Swedell, L., and A. Schreier. 2009. "Male Aggression Toward Females in Hamadryas Baboons: Conditioning, Coercion, and Control." In *Sexual Coercion in Primates and Humans: An Evolutionary Perspective on Male Aggression Against Females*, edited by M. N. Muller and R. W. Wrangham, 244-68. Cambridge, Mass.: Harvard University Press.

Symons, D. 1979. 『섹슈얼리티의 진화』. Oxford: Oxford University Press.

Thery, M. 1990. "Display Repertoire and Social Organization of the Whitefronted and White-throated Manakins." *Wilson Bulletin* 102:123-30.

Trainer, J. M., and D. B. McDonald. 1993. "Vocal Repertoire of the Longtailed Manakin and Its Relation to Male-Male Cooperation." *Condor* 95:769-81.

Trut, L. N. 2001. "Experimental Studies of Early Canid Domestication." In *The Genetics of the Dog*, edited by A. Ruvinsky and J. Sampson, 15-41. Wallingford, U.K.: CABI.

Uy, J. A., and G. Borgia. 2000. "Sexual Selection Drives Rapid Divergence in Bowerbird Display Traits." *Evolution* 54:273-78.

Uy, J. A., G. L. Patricelli, and G. Borgia. 2001. "Complex Mate Searching in the Satin Bowerbird Ptilonorhynchus violaceus." *American Naturalist* 158:530-42.

Vinther, J., D. E. G. Briggs, R. O. Prum, and V. Saranathan. 2008. "The Colour of Fossil Feathers." *Biology Letters* 4:522-25.

Wagner, G. P. 2015. *Homology, Genes, and Evolutionary Innovation*. Prince ton, N.J.: Princeton University Press.

Walker, A. 1984. "Mechanisms of Honing in the Male Baboon Canine." American Journal of Physical *Anthropology* 65:47-60.

Wallace, A. R. 1889. *Darwinism*. London: Macmillan.

———. 1895. *Natural Selection and Tropical Nature*. 2nd ed. London: Macmillan.

Wallen, K., and E. A. Lloyd. 2011. "Female Sexual Arousal: Genital Anatomy and Orgasm in Intercourse." *Hormones and Behavior* 59:780-92.

Warner, M. 1999. *The Trouble with Normal: Sex, Politics, and the Ethics of Queer Life*. Cambridge, Mass.: Harvard University Press.

Weiner, J. 1994. 『핀치의 부리』. New York: Alfred A. Knopf.

Wekker, G. 1999. "'What's Identity Got to Do with It?': Rethinking Identity in Light of the Mati Work in Suriname." In *Female Desires: Same-Sex and Transgender Practices Across Cultures*, edited by E. Blackwood and S. E. Wieringa, 119-38. New York: Columbia University Press.

Welty, J. C. 1982. *The Life of Birds*. 2nd ed. New York: Saunders.

West-Eberhard, M. J. 1979. "Sexual Selection, Social Competition, and Evolution." *Proceedings of the American Philosophical Society* 123:222-34.

———. 1983. "Sexual Selection, Social Competition, and Speciation." *Quarterly Review of Biology* 58:155-83.

———. 2014. "Darwin's Forgotten Idea: The Social Essence of Sexual Selection." *Neuroscience and Biobehavioral Reviews* 46:501-8.

Willis, E. O. 1966. "Notes on a Display and Nest of the Club-winged Manakin." *Auk* 83:475-76.

Wilson, G., and Q. Rahman. 2008. *Born Gay: The Psychobiology of Sex Orientation*. London: Peter Owen.

Zahavi, A. 1975. "Mate Selection—a Selection for a Handicap." *Journal of Theoretical Biology* 53:205-14.

Zuk, M. 2013. 『섹스, 다이어트 그리고 아파트 원시인』. New York: Norton.

찾아보기

0~9

A~Z

인명

동물명: 일반명

동물명: 학명

The evolution
of
beauty

아름다움의 진화

연애의 주도권을 둘러싼 성 갈등의 자연사

초판 1쇄 펴낸날 2019년 4월 17일
초판 4쇄 펴낸날 2023년 5월 31일
지은이 리처드 프럼
옮긴이 양병찬
펴낸이 한성봉
편집 최창문 · 이종석 · 조연주 · 오시경 · 이동현 · 김선형 · 전유경
콘텐츠제작 안상준
디자인 권선우
마케팅 박신용 · 오주형 · 강은혜 · 박민지 · 이예지
경영지원 국지연 · 강지선
펴낸곳 도서출판 동아시아
등록 1998년 3월 5일 제1998-000243호
주소 서울시 중구 퇴계로30길 15-8 [필동 1가 26] 무석빌딩 2층
페이스북 www.facebook.com/dongasiabooks
인스타그램 www.instargram.com/dongasiabook
전자우편 dongasiabook@naver.com
블로그 blog.naver.com/dongasiabook
전화 02) 757-9724, 5
팩스 02) 757-9726

ISBN 978-89-6262-277-5 03470

이 도서의 국립중앙도서관 출판예정도서목록(CIP)은
서지정보유통지원시스템 홈페이지(http://seoji.nl.go.kr)와
국가자료공동목록시스템(http://www.nl.go.kr/kolisnet)에서
이용하실 수 있습니다.(CIP제어번호: CIP2019012806)

※ 잘못된 책은 구입하신 서점에서 바꿔드립니다.

만든 사람들
책임편집 최창문
크로스교열 안상준
디자인 전혜진
본문조판 김경주